JN421858

圖解

대기오염 공정시험방법주해

장철현 · 박상우 · 양관식
이주상 · 정헌준 · 조용준

도서출판 동화기술

머 리 말

과학기술의 발달과 공업생산규모의 확대에 의해 우리들의 생활환경은 대단히 편리해졌다. 그러나, 한편에서는 대기오염이 수질오염 등의 환경파괴도 진행되어 쾌적하고 건강한 생활을 상실하기에 이르러 큰 사회문제가 되었다.

생물은 주변환경과 열이나 빛 등의 에너지나 화학물질 등에 의해서 밀접하게 연결되어 있고, 환경에 따라 모든 생물활동이 규제되고 있는 것으로 보이지는 않으나 주변환경에 대해서 영향을 미치는 것으로 생물학자 Inglez는 생태계를 설명하고 있다.

자연환경은 인간을 비롯한 동식물에 있어서는 생명의 근원이며 없어서는 안될 원천이다. 따라서 세계각국은 환경문제를 해결하기 위해서 각종대책을 수립하고 지구환경을 보전하기 위하여 각종 오염물질시험법을 제정하고 있다. 그 시험법의 하나인 대기오염시험법의 입자성 물질과 가스상 물질을 정확히 측정, 대기환경기준과 2000년 2월 배출허용기준에 적합성 여부를 가릴 수 있는 대기오염시험법을 알기 쉽게 도식화하여 기사시험을 준비하는 수험생이나 대기환경업무에 종사하는 환경관리인에게 조금이나마 도움이 되도록 이 책을 집필하였다.

이 도식화를 위하여 도움을 준, 박선영, 최창수 助敎선생님, 환경공학과 최충호, 김미옥 학생과 이 책의 출판에 도움을 주신 도서출판 동화기술 정우용 사장님과 그 직원에게 감사드리며 앞으로 더욱 더 보완하여 대기오염물을 분석하는 데 좋은 책이 될 수 있도록 노력하겠다.

차 례

Ⅰ. 대기편

II. 악취편

III. 부 록

Ⅰ. 대 기 편

제1장 총칙

제2장 화학분석 일반사항

제3장 배출허용기준 시험방법

제4장 환경기준 시험방법

제 1 장 총 칙

1. 목 적

이 시험방법은 대기환경보전법 제 7조 규정에 의거 대기오염물질을 측정함에 있어서 측정의 정확 및 통일을 유지하기 위하여 필요한 제반사항에 대하여 규정함을 목적으로 한다.

2. 적용범위

(가) 환경정책기본법 제 10조 환경기준 중 대기환경기준의 적합여부, 대기환경보전법 제 8조 배출허용기준의 적합여부는 대기오염공정시험방법(이하 "공정시험법"이라 한다)의 규정에 의하여 시험판정한다.

(나) 대기환경보전법에 의한 오염실태조사는 따로 규정이 없는 한 공정시험방법의 규정에 의하여 시험한다.

3. 이 공정시험방법에서 필요한 어원, 분자식, 화학명 등은 ( )내에 기재한다.

4. 이 공정시험방법의 내용은 총칙, 일반시험방법, 배출허용기준시험방법, 환경기준시험방법 및 기타 시험방법으로 구분한다.

단, 이 시험법에 규정한 방법이 분석화학적으로 반드시 최고의 정밀도와 정확도를 갖는다고는 할 수 없으며 이 시험방법 이외의 방법이라도 측정결과가 같거나 그 이상의 정확도가 있다고 국내외에서 공인된 방법은 이를 사용할 수 있다.

5. 이 시험방법중 각항에 표시한 검출한계는 재현성, 안정성 등을 고려하여 해당되는 각 조의 조건으로 시험하였을 때 얻을 수 있는 한계치를 참고하도록 표시한 것이므로 실제 측정할 때는 그 목적에 따라 적당히 조정할 수도 있다.

6. 이 시험방법에서 사용하는 수치의 맺음법은 따로 규정이 없는 한 한국공업규격 KSA 0021(수치의 맺음법)에 따른다

7. 이 시험방법에서 규정하지 않은 사항에 대해서는 일반적인 화학적 상식에 따르

되 이 시험방법에 기재한 방법 중 세부조작은 시험의 본질에 영향을 주지 않는다면 실험자가 적당히 변경조절할 수도 있다.

8. 하나 이상의 시험방법으로 시험한 결과가 서로 달라 판정에 영향을 줄 경우에는 각 장의 시험방법중 주 시험방법에 의한 분석성적에 의하여 판정한다. 제 3장 배출허용기준 시험방법의 주 시험방법은 제 2절 각 항의 2의 2.1의 시험방법으로 하며 환경기준 시험방법 등에서는 각 항목별로 정한 주 시험방법에 의한다

9. 대기환경보전법 시행규칙 제12조 별표 8의 배출허용기준 중 표준산소농도를 적용받는 항목에 대하여는 다음 식을 적용하여 오염물질의 농도 및 배출가스량을 보정한다

· 오염물질 농도보정

$$C = C_a \times \frac{21 - O_s}{21 - O_a}$$

C : 오염물질농도(mg/Sm³ 또는 ppm)

O_s : 표준산소농도(%)

O_a : 실측산소농도(%)

C_a : 실측오염물질농도(mg/Sm³ 또는 ppm)

· 배출가스유량 보정

$$Q = Q_a \div \frac{21 - O_s}{21 - O_a}$$

Q : 배출가스유량 (Sm³/일)

O_s : 표준산소농도(%)

O_a : 실측산소농도(%)

Q_a : 실측배출가스유량(Sm³/일)

제 2 장 화학분석 일반사항

1. 적용범위

이 규정은 공정시험방법의 일반화학분석에 대한 공통적인 사항에 대하여 규정한다.

2. 원 자 량

원자량은 1961년 국제원자량표에 따른다.

3. 단위 및 기호

주요 단위 및 기호는 다음 표1과 같으며, 여기에 표시되지 않은 단위는 KSA 0105 또는 국제표준단위계(SI) 및 그 사용방법규정에 따른다.

표1. 도량형의 단위 및 기호

종류	단위	기호	종류	단위	기호
길이	미 터	m	용량	킬로미터	kℓ
	센티미터	cm		리 터	ℓ
	밀리미터	mm		밀리리터	mℓ
	마이크로미터(미크론)	μm		마이크로리터	μℓ
	나노미터(밀리미크론)	nm	부피	세제곱미터	m^3
	옹스트롬	Å		세제곱센티미터	cm^3
무게	킬로그람	kg		세제곱밀리미터	mm^3
	그 람	g	압력	기 압	atm
	밀리그람	mg		수은주밀리미터	mmHg
	마이크로그람	μg		수주밀리미터	mmH_2O
	나노그람	ng			
넓이	제곱미터	m^2			
	제곱센티미터	cm^2			
	제곱밀리미터	mm^2			

4. 농도표시

(1) 중량백분율로 표시할때는 %의 기호를 사용한다

(2) 액체 100mℓ중의 성분질량(g) 또는 기체 100mℓ중의 성분질량(g)을 표시할 때는 W/V%의 기호를 사용한다.

(3) 액체 100mℓ중의 성분용량(mℓ) 또는 기체 100mℓ중의 성분용량(mℓ)을 표시할 때는 V/V%의 기호를 사용한다.

(4) 백만분율(Parts Per Million)을 표시할 때는 ppm의 기호를 사용하며 따로 표시가 없는 한 기체일 때는 용량 대 용량(V/V), 액체일 때는 중량 대 중량(W/W)을 표시한 것을 뜻한다.

(5) 1억분율(Parts Per Hundred Million)은 pphm, 10억분율(Parts Per Billion)은 ppb로 표시하고 따로 표시가 없는 한 기체일 때는 용량 대 용량(V/V), 액체일 때는 중량 대 중량(W/W)을 표시한 것을 뜻한다.

(6) 기체중의 농도를 mg/m^3로 표시했을 때는 m^3은 표준상태(0℃, 1기압)의 기체용적을 뜻하고 Sm^3로 표시한 것과 같다. 그리고 m^3로 표시한 것은 실측상태(온도・압력)의 기체용적을 뜻한다.

5. 온도의 표시

(1) 온도의 표시는 셀시우스(Celcius)법에 따라 아라비아 숫자의 오른쪽에 ℃를 붙인다. 절대온도는 K로 표시하고 절대온도 0 K는 -273℃로 한다.

(2) 표준온도는 0℃, 상온은 15~25℃, 실온은 1~35℃로 하고, 찬곳은 따로 규정이 없는 한 0~15℃의 곳을 뜻한다.

(3) 냉수는 15℃이하, 온수는 60~70℃, 열수는 약 100℃를 말한다

(4) "수욕상 또는 수욕중에서 가열한다."라 함은 따로 규정이 없는 한 수온 100℃에서 가열함을 뜻하고 약 100℃부근의 증기욕을 대응할 수 있다.

(5) "냉후"(식힌 후)라 표시되어 있을 때는 보온 또는 가열 후 실온까지 냉각된 상태를 뜻한다.

6. 각조의 시험은 따로 규정이 없는 한 상온에서 조작하고 조작직후 그 결과를 관찰한다.

7. 순수시험에 사용하는 물은 따로 규정이 없는 한 정제증류수 또는 이온교환수지로 정제한 탈염수를 사용한다.

8. 액의 농도

(1) 단순히 용액이라 기재하고, 그 용액의 이름을 밝히지 않은 것은 수용액을 뜻한다.

(2) 혼액(1+2), (1+5), (1+5+10)등으로 표시한 것은 액체상의 성분을 각각 1용량 대 2용량, 1용량 대 5용량 또는 1용량 대 5용량 대 10용량의 비율로 혼합한 것을 뜻하며, (1:2), (1:5), (1:5:10)등으로 표시할 수도 있다.

보기를 들면, 황산(1+2) 또는 황산(1:2)라 표시한 것은 황산 1용량에 물 2용량을 혼합한 것이다.

(3) 액의 농도를 (1→2), (1→5) 등으로 표시한 것은 그 용질의 성분이 고체일 때는 1g을, 액체일 때는 1mℓ를 용매에 녹여 전량을 각자 2mℓ 또는 5mℓ로 하는 비율을 뜻한다.

9. 시약, 시액, 표준물질

(1) 시험에 사용하는 시약은 따로 규정이 없는 한 특급 또는 1급이상 또는 이와 동등한 규격의 것을 사용하여야 한다. 단, 단순히 염산, 질산, 황산 등으로 표시하였을 때는 따로 규정이 없는 한 다음 표2에 규정한 농도 이상의 것을 뜻한다.

표2. 시약의 농도

명칭	화학식	농도(%)	비중(약)
염 산	HCl	35.0~37.0	1.18
질 산	HNO_3	60.0~62.0	1.38
황 산	H_2SO_4	95%이상	1.84
초 산	CH_3COOH	99.0%이상	1.05
인 산	HPO_4	85.0%이상	1.69
암 모 니 아	NH_4OH	28.0~30.0 (NH_3로서)	0.90
과산화수소	H_2O_2	30.0~35.0	1.11
불화수소산	HF	46.0~48.0	1.14
요오드화수소산	HI	55.0~58.0	1.70
브롬화수소산	HBr	47.0~49.0	1.48
과 염 소 산	$HClO_4$	60.0~62.0	1.54

(2) 시험에 사용하는 표준품은 원칙적으로 특급 시약을 사용하며 표준액을 조제하기 위한 표준용 시약은 따로 규정이 없는 한 데시케이터에 보존된 것을 사용한다.
(3) 표준품을 채취할 때 표준색이 정수로 기재되어 있어도 실험자가 환산하여 기재수치에 "약"자를 붙여 사용할 수 있다
(4) "약"이란 그 무게 또는 부피에 대하여 ±10% 이상의 차가 있어서는 안된다.

10. 방울수

방울수라 함은 20℃에서 정제수 20방울을 떨어뜨릴 때 그 부피가 약 1mℓ되는 것을 뜻한다.

11. 기 구

(1) 공정시험법에서 사용하는 모든 유리기구는 KS L 2302(이화학용 유리기관의 형상 및 치수)에 적합한 것 또는 이와 동등 이상의 규격에 적합한 것으로 국가 또는 국가에서 지정하는 기관에서 검정을 필한 것을 사용해야 한다.
(2) 메스플라스크, 피펫, 뷰렛, 메스실린더, 비이커 등 화학분석용 유리기구는 국가검정을 필한 것을 사용한다.
(3) 여과용 기구 및 기기를 기재하지 아니하고 "여과한다."라고 하는 것은 KS M 7602 거름종이 5종 또는 이와 동등한 여과지를 사용하여 여과함을 말한다.

12. 용 기

(1) 용기라 함은 시험용액 또는 시험에 관계된 물질을 보존, 운반 또는 조작하기 위하여 넣어두는 것으로 시험에 지장을 주지 않도록 깨끗한 것을 뜻한다.
(2) 밀폐용기라 함은 물질은 취급 또는 보관하는 동안에 이물이 들어가거나 내용물이 손실되지 않도록 보호하는 용기를 뜻한다.
(3) 기밀용기라 함은 물질을 취급 또는 보관하는 동안에 외부로부터의 공기 또는 다른 가스가 침입하지 않도록 내용물을 보호하는 용기를 뜻한다.
(4) 밀봉용기라 함은 물질을 취급 또는 보관하는 동안에 기체 또는 미생물이 침입하지 않도록 내용물을 보호하는 용기를 뜻한다.
(5) 차광용기라 함은 광선을 투과하지 않은 용기 또는 투과하지 않게 포장을 한 용기로서 취급 또는 보관하는 동안에 내용물의 광화학적 변화를 방지할 수 있는

용기를 뜻한다.

13. 분석용 저울 및 분동

이 시험에서 사용하는 분석용 저울은 적어도 0.1㎎까지 달 수 있는 것이어야 하며 분석용 저울 및 분동은 국가검정을 필한 것을 사용하여야 한다.

14. 시험의 기재로 용어

(1) "정확히 단다."라 함은 규정한 량의 검체를 취하여 분석용 저울로 0.1㎎까지 다는 것을 뜻한다.
(2) 액체성분의 양을 "정확히 취한다."함은 홀피펫, 메스플라스크 또는 이와 동등 이상의 정도를 갖는 용량계를 사용하여 조작하는 것을 뜻한다.
(3) "항량이 될 때까지 건조한다 또는 강열한다"라 함은 따로 규정이 없는 한 보통의 건조방법으로 1시간 더 건조 또는 강열할 때 전후 무게의 차가 매 1g당 0.3㎎ 이하일 때를 뜻한다.
(4) 시험조작중 "즉시"란 30초 이내에 표시된 조작을 하는 것을 뜻한다
(5) "감압 또는 진공"이라 함은 따로 규정이 없는 한 15㎜Hg이하를 뜻한다.
(6) "이상", "초과", "이하", "미만"이라고 기재하였을 때 이(以) 자가 쓰여진 쪽은 어느 것이나 기산점 또는 기준점인 숫자를 포함하여 "미만" 또는 "초과"는 가산점 또는 기준점의 숫자는 포함하지 않는다. 또 "a∼b"라 표시한 것은 a이상 b이하 임을 뜻한다.
(7) "바탕시험(공시험)을 하여 보정한다."함은 시료에 대한 처리 및 측정을 할 때 시료를 사용하지 않고 같은 방법으로 조작한 측정치를 빼는 것을 뜻한다.
(8) 시료의 시험, 바탕시험 및 표준액에 대한 시험을 일련의 동일시험으로 행할 때 사용하는 시약 또는 시액은 동일롯트(Lot)로 조제된 것을 사용한다.
(9) "정량적으로 씻는다."함은 어떤 조작으로부터 다음 조작으로 넘어갈 때 사용한 비이커, 플라스크 등의 용기 및 여과막 등에 부착된 정량대상성분을 사용한 용매로 씻어 그 세액을 합하고 먼저 사용한 같은 용매를 채워 일정용량으로 하는 것을 뜻한다.
(10) 용액의 액성표시는 따로 규정이 없는 한 유리전극법에 의한 pH미터로 측정한 것을 뜻한다.

15. 시험결과의 표시로 검토

(1) 시험결과의 표시단위는 따로 규정이 없는 한 가스상 성분은 ppm 또는 ppb (V/V)로 입자상 성분은 mg/㎥ 또는 μg/㎥으로 표시한다.
(2) 시험성적수치는 마지막 유효숫자의 다음 단위까지 계산하여 KS A 0021(수치의 맺음법)에 따라 기록한다.
(3) 얻어진 성적이 기대한 정밀도 및 오차범위내에서 만족하고 있는가에 대하여는 감정, 비교분석, 기타 적당한 방법으로 확인하여야 한다.

16. 실험수행시 주의할 점

(1) 초자기구 사용시 증류수로 2회이상 세척할 것
(2) 용량플라스크나 피펫 등을 사용할 때 눈금을 눈높이에서 표선에 일치시킬 것
(3) 플라스크 등 기구파손이 없도록 할 것
(4) 실험도구를 적재적소에 사용할 것
(5) 피펫필라 등을 정확히 사용할 것
(6) 제조시약에 라벨을 정확히 부착하고 실험할 것

[과년도 기사·산업기사 출제문제]

문제 1. 다음의 용어를 정의함에 있어 잘못된 것은?<'90전반기-산업기사>

㉮ 진공이라 함은 따로 규정이 없는 한 15mmHg 이하를 말한다.

㉯ 용액이라 하고 따로 그 용액을 밝히지 않을 때는 수용액을 말한다.

㉰ 액의 농도를 표시함에 있어 (1 : 10)이라 함은 고체 또는 액체성분 1g을 녹여 전량을 10mℓ로 하는 것을 말한다.

㉱ "정확히 단다"라 함은 0.1mg까지 다는 것을 뜻한다.

문제 2. 다음 중 설명이 틀리는 것은?<'90후반기-산업기사>

㉮ 상온은 15～25℃ ㉯ 실온은 1～35℃

㉰ 온수는 60～70℃ ㉱ 표준온도는 0～15℃

문제 3. 대기오염 공정시험법의 용어해설 중 틀리는 것은?<'91전반기-기사>

㉮ 시험조작 중 "즉시"란 30초 이내에는 조작을 하는 것이다.

㉯ "감압 또는 진공"이라 함은 따로 규정이 없는 한 15mmHg 이하를 뜻한다.

㉰ "정확히 단다"라 함은 규정한 양의 검체를 취하여 저울로 0.01mg까지 다는 것을 뜻한다.

㉱ "강열한다"함은 따로 규정이 없는 한 보통 건조방법으로 1시간 더 강열할 때 전후 무게의 차가 매 g당 0.3mg이하일 때를 뜻한다.

문제 4. 다음 중 대기 오염 공정 시험법에서 정의한 용어의 설명이 틀리는 것은?<'92전반기-산업기사>

㉮ 액체의 산성, 알칼리성은 따로 규정이 없는 한 리트머스 시험지로 측정한다.

㉯ 액체의 산성, 알칼리성은 따로 규정이 없는 한 유리 전극법으로 측정한다.

㉰ 시험수라 함은 따로 규정이 없는 한 유리 전극법으로측정한다.

㉱ 용액이라고 기재하고 그 용액을 밝히지 않은 것은 수용액을 말한다.

문제 5. 다음은 용기를 설명한 것이다. 그 내용이 틀린것은?<'92전반기-산업기사>

㉮ 용기라 함은 시험 용액을 넣어 두는 것을 말하며 용기를 막는데 사용되는 것들도 용기의 일부로 본다

㉯ 밀폐 용기라 함은 취급 또는 저장하는 동안 이물이 들어가거나 또는 내용물

이 손실되지 않도록 보호하는 용기를 말한다.

㉰ 기밀 용기라 함은 기체 또는 저장하는 동안 광선이 투과하지 않도록 한 용기를 말한다.

㉱ 밀봉 용기라 함은 기체 또는 미생물이 침입할 염려가 없는 용기를 말한다.

문제 6. 부피 측정용기 중 뷰렛의 사용상 유의점으로 틀린 것은?<'92후반기-기사>

㉮ 시료가 새는 것을 방지하기 위해 코크 전체에 와세린을 충분히 발라준다.

㉯ 코크를 열어 방출구 대롱에 기포가 들어있지 않도록 물을 채운다.

㉰ 비이커나 뷰렛용 깔대기로 물을 뷰렛의 0 mℓ선 약간 위까지 넣고 깔대기를 덜어낸다.

㉱ 매니스커스의 위치가 안정될 수 있도록 약 2분 기다렸다가 0.0.1mℓf까지 정확히 읽는다.

문제 7. 액의 농도를 (1→5)로 표시한 것은 다음 중 어느 것에 해당되는가?<'92후반기-산업기사>

㉮ 고체 1g을 용매 5mℓ에 녹인 농도

㉯ 액체 1g을 용매 5mℓ에 녹인 농도

㉰ 액체 1용량에 물 5용량을 혼합한 것

㉱ 액체 또는 고체 1mℓ혹은 1g을 용매에 녹여 전량을 5mℓ로 하는 것

문제 8. 대기오염 공정시험법에서 정의하고 있는 용어의 설명으로 틀리는 것은?
<'92후반기-산업기사>

㉮ 용액이라 기재하고 그 용액을 밝히지 않는 것은 수용액을 말한다.

㉯ 진공은 보통 15mmHg 이하를 뜻한다.

㉰ 정량시험의 시료채취량에 "약"자를 붙인 것은 기재량의 ±10% 이상의 차가 있어서는 안된다.

㉱ 액체의 산성, 알카리성은 따로 규정이 없는 한 리트머스 시험지로 측정한다.

문제 9. 다음 약품중 반드시 차광용기에 보관하여야 하는 것은?<'92후반기-산업기사>

㉮ 황산　　㉯ 염산　　㉰ 과산화수소　　㉱ 빙초산

문제 10. 공정시험법에서 정의하고 있는 용어로 잘못된 것은 다음 중 어느 것인

가?<'90후반기-산업기사>

㉮ 진공이라 함은 따로 규정이 없는 한 15mmHg 이하를 말한다.

㉯ 액의 농도를 표시함에 있어 (1:10)이라 함은 고체 또는 액체성분 1g을 용해하여 전량을 100mℓ로 하는 것을 말한다.

㉰ 용액이라 함은 따로 규정이 없는 한 수용액을 말한다.

㉱ 항량이라 함은 1시간 이상 건조 또는 강열할 때 전후 무게의 차가 매 g당 0.3mg 이하일때를 말한다.

문제 11. 농도 표시에 관한 내용 중 틀린 것은?<'96전반기-산업기사>

㉮ 기체 중에 있는 농도를 mg/m^3으로 표시했을 때 m^3은 표준상태의 기체용적을 뜻한다.

㉯ 표준상태에서의 m^3은 Sm^3으로 표시한다.

㉰ am^3로 표시한 것은 실측상태(온도압력)에 있는 기체의 용적을 나타낸다.

㉱ 1억분율은 ppb로 표시한다.

문제 12. 시험의 기재 및 용어 설명으로 맞지 않는 것은?<'96전반기-산업기사>

㉮ 약제성 분량을 '정확히 취한다.'함은 흘피펫, 메스플라스크 또는 이와 동등 이상의 정확도를 갖는 용량계를 사용 조작함을 뜻한다.

㉯ '항량이 될 때까지 건조한다'라 함은 건조 1시간 정도 한 후 건조전후 무게차가 매 g당 0.1mg 이하일 때이다.

㉰ '정확히 단다'라 함은 검체를 분석용 저울로 0.1mg까지 정량한 것을 뜻한다.

㉱ 시험조작 중 '즉시'란 30초 이내 표시된 조작을 하는 것을 뜻한다

문제 13. 가스 100mℓ 중의 성분중량이나 용액 100mℓ 중의 성분중량은 다음 중 어느 것으로 표시하는 것이 옳은가?<'96전반기-산업기사>

㉮ w/v% ㉯ v/v% ㉰ v/w% ㉱ w/w%

문제 14. 백만분율(Parts Per million)을 표시할 때 ppm의 기호를 사용하는 바 따로 표시가 없어도 기체일 때에 사용하는 농도 표시는?<'96전반기-산업기사>

㉮ w/w ㉯ w/v ㉰ v/v ㉱ v/w

문제 15. 대기 시험의 일반시험법에 대한 설명 중에서 알맞은 것은?<'96후반기-기사>

㉮ "약"이란 1무게 또는 부피에 대하여 ±5% 이상의 차가 있어서는 안된다.

㉯ "정확히 단다"라 함은 규정한 량의 검체를 취하여 분석용 저울로 0.01mg까지 다는 것을 뜻한다.

㉰ "항량이 될 때까지 건조한다 또는 강열한다"라 함은 따로 규정이 없는 한 보통의 건조 방법으로 1시간 더 건조 또는 강열할 때 전후무게의 차가 매 g당 0.1mg 이하일 때를 뜻한다.

㉱ 시험조작 중 "즉시"란 30초 이내에 표시된 조작을 하는 것을 뜻한다.

문제 16. 온도의 표시에 관한 설명 중 틀린 것은?<'96후반기-기사>

㉮ 절대온도가 0일 때는 0 °K로 나타내며 -273℃와 같다.

㉯ 표준온도는 0℃, 상온 15~25℃, 실온 1~35℃이다.

㉰ 찬 곳은 따로 규정이 없는 한 0~4℃를 뜻한다.

㉱ 냉수는 15℃ 이하를 뜻한다.

문제 17. 농도표시에 관한 설명 중 틀린 것은?<'96후반기-기사>

㉮ 1억분율은 ppb로 표시한다.

㉯ am^3로 표시한 것은 실측상태(온도, 압력)에 있는 기체의 용적을 나타낸다.

㉰ 액체 100㎖중 성분질량(g) 또는 기체 100㎖중에 있는 성분질량(g)을 표시할 때는 W/V(%)의 기호를 사용한다.

㉱ 따로 표시가 없는 한 기체일 때는 용량대 용량(V/V) 액체일 때는 중량대 중량(W/W)로 표시한 것을 뜻한다.

문제 18. 다음 설명 중 틀린 것은?<'97전반기-기사>

㉮ "진공"이라 함은 따로 규정이 없는 한 15mmHg 이하를 뜻한다.

㉯ "정확히 단다"란 분석용 저울로 0.01mg까지 다는 것을 뜻한다.

㉰ 표준온도는 O℃, 실온 1~35℃ , 상온 15~25℃이다.

㉱ "밀폐용기"는 물질을 취급 또는 보관하는 동안 이물이 들어가거나 손실되지 않도록 보호하는 용기 이다.

문제 19. 다음 중 분석시험에 있어 기재 및 용어설명이 맞는 것은?<'97전반기-산업기사>

㉮ "정확히 단다"라 함은 규정한 양의 전체를 위하여 분석용 저울로 1mg까지 다는 것을 뜻한다.

㉯ "감압 또는 진공"이라 함은 따로 규정이 없는 한 150mmHg 이하를 뜻한다.
㉰ 용액의 액성표시는 따로 규정이 없는 한 유리전극법에 의한 pH미터로 측정한 것을 뜻 한다.
㉱ 시험조작 중 "즉시"란 10초내에 표시된 조작을 하는 것을 뜻한다.

문제 20. 다음 중 염산(5 : 100)용액을 만드는 법이 맞는 것은?<'97후반기-산업기사>
㉮ 염산 5g을 증류수 100mℓ에 녹인다.
㉯ 염산 5mℓ를 증류수 100mℓ에 녹인다.
㉰ 염산 5mℓ를 증류수에 녹여 100mℓ으로 한다.
㉱ 염산 5g을 증류수에 녹여 100g으로 한다.

문제 21. 방울수라 함은 (①)℃에서 정제수 (②)방울을 떨어뜨릴 때 (③)mℓ가 되는 것을 말한다. ( )안에 알맞은 내용은?<'97후반기-산업기사>

	①	②	③
㉮	15	10	2
㉯	20	20	1
㉰	10	10	2
㉱	0	12	1

문제 22. 10 W/V%용액의 설명 중 맞는 것은?<'97후반기-산업기사>
㉮ 용질 10mℓ를 물에 녹여 100mℓ로 한 것이다.
㉯ 용질 10g을 물 90mg에 녹인 것이다.
㉰ 용질 10g을 물에 녹여 100mℓ로 한 것이다
㉱ 용질 10g을 물 또는 알콜에 녹여 110mℓ로 한 것이다.

문제 23. 일반적으로 공정시험법에서 "약"이란 그 무게 또는 부피에 대하여 다음 중 어느 것을 말하는가?<'97후반기-산업기사>
㉮ ±2%이내의 차 ㉯ ±5%이내의 차
㉰ ±7%이내의 차 ㉱ ±10%이내의 차

문제 24. 항량시 전후 무게의 차는 매 g당 몇 mg인가?<'97후반기-산업기사>
㉮ 0.1mg이하 ㉯ 0.2mg 이하 ㉰1.3mg 이하 ㉱ 1mg 이하

문제 25. 다음 중 분석시험에 있어 기재 및 용어 설명이 맞는 것은?<'98전반기-기사>

㉮ "정확히 단다"라 함은 규정한 양의 전체를 취하여 분석용 저울로 0.3mg까지 다는 것을 뜻한다.

㉯ 시험조작 중 "즉시"란 10초 이내에 표시된 조작을 하는 것을 뜻한다.

㉰ "감압" 또는 "진공"이라 함은 따로 규정이 없는 한 10mmHg 이하를 뜻한다.

㉱ 용액의 액성표시는 따로 규정이 없는 한 유리전극법에 의한 pH미터로 측정한 것을 뜻한다.

문제 26. 시험의 기재 및 용어설명 중 맞지 않는 것은?<'98전반기-산업기사>

㉮ "정확히 단다"라 함은 규정한 양의 검체를 취하여 분석용 저울로 0.1mg까지 정량한 것

㉯ 액체성분의 양을 정확히 취할 때는 홀피펫, 메스플라스크 또는 이와 동등 이상의 정확도를 갖는 용량계 사용

㉰ 시험 조작중 "즉시"란 10초 이내 표시된 조작을 하는 것

㉱ "감압" 또는 "진공"이라 항은 따로 규정이 없는 한 15mmHg 이하를 뜻함

문제 27. 다음 설명 중 틀린 것은?<'98후반기-기사>

㉮ 실험시약은 따로 규정이 없는 한 특급이나 1급의 것으로 사용한다.

㉯ 단순히 황산으로 표시되었을 때는 따로 규정이 없는 한 비중 1.84, 농도 95% 이상을 뜻한다.

㉰ "약"이란 무게 또는 부피에 대하여 ±10% 이상 차가 있어서는 안된다.

㉱ 진공이라 함은 따로 규정이 없는 한 15mmH_2O 이하를 말한다.

문제 28. 대기시험의 일반시험법에서 액의 농도에 관한 설명 중 잘못된 것은?

<'98후반 기-기사>

㉮ 단순히 용액이라 기재하고 그 용액의 이름을 밝하지 않는 것은 수용액을 뜻한다.

㉯ 황산(1 : 2)라 표시한 것은 황산 1용량에 물 2용량을 혼합한 것이다.

㉰ 액의 농도를 (1→2), (1→5) 등으로 표시한 것은 그 용질의 성분이 고체일 때는 1g을, 액체일 때는 1mℓ를 용매에 2mℓ또는 5mℓ에 녹이는 비율을 뜻한다.

㉱ 혼액(1+2), (1+5), (1+5+10) 등으로 표시한 것은 액체상의 성분을 각각 1용량 대 2용량, 1용량대 5용량 또는 1용량대 5용량대 10용량의 비율로 혼합한 것

을 뜻하며 (1:2), (1:5), (1:5:10)등으로 표시할 수도 있다.

문제 29. 다음의 용어를 정의함에 있어 잘못된 것은?<'98후반기-산업기사>

㉮ 진공이라 함은 따로 규정이 없는한 15mmHg 이하를 말한다.

㉯ 용액이라 하고 따로 그 용제를 밝히지 않을 때는 수용액을 말한다.

㉰ 액의 농도를 표시함에 있어(1 : 10)이라 함은 고체 1g 또는 액체성분 1mℓ를 녹여 전량을 10mℓ로 하는 것을 말한다.

㉱ "정확히 단다"라 함은 0.1mg까지 다는 것을 뜻한다.

문제 30. 다음 조항 중 맞게 짝지어진 것은?<'98후반기-산업기사>

구분	표준온도	상온	실온	열수	온수
㉮	0℃	15~25℃	1~35℃	100℃	60~70℃
㉯	4℃	15~25℃	5~10℃	100℃	30~60℃
㉰	0℃	10~30℃	1~35℃	100℃	40~60℃
㉱	4℃	10~30℃	5~10℃	60℃ 이상	30~60℃

문제 31. 대기시험의 일반시험법에 대한 설명 중 알맞는 것은?<'93전반기-기사>

㉮ "약" 이란 무게 또는 부피에 대하여 ±5%이상의 차가 있어서는 안 된다.

㉯ "정확히 단다"라 함은 규정한량의 검체를 취하여 분석용 저울로 0.01mg까지 다는 것을 뜻한다.

㉰ "항량이 될 때까지 건조한다." 또는 "강열한다" 함은 따로 규정이 없는 한 보통의 건조 방법으로 1시간 더 건조 또는 강열한 때 전후 무게의 차가 매 g당 0.1mg 이하일 때를 뜻한다.

㉱ 시험조작 중 "즉시"란 30초 이내에 표시된 조작을 하는 것을 뜻한다.

문제 32. 배출허용기준에 규정된 먼지농도표시는?<'93후반기-산업기사>

㉮ 입경분포　　㉯ 중량농도　　㉰ 성분농도　　㉱ 부피농도

문제 33. 다음 설명 중 틀린 것은?<'94후반기-기사>

㉮ "진공"이라 함은 따로 규정이 없는 한 15mmHg 이하를 뜻한다.

㉯ "정확히 단다"란 분석용 저울로 0.01mrnHg까지 다는 것을 뜻한다.

㉰ 표준온도는 0℃ , 상온은 15~25℃ , 실온은 1~35℃ 이다.

㉱ "밀폐 용기"는 물질을 취급 또는 보관하는 동안 이물질이 들어가거나 손실

되지 않도록 보호 하는 용기이다.

문제 34. 다음은 용기를 설명한 것이다. 그 내용이 들리는 것은 ?<'95전반기-산업기사>

㉮ 용기라 함은 시험용액을 넣어두는 것을 말하며 깨끗한 것이라야 한다.

㉯ 밀폐 용기라 함은 취급 또는 저장하는 동안 이물이 들어가거나 또는 내용물이 손실되지 않도록 보호하는 용기를 말한다.

㉰ 기밀용기라 함은 취급 또는 저장하는 동안 광선이 투과하지 않도록 한 용기를 말한다.

㉱ 밀봉용기라 함은 기체 또큰 미생물이 침입할 염려가 없는 용기를 말한다.

문제 35. 다음 중 염산(5 : 100) 용액을 만드는 법이 맞는 것은?<'99전반기-산업기사>

㉮ 염산 5g을 증류수 100mℓ에 녹인다.

㉯ 염산 5mℓ를 증류수 100mℓ에 혼합한다.

㉰ 염산 5mℓ를 증류수에 녹여 100mℓ로 혼합한다.

㉱ 염산 5g를 증류수에 녹여 100g으로 한다.

문제 36. 일반시험 방법 중 시약, 시액, 표준물질에 관한 설명으로 알맞지 않은 것은?<'99후반기-산업기사>

㉮ "약"이란 그 무게 또는 부피에 대하여 ±10% 이상의 차가 있어서는 안된다.

㉯ 시험에 사용하는 표준품은 원칙적으로 특급시약을 사용한다.

㉰ 표준약을 조제하기 위한 표준용시약은 따로 규정이 없는 한 데시케이터에 보관한 것을 사용한다.

㉱ 표준품을 채취할 때 표준액이 정수도 기재되어 있는 경우에는 실험자가 환산하여 기재 수치에 "약"자를 붙여 사용할 수 없다.

제 3 장 배출허용기준시험방법

제 1 절 시료채취방법

제 1항 가스상 물질

1. 적용범위

이 방법은 굴뚝, 닥트 등(이하 굴뚝이라 한다)을 통하여 대기중에 배출되는 가스상물질을 분석하기 위한 시료의 채취방법에 대하여 규정한다. 단, 이 방법에서 표시하는 가스상물질의 시료 채취량은 표준상태로 환산한 건조시료가스의 량을 말한다.

2. 시료 채취점의 선정

2.1 채취 위치의 선정

시료 가스 채취위치는 원칙적으로 제 3장 제 2절 제 1항 먼저 시료의 채취규정에 따라 선정한다. 다만 수평굴뚝일 경우라도 외부공기가 새어들지 않고 굴뚝에 요출부분이 없는 곳으로서 굴뚝의 방향이 바뀌는 지점으로부터 굴뚝내경의 2배이상 떨어진 곳을 선정할 수 있다

2.2 채취점의 선정

시료 가스의 채취점은 채취 위치로 선정된 굴뚝의 단면내에서 제 3장 제 2절 제 1항(먼지) 3.3의 규정에 따라 선정한다. 이 때 보일러의 굴뚝과 같이 가스의 농도가 대체로 균일하다고 인정되는 경우에는 임의의 한점을 채취점으로 하여도 무방하다.

3. 시료 채취장치

3.1 장치의 구성

시료의 채취장치는 분석방법에 따라 다음의 각 요소로 구성된다.

(1) 흡수병, 포집병 등을 쓰는 경우

채취부 → 도 관 → 포집부

(2) 연속 분석계를 쓰는 경우

채취관 → 도 관 → 연속분석계

연속 분석계를 쓰는 경우의 도관에는 기체-액체 분리관, 응축수 트랩 등을 갖추어야 한다.

3.2 채취관

3.2.1 재 질

채취관, 팩킹 및 여과재의 재질은 배출가스의 조성, 온도 등을 고려해서 다음의 조건을 만족시키는 것을 선택한다

(1) 화학반응이나 흡착작용 등으로 배출가스의 분석 결과에 영향을 주지 않는 것.

(2) 배출가스중의 부착성 성분에 의하여 잘 부식되지 않는 것.

(3) 배출가스의 온도,유속 등에 견딜수 있는 충분한 기계적 강도를 갖는 것, 채취관 팩킹 및 여과재의 재질은 일반적으로 분석 대상가스, 공존가스 및 사용온도 등에 따라서 표1에 나타내는 것 중에서 선택한다.

3.2.2 치수(규격)

채취관은 흡입가스의 유량, 채취관의 기계적 강도, 청소의 용이성 등을 고려해서 안지름 6～25㎜정도의 것을 쓴다

채취관의 길이는 2.2에서 전정한 채취점까지 끼워 넣을 수 있는 것이어야 한다. 그림 1에 채취관의 보기를 나타낸다. 배출가스의 온도가 높을 때에는 관이 구부러지는 것을 막기 위한 조치를 해두는 것이 필요하다 먼지가 섞여 들어오는 것을 줄이기 위해서 채취관의 앞 끝의 모양은 직접 먼지가 들어오기 어려운 구조의 것이 좋다.

표1. 분석대상가스의 종류별 채취관, 도관 등의 재질

분석대상가스, 공존가스	채취관,도관의 재질	여과재	비 고
암모니아	①②③④⑤⑥	ⓐⓑⓒ	① 경질유리
일산화탄소	①②③④⑤⑥⑦	ⓐⓑⓒ	② 석 영
염화수소	①② ⑤⑥⑦	ⓐⓑⓒ	③ 보통강철
염소	①② ⑤⑥⑦	ⓐⓑⓒ	④ 스테인레스강
황산화물	①② ④⑤⑥⑦	ⓐⓑⓒ	⑤ 세라믹
질소산화물	①② ④⑤⑥	ⓐⓑⓒ	⑥ 불소수지
이황화탄소	①② ⑥	ⓐⓑ	⑦ 염화비닐수지
포름알데히드	①② ⑥	ⓐⓑ	⑧ 실리콘수지
황화수소	①② ④⑤⑥⑦	ⓐⓑⓒ	⑨ 네오프렌
불소화합물	④ ⑥	ⓒ	
시안화수소	①② ④⑤⑥⑦	ⓐⓑⓒ	ⓐ 알카리성성분이 없는
브롬	①② ⑥	ⓐⓑ	유리솜 또는 실리카솜
벤젠	①② ⑥	ⓐⓑ	ⓑ 소결유리
페놀	①② ④ ⑥	ⓐⓑ	ⓒ 카아보란덤
비소	①② ④⑤⑥⑦	ⓐⓑⓒ	

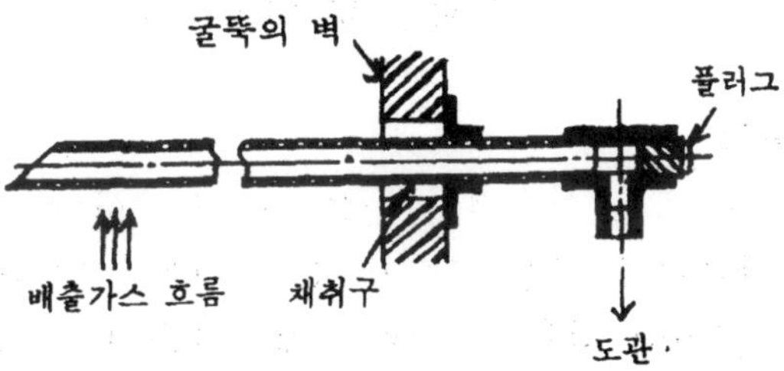

그림 1. 채 취 관

3.2.3 여과재

시료중에 먼지 등이 섞여 들어오는 것을 막기 위하여 필요에 따라서 채취관의 적당한 위치에 여과재를 넣는다 그림 2에 보기를 나타낸다. 여과 재료는 먼지의 제거율이 좋고 압력손실이 적은 것을 쓴다 여과재를 끼우는 부분은 교환이 쉬운 구조의 것으로 한다.

3.2.4 채취관의 고정용 기구

그림 2와 같이 채취구와 채취관과의 고정에는 여러 방법이 있다. 재료로서는 보통강철 또는 스테인레스강을 쓴다.

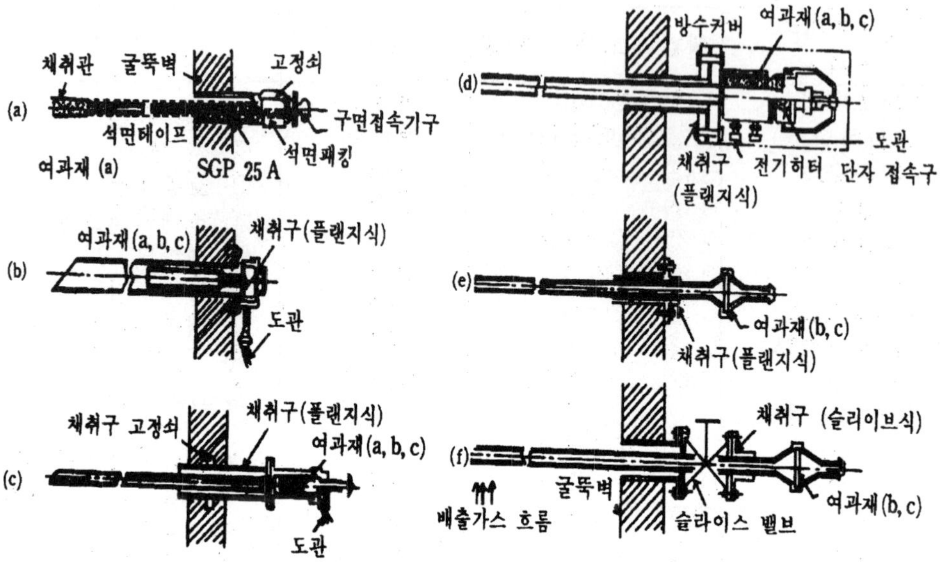

그림 2. 채취구 및 여과재의 설치

3.2.5 보온 및 가열

배출가스 중의 수분 또는 이슬점이 높은 가스성분이 응축해서 채취관이 부식될 염려가 있는 경우, 여과재가 막힐 염려가 있는 경우, 분석대상가스가 응축수에 용해해서 오차가 생길 염려가 있는 경우에는 채취관을 보온 또는 가열한다. 보온 재료는 보통 석면 등을 쓰고 가열은 전기가열, 수증기 가열등의 방법을 쓴다.

전기가열 채취관을 쓰는 경우에는 가열용 히이터를 보호관으로 보호하는 것이 좋다. 보호관이 붙은 전기가열 채취관의 보기를 그림 3에 나타낸다.

보호관의 재질은 표 1에 나타낸 것 중에서 적당한 것을 선정한다.

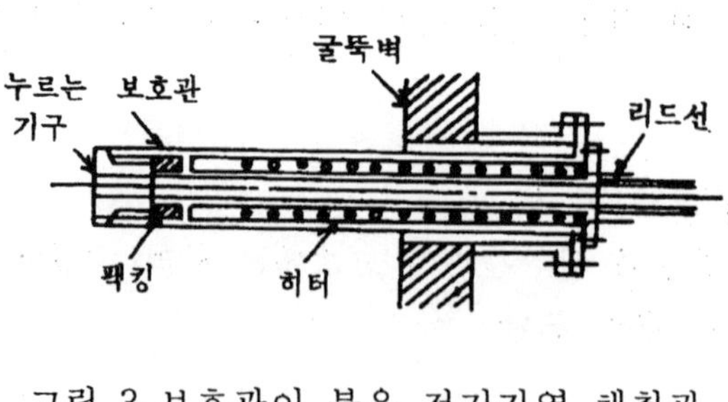

그림 3. 보호관이 붙은 전기가열 채취관

3.3 도 관

3.3.1 재질 및 치수

3.2.1 및 3.2.2의 채취관의 경우에 따라 적당한 것을 쓴다.

이은 부분이나 팩킹 등 도관의 일부에 부득이 흡착성이 있는 재질을 쓰는 경우에는 가스와의 접촉면적을 되도록 적게 하는 것이 필요하다.

도관, 팩킹 등의 재질에는 일반적으로 분석대상가스, 공존가스, 사용온도 등에 따라서 표 1에 나타낸 것 중에서 선정한다.

도관의 안지름은 도관의 길이, 흡인가스의 유량, 응축수에 의한 막힘 또는 흡인펌프의 능력 등을 고려해서 4~25㎜로 한다.

도관의 길이는 되도록 짧게 한다.

3.3.2 보온 및 가열

시료중의 수분 및 이슬점이 높은 가스성분이 도관속에서 응축하는 것을 피하기 위해서 3.2.5에 따라 보온 또는 가열하며, 그림 4에 그 보기를 나타낸다.

3.3.3 습기 제거와 기체-액체 분리

연속 분석계에 따라서는 습기제거와 기체-액체 분리가 필요한 것이 있다.

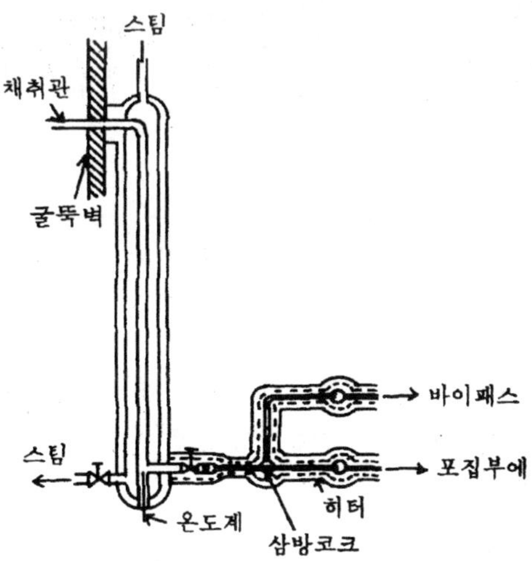

그림 4. 가열도관

(1) 습기 제거

보통 분석계에 있어서는 내부의 배관 및 기타에 응축수가 붙지 않을 정도로 습기를 제거할 필요가 있다. 이 때, 주위의 조건이나 시료의 조건에 따라서 자연공냉식, 강제공냉식 또는 수냉식을 쓴다. 그림 5(a)~(d)에 그의 보기를 나타낸다.

수분에 의한 방해를 받는 분석계의 경우에는 필요에 따라서 시료 가스중의 수분이 얼지 않을 정도의 온도로 유지하고 수분을 냉각 응축시켜서 습기를 제거한다

이 방법으로는 공기 냉각 중탕방식, 물 냉각 중탕방식 또는 펠티에 소자를 쓴 직접 냉각방식을 쓴다.

그림 5(e)~(s)에 그의 보기를 나타낸다. 또 3.5.2의 건조제를 쓰는 방법도 있다.

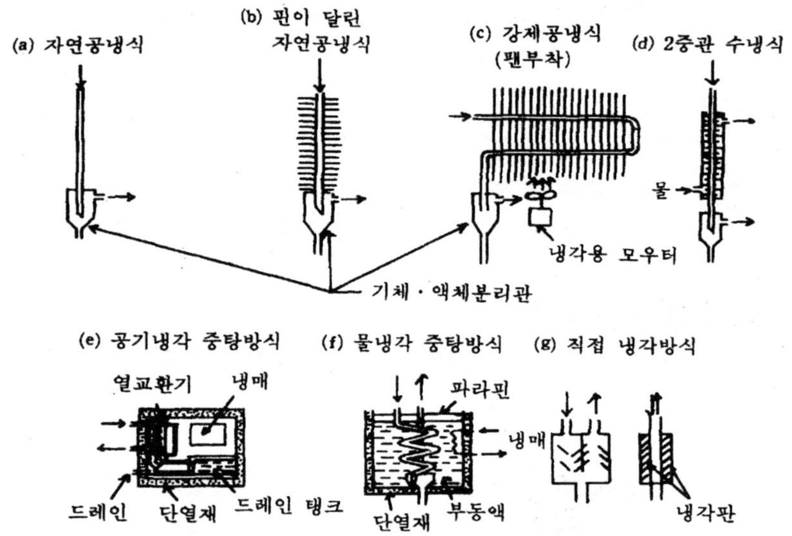

그림 5. 냉각 습기 제거 도관

(2) 기체-액체 분리

냉각으로 습기를 제거하는 경우에는 시료가스에서 응축수를 분리하기 위해서 반드시 그림 6(a), (b)에 나타낸 것과 같은 구조의 기체-액체 분리관을 냉각도관과 응축수 트랩 사이에 놓는다

(3) 응축수 트랩

응축수를 배출시키기 위해서 그림 6(a), (b)에 나타낸 것과 같은 트랩[1]을 사용한다

트랩속의 물과 시료가스와의 접촉면적과 접촉시간을 가급적 적게 한다. 트랩속

의 물이 기체 액체 분리관까지 올라오지 않도록 L_1을, 또 봉한물이 터지지 않도록 L_2를 충분히 크게 할 필요가 있다 또한 응축수가 속히 배출되도록 배출관의 굵기는 6㎜이상으로 하는 것이 좋다.

주(1) 액면을 감시할 수 있게 한다.

비고 : 응축수 트랩 대신에 기체, 액체 분리관 아래쪽에 드레인 펌프를 써도 좋다. 이 때 드레인이 역류하지 않도록 주의 하여야 한다

(4) 안전트랩

응축수 트랩의 물이 분석계에 들어가지 않도록 필요에 따라서 그림 6(c)에 나타내는 구조의 안전트랩을 사용한다. 이 때 사용시에 공기가 빨려 들어가지 않도록 L_3를 충분히 크게할 필요가 있다. 이 때 L_1는 L_3보다 더욱 크지 않으면 안된다.

그림 6(a)의 자동배출식 트랩을 쓰는 경우에는 안전트랩을 같이 써야 한다. 단, 시료 가스가 트랩부분에서 정압일 때에는 그렇게 할 필요가 없다

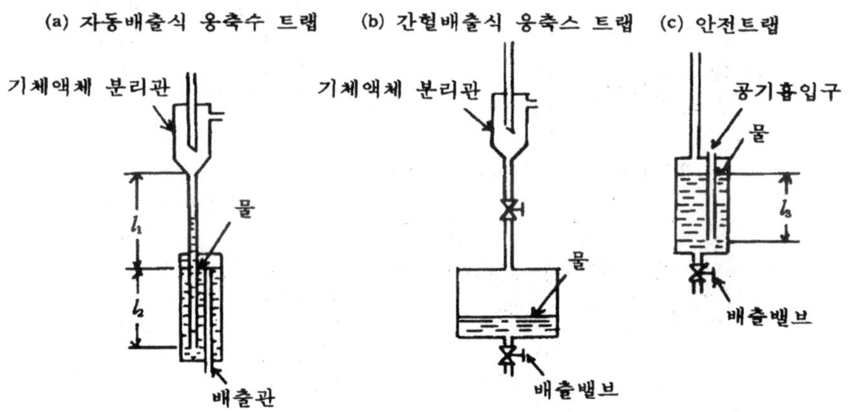

그림 6. 기체-액체 분리관 및 트랩

3.4 포집부

그림 7에 나타낸 것과 같이 가스 흡수병, 바이패스용 세척병, 펌프, 가스 미터 등으로 조립한다. 접속에는 갈아맞춤(직접접속), 실리콘 고무, 불소 고무 또는 연질 염화비닐관을 쓴다. 소량의 시료 채취를 위해서는 그림 8(a), (b), (c)및 표 2에 나타내는 각종 포집병을 쓴다.

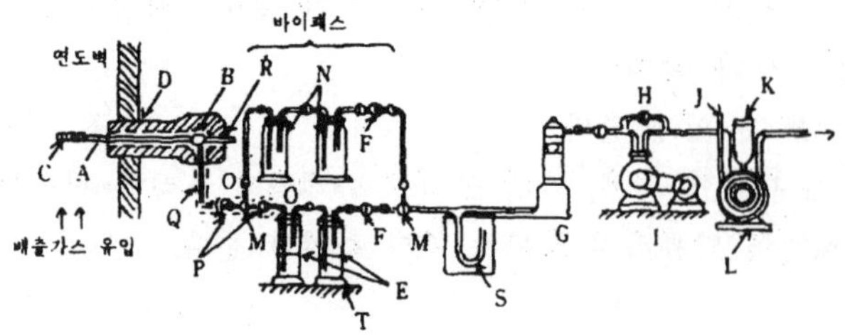

A: 시료채취관　B: 연결관　C. 여과재　D: 보온재　E' 흡수병
F: 유리솜필터　G. 가스 건조탑　H' 유량조절 코크
I: 밀폐식 흡인펌프　J: 온도계　K' 압력계　L. 습식가스미터
M: 3방콕크　N: 바이패스용 세척병(E와 같은 것)　O. 실리콘 고무관
P. 구면 갈아맞춤 이음관　Q' 히터　R: 온도계[2]　S: 마노미터
T: 조절대

(a) 흡수병을 쓰는 경우(시료채취량 10~20 ℓ의 경우)
주 2) 가스의 온도를 알고 있을 때는 온도계를 생략하여도 좋다.

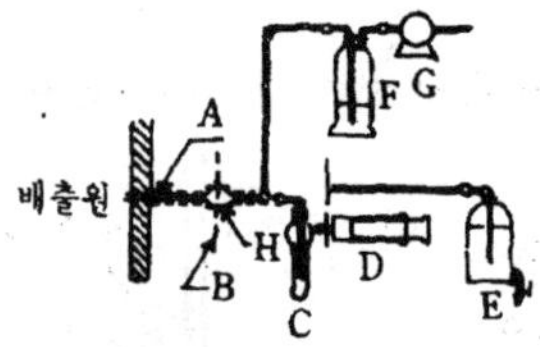

A: 시료채취관　B. 여과재
C: 흡수병　D: 주사통
E. 흡인병　F: 세척병
G: 흡인펌프 또는 고무구
H. 히터

(b) 흡수병을 쓰는 경우(시료가스 채취량 100~ 1,000 ml의 경우)

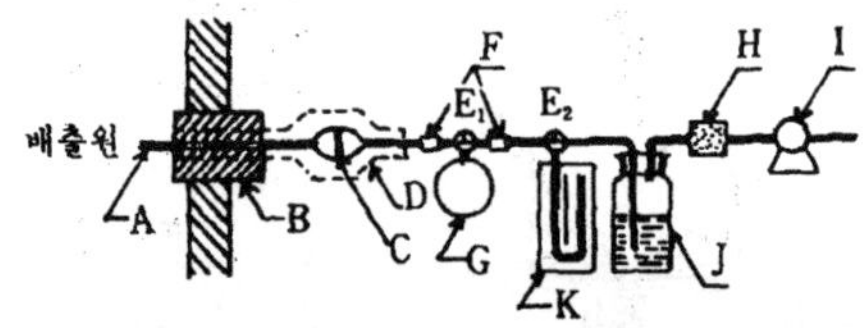

A 시료가스채취관　B: 보온재
C. 여과재　D: 히터
E: 3방콕크(E_1, E_2)　F: 실리콘 고무관
G' 포집병　H. 건조제
I 흡인펌프　J' 세척병
K. 진공마노미터

(c) 포집병을 쓰는 경우(시료가스 채취량이 많은 경우)

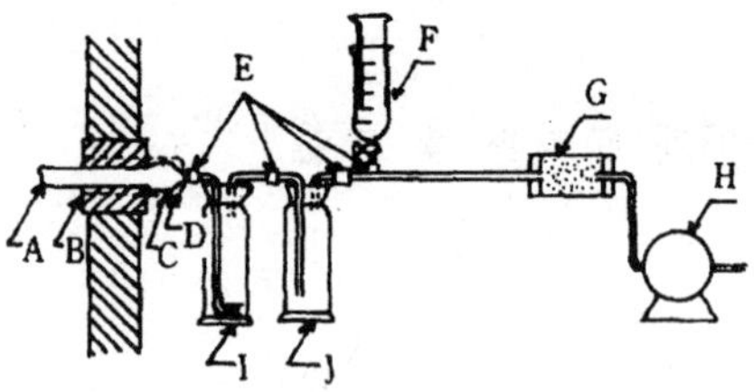

A' 시료채취관　B. 보온재
C: 여과재　D' 히터
E: 실리콘 고무　F. 주사통
G' 건조제
H. 흡인펌프 또는 고무구
I: 흡수병(방해물질 제거용)
J 트랩

(d) 포집병을 쓰는 경우(시료가스 채취량이 적은 경우)

그림 7. 포집부의 구성

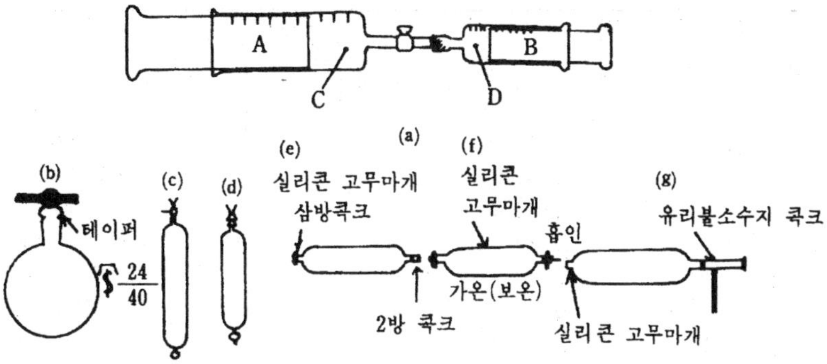

그림 8. 포 집 병

(1) 흡수병

유리로 만든 것으로 분석대상 가스에 따라서 그림 9(a)~(g)및 표 2에 나타내는 것을 쓴다.

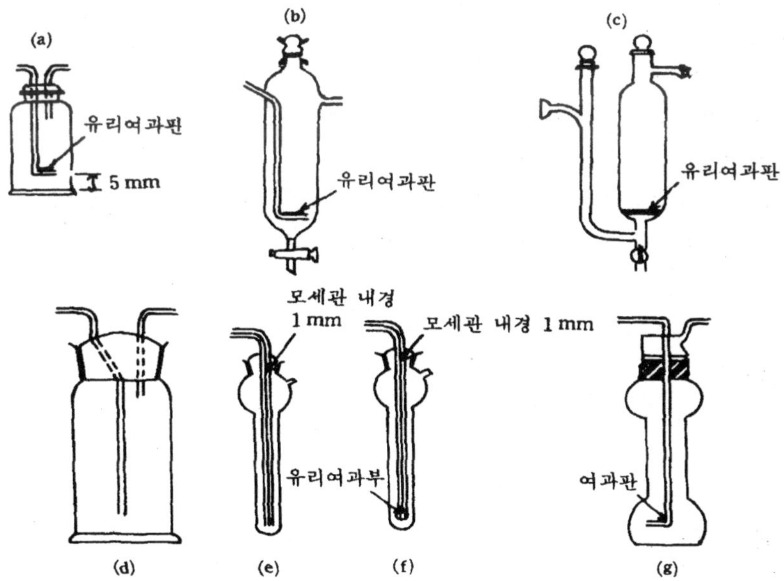

그림 9. 흡수병의 보기

표 2. 분석대상가스의 종류별 흡수병 및 포집병

분석대상가스	흡수병 및 포집병	
	모 양(그림번호)	용 량(mℓ)
암모니아	9 (a) (g)	250
염화수소	9 (a) (b) (c) (g)	100 - 250
염소	9 (e) (f)	40
황산화물	9 (a) (b) (c) (g)	150 - 250
질소산화물	8 (a)	100, 40
	8 (b)	1000
이황화탄소	9 (a) (g)	150 - 250
포름알데히드	9 (e) (f)	40
황화수소	9 (d) (e)	40
불소화합물	9 (a) (b) (c) (g)	250
시안화수소	9 (a) (b) (c) (g)	200
	9 (e)	40
브롬	9 (d)	100
벤젠	8 (g)	1000
	9 (e)	250
페놀	8 (e) (g) (f)	100
	9 (a) (b) (c) (g)	150 -200
비소	9 (a) (b) (c) (g)	200

(2) 수은 마노미터

대기와 압력차가 100 mmHg이상인 것을 쓴다.

(3) 가스건조탑

유리로 만든 가스건조탑을 쓴다. 이것은 펌프를 보호하기 위해서 쓰는 것이며 건조재로서는 입자상태의 염화칼슘 등을 쓴다.

(4) 펌프

배기능력 0.5~5ℓ/분인 밀폐형인 것을 쓴다.

(5) 가스미터

일회전 1ℓ의 습식 또는 건식 가스미터로 온도계와 압력계가 붙어 있는 것을 쓴다.

4. 조립 및 취급법

4.1 흡수병을 사용할 때

4.1.1 부 착

(1) 채취관

① 채취관은 배출가스의 흐름에 따라서 직각이 되도록 연결한다.

② 채취관은 채취구에 고정쇠를 써서 고정한다

③ 채취구에는 그림 2(a)에 나타낸 것과 같이 연도에 바깥 지름 34 ㎜정도의 강철관을 100~150㎜의 길이로 용접하고, 끝에 나사를 낸다. 쓰지 않을 때에는 뚜껑을 덮어둔다.

④ 채취관에 유리솜을 채워서 여과재로 쓰는 경우에는, 그 채우는 길이는 50~150㎜정도로 한다. 연도가스의 압력이 부압일 때는 가스의 흐름 속으로, 또 흡인속도가 너무 클때는 도관쪽으로 각각 여과재가 빨려 들어가는 경우가 있으므로 주의할 필요가 있다

(2)도 관

① 도관은 되도록 짧은 것이 좋으나, 부득이 길게 할 때에는 받침 기구를 써서 고정한다.

② 채취관과 도관, 도관과 포집부 등의 접속은 구면 또는 테이퍼 접속기구를 쓴다 .

(3) 포집부

① 분석용 흡수병은 1개 이상 준비하고, 각각에 규정량의 흡수액을 넣는다. 분석대상가스별 분석방법 및 흡수액은 표 3에 나타낸다.

② 바이패스용 세척병은 1개 이상 준비하고, 분석대상가스가 산성일 때에는 수산화나트륨 용액(20w/v%)을, 알칼리성일 때에는 황산(25w/v%)을 각각 50㎖씩 넣는다.

③ 흡수계 및 바이패스계의 세척병 입구측, 출구측은 각각 3방 콕크로 연결한다.

④ 흡수병 등의 접속에는 구면 갈아맞춤(직접접속), 또는 실리콘 고무관 등을 쓴다.

⑤ 흡수병은 되도록 채취위치 가까이에 놓고, 필요에 따라서 냉각 중탕에 넣어서 냉각한다.

비고 : 흡수병을 나무상자 등에 고정해 두면 들고 다니는 데 편리하다.

4.1.2조 립

(1) 조립의 보기

① 그림 7(a)는 배출가스중의 황산화물을 분석할 때의 조립의 보기로서 그 기본형은 황산화물 이외에 불소화합물, 염화수소, 시안화수소, 황화수소, 암모니아 등의 분석에 있어서 시료 채취량이 10~20 ℓ 인 경우에 쓴다.

표 3. 분석대상가스별 분석방법 및 흡수액

항	분석대상가스	분석방법	흡수액
2	암모니아	· 인도페놀법	붕산용액(0.5w/v%)
		· 중화적정법	〃
3	염화수소	· 티오시안산제2수은법	수산화나트륨용액(0.1N)
		· 질산은법	〃
4	염 소	· 오르토톨리딘법	오르토톨리딘염산용액
5	황산화물	· 침전적정법	과산화수소용액(3%)
		· 중화적정법	〃
	질소산화물	· 아연환원나프틸에틸렌디아민법	증류수
		· 페놀디술폰산법	황산+과산화수소+증류수
6	이황화탄소	· 흡광광도법	디에틸아민동용액
		· 가스크로마토그래프법	
7	포름알데히드	· 크로모트로핀산법	크로모트로핀산+황산
		· 아세틸아세톤법	아세틸아세톤함유흡수액
8	황화수소	· 흡광광도법	아연아민착염용액
		· 용량법	
9	불소화합물	· 흡광광도법	수산화나트륨용액(0.1N)
		· 용량법	
10	시안화수소	· 질산은적정법	수산화나트륨용액(2w/v%)
		· 피리딘피라졸론법	〃
11	브롬화합물	· 흡광광도법	수산화나트륨용액(0.4w/v%)
		· 적정법	〃
12	벤젠	· 흡광광도법	질산암모늄+황산(1+5)
		· 가스크로마토그래프법	
13	페놀	· 흡광광도법	수산화나트륨용액(0.4w/v%)
		· 가스크로마토그래프법	

② 그림 7(b)는 배출가스중의 황화수소를 분석할 때의 조립 보기로서 그 기본형은 황화수소 이외에 이산화질소, 염소, 시안화수소 등의 분석에 있어서 시료의 채취량이 100~1000㎖인 경우에 쓴다.

(2)조 립

① 채취병에서 흡수병에 이르는 사이는 직선이 되게 조립한다.

직선으로 조립할 수가 없는 경우에는 L자형 도관 등을 써서 조작이 쉽도록 조립한다.

② 채취관 또는 도관의 접속부와 흡수병의 접속부와의 위치가 일치하도록 흡수병의 높이를 조절한다.

③ 흡수병 뒤에 수은마노미터,건조탑,흡인펌프 및 가스미터를 배치한다. 그 배관은 연질 염화비닐관, 고무관 등을 쓴다.

④ 채취관 또는 도관과 포집부는 접속하기 전에 포집부에 새는 곳이 없는가 확인을 한다.

⑤ 새는 곳이 없으면 채취관 또는 도관과 포집부를 연결한다(3)

⑥ 분석대상 가스에 따라서 채취구에서 흡수병에 이르는 사이를 가열한다.(4)

주(3) 채취관과 도관, 도관과 포집부와는 새는 곳이 없도록 주의하여 접속한다.

주(4) 채취관 및 도관에는 얇은 석면 테이프를 감아준다.

4.1.3 누출확인 시험

(1) 미리 소정의 흡인 유량에 있어서의 장치안의 부압(대기압과 압차)을 수은 마노미터로 측정 한다.

(2) 채취관 쪽의 3방 콕크를 닫고 펌프쪽의 3방 콕크를 연 다음 펌프의 유량조절 콕크를 조작하여 분석용 흡수병을 부압(소정의 흡인유량에 있어서의 장치안의 부압의 2배정도)으로 하고 펌프 바로 앞의 콕크를 닫는다.

(3) 흡수병에 거품이 생기면 그 앞의 부분에 공기가 새는 것으로 본다. 또 펌프의 3방 콕크를 닫았을 때의 수은 마노미터의 압차가 적어지면, 펌프 바로 앞 부분까지에 새는 곳이 있는 것으로 본다.

(4) 새는 부분은 장치를 다시 조립해서(5) 새는 곳이 없는가 다시 확인한다.

(5) 바이패스용 세척병도(1)~(4)와 같이 조작한다.

주(5) 흡수병의 갈아 맞춤 부분에 약간의 분진이 붙어 있을 때에는 깨끗이 닦고, 갈아 맞춤 부분을 물 1~2방울로 적셔서 차폐한다. 공기가 새는 것을 막고 필요한 때는 실리콘 그리이스 등을 발라서 새는 것을 막는다.

4.1.4 취급법

(1) 흡수병에 시료를 보내기 전에 바이패스를 써서 배관속을 시료로 충분히 바꾸어 놓는다

(2) 시료의 흡인유량은 최고 2ℓ/분 정도(그림 9(e)의 경우에는 0.1ℓ/분 정도)로 한다. 채취하는 시료량은 시료 중의 분석대상 성분의 농도에 따라서 증감한다.

(3) 시료를 채취할 때는 시료의 부피를 측정하는 위치에서 동시에 가스미터상의 온도, 압력 및 대기압을 측정해 둔다.

(4) 건조 시료 가스 채취량(ℓ)은 다음식에 따라 계산한다.

① 습식가스 미터를 사용할 시

$$V_s = V \times \frac{273}{273+t} \times \frac{P_a + P_m - P_v}{760}$$

② 건식가스 미터를 사용할 시

$$V_s = V \times \frac{273}{273+t} \times \frac{P_a + P_m}{760}$$

V_s : 건조 시료 가스 채취량(ℓ)
V : 가스미터로 측정한 흡인가스량(ℓ)
t : 가스미터의 온도(℃)
P_a : 대기압(mmHg)
P_m : 가스미터의 게이지압(mmHg)
P_v : t℃에서의 포화수증기압(mmHg)
비고 : 물의 포화수증기압은 제 2절 제 1항(먼지)별표 1에 의하여 구한다

4.2 포집병을 쓰는 경우

4.2.1부 착

(1) 채취관 4.1.1(1)과 같다.

(2) 도관 4.1 1(2)와 같다.

(3) 포집부

① 포집병은 미리 새는 곳이 없는가를 시험하여 새지 않는 것으로 준비한다.

② 시료가 산성인 때에는 수산화나트륨 용액(20w/v%)을, 알칼리성인 때에는 황산(25w/v%)을, 각각 50mℓ 넣은 세척병[(6)]을 흡인 펌프 앞에 놓는다.

③ 포집병의 접속에는 구면 접속기구 또는 실리콘 고무관을 쓴다.

④ 포집병은 가급적 채취위치 가까이에 접속한다

주 (6) 펌프보호용

4.2.2 조 립

(1) 조립의 보기 : 그림 7(c) 및(d)는 배출가스 중의 질소 산화물의 분석하는 경우의 조립의 보기로서 시료 채취량이 적을 때 쓴다.

(2) 조립 : 4.1.2(2)에 따라서 조립한다.

4.2.3 새는곳 시험

(1) 포집병

① 주사통[보기,그림 8(a)는 내부를 물로 적신 다음 눈금의 1/4정도까지 공기를 넣고 콕크를 닫은 다음 안통을 잡아 당겼다 놓았다 하는 조작을 수회 반복해서 안통이 매회 먼저 위치에 되돌아 가면 새지 않는 것으로 본다.

② 그림 8(b)에 나타낸 감압 포집병은 포집병에 진공 마노미터를 접속한 다음

절대압력 10mmHg정도까지 감압하고 1시간 방치하여 내압의 증가가 20mmHg이내이면 새지 않는 것으로 본다

(2) 포집부

① 새는 곳을 시험하기 전에 채취관의 뒤끝에 콕크를 세척병의 앞 또는 뒤에 수은 마노미터를 접속한다.

② 유량 1~5ℓ/분으로 가스를 흡인하고, 장치내의 부압(대기압과의 압차)을 수은마노미터로 측정 한다.

③ 이하 4.1.3에 따라 새는지의 여부를 시험한다.

4.2.4 취급법

(1) 포집병에 시료를 포집하기 전에 배관 속을 시료로 충분히 바꾸어 놓는다.

(2) 시료의 유량은 1~5ℓ/분 정도로 한다

(3) 시료를 채취할 때에는 포집병의 주위에서 온도와 대기압을 측정해 둔다

(4) 건조시료 가스 채취량(ℓ)다음 식에 따라 계산한다

① 주사통을 사용할 시

$$V_s = V_a \times \frac{273}{273 + t_f} \times \frac{P_a - P_{nf}}{760}$$

② 감압 포집병을 사용할 시

$$V_s = V_a + \frac{273}{760}\left(\frac{P_f - P_{nf}}{273 + t_f} - \frac{P_i - P_{n_i}}{273 + t_i}\right)$$

V_s : 건조 시료 가스 채취량(ℓ)
V_a : 포집병의 용적(7)(8)(ℓ)
P_a : 대기압 (mmHg)
P_i : 시료를 채취하기 전의 포집병내의 압력(mmHg)
P_f : 시료를 채취하고 방치후의 포집병내의 압력(mmHg)
P_{nf} : t_f℃에 있어서의 포화수증기압(mmHg)
P_{n_i} : t_i℃에 있어서의 포화수증기압(mmHg)
t_i : P_i를 측정하였을 때의 온도(℃)
t_f : P_f를 측정하였을 때의 온도(℃)

주(7) 주사통을 쓰는 경우 부피는 눈금으로 읽는다.
(8) 포집병내에 흡수액이 들어있을 경우에는 그 액량을 포집병의 용량에서 뺀다.

4.3 Stack Air Sampler를 사용하는 경우

**부록 제 1항 참조

5. 주의사항

5.1 일반사항

시료 채취에 종사하는 사람의 안전을 위하여 다음의 조치를 강구할 필요가 있다.

(1) 채취에 종사하는 사람은 보통 2인이상을 1조로 한다.

(2) 굴뚝 배출가스의 조성,온도 및 압력과 작업환경 등을 잘 알아 둔다.

(3) 옥외에서 작업하는 경우에는 바람의 방향을 확인하여 바람이 부는 쪽에서 작업하는 것이 좋다.

(4) 위험방지를 위하여 다음의 여러점을 충분히 주의한다.

① 피부를 노출하지 않는 복장을 하고, 안전화를 신는다.

② 작업환경이 고온인 경우에는 드라이아이스 자켓 등을 입는다.

③ 높은 곳에서 작업을 하는 경우에는 반드시 안전밧줄을 쓴다.

ⓒ 교정용 가스나 들어있든 고압가스 용기를 취급하는 경우에는 안전하고 쉽게 운반, 설치를 할 수 있는 방법을 쓴다

5.2 채취 위치

(1) 위험한 장소는 피한다

(2) 채취 위치의 주변에는 필요가 있으면 적당한 높이의 측정작업에 충분한 넓이와 안전한 작업대를 만들고, 안전하고 쉽게 오를 수 있는 설비를 갖춘다.

(3) 채취 위치의 주변에는 배전 및 급수 설비를 낮추는 것이 좋다.

5.3 채취구

(1) 연속분석계를 쓰는 경우에는 필요에 따라서 화학분석용의 채취구를 가까운 곳에 만든다.

(2) 수직굴뚝의 경우에는, 5.1(3)을 만족시키기 위해서 채취구를 같은 높이에 3개 이상 만드는 것이 좋다.

(3) 배출가스중의 분진량 측정용 채취구(바깥지름 115㎜정도)를 이용하는 경우에는 지름이 다른 관 또는 플랜지 등을 사용하여 가스가 새는 일이 없도록 접속하여 배출가스용 채취구로 한다.

(4) 굴뚝내의 압력이 극도로 부압(-300㎜H_2O정도 이하)인 경우에는, 시료 채취용 굴뚝을 부설하여, 용량이 큰 펌프를 써서 시료가스를 흡인하고, 그 부설한 굴뚝에 채취구를 만든다.

(5) 굴뚝내의 압력이 정압인 경우에는 채취구를 열었을 때 유해가스가 분출될 염려가 있으므로 충분한 주의가 필요하다.

5.4 시료채취 장치

5.4.1 흡수병 또는 포집병을 사용할 때

(1) 흡수병은 각 분석법에 공용할 수가 있는 것도 있으나, 대상 성분마다 전용으로 하는 것이 좋다. 만일 공용으로 할 때에는 대상 성분이 달라 질 때마다 묽은 산 또는 알칼리 용액과 물로 충분히 씻은 다음 다시 흡수액으로 3회 정도 씻은 후 사용한다.

(2) 습식 가스미터를 이동 또는 운반할 때에는 반드시 물을 뺀다. 또 오랫동안 쓰지 않을 때에도 그와 같이 배수한다.

(3) 가스미터는 100㎜H_2O이내에서 사용한다.

(4) 습식 가스미터를 장시간 사용하는 경우에는 배출 가스의 성상에 따라서 수위의 변화가 일어날 수 있으므로, 필요한 수위를 유지하도록 주의한다.

(5) 가스미터는 정밀도를 유지하기 위하여, 필요에 따라 기차(器差)를 측정해 둔다.

(6) 시료가스의 양을 재기 위하여 쓰는 포집병은 미리 0℃때의 참부피를 구해둔다.

(7) 주사통에 의한 시료가스의 계량에 있어서 계량 오차가 크다고 생각되는 경우에는 흡인펌프 및 가스미터에 의한 채취방법을 이용하는 것이 좋다

(8) 시료가스 채취장치의 조립에 있어서는, 포집부의 조작을 쉽게하기 위하여 흡수병, 마노미터, 흡인펌프 및 가스미터는 가까운 곳에 놓는다. 또 습식 가스미터는 정확하게 수평으로 조정할 수 있는 곳에 놓아야 한다.

(9) 배출가스 중에 수분과 미스트가 대단히 많을 때에는 포집부와 흡인펌프, 전기배선, 접속부 등에 물방울이나 미스트가 부착하지 않도록 한다.

5.5 기 타

(1) 시료를 채취할 때에는 조업상태를 충분히 고려해서 채취시간을 정한다.

(2) 측정자는 긴밀한 연락으로 채취시의 조업상태를 확인하여 둔다
또한, 측정값을 보고할 때는 그 조업상태를 부기하여 두는 것이 바람직하다.

제 2항 입자상 물질

1. 적용범위

이 시험방법은 물질의 파쇄, 선별, 퇴적, 이적 기타 기계적처리 또는 연소, 합성분해시 굴뚝에서 배출되는 먼지, 매연, 검댕 및 액적등을 채취하는 방법과 개방형 여과집진시설에서 배출되는 입자상물질을 채취하는 방법에 대하여 규정한다.

2. 측정공 위치 및 측정점의 선정

제 2 절 제 1 항(먼지) 3 및 철강공장의 아크로와 연결된 개방형 여과집진시설의 시험법에 따른다.

3. 입자상물질 측정방법

제 2 절 제 1 항(먼지) 4 및 철강공장의 아크로와 연결된 개방형 여과집진시설의 먼지의 시험법에 따른다.

[과년도 기사 · 산업기사 출제문제]

문제 1. 시료 채취시 채취관이나 도관의 재질로서 경질유리나 석영을 할 수 없는 분석 대상 가스는?<'90전반기-산업기사>

㉮ 암모니아 ㉯ 황산화물 및 이산화황 ㉰ 아크로레인 ㉱ 불소화합물

문제 2. 기체 중에서 함유된 기체상태의 오염물질 농도 표시방법으로 보통 ppm (V/V)을 사용한다. 이 농도는 실제로 다음 중 어느 것에 해당하는가?<'90전반기-기사>

㉮ mg/kg ㉯ mg/m^3 ㉰ $m\ell/m^3$ ㉱ $\mu\ell/m^3$

문제 3. 다음은 환경오염 공정시험법에서 규정하고 있는 입자상 물질시료 채취방법 중 하이볼륨 에어샘플러법에 대한 설명이다. 틀린 것은? <'90전반기-기사>

㉮ 샘플러는 보호상자에 설치한다.

㉯ 하이볼륨 에어샘플러법의 흡인 유량은 보통 $1.2\sim1.7m^3/min$정도로 한다.

㉰ 흡인공기량의 계산은 분진 포집종료 직전의 유량을 읽은 후 포집시간을 곱하여 계산 한다.

㉱ 여과지는 0.3㎛되는 입자를 99% 이상 포집할 수 있는 것을 사용한다.

문제 4. 연도에서 시료가스를 채취하는 위치를 나타낸 것이다. 이 중 가장 적합한 곳은? <'90전반기-기사>

㉮ 연도 끝에 상부 직경 0.5배 이내의 곳

㉯ 공기가 새어들어 가는 곳

㉰ 먼지 낙하가 가장 심한 지역

㉱ 연도 하부에서 위를 향하여 그 곳 연도 내경의 8배되는 곳

문제 5. 연도 배출가스 시료채취 장치에 관한 설명 중 옳지 않은 것은?<'90전반기-기사>

㉮ 시료가스 채취장치의 재질은 배출가스의 조성이나 온도를 고려하여 선택한다.

㉯ 채취관의 굵기는 안지름 6-25mm길이는 채취점까지 충분히 송입할 수 있는 것을 사용한다.

㉰ 여과재는 먼지 제거율이 좋고 압력손실이 적은 것을 사용한다.

㉱ 반드시 보온 또는 가열장치를 부착해야 한다.

문제 6. 다음 기구 중 가스 유량의 순간치를 측정하는 데 사용하는 것은?
<'90후반기-산업기사>

㉮ 피토우관 ㉯ 가스미터 ㉰ 벤츄리관 ㉱ 이상모두

문제 7. A 도시의 총 면적은 150km^{2}이고, 이 지역의 인구밀도는 4,000명/km^2, 전국 평균 인구밀도가 800명/km^{2}일 때. A 도시에 환경기준 시험을 위한 시료채취 측정점수를 인구비례에 의한 방법으로 구하면 얼마인가? (단, A 도시 면적은 지역의 거주지 면적으로 총 면적에서 전답, 호수, 임야, 하천 등의 면적을 뺀 면적이다.) <'91후반기-기사>

㉮ 30개 ㉯ 25개 ㉰ 20개 ㉱ 15개

문제 8. 시료채취시 채취관이나 도관의 재질로서 경질유리나 석영을 사용할 수 없는 분석 대상 가스는?<'92후반기-기사>

㉮ 암모니아 ㉯ 황산화물 ㉰ 페놀 ㉱불소화합물

문제 9. 인구밀도가 1,500명/km^{2}인 어떤 지역에 인구 비례에 의한 방법으로 환경오염 시료채취 지점수(측정점수)를 결정하고자 한다. 이 지역의 거주지 면적은 160km^2, 전국의 평균 인구 밀도는 380명/km^{2}인 경우 시료채취 지점수(측정점수)로서 맞는 것은 ?<'92후반기-산업기사>

㉮ 24 ㉯ 26 ㉰ 28 ㉱ 30

문제 10. 채취관을 보온 또는 가열해주는 이유 중 해당하지 않은 것은?
<'92후반기-산업기사>

㉮ 배출가스 성분의 응축으로 채취관의 부식을 막는다.
㉯ 여과재의 구멍이 막히지 않도록 한다.
㉰ 분석대상가스의 분석 오차를 막는다.
㉱ 배출가스의 공기누출을 막는다.

문제 11. 다음중 시료가스 채취 장치의 조립 및 취급시 주의해야 할 사항으로 관계가 없는것은 ? <'92후반기-산업기사>

㉮ 채취관에서 흡수관까지는 직선상으로 조립하는 것이 좋다.
㉯ 도관은 될수록 짧은 것이 좋고 부득이 길게 할 경우에는 고정하거나 받침

을 대어 흔들리거나 빠르지 않도록 한다.

㉰ 흡수병 다음에는 수온압력계, 건조탑, 흡인 펌프, 가스미터를 위치하고 분석 대상 가스의 종류에 따라 채취관의 재질을 선택해야 한다.

㉱ 채취관은 배출가스의 흐르는 방향에 대하여 수평으로 장치하여 채취구에 고정나사나 철사 등으로 고정한다.

문제 12. 고용량 공기포집기(High Volume Air Sampler)를 이용한 공기채취 조작 사항을 열거하였다. 다음 중 틀린 것은?<'96전반기-산업기사>

㉮ 이면(裏面)의 배기판에 설치되어 있는 유량계 연결꼭지에 고무관을 사용하여 유량계를 연결한다

㉯ Sampler를 보호상자 내에 수평으로 고정시킨다.

㉰ 포집을 시작이나 종료할 때 유량은 보통 1.7~2.5m3/분 정도 되도록 한다.

㉱ 전원스위치를 넣고 5분간 동작 후 지시값을 기록한다.

문제 13. 다음은 고용량 공기포집기(High Volume Air Sampler)의 포집용 여과지의 설명이다. 틀린 것은?<'96전반기-산업기사>

㉮ 입자상물질의 포집에 사용하는 여과지는 0.5㎛, 입자를 95% 이상 포집할 수 있어야 한다

㉯ 압력손실과 흡수성이 작고 가스상물질의 흡착이 적은 것이어야 한다.

㉰ 분석에 방해되는 물질은 함유되지 않은 것이어야 한다.

㉱ 사용되는 여과지의 재질은 일반적으로 유리섬유, 석영섬유, 폴리스틸렌, 니트로셀룰로스, 불소수지등이다.

문제 14. 가스상 물질의 시료를 채취하는 방법 중 직접 채취법의 구성 순서로 알맞은 것은? <'96후반기-기사>

㉮ 분석장치 → 채취관 → 흡입펌프　　㉯ 흡입펌프 → 분석장치→ 채취관

㉰ 흡입펌프 → 채취관 → 분석장치　　㉱ 채취관 → 분석장치 → 흡입펌프

문제 15. 대기오염 물질의 시료채취에 사용되는 그림과 같은 기구를 무엇이라 하는가?<'97후반기-산업기사>

㉮ 흡수병　　㉯ 진공병

㉰ 세척병　　㉱ 채취관

문제 16. 채취관은 배출가스의 흐르는 방향에 대하여 어떻게 설치하여야 하는가?<'97후반기-산업기사>

㉮ 45° 로 장치한다. ㉯ 90° 로 장치한다.
㉰ 60° 로 장치한다. ㉱ 30° 로 장치한다.

문제 17. 다음의 설명 중 굴뚝 시료 가스 채취 작업시 주의사항으로 옳지 않은 것은 어느 것인가?<'97후반기-산업기사>

㉮ 시료가스 채취자는 2인 이상 1조로 한다.
㉯ 연도 배굴가스의 조성, 온도, 압력, 작업환경 등을 미리 알아두어야 한다.
㉰ 악취물질의 채취는 되도록 장시간 채취하고 금속성분이나 발암성물질 등은 가능한 단시간 채취한다.
㉱ 위험방지를 위하여 피부를 노출하지 않는 복장과 안전구두, 안전모를 착용한다.

문제 18. 대기오염물질의 시료 채취 높이로 알맞지 않은 것은? (단, 장애물 고려하지 않음. 환경기준시험 방법)<'97후반기-산업기사>

	오염물질	시료채취높이(m)
㉮	먼지	지상 2
㉯	일산화탄소	지상 1.5
㉰	황화수소	지상 5
㉱	이산화질소	지상 7

문제 19. 굴뚝 등에서 배출되는 배출가스를 분석하기 위해 시료를 채취하려고 한다. 시료채취 위치로 적당하지 않은 것은? <'98전반기-산업기사>

㉮ 대표적인 가스가 채취되는 곳 ㉯ 가스 유속이 심하게 변하지 않는 곳
㉰ 수분이 적당히 존재하는 곳 ㉱ 먼지가 쌓이지 않는 곳

문제 20. 가스상물질 시료채취법 중 용기포집법에 관한 설명으로 알맞지 않은 것은?<'98전반기-산업기사>

㉮ 용기는 일반적으로 진공병 또는 공기주머니를 사용한다.
㉯ 채취관-유량조절기 -흡입 펌프-용기로 구성되어 있다.
㉰ 진공병의 마개는 고무, 실리콘고무 또는 합성수지제 고무를 사용한다.

㉱ 진공병은 소수의 측정기로서 다수의 지점에서 동시에 시료를 측정할 경우에 사용된다.

문제 21. 가스상물질의 시료채취에 관한 설명으로 알맞지 않은 것은?<'98後반기-기사>

㉮ 직접채취법의 채취관 길이는 5m 이내로 가능한한 짧은 것이 좋다

㉯ 직접채취법은 채취관, 유량조절기, 용기, 흡입펌프로 구성되어 있다.

㉰ 용매포집법은 여과재로 석영섬유제, 셀를로오스, 나일론제, 4플르오르화 에틸렌제, 멤브레인필터 중 적당한 것을 사용한다.

㉱ 용매포집법의 포집부는 주로 흡수병과 세척병으로 구성된다.

문제 22. 먼지 측정위치에 관한 설명으로 알맞지 않은 것은?<'98後반기-기사>

㉮ 배출가스 흐름이 안정되고 측정작업이 쉽고 안전한 곳을 선정한다.

㉯ 수평 굴뚝에서도 측정이 가능하며 수평 굴뚝 측정위치 선정기준에 따라 선정된다.

㉰ 원칙적으로 굴뚝의 굴곡부분이나 단면이 급격히 변하는 부분은 피한다.

㉱ 기준에 적합한 측정공 설치가 곤란할 경우에는 굴뚝하부 내경의 2배 이상과 상부 내경의 0.5배 이상 되는 지점에 선정할 수 있다.

문제 23. 입자상물질의 시료채취시료법인 로우볼륨에어 샘플러법에서 흡인펌프가 갖추어야 할 조건이 아닌 것은?<'98後반기-기사>

㉮ 진공도가 높을 것　　㉯ 유량이 클 것

㉰ 액동이 고르게 작동될 것　　㉱ 운반이 용이할 것

문제 24. 굴뚝 단면이 원형인 경우 최대 측정 점수는?<'98後반기-기사>

㉮ 20　　㉯ 24　　㉰ 28　　㉱ 32

문제 25. 대기 중 가스상 물질의 시료채취에 사용할 채취관의 재질은 가스성분의 성상과 측정방법에 따라 다른데 다음 중 가스상 물질의 시료 채취관으로서 사용할 수 없는 것은?<'98後반기-산업기사>

㉮ 스테인레스강제　　㉯ 실리콘고무

㉰ 4플루오르화에틸렌수지　　㉱ 경질유리

문제 26. 아래 그림은 소량의 가스를 채취할 때 쓰이는 기구이다. 그 이름이 무엇인가?<'98후반기-산업기사>

㉮ 가스흡수병
㉯ 가스포집병
㉰ 진공병
㉱ 임핀저

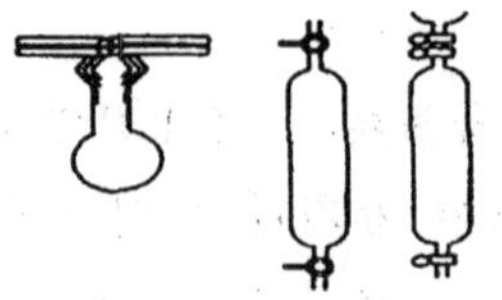

문제 27. 지금 어느 굴뚝 배출 가스에 대한 시료 가스를 채취하려한다. 채취 장치의 조립 및 취급시 주의할 사항으로 옳지 않은 것은?<'93전반기-산업기사>

㉮ 채취관은 배출 가스가 흐르는 방향에 대하여 수평으로 장치한다.
㉯ 채취관에서부터 흡수병까지는 직선상으로 조립하는 것이 좋다.
㉰ 흡수병 다음에는 수온압력계, 건조탑, 흡인펌프, 가스미터의 순으로 연결된다.
㉱ 도관은 될수록 짧은 것이 좋고 받침이나 고정을 하여 흔들리지 않게 한다.

문제 28. 고용량 공기포집기(High Volume Air Sampler)를 이용한 공기 채취 조작 사항을 열거하였다. 다음 중 틀린 것은?<'93전반기-산업기사>

㉮ 이면의 배기판에 설치되어 있는 유량계 연결 꼭지에 고무판을 사용하여 유량계를 연결한다.
㉯ Sampler를 보호상자 내에 수평으로 고정시킨다.
㉰ 포집을 시작이나 종료할 때 유량은 보통 1.2~2.5m^3/min정도 되도록 한다.
㉱ 전원 스위치를 넣고 포집 시작 시간을 기다린다.

문제 29. 연도 배출 가스 시료 채취 장치로서 꼭 필요하지 않은 것은?

<'93전반기-산업기사>

㉮ 시료 채취 가스관　　㉯ 적산 유량제
㉰ 등속흡인을 위한 흡인노즐　　㉱ 흡인펌프 또는 진공펌프

문제 30. 다음은 환경오염 공정 시험법에서 규정하고 있는 입자상 물질 시료 채취 방법 중 하이볼륨 에어 샘플러법에 대한 설명이다. 틀린 것은 ?<'94전반기-기사>

㉮ 샘플러는 보호상자에 설치한다.
㉯ 하이볼륨 에어 샘플러법의 흡입 유량은 보통 1.2~ 1.7m^3/min 정도로 한다.
㉰ 흡인 공기량의 계산은 분진 포집종료 직전의 유량을 읽어 포집시간을 곱하

여 계산한다.

㉱ 여과지는 0.3 um되는 입자를 99% 이상 포집할 수 있는 것을 사용한다.

문제 31. 배출허용 먼지 채취시 배출구(굴뚝)의 직경이 1~2m미만의 원형 단면적 일 때 필요한 측정점의 반경구분수와 측정점수는?<'95전반기-산업기사>

㉮ 반경구분수 1, 측정점수 2 ㉯ 반경구분수 2, 측정점수 4

㉰ 반경구분수 2, 측정점수 8 ㉱ 반경구분수 4, 측정점수 16

문제 32. 대기중 가스상 물질의 시료채취에 사용할 채취관의 재질은 가스성분의 성상과 측정방 법에 따라 다르다. 다음은 가스상 물질의 시료채취관으오서 사용할 수 없는 것은 ?<'95전반기-산업기사>

㉮ 스테인레스강 ㉯ 실리콘고무 ㉰ 불소수지 ㉱ 경질유리

문제 33. 배출허용기준 시험방법 중 반자동식 채취기에 의한 먼지 측정방법에 관한 설명이다. 틀린 것은?<'95전반기-산업기사>

㉮ 흡인노즐 내경은 3mm 이상으로 한다.

㉯ 흡인관은 수분응축 방지를 위한 가열기를 갖춘 것어어야 한다.

㉰ S형 피토우관을 사용한다.

㉱ 차압 게이지 또는 경사마노미터를 사용할 수 없다.

문제 34. 아래 그림은 소량의 가스를 채취할 때 쓰이는 기구이다. 그 이름은 무엇인가?<'95전반기-산업기사>

㉮ 가스흡수병 ㉯ 가스 포집병 ㉰ 진공병 ㉱ 임핀저

문제 35. 대기오염물질의 시료채취에 사용되는 그림과 같은 기구를 무엇이라 하는가?<'99전반기-산업기사>

㉮ 흡수병

㉯ 진공병

㉰ 채취병

㉱ 재취관

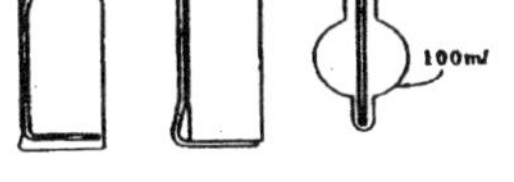

문제 36. 바이패스용 세척병에는 분석대상가스의 액성에 따라서 어떤 용액을 넣는가?<'99전반기-산업기사>

㉮ 증류수 ㉯ 흡수액 ㉰ 같은 액성의 액 ㉱ 반대되는 액성의 액

문제 37. 다음은 환경오염공정시험 방법에서 규정하고 있는 입자상물질 시료채취 방법 중 하이볼륨에어플러법에 대한 설명이다. 틀린 것은?<'99후반기-기사>

㉮ 샘플러는 보호상자에 설치한다.

㉯ 하이볼륨 에어플러 법의 흡인유량은 보통 1.2-1.7㎥/min 정도로 한다.

㉰ 흡인 공기량의 계산은 분진 포집종료 직전의 유량을 읽어 포집시간을 곱하여 계산한다.

㉱ 여과지는 0.3um되는 입자를 99% 이상 포집할 수 있는 것을 사용한다.

문제 38. 고용량 공기포집기(High Volume Air Sampler)를 이용한 공기채취조작사항을 열거하였다. 다음 중 틀린 것은?<'99후반기-산업기사>

㉮ 이면의 배기관에 설치되어 있는 유량계 연결꼭지에 고무관을 사용하여 유량계를 연결한다.

㉯ Sampler를 보호상자 내에 수평으로 고정시킨다.

㉰ 포집을 시작할 때 유량은 보통 2.2～2.5㎥/분 정도가 되도록 한다.

㉱ 전원스윗치를 넣고 포집시작 시간을 기록하며 5분후 유량계의 눈금을 읽어 유량을 기록 하고 유량계는 떼어 놓는다.

제 2 절 항목별 시험방법

제 1 항 먼 지

1. 적용범위

이 시험방법은 물질의 파쇄, 선별, 퇴적, 이적 기타 기계적 처리 또는 연소, 합성분해시 굴뚝에서 배출되는 먼지를 측정하는 방법에 대하여 규정한다. 단, 먼지는 배출가스중에 함유되어 있는 액체 또는 고체인 입자상 물질(Paticulate matter)로써 부착 수분을 제거한 것이며, 먼지농도 표시는 표준상태(0℃, 760㎜Hg)의 건조 배출가스 1S㎥중에 함유된 먼지의 중량으로 표시한다.

2. 측정방법의 종류

2.1 반자동식 채취기에 의한 방법

굴뚝에서 배출되는 먼지시료를 반자동식 채취기를 이용 배출가스의 유속과 같은 속도로 시료가스를 흡인(이하 등속흡인이라 한다)하여 일정온도로 유지되는 실리카 섬유제 여과지에 먼지를 포집한다. 먼지가 포집된 여과지를 110±5℃(배출가스온도가 110±5℃이상일 경우 배출가스온도와 동일하게 건조)에서 충분히(1~3시간) 건조시켜 부착수분을 제거하고 중량적으로 먼지농도를 계산한다.

2.2 수동식(조립) 채취기에 의한 방법

측정공에 시료 채취장치의 흡인관을 굴뚝 내부에 삽입하여 그 선단을 채취점에 일치시키고 등속흡인한 후 먼지가 포집된 여과지를 2.1과 동일한 방법으로 조작한다

2.3 자동식 채취기에 의한 방법

굴뚝에서 배출되는 먼지시료를 자동식 채취기를 이용 배출가스의 유속과 같은 속도로 시료가스를 흡인(이하 등속흡인이라 한다)하여 일정온도로 유지되는 실리카 섬유제 여과지에 먼지를 포집한 후 먼지가 포집된 여과지를 2.1과 동일한 방법

으로 조작한다.

3. 측정위치, 측정공 및 측정 작업대, 측정점

3.1 측정위치

측정위치는 원칙적으로 굴뚝으로 굴곡부분이나 단면모양이 급격히 변하는 부분을 피하여 배출가스 흐름이 안정되고 측정작업이 쉽고 안전한 곳을 선정한다. 즉, 수직굴뚝 하부끝단으로부터 위를 향하여 그곳의 굴뚝 내경의 8배 이상이 되고, 상부 끝단으로부터 아래를 향하여 그곳의 굴뚝내경의 2배 이상이 되는 지점에 측정공 위치를 선정하는 것을 원칙으로 하되, 위의 기준에 적합한 측정공 설치가 곤란하거나 측정작업의 불편, 측정자의 안전성 등이 문제될 때에는 하부내경의 2배 이상과 상부 내경의 1/2배 이상되는 지점에 측정공 위치를 선정할 수 있다. 단, 수직굴뚝에 측정공을 설치하기가 곤란하여 부득이 수평굴뚝에 측정공이 설치되어 있는 경우는 수평굴뚝에서도 측정할 수 있으나 측정공의 위치가 수직굴뚝의 측정위치 선정기준에 준하여 선정된 곳이어야 한다.

3.1.1 굴뚝 직경환산

(1) 굴뚝단면이 원형인 경우(상하 동일 단면적)

굴뚝 상·하 직경은 3.1에서 명시한 수직굴뚝의 배출가스가 흐트러짐이 시작되는 위치의 내경을 기준으로 한다.

(2) 굴뚝단면이 사각형인 경우(상·하 동일 단면적의 정사각형 또는 직사각형)

굴뚝단면이 상·하 동일 단면적인 사각형 굴뚝의 직경산출은 다음과 같이 한다.

$$\text{환산직경} = 2 \times \left(\frac{A \times B}{A + B} \right) = 2 \times \left(\frac{\text{가로} \times \text{세로}}{\text{가로} + \text{세로}} \right)$$

A : 3.1에서 명시한 굴뚝내부 단면 가로치수

B : 3.1에서 명시한 굴뚝내부 단면 세로치수

(3) 굴뚝단면이 서서히 변하는 경우

굴뚝단면이 서서히 축소되는 경우의 원형 및 사각형 굴뚝직경 산출은 다음과 같이 한다.

① 원형굴뚝의 경우

3.1에 의거 측정공 위치를 대략적으로 선정하고 다음에 의거 굴뚝직경을 산출하

여, 선정된 측정공 위치가 환산 하부직경의 2배 이상과 환산 상부직경의 1/2배 이상이면 굴뚝직경으로 채택한다.

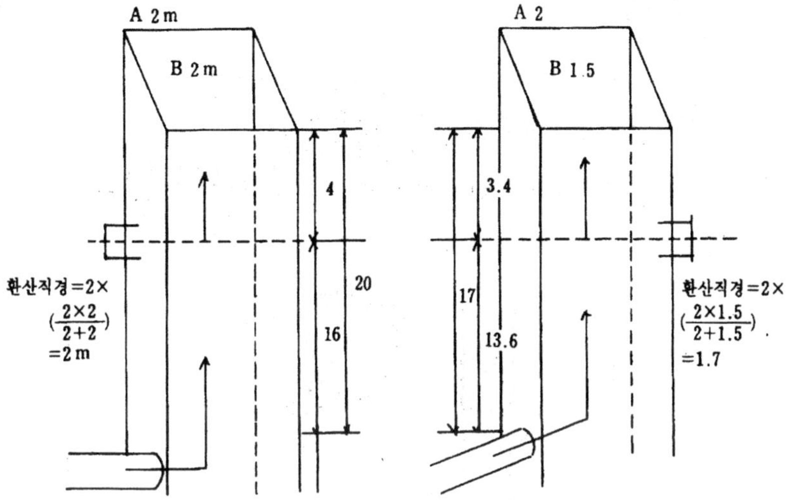

그림 1. 사각형 굴뚝환산 예

$$환산하부직경 = \frac{하부직경 + 선정된측정공위치의직경}{2}$$

$$환산상부직경 = \frac{상부직경 + 선정된측정공위치의직경}{2}$$

② 사각형 굴뚝의 경우

일차적으로 각 위치별 직경을 3.1.1(2)에서 의거 환산하고 이차적으로 3.1.1(3)① 와 같은 방법으로 환산한다.

㉮ 원형굴뚝의 경우

$$적용하부직경 = \frac{2.5 + 1.83}{2} = 2.165$$

$$적용상부직경 = \frac{1.5 + 1.83}{2} = 1.665$$

㉮ 선정된 측정공위치 채택여부 검토

20÷ 2.165=9배

(하부직경의 2배 이상이므로 채택함)

10÷ 1.665=6배

(상부직경의 1/2배 이상이므로 채택함)

㉯ 사각형 굴뚝의 경우

$$1차계산\begin{cases} 상부환산직경=2\times\left(\dfrac{2\times1.5}{2+1.5}\right)=1.7 \\ 하부환산직경=2\times\left(\dfrac{2\times2.5}{2+2.5}\right)=2.2 \\ 선정된측정공위치의직경=2\times\left(\dfrac{2.3\times1.8}{2.3+1.8}\right)=2.0 \end{cases}$$

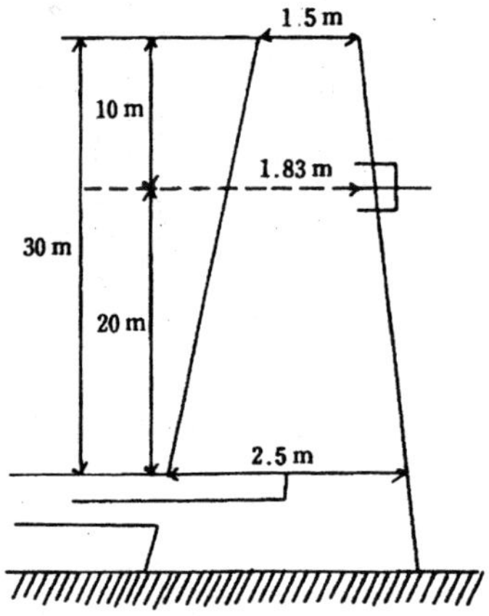

그림 2.원형 굴뚝의 환산 예

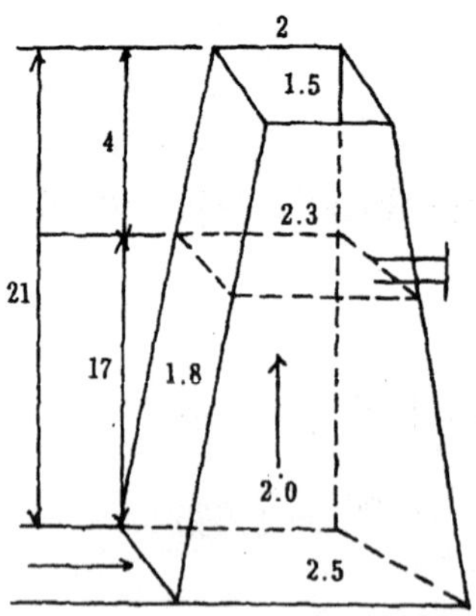

그림 3.사각형 굴뚝의 환산 예

$$2차계산\begin{cases} 적용하부직경 = \dfrac{2.2+2.0}{2} = 2.1 \\ 적용상부직경 = \dfrac{1.7+2.0}{2} = 1.8 \end{cases}$$

㉯ 선정된 측정공위치 채택여부 검토

17÷2.1=8배(하부직경의 2배 이상이므로 채택함)

4÷1.8=2배(상부직경의 1/2배 이상이므로 채택함)

(4) 기타 형태의 경우

굴뚝이 기타 다른 형태일 경우에는 원형 및 사각형 경우 중 가까운 쪽에 준하여 환산 적용하고 필요시는 다음과 같은 굴뚝내 배출가스의 흐름을 개선하여 굴뚝직경을 산출하여 활용할 수 있다. 단, 이러한 장치가 먼지가 퇴적되거나 저항에 의한 유량이 변화하는 등의 지장을 초래하여서는 안된다.

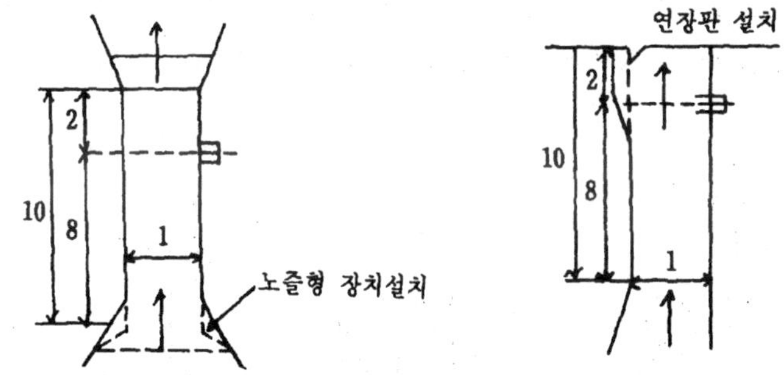

그림 4. 배출가스흐름의 개선 예

3.2 측정공 및 측정작업대

3.1에서 선정된 측정위치에는 측정자의 안전과 측정작업을 위한 작업대와 측정공이 설치되어야 한다.

3.2.1 측정공

측정공은 그림 5와 같이 측정위치로 선정된 굴뚝 벽면에 내경 100~150㎜ 정도로 설치하고 측정시 이외에는 마개를 막아 밀폐하고 측정시에도 흡입관 삽입 이외의 공간은 공기가 새지 않도록 밀폐되어야 한다.

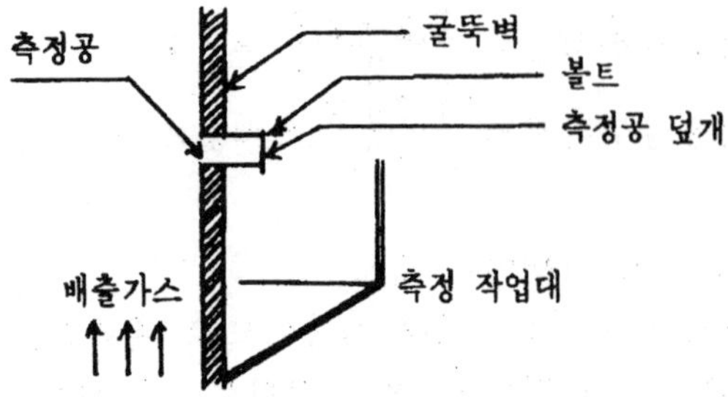

그림 5.측정공의 구조 예

3.2.2 측정작업대

측정작업대는 측정장비의 설치와 측정자의 작업을 쉽게 하기 위하여 충분히 크고 견고해야 한다. 보통 그 크기는 측정장비를 설치하고 2~3인의 측정작업자가 충분히 작업할 수 있는 공간과 지지력이 마련되어야 한다. 또한, 측정작업대까지 오르기 위한 적당한 승강시설을 그림 6의 시설 등과 같이 굴뚝에 견고히 설치하여 측정자의 안전을 보호하고 장비의 운반 및 측정을 위한 도르래, 전기 등의 시설을 설치하여야 한다.

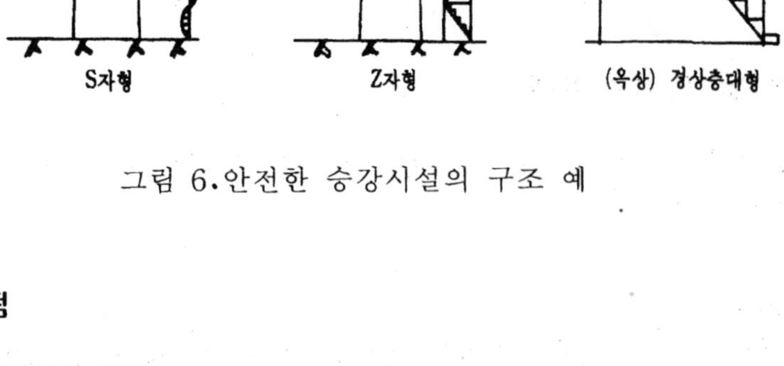

그림 6.안전한 승강시설의 구조 예

3.3 측정점

3.3.1 측정점의 선정

측정점은 측정위치로 선정된 굴뚝단면의 모양과 크기에 따라 다음과 같은 요령으로 적당수의 등면적으로 구분하고 구분된 각 면적마다 측정점을 선정한다.

(1) 굴뚝단면이 원형일 경우

그림 7과 같이 측정 단면에서 서로 직교하는 직경선상에, 표 1이 부여하는 위치를 측정점으로 선정한다. 측정점수는 굴뚝직경이 4.5m를 초과할 때는 20점까지로 한다.

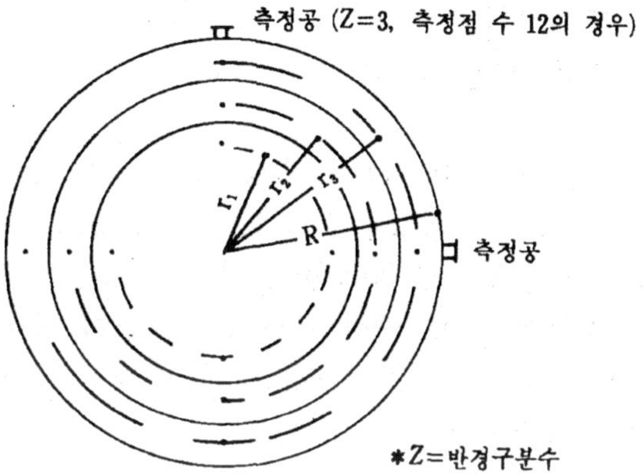

그림 7. 원형단면의 측정점 예(굴뚝 직경이 2초과 4이하인 경우)

표1. 원형단면의 측정점

굴뚝직경 2R(m)	반 경 구분수	측정 점수	굴뚝 중심에서 측정점까지의 거리 r_n(m)				
			r_1	r_2	r_3	r_4	r_5
1이하	1	4	0.707R	-	-	-	-
1초과 2이하	2	8	0.500R	0.866R	-	-	-
2초과 4이하	3	12	0.408R	0.707R	0.913R	-	-
4초과 4.5이하	4	16	0.354R	0.612R	0.791R	0.935R	-
4.5 초과	5	20	0.316R	0.548R	0.707R	0.837R	0.949R

① 굴뚝 단면적이 0.25㎡이하로 소규모일 경우에는 그 굴뚝 단면의 중심을 대표점으로하여 1점만 측정한다.

② 3.2의 규정에 의하여 선정된 측정공이 수직굴뚝에 위치할 경우에는 굴뚝 단면의 1/4에 해당하는 반경선상의 측정점으로 줄일 수 있다.

③ 3.2의 규정에 의하여 선정된 측정공이 수평굴뚝에 위치할 때에는 모든 측정점에서 측정을 한다.

(2) 굴뚝 단면이 사각형일 경우

굴뚝 단면이 사각형일 때는 다음과 같이 단면적에 따라 등단면적의 사각형으로 구분하고 구분된 각 등단면적의 중심에 측정점 수를 표 2와 같이 선정한다.

표 2. 사각형 굴뚝단면적의 측정점수

굴뚝단면적(m^2)	구분된 1변의 길이 ℓ(m)
1 이하	$\ell \leq 0.5$
1초과 4이하	$\ell \leq 0.667$
4초과 20이하	$\ell \leq 1$

측정 단면은 그림 8과 같이 한변의 길이(ℓ)가 표 2의 규정에 따라 1m이하의 범위에서 4개이상의 등단면적의 직사방형 또는 정사방형으로 나누어 중심에 측정점을 선정한다. 단 굴뚝의 단면적이 20m^2를 초과하는 경우는 측정점수는 20점까지로 하고 등단면적으로 구분한다. 단 측정 단면에서 흐름이 비대칭인 경우는 비대칭방향으로 구분한 한 변의 길이는 그것과 수직방향의 한변 길이보다도 짧게 취하여 측정점의 개수를 각각 증가시킨다.

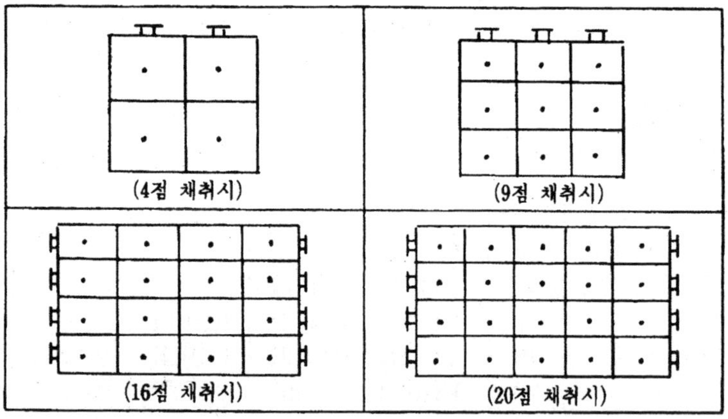

그림 8. 사각형 굴뚝단면의 측정위치

① 굴뚝 단면적이 0.25m^2이하로 소규모일 경우에는 그 굴뚝 단면의 중심을 대표점으로하여 1점만 측정한다.

② 측정 단면에서 유속의 분포가 비교적 대칭을 이룰 경우에 수평닥트는 수직 대칭축에 대하여 반측면만을 취하고, 수직 굴뚝은 1/4의 단면을 취하며, 측정점의 수를 각각 1/2, 1/4로 줄일 수 있다.

③ 3.2 규정에 의하여 선정된 측정공이 수평굴뚝에 위치할 때는 모든 측정점에서 측정을 한다.

(3) 굴뚝 단면이 기타 모양일 경우

굴뚝 단면의 모양이 한쪽은 원형(아치형) 한쪽은 사각형 또는 기타 모양일 경우에는 (1)(2)에 따라 측정점수를 결정한다.

3.4 먼지시료 채취방법의 종류

(1) 직접 채취법

측정점마다 1개의 먼지포집기를 사용하여 시료를 채취한다.

(2) 이동 채취법

1개의 먼지포집기를 사용하여 측정점을 이동하면서 각각 같은 흡인시간으로 먼지시료를 채취한다.

(3) 대표점 채취법

3.2의 규정에 따라 정해진 대표점에서 1개 또는 수개의 먼지포집기를 사용하여 먼지시료를 채취한다.

4. 측정 방법

4.1 반자동식 채취기에 의한 방법

4.1.1 채취장치의 구성

이 방법에서 사용되는 시료 채취장치는 흡인노즐, 흡인관, 피토우관, 여과지홀더, 여과지 가열장치, 임핀저 트레인, 가스흡인 및 유량측정부 등으로 구성되며 여과지홀더의 위치에 따라 그림 10과 그림 11로 구별된다.

(1) 흡인노즐

흡인노즐은 스테인레스강, 경질유리, 또는 석영 유리제로 만들어진 것으로 다음과 같은 조건을 만족시키는 것이어야 한다.

① 흡인노즐의 안과 밖의 가스흐름이 흐트러지지 않도록 흡인노즐 내경(d)은 4 ㎜ 이상으로 한다. 흡인노즐의 내경 d는 정확히 측정하여 0.1㎜단위까지 구하여 둔다.

② 흡인노즐의 꼭지점은 그림 9와 같이 30℃이하의 예각이 되도록 하고 매끈한 반구모양으로 한다.

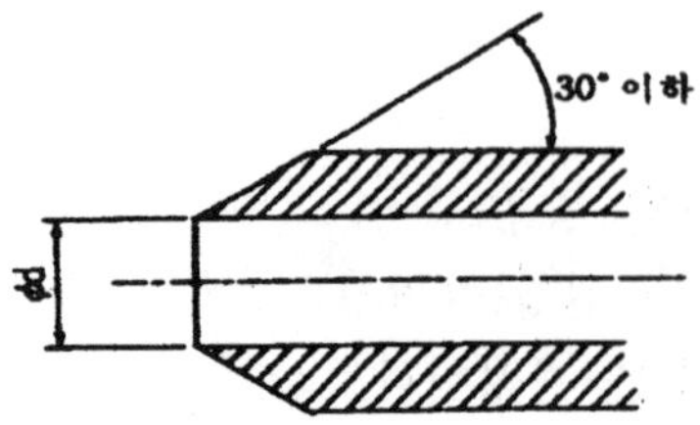

그림 9. 흡인 노즐의 꼭지부분

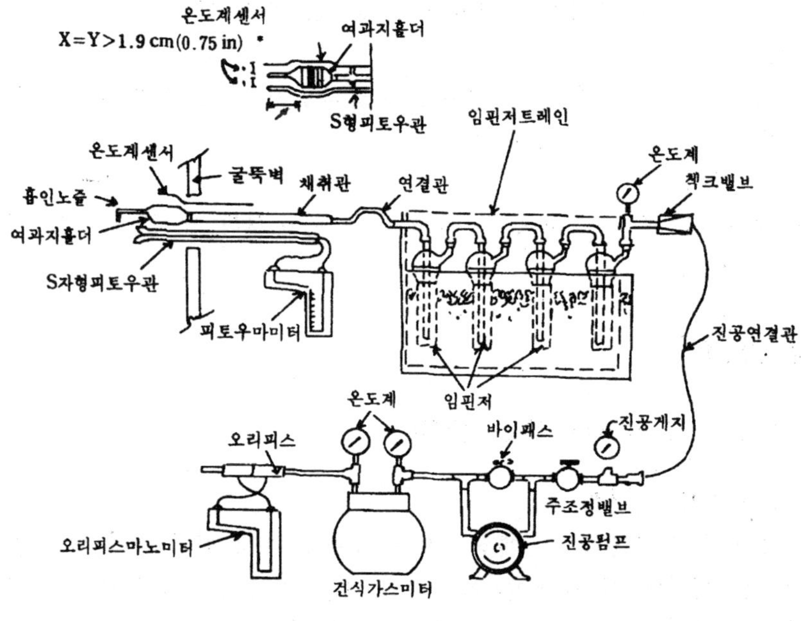

그림 10. 먼지시료 채취장치(1형)

③ 흡인노즐 내외면은 매끄럽게 되어야 하며 흡인노즐에서 먼지 포집부까지의 흡인관은 내부면이 매끄럽고 급곡한 단면의 변화와 굴곡이 없어야 한다.

(2) 흡인관

수분응축 방지를 위해 시료가스 온도를 120±14℃로 유지할 수 있는 가열기를 갖춘 보로실리케이트(borosilicate), 스테인레스강 또는 석영 유리관을 사용한다.

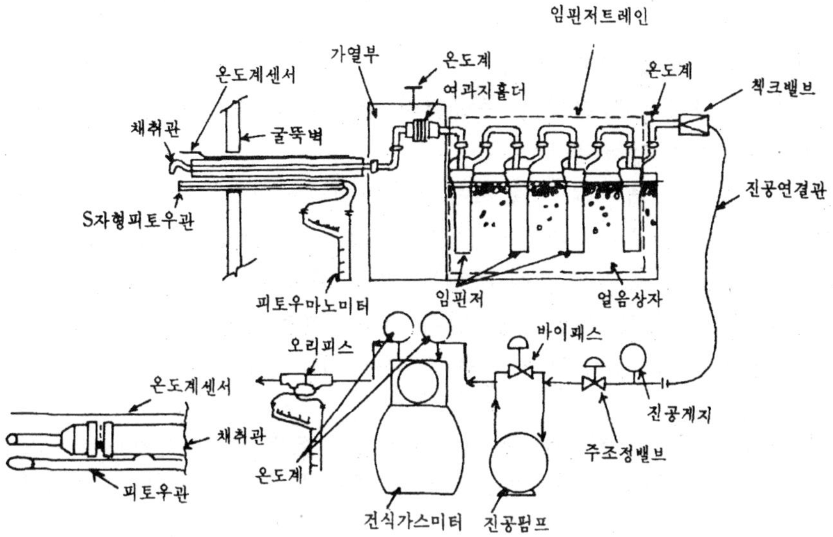

그림 11. 먼지시료 채취장치(2형)

(3) 피토우관

피토우관 계수가 정해진 L형 피토우관(C:1.0전후 또는 S형(웨스턴형 C:0.85전후) 피토우관으로서 배출가스 유속의 계속적인 측정을 위해 흡인관에 부착하여 사용한다.

(4) 차압게이지

2개의 경사마노미터 또는 이와 동등의 것을 사용한다. 하나는 배출가스 동압측정을 다른 하나는 오리피스압차 측정을 위한 것이다.

(5) 여과지 홀더

여과지 홀더는 원통형 또는 원형의 먼지포집 여과지를 지지해주는 장치를 말한다. 이 장치는 유리제 또는 스테인레스강 등으로 만들어진 것으로 내식성이 강하고 여과지 탈착이 쉬워야 한다. 또 여과지를 끼운 곳에서 공기가 새지 않아야 한다.

(6) 여과부 가열장치

시료채취시 여과지 홀더 주위를 120±14℃의 온도를 유지할 수 있고 주위온도를 3℃이내까지 측정할 수 있는 온도계를 모니터 할 수 있도록 설치하여야 한다.

다만, 이 장치는 그림 11의 2형 시료채취장치를 이용할 경우에만 사용된다.

(7) 임핀저 트레인 및 냉각 상자

일렬로 연결된 4개의 임핀저로 구성되며 접속부는 가스 누출이 없도록 갈아 맞춤 또는 실리콘관으로 연결한다.

첫번째, 세번째 및 네번째 임핀저는 변형 그리인버그 스미드형(임핀저 헤드가 직선관임)으로서 팁을 플라스크 바닥에서 1.3cm(1/2 Inch) 되는 지점까지 이르는 내경 1.3cm(1/2inch)의 유리관으로 대체한 것을 사용한다. 두번째 임핀저는 표준팁이 그리인버스 스미드형을 사용한다. 임핀저에는 유해가스 흡수액을 넣고 배기가스를 통과시켜 유해가스를 흡수시켜 수분 및 유해가스로부터 기기를 보호한다.

주(1) 체크밸브는 부압이 형성될 때 임핀저를 통해 굴뚝으로 역류하는 것으로부터 포집된 수분과 먼지를 보호하는 역할을 한다. 그러나 역류 현상은 시스템이 가동정지 상태에서 일어나므로 시료는 사용치 못하게 되며 다시 시료채취를 해야 한다.

주(2) : 그림 11 먼지 시료 채취장치 2형의 사용 경우 먼지포집량이 100㎎이 초과할 경우 흡인관과 여과지 사이에 유리제 사이크론을 연결하여 사용한다.

(8) 가스흡인 및 유량측정부

진공게이지, 진공펌프, 온도계, 건식가스미터 등으로 구성되며 등속흡인유량을 유지하고 흡인 가스량을 측정할 수 있게 되어 있다.

4.1.2 시험용 기구 및 기기

(1) 시료채취장치 1형을 사용하는 경우

① 흡인노즐용 솔

나일론실로 만든 솔로서 흡인노즐보다 더 긴 것을 사용한다.

② 시료보관병

원통형 여과지에 포집된 먼지시료를 보관하기 위한 것으로 유리 또는 흡습관을 사용한다.

③ 흡습병 : U자형 또는 흡습관을 사용한다.

④ 간이용 저울 : 100㎎까지 무게를 달 수 있는 저울을 사용한다.

⑤ 건조기

⑥ 데시케이터

⑦ 분석용 저울 : 0.1㎎까지 무게를 달 수 있는 정밀저울을 사용한다.

(2) 시료채취장치 2형을 사용하는 경우

① 흡인노즐 및 흡인관용 솔

나일론실로 만든 솔로서 길이는 흡인관 보다 더 긴 것을 사용한다.

② 세척병

유리세척병 2개로 사용한다.

③ 시료보관용

500mℓ 또는 1,000mℓ 용량의 보로실리케이트 유리병을 사용한다.

④ 페트리 접시

여과지에 포집된 먼지시료를 보관하기 위한 것으로서 유리 또는 폴리에틸렌제를 사용한다.

⑤ 메스실린더 및 저울

1mℓ씩 눈금이 매겨진 메스실린더와 0.5g까지 달 수 있는 저울을 사용한다.

⑥ 유리제 평량접시

⑦ 데시케이터

⑧ 분석용 저울 : 0.1mg까지 무게를 달 수 있는 정밀저울을 사용한다.

4.1.3 시험용 시약

(1) 시료채취장치 1형을 사용하는 경우

① 원통여과지 : 실리카 섬유제 여과지로서 99% 이상의 먼지포집율(0.3㎛ 디옥틸프탈레이트(Dioctyl phthalate) 매연 입자에 의한 먼지 통과시험)을 나타내는 것이어야 하며 사용상태에서 화학변화를 일으키지 않아야 하며, 화학변화로 인하여 측정치의 오차가 나타날 경우에는 적절한 처리를 하여 사용토록 하고, 유효직경이 25㎜ 이상의 것을 사용한다.

② 실리카겔 : 6～16매시(mesh) 크기의 변색지시형 실리카겔을 사용하여 재사용시에는 175℃에서 2시간 건조시킨 후 사용한다.

③ 흡습제 : 입상의 무수염화칼슘을 사용한다.

④ 건조제 : 변색지시형 무수황산칼슘을 사용한다.

(2) 시료 채취장치 2형을 사용하는 경우

① 원형여지 : 실리카 섬유제 여과지로서 99% 이상의 먼지 포집율(1형과 같음)을 나타낸 것이어야 하며 유효직경이 63.5㎜ 이상의 것을 사용한다.

② 실리카겔 6～16매시(mesh) 크기의 변색지시형 실리카겔을 사용하며 재사용시는 175℃에서 2시간 동안 건조시킨 후 사용한다.

③ 잘게 부순 얼음

④ 진공 그리스 : 아세톤에 녹지 않고 열에 안정한 실리콘 그리스를 사용한다.

⑤ 아세톤 : 잔재물이 0.001wt% 이하인 시약용 아세톤을 사용한다.

⑥ 건조제 : 변색지시형 무수황산칼슘을 사용한다.

4.1.4 배출가스 온도 측정

(1) 측정점 : 측정점은 3.3의 규정에 따라 선정한다. 단, 측정점 수는 줄여도 무방하다.

(2) 측정기구 :측정기구는 액체를 넣은 유리 온도계, 전기식 온도계, 열전대 온도계 등을 사용한다.

(3) 측정방법 :측정방법은 측정기구를 측정공에 끼워넣고 측정점에서 온도를 측정한다.

4.1.5 수분량 측정

(1) 측정점 : 측정점은 3.1에서 규정한 위치에서 굴뚝 중심에 가까운 곳을 선정한다.

(2) 측정방법 :측정방법은 별도의 흡습관을 이용하는 방법, 임핀저를 이용하는 방법 및 계산에 의한 방법 등이 있다.

4.1.5.1 별도의 흡습관을 이용하는 방법

(1) 시료채취장치 1형을 사용하는 경우

① 측정장치 : 흡습관법에 따른 수분량 측정장치는 그림 12와 같이 흡인관, 흡습관, 가스흡인 및 유량측정부 등으로 구성된다.

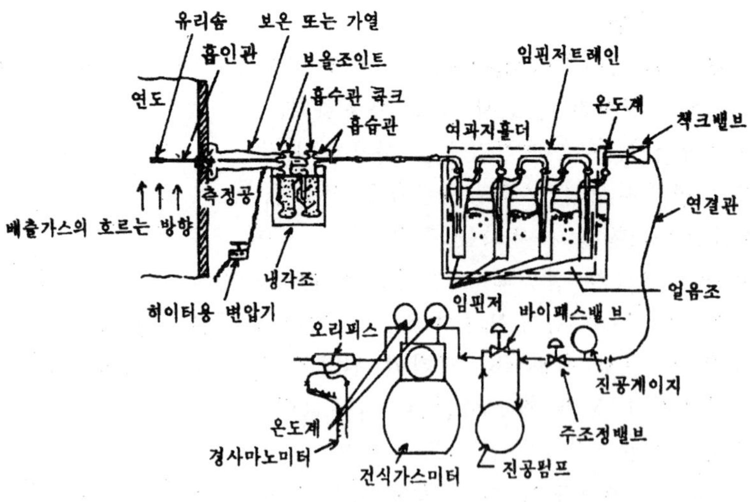

그림 12.수분량 측정장치(1형)

㉮ 흡인관 : 스테인레스강 또는 석영제 유리관을 사용한다. 먼지의 혼입을 방지하기 위하여 흡인관의 선단에 유리섬유 등의 여과제를 넣어둔다.

㉯ 흡습관 : U자관 또는 흡습관에 무수염화칼슘(입상) 등의 흡수제를 넣고 흡습제의 비산을 방지하기 위하여 유리섬유로 채워 막으며 원칙적으로 2개의 흡습관을 사용한다.

② 측정 방법

㉮ 흡습관에 흡습제를 채운 후 표면의 부착물을 깨끗이 씻어내고 흡습관의 콕크를 닫고 그 무게를 달아 m_{a1}이라 한다.

㉯ 임핀저트레인 중에 첫번째와 두번째 임핀저에 100㎎의 물을 넣고 네번째 임핀저에 200~300g의 실리카겔을 넣는다.

㉰ 흡인관 내부에서 수분이 응축하지 않도록 보온 및 가열한다.

㉱ 냉각조를 사용하여 흡습관을 냉각하여야 한다.

㉲ 흡인관을 측정공에 끼워넣고 흡습관을 연결한 후 흡습관의 콕크를 열고 진공펌프 등의 흡인장치를 가동시켜 가스를 흡인한다.

㉳ 흡인유량결정 : 배출가스 흡인 유량을 1개의 흡습관내의 흡습제 1g당 0.1ℓ/분 이하가 되도록 흡인유량 조절밸브로 조절한다. 흡인가스량은 흡습된 수분이 0.1~1g이 되도록 한다. 흡인가스량은 적산유량계로서 0.1ℓ단위까지 읽는다.

㉴ 가스흡인 중에 가스온도, 압력 및 유량을 측정한다.

㉵ 필요한 배출가스를 흡인한 후 흡습관의 콕크를 닫고 배관을 분리한다.

㉶ 흡습관 표면의 수분 및 부착물을 잘 닦은 후 무게를 달고 그 무게를 m_{a2}로 한다. 분석용 저울은 10㎎차이까지 읽을 수 있는 것을 사용한다.

③ 수분량 계산

배출가스 중의 수분량은 습한 가스 중의 수증기의 부피백분율로 표시하고 다음 식에 의해 구한다.

$$X_w = \frac{\frac{22.4}{18} m_a}{V_m \times \frac{273}{273+\theta_m} \times \frac{P_a + P_m}{760} + \frac{22.4}{18} m_a} \times 100$$

X_w : 배출가스 중의 수증기의 부피 백분율(%)
m_a : 흡수 수분의 질량(m_{a1}-m_{a2})(g)
V_m : 흡인한 건조 가스량(건식가스미터에서 읽은 값)(ℓ)
θ_m : 가스미터에너의 흡인 가스온도(℃)
P_a : 대기압(㎜Hg)

P_m : 가스미터에서의 가스의 게이지압(㎜Hg)

(2) 시료채취장치 2형을 사용하는 경우

① 측정장치 : 수분량 측정장치의 구성은 그림 13과 같다.

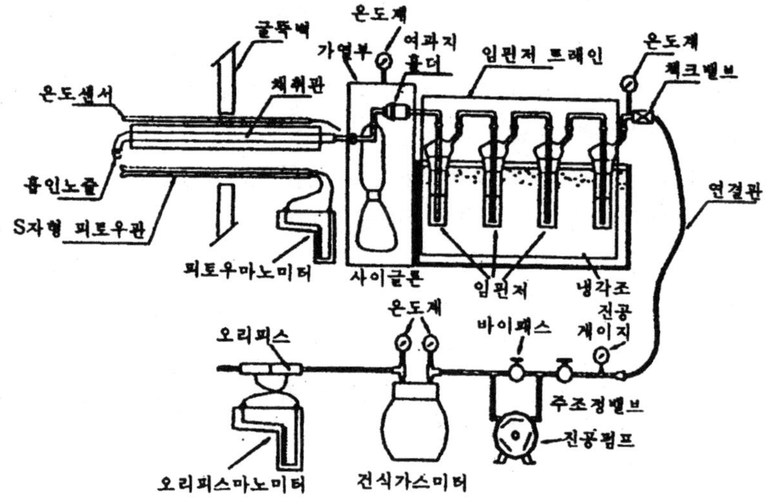

그림 13. 수분량 측정장치(2형)

② 측정 방법

㉮ 임핀저 트레인 중에 첫번째와 두번째 임핀저에 100㎎의 물을 정확히 달아 넣고 네번째 임핀저에 200g±0.5g의 실리카겔을 10㎎까지 정확히 달아 넣고 총무게를 m_{a1}이라 한다.

㉯ 임핀저 주위에 얼음조각을 채워넣고 각 연결부를 연결한다.

㉰ 흡인관과 여과부 가열장치가 120±14℃가 되도록 가열한 후 흡인한다.

㉱ 가스흡인 중에 배출가스 온도 및 압력, 유량을 측정한다.

㉲ 필요한 배출가스를 흡인하고 임핀저 트레인을 분리한다.

㉳ 임핀저 트레인 중에 첫번째와 두번째 임핀저에 들어 있는 물을 ±1㎖까지 측정하거나 혹은 저울을 이용해 ±0.5g이내까지 정확히 측정하고 네번째 들어 있는 실리카겔을 10㎎까지 정확히 달아 총 무게를 m_{a2}라 한다.

③ 수분량 계산

4.1.5.1 (1)③에 따른다.

4.1.5.2 계산에 의한 방법

사용연료의 양과 조성 및 불어 넣은 공기량, 습도 등으로부터 다음 식에 의하여 계산된다.

$$X_w = \frac{w_g}{G} \times \frac{22.4}{18} \times 100$$

X_w: 습한 배출가스 중의 수증기의 부피 백분율(%)

W_g: 연료 단위량당 발생가스 중의 수분량(kg/kg:고체 또는 액체연료, kg/S㎥:기체연료)

G: 연료 단위량당 습한 배출가스량(S㎥/kg:고체 또는 액체연료, S㎥/S㎥:기체연료)

고체 또는 액체 연료일 때

$$W_g = \frac{29}{22.4} AvK + \frac{W_r}{100} + \frac{9H}{100}$$

기체 연료일 때

$$W_g = \frac{29}{22.4} AvK + \frac{18}{22.4} \times \frac{1}{100} (H_2 + 2CH_4 + 2C_2H_4 + \cdots)$$

A_v : 연료단위량당 사용한 건조공기량(S㎥/kg:고체 또는 액체 연료, S㎥/S㎥:기체연료)

K : 연소용 공기의 절대습도[습한 공기 중의 수증기량과 건조공기량과의 질량비(kg/kg 건조공기)]

$$K = \frac{0.622 \varphi P_v}{100P_a - \varphi P_v}$$

φ : 상대습도(%)

P_v : 물의 포화증기압(㎜Hg)

P_a : 대기압(㎜Hg)

W_r : 연료중의 전 수분의 무게 백분율(%)

H : 연료 중의 수소분(사용시 기준)의 무게 백분율(%)

H_2 : 연료가스 중의 수소의 부피 백분율(%)

CH_4 : 연료가스 중의 메탄의 부피 백분율(%)
C_2H_4 : 연료가스 중의 에틸렌의 부피 백분율(%)

비고(1) :증기가 스며들거나 제품 등에서 수분이 발생하여 배출가스 중에 포함될 때는 다음과 같이 이 수분량을 연료단위량 당으로 환산하여 Wg에 더한다.

(1) 고체 또는 액체 연료일 때

$$G = G' + \frac{22.4}{18} W_g$$

이때,

$$G' = (m - 0.21)A_0 + 1.867\frac{C'}{100} + 0.7\frac{S}{100} + 0.8\frac{N}{100}$$

$$m = \frac{(N_2)}{(N_2) - 3.76(O_2) - 0.5(CO)}$$

$$A_0 = \frac{1}{100}\left\{8.89C' + 26.7(H - \frac{O}{8}) + 3.33S\right\}$$

또는 $G' = \dfrac{1.867C' + 0.7S}{(CO_2) + (CO)}$

G': 연료단위량당 건조 배출가스량(Sm³/kg:고체 또는 액체연료, Sm³/Sm³:기체연료)
m : 공기비
W: 연료 중에 함유되어 있는 총 수분의 무게 백분율(%)
H : 연료 중에 함유되어 있는 수소의 무게 백분율(%)
C': 연료 중에 함유되어 있는 연소 탄소의 무게 백분율(%)
S : 연료 중에 함유되어 있는 연소 황의 무게 백분율(%)
N : 연료 중에 함유되어 있는 질소의 무게 백분율(%)
O : 연료 중에 함유되어 있는 산소의 무게 백분율(%)
A_0 : 연료 1kg당의 이론 공기량(Sm³/kg 연료)
(N_2) : 건조 배출가스 중에 함유되어 있는 질소의 부피 백분율(%)
(O_2) : 건조 배출가스 중에 함유되어 있는 산소의 부피 백분율(%)
(CO) : 건조 배출가스 중에 함유되어 있는 일산화탄소의 부피 백분율(%)
(CO_2) : 건조 배출가스 중에 함유되어 있는 이산화탄소의 부피 백분율(%)

(2) 기체 연료일 때

$$G = G' + \frac{1}{100}(H_2 + 2CH_4 + 2C_2H_4 + \cdots)$$

이때,

$$G' = \frac{(CO + CO_2 + CH_4 + 2C_2H_4 \cdots)}{(CO_2) + (CO)}$$

G' : 원료가스 1Nm³당 건조 배출가스량(Sm³/Sm³:기체연료)
H_2 : 건조 연료가스 중의 수소의 부피 백분율(%)
CH_4 : 건조 연료가스 중의 메탄의 부피 백분율(%)
C_2H_4 : 건조 연료가스 중의 에틸렌의 부피 백분율(%)
CO : 건조 배출가스 중의 일산화탄소의 부피 백분율(%)
CO_2 : 건조 배출가스 중의 이산화탄소의 부피 백분율(%)

(3) 스크러버 출구 등 배출가스 중에 물방울이 공존할 때는 배출가스 온도의 포화수증기압을 사용하며, 다음 식으로 수분량을 계산한다. (100℃이하일 때)

$$X_w = \frac{P_v}{P_a + P_s} \times 100$$

X_w : 배출가스 중의 수증기 부피 백분율(%)
P_v : 배출가스 온도의 포화수증기압(㎜Hg)
P_a : 대기압(㎜Hg)
P_s : 배출가스의 정압(㎜Hg)

4.1.6 먼지측정

(1) 측정준비

① 시료 채취장치 1형을 사용하는 경우

㉮ 원통형 여과지를 110±5℃(배출가스온도가 110±5℃이상일 경우 배출가스온도와 동일하게 건조)에서 충분히(1~3시간) 건조하고 데시케이터 내에서 실온까지 냉각하여 무게를 0.1㎎까지 정확히 단 후 여과지홀더에 끼운다.

㉯ 임핀저 트레인중 첫번째와 두번째 임핀저에 각각 100㎎의 물(또는 과산화수소)을 넣고 네번째 임핀저에는 미리 무게를 단 200~300g의 실리카겔을 넣는다.

㉰ 임핀저 트레인을 통과하는 배출가스의 온도가 높을 경우 임핀저 주위에 잘게 부순 얼음을 채워 넣는다.

② 시료 채취장치 2형을 사용하는 경우

㉮ 원형 여과지를 110±5℃(배출가스온도가 110±5℃이상일 경우 배출가스온도

와 동일하게 건조)에서 충분히 건조하고 데시케이터 내에서 실온까지 냉각하여 무게를 0.1㎎까지 정확히 단 후 여과지 홀더에 끼운다. 먼지 포집량이 100㎎을 초과할 것으도 예상되는 경우에는 흡인관과 여과지 홀더 사이에 유리제 사이클론을 연결하여 사용한다.

㈏ 임핀저 트레인중 첫번째 및 두번째 임핀저에 각각 100㎎의 물을 넣고 세번째 임핀저는 비워두며 네번째 임핀저에는 미리 무게를 단 약 200~300g의 실리카겔을 넣는다. 임핀저 주위에는 잘게 부순 얼음을 채워 넣는다. 임핀저 트레인은 배출가스의 냉각(20℃ 이하로), 수분제거 및 채취된 물의 총량결정, 유해 가스 제거 등을 위해 사용한다.

㈐ 임핀저 트레인에 흡인관을 연결한 후 흡인관 출구에서 시료가스의 온도가 120±14℃가 되도록 가열기를 조정하고 여과부 가열장치도 켜 여과지 홀더 주위를 120±14℃로 유지한다.

(2) 시료채취

① 3.3과 같이 측정점 수를 선정한다.

② 4.1.4와 같이 배출가스의 온도를 측정한다.

③ S자형 피토우관과 경사마노미터로 배출가스의 정압과 평균동압을 각각 측정한다. 피토관을 측정공에서 굴뚝내의 측정점까지 삽입하여 전압공을 배출가스 흐름방향에 바로 직면시켜 압력계에 의하여 동압을 측정한다. 동압은 원칙적으로 0.1㎜ H_2O의 단위까지 읽는다. 이때, 피토관의 배출가스 흐름방향에 대한 편차를 10° 이하가 되어야 한다.

④ 4.1.5와 같이 배출가스의 수분량을 측정한다.

⑤ 매 채취점마다 동압을 측정하여 계산기를 이용하여 등속흡인을 위한 적정한 흡인노즐 및 오리피스압차를 구한후 유량조절밸브를 그 오리피스차압이 유지되도록 유량을 조절하여 시료를 채취한다. 한 채취점에서의 채취시간을 최소 2분 이상으로 하고 모든 채취점에서 채취시간을 동일하게 한다.

시료채취 중에 굴뚝내 배출가스 온도, 건식 가스미터의 입구 및 출구온도, 여과지홀더 온도, 최종 임핀저 통과 후의 가스온도, 진공게이지압 등을 측정 기록하고 채취가 끝날 때마다 측정점에서의 가스시료 채취량을 기록해 둔다. 이러한 수치들을 기록하기 위한 기록지 양식의 한 예가 표 3에 나타나 있다

⑥ 등속흡인 정도를 보기 위해 다음 식 또는 계산기에 의해서 등속계수를 구하고 그 값이 95~110% 범위 내에 들지 않는 경우에는 다시 시료채취를 행한다.

표 3. 먼지시료의 채취 기록지

공장명________________
측정대상명________________
작성자명________________
측정일________________
측정번호________________
오리피스미터 ΔH________________

피토우관계수________________
기온, ℃________________
기압, mmHg________________
수분량, %________________
흡인관 길이, m________________
흡입노즐 직경, cm________________
배출가스정압, mmHg________________

C팩터________________ **굴뚝단면 및 측정점 배열** **여과지 번호**________________

채취점 번호	시료 채취 시간 (분)	진공 게이 지압 (mmHg)	배출 가스 온도 (℃)	배출 가스 동압 (mmH_2O)	오리 피스 압차 (mmH_2O)	시료 채취량 (m^3)	건식가스미터 에서의 온도(℃) 입구	입구	여과지 홀더 온도 (℃)	최종임 핀저출 구온도 (℃)
합계							평균	평균		
평 균							평 균			

비고 : 1. 시료채취중 임핀저 통과 후의 가스온도가 20℃가 넘을 경우엔 잘게 부순 얼음을 더 채우거나 소금을 첨가하도록 한다.

2. 먼지가 포집됨에 따라 여과지에 전후의 압력강하가 너무 높아져 등속흡인을 유지하기가 어려울 경우엔 새 여과지로 교환(여과지 홀더도 같이 교환하는 것이 좋다)한 후 시료채취를 계속한다. 이때 총포집먼지량은 각 여과지에 포집된 먼지량의 합이 된다.

$$I(\%) = \frac{T_s[0.00346\,V_{ic} + V'_m / T_m (P_{bar} + \Delta H/13.6)]}{P_s \cdot t \cdot v \cdot A_n} \times (1.667 \times 10^4)$$

I : 등속계수(%)

P_a : 배출가스 압력(mmHg : 760+Ps), Ps : 배출가스 정압

T_s : 배출가스 평균 절대온도(K : 273+ θ s(℃))

V_{ic} : 임핀저와 실리카겔의 채취된 물의 총량(㎖)

V'_m : 건식가스미터에서 읽은 가스시료 채취량(㎖)

T_m : 건식가스미터의 평균 절대온도(K : 273+ θ m(℃))

P_{bar} : 측정공 위치의 대기압(㎜Hg)

ΔH : 오리피스 압차(㎜H_2O)

t : 총시료 채취시간(분)

v : 배출가스 유속(m/초)

A_n : 노즐의 단면적(㎠)

(3) 시료회수

① 시료채취장치 1형을 사용하는 경우

㉮ 시료채취가 끝나면 흡인관을 빼내어 방냉한 후 노즐 주변의 먼지를 닦아낸다.

㉯ 흡인관과 여과지홀더를 분리하고 먼지가 포집된 여과지는 시료보관병에 넣는다.

㉰ 첫번째와 두번째 및 세번째 임펀저에 들어 있는 물의 부피를 측정한 후 버린다.

용기 No. 1 : 여과지 홀더에서 조심스럽게 여과지를 분리하여 페트리 접시용기에 넣는다.

용기 No. 2 :흡인노즐, 흡인관, 접속부, 여과지 홀더 등의 내부에 붙은 먼지를 아세톤으로 세척하여 그 세척액을 이 용기에 넣는다.(바탕시험을 위해 아세톤의 일부를 남겨둔다).

② 시료 채취장치 2형을 사용할 경우

㉮ 시료채취가 모두 끝나면 흡인관을 굴뚝내에서 빼내 방냉한 후 노즐 주변에 붙은 먼지를 닦아내고 마개를 하여 시료채취부(여과부+임펀저트레인)를 분리한다.

㉯ 시료채취부를 깨끗하고 바람이 불지 않는 장소로 옮겨 여과지 홀더와 임펀저트레인을 분리 한다.

㉰ 첫번째, 두번째 및 세번째 임펀저에 들어 있는 물의 부피를 측정한 후 버린다.

㉱ 다음과 같이 각 시료보관 용기에 시료를 넣는다.

용기 No. 3 : 네번째 임펀저에 들어 있는 실리카겔을 이 용기에 옮겨 넣고 마개를 한다.

(4) 시료분석

① 시료 채취장치 1형을 사용할 경우

㉮ 시료를 110±5℃(배출가스온도가 110±5℃이상일 경우 배출가스온도와 동일하게 건조)로 충분히 건조하고 데시케이터 내에서 실온까지 냉각하여 무게를 0.1mg까지 정확히 단다.

㉯ 바탕시험용 여과지는 ㉮와 동일하게 행한다.

㉰ 포집된 먼지량은 다음과 같이 구한다.

포집된 먼지량=먼지포집 전후의 여과지 무게차±바탕시험에 사용된 여과지 무게차

㉱ 네번째 임핀저에 들어 있는 실리카겔은 10mg까지 무게를 단다. 채취전후의 실리카겔 무게차와 임핀저 내의 물부피 차의 합이 채취된 물의 총량이다.[1)]

② 시료 채취장치 2형을 사용하는 경우

㉮ 용기 No.1의 시료를 평량접시에 옮긴 다음, 110±5℃(배출가스온도가 110±5℃이상일 경우 배출가스온도와 동일하게 건조)에서 충분히 건조하고 데시케이터 내에서 실온까지 냉각하여 무게를 0.1mg까지 정확히 단다.

㉯ 용기 No.2의 세척액을 비이커에 옮기고 방치하여 아세톤을 증발시킨 다음, 데시케이터내에서 24시간 동안 건조시켜 무게를 0.1mg까지 정확히 단다. 바탕시험은 세척에 사용된 양과 같은 양의 아세톤을 사용하여 위와 같이 행한다

㉰ 포집된 먼지량을 다음과 같이 구한다.

포집된 먼지량=용기 No.1의 먼지시료 무게(포집전후의 여과지 무게차)
+(용기 No.2의 먼지시료 무게)-(바탕시험시의 불순물 무게)

㉮ 용기 No.3의 실리카겔은 0.5g까지 무게를 단다. 채취 전후의 실리카겔 무게차와 임핀저내 물부피 차의 합이 채취된 물의 총량이 된다.[1)]

주(1) : 임핀저와 실리카겔에 채취된 물의 총량을 구하기가 어려울 경우 다음식에 의해 계산하여도 된다.

$$V_{ic} = V_s \times \left(\frac{X_w}{100 - X_w} \right) \times \frac{18}{22.4}$$

V_{ic} : 임핀저와 실리카겔에 채취된 물의 총량(mℓ)

V_s : 건식가스미터에서 읽은 가스시료 채취량(ℓ)

X_w : 습배기가스 중의 수증기 부피 백분율(%)

4.1.7 먼지농도 계산

배출가스 중의 먼지농도는 다음 식에 의해 소숫점 둘째자리까지 계산하고 소숫점 첫째자리 까지 표기한다.

$$C_n = \frac{m_d}{V'_m \times \frac{273}{273+\theta_m} \times \frac{P_a + \Delta H/13.6}{760}} \times 10^3$$

C_n : 먼지농도(mg/m^3 dry)
m_d : 포집 된 먼지량(mg)
V'_m : 건식가스미터에서 읽은 가스시료 채취량(m^3)
θ_m : 건식가스미터의 평균온도(℃)
P_a : 측정공 위치의 대기압(mmHg)
ΔH : 오리피스 압차(mmH$_2$O)

4.2 수동식 채취기에 의한 방법

4.2.1 채취장치 구성

이 방법에서 사용되는 시료 채취장치는 먼지포집부, 가스흡입부, 흡인유량 측정부 등으로 구성되며 먼지포집부의 위치에 따라 그림 14 및 15와 같이 1형과 2형으로 구분된다.

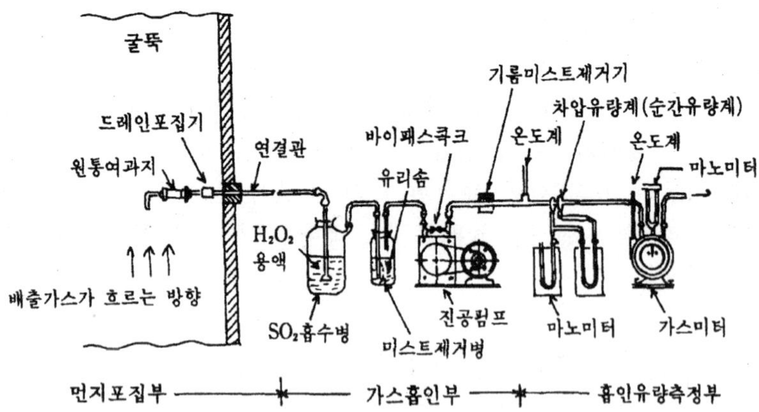

그림 14 수동식 먼지시료 채취장치의 구성예(1형)

1형은 먼지포집기를 굴뚝 안에 설치하고 2형은 먼지포집기를 굴뚝 밖으로 설치하는 것이다. 먼지시료 채취장치의 모든 접합부는 가스가 새지 않도록 하여야 하고 2형일때는 배출가스 온도가 이슬점 이하가 되지 않도록 보온 또는 가열해 주어야 한다.

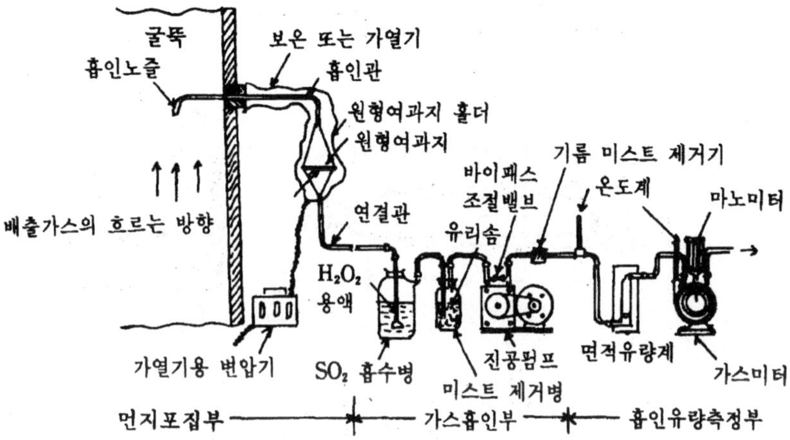

그림 15 수동식 먼지시료 채취장치의 구성예(2형)

(1) 먼지포집부

(1.1) 먼지포집부의 구성

먼지포집부의 구성은 흡인노즐, 여과지 홀더, 고정쇠, 드레인포집기, 연결관 등으로 구성된다. 단, 2형일 때는 흡인노즐 뒤에 흡인관을 접속한다. 먼지포집부의 구성 보기를 그림 16에 나타낸다.

(1.2) 흡인노즐

흡인노즐은 다음의 조건을 만족시키는 것이어야 한다.

㉮ 흡인노즐은 안과 밖의 가스 흐름이 흐트러지지 않도록 흡인노즐 내경(d)은 4 ㎜이상으로 한다.

㉯ 꼭지점은 30° 이하의 예각이 되도록 하고 매끈한 반구 모양으로 한다.

㉰ 흡인노즐 내외면은 매끄럽게 되어야 한다.

(1.3) 여과지 홀더

4.1.1 (5)항에 따른다.

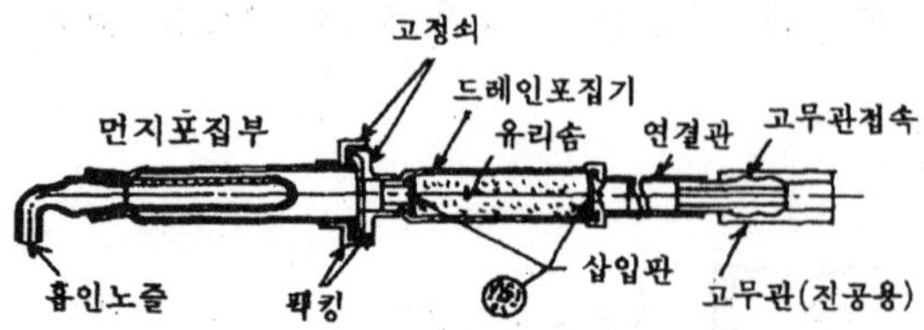

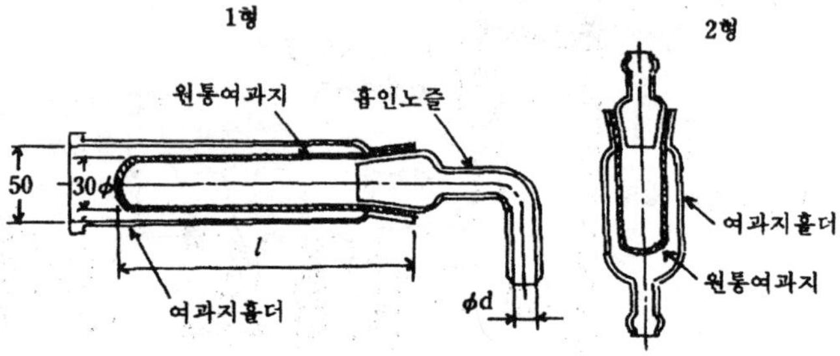

D	24	30	35	45	58	80
d	4 6 8 10 12 14 16……					
Df	20	25	30	40	53	75
I	90	90	100	150	150	210

(원통여과지를 사용하는 1형)

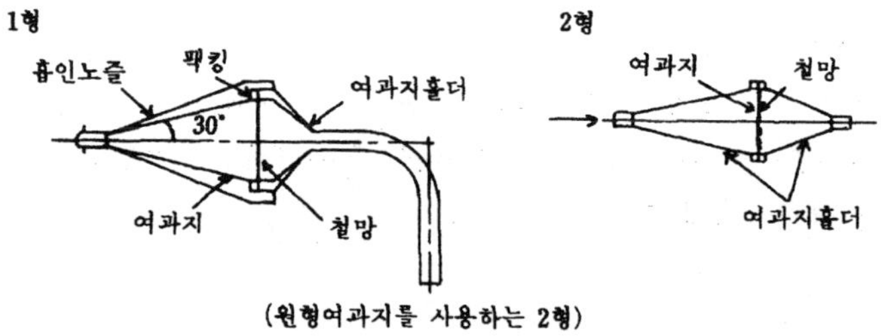

(원형여과지를 사용하는 2형)

그림 16 먼지포집부의 구성

(1.4) 고정쇠, 드레인 포집기, 연결관

① 고정쇠

여과지 홀더를 끼우기 위하여 사용하는 것으로 스테인레스강제가 좋다.

② 드레인 포집기

내부에 유리솜을 채운 것으로서 흡인가스에 의한 드레인이 여과지 홀더에 역류하는 것을 방지하기 위하여 사용한다.

③ 연결관

여과지 홀더 또는 드레인 포집기에서 가스 흡인용의 고무관(진공용)에 이르기까지의 연결부이다.

(2) 가스흡인부

가스흡인부는 배출가스를 흡인하기 위한 흡인장치 및 황산화물에 의한 부식을 막기 위한 SO_2 흡수병과 미스트제거병으로 구성된다. 가스흡인부에는 흡인유량을 가감하기 위한 조절밸브를 적당한 위치에 장치하고 흡인장치의 가스출구측에는 필요에 따라 유량계를 보호하기 위하여 미스트 제거기를 설치한다.

흡인장치에는 굴뚝 내의 부압, 먼지시료 채취장치 각 부분의 저항에 충분히 견딜 수 있고 필요한 속도로서 가스를 흡인할 수 있는 진공펌프, 송풍기 등을 사용한다.

(3) 흡인유량 측정부

흡인유량 측정부는 적산유량계(가스미터) 및 면적류량계 또는 차압유량계 등의 순간유량계로 구성된다.

원칙적으로 적산유량계는 흡인가스량의 측정을 위하여 또 순간유량계는 등속흡인 조작을 확인하기 위하여 사용한다.

순간유량계는 적산유량계로 교정하여 사용한다.

4.2.2 배출가스 온도 측정

배출가스 온도측정은 4.1.4의 규정에 따른다.

4.2.3 배출가스 중의 수분량 측정

(1) 측 정 점 : 측정점은 3.1에 규정한 측정 단면에서 굴뚝중심에 가까운 곳을 설정한다.

(2) 측정방법 : 측정방법은 흡습관법, 응축기법 또는 계산법에 따른다.

(2.1) 흡습관법

① 측정장치 및 기구 :흡습관법에 따른 수분량 측정장치는 그림 17에 보기를 든 바와 같이 흡인관, 흡습관, 가스흡인장치, 적산유량계(가스미터) 등으로 구성한다.

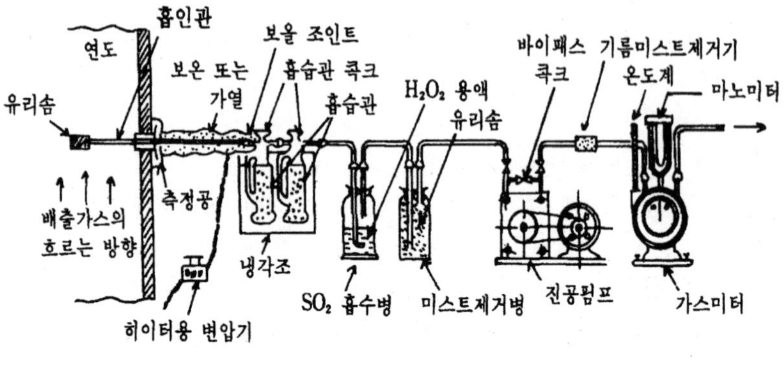

그림 17 수분 측정장치의 구성

㉮ 흡인관
4.1.5.1 별도의 흡습관을 이용하는 방법 (1)①㉮의 규정에 따른다.
㉯ 흡습관
4.1.5.1 별도의 흡습관을 이용하는 방법 (1)②㉯의 규장에 따른다.

② 측정 방법
4.1.5.1 별도의 흡습관을 이용하는 방법 ①, ②의 규정에 따른다.

③ 수분량의 계산
배출가스 중의 수분량은 습한 가스중의 수증기의 부피 백분율로 표시하고 다음 식에 의하여 구한다.

㉮ 습식 가스미터를 사용할 때

$$X_w = \frac{\frac{22.4}{18} m_a}{V_m \times \frac{273}{273+\theta_m} \times \frac{P_a + P_m - P_v}{760} + \frac{22.4}{18} m_a} \times 100 \qquad ①$$

㉯ 건식 가스미터를 사용할 때

식 ①에서 P_v항을 삭제하고, Vm을 흡인한 가스량(건식가스메타에서 읽은 값)으로 계산한다.

단, 건식가스메타의 앞에서 가스를 건조한 경우에 한한다.

$$X_w = \frac{\frac{22.4}{18} m_a}{V'_m \times \frac{273}{273+\theta_m} \times \frac{P_a + P_m}{760} + \frac{22.4}{18} m_a} \times 100 \qquad ②$$

X_w : 배출가스 중의 수증기의 부피 백분율(%)

m_a : 흡습 수분의 질량(m_{a2}-m_{a1})(g)

V_m : 흡인한 가스량(습식 가스미터에서 읽은 값)(ℓ)

θ_m : 가스미터에서의 흡인 가스온도(℃)

P_a : 대기압(mmHg)

P_m : 가스미터에서의 가스게이지압(mmHg)

P_v : θ_m에서의 포화 수증기압(mmHg)

비고 :물의 포화수증기압은 별표 1에 의하여 구한다.

(2.2) 응축기법

① 측정장치 및 기구

응축기에 의한 수분량 측정장치는 흡인관, 응축기, 가스흡인장치, 가스미터 등을 구성되고 그림 17의 흡습관 대신 그림 18에 표시한 것과 같은 응축기를 연결한다.

② 측정 방법

배출가스의 흡인유량은 보통 10~30ℓ/분으로 하고 흡인량은 응축기에 응축된 수분량이 20mℓ 이상되도록 한다.

③ 수분량의 계산

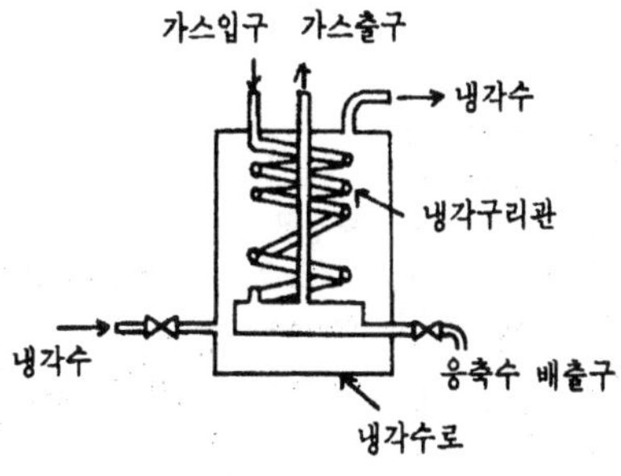

그림 18 수분 응축기

응축된 수분량(m_c)의 무게를 달고 다음 식에 의하여 배출가스 중의 수분량을 계산한다.

$$X_w = \frac{V_m \times \frac{273}{273+\theta_m} \times \frac{P_v}{760} + \frac{22.4}{18} m_c}{V_m \times \frac{273}{273+\theta_m} \times \frac{P_a + P_m}{760} + \frac{22.4}{18} m_c}$$

X_w : 배출가스 중의 수증기의 부피 백분율(%)
P_v : θ_m에서의 포화 수증기압(㎜Hg)
P_a : 대기압(㎜Hg)
P_m : 가스미터에서의 가스게이지압(㎜Hg)
V_m : 흡인한 가스량(습식 가스미터에서 읽은 값)(ℓ)
θ_m : 가스미터에서의 흡인 가스온도(℃)
m_c : 응축기에 응축된 수분의 무게

(2.3) 계산에 의해서 구하는 방법
4.1.5.2와 규정에 따른다.

4.2.4 배출가스의 유속 측정
(1) 측정점
측정점은 3.3의 규정에 의하여 선정한다.
(2) 유속의 측정방법
배출가스의 동압을 측정하는 기구로서는 피토우관 계수가 정해진 피토우관이나 경사마노미터 등의 미압계를 사용한다. 측정기구의 보기는 그림 19와 같다.

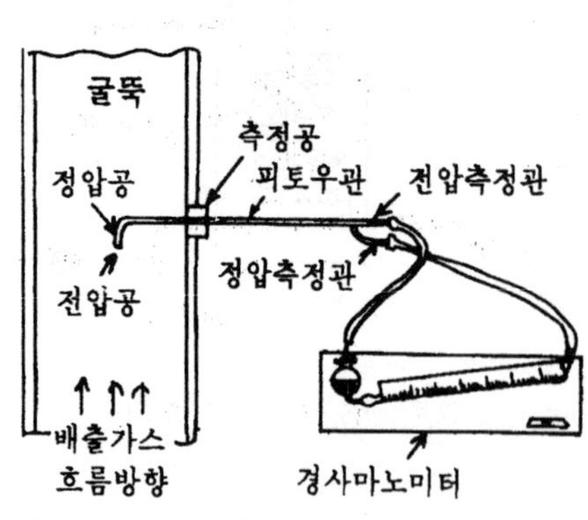

그림 19 피토우관에 의한 배출가스 유속측정

피토우관이 전압공을 측정점에서 가스의 흐르는 방향에 수직으로 놓고 동압을 측정한다. 각 측정점의 유속은 다음 식에 따라 구한다.

$$V = C\sqrt{\frac{2gh}{r}}$$

V : 유속(m/초)
C : 피토우관 계수
h : 피토우관에 의한 동압 측정치(kg/m^3 또는 mmH$_2$O)
g : 중력 가속도(9.81m/sec^2)
r :굴뚝 내외 배출가스 밀도(kg/m^3)

* 비고 : 배출가스 유속의 측정에는 피토우관으로 교정한 풍속계 등의 기체 유속계를 써도 좋다. 단, 배출가스의 성상(온도, 압력 및 조성) 및 성질에 따라 지시치가 달라질 때는 피토우관에 의한 측정치로 보정한다.

(3) 배출가스의 정압 측정방법

측정기구는 피토우관 또는 정압관 및 U자형 마노미터 또는 미압계등을 사용하여 각 측정점에서 정압을 측정한다. 단, 측정점의 수는 줄여도 좋다.

(4) 배출가스의 밀도를 구하는 방법

배출가스 조성으로부터 계산으로 구하던가 가스밀도계에 의한 측정치로 계산한다.

$$r = r_0 \times \frac{273}{273 + \theta_s} \times \frac{P_a + P_s}{760}$$

이 때, $r_0 = \dfrac{1}{22.4 \times 100}\left\{(M_1x_1 + M_2x_2 + \cdots\cdots M_nx_n)\dfrac{100 - X_w}{100} + 18X_w\right\}$

또는, $r_0 = r_d\dfrac{100 - X_w}{100} + \dfrac{18}{22.4 \times 100}X_w$

여기서 r : 굴뚝내의 배출가스 밀도(kg/m^3)
r_0 : 온도 0℃ 기압 760mmHg로 환산한 습한 배출가스 밀도(kg/sm^3)
r_d : 가스밀도계에 의해 구한 건조 배출가스 밀도(kg/m^3)
P_a : 대기압(mmHg)
P_s : 각 측정점에서 배출가스 정압의 평균치(mmHg)
θ_s : 각 측정점에서 배출가스 온도의 평균치(℃)
$M_1, M_2 \cdot\cdot\cdot\cdot\cdot M_n$: 배출가스 각 성분의 분자량

$x_1, x_2 \cdot \cdot \cdot \cdot \cdot x_n$: 건조배출가스 각 성분의 부피 백분율(%)
X_w : 배출가스 중의 수증기의 부피 백분율(%)

* 비고 : 일반적으로 고체연료 및 액체연료를 공기를 사용하여 연소시킬 때는 r_0=1.30 kg/㎥로 하는 것도 좋다.

4.2.5 먼지측정

(1) 측정준비

① 여과지를 통과하는 가스의 겉보기 유속이 원칙적으로 0.5m/초 이하가 되도록 흡인노즐 지름 및 여과지를 선정한다.

② 원통형 또는 원형여과지는 110±5℃(배출가스온도가 110±5℃이상일 경우 배출가스온도의 동일하게 건조)에서 충분히(1~3시간) 건조하고 데시케이터 내에서 실온까지 냉각하여 0.1㎎까지 정확히 단 후 여과지 홀더에 끼운다.

③ 먼지포집부, 가스흡인부, 흡인유량 측정부의 연결부분을 연결한다.

(2) 시료채취

① 3.3과 같이 측정점수를 결정한다.

② 4.2.2와 같이 배출가스의 온도를 측정한다.

③ 4.2.3과 같이 배출가스 중의 수분량을 측정한다.

④ 4.2.4와 같이 배출가스의 유속을 측정한다.

⑤ 흡인노즐을 측정점까지 끼워넣고 처음에는 배출가스가 흐르는 역방향르로 두었다가 흡인을 시작할 때 배출가스가 흐르는 방향으로 돌려 편차를 10″이하로 한다.

⑥ 배출가스의 흡인은 흡인노즐로부터 흡인되는 가스의 유속과 측정점의 배출가스 유속이 일치하도록 등속흡인을 행한다.

㉮ 보통형(1형) 흡인노즐을 사용할 때 등속흡인을 위한 흡인량은 다음 식에 의하여 구한다.

$$q_m = \frac{\pi}{4} d^2 v \left(1 - \frac{X_w}{100}\right) \frac{273 + \theta_m}{273 + \theta_s} \times \frac{P_a + P_s}{P_a + P_m - P_v} \times 60 \times 10^{-3}$$

q_m : 가스미터에 있어서의 등속 흡인유량(ℓ/분)
d : 흡인노즐의 내경(㎜)
v : 배출가스 유속(m/초)
X_w : 배출가스 중의 수증기의 부피 백분율(%)
θ_m : 가스미터의 흡인가스 온도(℃)
θ_s : 배출가스 온도(℃)

P_a : 대기압(㎜Hg)
P_s : 측정점에서의 정압(㎜Hg)
P_m : 가스미터의 흡인가스 게이지압(㎜Hg)
P_v : θ_m의 포화수증기압(㎜Hg)

＊ 비고 : 건식 가스미터를 사용하거나 수분을 제거하는 장치를 사용할 때는 P_v를 제거한다.

㈏ 등속흡인 정도를 알기 위하여 다음 식에 의해 구한 값이 95～110% 범위여야 한다.

$$I(\%) = \frac{V_m}{q_m \times t} \times 100$$

I : 등속계수(%)
V_m : 흡인가스량(습식가스미터에서 읽은 값)(ℓ)
q_m : 가스미터에 있어서의 등속 흡인유량(ℓ/분)
t : 가스 흡인시간(분)

⑦ 흡인가스량은 원칙적으로 포집량이 원형여과지일 때 포집면적 $1cm^2$당 1㎎정도, 원통형여과지일 때는 전 포집량이 20㎎정도 되도록 한다.
⑧ 배출가스를 흡인한 후에는 흡인을 중단하고 흡인노즐을 다시 역방향으로 한 후 속히 연도 밖으로 끄집어 낸다.
먼지포집기 뒤쪽의 배관은 그때까지 떼어서는 안된다. 단, 굴뚝 내의 부압이 클 때는 흡인노즐을 반대방향으로 향한 채 흡인량을 측정하고 흡인펌프를 작동시킨 채 신속히 흡인노즐을 꺼내고 정지시킨다.
⑨ 시료채취가 끝나면 흡인관을 빼내고 방냉한 후 노즐 주변의 분진을 닦아 낸다.
⑩ 흡인관과 여과지 홀더를 분리하고 먼지가 포집된 여과지는 시료보관병에 보관한다.

(3) 시료분석

① 시료를 110±5℃(배출가스온도가 110±5℃이상일 경우 배출가스온도와 동일하게 건조)로 충분히(1～3시간) 건조하고 데시케이터 내에서 실온까지 냉각하여 무게를 0.1㎎까지 정확히 단다.

② 바탕시험용 여과지는 ①항과 동일하게 준비한다.

③ 포집된 먼지량은 다음과 같이 구한다.

포집된 먼지량=먼지포집 전후의 여과지 무게차±바탕시험에 사용된 여과지 무게차
단, 원형여과지를 사용하는 경우에는 채취관에 잔존하는 먼지를 고려하여야 한다.

4.2.6 먼지농도의 계산

(1) 흡인가스 유량 측정방법

흡인가스 유량의 측정은 원칙적으로 4.2.1 (3)에 규정한 적산유량계(가스미터) 및 순간유량계(면적유량계, 차압유량계 등)를 사용한다.

① 흡인시간을 확인하기 위하여 흡인개시 및 종료시각을 기록한다.

② 흡인시작 및 종료시에 있어서 가스미터의 눈금을 0.1 ℓ까지 읽어둔다.

③ 흡인시간 중 가스미터에 있어서 흡인가스 온도 및 압력을 측정한다.

④ 표준상태에서 흡인한 건조 가스량은 다음 식으로 구한다.

㉮ 습식 가스미터를 사용할 경우

$$V'_m = V_m \times \frac{273}{273+\theta_m} \times \frac{P_a+P_m-P}{760} \times 10^{-3}$$

㉯ 건식 가스미터를 사용할 경우

$$V'_n = V'_m \times \frac{273}{273+\theta_m} \times \frac{P_a+P_m}{760} \times 10^{-3}$$

V_n : 표준상태에서 흡인한 건조 가스량(m^3)

V'_m : 흡인가스량(건식 가스미터에서 읽은 값)(ℓ)

V_m : 흡인가스량(습식 가스미터에서 읽은 값)(ℓ)

θ_m : 가스미터의 흡인가스 온도(℃)

P_a : 기압(㎜Hg)

P_m : 가스미터의 가스의 게이지압(㎜Hg)

P_v : θ_m에서 포화수증기압(㎜Hg)

⑤ 면적유량계나 차압유량계를 사용하여 흡인가스 유량을 측정할때는 그 유량계의 유량 측정방법에 규정한 대로 측정한다.

(2) 각 측정점의 먼지농도

배출가스 중의 먼지농도는 표준상태(0℃, 760mmHg)로 환산한 건조 배출가스 1S㎥중에 포함되어 있는 먼지의 무게로 표시하며 다음식에 의하여 소숫점 둘째자리까지 계산하고 소숫점 첫째자리까지 표기한다.

$$\overline{C_N} = \frac{m_d}{V'_N}$$

$\overline{C_N}$: 건조 배출가스 중의 먼지농도(mg/Sm³)

$\overline{m_d}$: 포집된 먼지의 무게(mg)

V'_N : 표준상태의 흡인 건조 배출가스량(Sm³)

(3) 전체 단면의 건조 배출가스 중의 평균 먼지농도
구분한 각 단면의 먼지농도로부터 다음 식에 의하여 구한다.

$$\overline{C_N} = \frac{\overline{C_{N1}} \cdot A_1 \cdot V_1 + \overline{C_{N2}} \cdot A_2 \cdot V_2 + \cdots + \overline{C_{Nn}} \cdot A_n \cdot V_n}{A_1 \cdot V_1 + A_2 \cdot V_2 + \cdots + A_n \cdot V_n}$$

$\overline{C_N}$: 전체 단면의 평균 먼지농도(mg/Sm³)

$\overline{C_{N1}} \cdot \overline{C_{N2}} \cdot \cdot \cdot \overline{C_{Nn}}$: 각 단면의 먼지농도(mg/Sm³)

$A_1 \cdot A_2 \cdot \cdot \cdot A_n$: 각 단면의 면적 (m²)

$V_1 \cdot V_2 \cdot \cdot \cdot V_n$: 각 단면의 가스유속(m/초)

비고 : 이동채취방법으로 측정한 전체 단면적의 평균먼지 농도는 이것에 준하여 계산한다.

4.4 측정치의 기록

이상의 방법에 의하여 측정 또는 계산하여 얻은 결과는 다음과 같이 정리하여 기록해 두어 야 한다.

(1) 측정 일시 (2) 측정대상의 조건 ① 발생원의 종류 ② 발생원의 사용 상황 ③ 측정위치 ④ 굴뚝의 형상 위치 및 대략 치수 ⑤ 측정점의 수 및 위치 (3) 배출가스의 조건 ① 배출가스의 온도(θs) ② 배출가스 수분량(Xw) ③ 배출가스 정압(Ps) ④ 배출가스 유속(V) ⑤ 습한 배출가스의 유량(Vm) ⑥ 건조가스의 유량(V′m)	(4) 먼지시료의 채취조건 ① 먼지 포집기의 종류, 재질, 치수 ② 먼지농도 측정방법(채취방법, 흡인 노즐, 먼지포집부의 배치, 먼지의 건조조건) ③ 등속흡인 유량(qm) ④ 흡인시간(t) ⑤ 흡인가스량(Vm) ⑥ 흡인 포집먼지량(m_d) (5) 먼지농도(C_N) (6) 측정자 성명

[별표 1] 물의 포화수증기압

[별표 1] 물의 포화수증기압 단위 . mmHg

온도(℃)	0	1	2	3	4	5	6	7	8	9
0	4.581	4.615	4.648	4.682	4.716	4.750	4.735	4.820	4.855	4.890
1	4.925	4.961	4.997	5.033	5.069	5.105	5.142	5.179	5.216	5.254
2	5.292	5.329	5.368	5.406	5.445	5.484	5.523	5.562	5.602	5.642
3	5.681	5.722	5.763	5.804	5.845	5.886	5.928	5.970	6.012	6.055
4	6.098	6.141	6.184	6.227	6.271	6.315	6.360	6.404	6.449	6.494
5	6.540	6.586	6.632	6.678	6.826	6.772	6.819	6.866	6.914	6.962
6	7.010	7.059	7.108	7.157	7.207	7.257	7.307	7.357	7.408	7.459
7	7.510	7.562	7.614	7.666	7.719	7.772	7.825	7.879	7.933	7.987
8	8.042	8.097	8.152	8.208	8.263	8.320	8.377	8.433	8.491	8.548
9	8.606	8.665	8.723	8.782	8.841	8.901	8.961	9.021	9.082	9.143
10	9.205	9.267	9.329	9.392	9.455	9.518	9.582	9.646	9.710	9.775
11	9.840	9.906	9.972	10.04	10.10	10.17	10.24	10.31	10.38	10.45
12	11.23	11.30	11.38	11.45	11.52	11.60	11.68	11.75	11.83	11.91
13	11.23	11.30	11.38	11.45	11.52	11.60	11.68	11.75	11.83	11.91
14	11.98	12.06	12.14	12.22	12.30	12.38	12.46	12.54	12.62	12.70
15	12.78	12.87	12.95	13.03	13.12	13.20	12.29	13.37	13.46	13.54
16	13.63	13.72	13.81	13.89	13.98	14.07	14.16	14.25	14.34	14.43
17	14.53	14.62	14.71	14.81	14.90	14.99	15.09	15.18	15.28	15.38
18	15.47	15.57	15.67	15.77	15.87	15.97	16.07	16.17	16.27	16.37
19	16.47	16.58	16.68	16.79	16.89	17.00	17.10	17.21	17.32	17.42
20	17.53	17.64	17.75	17.86	17.97	18.08	18.19	18.31	18.42	18.53
21	18.65	18.76	18.88	18.99	19.11	19.23	19.35	19.46	19.58	19.70
22	19.82	19.95	20.07	20.19	20.31	20.44	20.56	20.59	20.81	20.94
23	21.07	21.19	21.32	21.45	21.58	21.71	21.84	21.98	22.11	22.24
24	22.38	22.51	22.65	22.78	22.92	23.06	23.19	23.33	23.47	3.61
25	23.76	23.90	24.04	24.18	24.33	24.47	24.62	24.76	24.91	25.06
26	25.21	25.36	25.51	25.66	25.81	25.96	26.12	26.27	26.43	26.58
27	26.74	26.90	27.05	27.21	27.37	27.53	27.70	27.86	18.02	28.18
28	28.35	28.52	28.68	28.85	29.02	19.19	29.36	29.53	29.70	29.87
29	30.04	30.22	30.39	30.57	30.75	30.92	31.10	31.28	31.46	31.64
30	31.83	32.01	32.19	32.38	32.56	32.75	32.94	33.13	33.32	33.51
31	33.70	33.89	34.08	34.28	34.47	34.67	34.87	35.07	35.27	35.47
32	35.67	35.87	36.07	36.28	36.48	36.69	36.69	37.10	37.31	37.52
33	37.73	37.95	38.16	38.37	38.59	38.81	39.02	39.24	39.46	39.68
34	39.90	40.13	40.35	40.58	40.80	41.03	41.26	41.49	41.72	41.95
35	42.18	42.41	42.65	42.89	43.12	43.36	43.60	43.84	44.08	44.33
36	44.57	44.82	45.06	45.31	45.56	45.81	46.06	46.31	46.56	46.82
37	47.08	47.33	47.59	47.85	48.11	48.37	48.64	48.90	49.17	49.43
38	49.70	49.97	50.24	50.51	50.79	51.06	51.34	51.62	51.89	52.17
39	52.45	52.74	53.02	53.31	53.59	53.88	54.17	57.46	54.75	55.04
40	55.34	55.63	55.93	56.23	56.53	56.83	57.13	57.44	57.74	58.05
41	58.36	58.67	58.98	59.29	59.60	59.92	60.24	60.55	60.87	61.19
42	61.52	61.84	62.17	62.49	62.82	63.15	63.48	63.81	64.15	64.49
43	64.82	65.16	65.50	65.84	66.19	66.53	66.88	67.23	67.58	67.93
44	68.28	68.64	68.99	69.35	69.71	70.07	70.43	70.80	71.16	71.53
45	71.90	72.27	72.64	73.01	73.39	73.77	74.15	74.53	74.91	75.29
46	75.67	76.06	76.45	76.84	77.23	77.63	78.03	78.43	78.82	79.22
47	79.63	80.03	80.44	80.84	81.25	81.67	82.08	82.49	82.91	83.33
48	83.75	84.17	84.60	85.03	85.45	85.88	86.31	86.74	87.18	87.62
49	88.06	88.50	88.94	89.39	89.84	90.29	90.74	91.19	91.64	92.01
50	92.56	93.02	93.48	93.95	94.41	94.88	95.35	95.82	96.29	96.77

[과년도 기사 · 산업기사 출제문제]

문제 1. 원통여지의 포집기를 사용하여 배출가스 중의 먼지를 포집하였다. 측정시의 측정치는 다음과 같다. 먼지 농도는 몇 mg/sm^3인가?<'90전반기-기사>

①대기압 : 765mmHg

②가스이터의 흡인가스온도: 15℃

③가스게이지압 : 4mmHg

④15℃의포화수증기압 : 12.67mmHg

⑤먼지포집전의원통여지무게 : 6.2721g

⑥먼지포집후의원통여지무게 : 6.2821g

⑦습식가스미터에 흡인한 습윤가스량 : 50 ℓ

㉮ 213.1mg/sm^3 ㉯ 212.0mg/sm^3 ㉰ 202.0mg/sm^3 ㉱ 201.1mg/sm^3

문제 2. 원형 단면의 굴뚝의 평균 먼지 농도가 0.072g/Sm^3, 습배출 가스량이 7.76m^3/hr, 배출가스 중의 수분이 10%라면 총 먼지량은 몇 kg/hr인가?<'92전반기-기사>

㉮ 0.503 ㉯ 0.603 ㉰ 0.703 ㉱ 0.803

문제 3. 원통 여지의 포집기를 사용하여 배출 가스 중의 먼지를 포집하였다. 측정시의 측정치는 다음과 같다. 먼지 농도는 몇 mg/Sm^3인가?<'92전반기-기사>

· 대기압 : 765mmHg
· 가스미터의 흡인 가스 온도 : 15℃
· 가스 게이지압 : 4mmAq
· 15℃의 포화 수증기압 : 12.67mmHg
· 먼지 포집 전의 원통 여지 무게 : 6.2721g
· 먼지 포집 후의 원통 여지 무게 : 6.2821g
· 습식 가스 미터에 흡인한 습윤 가스량 : 50 ℓ

㉮ 213.1 ㉯ 212.0 ㉰ 202.0 ㉱ 201.1

문제 4. 공정시험법에서 먼지 시료 채취시 사용하는 원통 여과지는 몇 %이상의 먼지 포집률을 나타내는 것이어야 하는가?<'92전반기-산업기사>

㉮ 80% ㉯ 90% ㉰ 95% ㉱ 99%

문제 5. 내부 직경이 3m되는 어느 굴뚝에서 배출가스등의 먼지를 측정하려 한다. 측정점은 원칙적으로 몇개를 선정해야 하는가? (단, 내부 직경이란 측정위치에서의 굴뚝 내부 직경임.) <'92후반기-산업기사>

㉮ 8 ㉯ 12 ㉰ 16 ㉱ 20

문제 6. 포집된 먼지의 양이 10g, 시험에 사용된 채집 배출가스량이 $25Sm^3$ 이다. 이 때 이 포집 먼지의 농도는?<'95전반기-산업기사>

㉮ $400mg/Sm^3$ ㉯ $400g/Sm^3$ ㉰ $400\mu g/Sm^3$ ㉱ 400ppm

문제 7. 단면이 정방형인 굴뚝에서 굴뚝을 등면적 3구분으로 나누어 먼지농도를 측정하였다. 각 구분의 먼지농도는 각각 0.50, 0.48, 0.52g/Nm3이며, 각 구분면의 유속은 각각 4.6, 5.0, 4.5m/sec이었다. 이 굴뚝의 평균 먼지 농도는 얼마인가? (단, 각 단면의 단면적은 $1m^2$이다.)<'99전반기-산업기사>

㉮ $0.45g/Nm^3$ ㉯ $0.50g/Nm^3$ ㉰ $0.55g/Nm^3$ ㉱ $0.60g/Nm^3$

문제 8. 굴뚝측정공에서 원통여지를 사용하여 먼지를 포집하였다. 측정결과는 다음과 같으며 먼지농도는 얼마인가? (단, 흡인가스량(표준상태) : 50 ℓ, 먼지 포집전의 원통여지 무게 : 5.3720g, 먼지 포집후의 원통여지 무게 : 5.3850g)
<'99전반기-산업기사>

㉮ $31mg/Sm^3$ ㉯ $290mg/Sm^3$ ㉰ $260mg/Sm^3$ ㉱ $230mg/Sm^3$

문제 9. 단면의 모양이 사각형인 어느 연도를 6개의 등면적으로 구분하여 각 측정점에서 유속과 먼지의 농도를 측정하여 다음과 같은 결과를 얻었다. 평균먼지의 농도는?<'99후반기-산업기사>

㉮ $0.45g/Sm^3$ ㉯ $0.47g/Sm^3$ ㉰ $0.49g/Sm^3$ ㉱ $0.50g/Sm^3$

문제 10. 단면모양이 4각형인 어떤 굴뚝물 n개의 등분할 면적으로 각각 구분하셔 각 측정점 마다 유속과 먼지의 농도를 측정하였더니 다음과 같은 값을 얻었다. 이 전체의 평균 먼지는? <'99후반기-산업기사>

㉮ $0.46g/Sm^3$ ㉯ $0.4sg/Sm^3$ ㉰ $0.44g/Sm^3$ ㉱ $0.43g/Sm^3$

문제 11. 포집된 먼지의 양이 10g, 시험에 사용한 채집배출 가스량이 $25Sm^3$이다. 이 때 이 포집먼지의 농도는?<'99후반기-산업기사>

㉮$400mg/Sm^3$ ㉯$400g/Sm^3$ ㉰$400ug/Sm^3$ ㉱400pphm

문제 12. 시멘트공장, 연탄공장 등 특정 발생원에서 일정한 굴뚝을 거치지 않고 외부로 비산되는 먼지를 측정하기 위한 방법으로 알맞은 것은?<'99후반기-산업기사>

㉮ 하이볼륨에어샘플러법 ㉯ 화학발광법 ㉰ 살츠만법 ㉱ 광회절법

문제 13.단면적이 12 m^2인 4각형 굴뚝에서 먼지를 채취하고자 한다. 측정점은 몇 개인가? <'99후반기-산업기사>

㉮ 16 ㉯ 14 ㉰ 12 ㉱ 8

제 2 항 암 모 니 아

1 . 적용범위

이 시험방법은 화학반응 등에 의하여 굴뚝 등에서 배출되는 배출가스중의 암모니아를 분석하는 방법에 대하여 규정한다.

2. 분석방법의 종류

2.1 인도 페놀법

분석용 시료용액에 페놀-니트로프루시드 나트륨용액과 차아염소산 나트륨용액을 가하고 암모늄이온과 반응하여 생성하는 인도 페놀류의 흡광도를 측정하여 암모니아를 정량한다. 이 방법은 시료채취량 20ℓ인 경우 시료중의 암모니아의 농도가 약 1 ppm이상인 것의 분석에 적합하다. 또한 암모니아의 농도가 10ppm이상인 것에 대하여는 가스 채취량을 줄이던가 또는 분석용 시료용액을 흡수액으로 적당히 묽게 하여 분석한다.

이 방법은 암모니아 농도에 대하여 이산화질소가 100배이상, 아민류가 수십배이상, 아황산가스 10배이상, 황화수소가 같은 양 이상 각각 공존하지 않는 경우에 적합하다.

2.2 중화적정법

분석용 시료 용액을 황산으로 적정하여 암모니아를 정량한다.

이 방법은 시료채취량 40ℓ인 경우 시료중의 암모니아의 농도가 약 100ppm이상인 것의 분석에 적합하다. 또 이 방법은 다른 염기성가스나 산성가스의 영향을 무시할 수 있는 경우에 적합하다.

3. 시료채취방법

Stack Air Sampler를 사용하여 채취함.

【준비】

☞ 인도페놀법

<시약>

페놀, 니트로프루시드나트륨(Sodium Nitroprusside), 차아염소산나트륨(NaClO), 수산화나트륨(NaOH),황산암모늄($(NH_4)_2SO_4$),티오황산나트륨($Na_2S_2O_3 \cdot 5H_2O$), 요오드화칼륨(KI), 초산(CH_3COOH), 전분(Starch), 염산(HCl)

<기구>

Stack Air Sampler, 흡수병, 유산지, 250㎖ Mass Flask, 유전비색관, 광전분광광도계, 500㎖ Mass Flask, 1000㎖ Mass Flask, 비이터, 시약병, 홀피펫, 메스피펫, 뷰렛, 스탠드, 유리막대.

☞ 중화적정법

<시약>

황산(H_2SO_4), 탄산나트륨(Na_2CO_3), 수산화나트륨(NaOH), 브롬페놀블루, 에틸알콜(95%, C_2H_5OH), 메틸레드, 메틸렌 블루.

<기구>

Stack Air Sampler, 흡수병, 유산지, 250㎖ Mass Flask, 유전비색관, 광전분광광도계, 삼각플라스크(코니칼 비이커), 뷰렛, 1000㎖ Mass Flask, 100㎖ Mass Flask, 백금도가니, 비이커, 유리막대, 시약병, 홀피펫, 메스피펫.

4. 시료의 흡수 및 분석용 시료용액의 조제

4.1 시료의 흡수

(1) 여과관 또는 여과구가 붙은 흡수병 1개 이상을 준비하고 각각에 흡수액으로 붕산용액(0.5%) 50m1를 넣는다.

(2) 흡수병은 될 수 있는 대로 채취위치 가까이에 놓는다.

(3) 흡수병에 시료를 도입하기 전에 바이패스를 써서 배관속을 시료로 충분히 치환해 주어 야 한다.

(4) 시료의 흡인속도는 1~2 ℓ/분 정도로 한다.

채취하는 가스량은 배출가스중의 암모니아 농도에 따라서 증감한다.

4.2 분석용 시료 용액의 조제

시료의 흡인이 끝난 후 전체 흡수병속의 용액을 비이커에 옮겨 담고 가열부분 이외의 채취관과 흡수병을 흡수액으로 씻어 비이커중의 용액에 합한 후 250㎖메스플라스크에 옮겨 넣는다. 흡수액을 가하여 250m1로 하고 이 용액을 분석용 시료용액으로 한다.

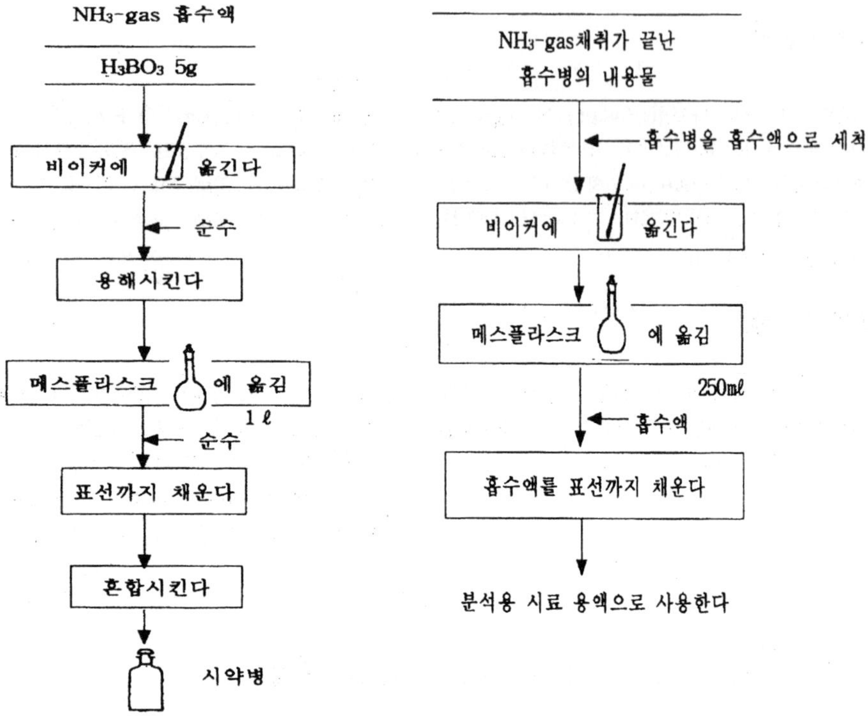

5. 분석방법

5.1 인도 페놀법

5.1.1 시약

(1) 페놀-니트로프루시드 나트륨 용액 : 페놀 5g과 니트로프루시드 나트륨(Sodium Nitroprusside) 25㎎을 물에 녹여서 500㎖로 한다. 차고 어두운 곳에 보관하면 1개월간은 안전하다.

(2) 차아 염소산나트륨 용액 : 차아염소산 나트륨용액(유효 염소 3~10%)100/C(C : 유효염소 %)㎖와 수산화나트륨 15g을 물에 녹여서 1ℓ로 한다. 이 용액은 사용시에 조제 한다.

(3) 암모니아 표준액 : 130℃에서 건조한 황산 암모늄 2.9498g을 취하고 물에 녹여 1ℓ로 한다. 이 용액을 다시 흡수액으로 1,000배로 묽게 하여 암모니아 표준액으로 한다. 이 암모니아 표준액 1mℓ는 NH_3 0.001mℓ(0℃, 760mmHg)에 상당한다

[조 작]

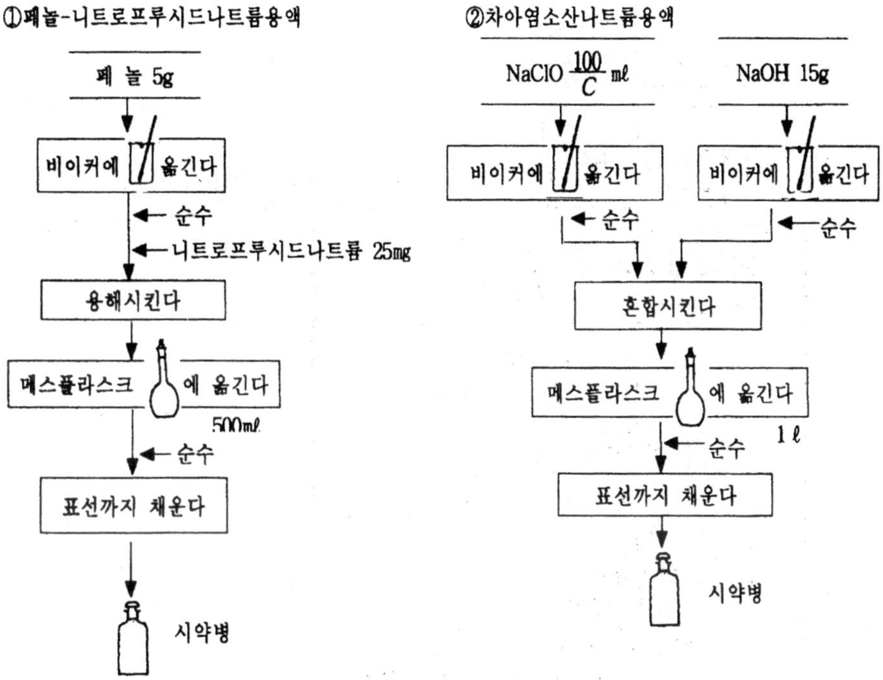

* 차아염소산나트륨(NaClO)중 유효염소의 정량 [C]

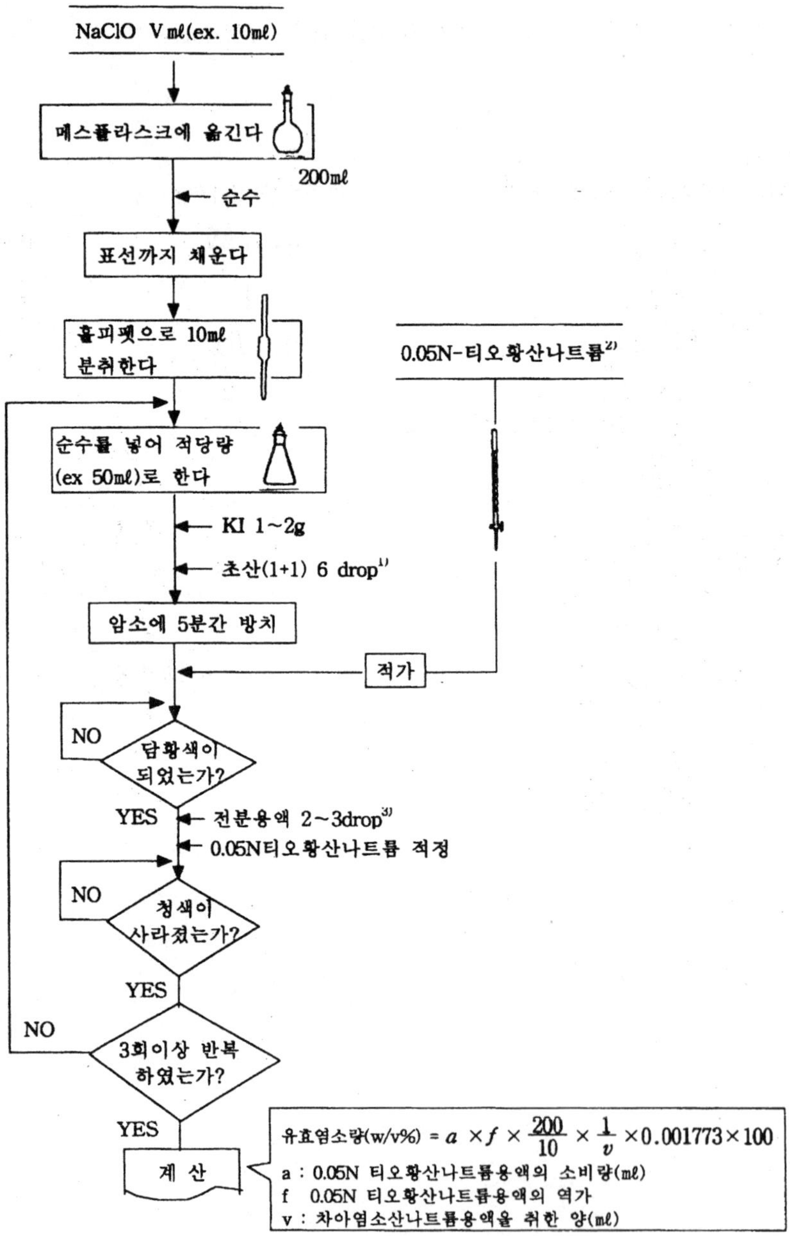

<유효염소>

표백분의 산화력 세기를 나타내는데 쓰이는 용어로 산성으로 했을 때 발생하는 유

리염소를 말함.

$$CaCl_2 \cdot Ca(ClO)_2 + 4HCl \rightarrow 2CaCl_2 + 2H_2O + \underline{4Cl}$$

$$Ca(ClO)_2 \rightarrow CaCl_2 + \underline{2O} \longrightarrow \text{같은당량(4 당량)}$$

$$\text{유효염소} = \frac{4Cl}{CaCl_2 \cdot Ca(ClO)_2 \cdot 2H_2O} \times 100 = 48.96\%(\text{이론})$$

35%(실제)

· $Ca(ClO)_2$, NaClO의 경우
용액을 KI 존재하에서 산성화시키고 유리 I_2를 적정하면 유효 염소량을 산정할 수 있다.

$$i.e \quad Ca(ClO)_2 + H_2SO_4 \rightarrow CaSO_4 + 2HOCl$$

$$2HOCl + \underset{(KI)}{4HI} \rightarrow 2H_2O + 4I + 2HCl(I \equiv Cl)$$

$$\text{유효염소함량} = \frac{4Cl}{Ca(ClO)_2} \times 100 = 99.4\%(\text{이론값})$$

70%(실제값)

<참고>
표백작용 : 염소의 염소산 이온 또는 산화물의 산화력을 이용한 것

$$Cl_2 + H_2O \rightarrow HClO + HCl$$

$[ClO^-]$
차아염소산 → 이와 같은 것을
(*hypo* 염소산) 해리할 수 있는 것을 표백제

$$ClO \rightarrow Cl^- + [O]$$

발생기 산소 → 살균, 표백력을 갖음
(강한 산화력)

염소계 표백제

① 액체염소 : Cl_2

② 표백분(클로로칼크) : $CaCl_2 \cdot Ca(ClO)_2 \cdot 2H_2O + Ca(OH)_2$ ($=CaOCl_2 \cdot H_2O$)

③ 고도표백분(칼슘표백분) : $Ca(ClO)_2$

④ 표백분(칼슘표백분) : $Ca(ClO)_2$와 $CaCl_2$ 및 $Ca(OH)_2$의 혼합용액

⑤ 아염산나트륨 : $NaClO_2$

⑥ 차아염소산나트륨 : NaClO

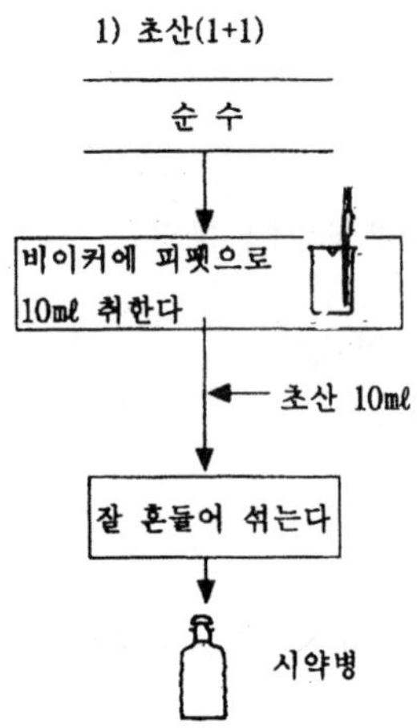
1) 초산(1+1)
순 수
비이커에 피펫으로 10㎖ 취한다
초산 10㎖
잘 흔들어 섞는다
시약병

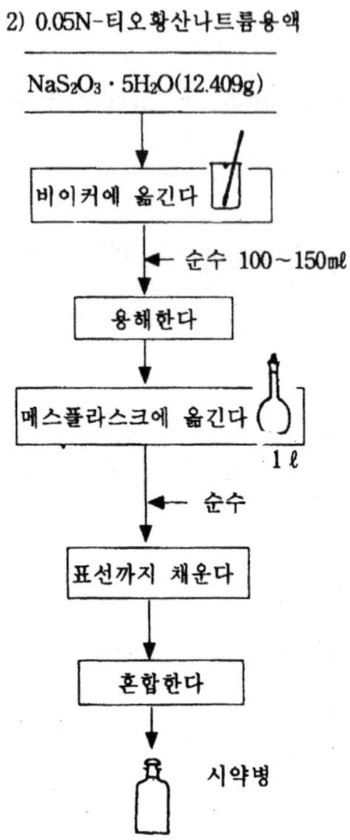
2) 0.05N-티오황산나트륨용액
NaS2O3 · 5H2O(12.409g)
비이커에 옮긴다
순수 100~150㎖
용해한다
메스플라스크에 옮긴다
1 ℓ
순수
표선까지 채운다
혼합한다
시약병

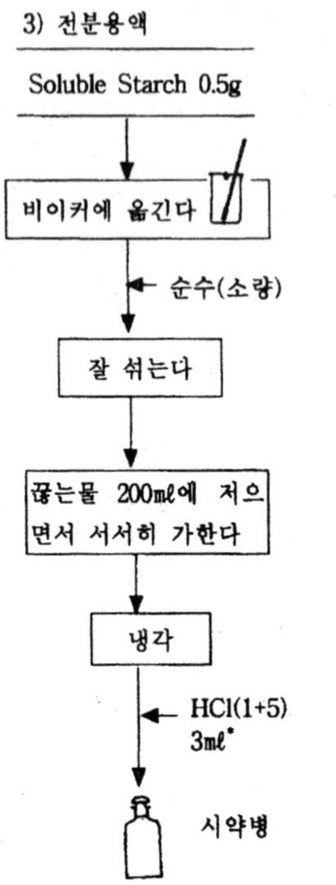
3) 전분용액
Soluble Starch 0.5g
비이커에 옮긴다
순수(소량)
잘 섞는다
끓는물 200㎖에 저으면서 서서히 가한다
냉각
HCl(1+5) 3㎖*
시약병

③ 암모니아 표준액

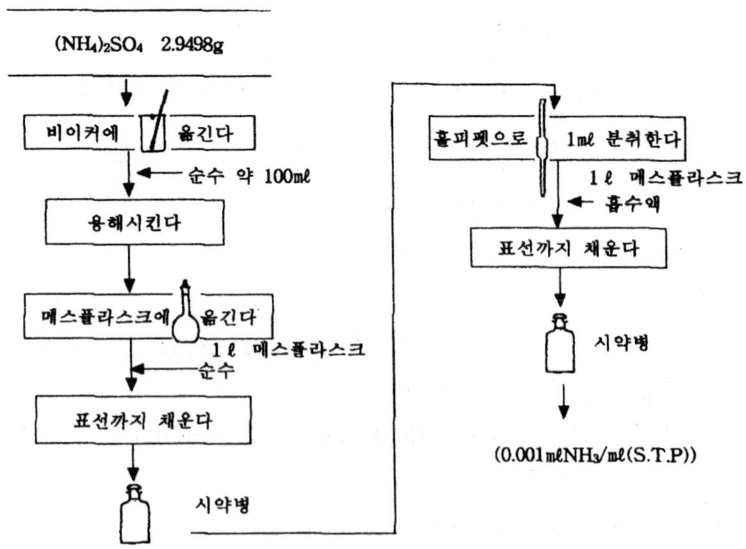
(NH4)2SO4 2.9498g
비이커에 옮긴다
순수 약 100㎖
용해시킨다
메스플라스크에 옮긴다
1 ℓ 메스플라스크
순수
표선까지 채운다
시약병
홀피펫으로 1㎖ 분취한다
1 ℓ 메스플라스크
흡수액
표선까지 채운다
시약병
(0.001㎖NH3/㎖(S.T.P))

5.1.2 시험 방법

분석용 시료용액과 암모니아 표준액 10mℓ씩을 유리마개가 있는 시험관에 취하고 여기에 페놀-니트로프루시드 나트륨용액 5mℓ씩를 가하고 잘 흔들어 저은 다음 차아염소산나트륨용액 5mℓ씩을 가한 다음 마개를 하고 조용히 흔들어 섞는다.

액온을 25~30℃에서 1시간 방치한 다음 10mℓ의 셀에 옮기고 광전분광광도계 또는 광전광도계로 640nm부근의 파장에서 흡광도를 측정한다. 대조액으로는 흡수액 10mℓ를 상기와 같이 조작한 것을 쓴다.

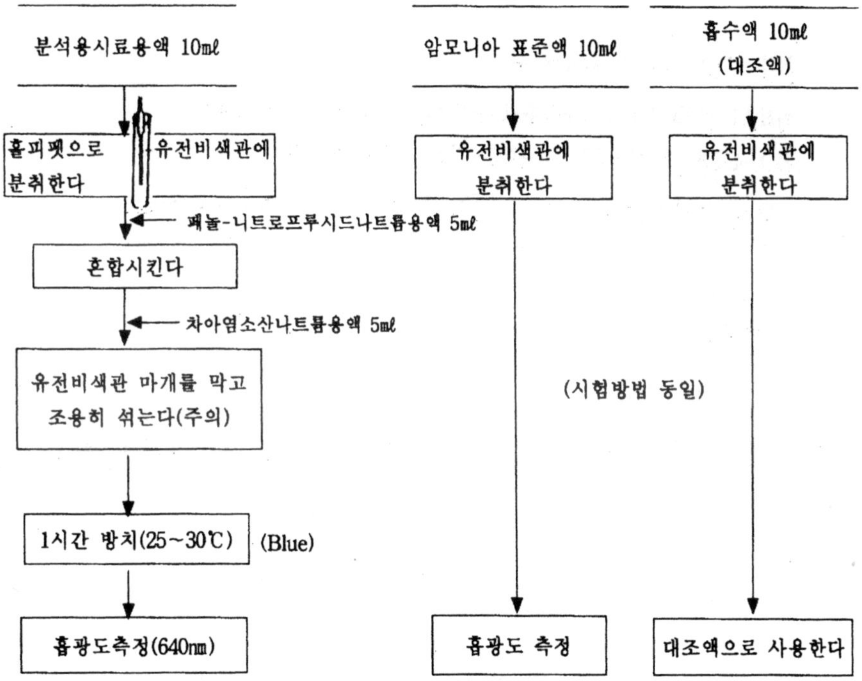

5.1.3 계산

다음 식에 따라서 시료중의 암모니아의 농도를 계산한다.

$$C = \frac{0.001 \times \frac{A}{A_s} \times 250}{V_s} \times 1,000$$

$$C' = C \times \frac{1}{10,000}$$

0.001 : 암모니아 표준액 1mℓ에(10/10)에 상당하는 NH_3-gas의 부피(mℓ)

C : 암모니아의 농도(ppm)

C': 암모니아의 농도(v/v%)

A : 분석용 시료용액의 흡광도

A_s : 표준액의 흡광도

V_s : 건조시료 가스량(ℓ)

참고 : 이 방법은 다음의 반응에 의한 발색을 이용하여 암모니아를 정량하는 것이다.

$$NH_3 + NaOCl \rightleftarrows NH_2Cl + NaOH$$

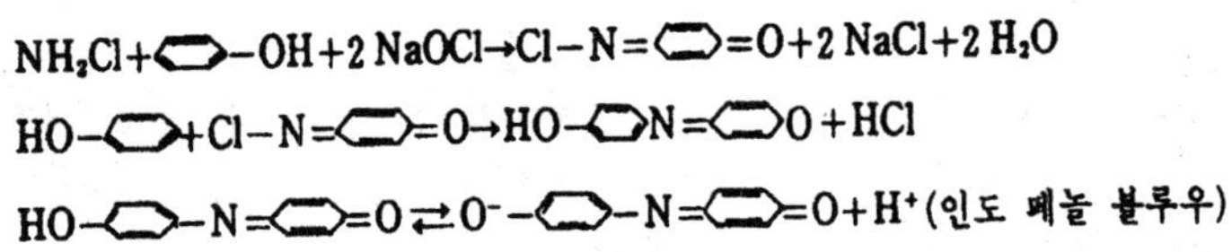

5.2 중화적정법

5.2.1 시 약

(1) N/10 황산 : 순수 약 1 ℓ 에 진한 황산 3mℓ를 서서히 가하여 섞고 다음과 같이 표정하여 사용한다.

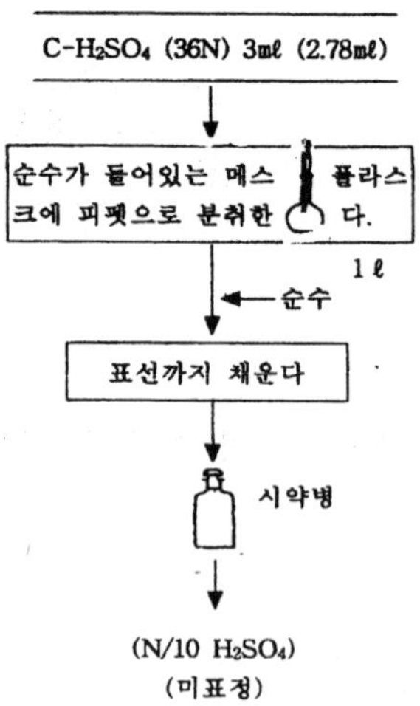

표정 : 무수탄산나트륨(용량분석용 표준시약) 1~1.5g을 백금 접시에 넣고 500~650℃에서 40~50분간 가열한 후 데시케이터 속에서 식히고 그 무게를 정확히 단다. 이를 순수에 녹여 250mℓ메스플라스크에 옮겨넣고 순수로 표선까지 채운다. 이 용액 25mℓ를 200mℓ 코니칼 비이커에 분취하고 브롬페놀블루우 지시약(Brom Phenol Blue 0.10g을 에틸알코올 20mℓ에 녹여 물을 가하여 100mℓ로 한것) 2~3방울

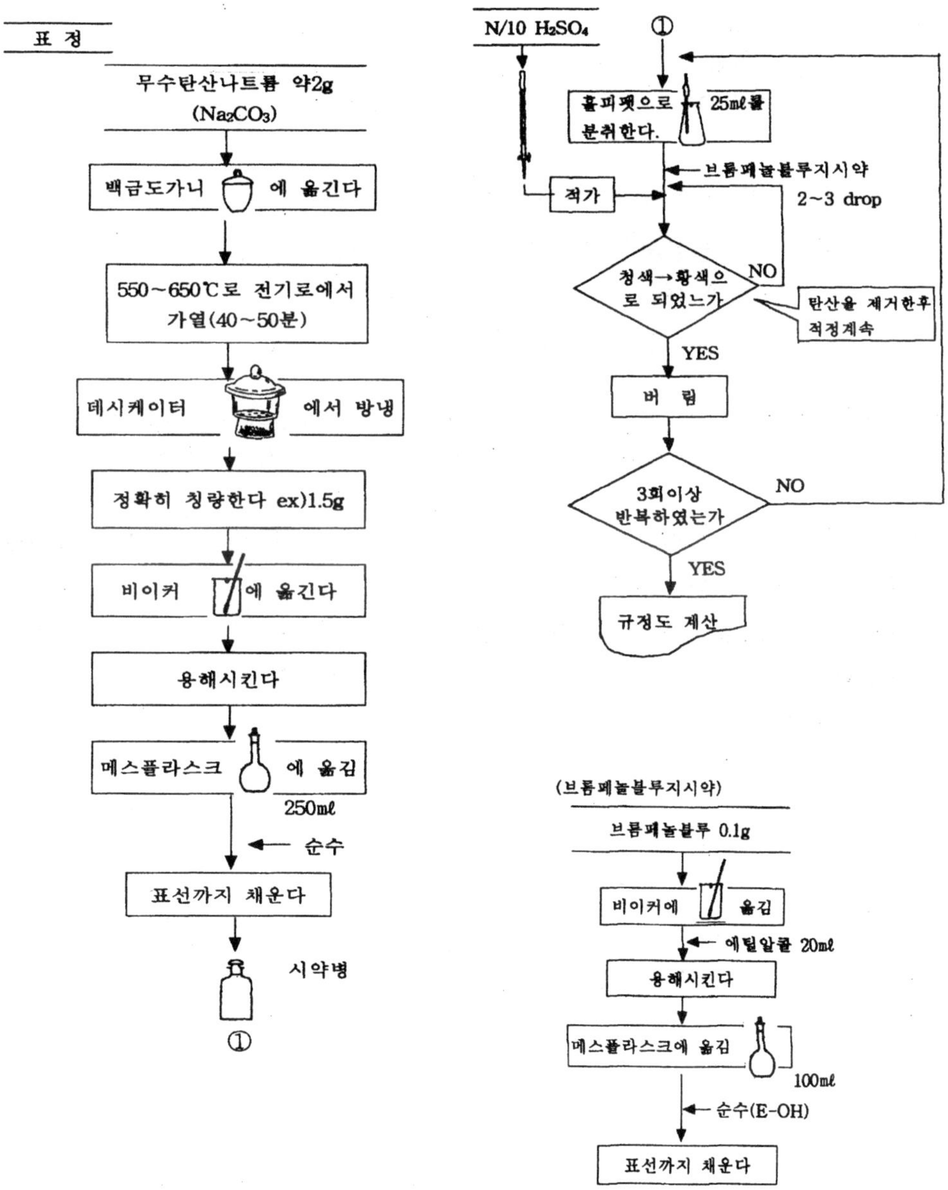

을 가하고 위에서 만든 N/10 황산으로 적정한다. 종말점 가까이에서 끓여서 탄산을 제거하고 식힌후 계속 적정하여 액의 색이 청색에서 황색으로 변하는 것을 종말점으로 한다.

다음 식에 의하여 역가를 구한다.(3)

$$f = \frac{W \times \frac{25}{250}}{V' \times 0.0053}$$

f : N/10 황산의 역가(Factor)

W : 탄산 나트륨의 양(g)

V' : 표정에 사용한 N/10황산의 양(mℓ)

0.0053 : N/10 황산 1mℓ의 탄산나트륨 상당량(g)

주(3) 표정할 때에는 탄산나트륨을 사용하는 대신에 N/10수산화 나트륨용액을 사용하여도 좋다. 이 때는 먼저 N/10 수산화나트륨용액의 역가를 구해두어야 한다.

(2) 혼합 지시약 : 다음의 ①과 ②의 용액을 사용직전에 부피비 2:1로 섞는다. 이 액은 갈색병에 저장한다

① 메틸레드 0.1g을 에틸알코올(95v/v%) 100mℓ에 녹인 것.

② 메틸렌 블루우 0.1g을 에틸알코올 (95v/v%)100mℓ에 녹인 것.

[조작]

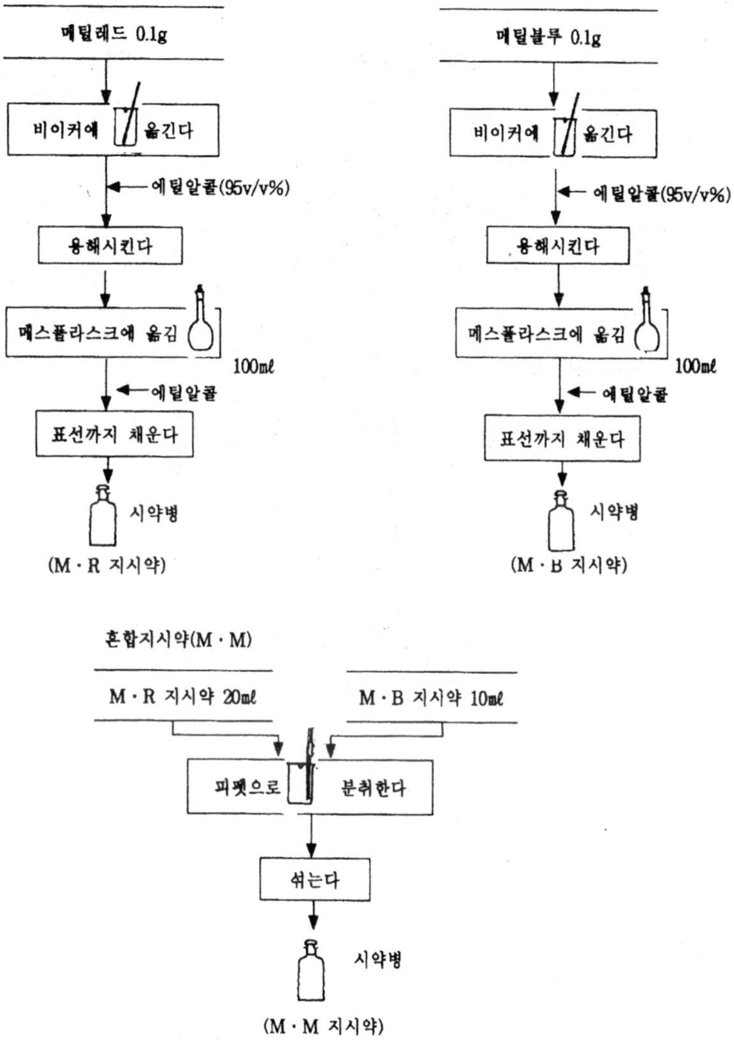

5.2.2 시험 방법

4.2에서 조제한 분석용 시료용액 V㎖(통상 50~100㎖)를 삼각플라스크(코니칼 비이커)에 분취하고 혼합지시약 몇 방울을 가한 다음 0.1N 황산으로 약간 적자색이 될 때까지 적정한다.

[조 작]

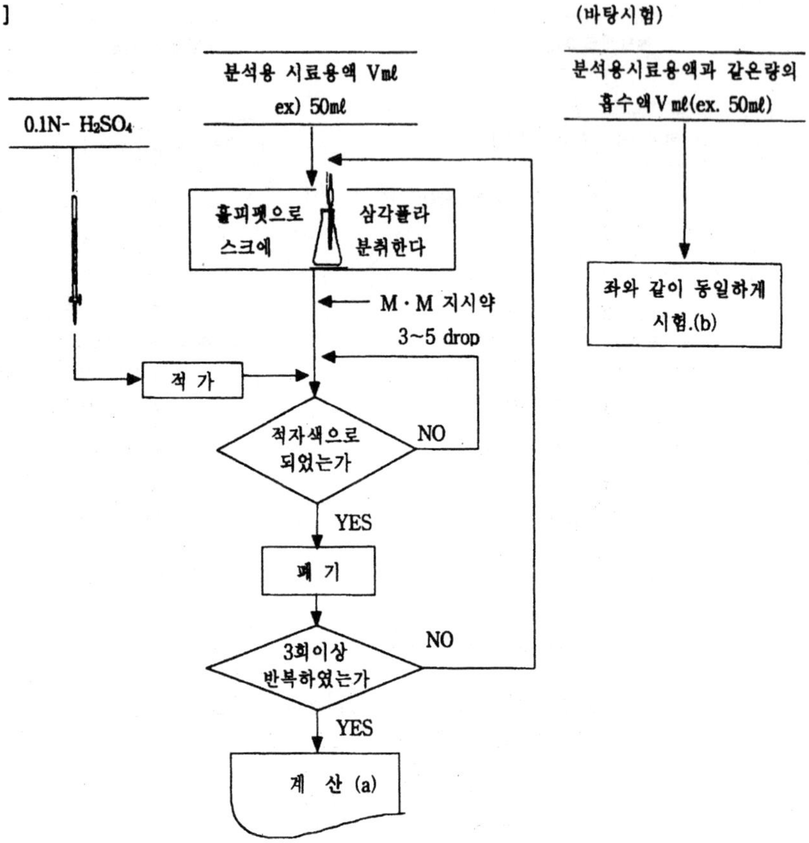

5.2.3 계 산

다음 식에 따라서 시료중의 암모니아의 농도를 계산한다.

$$C = \frac{2.24 \times (a-b) \times f \times \frac{250}{V}}{V_s} \times 1{,}000$$

$$C' = C \times \frac{1}{10{,}000}$$

2.24 : 0.1N-H_2SO_4용액 1mℓ에 상당하는 NH_3가스의 부피(mℓ)

$$(NH_3 + \frac{1}{2}H_2SO_4 \rightarrow \frac{1}{2}(NH_4)_2SO_4)$$
$$\frac{1}{10}N-H_2SO_4(\text{mℓ}) = \frac{1}{10}\times 22.4 = 2.24(\text{mℓ}-NH_3)$$

C : 암모니아의 농도(ppm)

C': 암모니아의 농도(v/v%)

a : N/10 황산의 소비량(mℓ)

b : 바탕시범에 의한 N/10황산의 소비량(mℓ)

f : N/10 황산의 역가

V_s : 건조시료 가스량(ℓ)

V : 분석용 시료용액의 채취량(mℓ)

[과년도 기사 · 산업기사 출제문제]

문제 1. 배출허용기준 시험방법에서 암모니아를 분석하기 위하여 시료를 흡수할 때 흡수액은? <'90전반기-산업기사>

㉮ 황산용액 ㉯ 수산화나트륨 용액 ㉰ 붕산용액 ㉱ 염화칼슘

문제 2. 인도페놀법으로 배출가스 중의 암모니아를 분석할 때 가장 영향이 큰 방해 성분은? <'91후반기-기사>

㉮ 암모니아 농도에 대해 이산화질소가 50배 이상
㉯ 암모니아 농도에 대해 아민류가 같은 양 이상
㉰ 암모니아 농도에 대해 아황산가스가 10배 이상
㉱ 암모니아 농도에 대해 황화수소가 같은 양 이상

문제 3. 대기오염 공정시험법에서 분석대상 가스 중 암모니아의 흡수병 용량으로 알맞는 것은? <'91후반기-산업기사>

㉮ 25mℓ ㉯ 200mℓ ㉰ 250mℓ ㉱ 500mℓ

문제 4. 다음 중 암모니아를 인도페놀법으로 측정할 때 생성되는 최종 물질은? <'92전반기-기사>

㉮ 인도페놀블루 ㉯ 차아염소산 나트륨
㉰ 니트로푸르시드나트륨 ㉱ 페놀니트로 푸르시드나트륨

문제 5. 암모니아 가스 2ton은 약 몇 kg · mol인가? <'92전반기-기사>

㉮ 118 ㉯ 175 ㉰ 223 ㉱ 284

문제 6. 중화 적정법에 의한 암모니아의 정량 적용 범위는? (단, 시료 가스 채취량을 40ℓ로 하였을 경우) <'92전반기-산업기사>

㉮ 암모니아 농도 25ppm 이상 ㉯ 암모니아 농도 50ppm 이상
㉰ 암모니아 농도 75ppm 이상 ㉱ 암모니아 농도 100ppm 이상

문제 7. 배출 가스 중에 암모니아가 다량 존재할 때 채취관으로 적당한 재질은? <'92전반기-산업기사>

㉮ 염화비닐 수지 ㉯ 실리콘 ㉰ 강철 ㉱ 네오프렌

문제 8. 암모니아를 인도페놀법에 의해서 분석하고자 한다. 다음 분석 조작 중 잘못 설명된 것은 ?<'92후반기-기사>

㉮ 암모니아는 알칼리성이므로 묽은황산용액(N/10 H_2SO_4)에 흡수시킨다.

㉯ 페놀-니트로푸투시드나트륨 용액과 차아염소산나트륨 용액을 차례로 가한다.

㉰ 일정한 액온에서 1시간 발색 시킨다.

㉱ 흡광도 측정시 발색물질은 인도페놀블루이다.

문제 9. 배출가스중의 암모니아 분석법에 대한 설명이다. 잘못 설명된 것은?

<'92후반기-산업기사>

㉮ 인도페놀으로 측정할 때 시료채취량 20리터인 경우 시료중의 암모니아 농도가 0.01ppm 이상인 것의 분석에 적합하다.

㉯ 인도페놀법으로 측정할 때 암모니아 농도에 대하여 이산화질소가 100배 이상 공존하지 않을 때 적합하다.

㉰ 중화적정법으로 측정할 때 황산으로 적정한다.

㉱ 중화적정법으로 측정할 때 시료채취량 40리터인 경우 시료중의 암모니아의 농도가 약 100ppm 이상인 분석에 적합하다.

문제 10. 다음 중 암모니아를 인도페놀법으로 측정할 때 생성되는 물질은 어느 것인가 ? <'93전반기-기사>

㉮ 인도페놀블루 ㉯ 차아염소산나트륨

㉰ 니트로푸르시드 나트륨 ㉱ 페놀니트로 푸르시드나트륨

문제 11. 다음 중 암모니아의 농도가 100ppm 이상일 때, 적용할 수 있는 측정 방법은 ?<'94전반기-기사>

㉮ 중화적정법 ㉯ 비색법 ㉰ 원자흡광광도법 ㉱ 인도페놀법

문제 12. 배출허용 기준 시험방법에서 암모니아를 분석하기 위하여 시료를 흡수할 때 흡수액은? <'94전반기-산업기사>

㉮ 황산용액 ㉯ 수산화나트륨 용액 ㉰ 붕산용액 ㉱ 염화칼슘

문제 13. 환경오염 공정시험법에서 분석 대상 가스 중 암모니아의 흡수병 용량으로 알맞은 것은?<'94전반기-산업기사>

㉮ 25ml ㉯ 200ml ㉰ 250ml ㉱ 500ml

문제 14. 섭씨 0℃ 1기압하에서 20ppb의 암모니아가스를 포함하는 공기 $2m^3$ 중에는 암모니아가스가 몇 μg 포함되어 있는가 ?<'94전반기-산업기사>

㉮30.4 ㉯32.4 ㉰35.2 ㉱37.2

문제 15. 배출가스 중의 암모니아를 중화적정법으로 측정하고자 할 때, 시료가스 채취량이 40ℓ일 때, 시료가스 중의 암모니아의 농도가 다음 중 어느 것일 때 사용할 수 있는가 ?<'94전반기-산업기사>

㉮ 1ppm 이하 ㉯ 50ppm 이하 ㉰ 100ppm이하 ㉱ 100ppm 이상

문제 16. 배출가스 중 암모니아를 인도페놀법으로 측정하고자 한다. 다음 설명 중 틀린 것은 ?<'95전반기-기사>

㉮ 흡수액은 0.5% 붕산용액을 사용한다. .
㉯ 흡광도 측정을 위한 발색은 인도페놀블루의 생성에 기인한다.
㉰ 인도페놀은 암모니아가 페놀 및 염화나트륨과 반응하여 생긴다.
㉱ 암모니아 농도의 계산은 분석용 시료용액과 표준용액과의 흡광도 비로 계산한다.

문제 17. 암모니아 측정법 중 중화적정법의 원리를 설명한 것 중 옳은 것은?
<'95전반기 -산업기사>

㉮ 시료가스를 수산화나트륨 용액에 흡수시킨 후 지시약을 사용하여 황산으로 적정한다.
㉯ 시료가스를 수산화나트륨 용액에 흡수시킨 후 지시약을 사용하여 염산으로 적정한다.
㉰ 시료가스를 붕산용액에 흡수시킨 후 지시약을 사용하여 염산으로 적정한다.
㉰ 시료가스를 붕산용액에 흡수시킨 후 지시약을 사용하여 황산으로 적정한다.

문제 18. 배출가스 중의 암모니아를 중화적정법으로 측정하고자 할 때 시료가스 채취량 40ℓ일때, 시료가스 중의 암모니아 농도가 다음 중 어느 것일 때 사용할 수 있는가?<'96전반기-산업기사>

㉮ 1ppm이하 ㉯ 50ppm이하 ㉰ 100ppm이하 ㉱ 100ppm이상

문제 19. 다음 중 암모니아를 인도 페놀법으로 측정할 때 생성되는 최종 물질은 어

느 것인가? <'96후반기-기사>

㉮ 인도 페놀 블루 ㉯ 차아염소산 나트륨
㉰ 니트로 푸르시드 나트륨 ㉱ 페놀 니트로 푸르시드 나트륨

문제 20. 배출가스 중 암모니아를 분석하기 위해 어떤 흡수액에 시료가스를 흡수시키는가? <'96후반기-기사>

㉮ 0.5% 붕산수 ㉯ 0.01 N-H_2SO_4용액
㉰ 증류수 ㉱ 0.1 N-NaOH용액

문제 21. 암모니아를 인도페놀법에 의해서 분석하고자 한다. 다음 분석조작 중 잘못 설명된 것은?<'97전반기-기사>

㉮ 암모니아는 알칼리성이므로 묽은 황산용액(N/10 H_2SO_4)에 흡수시킨다.
㉯ 페놀-니트로푸루시드 나트륨용액과 차아염소산 나트륨 용액을 차례로 가한다.
㉰ 일정한 액온에서 1시간 발색시킨다.
㉱ 흡광도 측정시 발색물질은 인도페놀블루이다.

문제 22. 다음 중 암모니아 분석방법으로 옳은 것은?<'97후반기-산업기사>

㉮ 인도페놀법 ㉯ 불투명도 ㉰ 적외선분석법 ㉱ 질산은법

문제 23. 배출가스 중 암모니아를 붕산용액에 흡수시켜 조제한 분석용 시료용액을 적당량 분취하고 혼합지시약 몇 방울을 가한 다음 N/10황산으로 적정한다. 다음은 혼합지시약에 관한 설명이다. 틀린 것은?<'98전반기-기사>

㉮ 혼합지시약은 메틸레드와 메틸렌블루의 알콜용액을 일정량 혼합한 것이다.
㉯ 혼합지시약은 사용직전에 섞어 사용한다.
㉰ 혼합지시약은 적정시 분석용액의 산도를 조절하는 목적으로도 사용한다.
㉱ 혼합지시약은 적정시 종말점을 찾기 위하여 가한다.

문제 24. 암모니아를 인도페놀법에 의해서 분석하고자 한다. 다음 분석조작 중 잘못 설명된 것은?<'98후반기-기사>

㉮ 암모니아는 알칼리성이므로 묽은 황산용액(N/10 H_2SO_4)에 흡수시킨다.
㉯ 페놀-니트로푸루시드나트륨용액과 차아염소산나트륨용액을 차례로 가한다.
㉰ 액온을 25~30℃에서 1시간 발생시킨다.
㉱ 흡광도 측정시 발색물질은 인도페놀블루이다.

제 3 항 염 화 수 소

1 . 적용범위

이 시험법은 연소 및 화학반응 등에 따라 굴뚝 등으로 배출되는 배출가스중의 염화수소를 분석하는 방법에 대하여 규정하다.

2. 분석방법의 종류 및 개요

염화수소 분석방법의 종류 및 개요는 표 1과 같다.

표1 분석방법의 종류 및 개요

분석방법의 종류	분석방법의 개요			적용조건
	요 지	시료채취	정량범위 vol ppm (mg/s㎥)	
티오시안산 제이수은 흡광광도법	시료가스중의 염화수소를 수산화나트륨용액에 흡수시킨후, 티오시안산 제이수은용액과 황산제이철 암모늄용액을 가하여 발색시켜 흡광도를 (460nm)를 측정한다.	흡수병법 흡수액:0.1mol/ℓ의 수산화나트륨 용액 액량:50㎖×2 표준채취량 : 40ℓ	2～80 (3～130)[1]	이 방법은 이산화황,기타 할로겐화물,시안화물 및 황화합물의 영향이 무시되는 경우에 적합하다.
질산은 적정법	시료가스중의 염화수소를 수산화나트륨용액에 흡수시킨후, 약산성으로하여 질산은을 가하여 티오시안산암모늄용액으로 적정한다.	흡수병법 흡수액:0.1mol/ℓ의 수산화나트륨 용액 액량:50㎖×2 표준채취량 : 80ℓ	140～2,800 (230～4,600)[1]	이 방법은 이산화황,기타 할로겐화물,시안화물 및 황화합물의 영향이 무시되는 경우에 적합하다.
이온크로마토그래프법	시료가스중의 염화수소를 물에 흡수시킨후, 이온크로마토그래프에 주입하여 얻은 크로마토그램을 이용하여 분석한다.	흡수병법 흡수액:물 액량:25㎖×2 표준채취량 : 20ℓ	0.4～80 (0.6～130)[2]	이 방법은 황화물 등의 환원성 가스의 영향이 무시되는 경우에 적합하다.[3]
이온전극법	시료가스중의 염화수소를 질산칼륨용액에 흡수시킨후, 초산완충액을 가하여, 염소이온전극을 이용하여 이온농도를 측정한다.	흡수병법 흡수액:0.1mol/ℓ의 질산칼륨용액 액량:50㎖×2 표준채취량 : 40ℓ	40～40,000 (64～64,000)[1]	이 방법은 할로겐화합물,시안화물 및 황화합물 등의 영향이 무시되는 경우에 적합하다.[3]

주) 1) 시료가스를 통과시킨 흡수액(100mℓ)을 250mℓ로 희석하여 분석용 시료 용액으로 하는 경우

2) 시료가스를 통과시킨 흡수액(50mℓ)을 100mℓ로 희석하여 분석용 시료 용액으로 하는 경우. 농축컬럼을 사용하면 이 표에 표시된 정략범위의 하한값을 낮출 수 있다

3) 배가스 중에 염화수소와 염소가 공존하는 경우에는 삼산화비소(1g/ℓ)를 가한 수산화나트륨용액(0.1㏖/ℓ)를 흡수액으로 하여 시료가스를 채취하여 염소이온농도(a mg Cl/mℓ)를 구한다. 동시에 염소시험법에 규정한 오르토톨리딘 흡광광도법 등으로 시료가스중의 염소농도를 측정하고, 염소이온농도로부터 염소농도에 상응하는 염소이온농도(b mgCl/mℓ)를 빼준 a-b로부터 시료가스 중의 염화수소농도(S㎎/m^3)를 구한다. 시안화물의 경우는 pH 5으로 조정하는 것으로 10^{-5}㏖/ℓ 정도까지, 황화물의 경우에는 같은 양의 과망간산칼륨을 첨가하여 방해를 피할 수 있다.

【준비】

☞ 티오시안산제이수은법

<시약>

수산화나트륨(NaOH), 질산제이수은($Hg(NO_3)_2 \cdot H_2O$), 질산(HNO_3), 황산제이철암모늄($(NH_4)Fe(SO_4)_2$), 티오시안산칼륨, 메틸알콜(CH_3OH), 과염소산($HClO_4$), 염화나트륨(NaCl)

<기구>

유리여과기(G3),유전비색관, Stack Air Sampler, 흡수병, 유산지, 유전비색관, 광전분광광도계. 100mℓ Mass Flask, 1000mℓ Mass Flask, 시약병, 비이커.

☞ 질산은법

<시약>

질산(HNO_3), 질산은($AgNO_3$), 염화나트륨(NaCl), 크롬산칼륨(K_2CrO_4), 니트로벤젠, 황산제이철암모늄($(NH_4)Fe(SO_4)_2$), 과염소산($HClO_4$), 티오시안산암모늄.

<기구>

1000mℓ Mass Flask、 100mℓ Mass Flask、 시약병, Stack Air Sampler, 유산지, 흡수병, 비이터, 백금도가니, 갈색 뷰렛, 홀피펫, 메스피펫, 코니칼 비이커.

(1) 티오시안산 제이수은법

분석용 시료 용액에 티오시안산 제이수은 용액과 황산 제이철암모늄 용액을 가하여 염소 이온과 반응해서 생성한 티오시안산 제이철의 흡광도를 측정하여 염화수소를 정량한다.

이 방법은 시료량이 40ℓ일 때 시료가스 중의 염화수소 농도 2~40ppm인 것의 분석에 적당하다.

또한 다른 할로겐화물, 시안화물 등의 영향이 무시될 때에 적당하며, 염화수소 농도가 40ppm을 넘을 때는 분석용 시료용액을 흡수액으로 적당히 묽게 해 사용하면 된다.

$$Hg(SCN)_2 + 2Cl^- \rightarrow HgCl_2 + 2SCN^-$$
$$2SCN^- + 2Fe^{3+} \rightarrow 2Fe(SCN)^{2+}(\text{등적색(주황색)으로발색})$$

(2) 질산은 법

분석용 시료용액을 약산성으로 하고 여기에 질산은 용액을 가하여 티오시안산 암모늄 용액으로 적정하여 염화수소를 정량한다. 이 방법은 시료 채취량이 80 ℓ 일 때 시료 중의 염화수소 농도가 60～2,500ppm인 것의 분석에 적당하다.

이 방법은 다른 할로겐화물, 시안화물 등의 영향이 무시될 때 적당하며 염화수소 농도가 2,500ppm을 넘을 때는 분석용 시료용액을 흡수액으로 적당히 묽게 해 사용하면 된다.

3. 시료 채취방법

Stack Air Sampler를 사용하여 채취하며, 시료 채취관은 배출가스 중의 염화수소에 의해 부식되지 않는 재질의 관, 예를들면 유리관, 석영관, 불소수지관 등을 사용한다.

질산은적정법, 티오시안산제이수은법 및 이온전극법의 경우는 용량 250㎖의 흡수병에 흡수액 50㎖를 각각 넣고, 이온크로마토그래프법의 경우는 용량 100㎖의 흡수병에 흡수액(순수) 25㎖를 넣는다.

유량조절용코크를 조절하여 유량을 1 ℓ/min정도로 한다.

질산은적정법, 티오시안산제이수은법, 이온전극법게서 염화수소가 흡수액에 완전히 흡수되는 것이 확실한 경우에는 유량을 2 ℓ/min까지 증가시켜도 된다.

4. 흡수액 및 분석용 시료용액 조제

4.1 흡수액의 조제

① 질산은적정법 및 티오시안산제이수은법의 경우 ; 수산화나트륨 용액(0.1㏖/ ℓ)을 사용한다. 수산화나트륨 4.0g을 정확하게 취하여 물에 용해시켜 1 ℓ를 만들어 사용한다.

② 이온크로마토그래프법의 경우 : 정제 증류수 또는 이온교환수지로 정제한 탈염수를 사용한다.

③ 이온전극법의 경우 : 질산칼륨 용액(0.1㏖/ ℓ)을 사용한다.

질산칼륨 10.1g을 정확하게 취하여 순수에 용해시켜 1ℓ를 만들어 사용한다.

4.2 분석용 시료 용액의 조제

4.2.1 질산은 적정법 및 티오시안산제이수은 흡광광도법의 경우

(1) 시료채취의 조작을 마친 후에 300㎖ 비이커에 흡수병의 내용액을 순수로 씻어 옮긴다.

(2) 250㎖ 정량플라스크에 비이커의 내용액을 순수로 씻어 옮긴 후에, 순수를 표선까지 넣어 이것을 분석용 시료용액으로 한다.

① 흡수액 (0.1mol/ℓ, NaOH, 1/10N-NaOH)

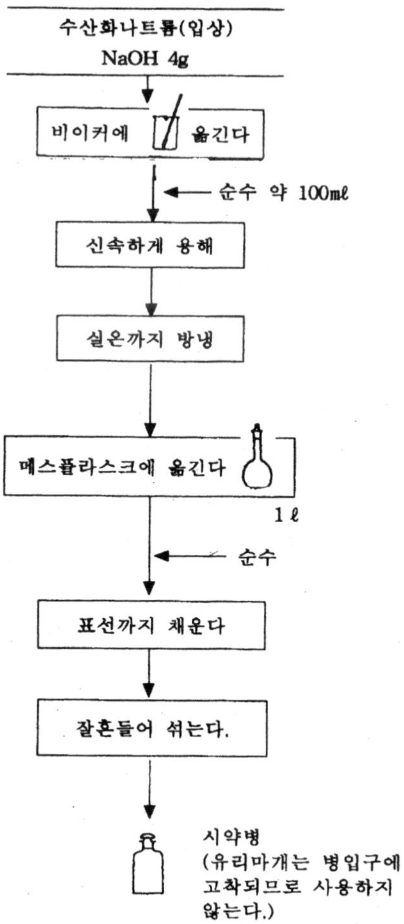

[조 작] ① 분석용 시료용액 조제

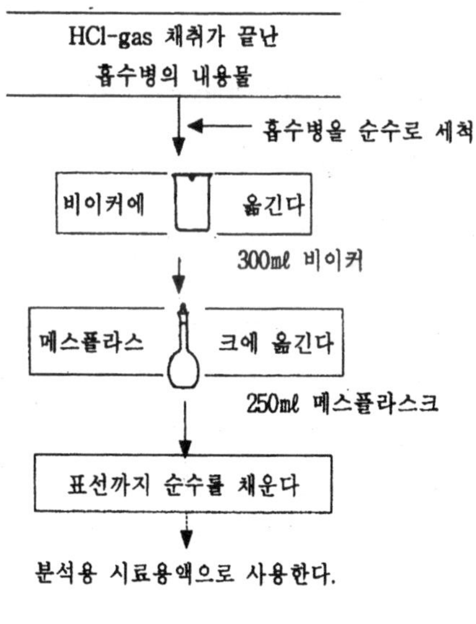

4.2.2 이온크로마토그래프법의 경우

(1) 시료채취의 조작을 마친 후에 200㎖ 비이커에 흡수병의 내용액을 순수로 씻어 옮긴다.

(2) 100㎖ 정용플라스크에 비이커의 내용액을 순수로 씻어 옮긴 후에, 순수를 표선까지 넣어 이것을 분석용 시료용액으로 한다.

4.2.3 이온 전극법의 경우

(1) 시료채취의 조작을 마친 후 300㎖ 비이커에 흡수병의 내용액을 순수로 씻어 옮긴다.

(2) 250㎖ 정용플라스크에 비이커의 내용액을 순수로 씻어 옮긴 후에, 초산완충액 5㎖를 가하고 흡수액을 표선까지 넣어 이것을 분석용 시료용액으로 한다.

5. 분석방법

5.1 티오시안산제이수은법

5.1.1 장 치

광전광도계 또는 광전분광광도계

5.1.2시 약

(1) 티오시안산 제이수은용액 ; 질산 제이수은($Hg(NO_3)_2 \cdot H_2O$) 5g을 질산(N/2) 약 200㎖에 녹이고, 여기에 황산제이철암모늄 용액 3㎖를 가하여 잘 혼합하고 티오시안산칼륨용액(4%)을 액이 약간 착색될 때까지 가한다. 생성된 티오시안산 제이수은의 백색 침전은 유리여과기(G_3)로 거르고 침전은 물론 충분히 씻고 자연건조시킨다. 이렇게 만든 티오시안산 제이수은 0.4g을 메틸알코올(methyl alcohol) 100㎖에 녹여 갈색병에 보관한다.

(2) 황산제이철 암모늄 용액 ; 황산제이철 암모늄 6.0g을 과염소산(1+2) 100㎖에 녹이고 갈색병 에 보관한다.

(3) 티오시안산칼륨용액 ; 티오시안산칼륨4g을 취하여 순수에 녹여 100㎖로 한다.

(4) 과염소산(1+2) ; 과염소산(70%) 1에 순수 2를 가한다.

(5) 염소이온 표준액 ; 105~100℃로 건조한 염화나트륨(NaCl) 0.261g을 1ℓ 메스플라스크에 취하여 순수에 녹여서 1ℓ로 한다. 이 중 100㎖를 1ℓ 메스플라스크에 취하고 순수를 가하여 1ℓ로 한 후 염소이온 표준액으로 한다.

염소이온 표준액 1㎖=0.01㎖ HCl(0℃, 760㎜Hg)

① 티오시안산 제이수은용액

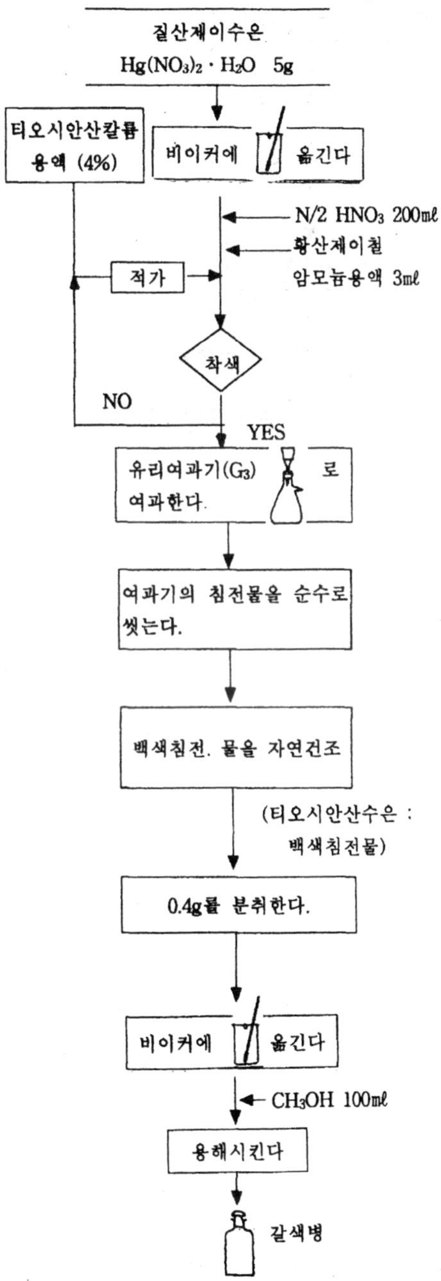

② 황산 제2철 암모늄 용액

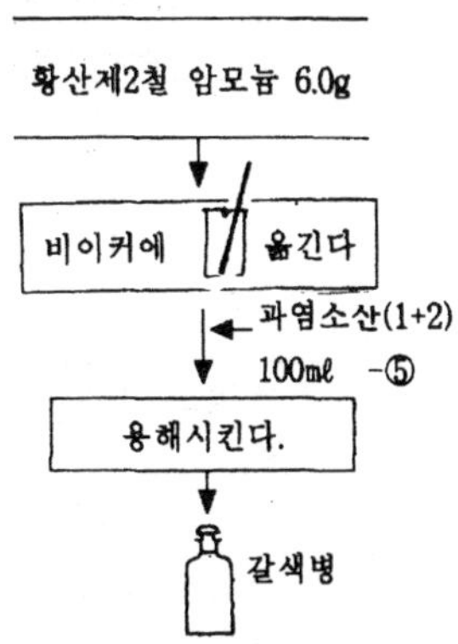

③ 티오시안산칼륨용액

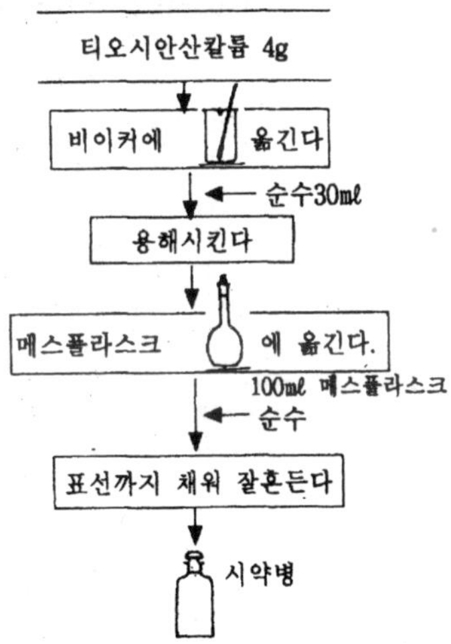

④ 과염소산(1+2)

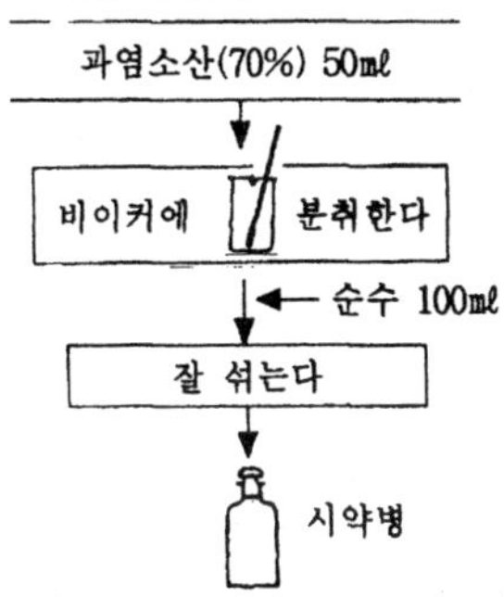

⑤ 염소이온 표준액

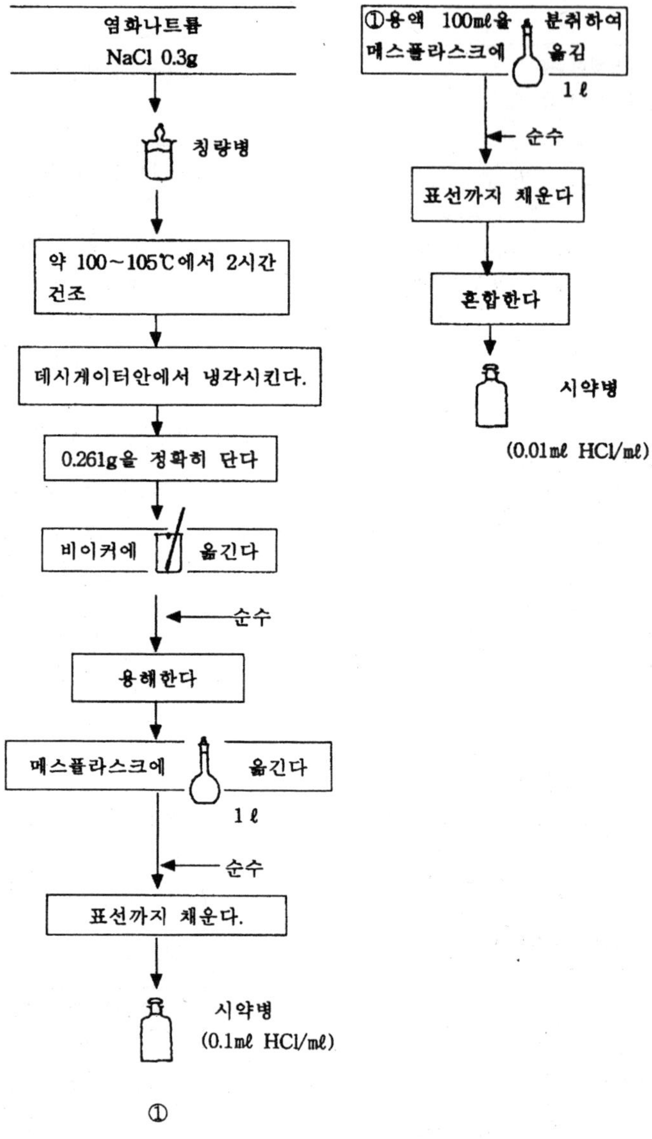

5.1.3 시험 방법

조제한 분석용 시료용액 5㎖ 및 염소이온 표준액 5㎖를 각각 유리마개가 있는 시험관에 취하고 각각에 황산제이철 암모늄용액 2㎖와 티오시안산 제이수은 용액

1mℓ 및 메틸알코올 10mℓ를 가하고 마개를 한 후 흔들어 잘 섞는다.

약 20℃에서는 5~30분 사이에 10㎜ 셀에 옮겨 광전광도계 또는 광전분광광도계에서 파장 460㎚ 부근에서 흡광도를 측정한다. 대조액으로는 흡수액으로 상기와 같은 방법으로 처리하여 사용한다.

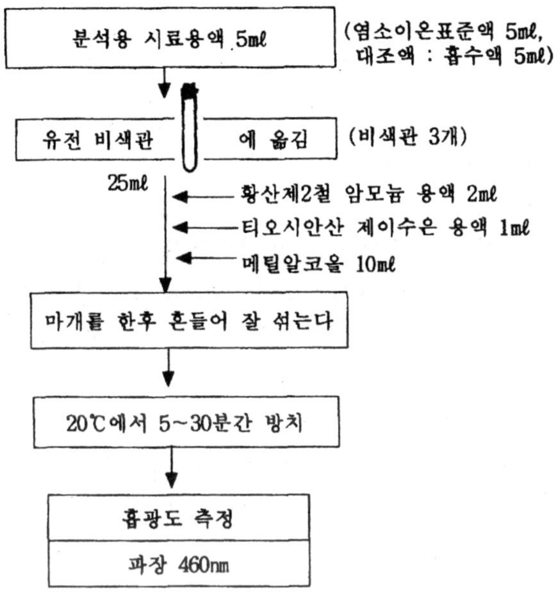

5.1.4 계 산

다음 식에 의하여 시료중의 염화수소 농도를 산출한다.

$$C=\frac{0.01\times A/A_s\times 250}{V_s}\times 1,000$$

$$C'=C\times 36.5/22.4$$

0.01 : 염소이온표준액 1mℓ(5/5)에 상당하는 HCl-gas의 부피(mℓ)

$$\frac{NaCl\ 량(0.261g)}{1\,\ell}\times\frac{M_{Cl}}{M_{NaCl}}\times\frac{22.4\,\ell}{36.5g}\times\frac{1}{10}\fallingdotseq 0.01\text{mℓ}-HCl/\text{mℓ}$$

C : 염화수소 농도(ppm)

C' : 염화수소 농도(mg/m³)

A :분석용 시료용액을 발색시켜 측정한 흡광도

A_s :표준액을 발색시켜 측정한 흡광도

V_s : 건조시료가스량(ℓ)

5.2 질산은 적정법

5.2.1 시 약

(1) 질산(10%)

(2) N/10 질산은 용액 ; 질산은($AgNO_3$) 17.0g을 순수에 녹여 1ℓ로 하고 갈색병에 보관한다. 표정은 다음과 같이 행한다.

표정 : 염화나트륨(NaCl 표준시약)을 500~650℃에서 약 1시간 건조하여 데시케이터 중에서 냉각시키고 이중 0.15g을 정확히 달아 순수 50mℓ에 용해시킨다. 크롬산칼륨 용액 1mℓ를 가하고 흔들어 주면서 N/10 질산은 용액으로 적정하여 담적갈색이 없어지지 않을 때까지 적정하여 역가를 구한다.

(3) 니트로벤젠(nitrobenzene)

(4) 황산제이철 암모늄 용액 : 티오시안산 제이수은법에 의한다.

(5) N/10 티오시안산 암모늄 용액 (N/10 ammonium thiocyanate solution) : 티오시안산 암모늄 8g을 순수에 녹여 1ℓ로 만들고 갈색병에 보관한다. 표정은 다음과 같이 행한다.

표정 : N/10 질산은 용액 25mℓ에 순수 약 25mℓ를 가하고 지시약으로 황산제이철 암모늄 용액 2mℓ, 니트로벤젠 10mℓ를 차례로 가하고 잘 흔들어 주면서 N/10 티오시안산 암모늄 용액으로 적정하여 갈색을 나타내는 점을 종말점으로 한다.

5.2.2 조 작

4.2에서 조제한 분석용 시료용액 Vmℓ(일반적으로 25~50mℓ)를 취하고 질산(10%) 5mℓ를 가하여 산성으로 한다. 다음에 N/10 질산은 용액 25mℓ를 가하고 니트로벤젠 3mℓ 및 황산제이철 암모늄 용액 1mℓ를 가하여 혼합한 후 N/10 티오시안산 암모늄 용액으로 적정한다. 용액의 엷은 적색이 없어지지 않는 점을 종말점으로 한다. 별도로 흡수액에 대하여 바탕시험을 한다.

② N/10 $AgNO_3$용액 조재

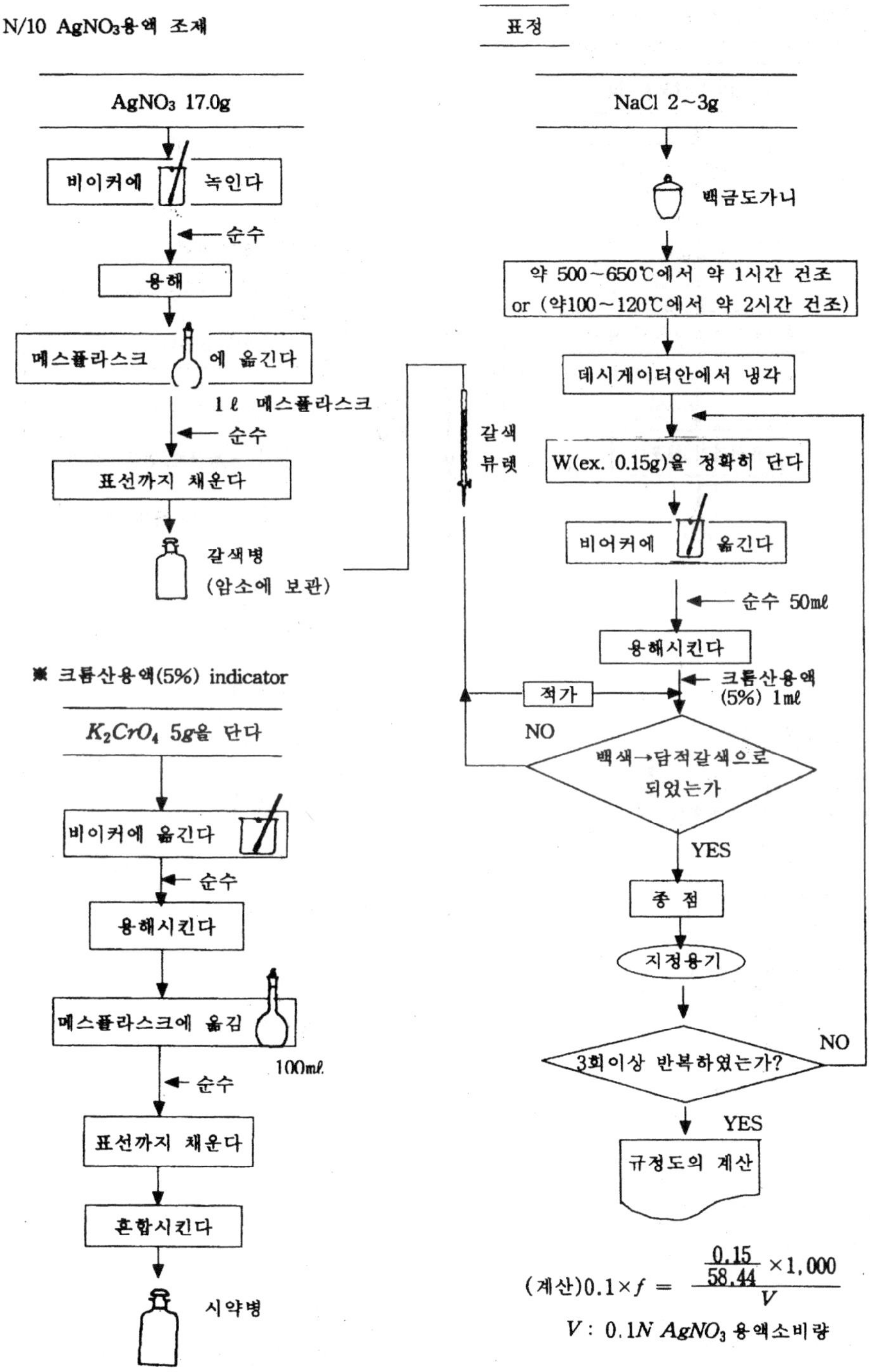

$$(계산)0.1\times f = \frac{\frac{0.15}{58.44}\times 1{,}000}{V}$$

V : $0.1N\ AgNO_3$ 용액소비량

⑤ N/10 티오시안산 암모늄용액 조제
(Ammonium thiocyanate solution)

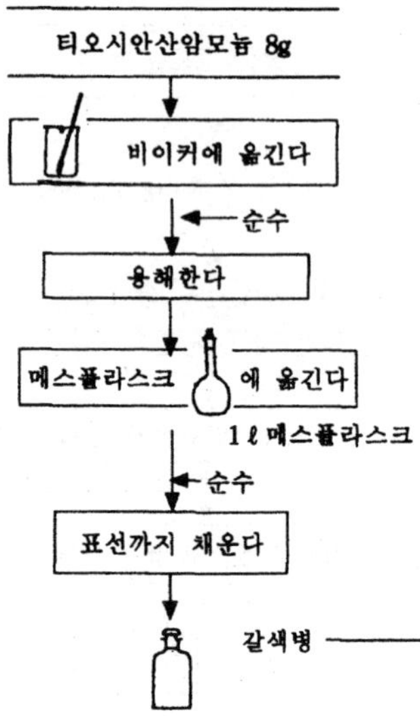

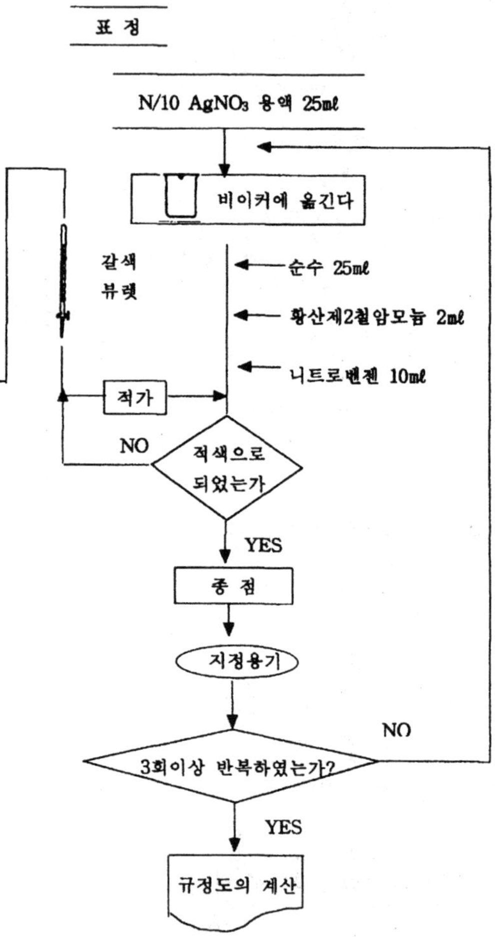

⑥ 10% HNO_3 용액

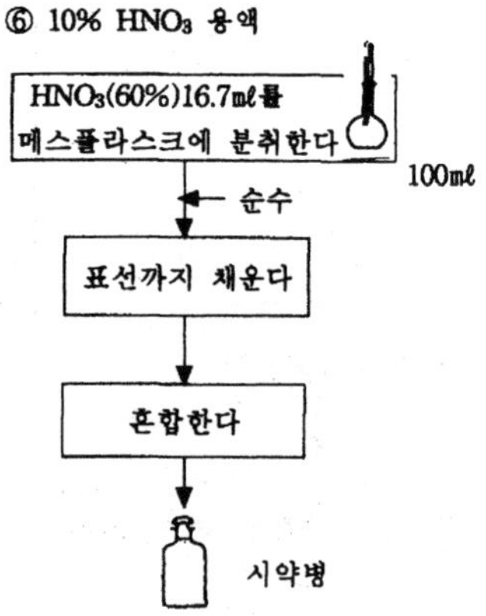

(계산) $\underset{\text{AgNO3용액}}{\underline{0.1\times f\times 25}} = \underset{\text{티오시안산암모늄용액}}{\underline{0.1\times f\times V}}$

$$\therefore\ f\times 0.1 = \frac{0.1\times f\times 25}{V}$$

here f : 0.1N $AgNO_3$ 용액의 factor
f :0.1N티오시안산암모늄용액

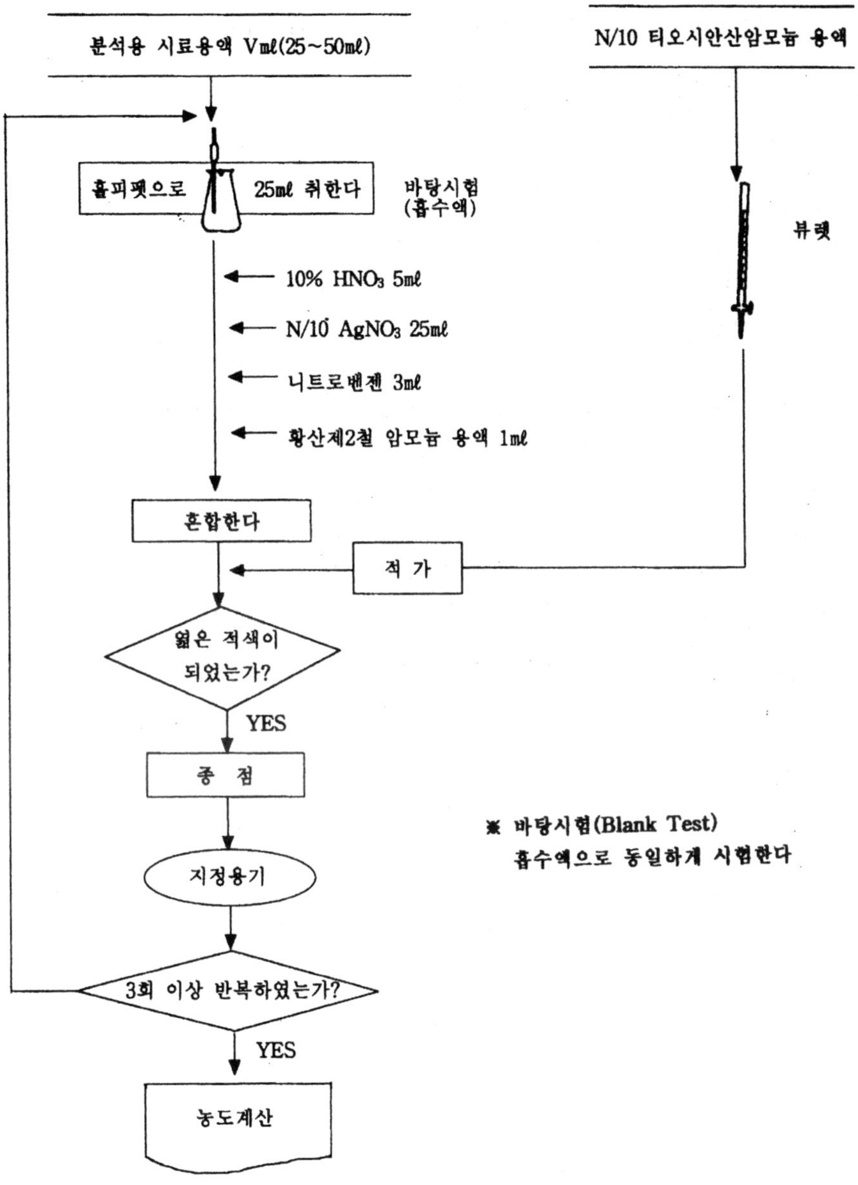

분석용 시료용액 Vmℓ(25~50mℓ)
N/10 티오시안산암모늄 용액
홀피펫으로 25mℓ 취한다
바탕시험 (흡수액)
뷰렛
10% HNO3 5mℓ
N/10 AgNO3 25mℓ
니트로벤젠 3mℓ
황산제2철 암모늄 용액 1mℓ
혼합한다
적 가
엷은 적색이 되었는가?
YES
종 점
지정용기
3회 이상 반복하였는가?
YES
농도계산
※ 바탕시험(Blank Test)
흡수액으로 동일하게 시험한다

5.2.3 계 산

다음 식에 의하여 시료중의 염화수소 농도를 산출한다.

$$C = \frac{2.24 \times (b-a) \times f \times 250/V}{V_s} \times 1,000$$

$$C' = C \times 36.5/22.4$$

C : 염화수소 농도(ppm)

C': 염화수소 농도(mg/m³)

V_s : 건조시료가스량(ℓ)

V : 분석용 시료용액의 분취량(mℓ)

a : N/10 티오시안산 암모늄 용액의 소비량(mℓ)

b : 바탕시험에 의한 N/10 티오시안산 암모늄 용액의 소비량(mℓ)

f : N/10 티오시안산 암모늄 용액의 역가

$$HCl + AgNO_3 \rightarrow AgCl\downarrow + HNO_3$$
$$AgNO_3 + NH_{4CNS} \rightarrow AgCNS + NH_4NO_3$$
$$Fe^{3+} + 3NH_4CNS \rightarrow Fe(CNS)_3 \text{ 적색}$$

2.24 : 0.1N-$AgNO_3$용액 1mℓ에 상당하는 HCl-gas의 부피(mℓ)

$22.4 \times 0.1 = 2.24$mℓ $- HCl/0.1N-AgNO_3$ mℓ

[과년도 기사 · 산업기사 출제문제]

문제 1. 염화수소를 정량하는 질산은법의 원주에 관한 설명이다. 잘못 설명된 것은?<'90전반기-산업기사>

㉮ 약질산성에서 진행된다.

㉯ 염소이온과 은이온이 반응하면 불용성의 염화은이 생성된다.

㉰ 티오시안산 이온은 2가 철이온(Fe^{++})과 반응하여 엷은 적색이 된다.

㉱ 니트로 벤젠은 반응시 종말점을 선명하게 하기 위하여 첨가한다.

문제 2. 배출가스 중의 염화수소를 측정하는 티오시안산 제2 수은법은 시료용액에 티오시안산제2수은 용액과 황산 제2철 암모늄용액을 가하면 염소이온과 반응하여 다음 중 어느 것이 생성되는가?<'90후반기-산업기사>

㉮ 염화 제1철 ㉯ 염화 제2철 ㉰ 티오시안산 제2철 ㉱ 시안산 제2철

문제 3. 배출가스중 염화수소 농도를 Cppm이라 할 때 이를 % 농도와 mg/Sm^3으로 환산하여 표시하면 어떻게 되는가? (단, 염화수소의 분자량은 36.5이다.)

<'91후반기-산업기사>

㉮ $C\times10^{-3}$, $C\times1.63$ ㉯ $C\times10^{-4}$, $C\times1.63$

㉰ $C\times10^{-4}$, $C\times1.63\times10^{-3}$ ㉱ $C\times10^{3}$, $C\times1.63\times10^{-4}$

문제 4. 다음 중 티오시안산 제2수은법에 의한 염화수소 측정에 관하여 가장 옳게 설명한 것은? <'92전반기-기사>

㉮ 이 방법은 염화수소 농도가 60~2,700ppm 범위내일 때 가장 적당하다.

㉯ 원리는 $Hg(SCN)_2$+2Cl → HgC12+2SCN^- 이온에 3가철(Fe^{3+})을 가하여 생기는 발색액의 흡광도를 측정하는 것이다.

㉰ 원리는 티오시안산 제 2수은 존재하에 염산을 수산화나트륨으로 중화적 측정하는 것이다.

㉱ 이 방법에서 메틸알콜을 가하는 이유는 방해 물질을 제거하기 위함이다.

문제 5. 어느 굴뚝 배출 가스 중 염화수소 가스의 농도를 측정한 결과 400ppm이었다면 배출 가스 $1Sm^3$당의 염화수소 가스의 중량은 약 얼마인가?<'92전반기-기사>

㉮ 550mg ㉯ 600mg ㉰ 650mg ㉱ 700mg

문제 6. N/10NaC1 표준액(f=1.0) 22.3㎖를 취하여 600㎖로 희석시키고 다시 이 중 100㎖를 발취 1ℓ로 하여 염소이온 표준액을 만들었다. 조제한 염소이온 표준액 1㎖ 는 표준상태에서 몇 ㎖ HCl이 되는가 ?<'92後반기-기사>

㉮ 0.01㎖ HCl ㉯ 0.05㎖ HCl ㉰ 0.1㎖ HCl ㉱ 0.5㎖ HCl

문제 7. 배출가스중의 염화수소 분석법중 대기오염공정시험법에서 채택되고 있는 방법은 어느 것인가 ?<'92後반기-산업기사>

㉮ 크롬산은법 ㉯ 클로라닐산 제2수은법

㉰ 질산은법 ㉱ 몰리브덴산 제 1수은법

문제 8. 배출 가스 중의 염화수소를 측정하는 티오시안산 제 2수은법은 시료용액에 티오시안산 제 2수은용액과 황산제 2철암모늄용액을 가하면 염소이온과 반응하여 다음 중 어느것이 생성되는가?<'93전반기-산업기사>

㉮ 염화 제 1철 ㉯ 염화 제 2철

㉰ 티오시안산 제 2철 ㉱ 시안산 제 2철

문제 9. 염화수소 분석에 사용될 채취 위치로 적당하지 못한 곳은 ?<'94전반기-기사>

㉮ 가스의 유속이 일정한 곳 ㉯ 먼지가 쌓이지 않는 곳

㉰ 수분이 많은 곳 ㉱ 대표할 수 있는 가스가 채취될 수 있는 곳

문제 10. 배출가스 중의 염화수소를 질산은법으로 측정하는 것을 설명한 것이다. 틀린 것은 ?<'95전반기-기사>

㉮ 시료용액에 질산(10%)를 가한다.

㉯ 다른 할로겐화물, 시안화물 등의 영향을 무시될 때에 적당하다.

㉰ N/10 티오시안산 암모늄 용액으로 적정하다.

㉱ 염화수소 농도가 50ppm 이하일 때 적용한다.

문제 11. 배출가스 중의 염화수소 농도를 Cppm이차 할 때 이를 % 농도와 mg/Sm^3으로 환산하여 표시하면 어떻게 되는가? (단, 염화수소의 분자량은 36.5 이다)<'96전반기-산업기사>

㉮ $C \times 10^{-3}$, $C \times 1.6$ ㉯ $C \times 10^{-4}$, $C \times 1.6$

㉰ $C \times 10^{-4}$, $C \times 1.6 \times 10^{-3}$ ㉱ 10^{-3}, $C \times 1.6 \times 10^{-4}$

문제 12. 티오시안산 제이수은법으로 염화수소를 분석할 때 필요한 시약과 관계가 없는 것은? <'96후반기-기사>

㉮ 질산은 용액 ㉯티오시안산 제 2수은 용액

㉰ 황산 제 2철 암모늄용액 ㉱염소이온 표준용액

문제 13. 배출가스 중 염화수소 측정법 중 티오시안산 제2수은법에 관한 설명으로 알맞지 않은 것은?<'97후반기-산업기사>

㉮ 다량의 할로겐 화합물이 함유되었을 때 측정한다.

㉯ 다량의 시안화합물의 영향을 받지 않을 경우

㉰ 이것은 티오시안산 제2수은액과 황산 제2철 암모늄 용액을 가하여 염소이온과 반응하여 측정한다.

㉱ 이것은 흡광도를 이용 측정한다.

문제 14. 굴뚝배기량이 $100Nm^3/hr$이고 HCl 농도가 200ppm인 배기가스를 5000ℓ의 물에 2시간 흡수시킬 때 이 수용액의 pOH는? (단, 흡수율은 60%이다.)

<'98전반기- 기사>

㉮ 약8.8 ㉯ 약9.7 ㉰ 약10,3 ㉱ 약11.4

문제 15. 염화수소 분석방법의 종류로 가장 거리가 먼 것은?<'98전반기-산업기사>

㉮ 티오시안산 제이수은 흡광광도법 ㉯ 이온 전극법

㉰ 질산은 적정법 ㉱ 가스크로마토 그래피법

문제 16. 배출가스 중의 염화수소를 질산은법으로 측정하는 것을 설명한 것이다. 틀린 것은? <'98후반기-기사>

㉮ 흡수액은 수산화나트륨용액을 사용한다.

㉯ 이산화황 기타 할로겐화물, 시안화물 및 황화물의 영향이 무시될 때 적당하다.

㉰ 티오시안산 암모늄용액으로 적정한다.

㉱ 정량범위 는 2 ~80ppm 정도이다.

제 4 항 염 소

1. 적용범위

이 시험방법은 화학반응 등에 따라 굴뚝 등에서 배출되는 가스중의 염소를 분석하는 방법에 대하여 규정한다.

2. 분석방법 (오르토 톨리딘법)

오르토 톨리딘을 함유하는 흡수액에 시료를 통과시켜 얻어지는 발색액의 흡광도를 측정하여 염소를 정량하는 방법이다.

이 방법은 시료중의 염소농도가 0.2~10ppm인 것의 분석에 적당하다. 또 10ppm을 넘는 것은 시료용액을 흡수액으로 적당히 묽혀 분석할 수 있다. 이 방법은 브롬, 요오드, 오존, 이산화질소 및 이산화 염소 등의 산화성 가스나 황화수소, 이산화황등의 환원성 가스의 영향을 무시할 수 있는 경우에 적당하다.

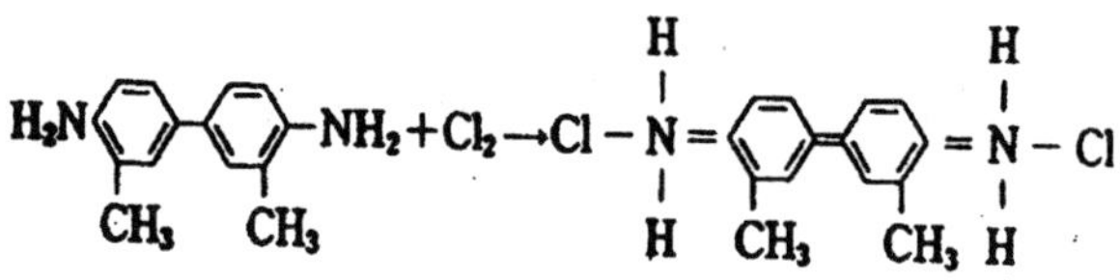

(황색 호르키논)

※ Cl_2-gas 발생

$$\begin{cases} 3NaCl + 4HNO_3 \rightarrow 3NaNO_3 + Cl_2\uparrow + NOCl + 2H_2O \\ 2NOCl + 3HNO_3 + 3O_2 + H_2O \rightarrow 5HNO_3 + Cl_2\uparrow \end{cases}$$

$$KMnO_4 + c-HCl \rightarrow Cl_2\uparrow$$

【준비】

☞ 오르토톨리딘법

<시약>

오르토톨리딘염산염($C_{14}H_{16}N_2 \cdot HCl$), 염산(HCl), 티오황산나트륨($Na_2S_2O_3 \cdot 5H_2O$), 탄산나트륨($Na_2CO_3$), 이소아밀알콜, 요오드산칼륨($KIO_3$), 요오드화칼륨(KI), 황산($H_2SO_4$), 전분(Starch), 차아염소산나트륨(NaClO)

<기구>

1000㎖ Mass Flask, 500㎖ Mass Flask, 시약병, Stack Air Sampler, 유산지, 흡수병, 메스실린더, 비이커, 유리막대, 홀피펫, 메스피펫, 시계접시, 삼각 플라스크, 뷰렛, 광전분광광도계,

3. 분석방법

3.1 오르토 톨리딘법

3.1.1 시료 채취장치

시료 채취장치는 그림 1에서 보기를 나타낸 것과 같은 것으로서 Stack Air Sampler의 흡수부를 개조하여 채취하거나 Handy Air Sampler를 이용하기도 한다. 이 때 시료 채취관은 배출가스중의 염소에 의해서 부식되지 않는 재질로서 유리관, 석영관, 염화비닐관 및 불소수지관 등을 사용한다.

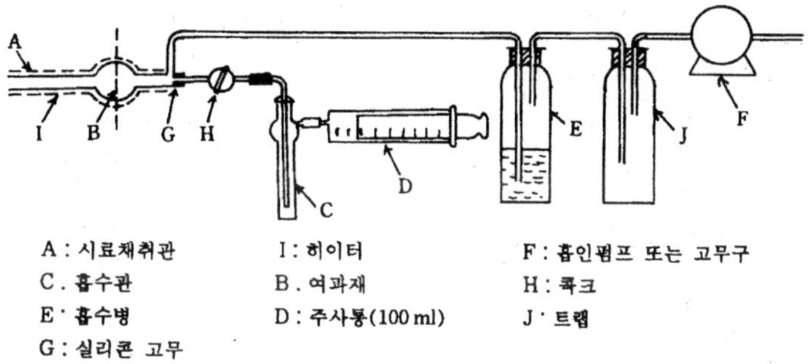

그림 1 시료 채취 장치

3.1.2 시약

(1) 오르토 톨리딘 염산용액 : 오르토 톨리딘 염산염(Ortho Tolidine Chloride, $C_{14}H_{16}N_2 \cdot HCl$)분말 1g을 순수 약 500mℓ에 완전히 녹이고 여기에 염산 15mℓ를 가한 후 물을 가하여 1ℓ로 한다. 갈색병에 보관하며 보관 가능기간은 약 6개월이다.

(2) 흡수액 : 오르토 톨리딘 용액 100mℓ을 취하고 물을 가하여 1ℓ로 한다.

(3) N/10티오황산나트륨 용액 : 티오황산나트륨($Na_2S_2O_3 \cdot 5H_2O$) 약 13g과 무수탄산 나트륨 약 0.1g을 탄산을 함유하지 않는 순수에 녹여 약 0.5ℓ로 하고 여기에 이소아밀알코올(Isoamyl Alcohol) 약 5mℓ를 가하여 잘 흔들어 섞고 마개를 하여 2일간 방치한 후 표정한다.

표정 : 120～140℃로 1.5～2시간 건조한 요오드산 칼륨(표준시약) 1～1.5g을 정확히 취하고 순수에 녹여 정확히 250mℓ로 한다. 이 중 25mℓ를 유리마개가 있는 삼각 플라스크에 정확히 취하고 요오드화 칼륨 2g과 황산(1+5) 5mℓ를 가한 후 바로 마개를 막고 조용히 흔들어 어두운 곳에서 5분간 방치한다.

유리된 요오드를 N/10티오황산나트륨으로 적정한다. 종말점 부근에서 액이 엷

② 흡수액

(흡수액 조제)

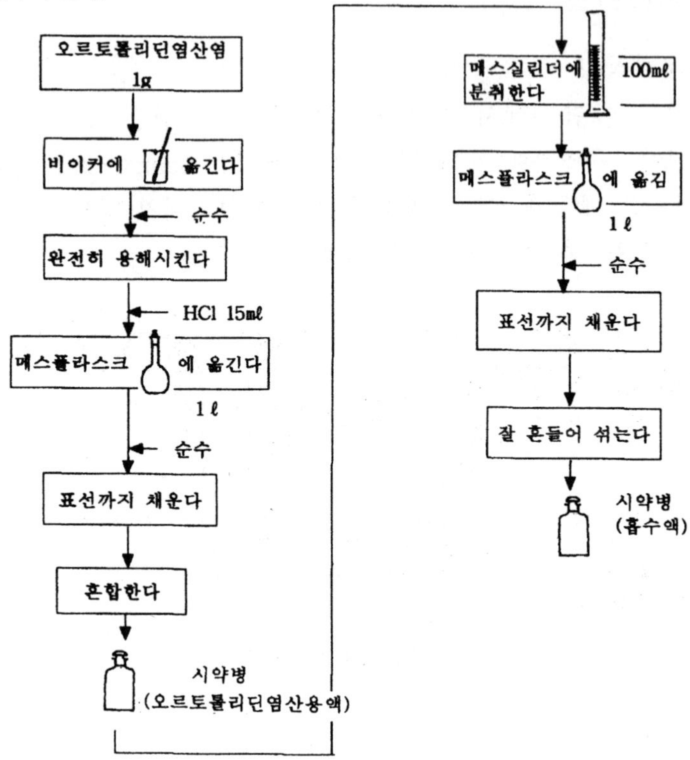

은 황색으로 되면 전분용액 1mℓ를 가하고 계속 적정하여 청색이 없어진다. 이 때를 종말점으로 한다. 같은 방법으로 바탕시험을 하여 보정한다.

역가는 다음식에 의하여 계산한다.

$$f=\frac{W\times \frac{P}{100}\times \frac{25}{250}}{(x-y)\times 0.003567}$$

f : N/10티오황산 나트륨 용액의 역가

W : 요오드산 칼륨의 양(g)

P : 요오드산 칼륨의 함유량(%) (ex:95%, 시약라벨 참조)

x : 적정에 소요되는 N/10 티오황산 나트륨의 양 (mℓ)

y : 바탕시험에 소요된 N/10 티오황산 나트륨의 양 (mℓ)

0.003567 : N/10티오황산 나트륨용액 1mℓ의 요오드산칼륨 상당량 (g)

[조제] ③ N/10 티오황산나트륨용액

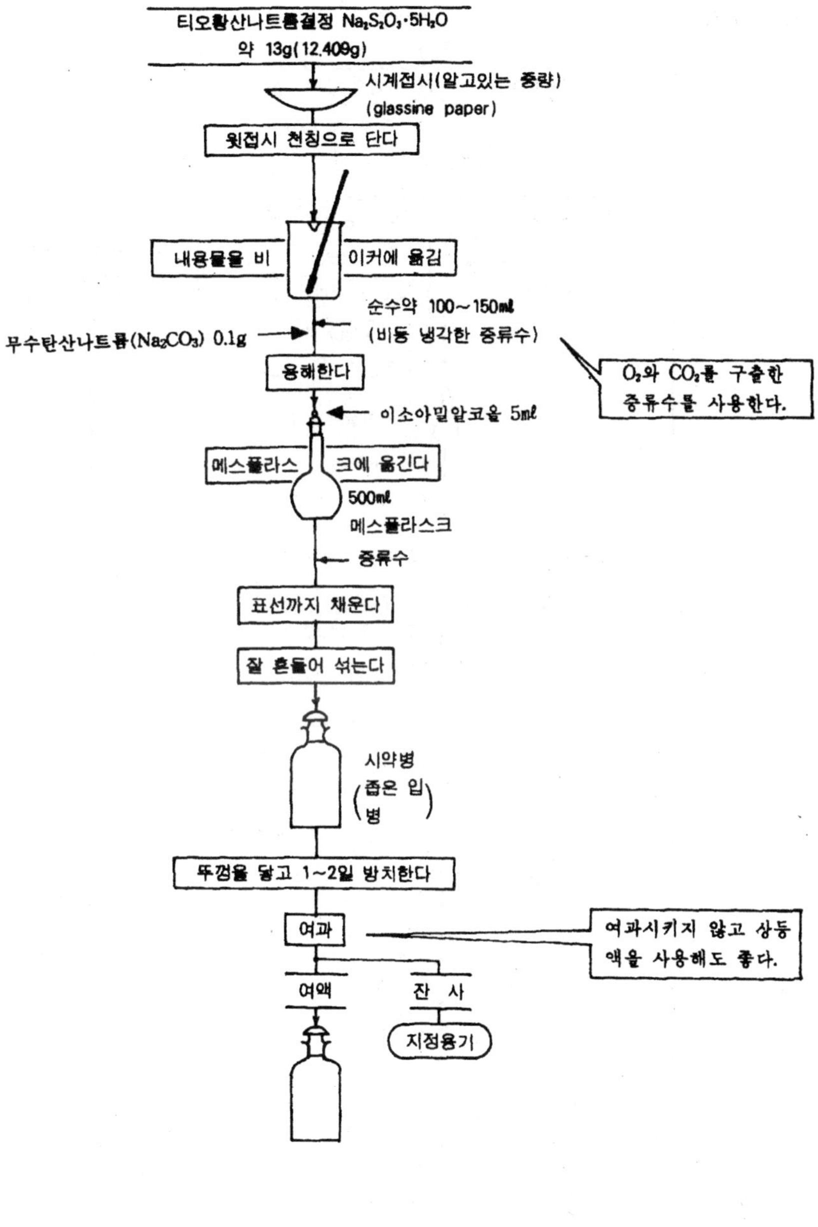

표정

1/10N-$Na_2S_2O_3$용액

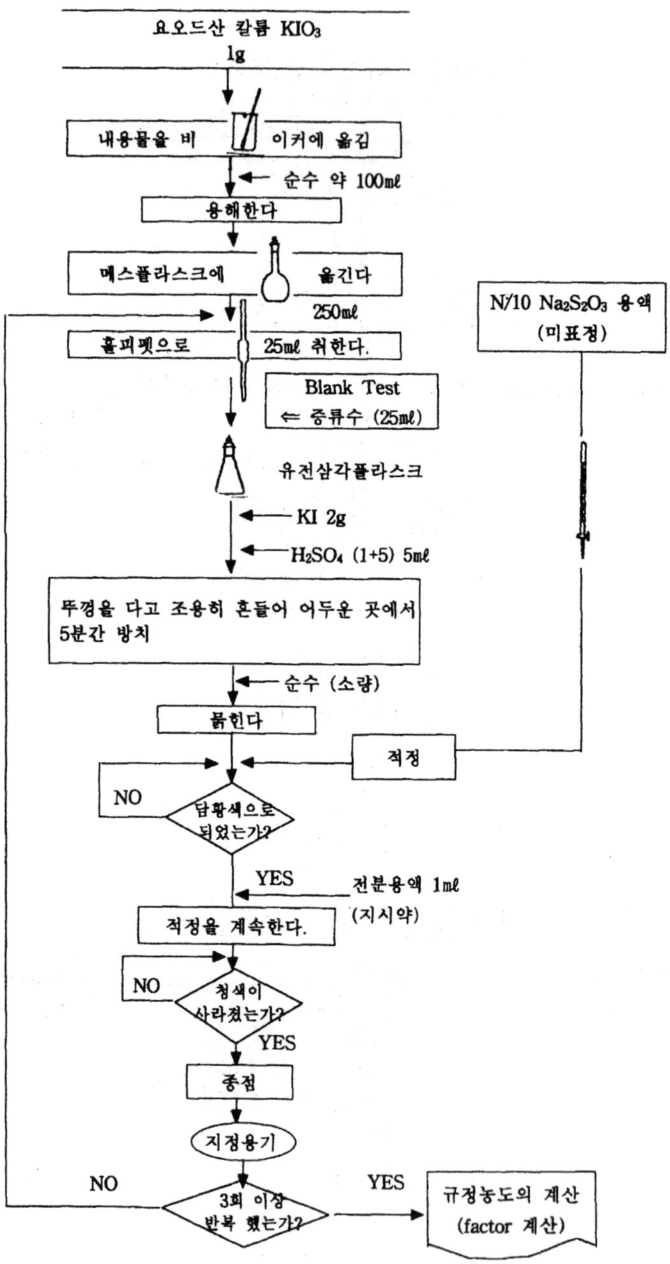

Blank Test(바탕시험) : KIO3용액 대신 순수를 사용하여 동일한 방법으로 시험한다

(4) 녹말 용액(0.5w/v%) :가용성 녹말 1.0g을 소량의 순수로 페이스트 상태로 개고 이것을 끓는 물에 서서히 저으면서 가한 후 약 1분간 끓여서 식힌 후 사용한다. 이 용액은 사용할 때 만든다.

o 녹말용액(0.5 w/v%)

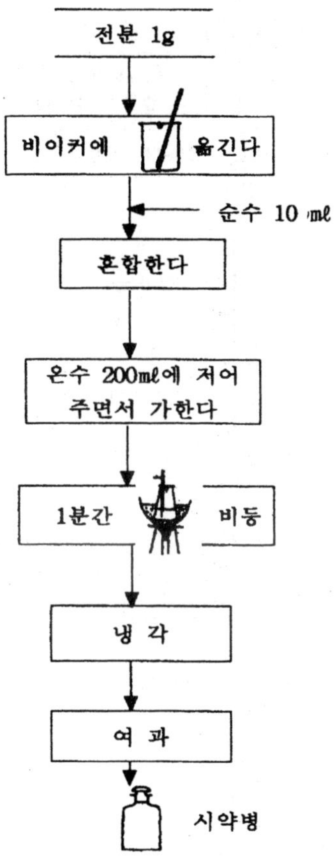

(5) 차아 염소산 나트륨 용액 : 차아 염소산 나트륨 용액(유효염소 3~10%) 3~10 ㎖를 취하여 순수로 100㎖로 한다.

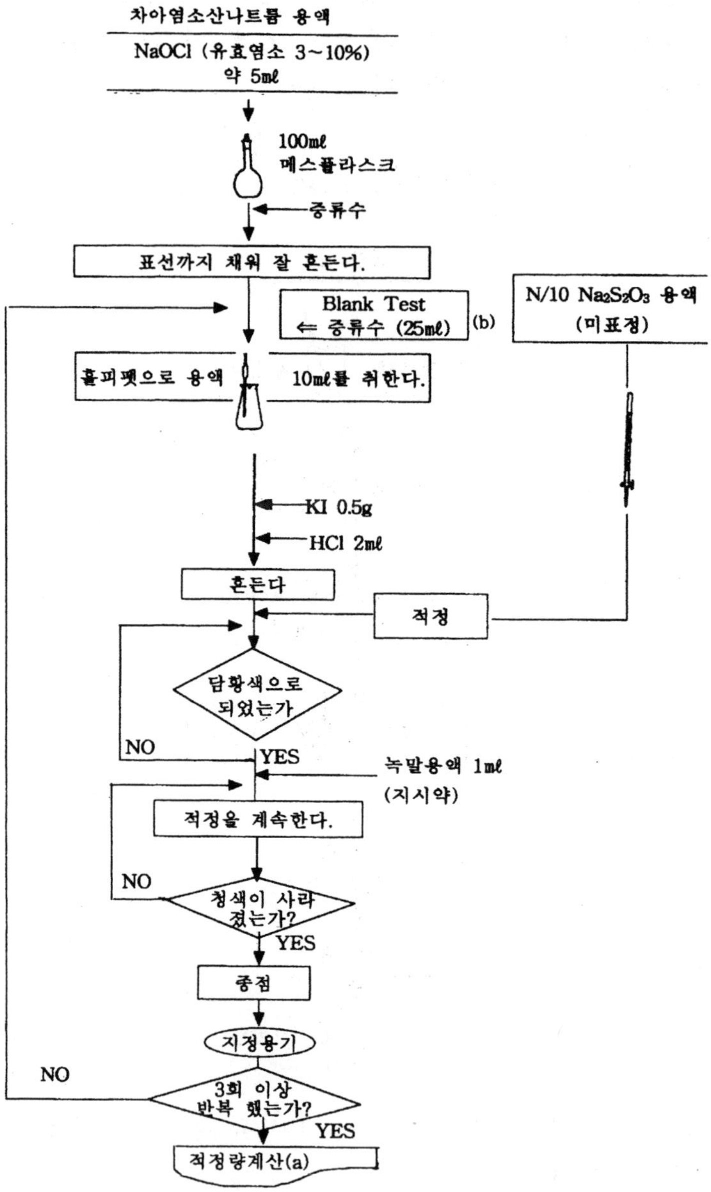

* Blank Test :NaOCl용액 대신 증류수 10mℓ로 동일한 방법으로 시험한다(b mℓ)

이 용액 10mℓ를 취하여 요오드화 칼륨 0.5g 및 염산 2mℓ를 가하고 N/10 티오황산나트륨 용액으로 적정한다. 이 때 적정량을 a(mℓ)로 하고 별도로 바탕시험을 하여 그 적정량을 b(mℓ)로 한다. (사용시에 표정한다.)

(6) 염소표준 착색액 : (5)의 차아 염소산 나트륨 용액

$\frac{89.3}{(a-b)f}$ mℓ (여기에 f : N/10티오황산나트륨 용액의 역가)를 취하여 순수을 가해 1ℓ로 한다. 이 용액 1 mℓ를 취하고 오르토 톨리딘 염산 용액을 가하여 200mℓ로 한다. 이 염소표준착색용액은 사용시에 조제하고 이 용액 1 mℓ는 Cl_2 0.00005 mℓ (0℃, 760㎜Hg)에 상당한다.

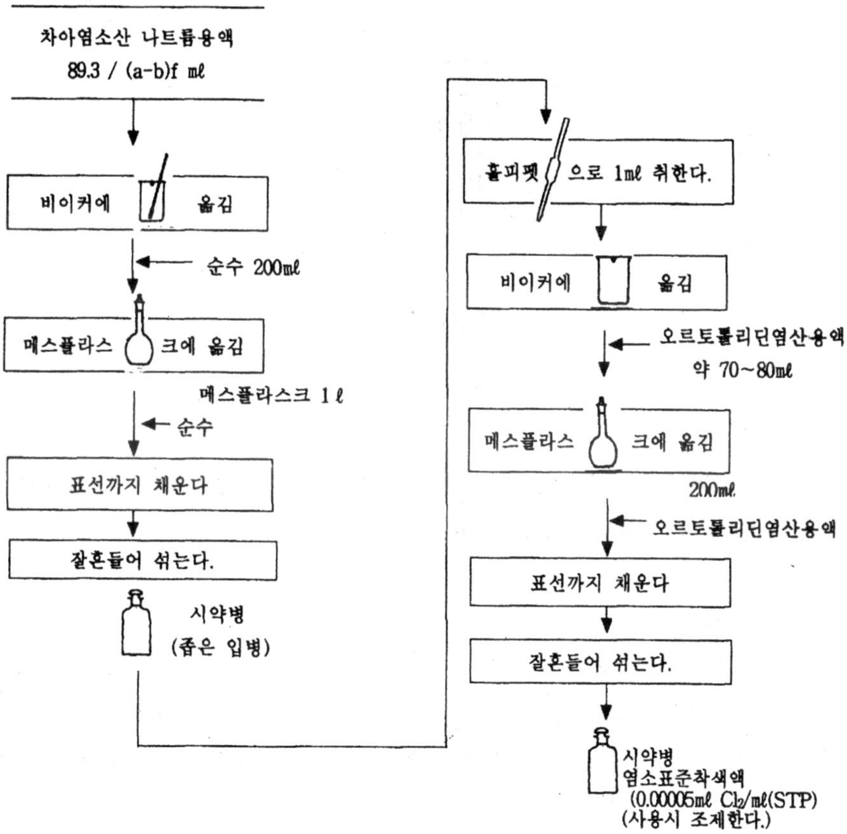

3.1.3 시료채취 및 분석용 시료용액 조제

(1) 흡수관(그림 참조)에 흡수액 20mℓ를 넣는다. 시료 온도가 높을 때는 시료 채취관을 길게 한다.

(2) 흡수관에 가스를 도입하기 전에 배관 속을 시료가스로 충분히 치환하여야 한

다.

(3) 시료는 100mℓ/분의 흡인속도로 채취한다.

시료중의 염소의 농도에 따라 채취량을 100~500mℓ로 조절한다.[1]

(4) 시료 채취시의 대기 온도를 측정한다.

주(1) 분석용 시료 착색액의 흡광도가 염소표준 착색액의 흡광도보다 클때는 정량범위가 벗어나 검량선이 직선으로 되지 않으므로 시료용액을 흡수액으로 묽게한 후 조작한다.(Lambert-Beer법칙)

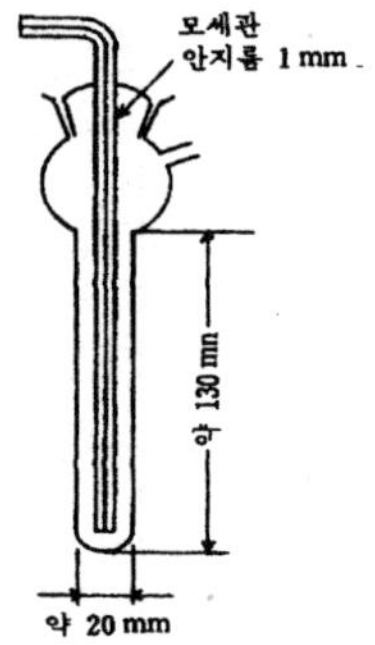

그림 2 흡수관

(5) 흡수액이 적색으로 나타나거나 적색침전을 생성하면 시료가스채취 조작을 중지하고 흡수액을 다시 넣고 시료를 채취하여야 한다.

3.1.4 시험 방법

흡인이 끝나면 약 20℃에서 5~20분간 사이에 시료 착색액(엷은 황색)을 10 nm 셀에 취하고 대조액으로 흡수액을 사용하여 파장 435nm부근에서 흡광도를 측정하여 이를 A로 한다. 또 염소표준착색액에 대해서도 조제후 약 20℃에서 5~20분 사이에 같은 조작을 하고 흡광도를 측정하여 As로 한다.

3.1.5 계산

다음식에 의하여 시료 가스 중 염소농도를 산출한다.

$$C=\frac{0.05\times\dfrac{A}{A_s}\times 20}{V_s}\times 1,000$$

$$C' = C\times\frac{70.9}{22.4}$$

C : 염소농도 (ppm)

V_s : 건조시료 가스량(mℓ)

C': 염소농도 (mg/m³)

A : 분석용 시료착색액의 흡광도

A_s : 염소표준 착색액의 흡광도

0.05×10^{-3} : 염소표준착색액 1mℓ에 상당하는 Cl_2 gas의 부피(V_s mℓ)

시험방법

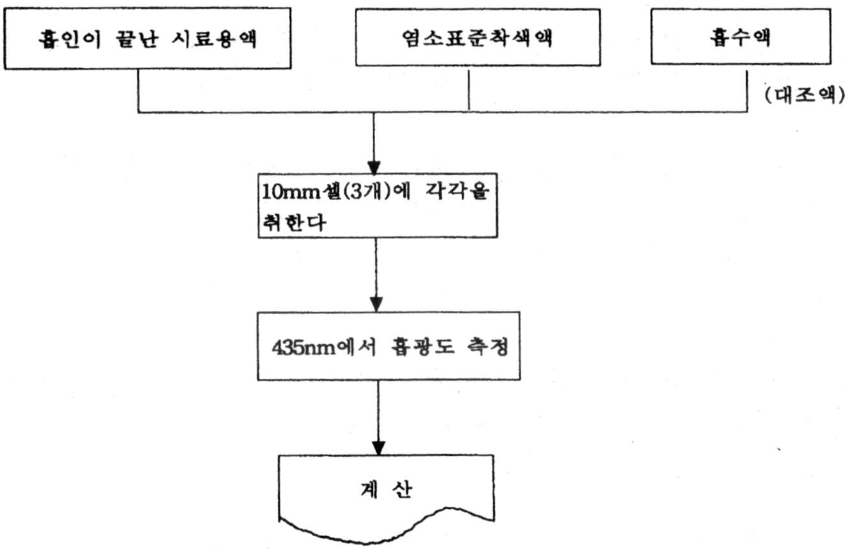

[과년도 기사 · 산업기사 출제문제]

문제 1. 염소 이온 표준액을 N/10 NaCl을 사용하여 조제하고자 한다. 염소 이온 표준액 1mℓ= 0.01mℓ HCl(0℃, 1기압)가 되게 하려면 N/10 NaCl 표준액 몇 mℓ를 분취하여 물을 1ℓ로 하면 되는가?<'91후반기-기사>

㉮ 4.5 ㉯ 6.5 ㉰ 9.0 ㉱ 45

문제 2. 어떤 굴뚝 배기가스중의 염소가스의 농도가 180ppm이었다. 이는 몇 mg/Sm^3인가? (단, Cl=35.5이다.)<'92후반기-기사>

㉮ 570 ㉯ 640 ㉰ 760 ㉱ 820

문제 3. Ortho Toluidine법에 의한 Cl_2가스 정량시 반응온도는 ?<'92후반기-산업기사>

㉮ 약 20℃ ㉯ 약 10℃ ㉰ 약 40℃ ㉱ 약 60℃

문제 4. 염소이온 표준용액을 염화칼륨(KCI, MW=74.6)을 사용하여 조제하고자 한다. 염소이온 표준액 1mℓ = 0.01mℓl, HCl(0℃ 1기압)가 되게 하려면 몇 g을 물에 녹여 1ℓ로 하면 되는가 ?<'94후반기-기사>

㉮ 0.011g ㉯ 0.033g ㉰ 0.050g ㉱ 0.3g

문제 5. 표준상태에서 어느 배출가스 중의 염소(Cl2) 47.55㎎/Sm^3 할 ppm으로 환산하면 ? (단, 염소의 원자량은 35.5이다.)<'95전반기-산업기사>

㉮ 32ppm ㉯ 15ppm ㉰ 20ppm ㉱ 10ppm

문제 6. 염소가스 분석법의 흡수액은 다음 중 어느 것인가?<'95전반기-산업기사>

㉮ 붕산용액 ㉯ 수산화나트륨 용액

㉰ 디에틸아민구리액 ㉱오르토 톨리딘용액

문제 7. 배출되는 가스 중의 염소를 분석하는 방법 중 오르토톨리딘법에 대한 설명 중 틀린 것은?<'96전반기-산업기사>

㉮ 시료 중의 염소농도가 0.2~10ppm인 것의 분석에 적당하다.

㉯ 시료 채취관의 재질로는 유리관, 석영관, 불소수지관을 사용한다.

㉰ 시료채취관은 굴뚝에 60° 로 기울여 설치한다.

㉱ 오르토톨리딘 염산용액을 갈색병에 보관하며 보관가능 기간은 약 6개월이다.

문제 8. 염소이온 표준액을 N/10 NaCl 표준액(f=1.0)을 사용하여 조제하고자 한다. 염소이온 표준액 1mℓ=0.01mℓ HCl(0℃, 1기압)가 되게 하려면 N/10 NaCl표준액 몇 mℓ를 분취하여 물을 가하여 1ℓ로 하면 되는가? (단, Na: 23, Cl: 35.5)

<'98후반기-기사>

㉮ 4.5mℓ　㉯ 6.5mℓ　㉰ 9.5mℓ　㉱ 11.5mℓ

문제 9. Ortho Toludina법에 의한 Cl2가스 정량시 반응온도는?<'99후반기-산업기사>

㉮ 약20℃　㉯ 약30℃　㉰ 약40℃　㉱ 약60℃

제 5 항 황 산 화 물

1 . 적용범위

이 시험방법은 연소 등에 따라 굴뚝 등에서 배출되는 배출가스중의 황산화물(SO_2+SO_3)을 분석하는 방법에 대하여 규정한다.

2 . 분석방법의 종류

2.1 침전 적정법(아르세나조Ⅲ법)

시료를 과산화수소수에 흡수시켜 황산화물을 황산으로 만든 후 이소프로필 알코올과 초산을 가하고 아르세나조Ⅲ을 지시약으로 하여 초산 바륨 용액으로 적정한다. 이 방법은 시료 20ℓ를 흡수액에 통과시키고 이 액을 250 mℓ로 묽게 하여 분석용 시료용액으로 할 때 전 황산화물 농도가 약 50~700ppm의 시료에 적용된다.

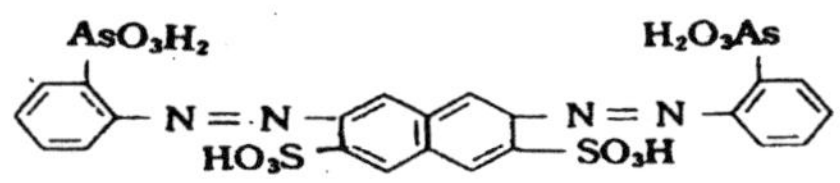

(아르세나조Ⅲ 구조식, $C_{22}H_{18}As_2N_4O_{14}S_2$, M=776.38)

$$SO_2 + H_2O_2 \rightarrow H_2SO_4$$
$$H_2SO_4 + (CH_3COO)_2Ba \rightarrow BaSO_4 + 2CH_3COOH$$
$$\underset{(\text{적자색})}{[As\text{III} + SO_4^{2-}]} + Ba^{2+} \rightarrow \underset{(\text{침전})}{BaSO_4\downarrow} + \underset{(\text{청색})}{BaAs\text{III}}$$

【준비】

☞ **침전적정법**

<시약>

과산화수소(H_2O_2), 초산(CH_3COOH),황산(H_2SO_4), 탄산나트륨(Na_2CO_3), 브롬페놀블루, 에틸알콜, 초산 바륨($(CH_3COO)_2Ba \cdot H_2O$), 초산납($(CH_3COO)_2Pb \cdot 3H_2O$), 이소프로필알콜, 아르세나죠Ⅲ (2,7-Bis(Azo-2-Phenyl-Arson)-1,8-diHydroxy Naphthalene-3,6-di-sulfonic Acid)

<기구>

1ℓ Mass flask, Stack Air Sampler, 흡수병, 유산지, 뷰렛, 250mℓ Mass flask, 200mℓ 삼각 flask. 200mℓ 코니칼비이커, 100mℓ Mass flask, 시약병, 홀피펫, 메스피펫, 광전분광광도계

☞ **중화적정법**

<시약>
과산화수소(H_2O_2), 수산화나트륨(NaOH), 술파민산, Methyl Red, Methylene Blue, 붕산나트륨($Na_2B_4O_7 \cdot 10H_2O$), 메틸알콜(CH_3OH)(95w/v%)

<기구>
1 ℓ Mass flask, 데시게이터, 250㎖ Mass flask, 200㎖ 삼각 flask, 100㎖ Mass flask, 갈색시약병, 200㎖ 비이커, 유리막대, 300㎖ 삼각 flask, 홀피펫, 메스피펫, Stack Air Sampler

2.2 중화적정법

시료를 과산화수소수에 흡수시켜 황산화물을 황산으로 만든 후 수산화나트륨용액으로 적정한다. 이 방법은 시료 20ℓ를 흡수액에 통과시키고 이 액을 250 ㎖로 묽게하여 분석용 시료용액으로 할 때 전 황산화물의 농도가 250ppm이상이고 다른 산성가스의 영향을 무시할 때 적용된다. 단, 이산화탄소의 공존은 무방하다.

$$SO_2 + H_2O_2 \rightarrow H_2SO_4$$
$$H_2SO_4 + 2NaOH \rightarrow Na_2SO_4 + 2H_2O$$

※ SO_2 발생방법

$$S \xrightarrow[\triangle]{+O_2} SO_2$$
$$Cu(\text{분말}) + 2H_2SO_4 \rightarrow CuSO_4 + SO_2\uparrow + H_2O$$
$$NaHSO_3 + H_2SO_4 \rightarrow NaHSO_4 + SO_2\uparrow + H_2O$$

3. 시료 흡수 및 분석용 시료용액의 조제

3.1 시료의 흡수

(1) 흡수병 2개 이상을 준비하고 각각에 흡수액 50 ㎖씩을 넣는다. 흡수병은 위로 향한 여과판이 붙은 용량 150～250㎖의 것을 사용한다. 그 예를 그림에 표시한다.
(2) 분석용 시료의 흡수장치는 될 수 있는 한 채취위치에 가깝게 설치하고 시료가스가 비교적 높은 온도일 때는 흡수병을 냉각조에 넣어둔다.
(3) 흡수병에 시료를 보내기 전에 배관속을 시료가스로 충분히 치환해 두어야 한다. 흡수장치까지의 배관이 비교적 길 때는 특히 주의가 필요하다.
(4) 시료의 유량이 1 ℓ/분 정도가 되도록 흡인한다. 채취하는 시료가스의 양은 약 20ℓ로 하고 황산화물의 농도에 따라 상당히 증감하다.

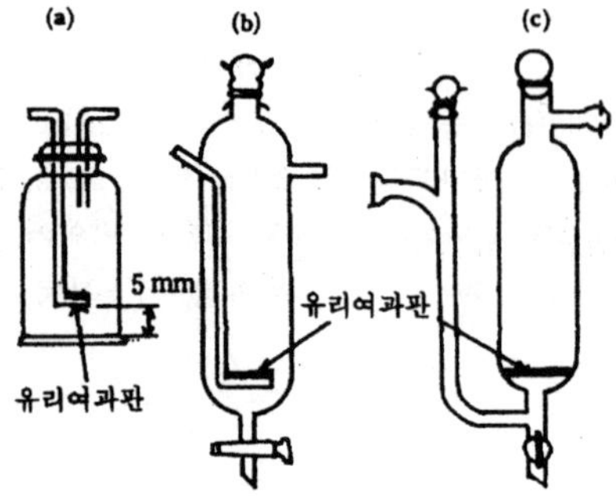

그림 1 흡수병의 보기

(5) 시료를 채취할 때는 유량계의 위치에서 가스 온도와 압력을 측정하고 필요에 따라서는 대기압도 측정한다.

3.2 분석용 시료용액의 조제

시료의 흡인이 끝나면 용액을 비이커에 옮기고 다시 흡수병들을 씻어 합한 후 250㎖ 메스플라스크에 옮겨 넣고 순수로 표선까지 채우고 분석용 시료용액으로 한다. 농도가 진한 시료는 적당히 순수로 묽게 하여 사용한다.

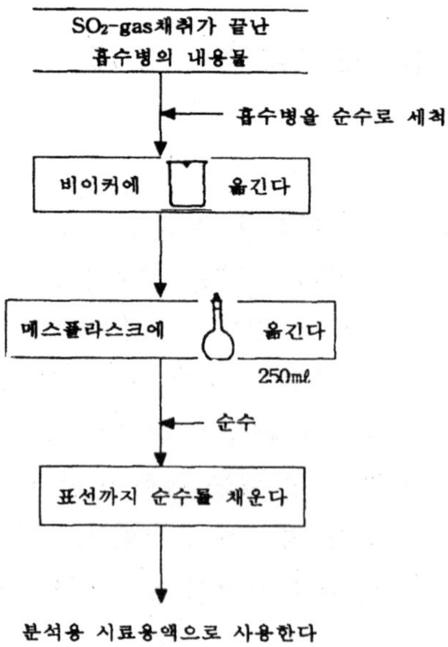

4. 분석방법

4.1 침전 적정법(아르세나조Ⅲ법)

4.1.1 시약

(1) 흡수액 : 과산화수소수(1+9), 어둡고 서늘한 곳에 보관한다.

(2) 초산

(3) N/250 황산(0.192mℓ SO_4^{2-}/mℓ) 암모니아 측정법 5.2.1(1)에 규정한 N/10 황산용액을 정확히 25배로 묽게 하여 사용한다.

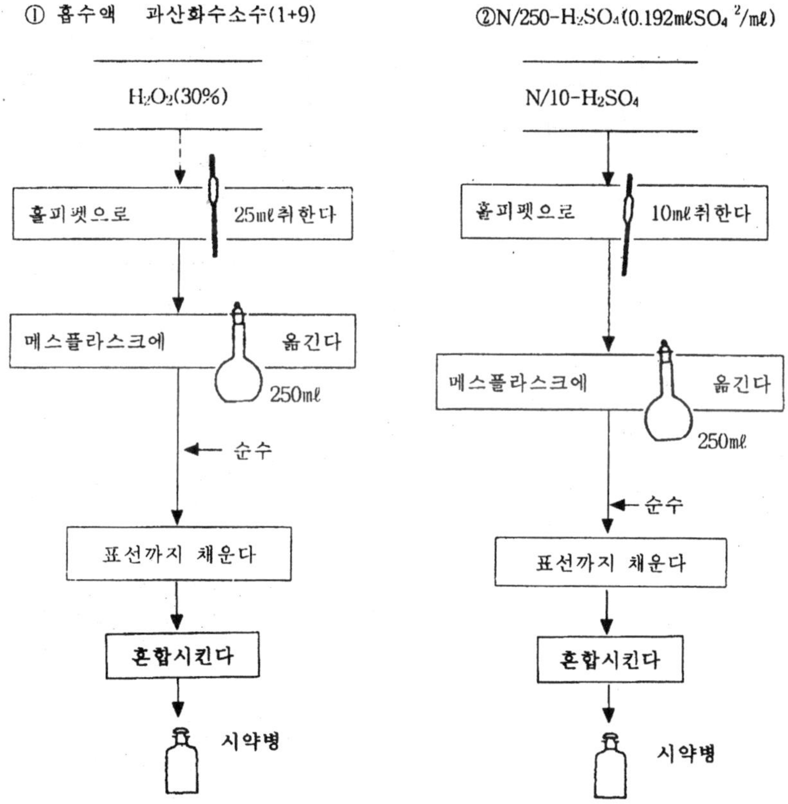

(4) N/100 초산바륨용액 : 초산바륨($(CH_3COO)_2Ba \cdot H_2O$)1.1g 및 초산납($(CH_3COO)_2Pb \cdot 3H_2O$) 0.4g을 물 200mℓ 및 초산 3mℓ에 녹이고 이소프로필 알코올을 가하여 1ℓ로 한다. 표정은 다음과 같이 행한다

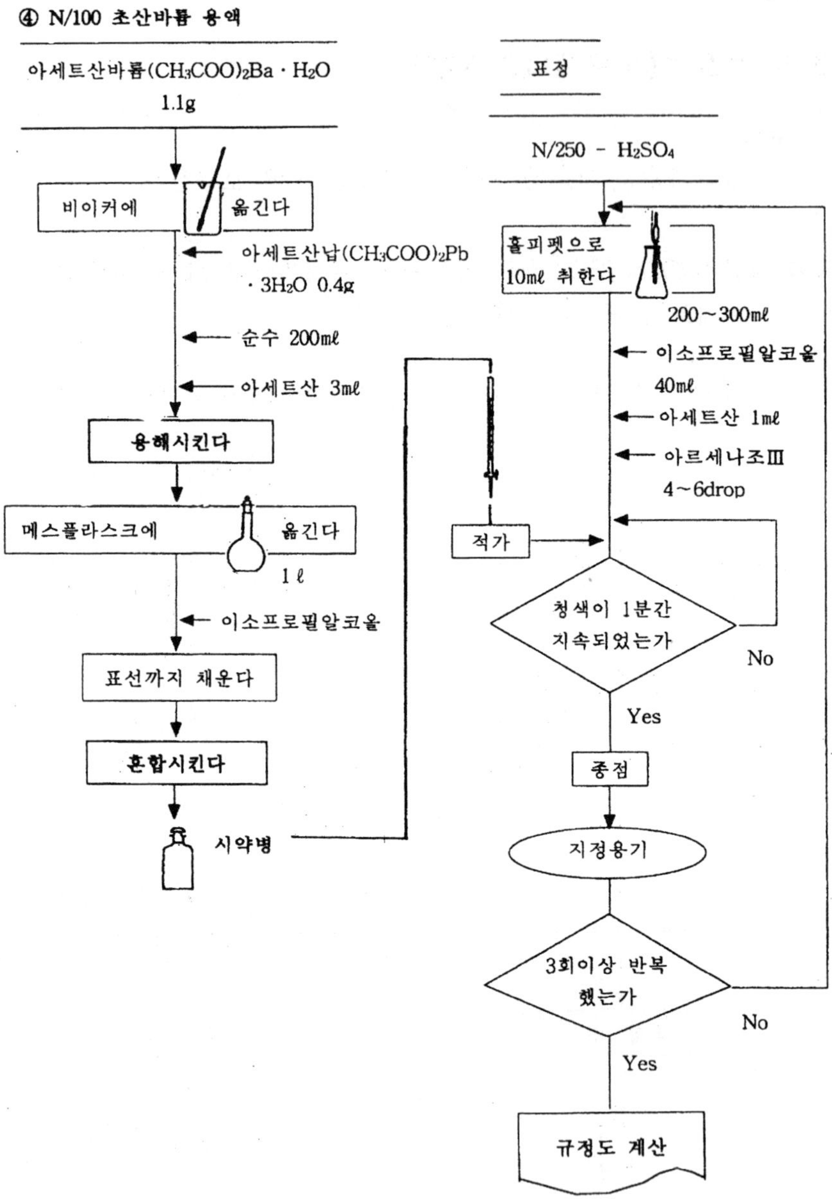

표정 : N/250 황산 10 mℓ를 200 mℓ 삼각플라스크에 정확히 분취하고 이소프로필알코올 40mℓ, 초산 1mℓ 및 아르세나조 Ⅲ지시약 4~6방울을 가하여 N/100 초산 바륨 용액으로 적정하여 액의 청색이 1분간 계속되는 점을 종말점으로 한다. 다음 식에 의하여 역가를 구한다.

$$f = \frac{10 \times f'}{V'} = \frac{100}{250}$$

f : N/100초산 바륨 용액의 역가

f' : N/250황산의 역가(N/10황산의 역가와 같다)

V': 적정에 사용한 초산 바륨용액 (N/100)의 양(㎖)

(5) 아르세나조Ⅲ지시약 : 아르세나조Ⅲ[2.7-Bis(Azo-2-Phenyl-Arson)-1,8-diHydroxy Naphthalene-3,6-di-sulfonic Acid) 0.2g을 순수 100㎖에 녹이고 거른다. 이 용액은 갈색병에 보관하고 1개월 이상 지나면 사용할 수 없다.

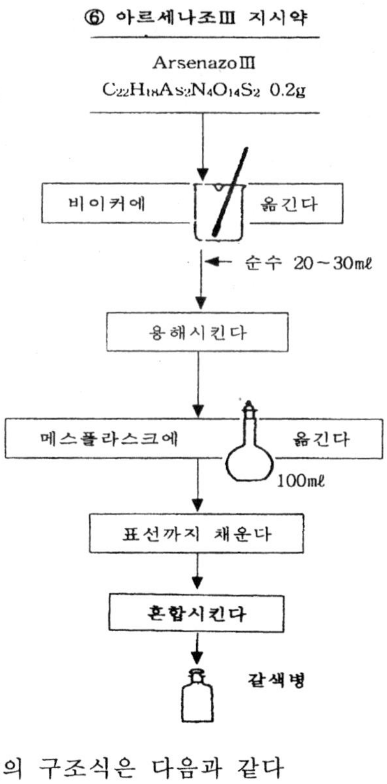

비고 : 아르세나조Ⅲ의 구조식은 다음과 같다

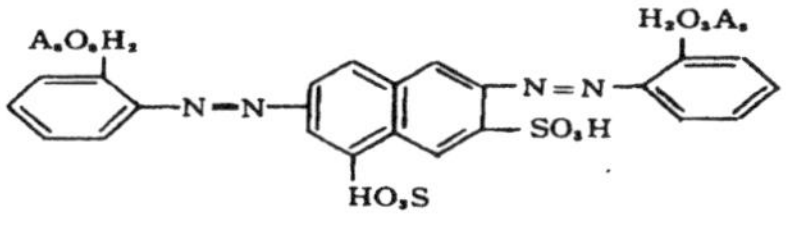

(6) 이소프로필 알코올(Isopropyl Alcohol)

5.1.2 시험 방법

(1) 조제한 분석용 시료용액 10mℓ를 200mℓ 삼각플라스크에 분취한다.

(2) 이소프로필 알코올 40m1, 초산 1mℓ 및 아르세나조Ⅲ 지시약 4~6방울을 가하고 N/100초산 바륨용액으로 적정한다. 액의 색이 청색으로 되어 1분간 지속되는 점을 종말점으로 한다.

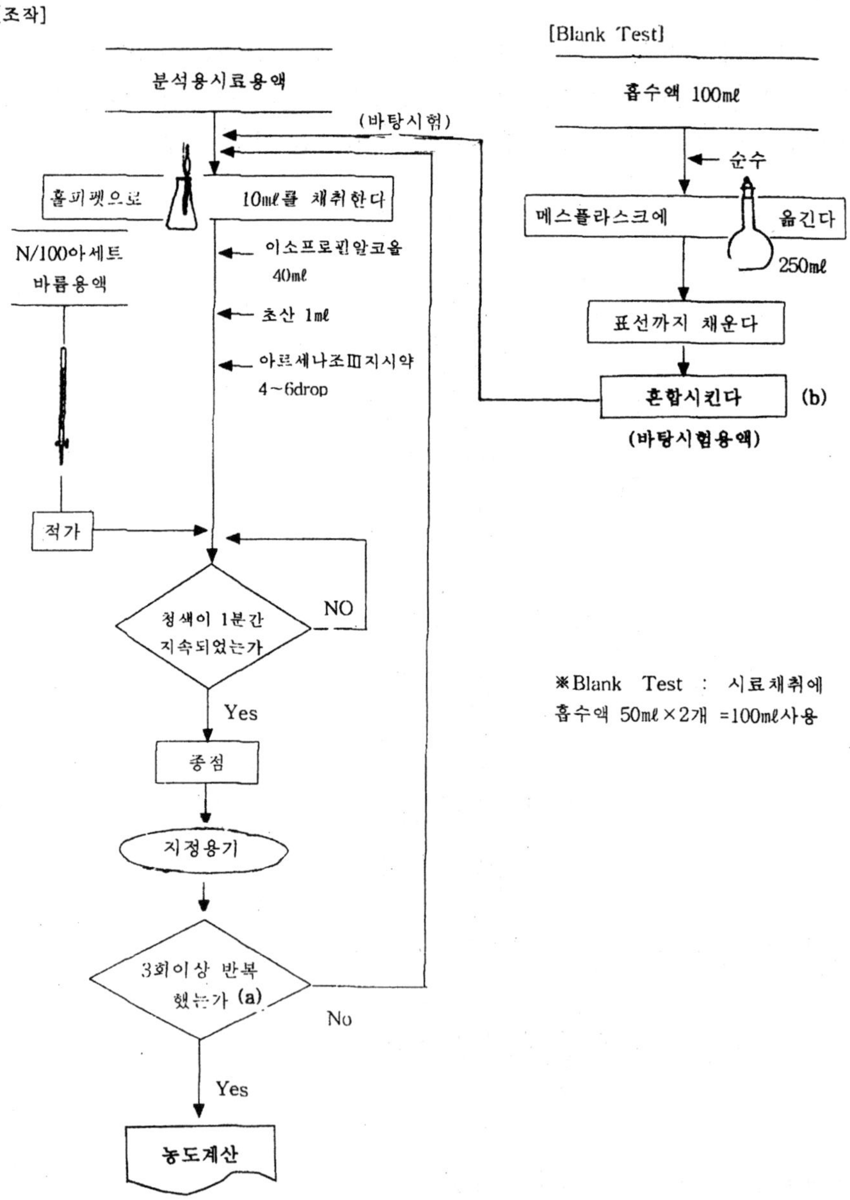

※Blank Test : 시료채취에 흡수액 50mℓ×2개 =100mℓ사용

(3) 흡수액을 시료채취에서 사용한 것과 같은 양을 250㎖ 메스플라스크에 취하고 순수로 표선까지 가한 후 이 용액 10m1를 200㎖ 삼각플라스크에 분취하고 동일한 방법에 따라 시험하여 바탕시험 값을 구한다.

5.1.3 계산

시료중의 황산화물 농도는 다음 식에 의하여 산출한다.

$$C=\frac{0.112\times(a-b)\times f\times\frac{250}{10}}{V_s}\times 1,000$$

$$C'=C\times\frac{1}{10,000}$$

C : 황산화물 농도(ppm)

C': 황산화물 농도(v/v%)

a : 적정에 사용한 N/100초산 바륨 용액의 양(㎖)

b : 공시험에 사용한 N/100초산 바륨 용액의 양(㎖)

f : N/100초산 바륨 용액의 역가

V_s : 건조 시료가스량(ℓ)

0.112 : N/100초산 바륨 용액 1㎖에 상당하는 황산화물(SO_2+SO_3)가스의 부피(㎖)(표준상태)

$$SO_4^{2-} + Ba^{2+} \rightarrow BaSO_4$$

$$SO_2\ 1mole(22.4\,\ell) \equiv Ba^{2+}\ 1mole,\ 1\,\ell \equiv Ba^{2+}\ 2N,\ 1\,\ell$$

$$22.4\times\frac{1}{2}\times\frac{1}{100} = 0.112$$

5.2 중화 적정법

5.2.1시 약

(1) 흡수액 : 침전적정법(아르세나조Ⅲ법)과 같음. 과산화수소(1+9)

(2) N/10 수산화나트륨 용액 : 수산화나트륨 50g을 달아 폴리에틸렌병에 넣고 순수 약 40㎖를 가하고 흐르는 물에서 식히면서 잘 흔들어 녹인다. 마개를 하고 며칠 동안 찬 곳에 방치하여 포화 용액을 만든다.[3] 여기서 수산화나트륨 4g에 상당하는 윗층의 맑은 액(약 5㎖)을 취하여 탄산가스를 함유하지 않는 순수[4]을 가하여 1ℓ로 한다. 이 용액은 폴리에틸렌병에 넣고 소다석회관을 붙여 보관하고 표정은 다음과 같이 행한다.

표정 : 술파민산(용량분석용 표준시약)을 황산 데시케이터에서 약48시간 건조시킨

후 2~2.5g을 정확히 달아 순수에 녹여 250mℓ 메스플라스크에 옮겨 넣고 순수로 표선까지 채운다. 이 용액 25mℓ을 200mℓ 삼각플라스크에 분취하고 메틸레드-메틸렌 블루우 혼합지시약 3~4 방울을 가한다.

위에서 조제한 N/10 수산화나트륨 용액으로 적정하여 액의 색이 자색에서 녹색으로 변화하는 점을 종말점으로 한다.

다음 식에 의하여 역가를 구한다

$$f=\frac{W\times\frac{25}{250}}{V\times 0.00971}\times 1,000$$

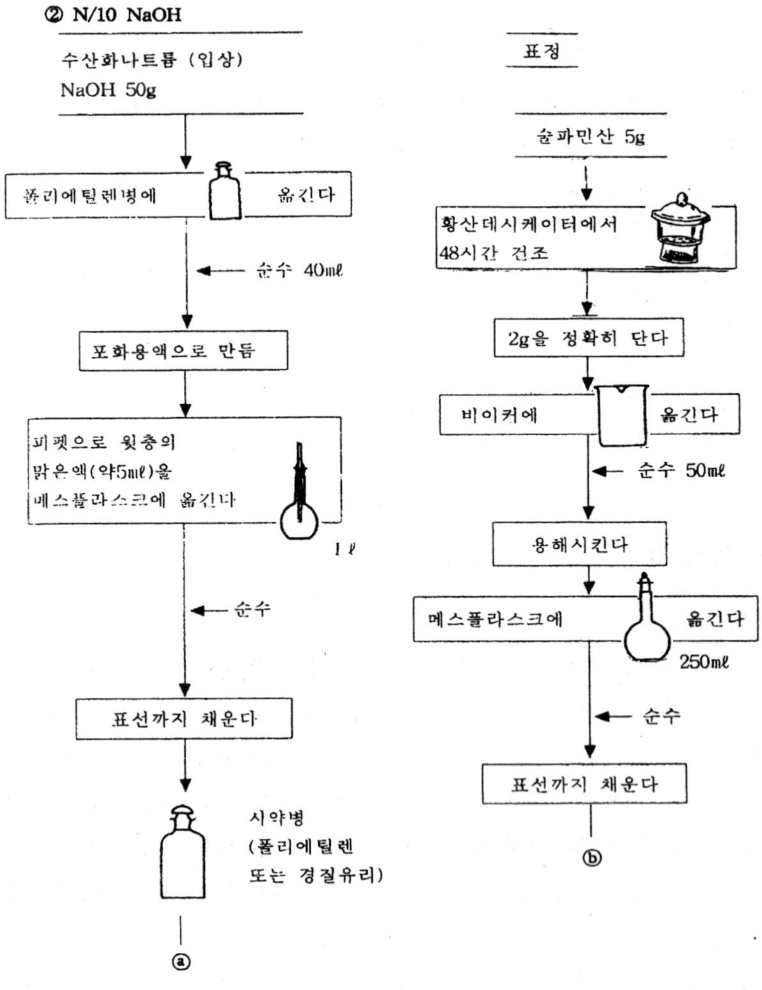

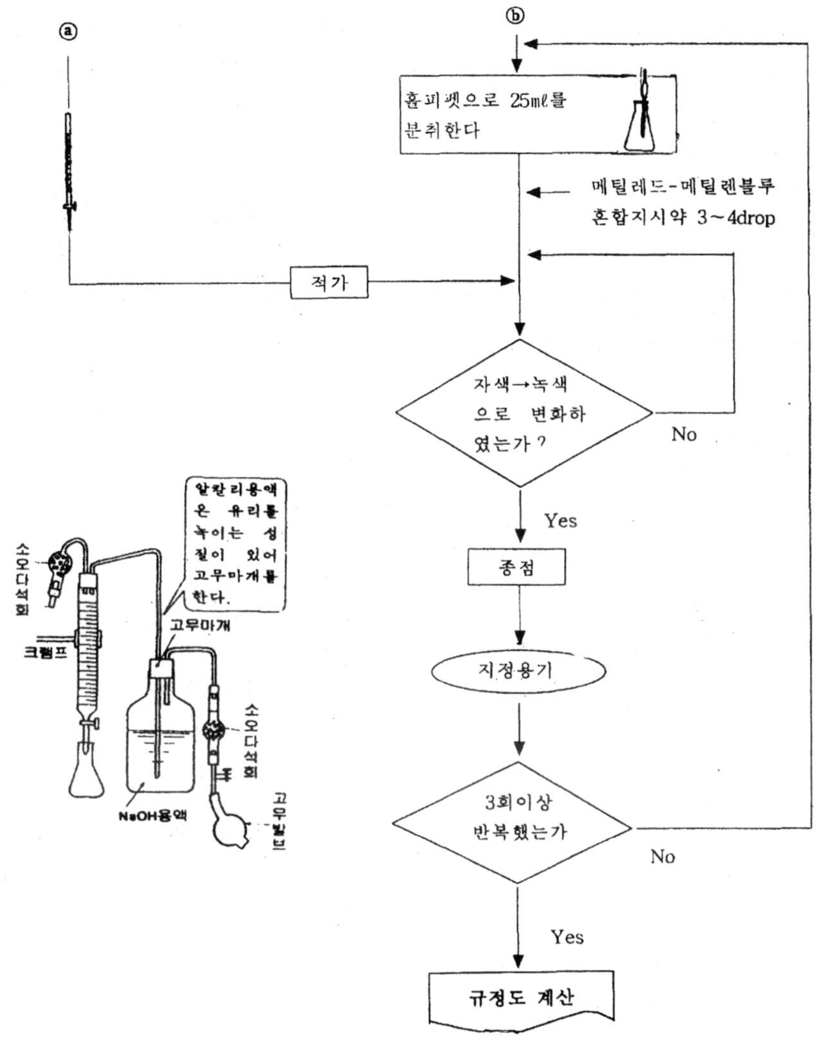

f : N/10 수산화나트륨 용액의 역가
W : 술파민산의 채취량(g)
V' : 적정에서 사용한 수산화나트륨 용액(N/10)의 양(mℓ)
0.00971 : N/10 수산화나트륨 용액 1 mℓ의 술파민산 상당량(g)

N/10수산화나트륨 대신에 N/10 붕산나트륨 용액을 사용하여도 좋다. 이 때는 붕산나트륨($Na_2B_4O_7$ $10H_2O$) 19.1g을 순수에 녹여 1 ℓ로 하고 표정은 위와 같이 행

한다.

주(3) 이 때 불순물인 탄산나트륨 및 과잉의 수산화나트륨은 석출되는 결정이 된다.

주(4) 순수을 경질 유리플라스크에 넣고 15분간 끓인 후 소다석회관을 부착한 마개를 하여 냉각시킨다.

(3) 메틸레드-메틸렌 블루우 혼합지시약(변색점 pH 5.4) : 메틸레드 0.10g을 메틸알코올(95v/v%) 100mℓ에 녹인 것과 메틸렌 블루우 0.10g을 메틸알코올(95 V/V%) 100 mℓ에 녹인 것을 사용직전에 필요한 만큼 같은 부피로 섞어 사용한다. 메틸렌 블루우용액은 갈색병에 보관한다 또 섞은 용액은 갈색병에 넣어 어둡고 서늘한 곳에 보관한다. 1주일 이상 경과한 것은 사용할 수 없다.

③ M · M지시약

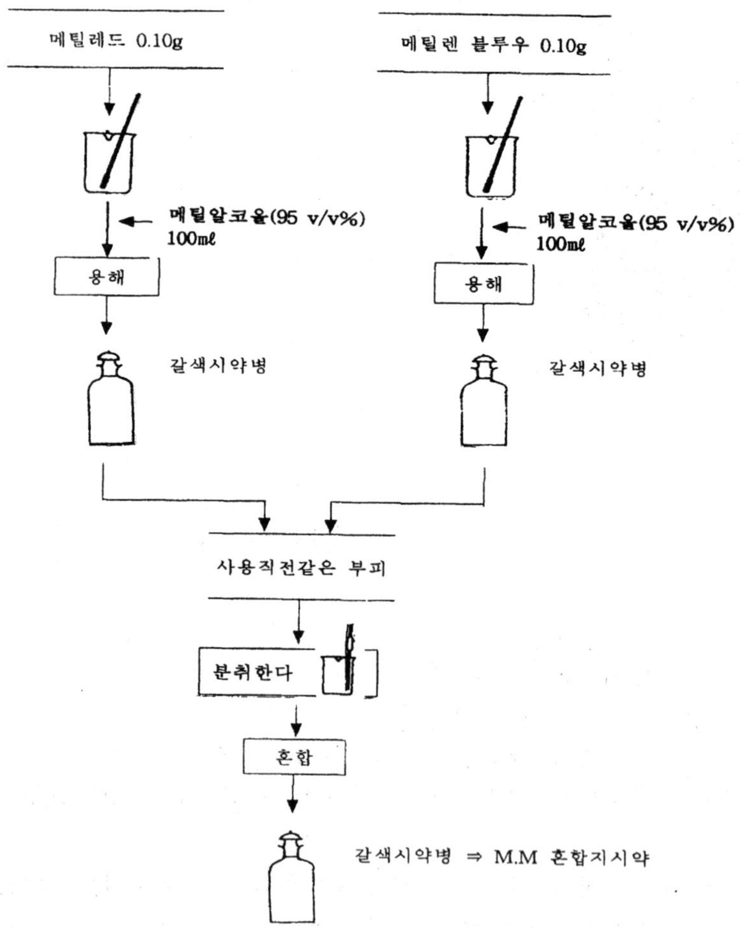

5.2.2 시험 방법

(1) 분석용 시료용액의 적당량(통상 50~100 mℓ)을 300mℓ 삼각플라스크에 분취한다.

(2) 메틸레드-메틸렌 블루우 혼합지시약 3~5방울을 가하여 N/10수산화나트륨 용액으로 적정하고 용액의 색이 자주색에서 녹색으로 변한 점을 종말점으로 한다.[5)]

(3) 흡수액을 시료 채취에서 사용한 것과 같은 양을 250mℓ 메스플라스크에 취하고 순수로 표선까지 채운 후 분석용 시료용액과 같은양을 분취하여 300mℓ 삼각플라스크에서 동일한 방법으로 시험한 것을 바탕시험 값으로 한다.

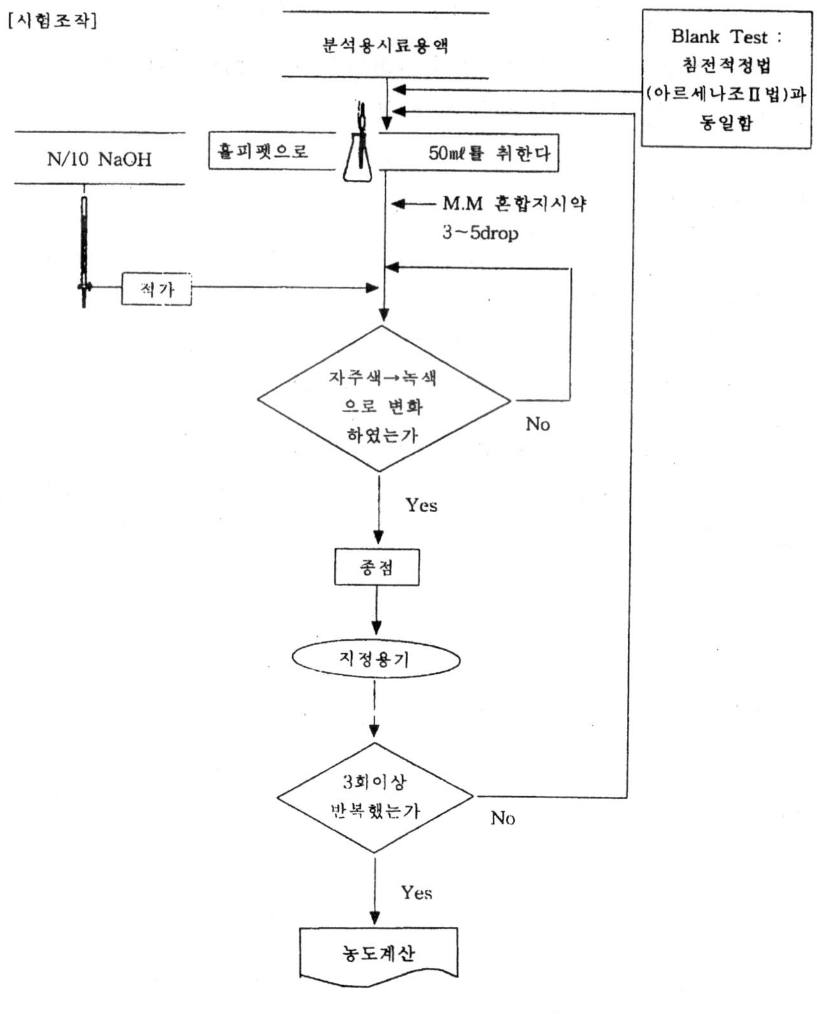

5.2.3 계산

시료중의 황산화물 농도는 다음식에 의하여 구한다.

$$C = \frac{1.12 \times (a-b) \times f \times \frac{250}{V}}{V_s} \times 1,000$$

$$C' = C \times \frac{1}{10,000}$$

C : 황산화물 농도(ppm)

C': 황산화물 농도(v/v%)

a : 적정에 사용한 N/10 수산화나트륨 용액의 양(mℓ)

b : 바탕시험에 사용한 N/10 수산화나트륨 용액의 양(mℓ)

f : N/10 수산화나트륨 용액의 역가

V :분석용 시료 용액의 분취량(mℓ)

V_s : 건조시료 가스량(ℓ)

1.12 : N/10 수산화나트륨 용액 1mℓ에 상당하는 황산화물(SO_2+SO_3)가스의 부피 (mℓ)

$$SO_4 + 2NaOH \rightarrow Na_2SO_4$$

$$SO_2 \ \frac{1}{2mol}(\frac{1}{2} \times 22.4\ \ell) \equiv NaOH\ 1N,\ 1\ \ell$$

$$SO_2\ 11.2 \times \frac{1}{10} = 1.12(\text{m}\ell / 0.1N - NaOH\ \text{m}\ell)$$

주(5) 지시약을 사용하는 대신 pH계를 사용해서 적정해도 좋다. 이 때 종말점은 pH5.4 부근으로 한다.

"참고" 자동측정기에 의한 아황산가스 연속측정법

측정방법	개 요	측정범위	방해물질
1. 용액전도율법	시료를 황산산성의 과산화수소수에 흡수시켜 용액의 전기 전도율(Electro Conductivity)의 변화를 용액전도율 분석계로 측정하는 방법이다.	5-2,000ppm SO_2	염화수소,암모니아,이산화질소
2. 적외선흡수법	시료가스를 셀에 취하여 7,300nm부근에서 적외선 가스분석계를 사용하여 아황산가스의 광흡수를 측정하는 방법이다	10-2,000ppm SO_2	수분,이산화탄소
3. 자외선흡수법	자외선 흡수분석계를 사용하여 280~320nm에서 시료중 아황산가스의 광흡수를 측정하는 방법이다.	10-2,000ppm SO_2	이산화질소
4. 불꽃광도법	불꽃광도검출분석계를 사용하여 시료를 공기또는 질소로 묽힌 후 수소불꽃중에 도입할 때에 394nrn부근에서 관측되는 발광광도를 측정하는 방법이다.	5-1,000ppm SO_2	황화수소
5. 정전위전해법	정전위 전해 분석계를 사용하여 시료를 가스투과성격막을 통하여 전해조에 도입시켜 전해액중에 확산흡수되는 아황산가스를 규정된 산화전위로 정전위 전해하여 전해전류를 측정하는 방법이다.	5-2,000ppm SO_2	황화수소 이산화질소

[과년도 기사 · 산업기사 출제문제]

문제 1. 어느 공장의 연도 배출가스에 대하여 아르세나조Ⅲ법으로 황산화물을 측정하여 다음 결과를 얻었다. 황산화물 농도는?<'90전반기-기사>

①시료가스채취량 30ℓ(표준상태로 환산한 것임)

②분석용시료용액전량250㎖

③분석용시료용액분취량20㎖

④적정에소요된N/100초산바륨8.6㎖(F=1)

⑤공시험에소요된N/100초산바륨0.1㎖

(단, N/100초산바륨 1㎖는황산화물0.112m1에 상당한다.)

㉮ 약400ppm ㉯ 약800ppm ㉰ 약1,200ppm ㉱ 약1,600ppm

문제 2. 연도 배기에서 황산화물 측정법중 이소프로필 알콜용액 중에서 반응을 하는 것은 어느것인가?<'90전반기-기사>

㉮ 아르세나조Ⅲ법 ㉯ 코로라닐산 바리움법 ㉰ 중화 적정법 ㉱ 요오드 적정법

문제 3. 3% 과산화수소수 50㎖가 이론적으로 흡수할 수 있는 SO_2량(표준상태 부피)은 얼마나 되는가? (단, 3% H_2O_2의 비중은 1이고, SO_2는 100% 흡수된다.)<'90전반기-산업기사>

㉮ 약 0.5ℓ ㉯ 약 1ℓ ㉰ 약 2ℓ ㉱ 약 2.5ℓ

문제 4. 표준상태에서 배출가스 중의 SO2를 중화적정법으로 측정한 결과 0.1N NaOH 15㎖를 소비하였다면 SO2의 용량은 얼마인가?<'90전반기-산업기사>

㉮ 33.6㎖ ㉯ 8.4㎖ ㉰ 168㎖ ㉱ 16.8㎖

문제 5. 배출가스 중의 SO_X분석법 중 이소프로필 알콜 용액 중에서 이루어지는 분석방법은? <'91후반기-기사>

㉮ 중화 적정법 ㉯ 아르세나조 Ⅲ법 ㉰ 검지관법 ㉱ 크로라닐산바륨법

문제 6. 황산화물 분석법 중 아르세나조 Ⅲ법에서 종말점의 색깔은?<'91후반기-산업기사>

㉮ 적색 ㉯ 청색 ㉰ 녹색 ㉱ 분홍색

문제 7. 중화 적정법으로 황산화물을 측정할 때 쓰이는 흡수액은 어느 것인가?

<'92전반기-기사>

㉮ 황산 ㉯ 과산화수소 ㉰ 수산화나트륨 ㉱에틸알콜

문제 8. 황산화물을 침전 적정법으로 분석할 때 초산바륨 용액으로 적정한다. 종말점에서 청색을 나타내는 물질은 어느 것인가? (단, AsⅢ는 아르세나조 Ⅲ이다.)<'92전반기-기사>

㉮ $BaSO_4$ ㉯ $(CH_3COO)_2Ba$ ㉰ BaAsⅢ ㉱ (AsⅢ+SO4)

문제 9. 배출가스 중 황산화물을 중화 적정법으로 측정하였다. 황산화물 농도는? (단, 적정에 사용한 N/10 NaOH 용액량 2.5㎖, 공시험에 사용한 N/10 NaOH 용액량 0.3㎖ N/10 NaOH 용액역가 1.000, 분석용 시료 용액 분취량 50㎖, 건조 시료 가스량 40 ℓ 이다.)<'92전반기-산업기사>

㉮ 308ppm ㉯ 320ppm ㉰ 350ppm ㉱ 520ppm

문제 10. 1000ppm 이상의 SO_X를 측정하고자 한다. 무슨 방법이 가장 적합한가? <'92후반기-기사>

㉮ 아르세나조법 ㉯ 중화적정법 ㉰ 파라로자리닌법 ㉱ 인도페놀법

문제 11. 황산화물의 분석방법 중 중화적정법에 의해서 N/10수산화나트륨용액으로 적정하여 액의 색이 자색에서 녹색으로 변하는 점을 종말점으로 한다. 이 때 계산에 필요한 역가는? (단, 슬파민산의 채취량은 2.3g, 적정에서 사용한 수산화나트륨 용액의 양은 25㎖라 가정한다.)<'92후반기-기사>

㉮ 1.7 ㉯ 1.5 ㉰ 1.05 ㉱ 0.95

문제 12. 농도 0.02mole/ℓ의 황산 25㎖를 중화하는데 요하는 N/10 NaOH용액은 얼마인가? <'92후반기-산업기사>

㉮ 1㎖ ㉯ 5㎖ ㉰ 10㎖ ㉱ 25㎖

문제 13. 다음의 분석법 중 금속의 착화합물을 형성하는 것을 적정하여 황산화물 농도를 측정하는 방법은?<'94전반기-기사>

㉮ 중화법 ㉯ 아르세나죠Ⅲ법 ㉰ 요오드적정법 ㉱ 파라로자니린법

문제 14. 아르세나조 Ⅲ법에 의하여 배출가스 중 황산화물을 측정시 사용되는 시약이 아닌 것은? <'94전반기-산업기사>

㉮ 과산화수소 ㉯ 이소프로필 알콜 ㉰ 초산바륨 ㉱ 수산화나트륨

문제 15. 어떤 배출업소에 SO2 농도를 측정한 결과 760ppm이었다. 이 배출업소의 배출가스량이 1시간당 $50m^3$이라면 1일 배출되는 SO2는 몇 kg이 되는가? (단, 배출가스 온도와 기압은 고려하지 않는다.)<'94후반기-기사>

㉮ 1.57kg/일 ㉯ 2.57kg/일 ㉰ 3.57kg/일 ㉱ 4.57kg/일

문제 16. SO_2의 농도를 측정한 결과 760ppm이었다. 이 배출업소의 배출가스량을 1시간당 $50m^3$이라면 1일 배출되는 SO2는 몇 kg이 되는가 ? (단, 배출가스 온도와 기압은 고려하지 않고 계산함)<'95전반기-기사>

㉮ 1.57kg/일 ㉯ 2.57kg/일 ㉰ 3.57k9/일 ㉱ 4.57kg/일

문제 17. 중화적정법으로 황산화물의 정량에 있어서 적정액으로 사용하는 N/10-NaOH용액의 역가를 구하기 위한 표정에 사용하는 시약은 ?<'95전반기-기사>

㉮ 황산 ㉯ 슬파민산 ㉰ 질산 ㉱ 염산

문제 18. 황산화물 200ppm을 함유한 건조 연도가스 20 ℓ (127℃,760mmHg)를 H_2O_2에 흡수시켜 분석용 시료용액 250㎖를 분취 N/10 NaOH(f-1.053)로 적정하였다. 몇 ㎖의 N/10 NaOH 표준 액이 소비되겠는가?(단, 공시험치는 0으로 본다.)

<'95전반기-기사>

㉮ 2.3㎖ ㉯ 3.4㎖ ㉰ 4.6㎖ ㉱ 6.3㎖

문제 19. 어느 산업장의 굴뚝에서 실측한 SO_x 농도가 600ppm이었다. 이 때 표준산소 농도는 6%, 실측산소 농도는 8%이었다면 오염물질의 농도는 ? (단, 공기 중 산소비는 21%이다.)<'95전반기-산업기사>

㉮ 962.3ppm ㉯ 892.3ppm ㉰ 762.3ppm ㉱ 692.3ppm

문제 20. 황산화물을 흡수하기 위한 3%H2O2 50m1가이론적으로 흡수할 수 있는 SO_2의 량은?(단, 3% H_2O_2의 흡수율은 100%, 비중은 1로 한다.)<'95전반기-산업기사>

㉮ 약0.5 ℓ ㉯ 약1 ℓ ㉰ 약1.5 ℓ ㉱ 약5 ℓ

문제 21. 중화적정법에 의한 배출가스 중의 황산화물의 분석법에 사용되는 N/10 수산화나트륨 용액을 표정할 때의 표준 시약은 어느 것인가?<'95전반기-산업기사>

㉮ 황산 ㉯ 황산칼륨 ㉰ 술파민산 ㉱ 티오황산나트륨

문제 22. 표준상태하에서 SO_2 1㎍/ ℓ 는 동일 조건에서 몇 ppm인가?

(단, SO_2 : 64)<'95전반기-산업기사>

㉮ 0.35ppm ㉯ 3.50ppm ㉰ 0.64ppm ㉱ 6.40ppm

문제 23. SO_2 1ppm는 0℃ 760mmHg에서 몇 $\mu g/m^3$인가?(단, S=32, O=16이다.)
<'95전반기-산업기사>

㉮ 2.857$\mu g/m^3$ ㉯ 22.4$\mu g/m^3$ ㉰ 285.7$\mu g/m^3$ ㉱ 2857$\mu g/m^3$

문제 24. 아르세나죠Ⅲ법에 의하여 배출가스 중 황산화물을 측정 사용되는 시약이 아닌 것은? <'96전반기-산업기사>

㉮ 과산화수소 ㉯ 이소프로필알콜
㉰ 아세트산바륨 ㉱ 수산화나트륨

문제 25. 굴뚝 배출가스 중 황산화물 측정을 위한 시료흡수용 흡수액은 다음 중 어느 것을 사용하는가?<'97전반기-기사>

㉮ 과산화수소 ㉯ 질산용액 ㉰ 수산나트륨용액 ㉱ 붕산용액

문제 26. 굴뚝 배출가스 중 황산화물을 측정하기 위한 아르세나죠Ⅲ법을 가장 적절히 설명한 것은?<'97전반기-기사>

㉮ 황산이온과 아르세나죠Ⅲ를 반응시켜 여과하는 정량법이다.
㉯ 아르세나죠Ⅲ를 발색제로 흡광도를 측정하는 비색법이다.
㉰ 아르세나죠Ⅲ를 완충액으로 수산화나트륨을 중화제로 이용한다.
㉱ 아르세나죠Ⅲ법 지시약으로 하여 아세트산바륨용액으로 적정하는 침전 적정법이다.

문제 27. 중화 적정법에 의한 배출가스 중의 황산화물의 분석법에 사용되는 N/10 수산화나트륨 용액을 표정할 때의 표준시약은 어느 것인가?<'97전반기-산업기사>

㉮ 황산 ㉯ 황산칼륨 ㉰ 술파민산 ㉱ 티오황산나트륨

문제 28. 중화법에 의하여 배기가스 중의 황산화물을 분석하였더니 다음과 같은 결과를 얻었다. 이 때의 황산화물의 농도는? (단, 시료가스 채취량 15ℓ (표준상태))<'97전반기-산업기사>

분석용 시료액량 250mℓ
분석용 시료분취량 50mℓ
적정에 의한 N/10 NaOH 소비량 2.2mℓ
공시험에 의한 N/10 NaOH소비량 0.2mℓ

㉮ 326ppm ㉯ 560ppm ㉰ 747ppm ㉱840ppm

문제 29. 가스 중의 황산화물을 아르세나조Ⅲ법으로 측정하였다. 다음과 같은 조건일 때 황산화물 의 농도는? (단, 건조시료가스량 : 20L, 시료용액전량 : 250mℓ 중 시료용액분취량 :10mℓ 적정에 사용한 N/100아세트산 바륨 용액의(mℓ) : 4.6 mℓ, 공시험에 사용한 N/100아세트산 바륨 용액(mℓ) : 0.2mℓ, N/100아세트산 바륨 용액의 factor : 1.0172)<'97후반기-산업기사>

㉮ 약540ppm ㉯ 약627ppm ㉰ 약840ppm ㉱ 약1450ppm

문제 30. 중화적정법으로 황산화물의 정량에 있어서 적정액으로 사용하는 N/10-NaOH 용액의 역가를 구하기 위한 표정에 사용하는 시약은?<'98전반기-기사>

㉮ 황산 ㉯ 술파민산 ㉰ 질산 ㉱ 염산

문제 31. 아르세나죠Ⅲ법에 의한 배출가스 중의 황산화물 정량시 사용되는 황산이온 표준액 1mℓ는 황산이온 0.2mg에 해당한다. 이 때 표준액 제조시 황산칼륨 몇 g을 취하여 물에 용해시켜 1L로 하는가?<'98후반기-기사>

㉮ 0.1819 ㉯ 0.3639 ㉰ 0.5449 ㉱ 0.726g

문제 32. 이산화황(SO2) 1.28g을 포함하는 2 ℓ 용액의 농도(mole)는?<'99전반기-산업기사>

㉮ 0.01 ㉯ 0.11 ㉰ 0.02 ㉱ 0.2

문제 33. 1000ppm 이상의 SO_x를 측정코저 한다. 무슨 방법이 가장 적합한가? <'99후반기-기사>

㉮ 아르세나조법 ㉯ 중화적정법 ㉰ 파라로자리닌법 ㉱ 인도페놀법

문제 34. 배출가스 중의 황산화물 분석법 중 중화적정법에서 종말점의 색은? <'99후반기-산업기사>

㉮ 청색 ㉯ 분홍색 ㉰ 녹색 ㉱ 적색

문제 35. 농도 0.02mo1/ ℓ 의 황산 25mℓ를 중화하는 데 요하는 N/10-NaOH 용액의 용량은? <'99후반기-산업기사>

㉮ 1mℓ ㉯ 5mℓ ㉰ 10mℓ ㉱ 25mℓ

문제 36. 다음은 황산화물의 배출허용기준 시험법을 나타낸 것이다. 다음 중 옳은 것은? (단, 침전적정법 기준) <'99후반기-산업기사>

㉮ 시료가스 → 황산화물 → 수산화나트륨용액 적정

㉯ 시료가스 → 황산 → 초산바륨용액 적정

㉰ 시료가스 → 황산화물 → 초산바륨용액 적정

㉱ 시료가스 → 황산 → 수산화나트륨용액

제 6항 질소산화물

1. 적용범위

이 시험법은 굴뚝 등에서 배출되는 배출가스[(1)]중의 질소산화물($NO+NO_2$)을 분석하는 방법에 대하여 규정한다.

주(1) 연료의 연소, 금속표면의 처리공정, 무기 및 유기화학 반응 공정중에서 대기중에 발산되기 전의 배출가스를 말한다.

2. 분석방법의 종류

2.1 아연환산 나프틸에틸렌디아민법

시료중의 질소산화물을 오존 존재하에서 물에 흡수시켜 질산이온으로 만든다. 이 질산이온을 분말금속아연을 사용하여 아질산이온으로 환원한 후 술포닐아미드(Sulfonilic Amide) 및 나프틸에틸렌디아민(Naphthyl Ethylene diamine)을 반응시켜 얻어진 착색의흡광도로부터 질소산화물을 정량하는 방법으로서 배출가스중의 질소 산화물을 이산화질소로 하여 계산한다.

이 방법은 시료중의 질소산화물 농도가 10~1,000 V/V ppm의 것을 분석하는데 적당하다. 1,000V/V ppm 이상의 농도가 진한 사료에 대해서는 분석용 시료용액을 적당량의 물로 묽게 하여 사용하면 측정이 가능하다. 이 방법에서는 2,000V/V ppm 이하의 아황산가스는 방해하지 않고 염소 이온 및 암모늄이온의 공존도 방해하지 않는다.

【준비】

☞ 아연환산 나프틸에틸렌디아민법

<시약>

술포닐아미드(Sulfonilic Amide), 염산(HCl), 질산나트륨($NaNO_3$), 초산(CH_3COOH), NaOH, 아연분말, N-(1-Naphthyl-ethylene Diamine Dihydrochloride), 질산칼륨

<기구>

1 ℓ Mass flask, 비이커, 유리막대, 시약병, 흡수병, 유리주사통 100㎖, 광전분광광도계, Stack Air Sampler

☞ **페놀디술폰산법**

<시약>

황산, 페놀, H2O2, 암모니아수, NaOH, 질산칼륨

<기구>

1ℓ Mass flask, 비이커, Stack Air Sampler, 1ℓ플라스크

2.2 페놀디술폰산법

시료중의 질소산화물을 산화흡수제(황산+과산화수소수)에 흡수시켜 질산이온으로 만들고 페놀디술폰산을 반응시켜 얻어지는 착색액의 흡광도로부터 이산화질소를 정량하는 방법으로서 배출가스중의 질소산화물을 이산화질소로 계산한다.

이 방법은 시료중의 질소산화물 농도가 약 10~200 V/V ppm인 것의 분석에 적당하다. 200 V/V ppm 이상의 농도가 진한 시료에 대해서는 분석용 시료용액을 적당히 물로 묽게 하여 사용하면 측정이 가능하다.

이 방법은 무기질산염, 아질산염 또는 유기질소 화합물이 존재하면 분석결과에 정오차가 생기고, 할로겐 화합물은 부의 오차를 생기게 하는 경향이 있다.

3. 시료 채취방법

시료 채취방법은 제3장 제1절 제1항 2에 따른다.

비고 : 질소산화물 분석에 있어서는 시료가스 채취계통에서 질소산화물의 흡착 및 용해에 의한 손실 등에 대하여 고려할 필요가 있다.

4. 분석방법

4.1 아연 환산 나프틸에틸렌디아민법

4.1.1 시 약

(1) 산 소

(2) 술포닐아미드 혼합용액 : 술포닐아미드(Sulfonilic Amide) 3.33g을 정확히 달아 염산(1+1) 10㎖ 및 물 50㎖를 가하여 녹인다. 별도로 초산나트륨(3수염) 500g을 물 약 400㎖에 녹이고 먼저 조제한 술포닐아미드의 염산용액을 가한다 여기에 초산 또는 수산화나트륨 용액(10W/V %)을 가하여 pH 7±

0.1로 조절한 후 물로 전체량을 1ℓ로 한다.
이 용액은 담황색으로 착색될 때까지 사용한다.

② 술포닐아미드 혼합용액

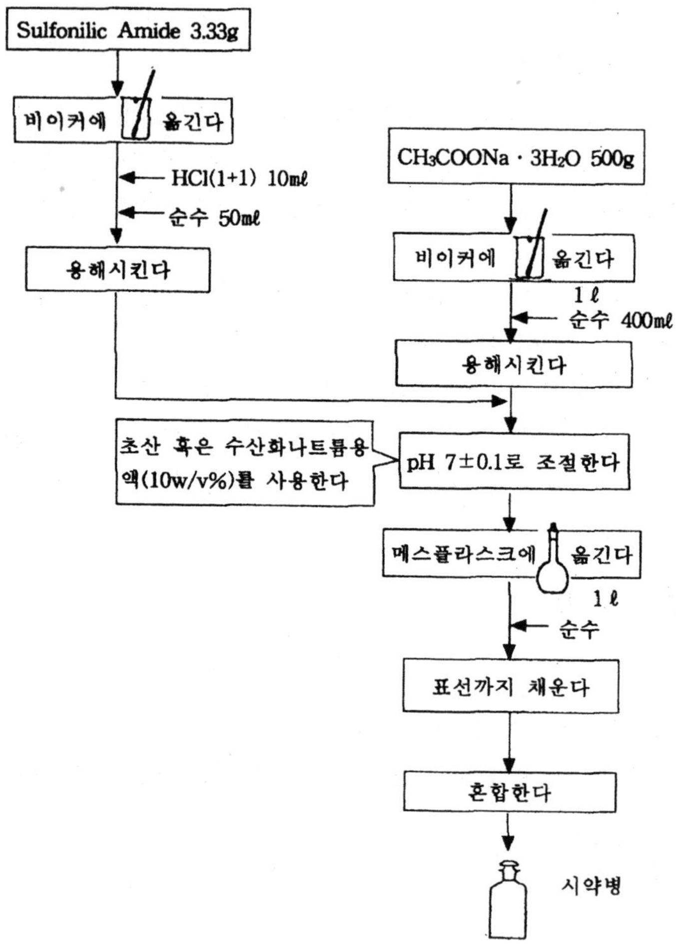

(3) 아연분말 : 시약 1급의 아연분말로서 질산이온의 아질산이온에의 환원율이 90% 이상인 것.

(4) 염산(1+1) : 염산 1에 물 1을 섞는다.

(5) 나프틸에틸렌디아민 용액 : N - (1 - Naphthyl) - Ethylene Diamine Dihydrochloride 0.1g을 물 100mℓ에 녹인다.

④ HCl(1+1)

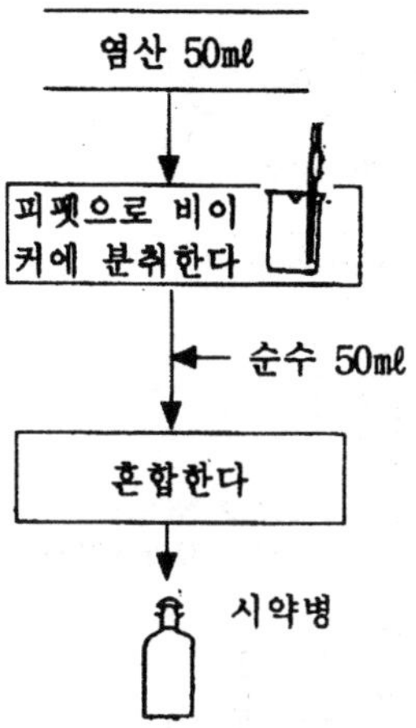

⑤ 나프틸에틸렌디아민용액

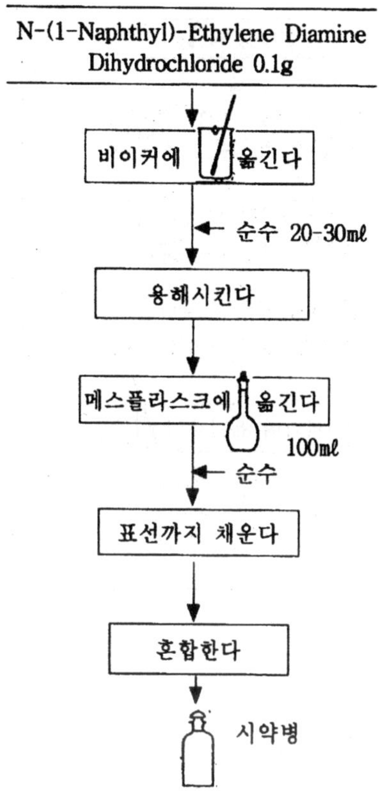

(6) 질산이온 표준액 : 105~110℃의 항온조에서 2시간 건조 후 냉각한 질산칼륨을 0.451g을 정확히 달아 1ℓ 메스플라스크에 넣고 물에 녹여 1ℓ로 한다. 이 용액 10㎖를 1ℓ 메스플라스크에 취하고 물로 표선까지 채운다. 이 용액 1㎖는 1㎕ NO_2(0℃, 760mmHg)에 상당한다.

4.1.2 장치 및 기구

(1) 광도계 : 광전광도계 또는 광전분광 광도계

(2) 시료채취용 주사통 : 콕크가 붙은 용량 100㎖의 유리 주사통

(3) 흡수액 주입용 주사통 : 용량 20㎖의 유리주사통

(4) 오존발생장치 : 오존발생장치는 오존이 1V/V % 이상 얻어지는 것을 사용한다. 오존 발생장치의 보기는 그림 1과 같다.

⑥ 질산이온표준액

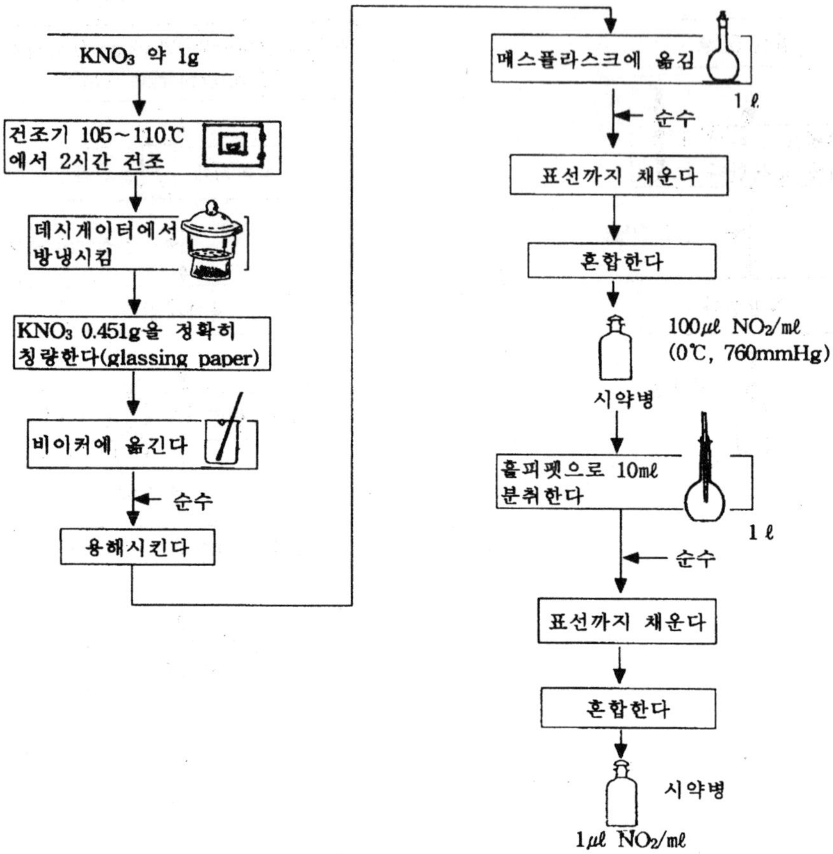

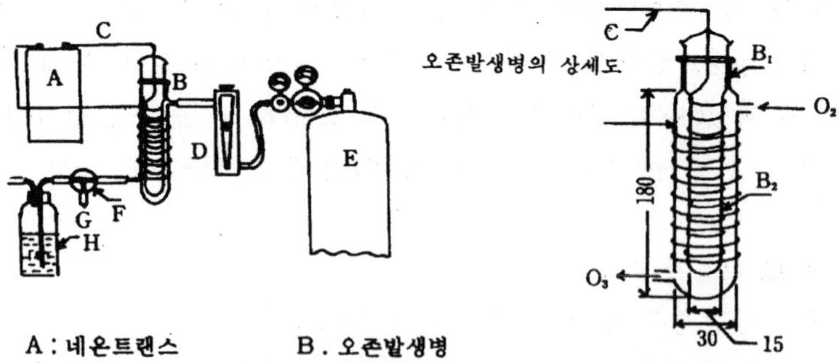

A : 네온트랜스　　B . 오존발생병
C : 구리선(지름 1 mm)　　D : 유량계
E : 산소통　　F : 3방향 코크
G . 오존함유 산소출구　　H : 물을 채운병

B$_1$: 오존발생병 바깥통
B$_2$: 오존발생병 안통

그림 1 오 존 발 생 장 치

4.1.3 시료채취 및 분석용 시료용액의 조제

(1) 시료 채취장치

시료 채취장치는 그림 2에 나타낸 구조이고 다음의 조건을 구비하여야 한다.

① 시료채취관은 배출가스중의 부식성 가스에 의해서 침식되지 않는 재질(보기를 들면 경질유리관, 석영관, 염소가스가 공존하지 않을 때는 스테인레스강관도 좋다)을 사용하여야 한다.

② 시료중에 먼지등이 섞여 들어가는 것을 방지하기 위하여 시료채취관의 도중에 적당한 여과재[2]를 넣는다.

③ 시료중의 수분이 응축되는 것을 방지하기 위하여 시료채취관 및 채취관에서 여과재가지의 사이를 가열하여야 한다.

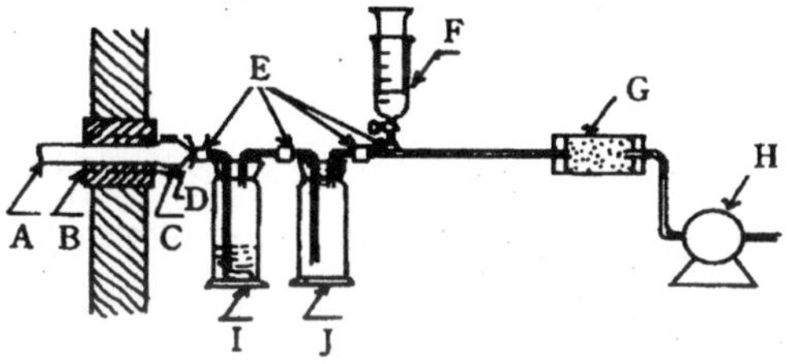

A : 시료채취관　　B : 보온재료
C . 여과재[3]　　D : 히터[3]
E : 실리콘 고무　　F : 시료채취용 주사통
G : 건조제[4]　　H : 흡인펌프 또는 고무구
I : 아황산가스 흡수병[5]　　J : 빈병

그림 2 시료 채취 장치

비고 : 시료채취 장치가 부압일때는 불소수지제 다이아프램 펌프를 가스채취용 주사통의 앞에 끼우고 정압으로서 가스를 채취하여야 한다.

주(2) 여과재로서는 배출가스중의 성분과 화학반응을 일으키지 않는 재질(예 : 석영솜)을 사용하고 이산화질소와 반응할 수 있는 셀룰로스제 여과지 또는 알카리분을 함유한 유지레 용기는 사용해서는 안된다.

(3) 배관은 될 수 있는 한 짧게 하고 수분의 응축을 방지하기 위해서 120℃이상 가열한다. 단 배관중에 수분이 응축할 염려가 없을 때는 가

열을 생략하여도 좋다.

(4) 건조제로서는 실리카겔 또는 염화칼슘 등의 입상 건조제를 사용한다.

(5) 여기서 사용하는 아황산가스 흡수병은 과산화수소수(0.5%) 100㎖를 넣고 배출가스 중에 공존하는 아황산가스의 방해를 제거한다. 보통 액량 100㎖ 액면의 높이 약 60㎜로 하고 1~1.5 ℓ/분의 유량으로서 배출가스를 흐르게 했을 때 여기서 흡수되는 이산호질소의 양은 배출가스 중 이산화질소의 존재비가 적을 경우에는 무시할 수 있다
단, 이 흡수병을 통과하는 배출가스의 양은 아황산가스의 농도에 의해서 다르지만 30~50 ℓ마다 과산화수소수를 교환할 필요가 있다. 또 아황산가스 농도가 0.2V/V %이하일 때는 이것을 연결할 필요가 없다.

(2) 시료의 채취

시료 채취장치에 콕크를 붙이 시료 채취용 주사통[(6)]을 연결한 다음 흡인펌프로서 시료를 1~1.5 ℓ/분의 속도로 흡인하여 배관중의 가스를 시료로서 충분히 치환한 다음 시료 채취용 주사통에 시료 약 50㎖를 1회에 채취하고[(7)] 콕크를 닫는다

주(6) 시료 채취용 주사통은 미리 물로서 내벽을 충분히 적시어 둔다.

(7) 흡인은 1회에 행하고 배출 또는 재흡인을 해서는 안된다.

(3) 분석용 시료용액의 조제

시료를 주입한 주사통을 떼어내고 주위의 온돆지냉각시킨 후 채취가스의 부피(V㎖)를 읽고 동시에 주위 온도(t℃)를 측정한다.

다음에 오존발생장치에서 얻어지는 오존함유량 1V/V%이상의 산소 30㎖를 흡인하고 콕크를 닫는다.[(3)] 물 20㎖를 넣고 주사통(용량 20㎖)을 연결하고물을 주입한 후콕크를 닫고 주사통을 떼어낸다.

이것을 약 1분간 심하게 흔들어 섞고 질소산화물을 산화 흡수시켜 분석용 시 용액으로 한다.

주(8) 오존 발생장치가 없을 경우는 공기 또는 산소를 사용해도 무방하다. 공기를 흡인할 때에는 3시간 동안, 산소를 흡이할 때에는 2시간 동안 시료를 방치해야 한다.

4.1.4 시험방법

(1) 4.1.3 (3)에서 조제한 분석용 시료용액을 100㎖메스플라스크에 씻어 넣고 술포닐아미드 혼합용액 15㎖를 가하여 혼합한다. 아연부말 0.50g[(9)]을 가하고

즉시 물을 표선까지 채우고 1분간 심하게 흔든다.[10] 여과지(5B)를 사용하여 미반응의 연분말을 여과하여 제거한다. 여과액은 건조한 100mℓ 비어커에 받는다.

시험방법

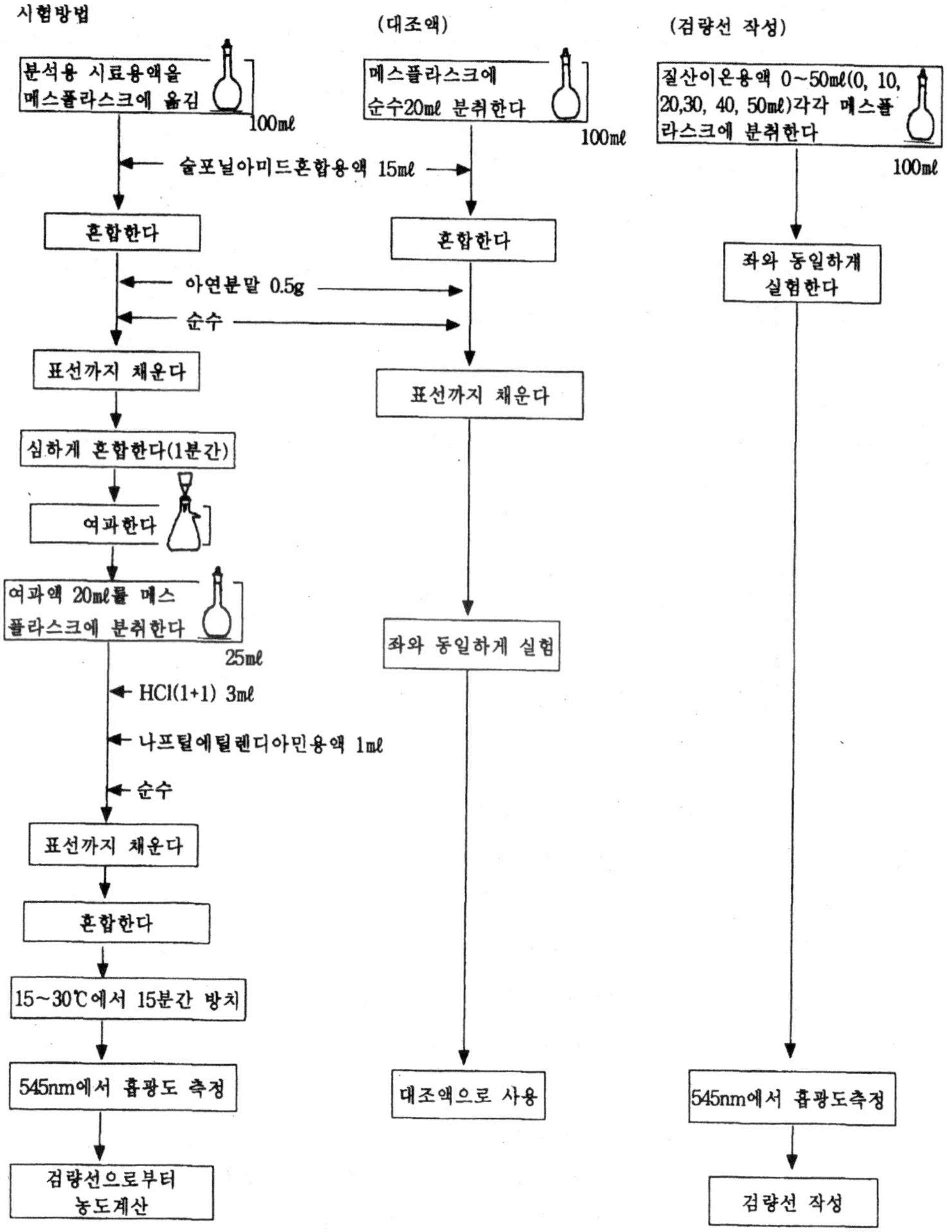

(2) 처음의 여과액 약 20㎖는 버리고 다음의 여과액 20㎖를 25㎖메스플라스크에 정확히 분취한다.

염산(1+1) 3㎖를 가하고 나프틸에틸렌디아민 용액 1㎖를 가한 다음 물을 표선까지 채우고 잘 흔들어 섞는다.

(3) 이 용액을 15~30℃에서 약 15분간 방치한 후 시료를 제외한 나머지 조작은 동일하게 행한 바탕시험 용액을 대조액으로 하여 파장 545nm 부근의 흡광도를 측정한다. 검량선으로부터 이산화질소의 부피를 구한다.

검량선의 작성 : 질산이온 용액 0~50㎖를 단계적으로 100㎖메스팔라스크에 취하고 이하 본문의 조작에 따라 조작하고 이산화질소량과 흡광도와의 관계선을 작성한다. 검량선은 아연분말 롯트가 변할 때는 다시 작성하는 것으로 하고 기타 필요에 따라 확인한다.

4.1.5 계 산

다음식에 의하여 시료중의 질소산화물의 농도를 이산화질소로 하여 유효숫자 두 자리 까지 산출한다.

$$C = \frac{nV}{Vs} \times 1,000$$

$$C' = \frac{C}{1,000}$$

$$C' = C \times \frac{46}{22.4}$$

C : 질소산화물의 농도(V/V ppm)

C′ : 질소산화물의 농도(V/V %)

C″ : 질소산화물의 농도(mg/㎥)

n : 분석용 시료용액의 희석배수

V : 검량선에서 구한 이산화질소의 부피(㎕)

Vs : 시료가스 채취량(㎖) (0℃, 760mmHg)

주(9) : 아연분말의 종류에 따라서 첨가량이 분석치에 영향을 미칠때가 있으므로 정확한 양을 가하여야 한다.

(10) : 아연분말의 종류에 따라서 혼합조건이 분석치에 영향을 미치므로 혼합조건을 항상 일정하게 하여야 한다.

4.2 페놀디술폰산법

4.2.1 시 약

(1) 흡수액 : 1ℓ 메스플라스크에 물 약 800㎖를 넣고 여기에 황산 3㎖를 가하고 잘 흔들어 섞는다. 다음에 과산화수소수(30%) 10㎖[11]를 가하고 물로 표선까지 채운다. 이 흡수액은 서늘하고 어두운 장소에 보관하며 1개월 이상 경과한 것은 사용할 수 없다,

(2) 암모니아수 : 새로운 시약을 사용한다.

(3) 과산화수소수(30%)[11] : 서늘하고 어두운 장소에 보관하여 사용한다.

(4) 페놀디술폰산 용액 : 페놀 25g을 황산 150㎖에 가하고 물중탕에서 가열하여 녹인다. 식힌후 발연황산(유리 SO_3 15~30%) 75㎖를 가하고 물중탕에서 2시간 가열하고 식힌후 갈색병에 넣어 보관한다.
이 용액은 색이 다소 있어도 바탕시험시에 사용하므로 차이가 없다.

(5) 질산칼륨 표준액 : 105~110℃로 2시간 건조시킨 질산칼륨 0.451g을 정확히 달아 1ℓ 메스플라스크에 넣고 물에 녹인 후 표선까지 채운다.
이 표준액 1㎖는 0.01㎖ NO_2(0℃, 760mmHg)에 상당한다.

(6) 수산화나트륨 용액(4W/V%) : 수산화나트륨 42g을 물에 녹여 1ℓ로 만든다.(사용시에 만든다.)

(7) 황 산

주(11) 과산화수소수(30%)의함량이 의심스러울 때는 다음과 같이 시험한다. 평량병에 물 약 5㎖를 넣고 이 무게를 정확히 단 다음 여기에 과산화수소수 약 1㎖를 넣고 무게를 정확히 단다.
이를 100㎖를 메스플라스크에 씻어 넣고 물을 가하여 100㎖로 한다. 이 중에서 20㎖를 분취하여 황산(1+15) 20㎖를 가하여 N/10 과망간산칼륨 용액으로 적정한다. 30초간 엷은 홍색이 소실 되지 않는 점을 종말점으로 한다.
N/10 과망간산칼륨 용액 1㎖는 0.001701g H_2O_2에 상당한다.

① 흡수액

메스프라스크에 순수 약 800mℓ를 분취한다 (1 ℓ)

↓ ← H_2SO_4 3mℓ

혼합한다

↓ ← H_2O_2(30%)10mℓ

↓ ← 순수

표선까지 채운다

↓

시약병

⑤질소칼륨표준액

아연환원나프틸에틸렌디아민법의 100μℓNO_2/mℓ(0℃, 760mmHg)

↓

홀피펫으로 10mℓ 분취한다 (100mℓ)

↓ ← 순수

표선까지 채운다

↓

혼합한다

↓

시약병 0.01mℓNO_2/mℓ

④페놀디술폰산용액

페놀 25g

↓ ← H_2SO_4 150mℓ

물중탕속에서 가열하여 용해시킨다

↓

방냉시킨다

↓ ← 발연황산(free 15~30%) 75mℓ

물중탕속에서 2시간 동안 가열한다

↓

방냉시킨다

↓

시약병(갈색병)

⑥수산화나트륨용액(4w/v%)

NaOH 4g

↓

비이커에 옮긴다

↓ ← 순수

용해시킨다

↓

메스플라스크에 옮김 (1 ℓ)

↓ ← 순수

표선까지 채운다

↓

시약병

4.2.2 장치 및 기구

(1) 광도계 : 광전광도계 또는 광전분광 광도계

(2) 시료채취용 플라스크 : 그림 3에 나타낸 것과 같은 삼방콕크가 부착된 1ℓ 플라스크(12)

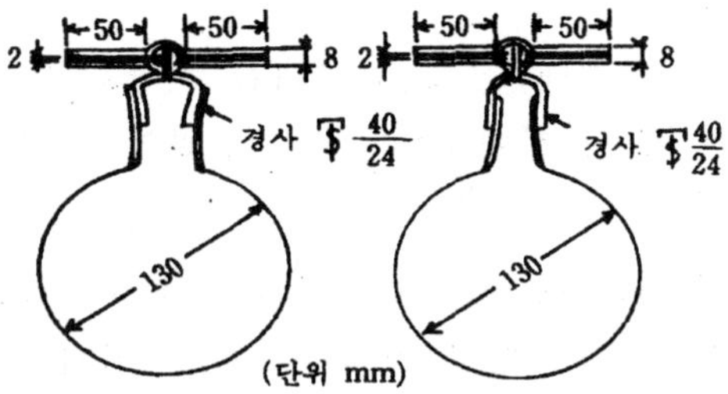

그림 3 시료채취용 플라스크의 보기

주(12) 이 플라스크는 물을 써서 부피법으로 내부 용적을 검정한다.

4.2.3 시료 채취 및 분석용 시료 용액의 조제

(1) 시료 채취장치

시료 채취장치는 그림 4와 같은 기구로 연결하고 4.1.3 (1)의 규정과 같은 조건을 구비하여야 한다.

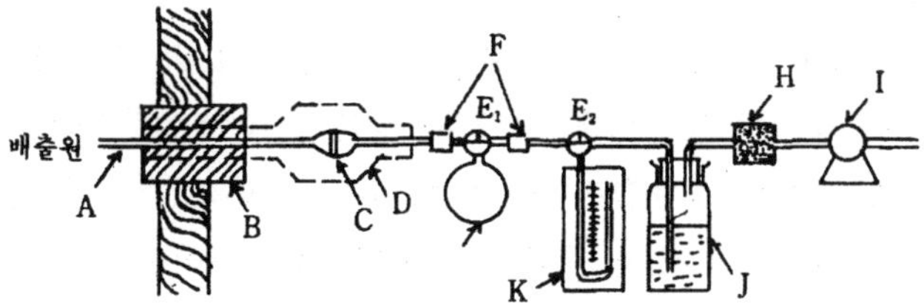

A : 시료채취관	B : 보온재	C : 여과재	D . 히터
E : 3방향 코크($E_1 \cdot E_2$)	F . 실리콘 고무관	G : 시료채취용 플라스크	H : 건조제
I : 흡인펌프	J : 세척병	K . 진공압력계	

그림 4 시료 채취 장치

(2) 시료의 채취

① 시료 채취용 플라스크(이하 플라스크라 한다)에 흡수액 25mℓ를 넣고 흡수액이 비등(沸騰)할 때까지 플라스크속[13]을 감압하고 바이패스만을 통하도록 콕크를 닫는다.

② 시료 채취장치에 플라스크를 그림4와 같이 연결하고 배관과 콕크가 시료의 온도로 가온되어 이슬이 생기지 않게 될 때까지 시료를 삼방콕크로 바이패스한다.

③ 시료를 채취하기 직전에 진공 압력계를 사용하여 플라스크내에 절대압력을 측정해 둔다. 또 동시에 플라스크 주위의 온도를 측정하여 둔다(그림 5)

④ 시료가 플라스크 내로 들어오도록 콕크를 돌리고 플라스크내에 시료를 채취한다.[14] 다음에 콕크를 닫고 시료 채취장치에서 플라스크를 떼어낸 다음 1분간 흔든다.

하룻밤 방치(16시간 이상)하여 흡수액에 시료를 충분히 흡수시킨다.

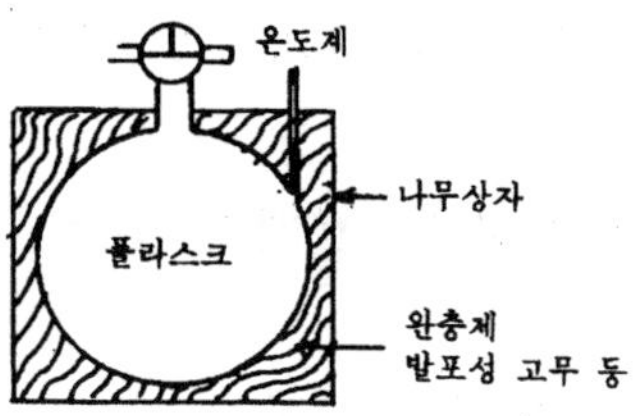

그림 5 플라스크 보호상자

⑤ 하룻밤 방치한 후 1분간 흔든다. 채취한 시료의 부피를 보정하기 위해서 시료의 흡수가 끝났을 때에 기압과 실온을 측정 기록한다. 또한 시료의 흡수가 끝났을 때에 플라슼의 콕크 하나를 압력계(U자형)의 개방된 끝에 접속하고 콕크를 열어 압력계의 수은 레벨의 차이를 읽어 플라스크의 절대압력[15]을 구한다.

주(13) 플라스크 콕크의 갈아 맞춤구멍 주위에 과잉의 그리이스를 바르지 않도록 한다. 또 그리이스는 수소를 함유하지 않는 불활성 폴리트리 플루오르 클로로 에틸렌그리이스(Poly tri-Fluoro-Chloroethylene Grease)(보기:플루오르카본계 그리이스 등)을 사용하는 것이 좋다.

이 그리이스가 많이 묻어 있는채 플라스크를 건조하면 고화되어 갈아 맞춤부가 나빠지므로 아세톤 등으로 닦아낸다.

⑭ 시료가 정압(正壓)일 때는 시료 채취관 출구에서의 개략적인 유량을 측정해 두고 그 유량과 플라스크 용량으로부터 대체적인 채취시간을 정한다. 부압(負壓)일 때는 대체로 15초 정도로 충분하다.

⑮ 플라스크내의 절대 압력은 그때의 기압에서 수은레벨의 차를 뺀 값이. (플라스크내의 수은 압력차가 정 일때는 기압을 가산하고 부 일때는 감산한다.)

비고 : 진공 압력계로 채취전의 절대압을 측정할 때 절대압이 76mmHg 이상일 때는 가스가 많이 새게되므로 그리이스를 다시 바르고 다시 진공펌프로 감압한다.

(3) 분석용 시료 용액의 조제

4.2.3 (2)의 조작에 의하여 얻어진 용액을 100㎖ 메스플라스크에 옮기고 다시 물로써 플라스크를 씻어 합친 용액을 100㎖로 하여 분석용시료 용액으로 한다.

(4) 바탕 시험용 흡수액의 조제

흡수액 25㎖를 100㎖ 메스플라스크에 취하고 물로 표선까지 채운다.

4.2.4 시험방법

(1) 분석용 시료용액 10㎖를 분취하여 200㎖ 자기증발접시(이하 증발접시라 한다)에 넣고 별도로 바탕시험용 흡수액 10㎖를 분취하여 증발접시에 넣어 바탕시험액으로 한다.

질소산화물 농도가 30V/Vppm 이하일 때는 플라스크 내용물의 전량을 증발접스에 옮겨 넣고 플라스크를 적당량의 물로 잘 씻고, 씻은액은 먼저의 증발접시에 합친다. 이 씻는 조작을 2~3회 반복한다.

이때 사용한 물의 전체량을 A(㎖)로 한다.

별도로 흡수액 25㎖를 다른 증발접시에 취하고 여기에 물 A(㎖)를 가하여 바탕시험액으로 한다.

(2) 증발접시의 용액에 수산화나트륨 용액(2W/V%)을 리트머스 시험지로 알칼리성이 될 때까지 가한다.[16] 다음에 물중탕에서 증발 건고시키고 냉각 후 잔사에 페놀디술폰산 용액 2㎖를 주의해서 소량씩 가하고 전체를 유리봉으로 잘게 부수어서 잔사가 용액과 잘 접촉하도록 한다.

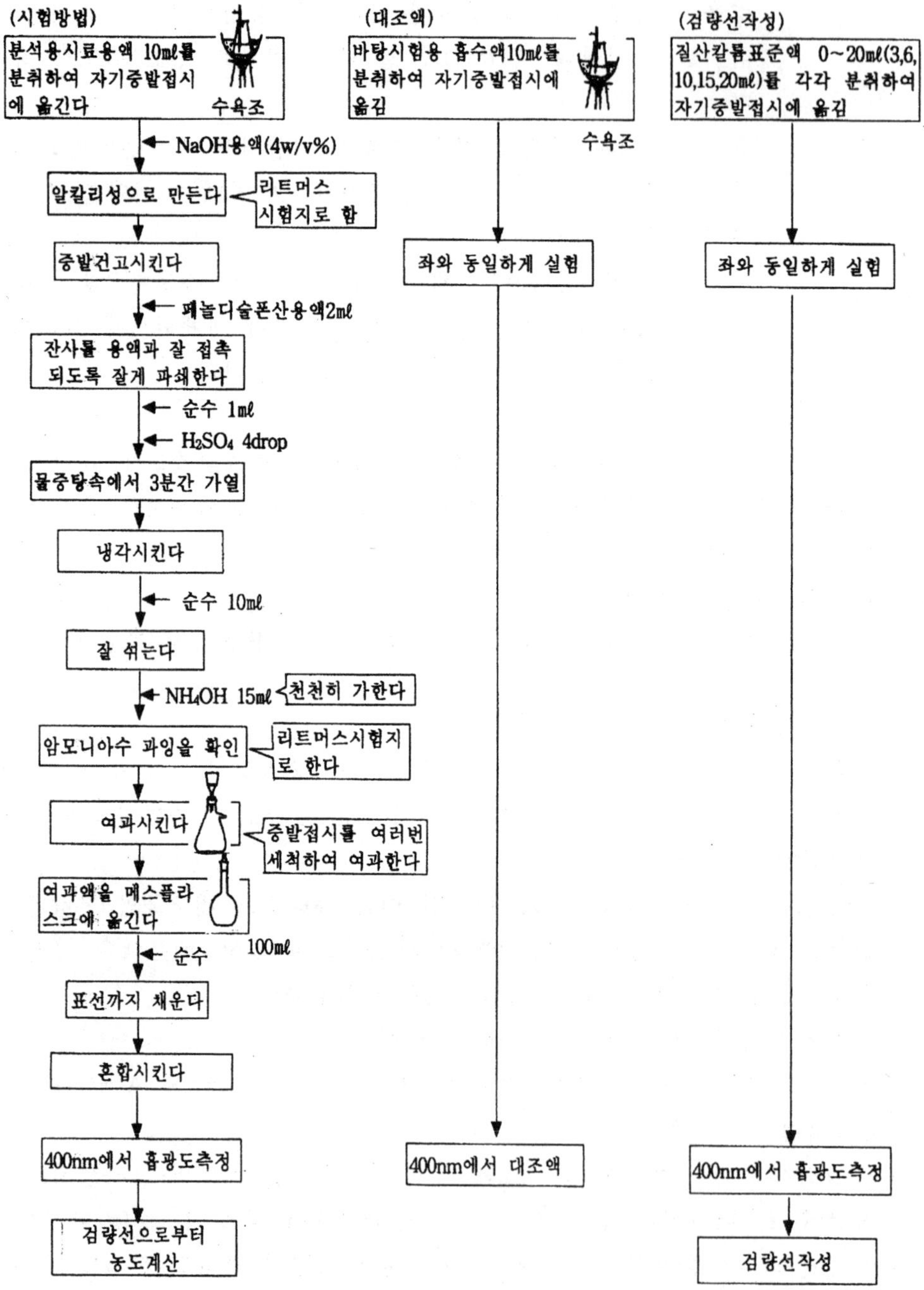
(시험방법)
분석용시료용액 10㎖를 분취하여 자기증발접시에 옮긴다
수욕조
NaOH용액(4w/v%)
알칼리성으로 만든다
리트머스 시험지로 함
증발건고시킨다
페놀디술폰산용액2㎖
잔사를 용액과 잘 접촉되도록 잘게 파쇄한다
순수 1㎖
H_2SO_4 4drop
물중탕속에서 3분간 가열
냉각시킨다
순수 10㎖
잘 섞는다
NH_4OH 15㎖
천천히 가한다
암모니아수 과잉을 확인
리트머스시험지로 한다
여과시킨다
증발접시를 여러번 세척하여 여과한다
여과액을 메스플라스크에 옮긴다
100㎖
순수
표선까지 채운다
혼합시킨다
400nm에서 흡광도측정
검량선으로부터 농도계산
(대조액)
바탕시험용 흡수액10㎖를 분취하여 자기증발접시에 옮김
수욕조
좌와 동일하게 실험
400nm에서 대조액
(검량선작성)
질산칼륨표준액 0~20㎖(3,6,10,15,20㎖)를 각각 분취하여 자기증발접시에 옮김
좌와 동일하게 실험
400nm에서 흡광도측정
검량선작성

다음에 물 1mℓ와 황산 4방울을 가하고 때때로 저어주면서 3분간 물중탕(수욕)상에서 가열한다. 냉각후 물 10mℓ를 가하고 잘 저어준다. 여기에 찬 암모니아수 15mℓ를 가하고[17] 리트머스 시험지로서 암모니아수가 과잉으로 들어있음을 확인 한다.

(3) 즉시 직경 11cm의 여과지(2종)로 용액을 거르고[18] 100mℓ 갈색 메스플라스크[19]에 넣는다. 증발접시는 소량의 물로 몇번 씻고 이 씻은 액은 여과지를 씻으면서 흘러보낸다. 이 씻은 액을 여과액에 가한 후에 물을 가하여 100mℓ를 만든다.

(4) 용액을 흡수셀에 옮겨넣고 광전광도계 또는 광전분광광도계를 사용하여 파장 400nm부근의 흡공도를 측정하고 검량선으로부터 이산화질소의 부피를 구한다. 대조액으로는 바탕시험용액을 본문에 따라 조작한 것을 사용한다.

검량선의 작성 : 질산칼륨 표준액 0~20mℓ를 단계적으로 증발접시에 취하고 질소산화물 농도 300V/Vppm 이상일 때는 각각에 바탕시험용 흡수액(4.2.3 (4)항) 100mℓ를 질소산화물 농도 300V/Vppm 이하일 때는 25mℓ를 가하고 이하 본문(2)~(4)에 따라 조작하고 이산화질소와 흡광도와의 관계선을 작성한다.

검량선은 필요에 따라 확인하며 새로 페놀디술폰산을 조제할 때도 확인한다. 또 분석용 시료용액의 흡광도를 측정할 때는 질산칼륨 표준용액 10mℓ에 대하여 같은 방법으로 조작하여 검량선을 확인한다.

주(16) 수산화나트륨용액(4W/V%)의 첨가가 부족할 때는 증발건고시에 질산염의 손실이 있고, 과잉일 때는 잔사와 페놀디술폰산과의 접촉이 불충분하게 되어 비색 정량치의 변화원인이 되므로 적절하게 하여야 한다.

(17) 암모니아수를 적하(滴下)할 때는 중화열 때문에 용액이 끓게 되어 비산하는 경우가 있으므로 조심하여야 한다.

(18) 분석조작에 사용하는 여과지는 동일품종의 여과지를 사용하여야 한다. 농도가 진한 시료를 여과할 때 황색의 잔사가 나타나는 경우가 있다. 이때는 착색이 없어질 때까지 잘 씻어야 한다.

(19) 암모니아수를 첨가한 후 빛을 쪼이면 색이 짙어지므로 갈색 메스플라스크를 사용하지 않을 때는 흡광도 측정 직전까지 어두운 곳에 보관한다.

4.2.5 계 산

(1) 시료 가스 채취량

건조 시료가스 채취량은 제3장 제1절 제1항(가스상 물질)의 4에 따른다.

(2) 다음 식에 의하여 시료중의 질소산화물의 농도를 이산화질소로 하여 유효 숫자 둘째자리까지 산출한다.

$$C = \frac{10^5 nV}{Vs}$$

$$C' = \frac{C}{10,000}$$

$$C' = C \times \frac{46}{22.4}$$

C : 질소산화물의 농도(V/Vppm)

C' : 질소산화물의 농도(V/V %)

C" : 질소산화물의 농도(mg/㎥)

Vs : 시료가스 채취량(㎖) (0℃, 760mmHg)

n : 분석용 시료용액의 희석배수

V : 검량선에서 구한 질소산화물(㎖)

"참고" 자동측정기에 의한 질소산화물 연속측정법

측정방법	개 요	측정범위	방해물질
1. 화 학 발광법	일산화질소와 오존이 반응하여 이산화질소가 될 때 발생하는 발광강도를 590~875nm부근의 근적외선 영역에서 측정하여 시료중의 일산화질소의 농도를 측정하는 방법이다. 이산화질소는 일산화질소로 환원시킨후 측정한다.	0~1,000 ppm NO	이산화탄소
2. 적외선 흡수법	일산화질소의 5,300nm 적외선 영역에서 광흡수를 이용하여 시료중의 일산화질소의 농도를 비분산형 적외선분석계로 측정하는 방법이다. 이산화질소는 일산화질소로 환원시킨 후 측정한다.	0~1,000 ppm NO	수분, 이산화탄소
3. 자외선 흡수법	일산화질소는 195~230nm 이산화질소는 350~450nm부근에서 자외선의 흡수량 변화를 측정하여 시료중의 일산화질소 또는 이산화질소의 농도를 측정하는 방법이다.	0~1,000 ppm NO	아황산가스

[과년도 기사 · 산업기사 출제문제]

문제 1. NO + NO_2 시료가스 채취장치에서 C와 D의 명칭은?<'90전반기-기사>

㉮ 건조재, 보온재

㉯ 여과재, 히터

㉰ 여과재, 건조제

㉱ 건조재, 흡수액

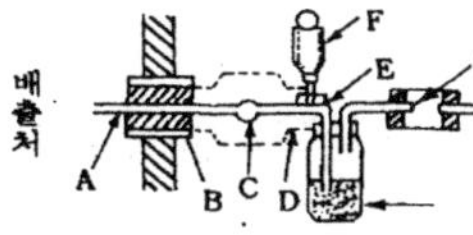

NO + NO_2 채취장치

문제 2. 질소산화물(NO_X)의 배출허용 기준시험법으로 가장 옳은 것은?
<'90후반기-산업기사>

㉮ 시료가스→산화흡수→NO_3→페놀디설폰산 NH4OH→ 흡광도 측정

㉯ 시료가스→산화흡수→NO_3→아연으로 환원→NO_2→페놀디설폰산→니트로페놀디설폰산→NH_4OH→흡광도 측정

㉰ 시료가스→황산성H_2O_2→NO_3→페놀디설폰산→니트로페놀디설폰산→NH_4OH→NaOH로 적정

㉱ 시료가스→O_3→NO_3→아연분말→NO_3→NEDA→자외선 흡수

문제 3. NO_x분석법 중 페놀디슬폰산법의 흡수액은?<'91후반기-기사>

㉮ 암모니아수 ㉯ NaOH ㉰ 물 ㉱ 황산성 H_2O_2

문제 4. 측정원리 중 다음과 같은 반응을 이용한 NO_X의 분석법은?<'91후반기-산업기사>

NO, NO_2→O_3→N_2O_5→H_2O→NO_3^-→Zn→NO_2→NEDA→Diazo색소의 흡광도 측정

㉮ 나프탈에틸렌 디아민법 ㉯ 아연환원 나프틸에틸렌 디아민법

㉰ 페놀디설폰산 ㉱ 화학 발광법

문제 5. 질소산화물을 페놀디술폰산법으로 측정할 경우 시료가스의 흡수액은 어느 것인가? <'92후반기-산업기사>

㉮ 암모니아 ㉯ 페놀디술폰산 ㉰ 황산+과산화수소수 ㉱ 물

문제 6. 아연환원 나프틸에틸렌 디아민법에 의해 배출 가스 중의 질소 산화물을 분석할 경우 질산 이온의 환원에 사용되는 시약은 어느 것인가 ?<'93전반기-기사>

㉮ 질산아연 ㉯ 금속아연 ㉰ 황산아연 ㉱ 산화아연

문제 7. 질소산화물 측정 중 페놀디술폰산법에서 질소 산화물의 농도 ?<'94후반기-기사>

C : 질소산화물의 농도(V/vppm) n : 분석용 시료용액의 희석 배수

Vs : 시료 가스 채취량(mℓ) V : 검량선으로부터 구한 질포산화물(mℓ)

㉮ $C=(10^3 n \cdot V)/Vs$ ㉯ $C=(10^4 n \cdot V)/Vs$ ㉰ $C=(10^5 n \cdot V)/Vs$ ㉱ $C=(10^6 n \cdot V)/Vs$

문제 8. 다음 방법 중 굴뚝 배출가스 중의 질소산화물 주시험 방법은 ?<'94후반기-기사>

㉮ 아르세나조 Ⅲ법 ㉯ 아연환원 나프틸 에틸렌 디아민법

㉰ 파라로자린법 ㉱ 페놀디술폰산법

문제 9. $NO+NO_2$시료가스 채취장치에서 C와 B의 명칭은?<'95전반기-산업기사>

(단, 질소산화물 측정방법은 페놀디슬폰산법이다.)

㉮ C:건조재, B:보온재

㉯ C: 여과재, B:보온재

㉰ C: 보온재, B: 여과재

㉱ C: 건조재, B: 보온재

문제 10. 배출가스 중의 질소산화물을 페놀디슬폰산법으로 정량할 경우 시료가스의 흡수액은 어느 것인가?<'95전반기-산업기사>

㉮ 물 ㉯ 수산화나트륨 ㉰ 암모니아수 ㉱ 황산산성 과산화수소

문제 11. 질소산화물 측정법 중 페놀디슬폰산법에서 질소산화물의 농도 계산식은? (단, Vs=시료가스 채취량(mℓ), n=분석용 시험용액의 회석 배수, V=검량선으로부터 구한 질소화합물(mℓ))<'95전반기-산업기사>

㉮ C=1000nV/Vs ㉯ C=10000nV/Vs ㉰ C=100000nV/Vs ㉱ C=1000000nV/Vs

문제 12. 굴뚝 배출가스 중의 질소 산화물을 페놀디설폰산 법으로 측정하려면 흡수액은 다음 중 어느 것을 사용해야 하는가?<'96후반기-기사>

㉮ NaOH ㉯ NH_4OH ㉰ 물 ㉱황산+H_2O_2

문제 13. 질소산화물의 측정방법 중 측정원리에 따른 분류로 알맞지 않은 것은? (단, 굴뚝배출가스 중 질소화합물) <'96후반기-기사>

㉮ 화학발광법　　㉯ 자외선흡수법　　㉰ 정전위전해법　　㉱ 용액전도율법

문제 14. 질소산화물을 나프틸에틸렌 디아민법으로 측정하기 위하여 NO+NO_2 시료가스를 다음과 같은 장치로 채취할 때 장치 중에서 C와 D의 명칭은?

<'97전반기-산업기사>

	C	D
㉮	보온재	건조재
㉯	건조재	보온재
㉰	여과재	건조재
㉱	여과재	보온재

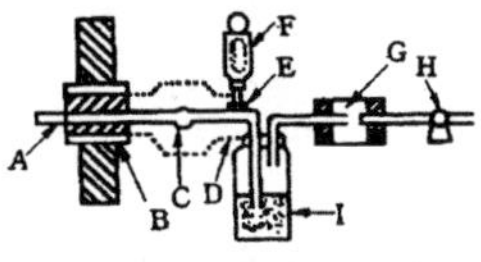

NO+NO_2 채취장치

문제 15. 배출가스 중 NOx를 페놀디슬폰산법에 의해 측정하고자 할 때 시료가스의 흡수액은 어느 것을 사용하는가?<'97전반기-산업기사>

㉮ 붕산　　㉯ H_2O　　㉰ 암모니아　　㉱ 황산+과산화수소

문제 16. 굴뚝 등에서 배출되는 배출가스 중 질소산화물(NO+NO_2)을 분석하는 방법인 페놀디술폰산법에서 시료 중의 질소산화물을 흡수제로서 알맞는 것은?

<'98전반기-산업기사>

㉮ 황산+과산화수소수　　㉯ 오존존재 하에서 물에 흡수시킴

㉰ 페놀디술폰산 용액　　㉱ 나프틸에틸렌디아민

문제 17. 배출가스 중의 질소산화물을 아연환원 나프틸 에틸렌 디아민법으로 분석할 때 넣는 시약중 용도가 잘못된 것은?<'98後반기-기사>

㉮ 술포닐아미드 용액을 가하는 이유는 방해물질을 제거하기 위함이다.

㉯ 흡수액에 오존을 함유시키는 이유는 질소산화물을 모두 질산이온으로 산화시키기 위함이다.

㉰ 분말 금속아연칼륨을 통과시키는 이유는 질산이온을 아질산이온으로 환원시키기 위함이다.

㉱ 나프틸에틸렌디아민을 가하는 이유는 발색을 시키기 위함이다

문제 18. 다음 방법 중 굴뚝배기가스 중의 질소산화물을 정량하는 방법은?

<'98後반기-기사>

㉮ 아르세나조Ⅲ법　　㉯ 차아염소산염법

㉰ 아세틸아세톤법 ㉱ 페놀디슬폰산법

문제 19. NO+NO_2시료가스 채취장치에서 C와 B의 명칭은?<'98후반기-산업기사>

㉮ C : 건조재, B : 보온재

㉯ C : 여과재, B : 보온재

㉰ C : 보온재, B : 여과재

㉱ C : 건조제, B : 여과재

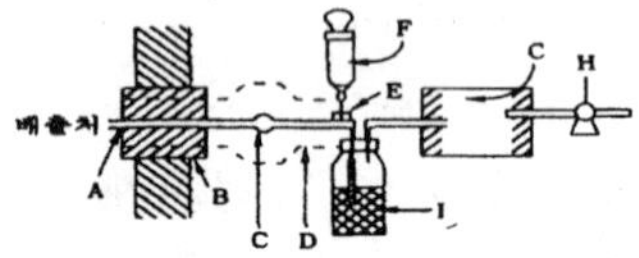

문제 20. 질소산화물 측정법인 아연환원 나프틸 에틸렌디아민법을 설명한 것이다. ( )안에 알맞게 넣은 것은?<'99전반기-산업기사>

『시료 중의 NO_x를 오존 존재하에 (1)에 흡수시켜 (2)으로 만든다. 이것에 분말금속 아연을 사용하여 (3)으로 환원시킨 후 술파닐아미드 및 나프틸에틸렌디아민을 반응시켜 착색시킨다. 」

	(1)	(2)	(3)
㉮	NaOH용액	질산	아질산
㉯	H_2O_2수	아질산	질산
㉰	H_2SO_2액	아질산이온	질산이온
㉱	증류수	질산이온	아질산이온

문제 21. 질소산화물을 나프틸에틸렌 디아민법으로 측정하기 위하여 NO+NO_2 시료가스를 다음과 같은 장치로 채취할 때 다음 중에서 C와 D의 명칭은?

<'99후반기-산업기사>

	C	D
㉮	보온재	건조재
㉯	보온재	히이터
㉰	여과재	건조재
㉱	여과재	히이터

제 7 항 이황화탄소(CS_2)

1. 적용범위

이 시험방법은 화학반응 등에 따라 굴뚝으로부터 배출되는 가스중의 이황화탄소를 분석하는 방법에 관하여 규정한다.

2. 분석방법의 종류

2.1 흡광광도법

디에틸아민동 용액에서 시료가스를 흡수시켜 생성된 디에틸 디티오카바민산동의 흡광도를 435nm의 파장에서 측정하여 이황화탄소를 정량한다. 이 방법은 시료가스 채취량 10ℓ인 경우 배출가스중의 이황화탄소 농도 3~60v/vppm의 분석에 적합하다.

측정원리 : CS_2는 디에틸아민 및 동 이온과 반응하여 디에틸디티오 카바민산 동을 다음식과 같이 생성한다.

$$2CS_2 + 2(C_2H_5)_2NH + CuSO_4 \rightarrow [(C_2H_5)_2NCS_2]_2Cu + H_2SO_4$$

【준비】

☞ 흡광광도법

<시약>

황산동($CuSO_4 \cdot 5H_2O$),디에틸아민염산염($(C_2H_5)_2NH \cdot HCl$), 암모니아수(NH_4OH), 구연산, 에틸알콜(C_2H_5OH, 90w/v%), 디에틸디티오카바민산나트륨, Citric acid, 초산카드뮴

<기구>

1ℓ Mass flask, Stack Air Sampler, 흡수병, 유안리, 100mℓ Mass flask, 분광광도계, 갈색시약병, 200mℓ Mass flask, 50mℓ Mass flask, 홀피펫, 메스피펫

☞ 가스크로마토그래프법

<시약>

<기구>

FPD검출기

2.2 가스크로마토 그래프법

불꽃광도검출기(Flame Photometric Detector)를 구비한 가스크로마토 그래프를 사용하여 정량한다. 이 방법은 이황화탄소농도 0.05v/v ppm이상의 분석에 적합하다.(1)

주(1) 수소염이온화법에 의한 검출(FID)도 가능하며 2펜(two pen) 기록계로 양자의 지시를 볼 수 있는 방식의 것이 편리하다.

비고 : 배출가스중에 포함된 황화합물의 대부분이 이황화탄소이어서 전황화합물로 측정해도 지장이 없는 경우에는 분리관을 생략한 불꽃광도 검출방식 연속분석계를 사용해도 좋다.

3. 분석방법

3.1 흡광광도법

3.1.1시 약

(1) 흡수액 (디에틸아민동 용액)

황산동($CuSO_4 \cdot 5H_2O$) 0.2g을 순수에 녹여 1ℓ로 하고 이 용액 10mℓ에 디에틸아민염산염($(C_2H_5)_2NH \cdot HCl$) 0.75g을 가하여 암모니아수 0.5mℓ 및 구연산용액(150g/ℓ) 1mℓ을 가한후 에틸알코올 (90v/v%)을 가하여 100mℓ로 하여 잘 흔들어 섞는다.

(2) 디에틸디티오 카바민산나트륨 용액

디에틸디티오 카바민산나트륨(Sodium Diethyl Dithio Carbamate) 0.2g을 순수 10mℓ에 녹여 불순물이 있으면 거르고 이 용액 1 mℓ를 100mℓ메스플라스크에 취하여 에틸알코올 (90v/v%)로 표선까지 채운후 갈색병에 보관한다. 조제후 1개월이상 경과한 것은 사용해서는 안된다.

[조제]

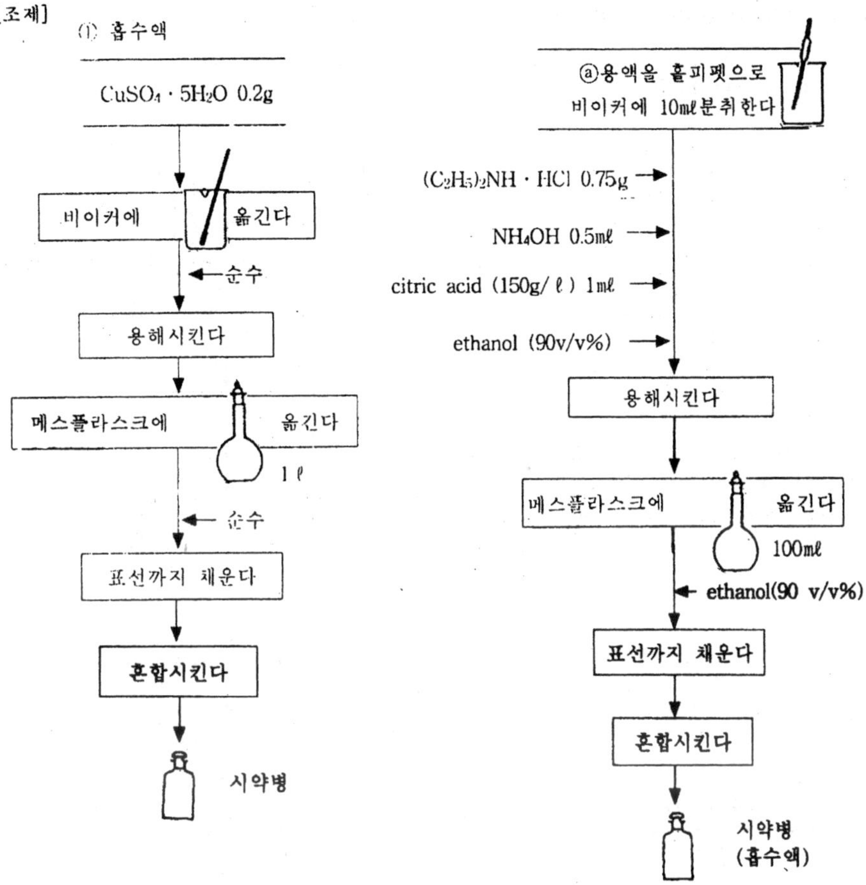

(3) 표준발색원액

황산동 ($CuSO_2 \cdot 5H_2O$) 0.557g을 100㎖ 메스플라스크에 취하고 구연산 용액(50 g/ℓ) 2㎖ 및 암모니아수 3㎖를 가하여 녹이고 증류수로 표선까지 채운다. 이 용액 1㎖를 100㎖메스플라스크에 취하고 구연산 용액(50g/ℓ) 1㎖를 가한 다음 에틸알코올(90v/v%)을 표선까지 채우고 표준발색원액으로 한다. 이 표준발색원액 1㎖는 0.01㎖ CS_2(0℃,760㎜Hg)에 해당한다.

②디에틸디티오카바민산나트륨용액

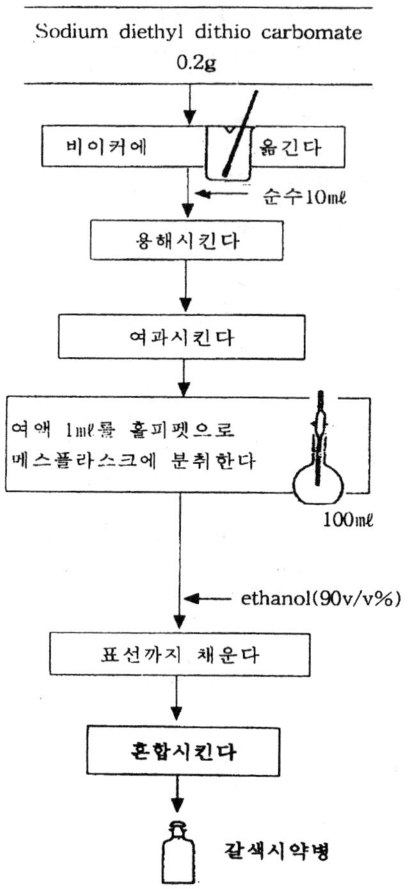

③표준발색원액

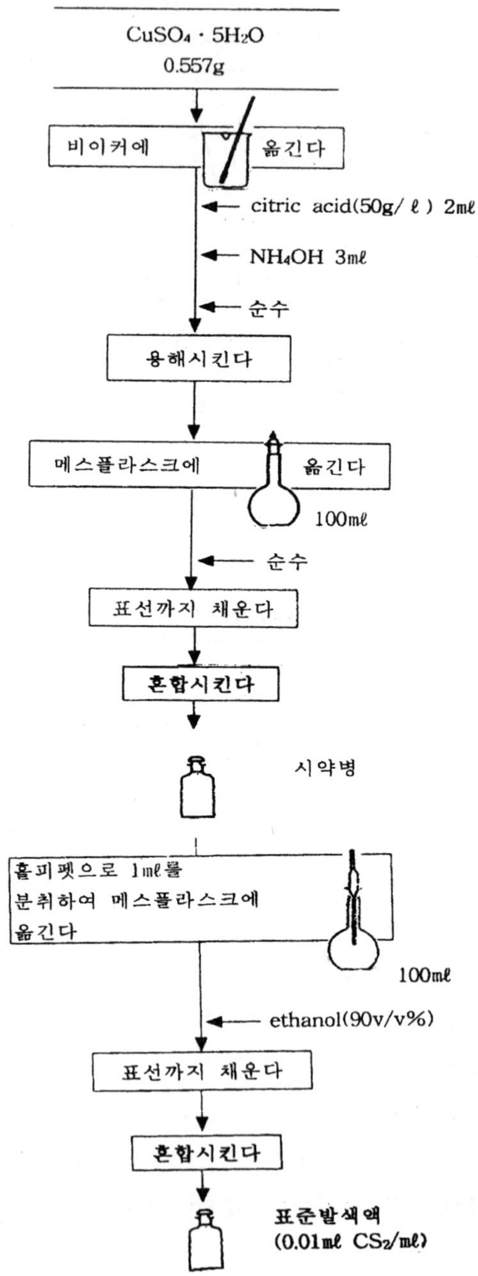

3.1.2 시료의 채취 및 분석용 시료용액 조제

(1) 여과판 또는 여과공이 달린 흡수병 3개를 준비해서 한개는 초산카드뮴용액 (10g/ℓ) 50mℓ를 넣어 황화수소를 제거하기 위한 전처리병으로 하고 다른 2개는 흡수액 50m1씩을 넣어 흡수병으로 하여 순서대로 연결한다.
(2) 시료 흡인속도는 0.1ℓ/분 정도로 하고 시료 채취량 10ℓ(이황화탄소농도가 100v/v ppm 이상일 때는 시료 채취량은 2ℓ로 충분하다)정도로 한다.

[조작]

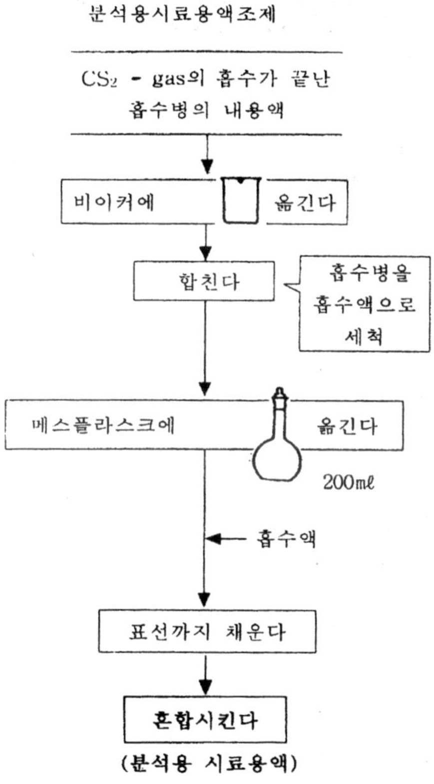

(3) 시료 흡수가 끝나면 2개의 흡수병중의 흡수액을 200mℓ 메스플라스크에 옮겨 넣고 다시 흡수병을 흡수액으로 씻어 그 액을 합쳐 흡수액으로 표선까지 채워서 이것을 분석용 시료용액으로 한다.

3.1.3 시험 방법

흡수액을 대조액으로 하여 분석용 시료용액의 흡광도를 파장 435nm부근에서 측정해서 미리 만들어 놓은 검량선으로부터 이황화탄소농도(mℓ/mℓ)를 구한다.

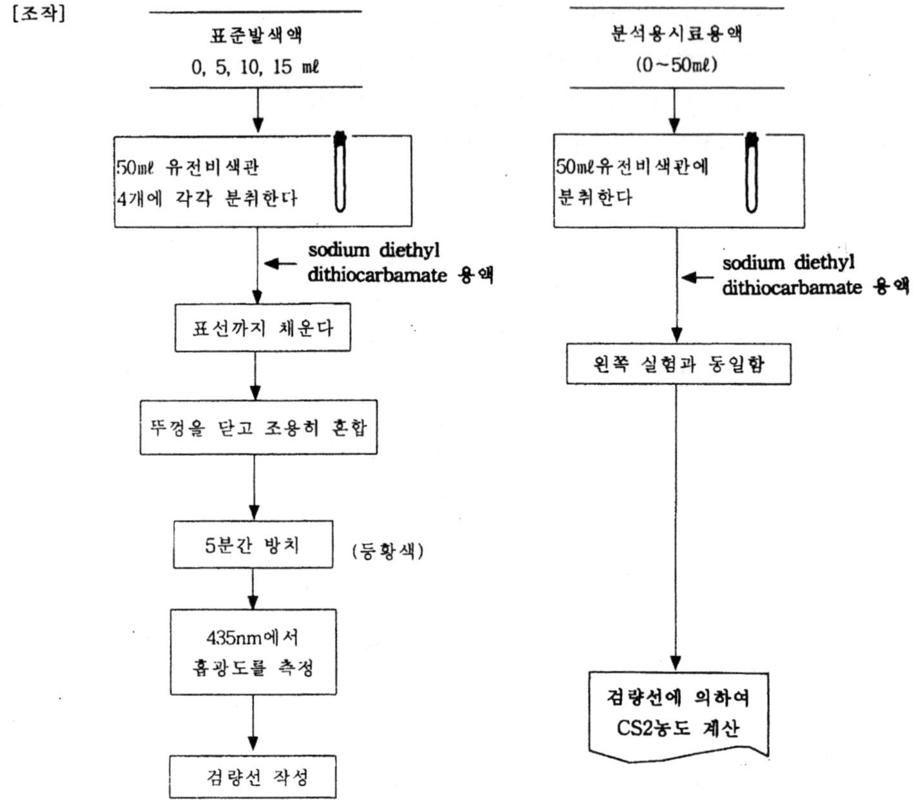

※대조액 : 표준발색액 0mℓ + sodium diethyl dithiocarbamate 용액 50mℓ의 비색관

(검량선의 작성)

50mℓ 메스플라스크에 표준발색 원액을 단계적으로 (0, 5, 10, 15mℓ)취하여 디에틸디티오카바민산나트륨 용액으로 표선까지 채우고 디에틸디티오카바민산나트륨 용액을 대조액으로 하여 이하 본문에 기술한 방법과 동일한 조작을 하여 이황화탄소농도(mℓ/mℓ)와 흡광도와의 관계선을 작성한다. (섞은 후 5분이상 지나면 용액의 발색도는 안정해진다.)

3.1.4 계 산

시료중의 이황화탄소 농도는 다음 식으로 계산한다.

$$C=\frac{A\times 200}{V_s}\times 1,000$$

$$C'=C\times \frac{1}{10,000}$$

A : 검량선으로부터 구한 이황화탄소농도(mℓ/mℓ)
C : 시료중의 이황화탄소농도(v/v ppm)
C': 시료중의 이 황화탄소농돈 (v/v%)
V_s : 건조시료가스량(ℓ)

4.2 가스크로마토 그래프법

4.2.1 장 치

(1) 가스크로마토 그래프 검출기
불꽃광도 검출기
(2) 운반가스
순도 99.99%이상의 질소 또는 순도 99.8%이상의 헬륨
(3) 연료가스
수소 1급 또는 2급
(4) 조연가스
공기 또는 산소(양쪽 다 이환화탄소를 포함하지 않는 것)
(5) 분리관
유리관(사용전에 산으로 세척함) 또는 불소수지관(가스누출이 없도록 할 것)
(6) 분리관 충전재
중성의 구조토 담체(백색규조토 담체는 일반적으로 강알칼리성이며, 내화벽돌 및 단열벽돌의 파쇄물은 화학적 활성이 강하기 때문에 사용해서는 안된다) 또는 불소수지 담체(화학적 활성이 적어 시료의 손실은 적으나 분리능력은 떨어진다)에 적당한 고정상 액체를 침지시킨 것. 보기를 들면 1,2,3트리스(2-시아노에톡시)프로판을 규조토 담체에 25% 침지시킨 것으로 또는 폴리페닐에텔 5%와 정인산 0.05%를 규조토 담체로 침지시킨 것.

4.2.2 시료 채취

시료 채취는 시료도입장치 또는 동등한 채취장치를 사용한다. 미리 시료 50mℓ이상을 흘려보낸 다음 시료가스 일정량(1~5mℓ)을 채취해서 바로 가스크로마토그래프에 도입한다.

4.2.3 시험 방법

(1) 분석조건의 설정

검량선용 표준액에 용매를 사용할 때 용매의 피이크 끝과 이황화탄소의 퍼니크와는 될수 있으면 서로 분리되는 분석조건을 택한다. 그 한 예를 다음에 기술한다.

① 분리관 : 내경 3㎜, 길이 3~5 m

② 분리충전재

1,2,3-트리스(2-시아노에톡시)프로판을 규조토 담체(입도 149-177㎛)에 25% 침지 시킨다.

③ 분리관 온도 : 70~80℃

④ 운반가스 유량 : 30~50 ㎖/분

⑤ 연료가스 유량 : 40~150 ㎖/분

⑥ 조연가스 유량 : 40-150 ㎖/분(공기인 경우)

(2) 정 량

정량용 표준액으로서 이황황탄소의 n-핵산용액을 도입한 시료가스 중의 예상되는 이황화탄소량에 상당하는 양이 포함되도록 농도를 1배, 10배, 100배의 3종류의 용액을 사용해서 소정의 분석조건으로 일정량을 도입한다.

양대수 그래프용지에 농도와 피이크 높이와의 관계를 취하여 그 직선의 구배로부터 피이크높이=K(농도)^{n}의 n을 구한다 다음에 각 농도의 이황화탄소 피이크 면적 A를 다음에 의해 구한다.

$$A = h^{1/n} \times Wh$$

h : 피이크 높이

Wh : 기선으로부터 h/2^n 의 높이의 피이크 폭

이 피이크 면적과 이황화탄소량(㎍)과의 관계선을 작성한다. 다음에 시료를 도입해서 얻어진 크로마토그램상의 이황화탄소의 피이크에 대하여 같은 조작을 하여 피이크면적을 계산하여 미리 작성해 놓은 검량선을 사용해서 이황화탄소를 정량한다. 또한 이 조작은 검량선의 작성 및 시료가스의 측정조작을 모두 동일분석조건(동일 분리관, 동일온도, 동일유량)으로 행한다. (분리관을 떼어 놓거나, 장치를 정지하거나 또는 조건을 변경했을 경우에는 새로운 검량선을 작성한다.)

(3) 바탕시험

분석을 함에 있어서는 미리 사용 용매를 2~3회 이상 주입하여 정량 대상 성분 또는 방해성분이 용출하지 않는가를 확인한다.

4.2.4 계 산

다음 식에 따라 이황화탄소 농도를 구한다

$$C = \frac{2.95 \times W_s}{V_s} \times 100$$

C : 시료중의 이황화탄소 농도(V/V ppm)

W_s : 검량선으로 부터 구한 시료중의 이황화탄소량(μg)

V_s : 건조시료가스량(mℓ) (℃, 760mmHg)

[과년도 기사 · 산업기사 출제문제]

문제 1. 흡광 광도법으로 CS_2를 분석할 때, CS_2의 흡수액은?<'91후반기-기사>
㉮ 디에틸아민동 용액 ㉯ 디에틸아민 용액
㉰ 디에틸 디티오 카르바민산은 용액 ㉱ 디에틸아민염 용액

문제 2. 흡광광도법으로 CS_2를 정량할 때 흡수에 필요한 염(塩)은?<'91후반기-기사>
㉮ 철염 ㉯ 동염 ㉰ 수은염 ㉱ 아연염

문제 3. 배출가스 중의 이황화탄소(CS_2)를 가스크로마토 그래피법으로 측정한 결과 다음과 같을 때 CS_2의 농도는 몇 V/Vppm인가? (단, 검량선으로부터 구한 시료 중의 이황화탄소량이 0.001㎍, 시료도입량 5㎖ [0℃, 760mmHg 상태임.]이다.)<'91후반기-산업기사>
㉮ 0.045 ㉯ 0.059 ㉰ 0.080 ㉱ 0.236

문제 4. 흡광광도법으로 이황화탄소를 정량할 때 흡수에 필요한 것은?<'92후반기-기사>
㉮ 철염 ㉯ 동염 ㉰ 수은염 ㉱ 아연염

문제 5. 이황화탄소(CS2)분석방법에 대한설명 중에서 틀린 것은?<'92후반기-기사>
㉮ 흡광광도법은 시료가스 채취량 10ℓ인 경우 이황화탄소 농도가 3-60v/vppm에 적합하다.
㉯ 흡광광도법은 디에틸아민동용액에 시료가스를 흡수시켜 생성된 디에틸치오카바민산동의 흡광도를 435nm의 파장에서 측정하여 이황화탄소를 정량한다.
㉰ 가스크로마토 그래프법은 이황화탄소 농도 10.5v/vppm 이상의 분석에 적합하다.
㉱ 가스크로마토 그래프법으로서는 불꽃광도 검출기(FPD)나 수소염이온화 검출기(FID)가 적당하다.

문제 6. 이황화탄소 측정법 중 가스크로마토그래프법으로 측정할 때 필요한 가스가 아닌 것은?<'93전반기-산업기사>
㉮ 99.99%질소 또는 99.8%이상의 헬륨 ㉯ 아세틸렌
㉰ 수소 ㉱ 공기 또는 산소

문제 7. 배출가스중의 이황화탄소를 가스 크로마토 그래프법으로 측정한 결과, 다

음과 같을 때 이황화탄소의 농도는?(단, 검량선으로부터 구한 시료 중의 이황화탄소량이 0.001ug, 시료도 입량 5㎖, (0℃, 760mmHg)이다.) <'94전반기-산업기사>

㉮ 0.045v/vppm ㉯ 0.059v/vppm ㉰ 0.080v/vppm ㉱ 0.236v/vppm

문제 8. 흡광광도법에 의해 배출가스 중의 이황화탄소를 측정할 때 사용하는 흡수액은 어느 것인가?<'98전반기-산업기사>

㉮ 디에틸 아민동 용액 ㉯ 디에틸 디티오 카바민산 나트륨 용액
㉰ 디에틸 아민납 용액 ㉱ 디에틸 아민 황산염용액

문제 9. 화학반응에 따라 굴뚝으로부터 배출되는 이황화탄소를 흡광광도법으로 정량할 때 흡수액으로 알맞은 것은?<'98후반기-기사>

㉮ 수산화 제이철 암모늄용액 ㉯ 디에틸 아민동용액
㉰ 아연 아민 착염용액 ㉱ 제일 염화주석 용액

문제 10. 이황화탄소(CS2)분석방법에 대한 설명 중에서 틀린 것은?<'99후반기-기사>

㉮ 흡광광도법은 시료가스 채취량 10ℓ인 경우 이황화탄소 농도가 3-60v/vppm의 분석에 적합하다.

㉯ 흡광광도법은 디에틸아민동용액에 시료가스를 흡수시켜 생성된 디에틸디티오카바민산등의 흡광도를 435nm의 파장에서 측정하여 이황화탄소를 정량한다.

㉰ 가스크로마토 그래프법은 이황화탄소 농도 0.5v/vppm 이상의 분석에 적합하다.

㉱ 불꽃광도 검출기(FPD)를 구비한 가스크로마토그래프를 사용하여 정량한다.

제 8 항 포름알데히드

1. 적용범위

이 시험방법은 합성수지공장, 염료공장 및 포름알데히드 제조공장 등에서 굴뚝등으로 배출되는 배출가스중에 포함되어 있는 포름알데히드의 분석방법에 대하여 규정한다.

2. 분석방법의 종류

2.1 크로모트로핀산(Chromotropic Acid)법

포름알데히드를 포함하고 있는 배출가스를 크로모트로핀산을 함유하는 흡수 발색액에 포집하고 가온하여 발색시켜 얻은 자색발색액의 흡광도를 측정하여 포름알데히드농도를 구한다. 다른 포화알데히드의 영향은 0.01 %정도, 불포화알데히드의 영향은 수 %정도이다.

측정범위는 배출가스량 60 ℓ 일 때 0.01～0.2ppm이다. 배출가스량 및 흡수액량을 적당히 선택하면 100ppm정도까지도 측정할 수 있다.

2.2 아세틸 아세톤(Acetyl Acetone)법

포름알데히드를 포함하고 있는 배출가스를 아세틸아세톤을 함유하는 흡수 발색액에 포집하고 가온하여 발색시켜 얻어진 황색 발색액의 흡광도를 측정하여 포름알데히드 농도를 구하는 방법이다.

【준비】

☞ 크로모트로핀산법

<시약>

크로모트로핀산, 황산(H_2SO_4, 86%), 포르말린(37%), 수산화칼륨(KOH), 요오드(I_2), 티오황산나트륨($Na_2S_2O_3 \cdot 5H_2O$), 무수탄산나트륨(Na_2CO_3), 이소아밀알콜, 요오드산칼륨(KIO_3), 요오드화칼륨(KI), 전분(Starch(soluble))

<기구>

1 ℓ Mass flask, 300㎖ 삼각 flask, Stack Air Sampler, 흡수병, 100㎖ 삼각 flask, 시계접시, 유산지, 분광광도계, 갈색시약병, 비이커(300㎖), 500㎖ Mass flask, stand, 여과지, 홀피펫, 메스피펫

☞ **아세틸아세톤법**

<시약>

초산암모늄(NH_4COOH), 빙초산, 아세틸아세톤, 염화나트륨(NaCl), 염화제이수은($HgCl_3$), 포르말린(37%), 수산화칼륨(KOH), 요오드(I_2), 티오황산나트륨($Na_2S_2O_3 \cdot 5H_2O$), 황산(H_2SO_4), 무수탄산나트륨(Na_2CO_3), 이소아밀알콜, 요오드산 칼륨(KIO_3), 요오드화칼륨(KI), 전분(Starch(soluble))

<기구>

500㎖ Mass flask, 300㎖ 비이커, 시약병, 홀피펫, 메스피펫, Stack Air Sampler

아황산가스가 공존하면 영향을 받으므로 흡수발색액에 염화제이수은과 염화나트륨을 가한다. 다른 알데히드에 의한 영향은 없다. 측정범위는 배출가스량 60ℓ일 때 0.02～0.4ppm 이다.

3. 시료 채취장치

Stack Air Sampler의 흡수부나 Handy Air Sampler를 시료 채취장치와 같이 변경하여 사용하여도 좋다.

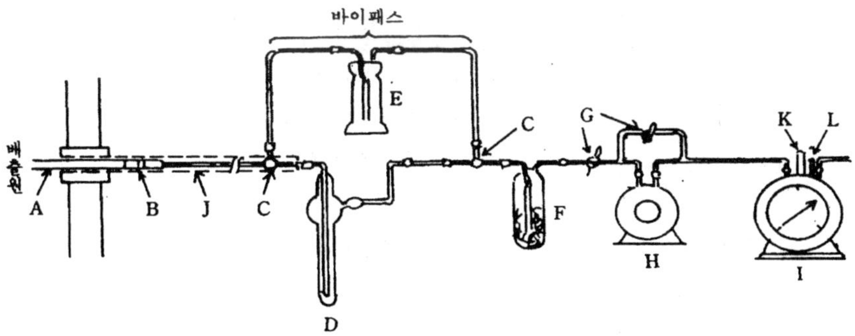

A : 시료가스 채취관
B : 여과재
C : 3방향 코크
D . 흡수병
E : 세척병
F : 트랩(유리솜 채움)
G : 유량조절밸브(코크)
H . 밀폐식 흡인펌프(1～5ℓ/분)
I : 습식가스미터(1회전 1～5ℓ-)
J . 히터
K : 온도계
L : 압력계

그림 1 시료 채취 장치

4. 분석방법

4.1 크로모트로핀산법

4.1.1 시 약

(1) 흡수발색액 -크로모트로핀산 1g을 86% 황산에 녹여 1000㎖로 한다.

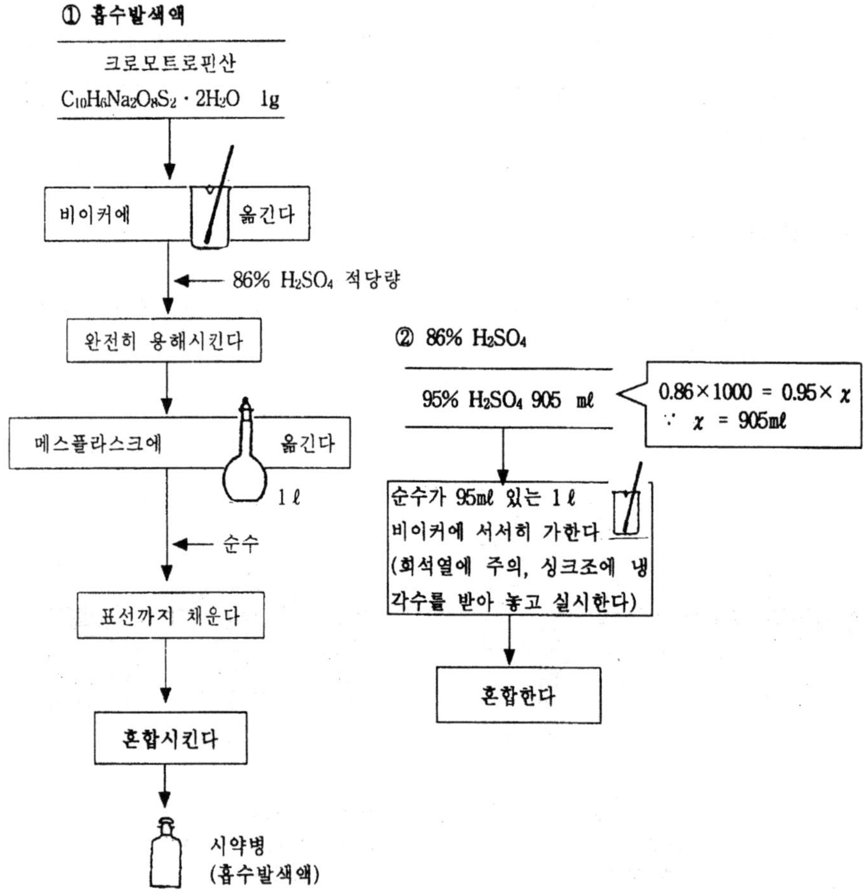

(2) 포름알데히드 표준용액

포르말린(특급함량 37%이상) 약 1.3㎖에 순수을 가하여 1000㎖로 만든 것을 표준원액으로 한다. 이 액의 농도는 다음의 방법으로 구한다.

원액 5㎖를 유리마개가 있는 100㎖ 삼각플라스크에 취하고 5N 수산화칼륨

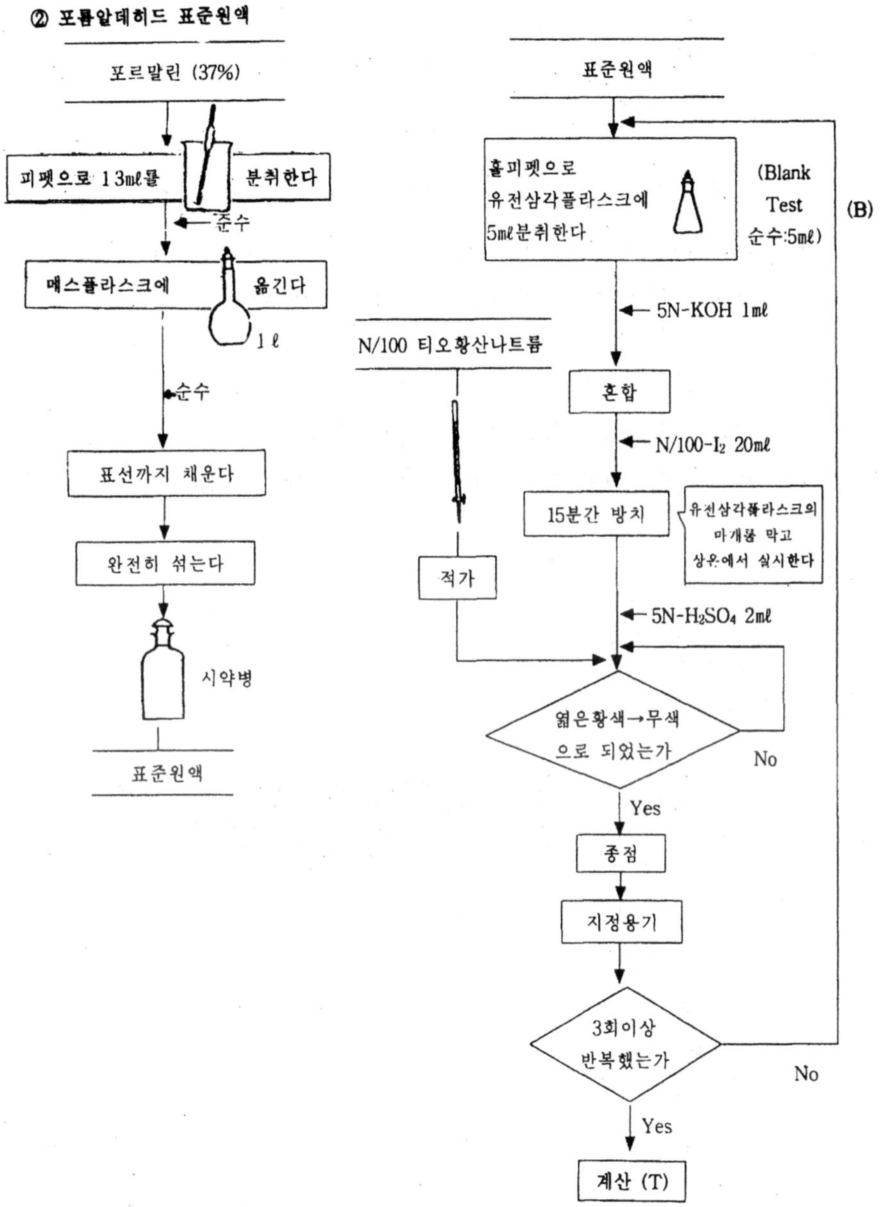

용액 1mℓ를 가하고 섞은 후 N/100 요오드용액 20mℓ를 가한다. 마개를 하고 상온에서 15분간 방치한 후 5N 황산 2mℓ를 가하고 여분의 요오드를 N/100 티오황산나트륨 용액으로 적정한다. 바탕 시험은 순수 5mℓ에 대하여 같은 조

작을 한다.

N/100 티오황산나트륨용액 1mℓ = 0.1501mg HCHO

$$\text{표준원액 } 1\text{m}\ell = \frac{(B-T)f}{5} \times 0.1501\text{mg}(HCHO)$$

B : 바탕시험에 사용한 N/100 티오황산나트륨용액 적정수(mℓ)

T : 원액 5mℓ에 사용한 N/100 티오황산나트륨용액 적정수(mℓ)

f : N/100 티오황산나트륨용액의 역가(Factor)

표준원액 일정량을 취하여 순수로 묽혀 1 mℓ중 13.38μg의 포름알데히드가 포함되도록 용액을 조제하여 표준용액으로 한다. (사용시 조제)

포름알데히드 표준용액 1 mℓ=0.01mℓ HCHO (0℃, 760 mmHg)

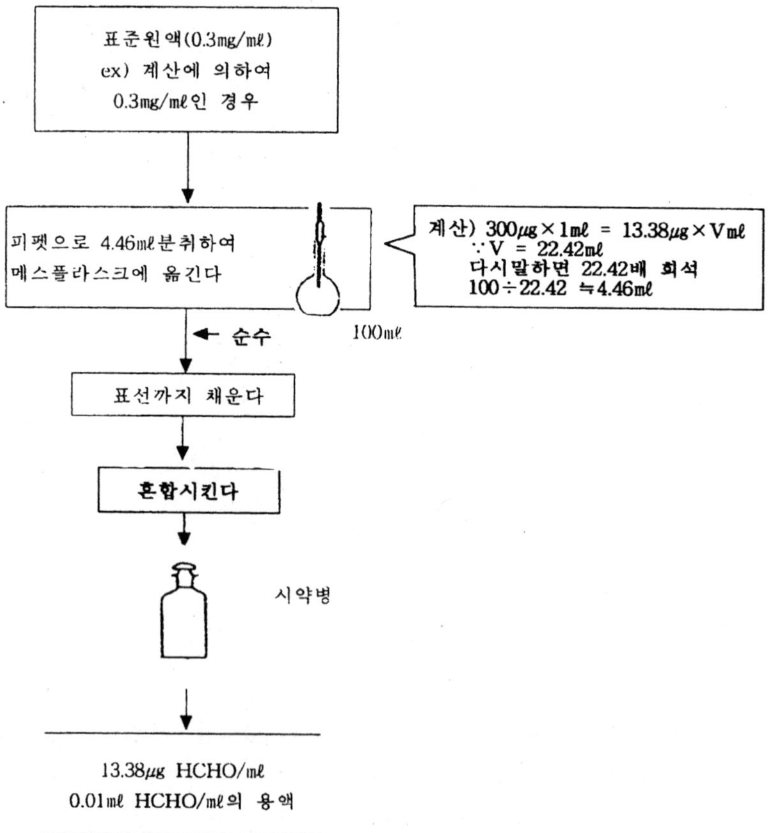

(3) N/100 티오황산나트륨용액 : N/10 티오황산나트륨 용액을 10배 희석하여 사용한다.

[조제]

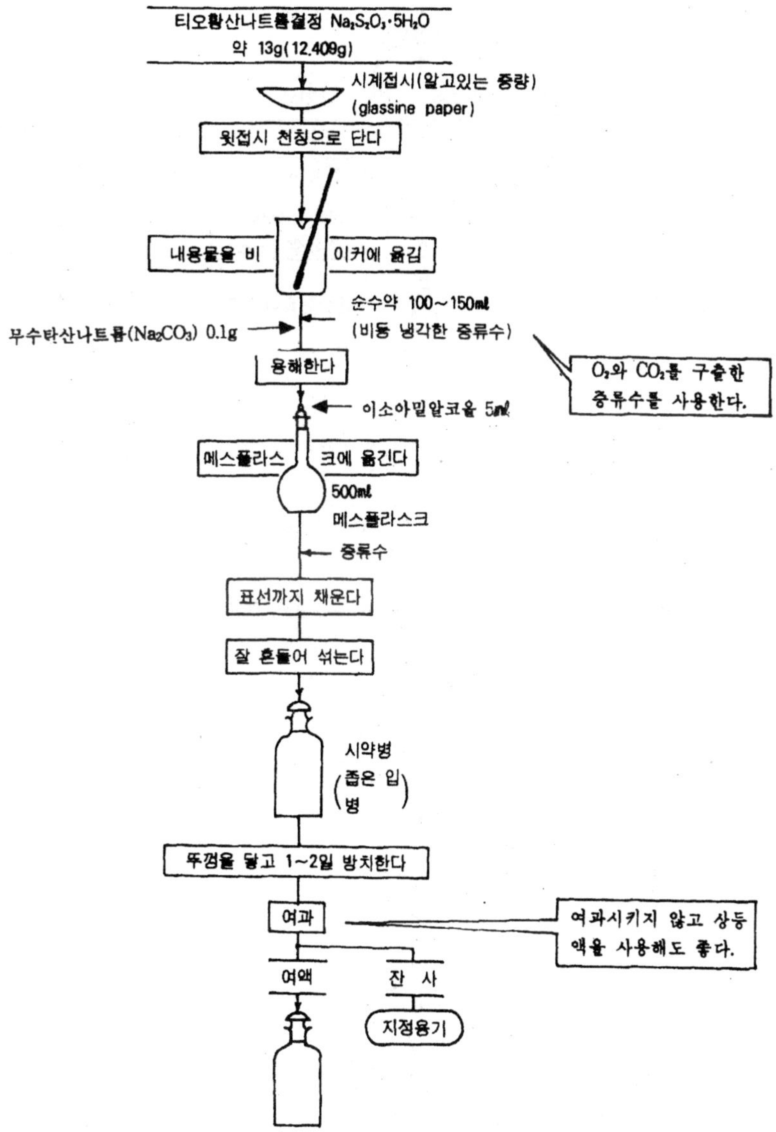

표정

1/10N-$Na_2S_2O_3$용액

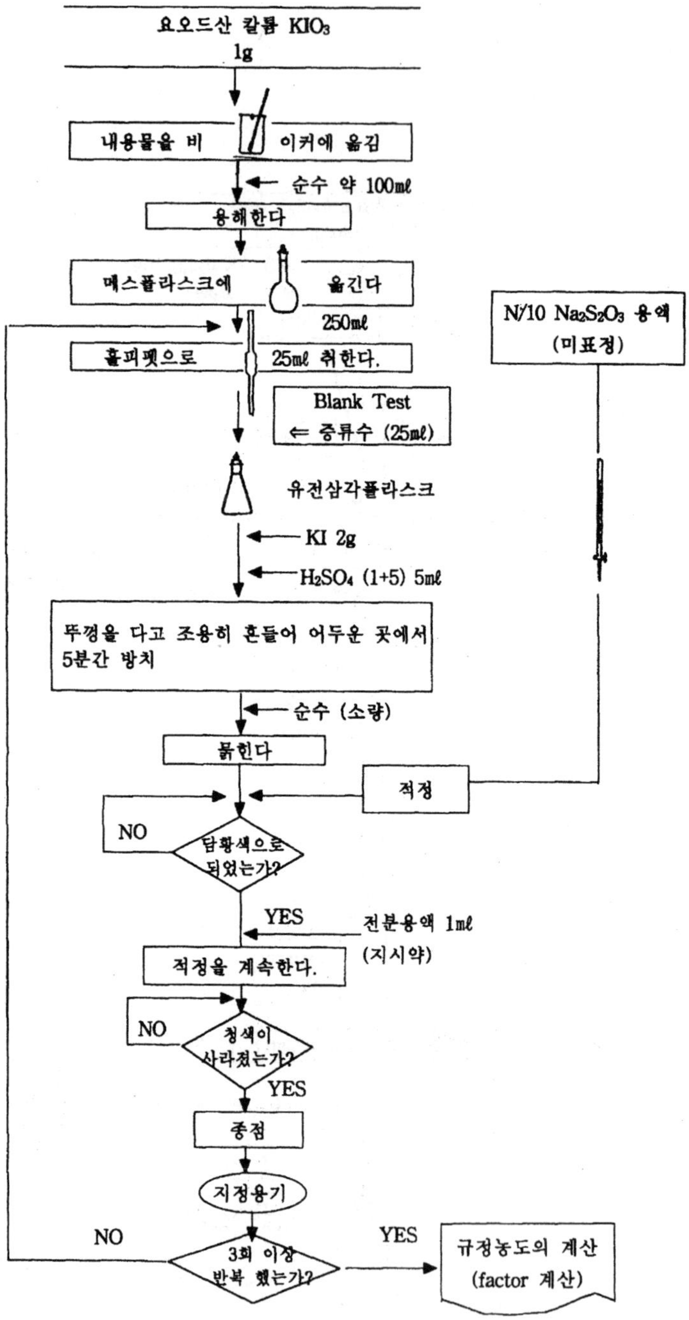

Blank Test(바탕시험) : KIO_3용액 대신 순수를 사용하여 동일한 방법으로 시험한다.

N/10티오황산나트륨 용액 : 티오황산나트륨($Na_2S_2O_3 \cdot 5H_2O$) 약 13g과 무수탄산나트륨 약 0.1g을 탄산을 함유하지 않는 순수에 녹여 약 0.5ℓ로 하고 여기에 이소아밀알코올(Isoamyl Alcohol) 약 5㎖를 가하여 잘 흔들어 섞고 마개를 하여 2일간 방치한 후 표정한다.

표정 : 120~140℃로 1.5~2시간 건조한 요오드산 칼륨(표준시약) 1~1.5g을 정확히 취하고 순수에 녹여 정확히 250㎖로 한다. 이 중 25㎖를 유리마개가 있는 삼각 플라스크에 정확히 취하고 요오드화 칼륨 2g과 황산(1+5) 5㎖를 가한 후 바로 마개를 막고 조용히 흔들어 어두운 곳에서 5분간 방치한다. 유리된 요오드를 N/10티오황산나트륨으로 적정한다. 종말점 부근에서 액이 엷은 황색으로 되면 전분용액 1㎖를 가하고 계속 적정하여 청색이 없어진다.

이때를 종말점으로 한다. 같은 방법으로 바탕시험을 하여 보정한다. 역가는 다음식에 의하여 계산한다.

$$f = \frac{W \times \frac{P}{100} \times \frac{25}{250}}{(x-y) \times 0.003567}$$

f : N/10티오황산 나트륨 용액의 역가

W : 요오드산 칼륨의 양(g)

P :요오드산 칼륨의 함유량(%)

x : 적정에 소요되는 N/10 티오황산 나트륨의 양 (㎖)

y : 바탕시험에 소요된 N/10 티오황산 나트륨의 양 (㎖)

0.003567 : N/10티오황산 나트륨용액 1㎖의 요오드산칼륨 상당량 (g)

4.1.2 분석용 시료용액의 조제

흡수액 10㎖ 흡수관에 취하여 1ℓ/분의 유량으로 시료가스를 채취하여 분석용 시료로 한다.

4.1.3 시험방법

분석용 시료용액 10㎖와 표준용액 0.5㎖에 흡수 발색액을 가하여 10㎖로 한 표준비색 용액을 각각 별도의 시험관에 취하고 끓는 물 중탕에서 10분간 가열한다. 물로 식힌 후 파장 570㎚부근에서 10㎜셀을 사용하여 각각의 흡광도를 측정한다.

대조액으로는 흡수발색액 10mℓ를 같은 방법으로 처리하여 사용한다.

(조작)

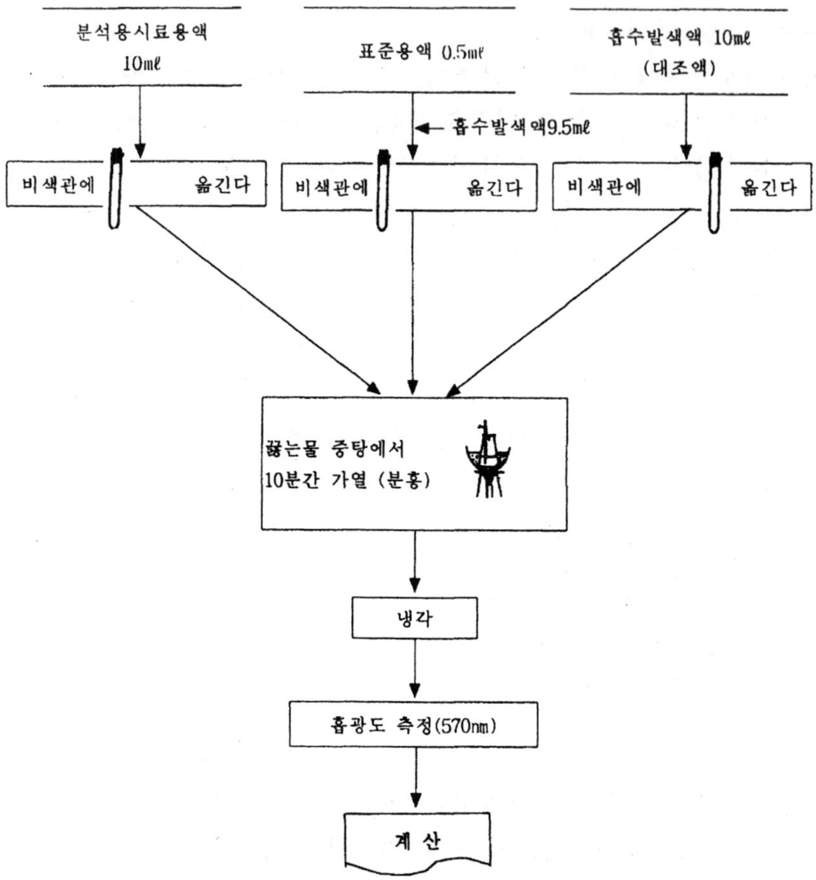

4.1.4 계 산

다음 식에 의하여 시료중의 포름알데히드 농도를 구한다

$$\text{포름알데히드 농도}(ppm) = 5 \times \frac{A}{A_s} \times \frac{1}{V_s}$$

A : 분석용시료 발색액의 흡광도

A_s : 표준발색액의 흡광도

V_s : 건조시료 가스량(ℓ)

5 : $0.01 \times 0.5 = 0.005 = 5 \times 10^{-3}$ mℓ

표준용액 0.5mℓ에 함유되어 있는 HCHO의 량(mℓ)

4.2 아세틸 아세톤법

4.2.1 시 약

(1) 흡수발색액

초산암모늄 75g을 순수에 녹이고 빙초산 1.5mℓ, 아세틸 아세톤 1mℓ 및 순수을 가하여 500mℓ로 한 용액에 염화나트륨 0.1g과 염화제이수은 0.25g을 순수에 녹여 500mℓ로 한 용액을 가한다.

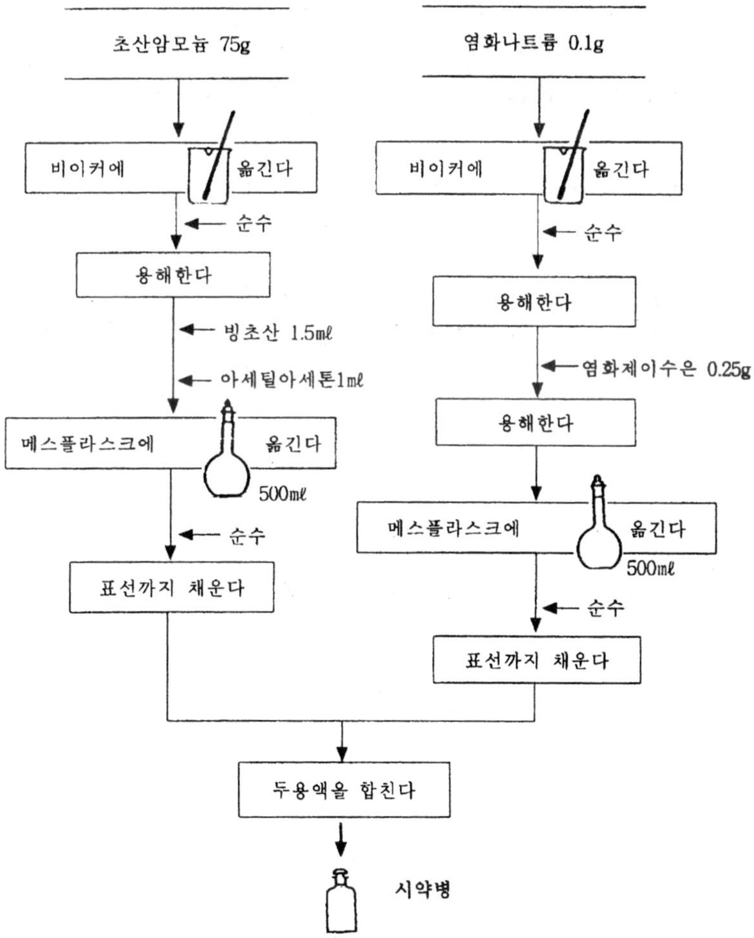

(아세틸아세톤법 흡수발색액)

(2) 포름알데히드표준용액 : Chromotropic acid법과 동일
(3) N/100티오황산나트륨용액 : Chromotropic acid법과 동일

4.2.2 분석용시료용액의 조제

흡수액 10mℓ를 흡수관에 취하고 1ℓ/분의 유량으로 시료가스를 채취하여 분석용 시료로 한다.

4.2.3 시험 방법

분석용 시료용액 10mℓ와 흡수발색액에 표준용액 1.0mℓ를 가하여 10mℓ로 한 표준비색용액을 각각 별도의 시험관에 취하고 끓는 물중탕 속에서 10분간 가온한다. 물에서 식힌 후 파장 420nm부근에서 10㎜셀을 사용하여 각각의 흡광도를 측정한다 대조액은 흡수발색액 10mℓ를 같은 방법으로 처리하여 사용한다.

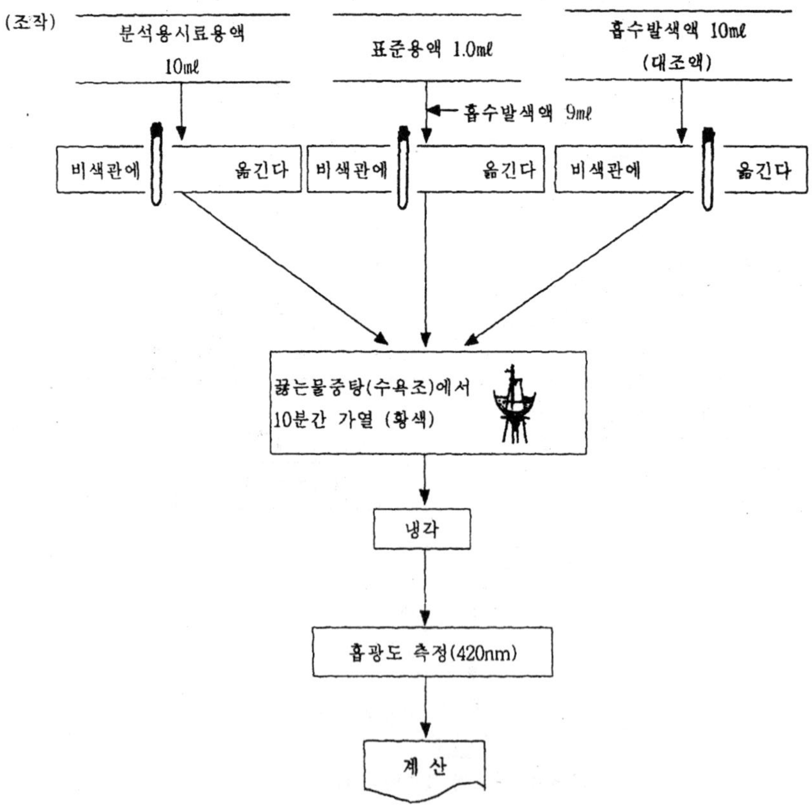

4.2.4 계 산

다음 식에 의하여 시료중의 포름알데히드 농도를 구한다.

$$\text{포름알데히드 농도}(ppm) = 10 \times \frac{A}{A_s} \times \frac{1}{V_s}$$

A : 분석용 시료발색액의 흡광도

A_s : 표준 발색액의 흡광도

V_s : 건조시료 가스량(ℓ)

10 : $1 \times 0.01 = 0.01 = 10 \times 10^{-3}$mℓ

표준용액 1.0mℓ에 함유되어 있는 HCHO의 량(mℓ)

[과년도 기사 · 산업기사 출제문제]

문제 1. 크로모트로핀산법으로 포름 알데히드를 정량할 때 흡수 발색액 제조에 필요한 시약은? <'91전반기-기사>

㉮ H_2SO_4 ㉯ CH_3COOH ㉰ NaOH ㉱ NH_4OH

문제 2. 배출가스중의 포름알데히드를 측정하려면 다음 중 어느 방법으로 측정하여야 하는가? <'92후반기-산업기사>

㉮ 페놀디슬폰산법 ㉯ 중화법 ㉰ 오르토톨리딘법 ㉱ 크로모트로핀산법

문제 3. 포름알데히드 분석방법에 대한 설명 중 맞게 기술된 것은?<'95전반기-기사>

㉮ 분석방법의 종류로는 크로모트로핀산법과 아세틸아세톤법, 메틸렌 블루법치 있다.

㉯ 크로모트로핀산법에서 다른 포화알데히드 영향은 0.01%정도, 불포화알데히드의 영향은 수 %정도 된다.

㉰ 아세틸아세톤법에서 아황산가스가 공존하면 영향을 받기 때문에 흡수발색액에 아세틸아세톤을 기한다.

㉱ 시료중의 포름알데히드를 아연아인착염 용액에 흡수시켜 P-아미노디메틸아닐린 용액과 염화 제 2철 용액을 가하여 생성되는 메틸렌블루의 흡광도를 측정하여 포름알데히드를 정량한다.

문제 4. 아세틸 아세톤법으로 포름알데히드를 측정할 때 아황산가스가 공존하면 영향을 받는다. 이 영향을 방지하기 위하여 흡수발색액에 무엇을 가하는가 ?

<'95전반기-산업기사>

㉮ 염화제이수은과 염화나트륨 ㉯ 요오드칼륨용액, 에틸아민등 용액

㉰ 디에틸디티오카바민산나트륨, 탄산칼륨 ㉱ 수산화나트륨, 페놀디탄산용액

문제 5. 분석방법 중 아세틸 아세톤(Acetyl Acetone)법으로 분석 가능한 오염물질로 합성수지공장, 염료공장 등에 배출되는 가스 중에 포함되어 있는 것은?

<'96후반기-기사>

㉮ 포름알데히드 ㉯ 황산수소 ㉰ 플루오르 ㉱ 시안화수소

문제 6. 「굴뚝 등에서 배출되는 배출가스 중에 포함된 포름알데히드 아세틸아세톤을 함유하는 흡수발색액에 포집하고 가온하여 발색시켜 얻어진 ( ) 발색액으로

흡광도를 측정하여 포름알데히드 농도를 구한다.」 ( )안에 알맞는 것은?
<'97전반기-산업기사>

㉮ 청색 ㉯ 황색 ㉰ 적자색 ㉱ 청록색

문제 7. "굴뚝 등에서 배출되는 배출가스 중에 포함된 포름알데히드를 아세틸아세톤을 함유하는 흡수 발색액에 포집하고 가온하여 발색시켜 얻어진 ( )를 발색액의 흡광도를 측정하여 포름알데히드 농도를 구한다. " ( )안에 알맞는 것은?<'98전반기-산업기사>

㉮ 청색 ㉯ 황색 ㉰ 적자색 ㉱ 청록색

문제 8. 포름알데히드 분석방법에 대한 설명 중 맞는 것은?<'99후반기-기사>

㉮ 분석방법의 종류로는 크로모트로핀산법과 아세틸아세톤, 메틸렌블루법이 있다.

㉯ 크로모트로핀산법에서 다른 포화알데히드 영향은 0.01% 정도, 불포화 알데히드의 영향은 수% 정도된다.

㉰ 아세틸 아세톤법에서 아황산가스가 공존하면 영향을 받기 때문에 흡수발색액에 아세틸 아세톤을 가한다.

㉱ 시료 중의 포름알데히드를 아연아민착염 용액에 흡수시켜 P-아미노디메틸아닐린 용액과 염화제이철 용액을 가하여 생성되는 메틸렌블루의 흡광도를 측정하여 포름알데히드를 정량 한다.

문제 9. "굴뚝 등에서 배출되는 배출가스 중에 포함된 포름알데히드를 아세틸아세톤을 함유하는 흡수발색액에 포집하고 가온하여 발색시켜 얻어진 ( ) 발색액의 흡광도를 측정하여 포름알데히드 농도를 구한다. " ( )안에 알맞은 것은?
<'99후반기-산업기사>

㉮ 청색 ㉯ 황색 ㉰ 적자색 ㉱ 청록색

제 9항 황 화 수 소

1 적용범위

이 시험방법은 화학반응 등에 따라 굴뚝 등에서 배출되는 배출가스 중의 황화수소를 분석하는 방법에 대하여 규정한다.

2. 분석방법의 종류

2.1 흡광광도법(메틸렌 블루우법)

시료중의 황화수소를 아연아민착염 용액에 흡수시켜 p-아미노디메틸아닐린 용액과 염화제이철 용액을 가하여 생성되는 메틸렌블루우의 흡광도를 측정하여 황화수소를 정량한다. 이 방법은 시료중의 황화수소가 5~1,000ppm 함유되어 있는 경우의 분석에 적합하며 선택성이 좋고 예민하다. 또 황화수소의 농도가 1,000ppm이상인 것에 대하여는 분석용 시료용액을 흡수액으로 적당히 희석하여 분석에 사용할 수가 있다.

측정원리 : p-아미노디메틸아닐린은 황화수소와 산화제인 제2철염과 반응하면 흡수극대 파장 670nm의 메틸렌블루를 생성시킨다.

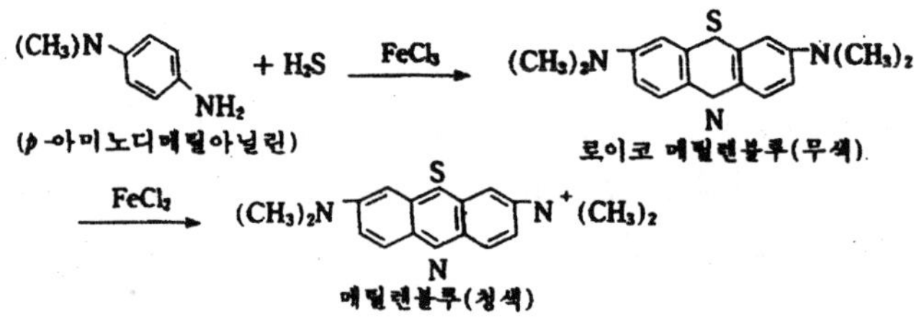

【준비】

☞ **메틸렌블루법**

<시약>

황산아연($ZnSO_4 \cdot 7H2O$), 수산화나트륨(NaOH), 황산암모늄($(NH_4)_2SO_4$), P-아미 노디메틸아닐린-2염산염, 황산(H_2SO_4), 염화제이철($FeCl_3 \cdot 6H_2O$), 황화나트륨(Na_2S), 요오드(I_2), 염산(HCl), 요오드화칼륨(KI), 녹말(starch), 티오황산나트륨($Na_2S_2O_3 \cdot 5H_2O$), 무수탄산나트륨(Na_2CO_3), 이소아밀알콜, 요오드산칼륨(KIO_3)

<기구>

1ℓ Mass flask, 시약병, 메스피펫, 100㎖ Mass flask, 홀피펫, 100㎖ Mass flask, 비이커, 유리막대, 유전삼각 flask, 시계접시, 천장, 250㎖ Mass flask, 광전분광광도계, Stack Air Sampler

☞ **요오드적정법**

<시약>	<기구>
황산아연($ZnSO_4 \cdot 7H2O$), 수산화나트륨(NaOH), 황산암모늄($(NH_4)_2SO_4$), 요오드 (I_2), 염산(HCl), 요오드화칼륨(KI), 녹말(starch), 티오황산나트륨($Na_2S_2O_3 \cdot 5H_2O$), 무수탄산나트륨(Na_2CO_3), 이소아밀알콜, 요오드산칼륨(KIO_3)	1ℓ Mass flask, 200㎖ Mass flask, 500㎖ Mass flask, 100㎖ Mass flask, Stack Air Sampler, 흡수병, 유산지, 뷰렛, 스텐드, 비이커, 홀피펫, 메스피펫, 광전분광광도계

2.2 용량법(요오드 적정법)

시료중의 황화수소를 아연아민착염 용액에 흡수시킨 다음 염산산성으로 하고, 요오드 용액을 가하여 과잉의 요오드를 티오황산나트륨 용액으로 적정하여 황화수소를 정량한다.

이 방법은 시료중의 황화수소가 100~2,000ppin함유되어 있는 경우의 분석에 적합하다. 또 황화수소의 농도가 2,000ppm이상인 것에 대하여는 분석용 시료 용액을 흡수액으로 적당히 희석하여 분석에 사용할 수가 있다.

이 방법은 다른 산화성가스와 환원성가스에 의하여 방해를 받는다.

3. 시료의 흡수

(1) 흡수병은 경질유리로 만들어진 것으로 그림에 보기를 나타낸다.

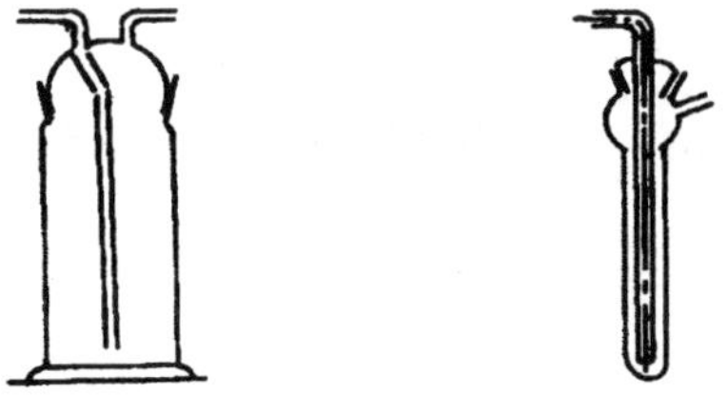

(a) 흡수액 50 ml의 경우 (b) 흡수액 10 ml의 경우

그림 1 흡수병

(2) 흡수병은 시료 채취량이 1~20ℓ인 경우에는 (a)를 2개 준비하고, 각각에 흡

수액을 50mℓ씩을 넣는다. 시료 채취량이 100∼1,000mℓ인 경우에는 (b)를 1개 준비하여 흡수액 10mℓ를 넣는다.

(3) 흡수병에 시료를 도입하기 전에 바이패스 등을 써서 도관속을 시료가스로 충분히 치환해 두어야 한다. 흡수장치까지의 도관이 긴 경우에는 특히 주의가 필요하다.

(4) 시료 채취량과 흡인속도는 적용하는 방법 및 황화수소농도에 따라서 표에 따라 정한다.

표 1 시료 채취량 및 흡인 속도

황화수소의 농도 (ppm) / 분석방법의 종류	5∼100		100∼2,000	
	채취량	흡인속도	채취량	흡인속도
요오드적정법	-	-	10∼20 ℓ	1 ℓ/분
메틸렌블루우법	1∼10 ℓ	0.1∼0.5 ℓ/분	100mℓ∼1 ℓ	100mℓ/분

(5) 시료의 양을 측정할 때에는 가스량 측정 위치에서 동시에 온도와 압력을 측정해 둔다.

$$FeS + H_2SO_4 \rightarrow FeSO_4 + H_2S\uparrow$$
$$FeS + 2HCl \rightarrow FeCl_2 + H_2S\uparrow$$

$$Na_2S + 2HCl \rightarrow 2NaCl + H_2S\uparrow$$

$$CuSO_4 + H_2S \rightarrow CuS + H_2SO_4$$ (산성용액에서 앙금)

$$SO_2 + 2H_2S \rightarrow 2H_2O + 3S$$
$$(CH_3COO)_2Pb + H_2S \rightarrow 2CH_3COOH + PbS\downarrow$$

4. 분석방법

4.1 흡광광도법 (메틸렌블루우법)

4.1.1시 약

(1) 흡수액 : 황산아연($ZnSO_4 \cdot 7H_2O$)5g을 순수 약 500mℓ에 녹이고 여기에 수산화나트륨 6g을 순수 약 300mℓ에 녹인 용액을 가한다. 이어 황산암모늄 70g을 저으면

서 가하고 수산화아연의 침전이 녹으면 순수를 가하여 전량을 1ℓ로 한다.

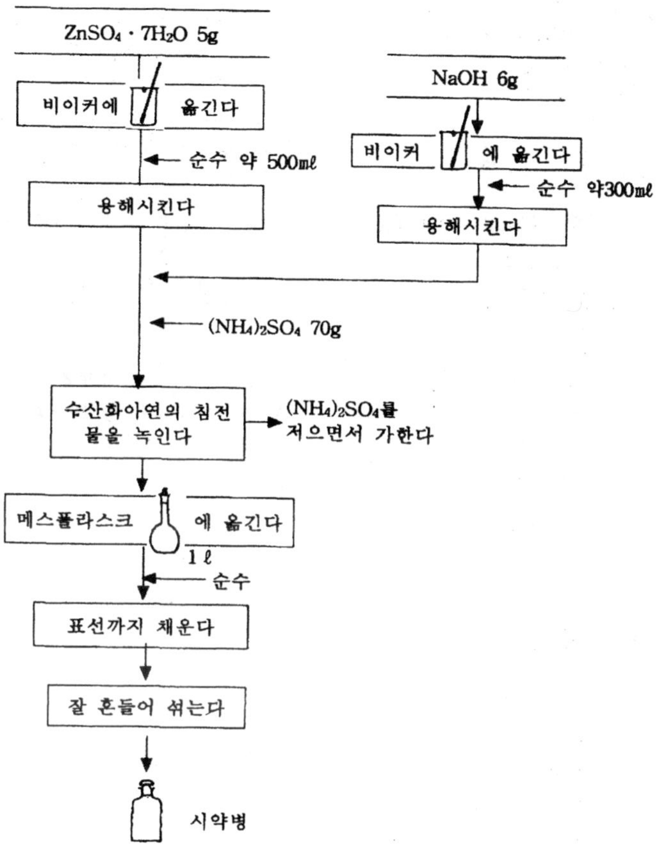

(2) p-아미노디메틸아닐린 용액

p-아미노디메틸아닐린-2-염산염 0.1g을 황산(1 + 3) 100㎖에 녹인다.

(3) 염화제이철 용액 : 염화제이철($FeCl_3 \cdot 6H_2O$)1g을 황산(1+99) 100㎖에 녹인다.

② p-아미노디메틸아닐린 용액

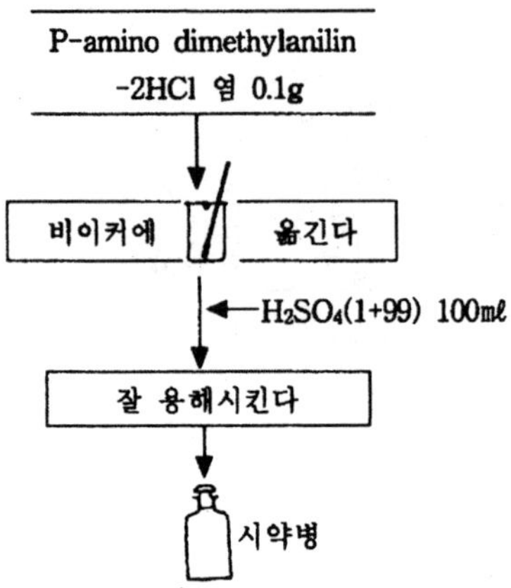

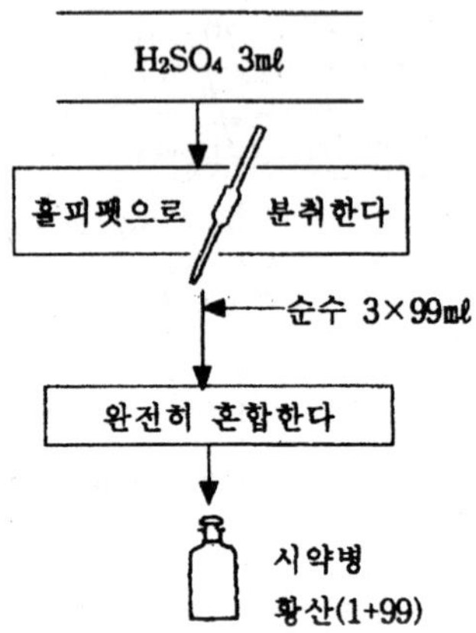

③ 염화제이철 용액

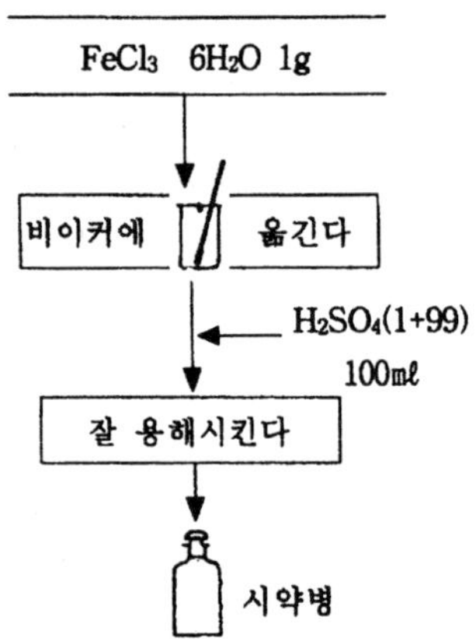

(4) 황화수소 표준액 : 황화나트륨 약 1g을 순수에 녹여서 100mℓ로 하고 그의 10mℓ를 취하여 요오드용액(N/10) 25mℓ와 염산 1mℓ를 가하고 뚜껑을 닫고 10분간 방치한 다음 녹말지시약을 가하고 N/10 티오황산나트륨 용액으로 적정한다. 이 때의 적정값을 a mℓ로 한다. 별도로 바탕시험을 하여 그의 적정값을 b mℓ로 한다.

그리고 황화나트륨 용액{ $\frac{89.3}{(b-a)f}$ }mℓ (여기서 f는 N/10 티오황산나트륨 용액의 역가)를 취하여 순수로서 100mℓ로 하고 그 중 5mℓ를 취하여 여기에 흡수액을 가하여 1ℓ로 하고 이것을 황화수소 표준액으로 한다. 이 황화수소 표준액 1㎖는 H_2S 0.5㎕(0℃, 760㎜Hg)에 상당한다.

④황화수소 표준액

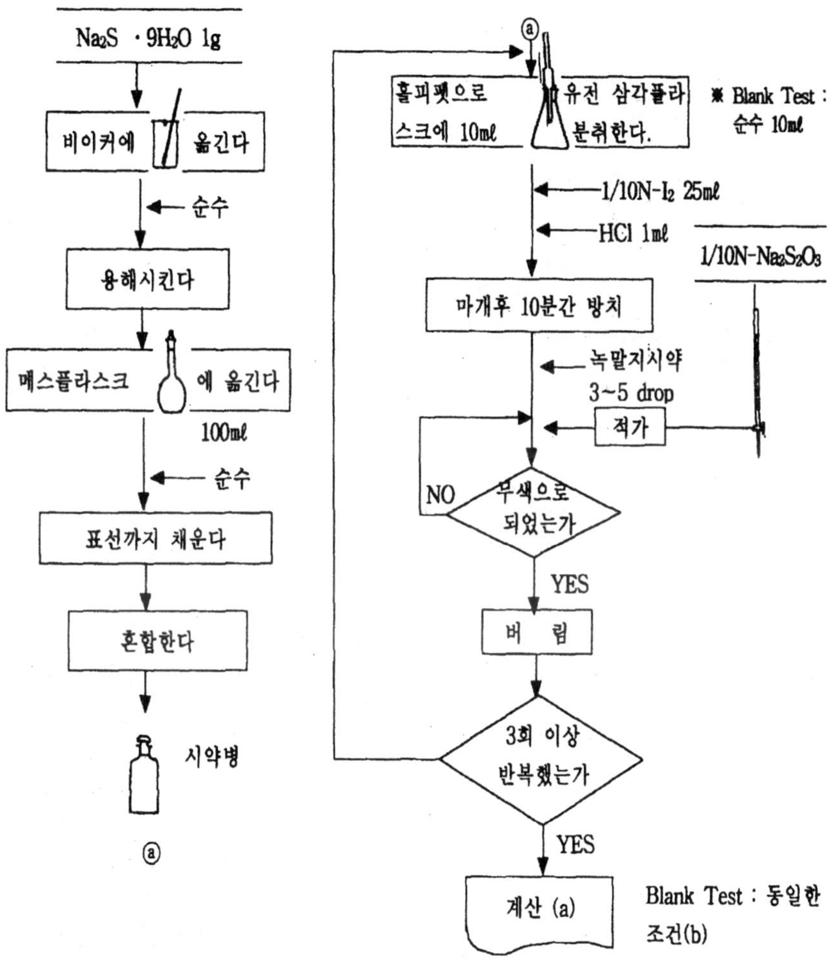

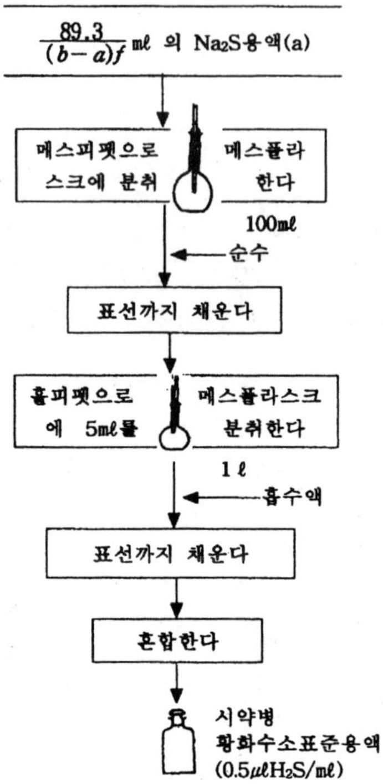

⑤ 요오드 용액(N/10)

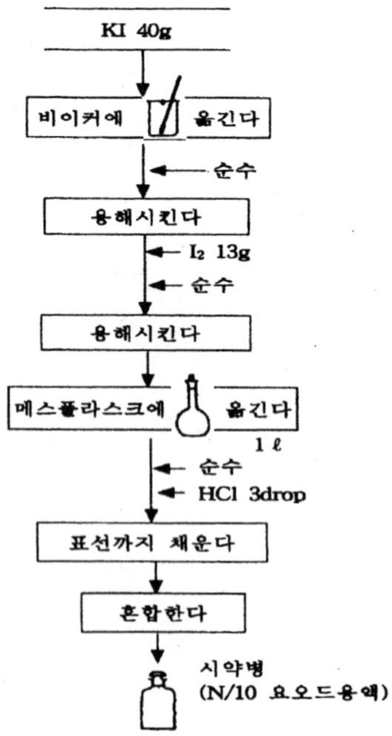

(5) 요오드 용액(N/10) : 요오드화 칼륨 40g에 순수 약 25mℓ를 가하여 녹인 다음 요오드 약 13g을 가하고 다시 순수 약 1ℓ와 염산 3방울을 가한다.

(6) N/10 티오황산나트륨 용액 : 티오황산나트륨($Na_2S_2O_3 \cdot 5H_2O$) 약 13g과 무수탄산 나트륨 약 0.1g을 탄산을 함유하지 않는 순수에 녹여 약 0.5ℓ로 하고 여기에 이소아밀알코올(Isoamyl Alcohol) 약 5㎖를 가하여 잘 흔들어 섞고 마개를 하여 2일간 방치한 후 표정한다.

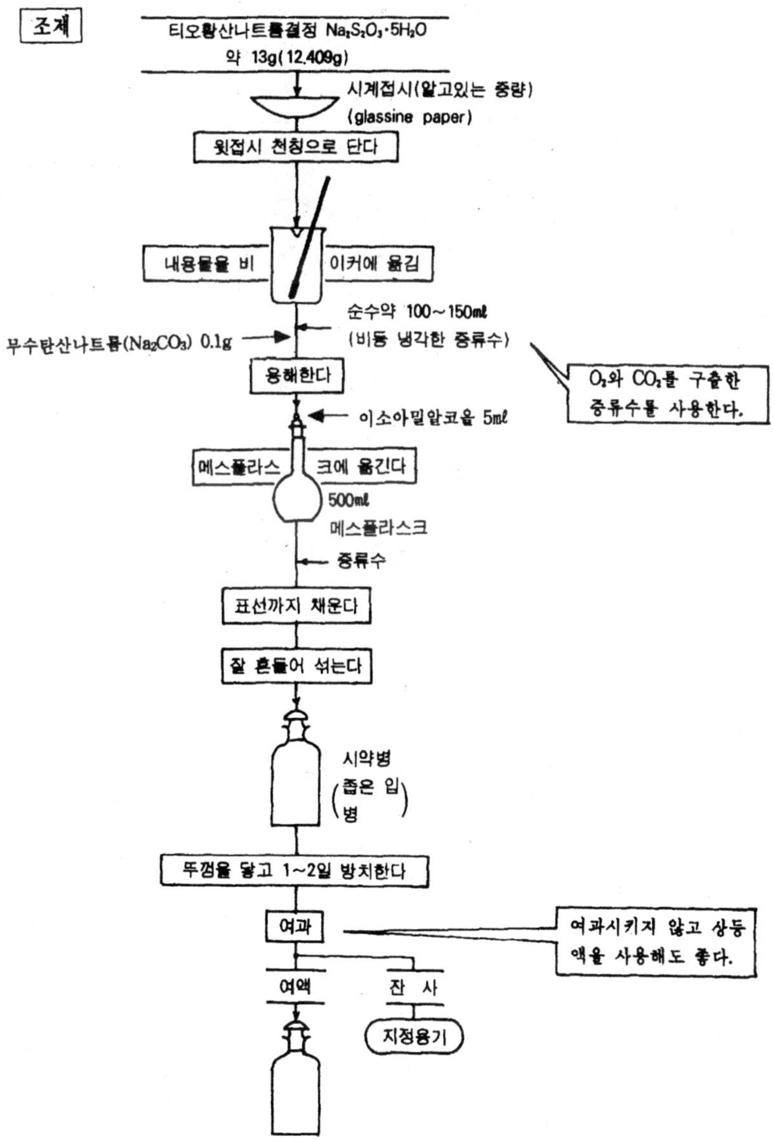

표정 : 120~140℃로 1.5~2시간 건조한 요오드산 칼륨(표준시약) 1~1.5g을 정확히 취하고 순수에 녹여 정확히 250㎖로 한다.

표정

1/10N-$Na_2S_2O_3$용액

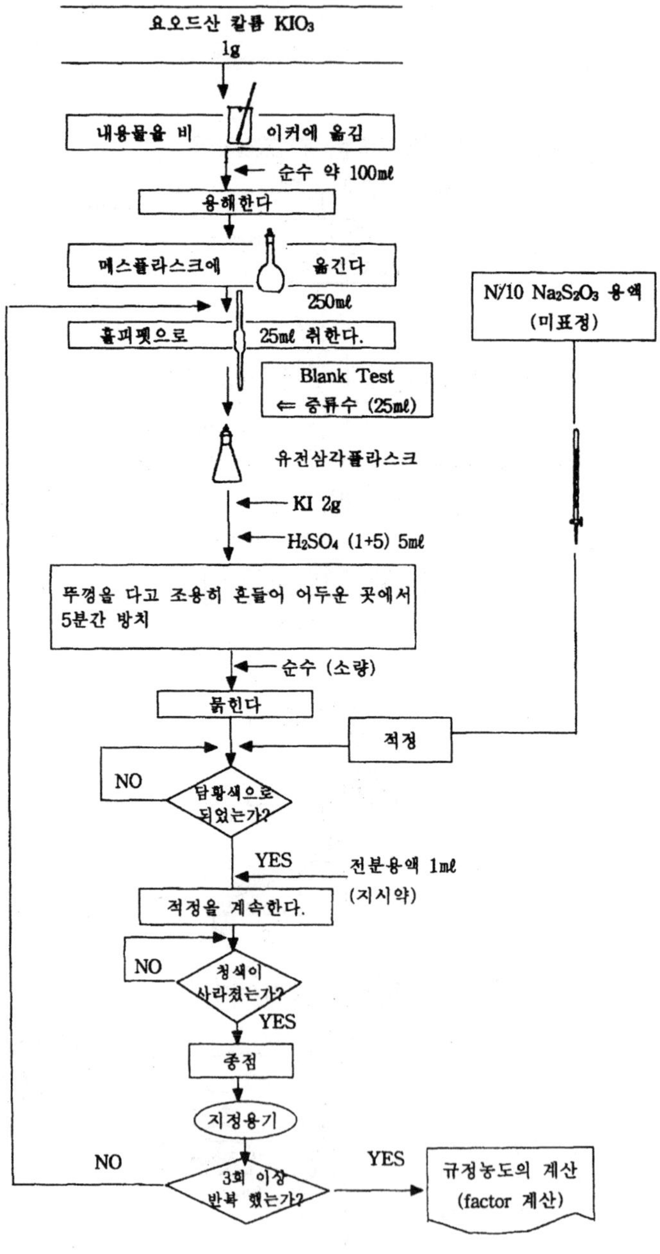

Blank Test(바탕시험) : KIO3용액 대신 순수를 사용하여 동일한 방법으로 시험한다

이 중 25mℓ를 유리마개가 있는 삼각 플라스크에 정확히 취하고 요오드화 칼륨 2g과 황산(1+5) 5mℓ를 가한 후 바로 마개를 막고 조용히 흔들어 어두운 곳에서 5분간 방치한다.
유리된 요오드를 N/10티오황산나트륨으로 적정한다. 종말점 부근에서 액이 엷은 황색으로 되면 전분용액 1mℓ를 가하고 계속 적정하여 청색이 없어진다. 이때를 종말점으로 한다. 같은 방법으로 바탕시험을 하여 보정한다. 역가는 다음식에 의하여 계산한다.

$$f=\frac{W\times\frac{P}{100}\times\frac{25}{250}}{(x-y)\times 0.003567}$$

f : N/10티오황산 나트륨 용액의 역가

W : 요오드산 칼륨의 양(g)

P :요오드산 칼륨의 함유량(%)

x : 적정에 소요되는 N/10 티오황산 나트륨의 양 (mℓ)

y : 바탕시험에 소요된 N/10 티오황산 나트륨의 양 (mℓ)

0.003567 : N/10티오황산 나트륨용액 1mℓ의 요오드산칼륨 상당량 (g)

4.1.2 분석용 시료용액의 조제

시료의 흡인을 끝낸 후 내용액을 250mℓ 플라스크에 옮기고 흡수병을 흡수액으로 씻어서 합친 다음, 다시 흡수액을 가하여 250mℓ로 하여 분석용 시료용액으로 한다. 이들 조작은 모두 직사일광을 피해서 할 필요가 있다. 다만, 이와 같이하여 조제한 황화수소의 농도가 0.5μℓ/mℓ 이상인 경우에는 용액의 일부를 취하고 흡수액으로 묽게 하여 분석용 시료 용액으로 한다.

4.1.3 시험 방법

분석용 시료용액과 황화수소 표준용액 각각 20mℓ를 25mℓ 메스플라스크에 취하고 p-아미노디메틸아닐린 용액 2mℓ를 가한 다음 뚜껑을 하여 조용히 뒤집어서 혼합하고(흔들어서는 안된다)곧 염화제이철 용액 1mℓ를 가하여 다시 마개를 하고, 조용히 뒤집어서 혼합한 다음, 순수를 넣어 25mℓ로 한다.

상온 부근의 일정온도에서 30분간 보존한 다음, 이것을 10㎜ 셀에 옮기고, 광전광도계 또는 광전분광 광도계로 파장 670㎚ 부근의 흡광도를 각각 측정 한다. 대조액은 흡수액에 대하여 같은 방법으로 조작한 것을 쓴다.

[조 작]

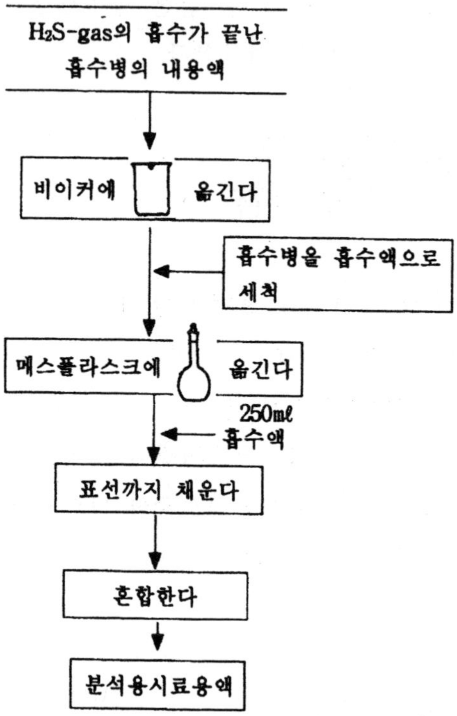

4.1.4 계 산

다음의 식에 따라서 시료중의 황화수소의 농도를 계산한다.

$$C=\frac{0.5\times\frac{A}{A_s}\times 250n}{V_s}$$

$$C'=\frac{C}{10,000}$$

C : 시료중의 황화수소의 농도(ppm)
C': 시료중의 황화수소의 농도(%)

V_s : 건조시료 가스량(ℓ)
n : 분석용 시료용액 250mℓ를 조제한 다음 다시 묽게한 경우의 희석배수
A : 분석용 시료용액의 흡광도
A_s : 황화수소 표준액의 흡광도
0.5 : 황화수소표준용액 1mℓ(20/20)에 상당하는 H_2S-gas(μℓ)
$0.5 \times 10^3 = 0.5$(mℓ)

[조작]

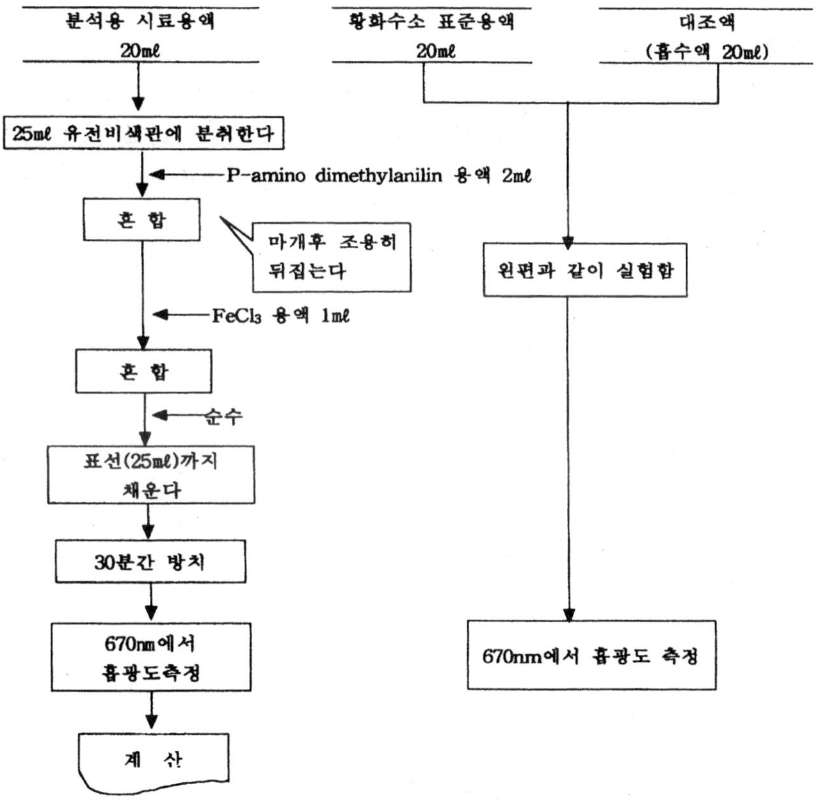

4.2 용량법 (요오드적정법)

4.2.1 시 약

(1) 흡수액 : 메틸렌블루우법(흡광광도법)과 동일하다.

(2) 요오드용액(N/20) :요오드화 칼륨 40g에 순수 약 25mℓ를 가하여 녹인 다음

요오드 약 13g을 가하고 다시 순수 약 1ℓ와 염산 3방울을 가한다. 이 중 500mℓ를 취하여 물을 가하여 1ℓ로 한다.(메틸렌블루우법의 요오드용액(N/10요오드용액)을 2배 희석하여 사용한다.

(3) N/20 티오황산나트륨 용액 : 메틸렌블루우법의 N/10티오황산나트륨용액을 2배로 묽혀 사용한다.

(4) 녹말지시약(1%) : 가용성 전분 1g을 소량과 순수와 섞어 끓는 물 100mℓ 중에 잘 흔들어 섞으면서 가한다. 약 1분간 끓인 후 식혀서 사용한다

4.2.2 시험 방법

시료의 흡인이 끝난 후 내용액을 유리마개가 있는 500mℓ 삼각플라스크에 옮기고 흡수병을 순수로 씻어 씻은 액을 원액에 합친 다음 요오드용액(N/20) 50mℓ와 염산 3mℓ를 가한 후 마개를 하고 10분간 방치한다. 과잉의 요오드를 N/20 티오황산나트륨 용액으로 적정한다.

액이 엷은 노랑색이 되면 녹말지시약 1mℓ를 가하고 다시 적정을 계속하여 무색이 된점을 종말점으로 한다. 따로 흡수액 100mℓ를 취하여 같은 방법으로 조작을 하여 바탕시험을 한다.

4.2.3 계 산

다음 식에 따라 시료중이 황화수소의 농도를 계산한다.

$$C = \frac{0.56 \times (b-a)f}{V_s} \times 1,000$$

$$C' = C \times \frac{1}{10,000}$$

C : 시료가스중의 황화수소의 농도(ppm)

C': 시료가스 중의 황화수소의 농도(%)

a : N/20 티오황산나트륨 용액의 소비량(mℓ)

b : 바탕시험에 있어서 N/20 티오황산나트륨 용액의 소비량(mℓ)

f : N/20 티오황산나트륨 용액의 역가

V_s : 건조시료 가스량(ℓ)

[조작]

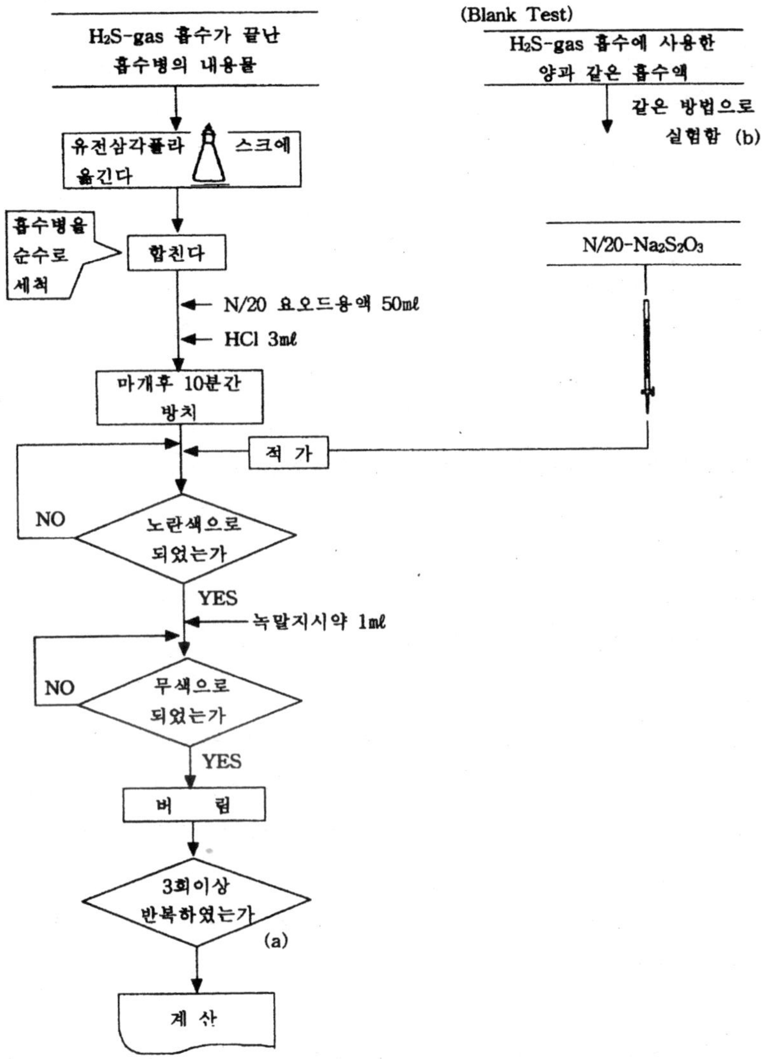

H_2S-gas 흡수가 끝난
흡수병의 내용물
유전삼각플라스크에
옮긴다
흡수병을
순수로
세척
합친다
N/20 요오드용액 50㎖
HCl 3㎖
마개후 10분간
방치
적 가
NO
노란색으로
되었는가
YES
녹말지시약 1㎖
NO
무색으로
되었는가
YES
버 림
3회이상
반복하였는가
(a)
계 산
(Blank Test)
H_2S-gas 흡수에 사용한
양과 같은 흡수액
같은 방법으로
실험함 (b)
N/20-$Na_2S_2O_3$

[과년도 기사 · 산업기사 출제문제]

문제 1. 표준상태에서 $1m^3$의 대기 중에 황화수소 3.4μg이 혼입되었을 때 황화수소 농도(V/V)는?(단, 황의 원자량은 32이다.) <'90전반기-기사>

㉮ 1.0ppb ㉯ 1.0ppm ㉰ 2.2ppb ㉱ 2.2ppm

문제 2. 황화수소분석에서 시료의 채취량과 흡인 속도가 옳게 연결된 것은?(단, 분석 방법은 용량법임.) <'93전반기-기사>

㉮ 1～10 ℓ, 0.1-0.5 ℓ/min ㉯ 5～15 ℓ, 0.5～ ℓ/min

㉰ 100㎖～1 ℓ, 100 ℓ/min ㉱ 10～20 ℓ, 1 ℓ/min

문제 3. 황화수소측정 정량방법은 어느 것인가?<'93전반기-기사>

㉮ 중화법 ㉯ 메틸렌블루법 ㉰ 크로모트로핀산법 ㉱ 스파든스법

문제 4. 다음 중 황화수소(H2S)의 측정법을 가장 옳게 설명한 것은?<'94후반기-기사>

㉮ 오르소토리딘(D.T)과 반응하여 황색 홀로퀴논을 생성하는 것에 대하여 비색 정량한다.

㉯ 아연착염에 흡수하여 안정화시킨 다음 p-아미노 디메틸 아닐린 및 염화제이철을 가할 때, 생성되는 메틸렌 블루의 흡광도를 측정, 정량한다.

㉰ 액성을 알칼리로 조정하여(pH 12 이상) 디티존으로 추출한 다음, 원자 흡광 광도법으로 정량한다.

㉱ 디에칠카디치오카바민산 나트륨과 반응하여 전형적인 착화합물을 만드는 것을 비색 정량한다.

문제 5. 흡광광도법에 의해 배출가스중의 황화수소를 측정할 때 분석용 시료 용액중의 어느 물질의 흡광도를 측정하는가? <'94후반기-기사>

㉮ 아연아민착염 ㉯ 아연아민착염의 황화물

㉰ 메틸렌 블루 ㉱ 아미노디메틸아닐린

문제 6. 배출가스 중의 황화수소를 요오드적정법으로 분석하는 분석방법에 대한 설명 중 틀린 것은 ?<'95전반기-산업기사>

㉮ 흡수액은 아연아민착염용액을 사용한다.

㉯ 분석용 시료용액은 염산으로 산성을 유지한다.

㉰ 산화성가스와 환원성가스에 의하여 방해를 받는다.

㉱ 요오드용액과 반응하고 남은 황화수소를 티오황산나트륨용액으로 적정한다.

문제 7. 다음 중 황화수소를 측정할 수 있는 시험방법은?<'95전반기-산업기사>

㉮ 흡광 광도법 ㉯ 인도페놀법 ㉰ 아세틸 아세톤법 ㉱ 티오시안산 제이수은법

문제 8. 화학반응등에 따라 굴뚝등에서 배출되는 배출가스 중의 황화수소를 측정할 수 있는 시험방법은?<'97전반기-산업기사>

㉮ 요오드 적정법 ㉯ 오르토 톨리딘법

㉰ 질산은 적정법 ㉱ 티오시안산 제이수은법

문제 9. 메틸렌 블루법은 다음 중 어느 물질을 측정하기 위한 방법인가?

<'98전반기-기사>

㉮ 황화수소 ㉯ 불화수소 ㉰ 염화수소 ㉱ 시안화수소

문제 10. 황화수소 측정 정량방법은?<'98후반기-기사>

㉮ 중화법 ㉯ 메틸렌 블루우법

㉰크로모트로핀산법 ㉱ 피리딘피라졸론법

문제 11. $3.4\mu g/m^3$의 황화수소의 체적농도(표준상태)는?<'98후반기-기사>

㉮ 2.2ppb ㉯ 2.2ppm ㉰ 1.8ppb ㉱ 1.8ppm

문제 12. 다음은 메틸렌블루법에 의한 황화수소 측정법의 원리를 설명한 것이다. 가장 옳게 설명한 것은?<'99전반기-산업기사>

㉮ 시료가스를 아연아민 착염에 흡수하여 안정화시킨 다음 파라아미노디메틸아닐린 및 염화 제2철을 가하여 생성되는 메틸렌블루의 흡광도를 측정한다.

㉯ 시료가스를 아연아민 착염에 흡수, 안정화시킨 다음 메틸렌블루를 가하여 중화적정한다.

㉰ 시료가스를 황산아연 용액에 흡수하여 메틸렌블루를 가하고 염화 제2철을 가하여 생성되는 적자색의 흡광도를 측정한다.

㉱ 시료가스를 황산아연 용액에 흡수하여 에틸렌블루를 가하고 티오황산나트륨

용액으로 적정한다.

문제 13. 배출가스 중의 황화수소를 요오드 적정법으로 분석하는 방법에 대한 설명 중 틀린 것은?<'99후반기-산업기사>

㉮ 흡수액은 아연아민착염을 사용한다.

㉯ 분석용 시료용액은 염산으로 산성을 유지한다.

㉰ 산화성가스와 환원성가스에 의하여 방해를 받는다.

㉱ 요오드용액과 반응하고 남은 황화수소를 티오황산나트륨액으로 적정한다.

제 10항 불소화합물

1. 적용범위

이 시험방법은 굴뚝 등에서 배출되는 배출가스중의 무기 불소화합물을 불소 이온으로 분석하는 방법에 대하여 규정한다.

2. 분석방법의 종류

2.1 흡광광도법(란탄-알리자린 콤플렉손법 La Alizar in Comp lexon)

시료의 흡수액을 일정량으로 묽게 한 다음 완충액을 가하여 pH를 조절하고 란탄과 알리자린 콤플렉손을 가하여 이 때 생기는 흡광도를 측정하는 방법이다. 이 방법에서의 정량범위는 HF로서 6~35μℓ이다.

【준비】

☞ 란탄-알리자린 콤플렉손법

<시약>

규사, 과염소산($HClO_4$,60~62%), 불화나트륨(NaF), 알리자린콤플렉슨(1,2-디히드록시-3-안트라퀴노닐)메틸아민-N, N-2 초산, 수산화나트륨(NaOH), 염산(HCl), 질산란탄($La(NO_3)_3 \cdot 6H_2O$), 초산나트륨($CH_3COONa \cdot 3H_2O$),초산(CH_3COOH), 아세톤

<기구>

증류접시, 불소이온 불리장치, 증발접시, 폴리에틸렌병(1ℓ), 100㎖ Poly-ethylene, 250㎖ Mass flask, 1ℓ Mass flask, 비이커, 유리막대, 흡광광도계, 유전비색관, Stack Air Sampler

☞ 질산토륨-네오트린법

<시약>

불화나트륨(Naf), 알리자린술폰산나트륨(1,2-디옥시안드라퀴논 술폰산나트륨), 질산(HNO_3), 수산화나트륨(NaOH),네오트린(2-(1,8-디히드록시-3,6-디술폰-2-나프틸 아조) 벤젠아르손산 2나트륨), 개미산, 질산토륨(($Th(NO_3)_4 \cdot 4H_2O$)

<기구>

1ℓ Polyethylene, 비이커, 유리막대, 시약병, 1ℓ Mass flask, 마이크로 뷰렛, 자력교반기, 삼각플라스크, Stack Air Sampler

2.2 용량법(질산토륨-네오트린법)

이 방법은 불소 이온을 방해이온과 분리한 다음 완충액을 가하여 pH를 조절하고 네오트린을 가한 다음 질산나트륨 용액으로 적정한다. 이 방법에서의 정량범

위는 HF로서 0.6~4.2㎖이다.

3. 시료의 흡수

시료는 다음과 같이 수산화나트륨 용액에 흡수시켜 (시료가스 흡수액) 무기 불소화합물을 불소 이온으로 하여 분석한다

(1) 흡수병은 그림 에 나타낸 것중 하나를 쓴다.

(2) 흡수병을 그림 (a)의 것을 쓰는 경우에는 2개 이상을 준비하고 각각에 흡수액으로 수산화나트륨 용액(N/10) 50㎖씩을 넣는다. 또 (b)를 쓰는 경우에는 1개를 쓰고 흡수액을 70~100㎖ 넣는다

(3) 시료의 온도가 비교적 높은 경우에는 흡수병을 냉각중탕에 넣어 둔다.

(4) 흡수병에 시료를 도입하기 전에 배관속을 시료로 충분히 치환해 두어야 한다. 흡수병까지의 배관이 긴 경우에는 특히 주의할 필요가 있다.

(5) 시료의 흡인속도는 1~2 ℓ/분 정도로 한다. 채취하는 시료의 양은 시료중의 무기 불소 화합물의 농도에 따라서 표에 나타내는 양을 채취한다.

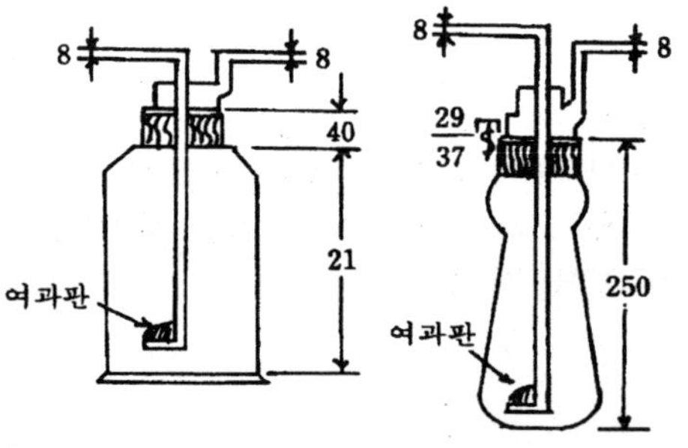

(a) 용량 250 ml (b) 용량 250 ml 킬달플라스크

그림 1 흡수병

표 1 채취가스량의 기준표

예상HF 농도(ppm)	1	10	100	1,000
예상F 농도(mg/m³)	0.8	8	80	800
용량법(ℓ)	500	100~200	10~20	10
흡광광도법(ℓ)	100~200	10~20	10	10

(6) 시료 채취량의 측정위치에서 동시에 가스의 온도와 압력을 측정한다

4. 분석방법

4.1 흡광광도법(란탄-알리자린콤플렉손법)

4.1.1 불소이온의 분리

불소이온은 다음과 같이 하여 증류법으로 방해이온과 분리한다. 또한 방해이온의 영향이 없음이 명확한 경우에는 이 조작을 생략할 수가 있다.

(1)개 요

시료흡수액을 가열 농축한 다음 증류장치에 옮기고 규사와 과염소산을 가한 다음 수증기 증류법에 의하여 불소 이온을 불화 실리콘산으로 증류 분리하고 이 용액을 분석용 시료용액으로 한다.

(2)시 약

① 과염소산 . 함유량 60~62%

② 규사 : 미리 과염소산을 가하고 끓인 것.

(3)장 치

그림 1, 2 에 나타낸 것

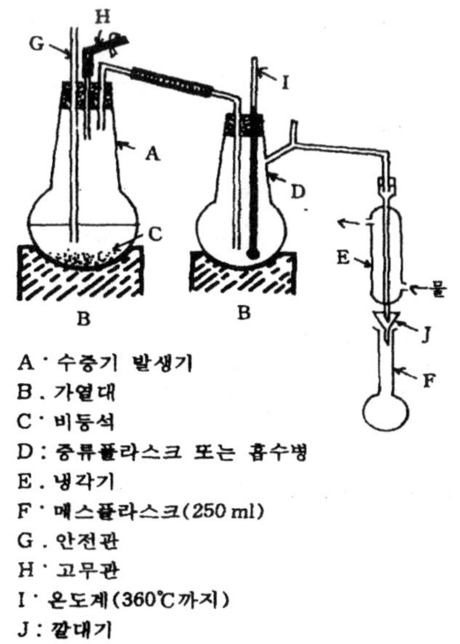

그림 2 불소이온 분리장치(보기 1)

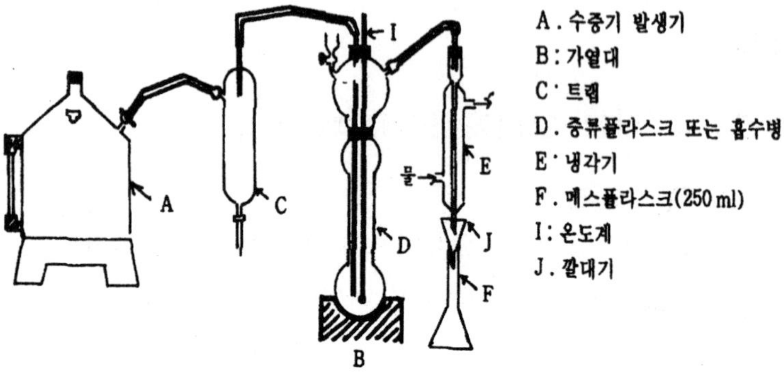

그림 3 불소이온 분리장치(보기 2)

(4) 시험 방법

A법 : 흡수병으로서 흡수병(a)를 쓰는 경우

① 흡수병(a)속의 시료가스 흡수액을 증발접시에 옮긴다
다시 흡수병은 소량의 순수로 씻고 그 씻은 액도 증발 접시에 합친다.

② 증발접시를 가열하며 액량을 약 30mℓ로 농축한다.

③ ②의 용액을 증류플라스크 D에 옮긴다.
다시 증발접시는 소량의 순수로 씻고 그 씻은 액은 증류플라스크에 합친다.

④ ③의 용액속에 모래 약 1g과 과염소산 15mℓ를 넣은 다음 그림 3 또는 그림 4와 같이 조립 한다.

⑤ 수증기를 보내서 증류플라스크를 가열하여 130~140℃에서 증류한다

⑥ 유출액을 200~250mℓ 모으고 순수를 가하여 전량을 250mℓ로 하여 분석용 시료용액으로 한다.

B법 : 흡수병으로서 흡수병(b)를 쓰는 경우

① 흡수병(b)속의 시료흡수액을 그대로 가열하여 액량을 약 30mℓ되게 농축한다.

② ①의 흡수병 속에 약 1g의 규사와 과염소산 15mℓ를 가한 다음 그림 3 또는 그림4와 같이 조립한다.

③ 이하 A법의 ⑤, ⑥과 같이 조작하여 분석용 시료용액으로 한다

4.1.2 분석 방법

(1)시 약

① 불소이온 표준원액 : 불화 나트륨(NaF) 0.187g을 순수에 녹여서 전량을 1 ℓ로 하고 폴리에틸렌병에 보관한다. 이 용액 1mℓ는 불화수소(HF) 0.1mℓ에 상당한다

② 불소 이온 표준용액 : ①의 불소 이온 표준원액 10mℓ를 취하고 순수를 가하여 전량을 100mℓ로 하고 폴리에틸렌병에 보관한다. 이 용액 1mℓ는 불화 수소(HF) 0.01mℓ에 상당한다.

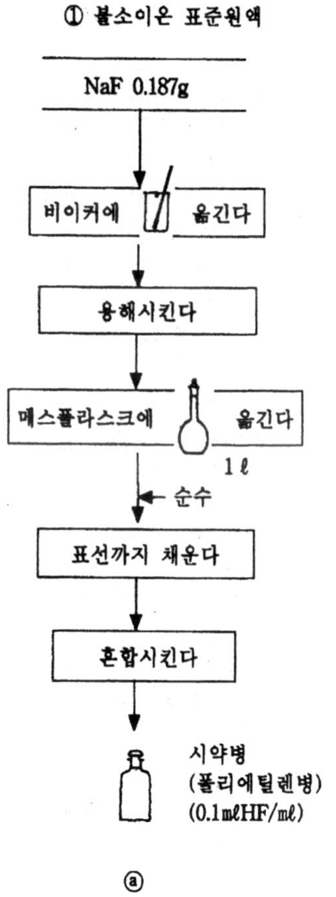

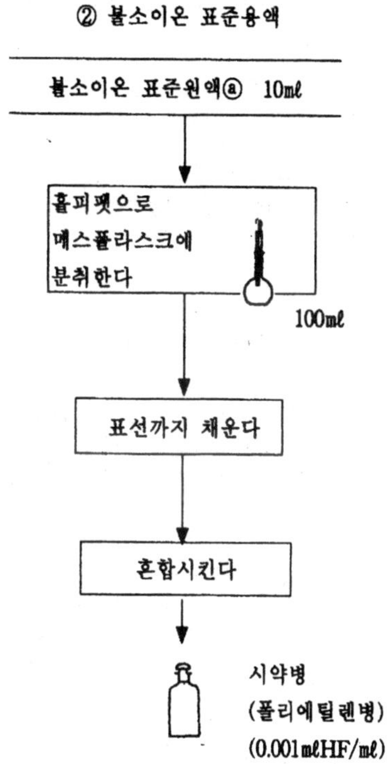

③ 알리자린 콤플렉손용액(M/500): 알리자린콤플렉손((1.2-디히드록시-3-안트라퀴노닐)메틸아민-N, N-2 초산, 0.192g을 순수 약 100mℓ중에

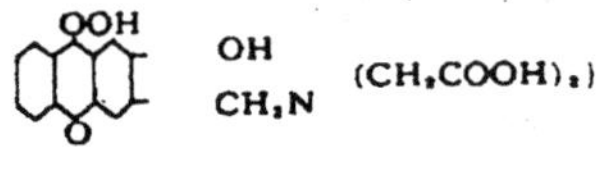

현탁시킨 다음 될 수 있는 한 소량의 수산화나트륨 용액 (2M)을 가하여 완전히 녹인다. 이 용액에 염산(N/10)을 가하여 pH 4.5가 되도록 조절[1]한 다음 순수를 가하여 전량을 250mℓ로 한다.

주(1) pH 4.5에서는 용액의 색이 자주색에서 적색으로 변한다.

④ 질산란탄용액(M/100) : 질산란탄[$La(NO_3)_3 \cdot 6H_2O$] 4.33g을 순수에 녹여서 전량을 1ℓ로 한다.

③ $\frac{1}{100}$M - Alizarin Complexon Solution

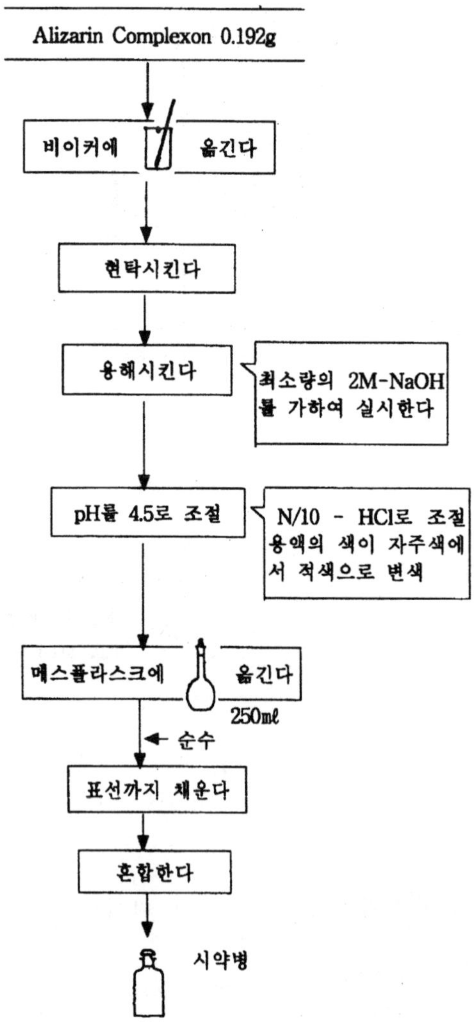

④ $\frac{1}{100}$M - 질산란탄용액

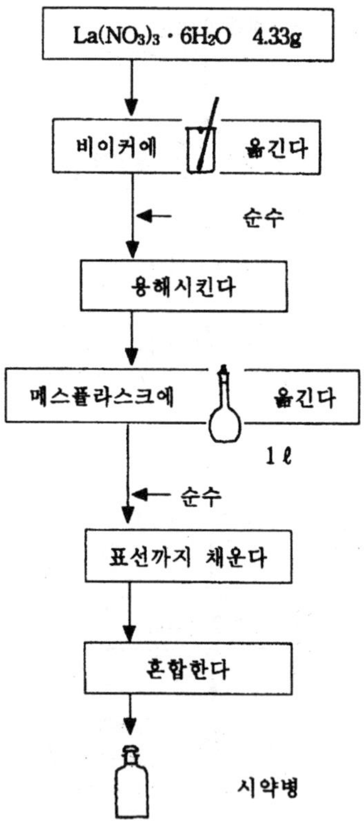

⑤ 완충액 :초산나트륨($CH_3COONa \cdot 3H_2O$) 100g을 순수 약 200㎖에 녹인 다음 초산(약 11㎖)을 가하고 충분히 섞어서 pH를 정확히 5.2로 조절한 다음 순수를 가하여 전량을 1ℓ로 한다.

⑥ 아세톤

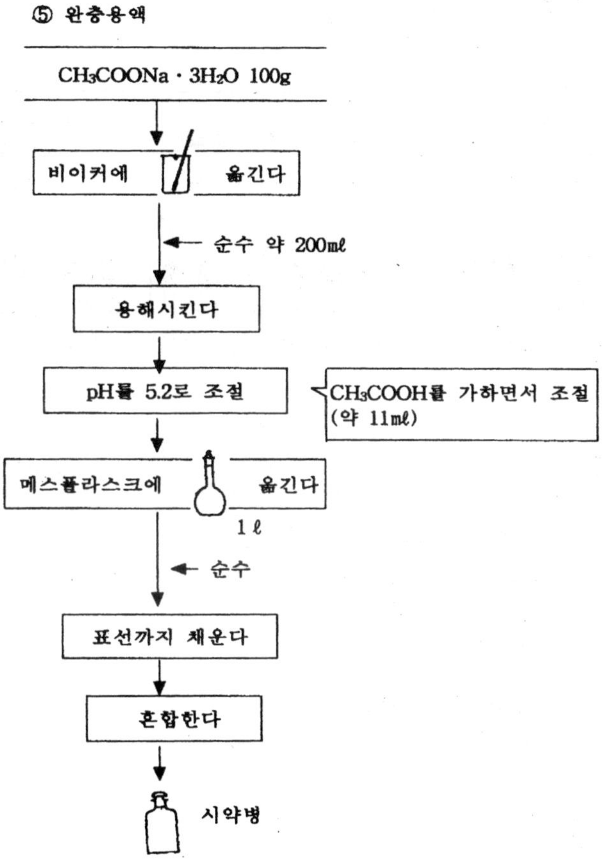

4.1.3 시험 방법

시료흡수액을 250㎖ 메스플라스크에 옮기고 순수를 가하여 전량을 250㎖로 하고 이것 적당량(불소로서 5~30㎍)을 50㎖ 메스플라스크에 분취하고 순수를 가하여 약 20㎖로 한다. 이 용액에 알리자린 콤플렉손 용액(M/500) 5㎖, 완충액 3㎖, 질산란탄 용액(M/100) 1㎖를 가한다. 이 용액에 아세톤을 가하여 전량을 50㎖로 한다.

상온에서 60~90분간 방치한 다음 이 용액의 일부를 흡수셀을 옮겨 담고 바탕시험용액[(2)]을 대조액으로 하여 파장 620nm부근의 흡광도를 측정하여 미리 작성한 검량선에서 불화 수소의 양을 구한다.

(검량선의 작성) 검량선은 불소이온 표준액 0~5mℓ를 단계적으로 50mℓ 메스플라스크(비색관)에 취하고 이하 상기와 같이 조작하여 불화수소량과 흡광도와의 관계선을 작성 한다.

주(2). 바탕시험용액은 불소 이온을 함유하지 않는 흡수액 약 20mℓ를 50mℓ 메스플라스크에 취하고 이하 상기와 같이 조작하여 얻은 용액이다.

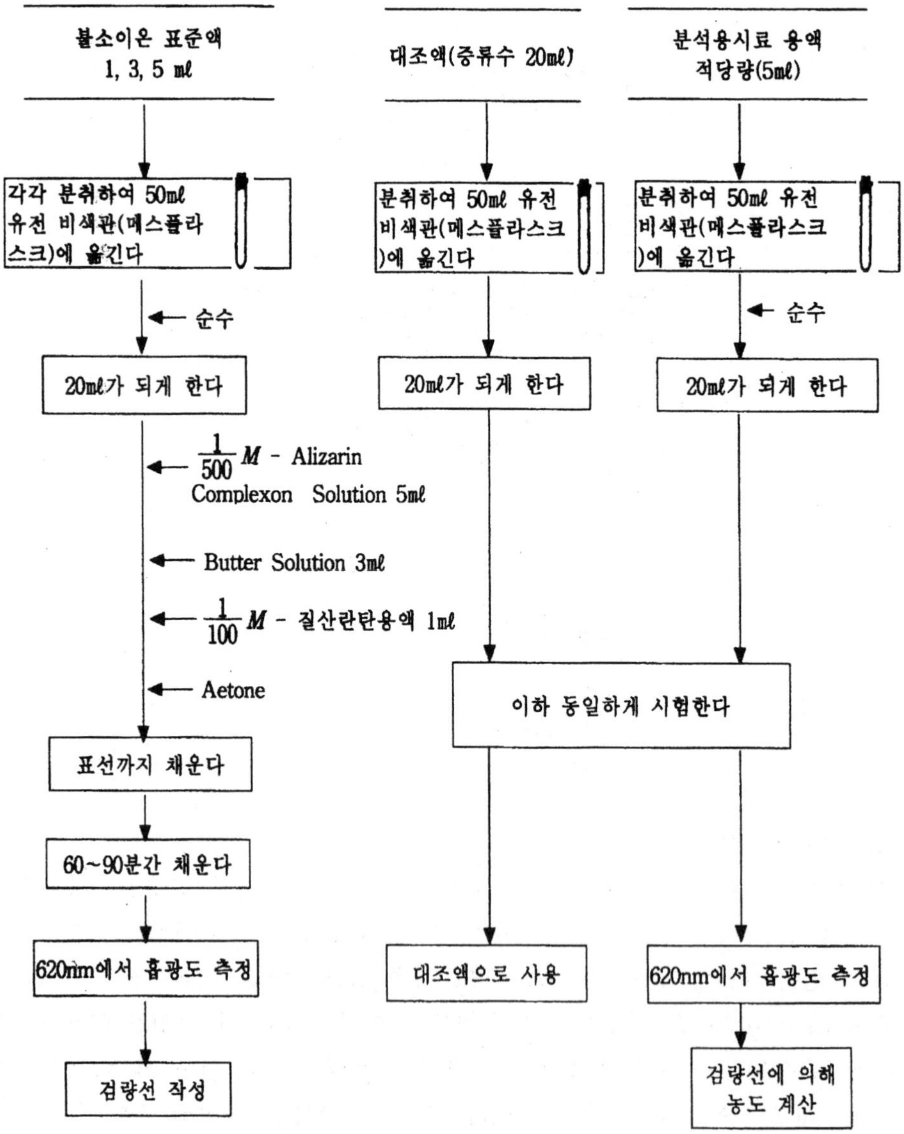

4.1.4 계 산

불화수소의 양은 다음 식에 따라서 소수점 4자리까지 계산을 하여 3자리 값을 얻는다.

$$C=\frac{A_F\times 250/v}{V_s}\times 1,000$$

C :불화수소의 농도(ppm)
A_F : 흡광도에서 구한 불화 수소의 양(mℓ)
V_s : 건조시료 가스량(ℓ)
250 : 시료용액 전량(mℓ)
v :분취한 액량(mℓ)

4.2 용량법(질산토륨-네오트린법)

4.2.1 불소이온의 분리 : 4.1.1(불소이온의 분리)에 따른다

4.2.2 분석 방법

(1)시 약

① 불소이온 표준액 :불화 나트륨(NaF) 0.187g을 물에 녹여서 전량을 1ℓ로 하고 폴리에틸렌병에 보관한다. 이 용액 1mℓ는 불화수소(HF) 0.1mℓf에 상당한다.(란탄-알리자린콤플렉손법과 동일)

표정: 불소이온 표준액 20mℓ를 적정용 비이커에 취하고 알리자린 술폰산 용액(0.04w/v%)을 2~3방울 가한 다음 질산(N/10) 또는 수산화나트륨(N/10)으로 황색이 될 때까지 중화하고 이어서 네오트린용액 1.0mℓ와 완충액 2.0mℓ를 정확하게 가하고 다시 순수를 가하여 전량을 50mℓ로 한다. 이 용액을 N/10 질산토륨용액으로 적정한다. 종말점은 용액의 색이 분홍색에서 지속성의 자주색으로 변할 때까지 한다. 적정속도는 2mℓ/분 정도가 적당하다. 이 적정에 쓰인 N/10질산토륨 용액의 양을 a mℓ로 한다.

한편, 불소 이온을 함유하지 않는 순수 50mℓ를 위의 방법에 따라 적정을 하여 이 적정에 쓰인 N/10 질산토륨의 양을 b mℓ로 하여 다음 식에 따라서 N/10 질산토륨용액 1mℓ에 상당하는 불화수소의 양을 계산한다. N/10 질산토륨용액 1mℓ에 상당하는 불화수소의 양 (mℓ)$=\frac{2.0}{a-b}$ 으로 한다.

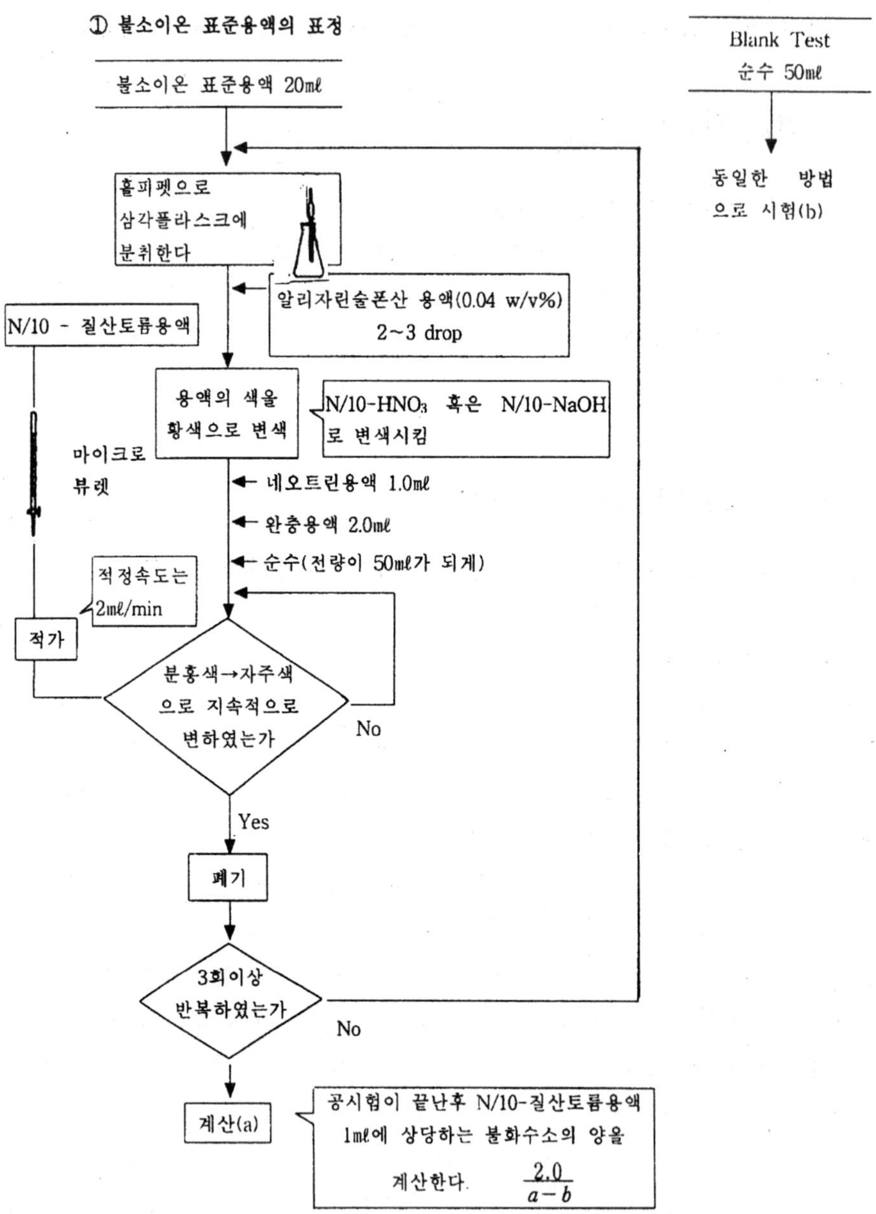

② N/10 질산토륨용액 : 질산토륨[$(Th(NO_3)_4 \cdot 4H_2O$] 13.80g을 순수에 녹여서 전량을 1ℓ로 한다.

③ 알리자린술폰산 용액(0.04w/v%) : 알리자린술폰산 나트륨(1.2-디옥시안드라퀴논 술폰산나트륨, Sodium Alizarine Sulfonate) 40㎎을 순수에 녹여서 전량을 100㎖로 한다.

④ 네오트린용액 (0.05w/v%) : 네오트린[2-(1.8-디히드록시-3.6-디술포-2-나프틸 아조) 벤젠아르손산 2나트륨] 0.05g을 순수에 녹여서 100㎖로 한다. 약 1개월간은 안정하다.

⑤ 완충액 : 개미산 92g을 순수에 녹여서 전량을 1 ℓ 로 한다. (A색)

또 수산화나트륨 80g을 순수에 녹여서 전량을 1 ℓ 로 한다. (B액)

A액 100㎖속에 B액을 충분히 저어서 혼합시켜 가면서 가하여 (약 30㎖) pH를 정확히 3.0으로 조절한다 이 혼합액에 순수를 가하여 전량을 200㎖로 한다.

② N/10-질산토륨용액

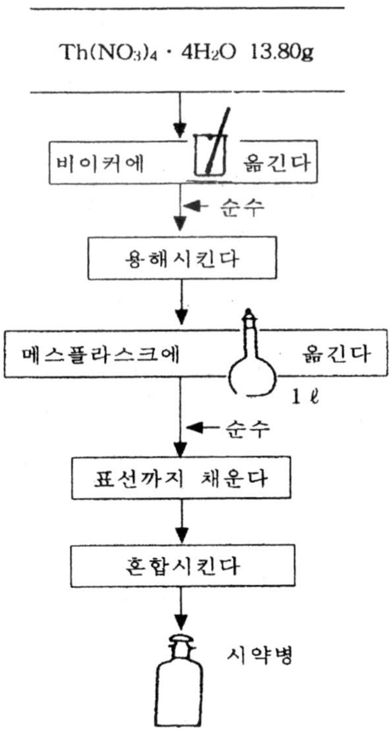

③알리자린 술폰산 용액(0.04 w/v%)

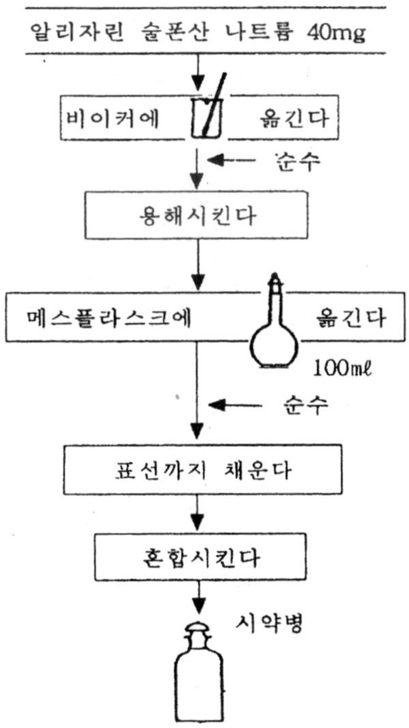

④ 네오트린 용액(0.05 w/v%)

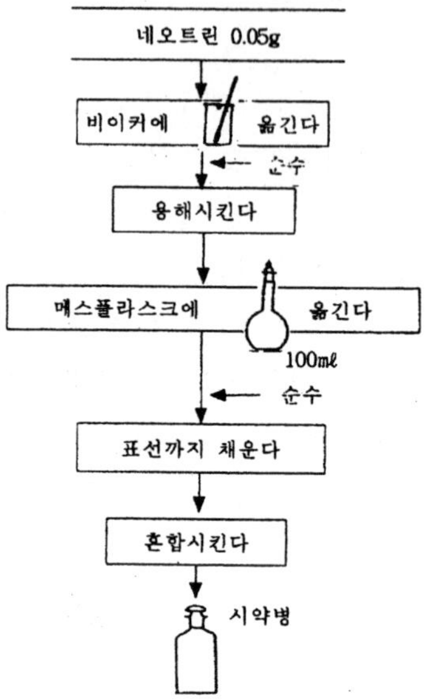

⑤ 완충용액

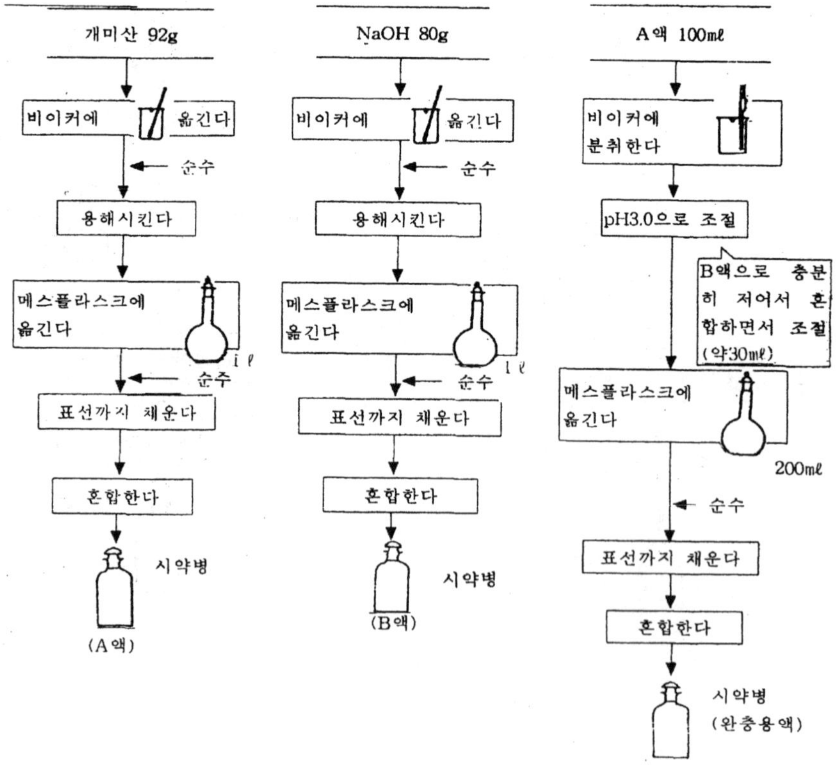

⑥ 질산(N/10) : 질산 6.5㎖에 순수를 가하여 전량을 1ℓ로 한다.

⑦ 수산화나트륨(N/10):수산화나트륨 약 4.0g을 순수에 녹여서 전량을 1ℓ로 한다.

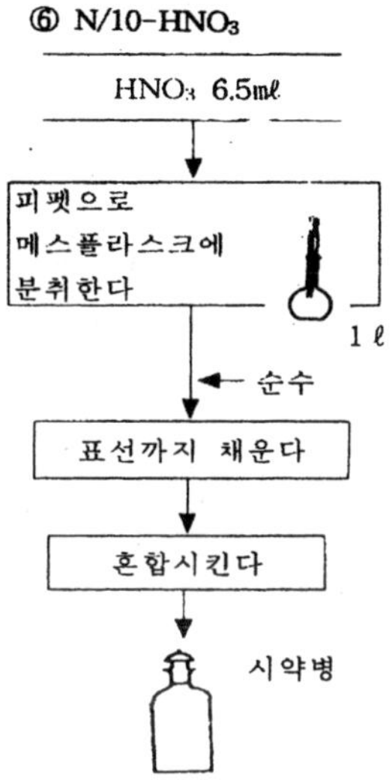

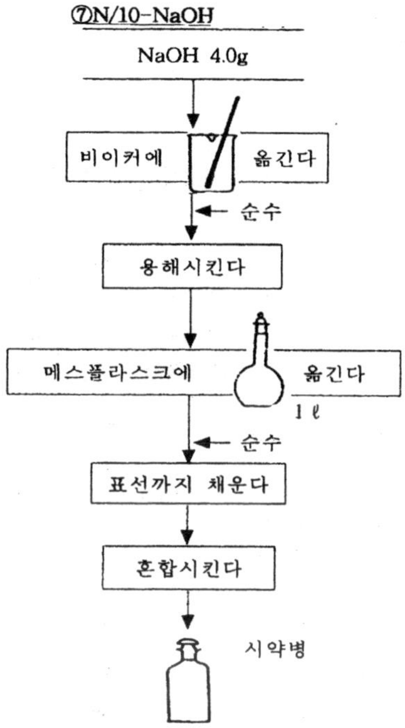

(2) 기 구

① 적정용 비이커 : 지름 30~35㎜, 높이 120㎜인 비이커를 쓰며 50㎖를 나타내는 표선이 있는 것.

② 마이크로 뷰렛 : 용량 2~3㎖인 것.

③ 자력교반기 : 100~200㎖를 저을 수 있는 것.

(3) 시험 방법

분석용 시료용액 (방해이온의 분리를 하지 않은 경우에는 시료가스 흡수액을 250㎖ 메스플라스크에 옮겨 담고 순수를 가하여 전량을 250 ㎖로 한 용액)에서 그 중 적당량(불소로서 약 0.5~4.0㎎)을 적정용 비이커에 취하고 알리자린술폰산 용액 (0.04w/v%) 2~3방울을 가한 다음 질산(N/10)으로 황색이 될 때까지 정확히 중화한다.

다음에 네오트린 용액(0.05w/v%) 1.0㎖ 및 완충액 2㎖를 가한다. 여기에 순수를 표선까지 가하여 전량을 50㎖로 한 다음 마이크로 뷰렛을 써서 N/10질산토륨용액으로 적정한다. 이때 종말점은 용액의 색이 핑크색에서 지속성 자주색으로 변하는 점으로 하고 적정속도는 2㎖/분 정도가 적당하다. 이 적정에 쓰인 N/10 질산토륨용액의 양을 a ㎖로 한다. 한편, 불소 이온을 함유하지 않는 순수 50㎖를 위의 방법에 따라 적정하여 이 적정에 쓰인 N/10 질산토륨 용액의 양을 b ㎖로 한다.

[조작]

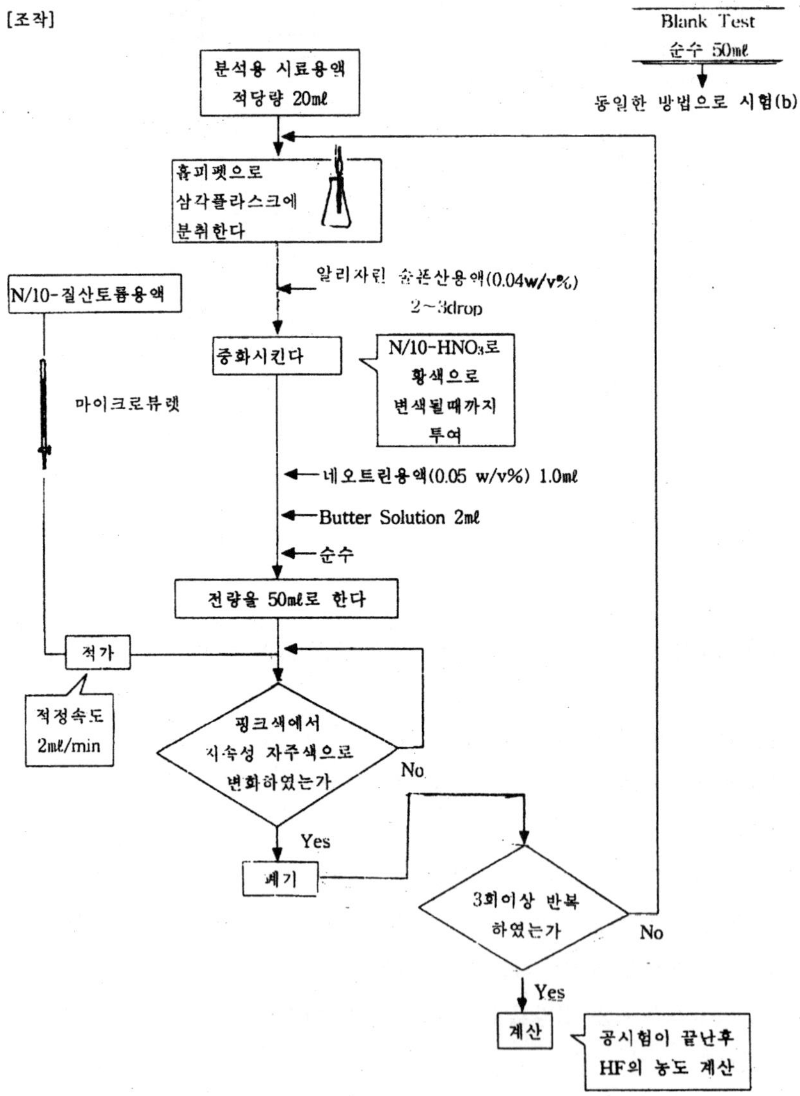

4.2.3 계 산

다음의 식에 따라서 불화 수소의 농도를 구한다.

$$C=\frac{(a-b)\times 250/v}{V_s}\times f\times 1,000$$

C : 불화 수소의 농도(ppm)
a : N/10 질산토륨 용액의 적정에 쓰인 양(mℓ)
b : 바탕시험에 있어 N/10 질산토륨 용액의 적정에 쓰인 양(mℓ)
f : N/10 질산토륨 용액 1mℓ에 상당하는 불화수소의 양(mℓ)
V_s : 건조시료 가스량(ℓ)
v : 분취한 액량(mℓ)

5. 결과의 표시

배출가스중의 무기 불소화합물은 불화수소(HF) (ppm)로 표시한다.

비고 : 위 이외의 것은 다음의 계산에 의해서 구할 수 있다.

표시	단위	계산식
HF	%	C′ = C × 1/10,000
HF	mg/m^3	C′ = C × 20/22.41
F	mg/m^3	C′ = C × 19/22.41

C : 분석으로 구한 불화 수소의 농도(ppm)

[과년도 기사·산업기사 출제문제]

문제 1. 어느 시설의 배기가스 중 불화규소의 농도를 측정했던 바 15ppm(용량비)이었다. 이 시설에 관계되는 환경보전법 시행규칙에 의해서 정해진 불화규소의 배출 기준이 불소의 양으로서 10mg/m^{3}이라 하면 이 배기가스 중의 불화규소 농도를 몇 %정도 줄여야 하는가?(단, F의 원자량은 19이다.)<'90전반기-기사>

㉮ 약20%이하 ㉯ 약40%이하 ㉰ 약60%이하 ㉱ 약80%이하

문제 2. 배출가스 중 플르오르 화합물을 정량하기 위한 란탄-알리자린 콤프렉숀법은 시료 용액에 알리자린 콤프렉숀 용액, 완충액, 질산란탄용액 및 아세톤을 가하는 이유는?<'91전반기-기사>

㉮ 플루오르 화합물과 반응시켜 착화합물을 생성하기 위하여
㉯ 발색화합물을 안정하게 하기 위하여
㉰ pH를 일정하게 조절하기 위하여
㉱ 다른 물질의 방해를 억제하기 위하여

문제 3. 배출가스 중의 플루오르 화합물 분석법에 관한 설명이다. 잘못 설명한 것은?<'91전반기-기사>

㉮ 흡광광도법은 용량법보다 높은 농도를 플루오르화수소 분석에 적용된다.
㉯ 시료 채취관은 플루오르수지관, 스테인리스강관 등이 사용된다.
㉰ 흡수액은 N/10NaOH 용액을 사용한다.
㉱ 철이온 또는 알루미늄 이온은 측정을 방해한다.

문제 4. 배출 가스 중 불소 화합물을 란탄 알리자린 콤프렉션법에 의하여 분석할 때 사용되지 않는 용액은?<'92전반기-기사>

㉮ 질산토륨 용액 ㉯ 과염소산 용액 ㉰ 초산나트륨 용액 ㉱ 불화나트륨 용액

문제 5. 배출가스 중의 불소 화합물의 분석 방법을 설명한 것이다. 틀린 것은?
<'92전반기-산업기사>

㉮ 시료 가스 채취관은 유리제 흡수관을 사용한다.
㉯ 시료 중의 무기 불소화합물과 수분이 응축하는 것을 막기 위하여 시료 채취관 및 시료채취관에서부터 흡수관까지 사이를 140℃ 이상으로 가열해 준다.

㉰ 시료 채취관은 연도와 직각으로 접속하고 시료 채취관의 앞 끝의 중앙부까지 넣고 흡수병까지 거리는 될 수 있는 대로 짧게 한다.

㉱ NaF로 불소 이온 표준액을 조제한다.

문제 6. 배출가스 중 플루오르화합물은 란탄-알리자린 콤프렉숀법에 의하여 분석할 때 사용되지 않는 시약은 어느 것인가?<'92후반기-기사>

㉮ 질산토륨 ㉯ 완충액 ㉰ 아세톤 ㉱ 질산란탄용액

문제 7. 다음은 연도 배출가스 중의 플루오르 화합물 분석법에 대한 설명이다. 틀리는 것은?<'92후반기-산업기사>

㉮ 질산토륨-네오트린법에서는 플루오르이온을 분리한 다음 pH를 조절, 네오트린을 가하여 흡광도를 측정한다.

㉯ 란탄-알리자린 콤프렉숀법에는 흡수액을 희석하여 pH를 조절한 다음 란탄과 알리자린 콤프렉숀을 가하여 흡광도을 측정한다

㉰ 시료채취관은 플루오르에 부식되지 않는 재질의 것 예를 들면 스테인리스강관 등을 사용한다.

㉱ 배출가스 중의 무기 플루오르화합물은 플루오르화수소(HF)로 대표하여 표시한다.

문제 8. 대기오염 공정시험법의 불소이온 정량에서 금속염과 그 금속이온으로 화합물을 만드는 유기화합물로 조합된 것은?<'97전반기-산업기사>

㉮ 토륨-알리자린 ㉯ 악티늄-알리자린

㉰ 알류미늄-로딘 ㉱ 란탄-알리자린 콤플렉션

문제 9. 시료의 흡수액을 일정량으로 묽게 한 다음 완충액을 가하여 pH를 조절하고 란탄과 알리자린 콤플렉숀을 가하여 흡광도를 측정, 분석하는 화합물의 종류는?<'98전반기-산업기사>

㉮ 브롬 ㉯ 플루오르 ㉰ 납 ㉱ 포름알데히드

문제 10. 배출가스 중 불소화합물을 란탄-알리자린 콤플렉숀법에 의하여 분석할 때 사용되지 않 는 시약은 어느 것인가? <'98후반기-기사>

㉮ 질산나트륨용액 ㉯ 과염소산용액 ㉰ 초산나트륨용액 ㉱ 불화나트륨용액

문제 11. 불소화합물 측정법 중 흡광광도법에 해당되는 것은?<'98후반기-산업기사>

㉮ 지로코늄-스파드손법 ㉯ 질산토륨-네오트린법

㉰ 란탄-알리잘린콤프렉숀법 ㉱ 메틸렌 -블루법

문제 12. 플루오르화합물을 포함하고 있는 연도 배출 가스 시료를 채취하고자 할 때 시료 채취관으로 사용할 수 없는 것은 ?<'93후반기-산업기사>

㉮ 플루오르 수지관 ㉯ 스테인레스관

㉰ 구리관 ㉱ 석영관

문제 13. 배출가스 중의 플르오르화합물의 분석방법을 설명한 것이다. 틀린 것은 다음 중 어느 것 인가 ?<'94후반기-기사>

㉮ 시료가스 채취관은 반드시 유리제 흡수관을 사용한다.

㉯ 흡수액은 NaOH 용액을 사용한다.

㉰ 철 이온은 측정을 방해한다.

㉱ 플루오르이온 표준액은 NaF로 조제한다.

문제 14. 대기오염공정시험법의 불소이온 정량에서 금속염과 그 금속이온으로 화합물을 만드는 유기화합물로 조합된 것은 ?<'95전반기-산업기사>

㉮ 오듐-팔라치린 ㉯ 알미늄-팔라치린

㉰ 알루미늄-오딘 ㉱ 란탄-알리자린 콤플렉숀

문제 15. 흡광 광도법에 의해 배출가스 중의 불소화합물을 정량할 때 발색시약으로 사용되는 것은 어느 것인가?<'95전반기-산업기사>

㉮ 알리자린 ㉯ 살리실산 ㉰ 알리자린콤플렉션 ㉱ 로린

문제 16. 배출시설에서 배출되는 유해가스 중 불소화합물을 채취할 때 흡수액으로 알맞은 것은?<'99후반기-산업기사>

㉮ 붕산용액(0.5w/v%) ㉯ 과산화수소수(1+9)

㉰ 묽은황산+과산화수소수 ㉱ 수산화나트륨용액(N/10)

제 11항 시안화수소

1. 적용범위

이 시험방법은 화학반응 등에 따라 굴뚝 등에서 배출되는 배출가스중의 시안화 수소를 분석하는 방법에 대하여 규정한다.

2. 분석방법의 종류

2.1 질산은 적정법

이 방법은 시안화 수소를 흡수액에 흡수시킨 다음 질산은 용액으로 적정하여 시안화 수소를 정량한다. 시료 채취량 50 ℓ 인 경우 시료중의 시안화수소의 정량범위는 5~100ppm이다. 또한 100ppm이상인 경우에는 시료 채취량을 줄이든가 또는 분석용 시료용액의 분취량을 가감하여 분석에 사용한다.

이 방법은 할로겐 등의 산화성 가스의 영향을 무시할 수 있는 경우에 적용한다.

측정 원리

$$HCN + NaOH \rightleftarrows NaCN + H_2O$$

$$2NaCN + AgNO_3 \rightleftarrows NaAg(CN)_2 + NaNO_3$$

$$\boxed{AgNO_3 \equiv 2NaCN \equiv 2HCN}$$

2.2 피리딘 피라졸론법

이 방법은 시안화수소를 흡수액에 흡수시킨 다음 이것을 발색시켜서 얻은 발색액에 대하여 흡광도를 측정하여 시안화수소를 정량한다. 이 방법은 시료 채취량 100~1,000mℓ인경우 시안화수소의 농도가 0.5~100ppm인 것의 분석에 적합하다. 또 0.5ppm 이하인 경우에는 시료채취량을 많게하고 한편 100ppm이상인 경우에는 분석용 시료용액을 흡수액으로 묽게하여 사용한다.

이 방법은 할로겐 등의 산화성 가스와 황화수소등의 영향을 무시할 수 있는 경우에 적용한다

【준비】

☞ 질산은적정법

<시약>
수산화나트륨(NaOH), P-디메틸아미노벤질리덴로다닌, 아세톤, 초산(CH_3COOH), 질산은($AgNO_3$), 탄산납($PbCO_3$), 암모니아수(NH_4OH)

<기구>
1 ℓ Mass flask, 비이커, 유리막대, 시약병(갈색), 흡수병, 마이크로뷰렛, 250㎖ Mass flask, pH Meter, Stack Air Sampler

☞ 피리딘피라졸론법

<시약>
수산화나트륨(NaOH), 클로라민 T, 1-페닐-3-메틸-5-피라졸론, 비스-1-페닐-3-메틸-5-피라졸론, 피리딘, P-디메틸아미노벤질리덴로다닌, 아세톤, 초산(CH_3COOH),페놀프탈레인,에틸알콜(C_2H_5OH), 질산은($AgNO_3$), 인산일칼륨(KH_2PO_4), 인산이나트륨(Na_2HPO_4), 시안화칼륨(KCN)

<기구>
1 ℓ Mass flask, 100㎖ Mass flask, 시약병, 유전비색관, 500㎖ Mass flask, 광전분광광도계, Stack Air Sampler

【측정원리】: 이방법은 다음의 반응에 의한 발색을 이용하여 시안화수소를 정량하는 것이다.

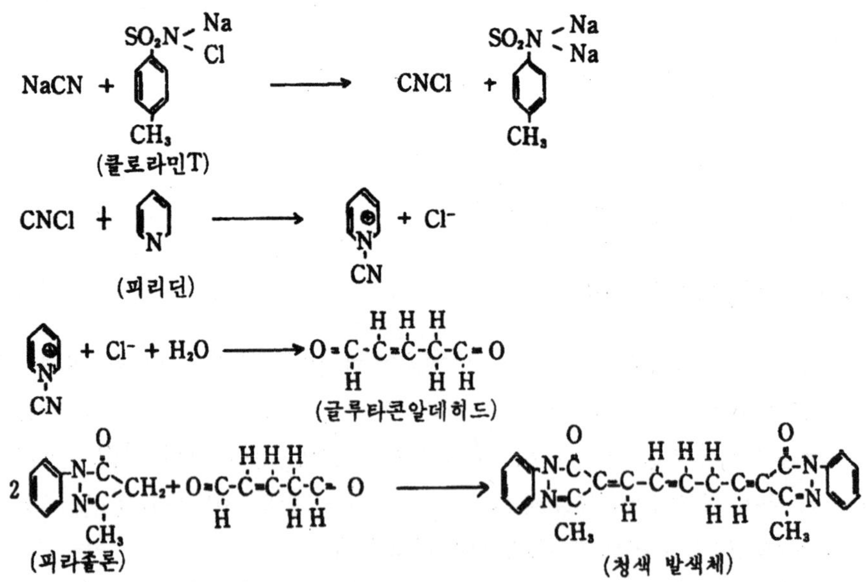

3. 분석방법

3.1 질산은 적정법

3.1.1시 약

(1) 흡수액 :수산화나트륨 20g을 순수에 녹여서 1ℓ로 한다.[(1)]

(2) p-디메틸 아미노 벤질리덴 로다닌의 아세톤 용액 : p-디메틸 아미노 벤질리덴로다닌(p-Dimethyl Amino Benzylidene Rhodanine) 0.02g을 아세톤 100mℓ에 녹인다.

[조 제]

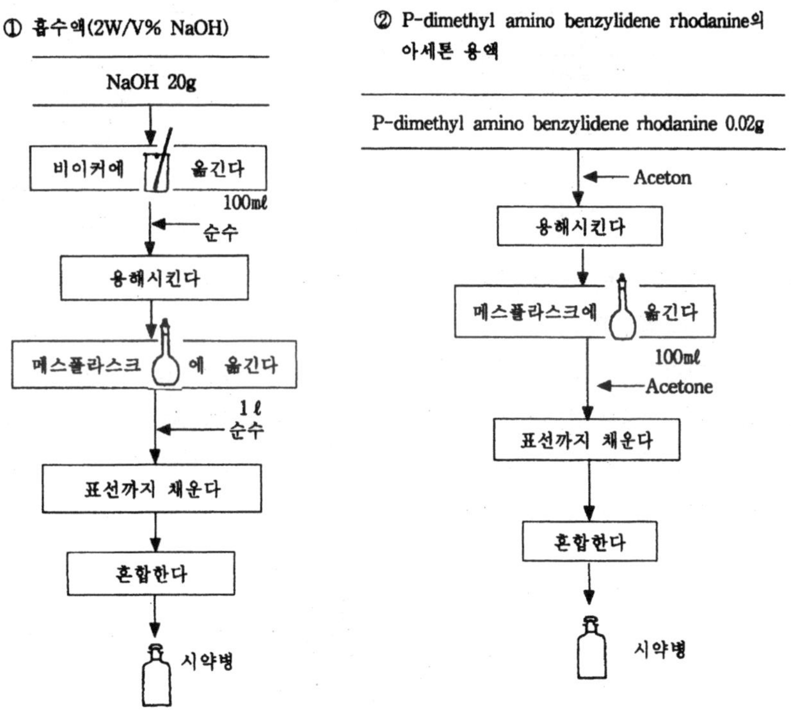

(3) 초산(10 v/v%)

(4) 수산화나트륨용액 (2 w/v%)

(5) N/100질산은 용액 : 염화수소가스 실험의 질산은 적정법에 사용하는 N/10질산은 용액을 10배로 희석하여 쓴다.

주(1) 흡수액은 시료중의 산성가스의 농도에 따라서 수산화 나트륨용액의 농도를 1N(40g/ℓ)정도까지 적당히 높여서 쓴다

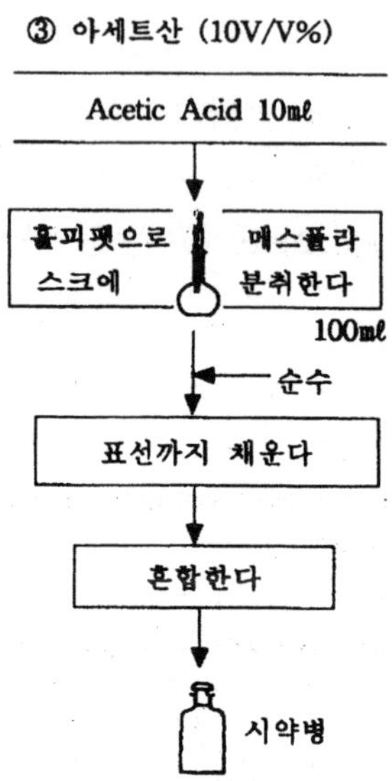

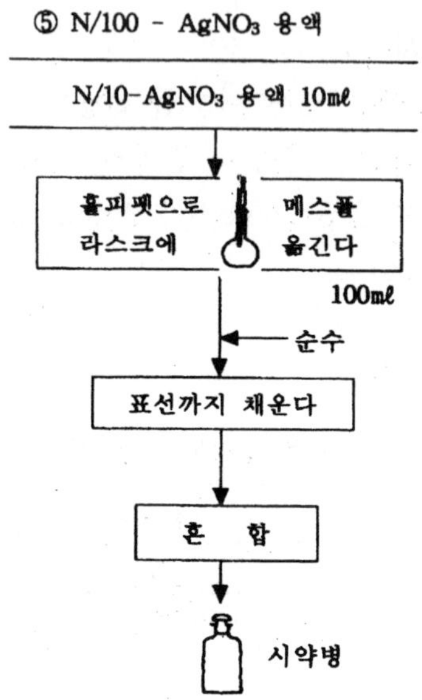

3.1.2 시료채취방법 및 분석용 시료용액의 조제방법

(1) 시료의 채취방법

① 흡수병을 2개 준비하고 각각에 흡수액 70~80mℓ씩을 넣는다.

② 흡수병은 여과판 또는 여과기가 있는 용량 200mℓ인 것을 쓴다.
바이패스용 세척병에는 수산화나트륨용액 (20%)을 적당히 넣는다.
흡수병을 그림에 나타내었다.

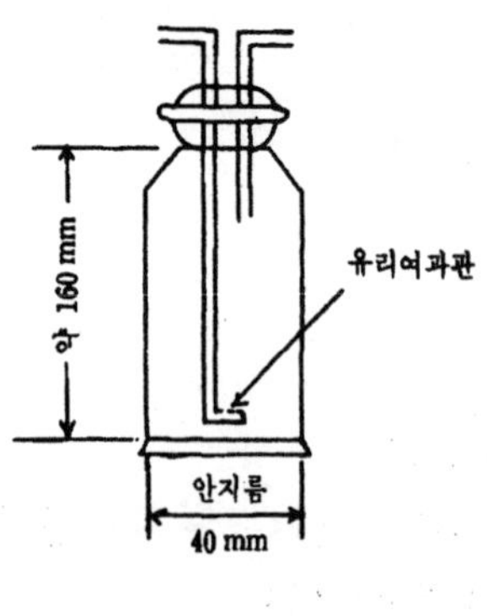

그림 1 흡수병

③ 시료의 채취장치는 될 수 있는 내로 채취위치에 가까이 놓는다. 시료가 비교적 고온인 경우와 수증기를 많이 함유하는 경우에는 흡수병을 냉각중탕에 넣어 둔다.

④ 흡수병에 시료를 도입하기 전에 바이패스를 써서 배관속을 시료로 충분히 치환해두어 야 한다. 채취 장치까지의 배관이 긴 경우에는 특히 주의할 필요가 있다.

⑤ 시료의 흡인속도는 약 0.5~1 ℓ/분으로 한다. 시료가스 흡인량은 10~50 ℓ 정도로 하고 시료중의 시안화 수소의 농도에 따라서 적당히 증감한다.

⑥ 시료량의 측정과 동시에 가스의 온도와 압력을 측정해 둔다.

비고 : 공존 산성가스에 의한 포집율의 저하를 막기 위하여 시료의 채취가 끝났을 때에 제 2흡수병 속의 용액의 pH가 12이상이 되어 있어야 한다.

(3) 분석용 시료용액의 조제

흡수가 끝난 다음 흡수병 속의 용액을 250㎖ 메스플라스크에 옮기고 다시 흡수병을 씻어서 그 씻은 액도 가한 다음 물을 가하여 250㎖로 하고 분석용 시료용액으로 한다.

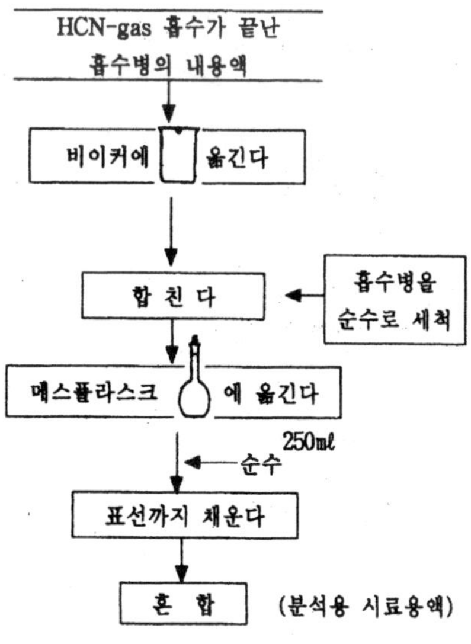

4.1.3 시험 방법

분석용 시료용액 v ㎖ (일반적으로 100㎖)를 300㎖ 비이커에 분취하고 수산화나트륨 용액(2w/v%) 또는 초산(10v/v%)을 가하고 pH미터를 써서 pH를 11~12로 조절한 다.[4] 다음에 p-디메틸 아미노 벤질리덴 로다닌의 아세톤 용액 0.5㎖를 가하고 잘 흔들 어 섞어가면서 N/100질산은 용액으로 적정하여[5] 용액의 색이 황색에서 적색이 되는 점을 종말점으로 한다. 별도로 같은 조작으로 바탕시험을 한다.

주(4) 황화물이 공존하는 경우에는 탄산납을 가하여 황화납으로서 침전시켜 거르고 염화물이 공존하는 경우에는 암모니아수(28%) 1 ㎖를 가하고 그후 각각 pH를 조절한다.

(5) 적정은 5㎖의 갈색 마이크로 뷰렛을 사용하여 행한다.

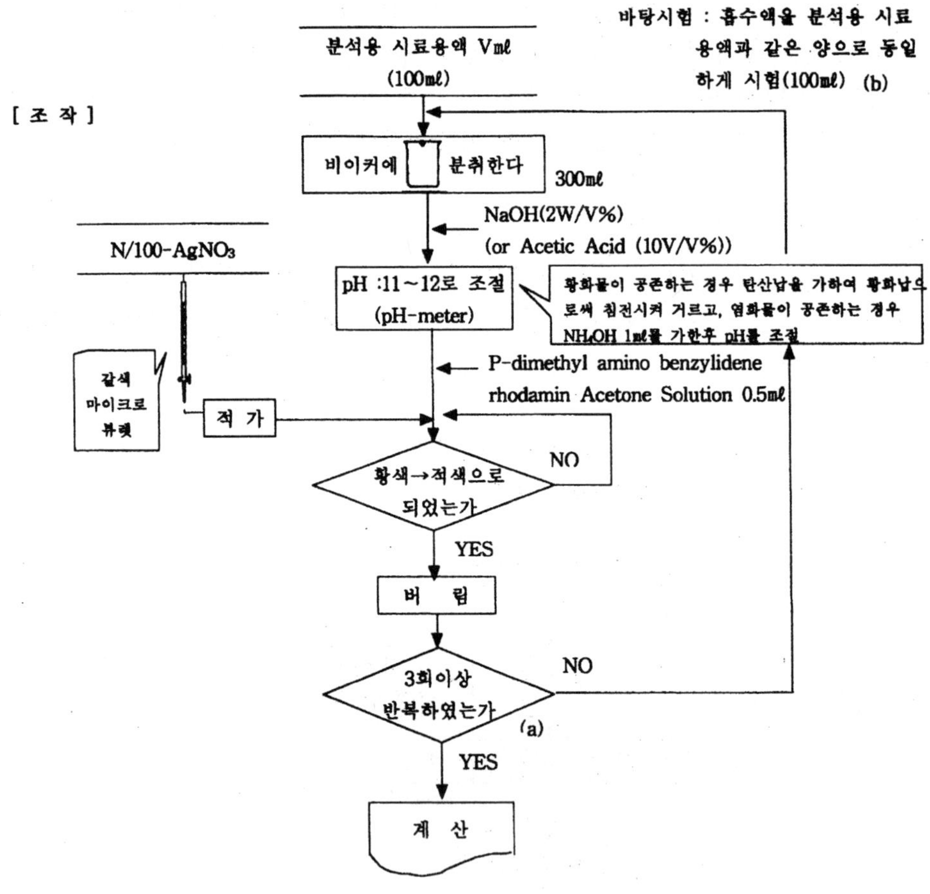

4.1.4계 산

다음 식에 따라서 시료중의 시안화수소의 농도를 유효숫자 2자리까지 계산한다.

$$C=\frac{0.448\times(a-b)\times f\times\frac{250}{v}}{V_s}\times 1,000$$

$$C'=\frac{C}{10,000}$$

C :시안화수소의 농도(ppm)
C': 시안화수소의 농도(v/v%)
a : N/100질산은 용액의 소비량(mℓ)
b : 바탕시험에 있어서 N/100 질산은 용액의 소비량(mℓ)
f : N/100 질산은 용액의 역가(Factor)
v : 분취한 액량(mℓ)
V_s : 건조시료 가스량(ℓ)

4.2 피리딘피라졸론법

4.2.1 시 약

(1) 흡수액 :수산화나트륨 20g을 순수에 녹여서 1 ℓ 로 한다.(질산은 적정법과 동일)
(2) 클로라민T용액 : 클로라민T 1.25g을 순수에 녹여서 100mℓ로 한다. (사용시에 조제한다.)
(3) 피리딘-피라졸론용액 : 1-페닐-3-메틸-5-피라졸론(1-Phenyl-3-Methyl-5-Pyrazolone) 0.25g을 75℃의 순수 100mℓ에 녹여서 실온까지 냉각하고(이때 완전히 녹지 않아도 무방하다) 여기서 비스-1-페닐-3-메틸-5-피라졸론(Bis-1-Phenyl-3-Methyl-5-Pyrazonlone) 0.02g을 피리딘 20mℓ에 녹인 용액을 가하여 섞는다. (사용시에 조제한다)
(4) p-디메틸 아미노 벤질리덴 로다닌의 아세톤용액 : p-디메딜 아미노 벤질리덴 로다닌(p-Dimethyl Amino Benzilidene Rhodanine) 0.02g을 아세톤 100mℓ에 녹인다.(질산은 적정법과 동일)
(5) 초산(10 v/v%)(질산은 적정법과 동일)
(6) 페놀프탈레인용액(0.1w/v%) : 페놀프탈레인(Phenolphthalein) 0.1g을 에틸알코올(Ethyl Alcohol) (95v/v%) 90mℓ에 녹이고 순수를 가하여 100mℓ로 한다.
(7) N/10 질산은용액 : 염화수소가스 실험의 질산은 적정법에 사용되는 N/10 $AgNO_3$ 용액을 사용한다.

[조 제]

② 클로라민 T 용액

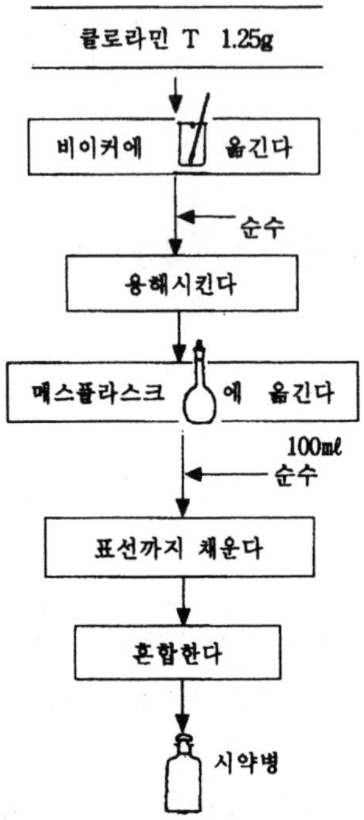

③ 피리딘 - 파라졸론 용액

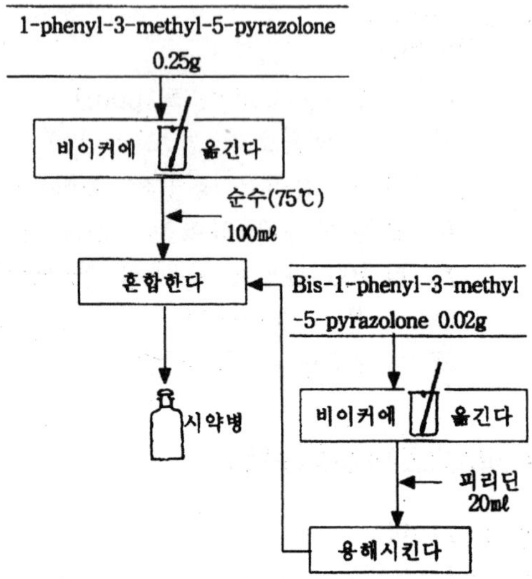

⑥ 페놀프탈레인용액(0.1W/V%)

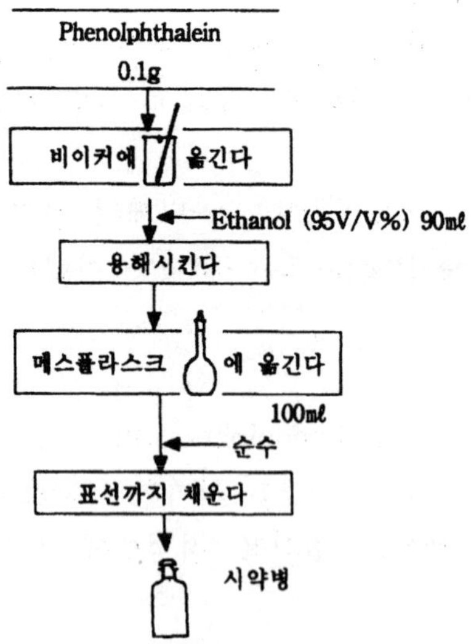

(8) 인산염 완충액(pH 6.8) 인산일칼륨(KH_2PO_4) 3.40g과 인산이나트륨(Na_2HPO_4) 3.55g을 순수에 녹여서 전량을 1ℓ로 한다.

(9) 시안화수소용액 :시안화칼륨(KCN) 약 2.5g을 순수에 녹여서 1ℓ로 한다. 이 용액은 사용시에 다음 방법으로 표정한다.

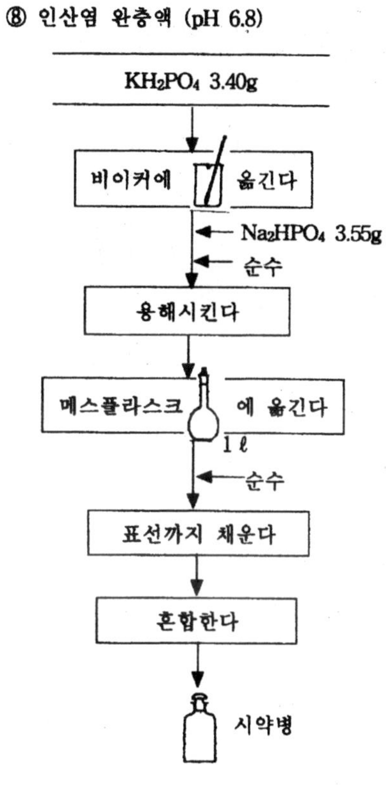

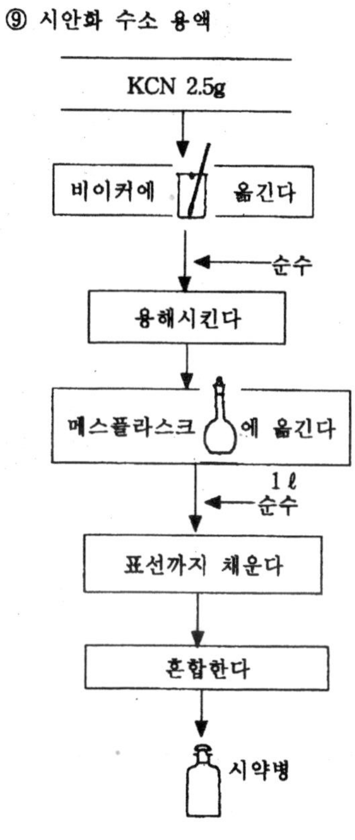

표정 : 본 용액 100mℓ를 정확하게 취하여 지시약으로서 p-디메틸 아미노 벤질리덴로다닌의 아세톤 용액 0.5mℓ를 가하고 N/10질산은 용액으로 적정하여 용액의 색이 황색에서 적색이 되는 점을 종말점으로 하여 다음 식에 따라서 시안화수소용액 1mℓ 속의 시안화수소의 mℓ수를 계산한다. 시안화수소용액 1mℓ는 HCN $0.0448 \times a \times f$ mℓ(0℃, 760㎜Hg)에 상당한다

f : N/10 질산은 용액의 역가

a : N/10 질산은 용액의 소비량(mℓ)

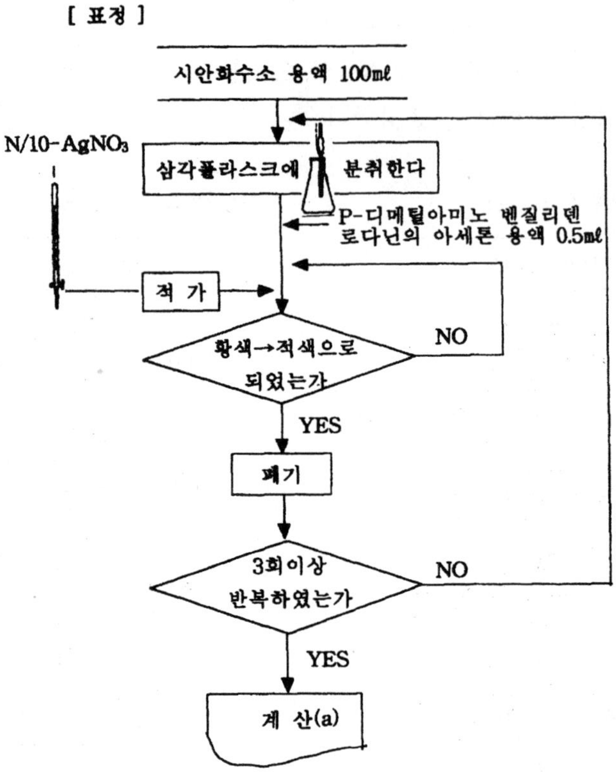

(10) 시안화수소 표준원액 : 시안화 수소용액 $\dfrac{10.0}{0.0448 \times a \times f}$ mℓ를 취하여 수산화나트륨용액(1N) 100mℓ를 가하고 다시 순수를 가하여 전량을 1ℓ로 한다(사용시에 조제한다). 시안화수소 표준원액 1mℓ는 HCN 0.01mℓ(0℃, 760㎜Hg)에 상당한다

(11) 시안화수소표준액 :시안화수소 표준원액 1.0mℓ를 50mℓ 메스플라스크에 취하여 흡수액 20mℓ를 가하고 지시약으로 페놀프탈레인용액(0.1w/v%)한방울을 가한후 초산(10v/v%)으로 중화한 다음 순수를 가하여 50mℓ로 한다.
이 표준액은 사용시에 조제한다. 이 시안화수소 표준액 1mℓ는 HCN 0.0002mℓ (0℃, 760㎜Hg)에 상당한다

⑩ 시안화수소 표준원액

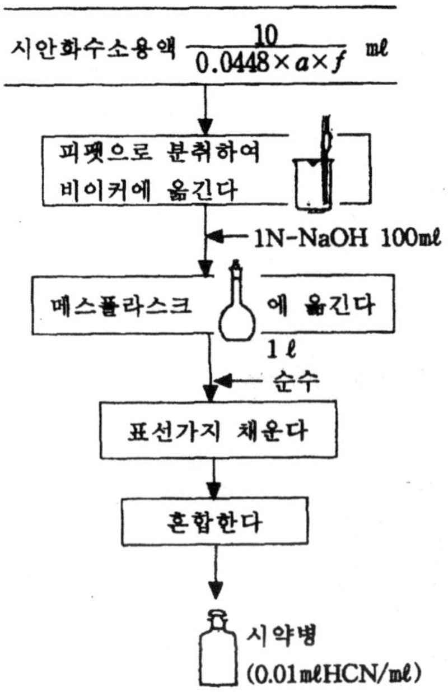

⑪ 시안화수소 표준액

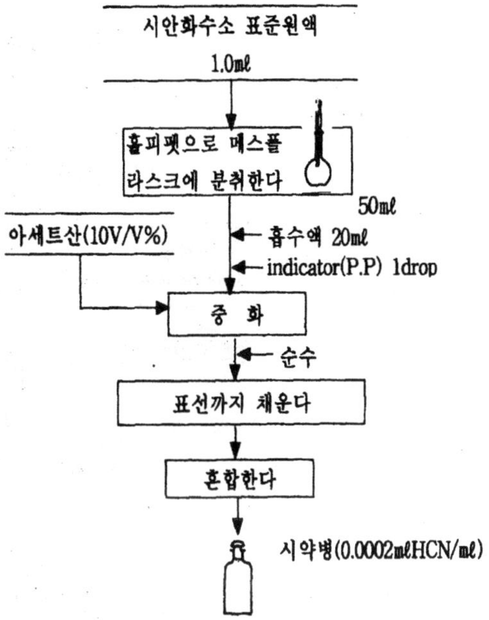

4.2.2 시료의 채취 및 분석용 시료용액의 조제방법

(1) 시료의 채취장치

시료의 채취장치는 그림 2에 나타낸 것과 같은 장치 또는 Stack Air Sampler를 개조하여 채취한다.

(2) 시료의 채취방법

① 흡수관 1개를 준비하고 여기에 흡수액 20㎖를 넣는다.

② 흡수관은 모세관 노즐이 붙은 것으로 쓴다. 보기를 그림 3에 나타내었다.

③ 흡수관에 시료를 도입하기 전에 배관을 시료로 충분히 치환해두고 약 100㎖를 약 1분간에 주사통에 흡인한다. 시료가 100㎖이상 필요한 경우에는 3방콕크 K를 조작하여 주사통으로 반복하여 흡인한다

④ 시료 채취시의 실온(t℃)을 측정해 둔다

(3) 분석용 시료용액의 조제

시료를 흡인한 시료용액을 50㎖ 메스플라스크에 옮기고 여기에 지시약으로 페놀프탈레 인 용액(0.1w/v%) 1방울을 가하고 초산(10v/v%)으로 중화한 다음 순수를 가하여 50㎖로 하여 분석용 시료용액으로 한다.

[조 작]

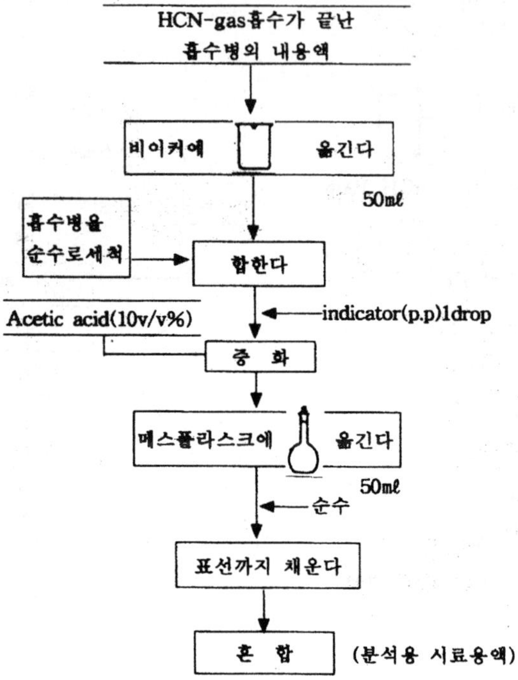

4.2.3 시험 방법

분석용 시료용액과 시안화수소표준액 10mℓ씩을 마개가 있는 시험관에 취하여 각각에 인산염 완충액 5mℓ와 클로라민 T용액 0.25mℓ를 가하고 곧 마개를 닫고 조용히 혼합하고 2~3 분간 방치 한다. 다음에 피리딘-피라졸론용액 5mℓ를 가하여 혼합하고 약 25℃로 50분간 방치하여 발색시키고 이 액을 각각 10㎜셀에 옮겨 놓고 파장 620㎚부근에서 흡광도를 측정하여 각각 A와 As로 한다.

대조액으로는 순수 10mℓ를 상기의 방법과 같이 조작한 것을 쓴다.

4.2.4 계 산

다음식에 따라서 시안화수소의 농도를 유효숫자 2자리까지 계산한다.

$$C=\frac{0.0002\times\frac{A}{A_s}\times 50}{\frac{V_s}{1,000}}$$

$$C'=\frac{C}{10,000}$$

C :시안화 수소의 농도(ppm)

C′: 시안화 수소의 농도(v/v%)

A_s : 시안화 수소 표준액의 흡광도

A : 분석용 시료용액의 흡광도

V_s : 건조시료 가스량(ℓ)

0.0002 : 시안화수소 표준액 1mℓ에 상당하는 HCN-gas(mℓ)

[조 작]

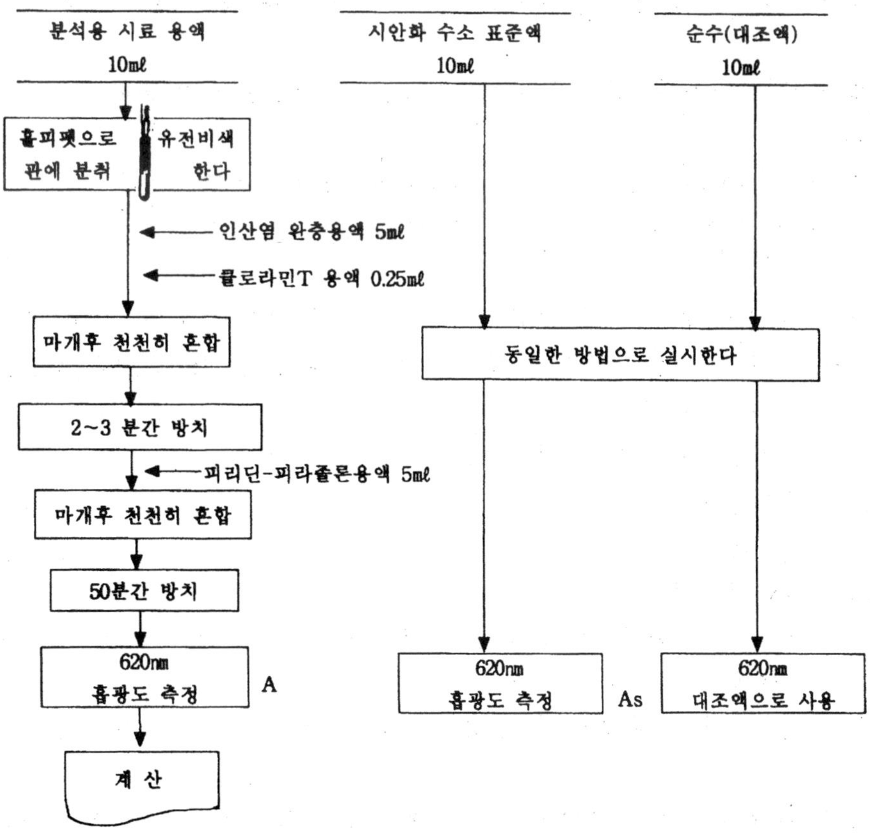

[과년도 기사 · 산업기사 출제문제]

문제 1. 시안화수소의 질산은 적정법은 시료용액에 수산화나트륨 용액 또는 초산을 가한다. 다음 중 그 이유로 알맞은 것은?<'91후반기-산업기사>

㉮ 색의 변화를 알기 위하여 ㉯ pH의 조절을 위하여

㉰ 폭발의 위험을 막기 위하여 ㉱ 방해물질을 제거하기 위하여

문제 2. 시안화수소의 질산은 적정법에서 시료 채취량이 50ℓ인 경우 시료 중의 시안화수소의 정량범위로 적당한 것은?<'91후반기-산업기사>

㉮ 5～100ppm ㉯ 0.1～50ppm ㉰ 2～20ppm ㉱ 1.0～10ppm

문제 3. 피리딘피라졸론법에 의한 시안화수소 정량시 흡수액은 무엇인가?
<'92전반기-기사>

㉮ 시안화수소 용액 ㉯ 수산화나트륨 용액 ㉰ 염산 용액 ㉱ 클로라민 용액

문제 4. 배기 가스 중의 시안화수소 측정법 중 적정법에 사용되는 적정 용액은?
<'92전반기-산업기사>

㉮ 0.01N $KMnO_4$ 용액 ㉯ 0.01N NaOH 용액

㉰ 0.01N $AgNO_3$용액 ㉱ 0.01N H_2SO_4 용액

문제 5. 시안화 수소 표준용액을 만들기 위하여 KCN 2.5g을 물에 녹여 1ℓ로 하였다. 이 용액을 표정하는 데는 적정액을 다음 중 어느 것을 사용해야 하겠는가 ?<'94전반기-기사>

㉮ P-디메틸아미노벤지리멘로다닌의 아세톤 용액

㉯ N/IO-Ag NO_3

㉰ 설파민산

㉱ 1/10N- NaOH

문제 6. 배출가스 중의 시안화합물 측정법 중 피리딘 피라졸론법에서 방해물질은 어느 것인가 ?<'94전반기-산업기사>

㉮ 철 및 구리 ㉯ 할로겐 및 황화수소 ㉰ 알루미늄 및 철 ㉱ 인산염 및 황산염

문제 7. 배출가스 중의 시안화수소를 흡수액에 흡수시킨 다음 흡광도를 측정하여

정량하는 방법이다. 틀린 것은 ?<'95전반기-산업기사>

㉮ 이 방법은 황화수소의 영향을 무시할 수 있을 때 적용한다.

㉯ 흡수액은 NaOH용액을 사용한다.

㉰ 발색시약으로는 피리딘피라졸론 용액을 사용한다.

㉱ 시료 채취량 100-1,000ml인 경우 시안화수소의 농도가 50~500ppm인 것의 분석에 적합하다.

문제 8. 배기가스 중의 시안화수소 측정법 중 적정법에 사용되는 적정용액은?

<'95전반기-산업기사>

㉮ 0.0N KMnO4 용액 ㉯ 0.01N NaOH 용액

㉰ 0.01N AgNO3 용액 ㉱ 0.01N H2SO4 용액

문제 9. 피리딘피라졸론법에 의한 시안화수소 정량시 흡수액은?<'97전반기-기사>

㉮ 시안화수소용액 ㉯ 수산화나트륨용액 ㉰ 염산용액 ㉱ 클로라민용액

문제 10. 시안화합물을 측정하기 위하여 N/10-$AgNO_3$를 만들었다. 이를 표정하기 위하여 NaCl 2.5g을 정확히 달아 물을 가하여 200㎖로 한 다음 그 중 20㎖를 취하여 새로 조제한 $AgNO_3$로 적정하여 41.6㎖를 소비하였다. 이 N/10-$AgNO_3$의 역가(factor)는 얼마인가? (단, 원자량은 Na : 23, Cl : 35.5)<'98전반기-기사>

㉮ 0.973 ㉯ 0.991 ㉰ 1.007 ㉱ 1.027

문제 11. 피리딘피라졸론법에 의한 시안화수소 정량시 흡수액은?<'98후반기-기사>

㉮ 과산화수소용액 ㉯ 수산화나트륨용액 ㉰ 붕산용액 ㉱ 질산암모늄용액

문제 12. 배출가스 중의 시안화수소 측정법 중 흡광도법은 다음 중 어느 시약을 사용하는 방법인가?<'99전반기-산업기사>

㉮ 아르세나조Ⅲ ㉯ 나프틸에틸렌 디아민 ㉰ 아세틸 아세톤 ㉱ 피리딘피라졸론

문제 13. 질산은 적정법으로 시안화수소를 분석할 때 필요치 않은 시약은?

<'99후반기-기사>

㉮ 수산화나트륨 흡수액 ㉯ N/100 Ag/NO_3

㉰ p-디메틸아미노벤지리딘로다닌 ㉱ 클로라민 T용액

제 12항 브 롬 화 합 물

1 . 적용범위

이 시험방법은 화학반응 등에 수반하여 굴뚝 등에서 배출되는 가스중의 브롬(Br_2) 및 브롬화 수소(HBr) 등의 무기브롬 화합물 중의 총브롬의 분석에 관한 방법에 대하여 규정한다.

【준비】

☞ 티오시안산제이수은법

<시약>

수산화나트륨(NaOH), 브롬화칼륨(KBr), 요오드화칼륨(KI), 과망간산칼륨($KMnO_4$), 질산제2수은($Hg(NO_3)_3$), 질산(HNO_3),황산제이철암모늄($(NH_4)Fe(SO_4)_2$), 티오시안산칼륨, 티오시안산제2수은, 메틸알콜(CH_3OH), 황산(H_2SO_4), 4염화탄소(CCl4)

<기구>

흡수병, stack Air Sampler, 100mℓ Mass flask, 250mℓ Mass flask, 유리여과기(G3), 갈색시약병, 50mℓ Mass flask, 분액깔대기, 분광광도계

☞ 차아염소산염법

<시약>

수산화나트륨(NaOH), 티오황산나트륨($Na_2S_2O_3 \cdot 5H_2O$), 무수황산나트륨(Na_2SO_4), 이소아밀알콜, 요오드화칼륨(KI), 요오드산칼륨(KIO_3), 황산(H_2SO_4), 전분(starch), 차아염소산나트륨(NaClO), 초산(CH_3COOH), 염산(HCl), 인산이수소나트륨,($NaH_2PO_4 \cdot 12H_2O$), 개미산나트륨(Sodium formate)

<기구>

500mℓ Mass flask, 250mℓ Mass flask, 삼각 flask, 갈색시약병, 300mℓ 삼각 flask, 150mℓ Mass flask, 코니칼비이커, 흡수병, Stack Air Sampler

2. 분석방법의 종류

2.1 흡광광도법(티오시안산 제 2수은법)

배출가스중 브롬화합물은 수산화나트륨 용액에 흡수시킨 후 일부를 분취해서 산성으로 하여 과망간산 칼륨용액을 사용하여 브롬으로 산화시켜 4염화탄소(CCl_4)로 추출한다. 4염화탄소층에 순수와 황산 제 2철 암모늄용액 및 티오시안산 제 2수은 용액을 가하여 발색한 물층의 흡광도를 측정해서 브롬을 정량하는 방법이다. 이 방법은 배출가스중의 염화수소 100v/v ppm, 염소 10v/vppm 및 아황산가스

50v/vppm 까지는 포함되어 있어도 영향이 없다. 아황산가스 50v/vgpm이상 포함되어 있을 경우는 과망간산 칼륨 용액을 가함으로서 그 영향을 제거할 수 있다.

2.2 적정법(차아염소산염법)

배출가스 중 브롬화합물을 수산화나트륨 용액에 흡수시킨 다음 브롬을 차아염소산나트륨 용액을 사용하여 브롬산이온으로 산화시키고 과잉의 차아염소산염은 개미산나트륨(Sodium Formate)으로 환원시켜 이 브롬산 이온을 요오드적정법으로 정량하는 방법이다. 이 방법은 시료용액중에 요오드가 공존하면 방해되나 보정에 의해 그 영향을 제거할 수가 있다.

표. 1 측정범위

분석방법	시료가스채취량(ℓ)	측정범위(V/V ppm)	
		HBr로서	Br_2로서
적정법	20	0.2~50	0.1~25
흡광광도법	20	0.2~35	0.1~18

표에 표시한 측정범위 이외의 경우는 시료가스 채취량을 적절히 증감한다.

3. 시료의 채취

(1) 흡수액은 수산화나트륨용액(0.4w/v%)으로 한다.

(2) 흡수병(내부용적 100mℓ)을 준비하여 흡수액 35mℓ를 넣어 둔다.

(3) 시료 채취장치는 채취위치의 가까운 곳에 두고 시료가 고온인 경우 및 수증기를 많이 함유하고 있을 경우 흡수병을 냉각조에 넣어 둔다

(4) 시료 흡인속도는 약 1ℓ/분으로 한다.
시료 채취량은 분석방법의 종류에 따라 20~30ℓ로 하고 시료의 브롬농도에 따라 적절히 증감한다.

(5) 시료채취후 콕크를 닫고 흡수병에서 가스미터까지의 장치가 움직이지 않도록 채취관을 주의하여 들어내고 채취관과 도관을 흡수액 약 3mℓ씩을 사용하여 3회정도(합계 약 10mℓ)씻고, 씻은 액을 흡수병중의 흡수액에 가하고 이것을 시료를 흡수한 흡수액으로 한다.

(6) 채취가스량의 측정과 동시 유량계에서 가스온도 및 압력을 측정해 둔다.

4. 분석방법

4.1 흡광광도법(티오시안산 제2수은법)

4.1.1 시약

(1) 흡수액

수산화나트륨 0.4g을 순수에 녹여 100㎖로 한다.

(2) 브롬이온표준원액

110℃에서 한 시간 건조한 브롬화 칼륨(Potassium Bromide) 0.372g을 달아 물에 녹여 정확히 250㎖로 한다. 이 용액 1㎖는 브롬이온 1㎎을 포함한다.

① 흡수액

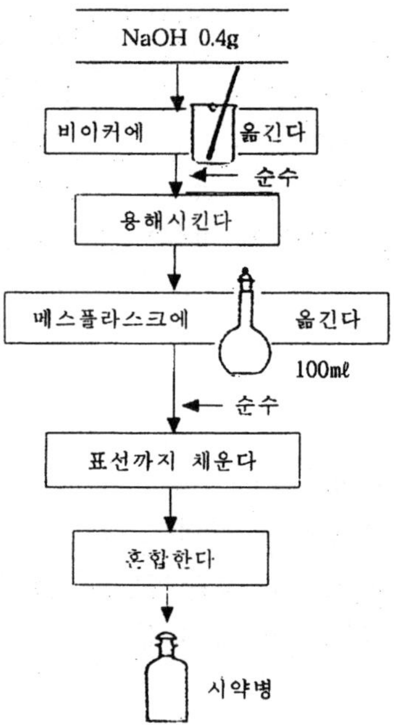

② 브롬이온 표준원액

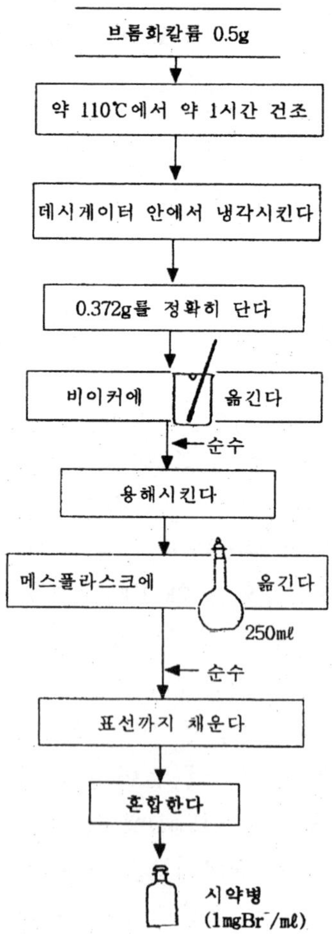

(3) 브롬이온 표준액

브롬이온 표준원액 25㎖를 250㎖메스플라스크에 넣고 순수로 표선까지 채운다.

(4) 요오드화 칼륨용액 (0.13 w/v%)

요오드화 칼륨(Potassium iodide) 0.33g을 순수에 녹여 250㎖메스플라스크에 넣고 순수로 표선까지 채운다.

③ 브롬이온 표준용액

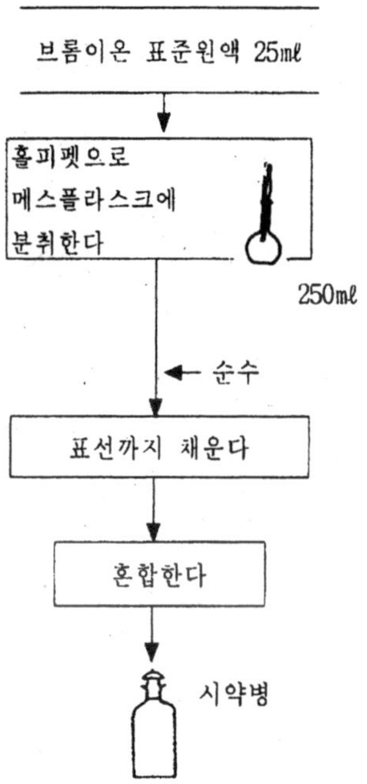

④ 요오드화칼륨 용액(0.13 w/v%)

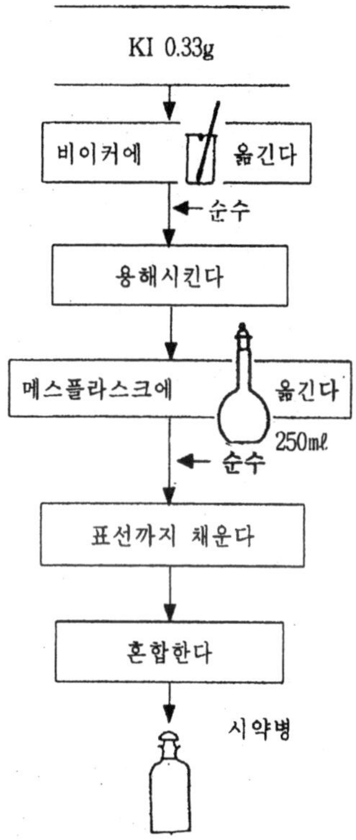

(5) 과망간산 칼륨용액(0.32w/v%)

과망간산칼륨(Potassium Permanganate) 0.79g을 순수에 녹여 250㎖메스플라스크에 넣고 순수로 표선까지 채운다.

(6) 티오시안산 제 2수은

질산 제 2수은 5g에 질산 8㎖를 가하고 순수를 가하여 200㎖로 한다. 여기에 황산 제2철 암모늄용액 3㎖를 가하여 약간 착색이 될 때까지 티오시안산 칼륨용액(4w/v%)을 적가한다. 생성된 침전물을 유리여과기(G3)로 거르고 순수로 수회 씻은 다음 자연건조시킨다.

⑤ 과망간산칼륨 용액(0.32 w/v%)

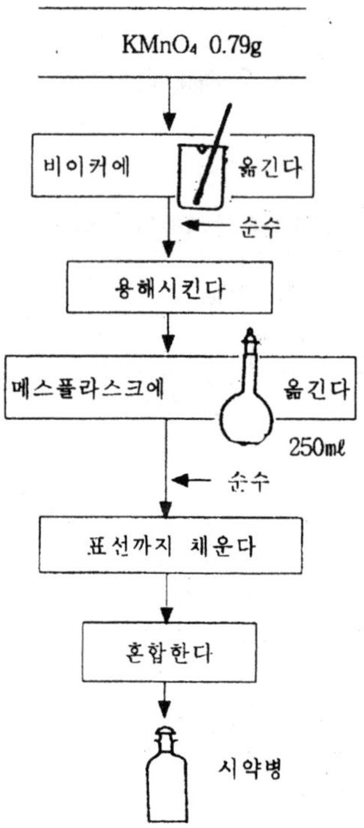

⑥ 티오시안산 제이수은

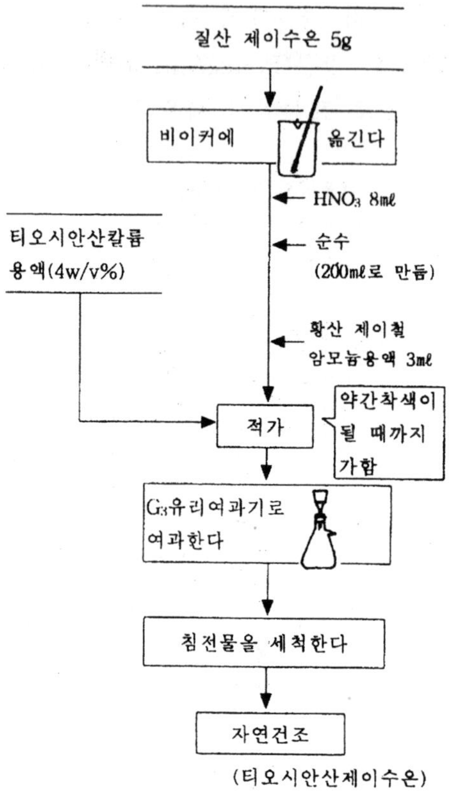

(7) 티오시안산 제 2수은 메틸알코올 용액

티오시안산 제 2수은 0.3g을 메틸알코올(Methyl Alcohol) (95v/v%) 50mℓ에 녹인 다음 100mℓ메스플라스크에 넣고 메틸알코올(95v/v%)로 표선까지 채운다. 이 용액은 갈색병에 넣어 보관해야 한다.

비고 : 시판되는 티오시안산 제 2수은을 그대로 사용할 때는 사용되는 시약에 따라 검량선을 구해둘 필요가 있다.

(8) 황산 제2철 암모늄 용액

황산 제2철 암모늄 6g을 질산(1+1) 100mℓ에 녹여 갈색병에 넣어 보관한다.

(9) 황산(1+1)

(10) 4 염화탄소

⑦ 티오시안산 제이수은 메틸알코올 용액

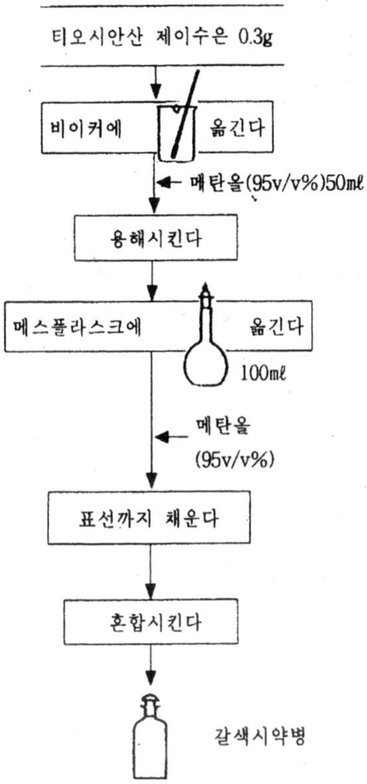

⑧ 황산제이철 암모늄용액

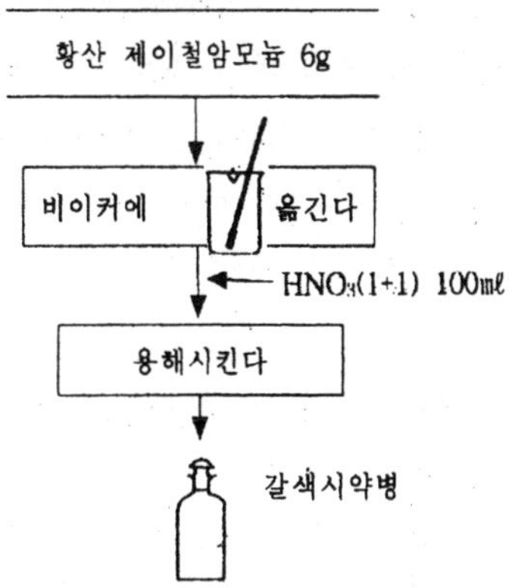

4.1.2 시험 방법

(1) 시료를 흡수한 흡수액을 50m1메스플라스크에 넣고 흡수병은 흡수액으로 씻어 씻은 액을 합한 다음 흡수액으로 표선까지 채우고 이 용액을 분석용 시료용액으로 한다.

(2) 분석용 시료용액 10mℓ를 분취해서 50mℓ분액깔때기에 넣고 요오드화 칼륨용액 0.2mℓ와 황산(1+1) 0.4mℓ그리고 과망간산 칼륨용액 (0.32w/v%) 1.0mℓ를 가하여 잘 혼합한 다음 10분간 방치한다

(3) 여기에 4염화탄소 5mℓ를 가하여 2분간 심하게 흔들어 분리한 후 하층의 4염화탄소층을 다른 분액깔때기에 옮겨 넣는다. 다시 4염화탄소 5mℓ를 가하여 추출하고 4염 화탄소층을 합한다.

(4) 여기에 물 10mℓ와 황산 제 2철 암모늄용액 2mℓ그리고 티오시안산 제 2수은 메틸알코올용액 1mℓ를 각각 정확히 가하여 1분간 심하게 흔든다. 물층을 분리

해서 셀에 넣고 수분후 파장 460nm의 흡광도를 측정한다.

대조액으로는 순수 10㎖에 황산 제 2철 암모늄용액 2㎖와 티오시안산 제 2수은 메틸알코올용액 1㎖를 가하여 잘 흔들어 혼합한 용액을 사용한다.

(검량선의 작성) 50㎖분액깔때기에 브롬이온표준액을 0, 0.5, 1, 3 및 5㎖를 취하여 각각 10㎖되게 한다. 여기에 (2)~(4)까지의 조작을 하여 브롬이온농도와 흡광도와의 관계선을 작성해 둔다.

비고 : 1. 4염화탄소층과 물층과의 분리는 가능하면 완전하게 한다.

2. 배출가스중에 미량이라도 존재할 수 있다고 생각되는 아황산가스 50V/Vppm 이상 공존하면 10v/vppm증가할 때마다 과망간산 칼륨용액 0.1㎖를 여분으로 가한다.
3. (4)에서 발색된 액의 색은 발색 후 2시간까지는 안전하다
4. 온도의 영향은 약간 있으므로 흡광도를 측정할 때의 온도는 검량선을 작성했을 때의 온도와의 차가 5℃이상 되게 하지 말아야 한다.
5. 분리한 사염화탄소층에 순수 10㎖와 황산 제 2철 암모늄용액 2㎖ 그리고 티오시안산 제 2수은 메틸알코올용액 1㎖를 가하여 발색시킬 때 염소 이온이 혼입되지 않도록 주의해야 한다

[검량선 작성]

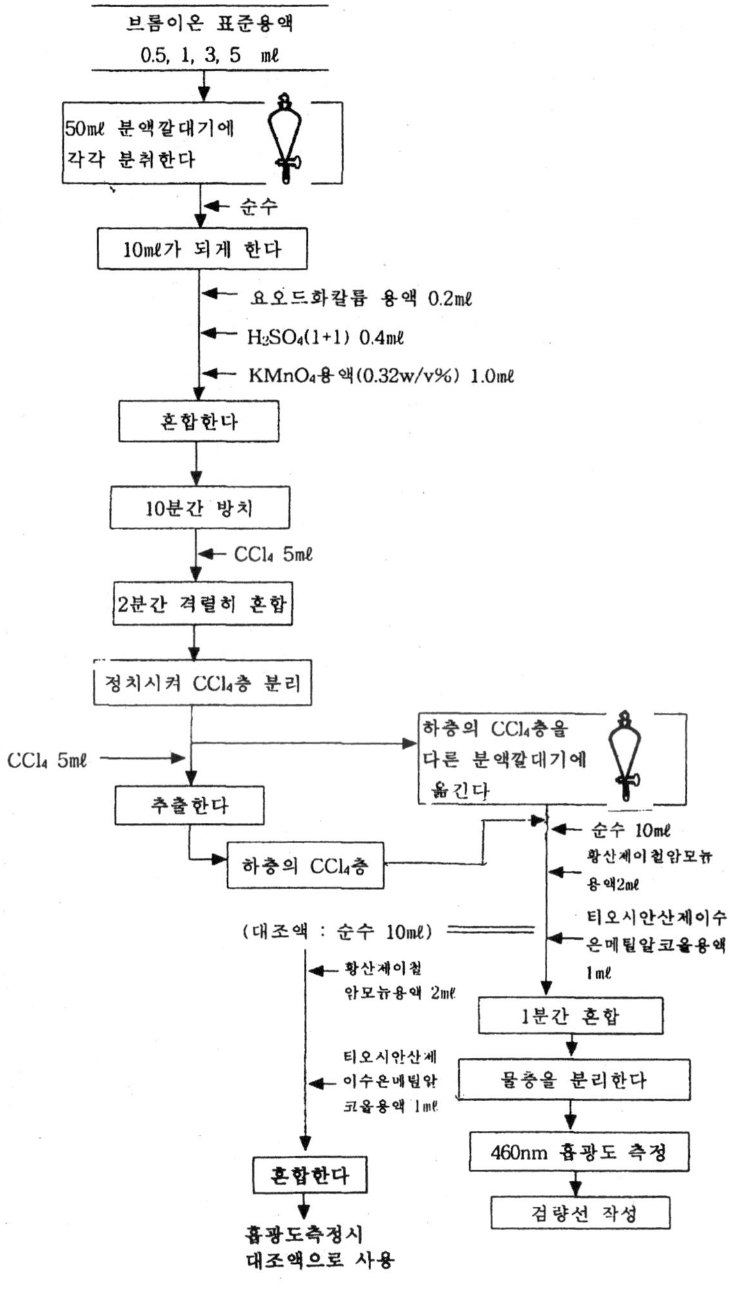
브롬이온 표준용액
0.5, 1, 3, 5 mℓ
50mℓ 분액깔대기에
각각 분취한다
순수
10mℓ가 되게 한다
요오드화칼륨 용액 0.2mℓ
H_2SO_4(1+1) 0.4mℓ
$KMnO_4$용액(0.32w/v%) 1.0mℓ
혼합한다
10분간 방치
CCl_4 5mℓ
2분간 격렬히 혼합
정치시켜 CCl_4층 분리
하층의 CCl_4층을
다른 분액깔대기에
옮긴다
CCl_4 5mℓ
추출한다
하층의 CCl_4층
순수 10mℓ
황산제이철암모늄
용액2mℓ
티오시안산제이수
은메틸알코올용액
1mℓ
(대조액 : 순수 10mℓ)
황산제이철
암모늄용액 2mℓ
티오시안산제
이수은메틸알
코올용액 1mℓ
1분간 혼합
물층을 분리한다
460nm 흡광도 측정
검량선 작성
혼합한다
흡광도측정시
대조액으로 사용

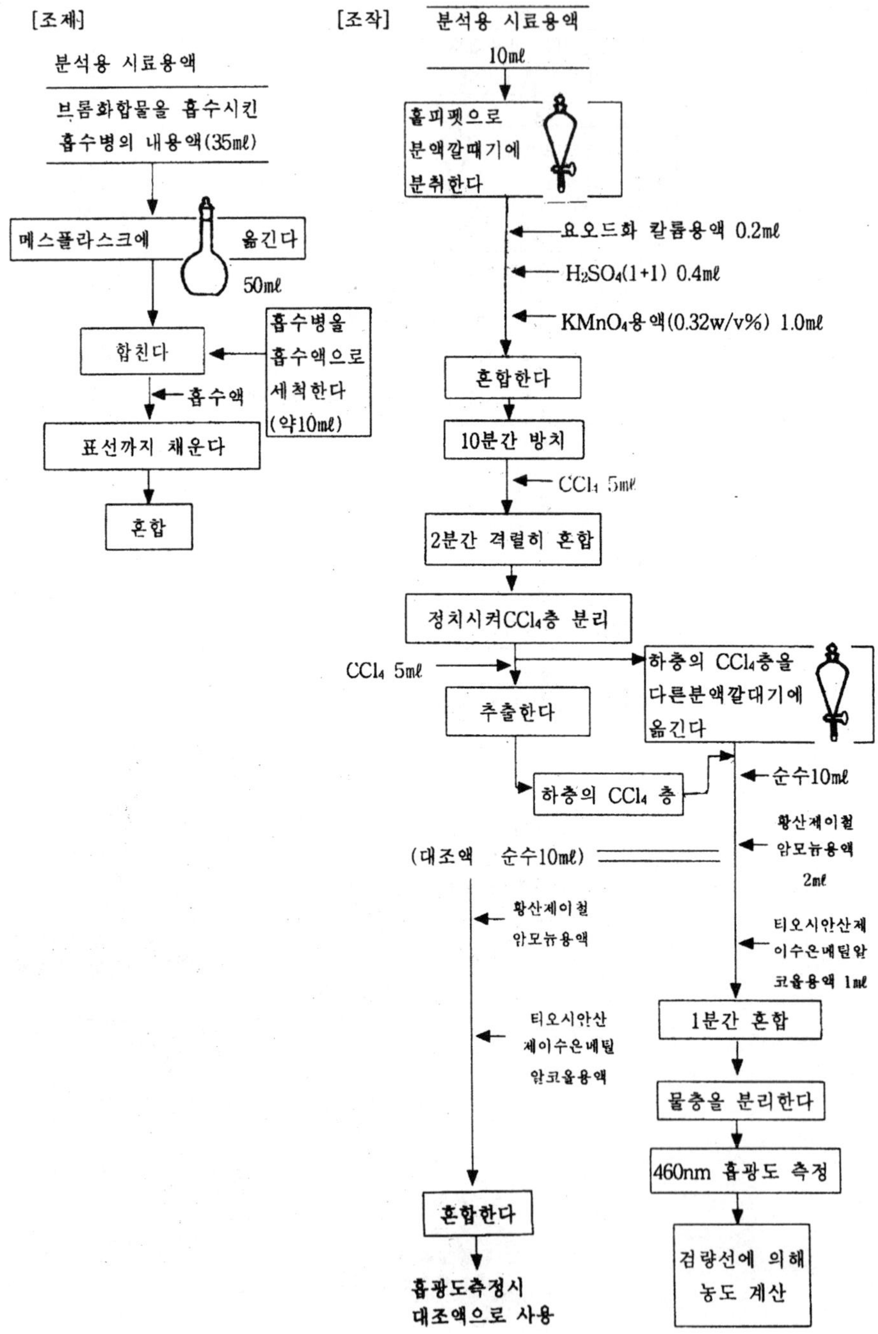
[조제]
분석용 시료용액
브롬화합물을 흡수시킨
흡수병의 내용액(35㎖)
메스플라스크에
옮긴다
50㎖
합친다
흡수병을
흡수액으로
세척한다
(약10㎖)
흡수액
표선까지 채운다
혼합
[조작]
분석용 시료용액
10㎖
홀피펫으로
분액깔때기에
분취한다
요오드화 칼륨용액 0.2㎖
H_2SO_4(1+1) 0.4㎖
$KMnO_4$용액(0.32w/v%) 1.0㎖
혼합한다
10분간 방치
CCl_4 5㎖
2분간 격렬히 혼합
정치시켜CCl_4층 분리
CCl_4 5㎖
추출한다
하층의 CCl_4층을
다른분액깔대기에
옮긴다
하층의 CCl_4 층
순수10㎖
황산제이철
암모늄용액
2㎖
티오시안산제
이수은메틸알
코올용액 1㎖
(대조액 순수10㎖)
황산제이철
암모늄용액
티오시안산
제이수은메틸
알코올용액
혼합한다
흡광도측정시
대조액으로 사용
1분간 혼합
물층을 분리한다
460nm 흡광도 측정
검량선에 의해
농도 계산

4.1.4 계산

다음 식에 따라 계산한다

$$C = a \times \frac{50}{1,000} \times \frac{1,000}{V_s}$$

$$C' = a \times \frac{50}{1,000} \times \frac{0.140 \times 1,000}{V_s}$$

$$C'' = a \times \frac{50}{1,000} \times \frac{0.277 \times 1,000}{V_s}$$

50 : 분석용시료 용액의 총량(mℓ)

C : 시료중의 총브롬(Br)의 농도(mg/m³)

C′ : 시료중의 총브롬(Br_2로 환산)의 농도(V/Vppm)

C″ : 시료중의 총브롬(HBr로 환산)의 농도(V/Vppm)

a : 검량선에서 구한 분석용 시료용액중의 브롬 이온농도(W/Vppm)

V_s : 건조시료 가스량(ℓ)

4.2 적정법(차아염소산염법)

4.2.1 시약

(1) 흡수액

티오시안산 제2수은법과 같다.

(2) N/10 티오황산나트륨용액

염소가스측정에서 조제한 것과 동일하다.

(3) N/100 티오황산나트륨 용액

N/10티오황산나트륨용액 50/fmℓ를 500mℓ메스플라스크에 취하여 순수로 표선까지 채운다. 이 용액은 냉암소에 보관해야 하며 1개월이상 지나면 사용해서는 안된다. f는 N/10티오황산나트륨의 역가이다.

(4) 1N차아염소산 나트륨 용액

차아염소산 나트륨용액(Sodium Hypochlorite Solution) (6~8%)을 다음과 같이 표정하여 농도 C(N)를 구하고 1000/Cmℓ를 100mℓ메스플라스크에 넣고 순수로 표선까지 채운다. 이 용액은 갈색병에 넣어 냉암소를 보관하고 1개월 이상 지나면 사용해서는 안된다.

표정 : 유리마개가 있는 300mℓ삼각플라스크에 차아염소산 나트륨용액 1.0mℓ를 취하여 순수 50mℓ를 가하고 요오드화 칼륨 2g과 초산(1+2) 2mℓ를 가한다.

[조제] ④ 1N 차아염소산나트륨 용액 (표정)

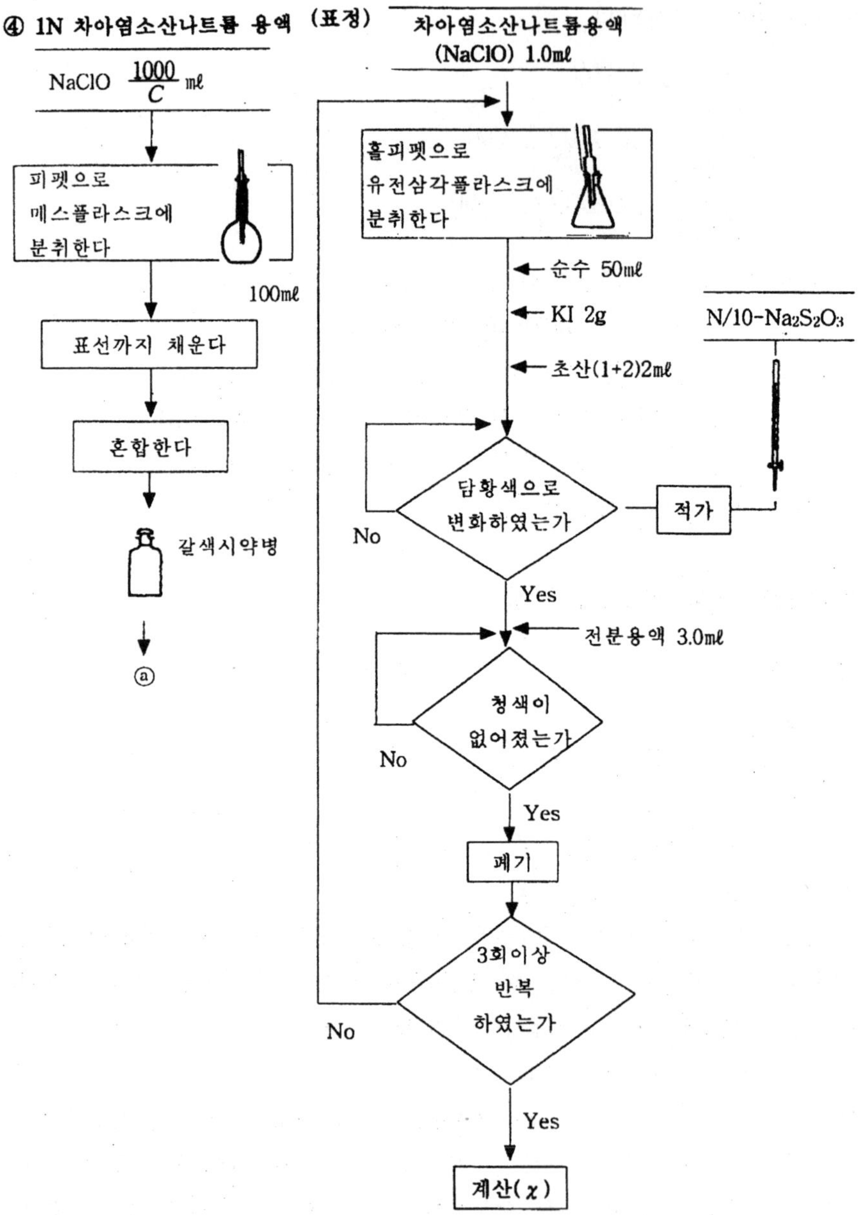

이 때 유리된 요오드를 N/10티오황산나트륨용액으로 적정한다.
용액의 색깔이 담황색으로 변화하면 전분용액 3.0mℓ를 가하고 계속 적정해서

청색이 소실될 때를 종말점으로 한다. 차아염소산 나트륨용액의 농도를 다음 식에 따라 산출한다.

$$C=\frac{x\times f\times 1,000}{1.0}$$

C : 차아염소산나트륨용액의 농도(N)

1.0 : 차아염소산나트륨용액의 사용량(㎖)

x : N/10티오황산나트륨용액의 소비량(㎖)

f : N/10티오황산나트륨용액의 역가

(5) 전분용액

전분(가용성) 0.5g을 소량의 순수에 가하여 잘 섞고 이를 끓는 물 200㎖중에 저으면서 서서히 가한다. 약 1분간 끓인 후 냉각시켜서 염산(1+5) 3㎖를 가한다. 이 용액은 1개월 이상 지나면 사용해서는 안된다.

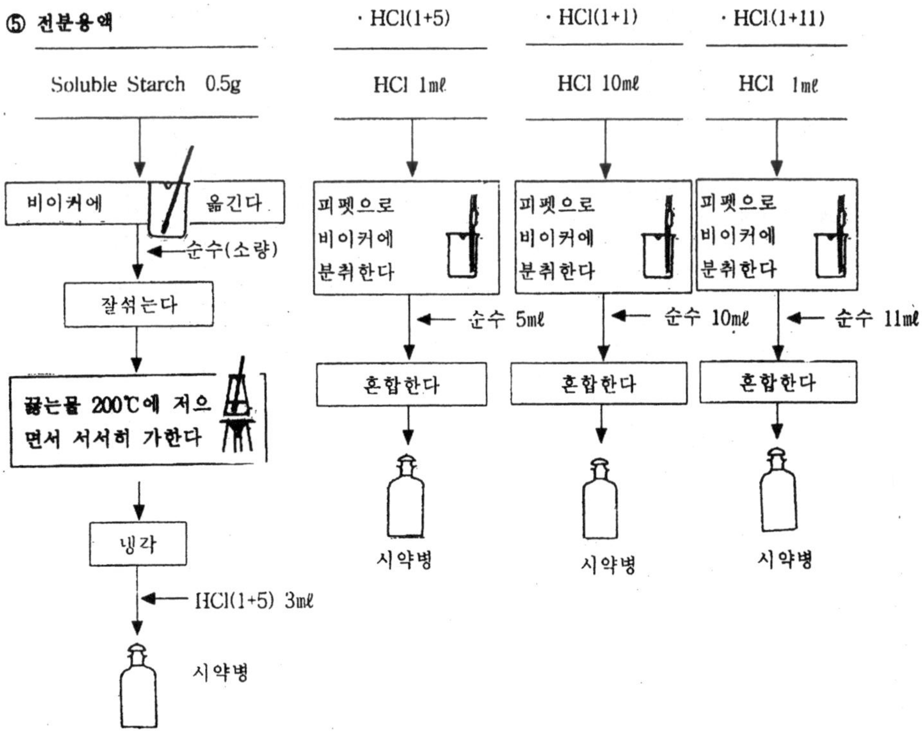

(6) 인산 2 수소나트륨용액 (50 w/v%)

인산2수소나트륨(Sodium Phosphate Monobasic, $NaH_2PO_4 \cdot 12H_2O$) 50g을 순수 80㎖에 녹인 후 100㎖메스플라스크에 넣고 순수로 표선까지 채운다.

(7) 개미산 나트륨용액(50w/v%)

개미산 나트륨(Sodium Formate) 50g을 순수 80㎖에 녹인 후 100㎖메스플라스크에 넣고 순수로 표선까지 채운다.

(8) 요오드화 칼륨용액 (50 w/v%)

요오드화 칼륨 50g을 순수 80㎖에 녹인 후 100㎖메스플라스크에 넣고 순수로 표선 까지 채운다

(9) 염산(1+1)

(10) 염산(1+11)

⑥ 인산이수소나트륨 용액(50w/v%)

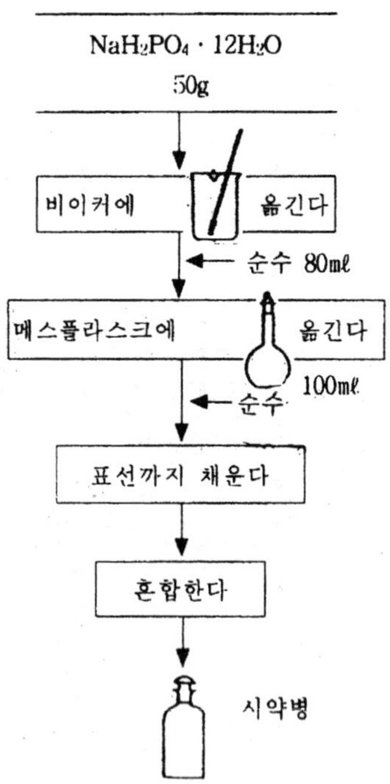

⑦ 개미산나트륨 용액(50 w/v%)

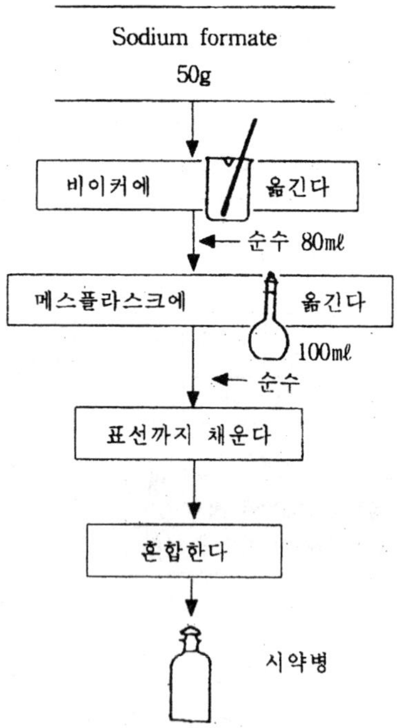

⑧ 요오드화칼륨 용액(50 w/v%)

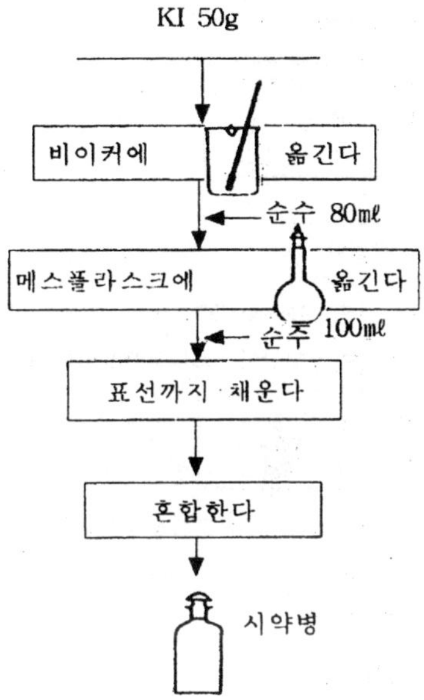

4.2.2 시험 방법

(1) 시료를 흡수한 흡수액을 250mℓ 코니칼비이커에 옮겨 넣고 흡수병을 소량의 순수로 씻어 씻은 액을 합한다.

(2) 여기에 1N차아염소산 나트륨용액 4mℓ와 인산 2수소 나트륨용액(50w/v%) 2mℓ를 가하고 끓는 물중탕 중에서 10분간 가열한다.

(3) 다음에 개미산나트륨용액(50w/v%) 2mℓ와 염산(1+11) 5mℓ를 가하고 끓는 물중탕에서 5분간 가열하여 과잉의 차아염소산 나트륨을 분산시킨다.

(4) 이것을 냉각시킨 후 요오드화 칼륨용액(50w/v%) 1mℓ와 염산 (1+1) 5mℓ를 가하여 유리된 요오드를 N/100티오황산나트륨용액으로 적정하여 용액의 색깔이 담황색이 되면 전분 3mℓ를 가하고 계속 적정하여 용액의 색깔(청색)이 소실될 때를 종말점으로 한다.

(5) 다음 흡수액 45mℓ를 다른 250mℓ코니칼 비이커에 취하고 위의 (1)~(4)까지와 같은 방법으로 조작하여 바탕시험을 하여 보정한다.

[조작]

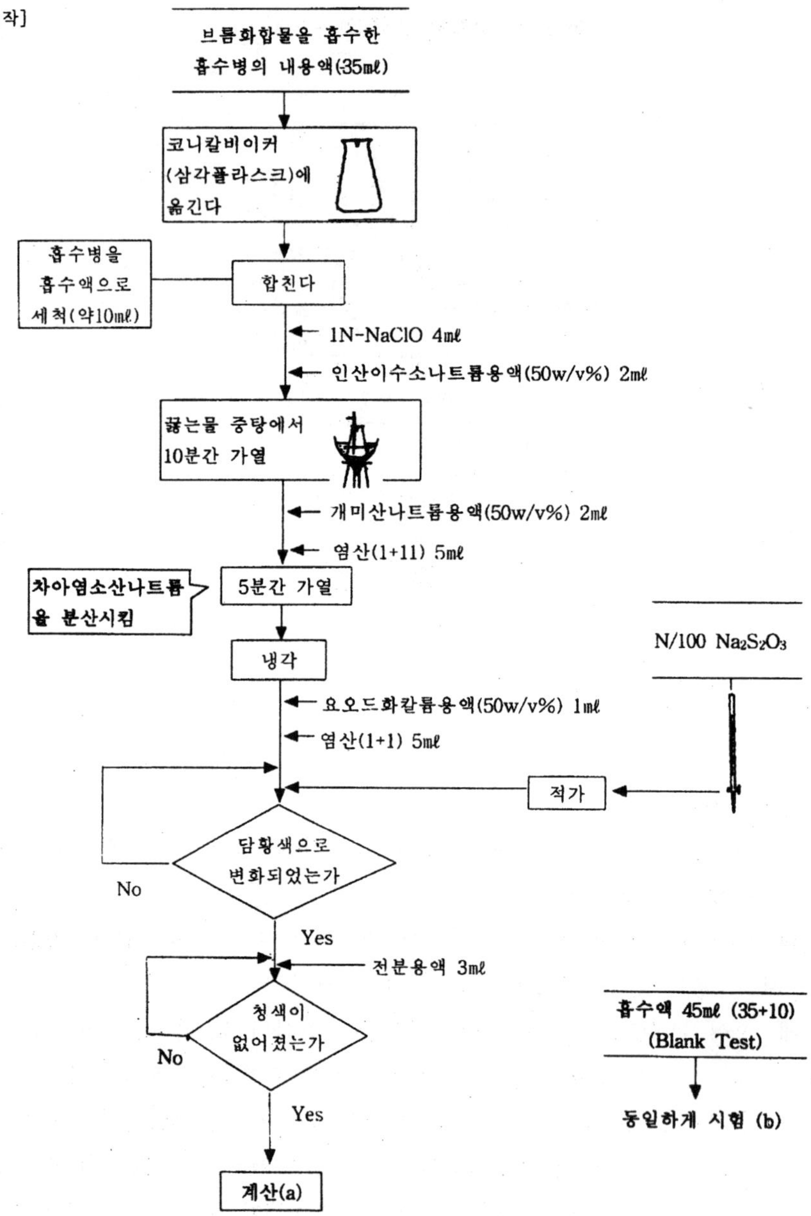
브롬화합물을 흡수한
흡수병의 내용액(35㎖)
코니칼비이커
(삼각플라스크)에
옮긴다
흡수병을
흡수액으로
세척(약10㎖)
합친다
1N-NaClO 4㎖
인산이수소나트륨용액(50w/v%) 2㎖
끓는물 중탕에서
10분간 가열
개미산나트륨용액(50w/v%) 2㎖
염산(1+11) 5㎖
차아염소산나트륨
을 분산시킴
5분간 가열
냉각
N/100 Na2S2O3
요오드화칼륨용액(50w/v%) 1㎖
염산(1+1) 5㎖
적가
담황색으로
변화되었는가
No
Yes
전분용액 3㎖
청색이
없어졌는가
No
Yes
계산(a)
흡수액 45㎖ (35+10)
(Blank Test)
동일하게 시험 (b)

4.2.3 계산

다음 식에 따라 계산한다.

$$C = \frac{0.133 \times (a - b)}{V_s} \times 1,000$$

$$C' = \frac{0.133 \times (a - b)}{V_s} \times 0.140 \times 1,000$$

$$C'' = \frac{0.133 \times (a - b)}{V_s} \times 0.280 \times 1,000$$

C : 시료중의 총브롬(Br)의 농도(mg/m³)

C': 시료중의 총브롬(Br_2로 환산)의 농도(V/Vppm)

C'': 시료중의 총브롬(HBr로 환산)의 농도(V/Vppm)

a : 적정에 소비된 N/100티오황산나트륨용액량(mℓ)

b : 바탕시험에 소비된 N/100티오황산나트륨용액량(mℓ)

V_s : 건조시료 가스량(ℓ)

비고 : 요오드가 공존하면 브롬에 가산되어 계산되므로 다음과 같이 보정한다. 흡수액에 염산(1+11) 10mℓ와 1N차아염소산나트륨용액 1mℓ를 가하여 끓는 물중탕에서 5분간 가열한다. 다음에 개미산 나트륨용액(50w/v%) 5mℓ를 가하여 끓는 물중탕 중에서 5분간 가열후 냉각하여 요오드화 칼륨용액(50w/v%) 1mℓ와 염산(1+1) 6mℓ를 가하여 유리된 요오드를 N/100티오황산나트륨 용액으로 적정하여 a mℓ에서 빼준다.

[과년도 기사 · 산업기사 출제문제]

문제 1. 브롬화합물을 측정할 때 적용되는 측정법은?<'97전반기-산업기사>

㉮ 차아염소산법 ㉯ 질산은적정법 ㉰ 요오드적정법 ㉱ 아세틸아세톤법

문제 2. 흡광광도법에 의한 브롬(Br)정량시 사용되는 흡수액은 어느 것인가?

<'97후반기-산업기사>

㉮ NaOH ㉯ H_2O_2 ㉰ NH_2수 ㉱ HCl

문제 3. 배출가스 중 브롬화합물에 관한 설명 중 잘못된 것은?<'98전반기-산업기사>

㉮ 시료흡인 유량은 20～30 ℓ 로 하고 흡속도는 분당 약 1 ℓ 로 한다.

㉯ 시료 중에 수분이 응축하는 것을 방지하기 위하여 배관을 120℃이상 가열한다.

㉰ 흡수액은 수산화나트륨 용액(0.4w/v%)으로 한다.

㉱ 아황산가스 10ppm이상 함유시는 사염화탄소를 가하여 그 영향을 제거한다.

문제 4. 차아염소산염법에 의한 브롬화합물의 정량시 과잉의 차아염소산을 환원시키는 데 사용하는 것은?<'98후반기-기사>

㉮ 개미산나트륨 ㉯ 수산화나트륨 ㉰ 염산 ㉱암모니아수

문제 5. 브롬화합물을 측정할 때 적용되는 측정법은 ?<'95전반기-산업기사>

㉮ 차아염소산법 ㉯ 질산은적정법 ㉰ 요오드적정법 ㉱ 아세틸아세톤법

문제 6. 다음 중 배출가스 중에 함유된 브롬화합물의 측정방법은?<'99후반기-산업기사>

㉮ 티오시안산제2수은법 ㉯ 페놀디슬폰산법 ㉰ 아세틸아세톤법 ㉱아르세나조법

문제 7. 배출가스 중 브롬화합물에 관한 설명 중 잘못된 것은?<'99후반기-산업기사>

㉮ 시료흡인 유량은 20-30 ℓ 로 하고 흡인 속도는 분당 약 1 ℓ 로 한다.

㉯ 시료 중에 수분이 응축되는 것을 방지하기 위하여 배관을 120℃ 이상 가열한다.

㉰ 흡수액은 수산화나트륨 용액(0.4w/v%)으로 한다.

㉱ 아황산가스 10ppm이상 함유시, 사염화탄소를 가하여 그 영향을 제거한다.

제 13항 벤 젠

1. 적용범위

이 시험방법은 용제의 증발 또는 화학반응 등에 의해 굴뚝 등에서 배출되는 배출가스중의 벤젠을 분석하는 방법에 관하여 규정한다.

2. 분석방법의 종류

2.1 흡광광도법(메틸에틸케톤법)

시료중의 벤젠을 질산암모늄을 가한 황산에 흡수시켜 니트로화하고 이것을 순수로 희석한 후 중화시켜 메틸에틸케톤을 가하고 추출한 추출액에 알칼리를 가하여 잘 혼들어 섞어 얻어진 자색액의 흡광도로 부터 벤젠을 정량하는 방법이다. 이 방법은 시료 채취량 10ℓ인 경우 시료가스 중의 벤젠농도 약 2～20v/v ppm범위의 분석에 적합하다. 방해성분으로 톨루엔과 크실렌은 자색으로, 모노클로로벤젠과 에틸벤젠은 적색으로 발색하므로 측정치가 높아진다.

2.2 가스크로마토 그래프법

시료를 유리용기에 채취해서 이것을 가스중의 벤젠농도에 따라 그대로 또는 냉각 농축시킨 다음 수소염이온화검출기(FID) 또는 열전도도검출기(TCD)를 구비한 가스크로마토 그래프에 의해 정량한다. 이 방법은 시료 채취량이 1ℓ인 경우 벤젠농도 1～1,000V/Vppm범위의 분석에 적합하다

3. 시료 채취장치

흡광광도법(메틸에틸케톤법)을 사용할 경우의 시료 채취장치의 보기를 그림 1에 표시하였고, 가스크로마토 그래프법인 경우는 보기를 그림 2에 표시 하였다.

비고 : 시료중에 수분이 많이 함유되어 있을 때는 제습제로서 탄산칼륨, 황산칼륨, 황산마그네슘 등을 사용하고 약 10ℓ정도 바이패스를 통과시킨 다음 채취하는 것이 좋다.

【준비】

☞ 메틸에틸케톤법

<시약>

탄산칼륨(K_2CO_3), 황산칼륨(K_2SO_4), 황산마그네슘($MgSO_4$), 황산(H_2SO_4), 질산암모늄(NH_4NO_3), Phenolphthalein, 에틸알콜(C_2H_5OH), 수산화칼륨(KOH_3), 메틸에틸케톤, 벤젠(C_6H_6)

<기구>

Stack Air Sampler, 100㎖ Mass flask, 500㎖ Mass flask, 시약병, 약수저, 홀피펫, 흡수병, 100ml Mass flask, 50㎖ 시험관, 유전내색관, 광도계

☞ 가스크로마토그래프법

<시약>

벤젠

<기구>

GC(FID, TCD 검출기)

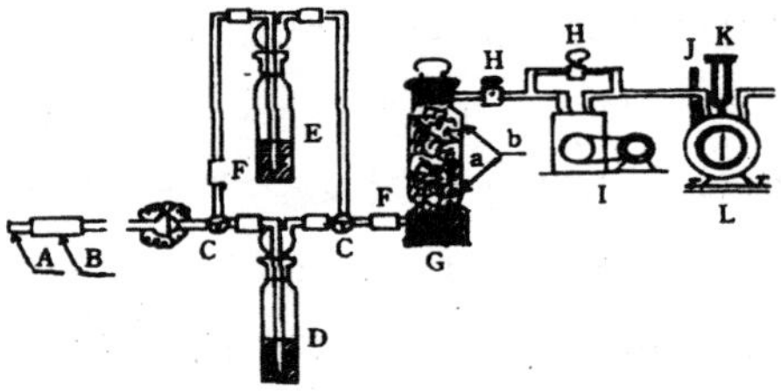

A. 시료가스 채취관(가온할 필요는 없다)
B: 여과재 또는 제습제
C: 삼방코크
D: 흡수병(용량 약 25 ml)
E: 바이패스용 흡수병
F: 규소고무관
G: 건조탑
H: 온도 조절코크
I: 흡인펌프
J. 온도계
K: 압력계
L: 가스미터(1회전 1ℓ)
a: 입상소다석회
b: 유리솜

그림1 시료채취장치(흡광광도법)

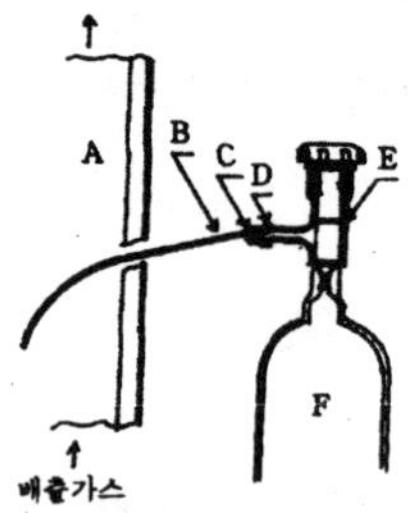

A: 굴뚝
B: 불소수지관(직경 2 mm)
C: 규소고무마개(직경 8 mm)
D. 규소고무관
E: 유리－불소수지코크
F: 진공병(1ℓ)

그림2 시료채취장치(가스크로마토 그래프법)

4. 분석방법

4.1 흡광광도법(메틸에틸케톤법)

4.1.1 시약

(1) 니트로화산액 (Nitro)

황산 약 250mℓ를 냉각하면서 분말로 된 질산암모늄 100g을 조금씩 가하여 녹이고 다시 황산을 가하여 전량을 500mℓ로 하여 마개를 막아 보관한다.

(2) 페놀프탈레인용액(Phenolphthalein 용액) (0.5w/v%)페놀프탈레인 0.5g을 에틸알코올(95v/v%)에 녹여 100mℓ로 한다.

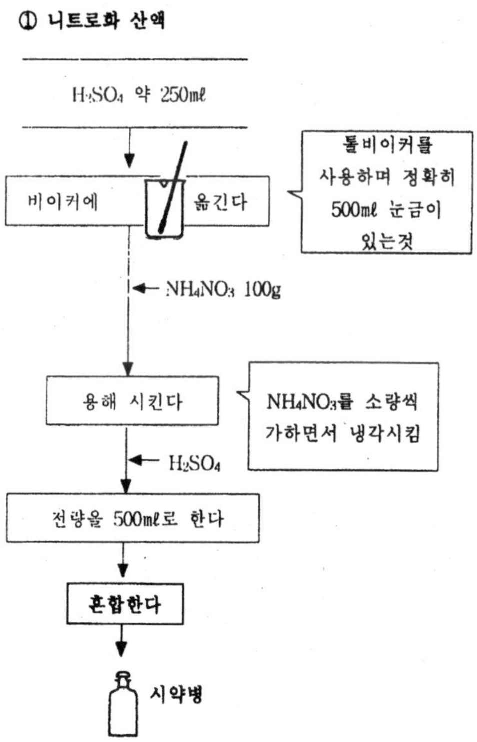

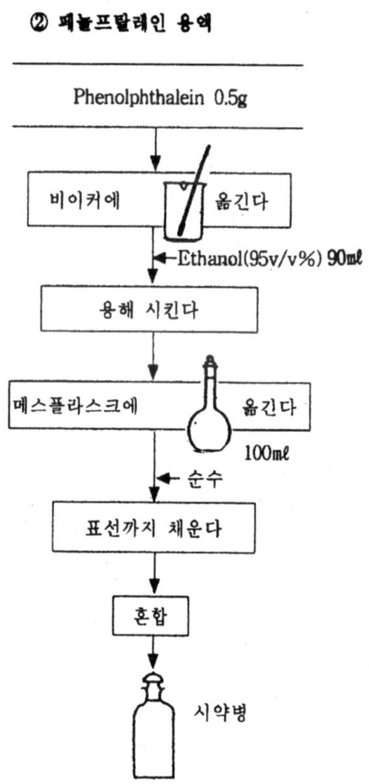

(3) 수산화 칼륨용액 (70 w/v%)

수산화 칼륨 70g을 순수에 녹여 100mℓ로 한다.

(4) 메틸에틸케톤(Methyl Ethyl Ketone)

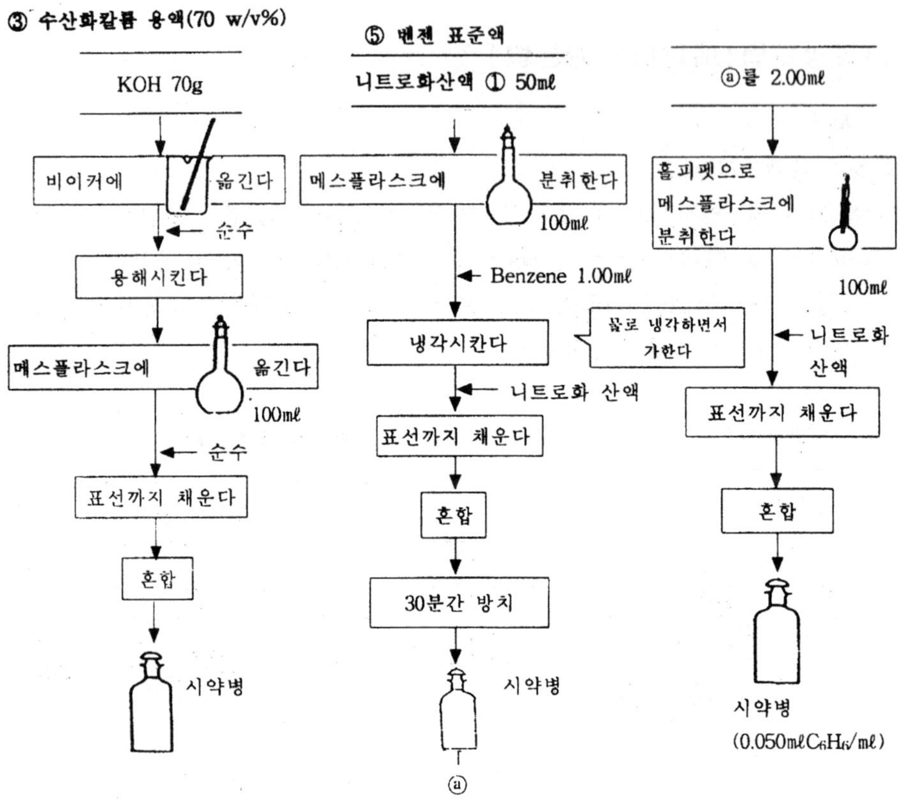

(5) 벤젠표준액 (Benzene 표준액)

니트로화산액 50mℓ를 100mℓ메스플라스크에 취해 물로 냉각하면서 벤젠 1.00mℓ를 가하고 다시 니트로화산액을 가하여 전량을 100mℓ로 한다. 실온에서 30분간 방치한 후 이 액 2.00mℓ를 취하고 니트로화산액을 가하여 100mℓ로 한다. 벤젠표준액 1mℓ는 0.050mℓ C_6H_6가스(0℃, 760mmHg)에 상당하고 또 0.175mg C_6H_6에 상당한다.

4.1.2 시료가스채취

(1) 그림 3의 흡수병 2개를 준비해서 시료채취 직전에 니트로화산액 10mℓ를 넣는다. 단, 한개는 바이패스용 흡수병으로 한다.

(2) 흡수병은 될 수 있으면 채취위치에 가까이 놓는다.

(3) 흡수병에 시료를 도입하기 전에 배관속을 시료로 충분히 치환한다.

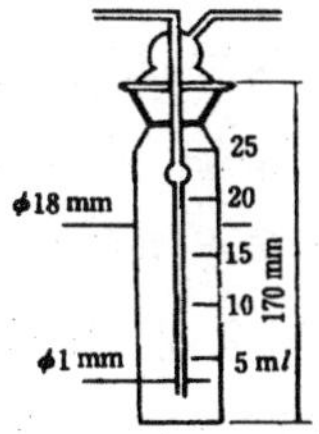

그림 3 흡수병 (용량 25mℓ)

(4) 시료의 흡인속도는 0.5~1mℓ/분으로 한다. 채취하는 시료량은 시료중의 벤젠의 농도에 따라 증감하여 벤젠 0.02~0.2mℓ(약 80~800μg)에 상당하는 양이 되도록 한다.

(5) 시료가스미터에서의 유량, 온도 및 압력을 측정해 둔다.

4.1.3 분석용시료 용액의 조제

50mℓ메스플라스크에 순수 20mℓ를 넣고 여기에 시료를 흡수한 니트로화산액을 냉각하면서 천천히 가한다. 또 흡수병을 순수로 씻고 씻은 액을 합쳐 순수로 표선까지 채워 이것을 분석용 시료용액으로 한다.

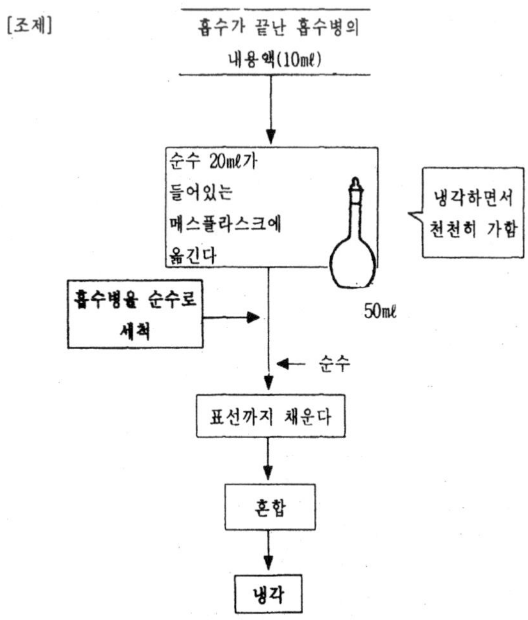

4.1.4 조 작

분석용 시료용액 1.0mℓ를 유리마개가 있는 50mℓ시험관(10, 20mℓ표선이 그어져 있는 것, 유전 비색관)에 취하고 순수를 가하여 5mℓ로 한 후 페놀프탈레인용액(0.5w/v%)한 방울을 가하여 수산화칼륨용액(70w/v%)으로 중화시켜 냉각시킨 다음 순수를 가하여 전량을 10mℓ로 한다. 다음에 메틸에틸케톤 10mℓ를 가하여 마개를 막고 2분간 강하게 흔들어 섞은 다음 방치하여 분리한다.

[조작]

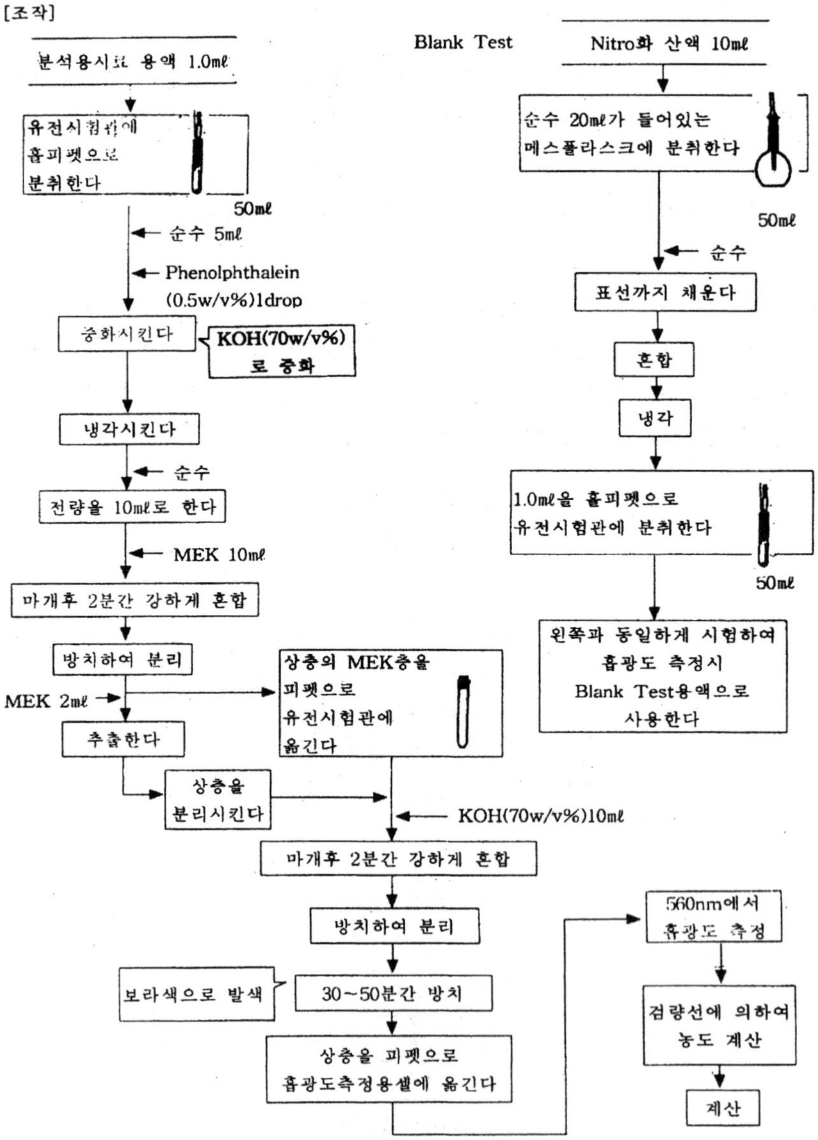

상층의 메틸에틸케톤층을 피펫으로 유리마개가 있는 시험관에 옮긴다. 하층의 물층에는 다시 메틸에틸케톤 2㎖를 가하여 잘 흔들어 섞은 다음 상층을 분리시켜 위의 추출액에 합한다. 필요할 때는 이 추출액에 메틸에틸케톤을 가하여 전량 10㎖로 한다. 여기에 수산화칼륨용액 (70w/v%) 10㎖를 가하여 마개를 막고 2분간 강하게 흔들어 섞은 다음 방치해서 2개의 층으로 분리한다. 상층을 피펫을 사용하여 흡광도를 측정용 셀에 옮긴다.

별도로 벤젠을 포함하지 않은 니트로화산액 10㎖를 위와 같은 방법으로 조작해서 바탕시험액을 만들어 이것을 대조액으로 하여 먼저 분취한 시료의 발색액의 흡광도를 파장 560nm에서 측정한다. 흡광도의 측정은 발색 후 30~50분 사이에 행한다.

4.1.5 검량선의 작성

유리마개가 있는 50㎖시험관 4개에 벤젠표준액 0.5, 1.0, 2.0, 4.0㎖를 각각 취하고 니트로화산액을 가하여 10㎖로 한 후 순수로 전량을 50㎖로 하고 잘 흔들어 섞는다. 이 액으로부터 1.0㎖를 취하여 50㎖ 유전 비색관(눈금이 있는것)에 취하고 상기의 조작과 같이 처리하여 발색액의 흡광도를 측정하고 벤젠량과 흡광도와의 관계선을 작성한다.

4.1.6 계산

다음 식에 의하여 시료중의 벤젠농도를 산출한다.

$$C=\frac{A\times 50\times 1,000}{V_s}$$

$$C'=C\times\frac{1}{10,000}$$

C : 시료중의 벤젠농도(V/Vppm)
C': 시료중의 벤젠농도(V/V%)
A : 검량선으로부터 구한 벤젠의 ㎖
(분석용 시료용액 1.0㎖중의 벤젠가스의 ㎖)
V_s : 건조시료 가스량(ℓ)

(검량선 작성)

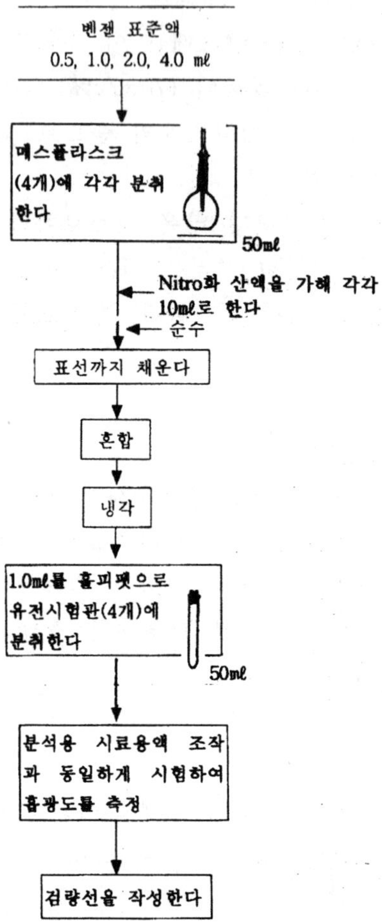

4.2 가스크로마토 그래프법

4.2.1 시약

(1) 벤젠

가스크로마토그램에서 불순물이 감지되지 않는 경우를 순도 100%로 한다.

(2) 교정용가스

그림 4에서와 같이 규소고무마개가 있고 미리 용적을 알고 있는 내부용적 약 1,000㎖의 표준가스병(용기 콕크는 연마되지 않은 것을 사용하고 충분히 씻어서

기름분을 제거한다)에 규소고무 마개를 통하여 마이크로 주사기로 벤젠 5㎖를 주입해서 휘발시킨다.

이것을 교정용 가스로 한다. 표준가스병의 내부용적이 1,000㎖의 경우에는 교정용가스 1㎖는 0.00126㎖ C_6H_6 (0℃, 760 mmHg)에 상당한다

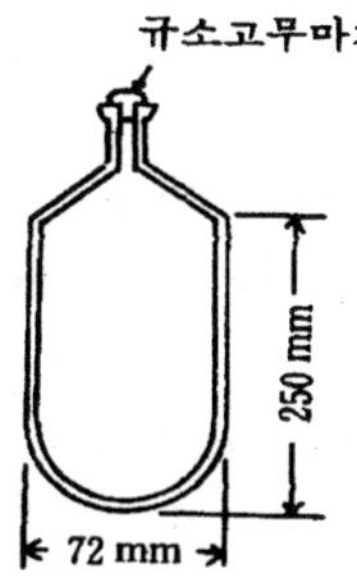

그림 4 표준가스병의 보기

4.2.2 기구

가스크로마토그래프

(1) 검출기

수소염 이온화 검출기 (FID) 또는 열전도도 검출기 (TCD)

(2) 분리관

내경 3~4㎜, 길이 3~5m

(3) 분리관충전제

인산트리크레실 20~30v/v% 크로모솔브 W부착(1)

(4) 분리관 재질

유리 또는 스테인레스강

(5) 분리관 온도

실온으로부터 120℃까지 6℃/분 승온 또는 정온 가스크로마토그래프에서는 70~100℃사이의 일정한 온도

(6) 운반가스

수소염 이온화 검출기의 경우는 순도 99.8%이상의 질소(50~80㎖/분)를, 열전도도 검출기의 경우는 순도 99.8%이상의 수소 또는 헬륨을 사용한다.

주(1) 기타 DOP(프탈산 디옥틸), 레오프렉스 400, PEG(폴리에틸렌 글리콜) 6,000,유동피라핀 등도 사용할 수 있다. 각각 시료가스중의 불순물에 의한 방해가 없는 것을 확인해야 한다.

4.2.3 시료 채취

채취용기로써는 그리이스가 필요없는 코크마개가 붙어 있는 1ℓ 유리병을 준비한다. 예를 들면 그림 5에 표시한 것과 같은 유리-불소 수지 코크마개가 달리고 내부 용적을 알고 있는 진공병이 좋다.
시료채취에 있어서는 용기를 미리 진공으로 한 후 직접 또는 도관(2)을 통하여 시료 가스를 흡인채취 한다.(3)

주(2) 관경이 큰 도관에서는 관내에 시료를 가득 채워놓은 상태에서 채취 한다. 도관의 재질은 불소수지 또는 유리로 하고 도관은 될 수 있으면 불소수지관(내경 2㎜정도)을 사용하는 것이 좋다.

주(3) 기온 및 배출가스온도를 측정해 놓고 보정이 필요할 때 사용한다 배출가스온도가 현저하게 높지 않을 때는 그때의 기온을 가지고 채취시의 시료 온도로 해도 좋다.

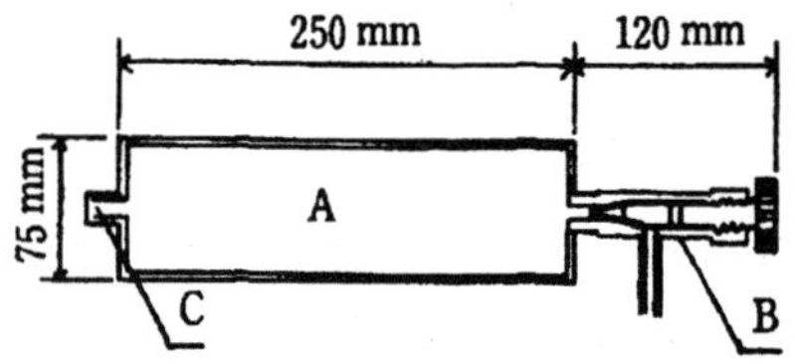

A. 진공병(1ℓ) C· 규소고무마개
B· 유리-불소수지코크

그림 5 시료채취병

4.2.4 분석용 시료의 조제

(1) 시료중의 벤젠농도에 따라 표와 같이 채취한 시료를 그대로 분석용 시료로 하는 경우와 농축해서 사용하는 경우로 나눈다.

벤젠농도	수소염이온화검출기(FID)	열전도도 검출기(TCD)
100～1,000V/Vppm	그대로 또는 희석	그대로 또는 농축
1 ～ 100V/Vppm	그대로 또는 희석	농 축

(2) 시료를 농축하는 경우는 그림 6에 표시한 것처럼 시료가스 채취병을 연결시켜 시료 전량을 가스크로마토 그래프용 시험관에 옮긴다. 먼저 가스크로마토그래프용 시험관 부분을 한제(액체공기, 액체산소(4), 드라이아이스)로 냉각시킨 다음 필요에 따라 채취병을 가온해서 진공펌프로 시료를 흡인한다.

이 때 흡인 속도는 액체산소인 경우 500mℓ/분 이하, 드라이아이스인 경우는 100 mℓ/분 이하로 한다.

옮기는 조작이 끝나면 가스크로마토 그래프용 시료관의 콕크를 막고 진공펌프를 멈추고 시료관을 상온으로 하여 분석용 시료로 한다.

주(4) 주의사항

① 밀폐한 장소에 보관하지 말것.

② 대량의 유기물과 혼합하지 말것.

③ 액체 산소 대신에 액체 질소를 사용하면 공기중의 산소가 가스크로마토 그래프용 시료관에 녹아 들어가므로 액체질소는 사용하지 않는다.

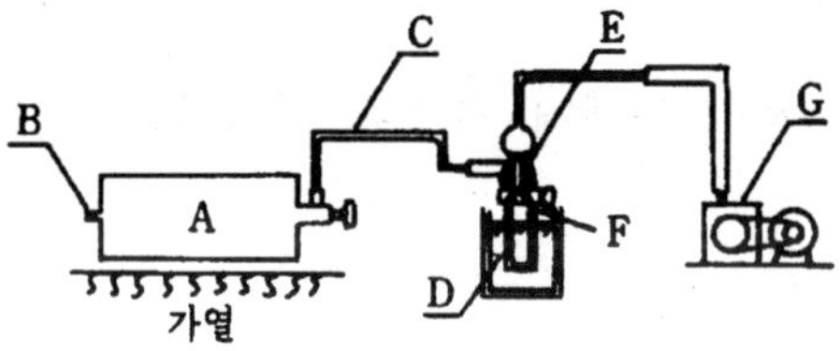

A : 진공병(1 ℓ)
B : 규소고무마개
C : 불소수지관(직경 2~3 mm)
D : 한제
E : 가스크로마토그래프용 시료관
F : 접속관
G : 진공펌프

그림 6 농축장치의 보기

4.2.5 조작

(1) 분석용 시료를 규소고무마개가 달린 채취병으로 부터 시료가스 1mℓ를 주사기에 취하고 가스크로마토 그래프에 도입시켜 크로마토그램을 만든다.

(2) 농축한 분석용 시료인 경우는 그림 7에 표시하는 것과 같은 가스화도입 장치를 사용하여 가스크로마토 그래프장치에서 나온 운반가스를 L형 접속관을 통하여 가스크로마토 그래프용 시험관에 연결하고 콕크를 돌려 분석용시료 전량을 도입시켜 크로마토그램을 만든다 이 때 가스크로마토 그래프용 시료관을 100℃로 가열해서 수분 등이 남지 않도록 완전 도입한다.

(3) 분석전후에 교정용 가스 0.5mℓ를 도입시켜 동일분석 조건으로 크로마토그램을 만든다.

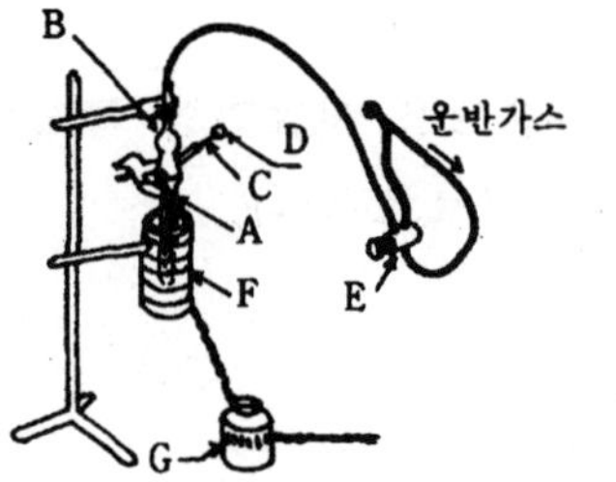

A 가스크로마토그래프용 시료관
B : L자형 접속관
C : 주사바늘
D : 가스크로마토그래프용 시료도입구
E : 가스통로 절환용 삼방코크
F : 소형가열기
G : 전압조절기

그림 7 가스크로마토 그래프에 시료의 가스화도입 장치

4.2.6 계산

시료 및 교정용 가스중의 벤젠의 피이크 면적을 측정해서 양자의 비교에 의하여 농도를 산출한다.

$$C=\frac{A}{A_s}\times\frac{1,260\times0.5}{V_s}$$

C : 배출가스중의 벤젠농도 (V/Vppm)
A : 분석용 시료의 피이크면적 (㎟)
A_s : 교정용 가스의 피이크면적 (㎟)
V_s : 건조시료 가스량(㎖)
(온도, 압력의 보정을 요할 때는 그 보정치를 사용한다)

[과년도 기사 · 산업기사 출제문제]

문제 1. 벤젠을 흡광 광도법으로 분석하기 위한 흡수액은?<'92전반기-산업기사>

㉮ 니트로화 산액 ㉯ 수산화나트륨 용액 ㉰디에칠아민 구리액 ㉱ 붕산용액

문제 2. 배출가스 중 벤젠을 분석하는 가스크로마토 그래피법에 대한 설명 중에서 맞는 것은? <'96후반기-기사>

㉮ 분리관의 온도는 실온으로부터 120℃까지 6℃/분 승온 또는 정온

㉯ 수소염이온화 검출기의 경우는 순도 99.8% 이상의 헬륨을 사용한다.

㉰ 열전도도 검출기의 경우는 순도 99.8% 이상의 수소 또는 질소를 사용한다.

㉱ 가스크로마토 그래피용 시험관부분을 냉각시키는 한제는 액체공기, 액체산소, 드라이아이스 등이 쓰인다.

문제 3. 메틸에틸케톤법에 의한 벤젠의 시료가스 채취량이 10ℓ일 때 분석에 가장 적합한 시료가스 중의 벤젠의 농도는?<'94전반기-기사>

㉮ 2-50v/vppm ㉯ 2~40v/vppm ㉰ 2~20v/vppm ㉱ 2~10v/vppm

문제 4. 배출가스 중의 벤젠을 가스크로마토 그래프법으로 측정시, 시료가스 채취량이 1ℓ일 때 적합한 벤젠농도(V/vppm)의 범위는 ?<'94전반기-산업기사>

㉮ 0.01~10 ㉯ 0.05~200 ㉰ 0.1~500 ㉱ 1~1000

문제 5. 벤젠 농도 2-20(V/V)rpm 범위의 분석에 가장 적합한 측정법은?

<'99후반기-산업기사>

㉮ 가스크로마토 그래프법 ㉯ 메틸에틸케톤법(흡광광도법)

㉰ 적정법(차아염소산법) ㉱ 용량법(질산토륨-네오트린법)

제 14항 페 놀 화 합 물

1 적용범위

이 시험방법은 화학반응 등에 의해 굴뚝에서 배출되는 배출가스중의 페놀류의 분석방법에 관하여 규정한다.

2. 분석방법의 종류

2.1 흡광광도법(4-아미노 안티피린법)

시료중의 페놀류를 수산화나트륨용액(0.4w/v%)에 흡수시켜 포집한다. 이 용액의 pH를 10±0.2로 조절한 후 여기에 4-아미노 안티피린 용액과 페리시안산 칼륨 용액을 순서대로 가하여 얻어진 적색액을 510nm의 가시광선에서의 흡광도를 측정하여 페놀류의 농도를 산출한다. 이 방법은 시료가스 채취량이 10ℓ인 경우 시료중의 페놀류의 농도가 1~20v/vppm범위의 분석에 적합하다. 또한 염소, 취소등의 산화성가스 및 황화수소, 아황산가스등의 환원가스가 공존하면 부의 오차를 나타낸다.

【준비】

☞ 4-아미노안티피린법

<시약>

수산화나트륨(NaOH), 4-아미노안티피린, 페리시안화칼륨, 염화암모늄(NH_4Cl), 암모니아수(NH_4OH), 염산(HCl), Phenol, 브롬산칼륨, 브롬화칼륨(KBr), 요오드화칼륨(KI), 티오황산나트륨($Na_2S_2O_3 \cdot 5H_2O$),전분(Starch),무수황산나트륨(Na_2SO_4), 이소아밀칼륨, 요오드산칼륨(KIO_3), 황산(H_2SO_4)

<기구>

1ℓ Mass flask, 흡수병, 100㎖ Mass flask, pH Meter, 유전내색관, 분광광도계, Stack Air Sampler

2.2 가스크로마토 그래프법

시료중의 페놀류를 수산화나트륨용액(0.4w/v%)에 흡수시켜 포집한다. 이 용액을 산성으로 한 후 초산에틸로 용매를 추출해서 분석용 시료용액으로 한 것과 또는 시료중의페놀류를 기체그대로 포집병에 채취한 것을 수소염이온화검출기 (FID)

를 구비한 가스크로마토그래프로 정량해서 페놀류의 농도를 산출한다. 이 방법은 10ℓ의 시료를 용매추출 했을 때 시료중의 페놀류의 농도가 1~300v/vppm범위의 분석에 적합하다. 단 어느 경우도 아피에존 L분리관을 사용하여 150℃에서 분석했을 경우이고 내열성이 보다 낮은 분리관을 한계온도 근방에서 사용했을 경우 또는 보유시간이 길었을 경우의 정량하한치는 이것보다 상당히 높은 농도가 된다.

3. 시료 채취(용액흡수법)

3.1 흡수액

수산화나트륨 4g을 순수에 녹여 1ℓ로 만들어 흡수액으로 한다.

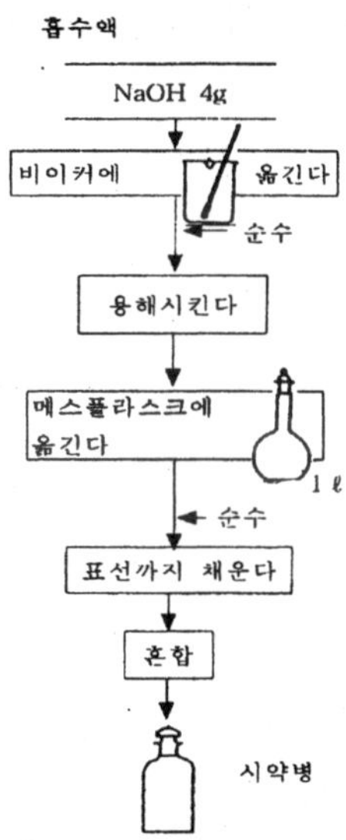

3.2 시료가스 흡수

(1) 흡수병을 두개이상 준비해서 흡수액을 각각 40mℓ를 넣어 직렬로 연결한다. 흡

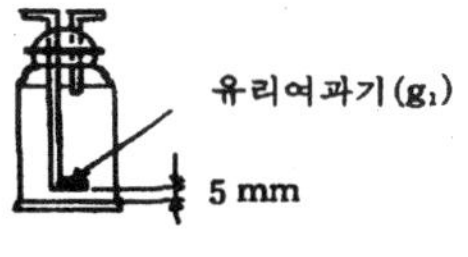

그림 1 흡수병의 보기(내부용적 150~200mℓ)

수병은 그림에 표시한 것과 같은 위로 향한 여과판이 부착된 150~200mℓ용량의 것을 사용한다.

(2) 시료의 흡입유량은 0.5~1ℓ/분으로 하고 약 10ℓ의 시료가스를 채취한다. 단, 채취량은 시료중의 페놀류의 농도에 따라 적절히 증감한다

(3) 가스유량계의 압력 및 온도를 측정해 둔다.

3.3 분석용 시료용액의 조제

(1) 흡광광도법

시료를 흡입한 흡수병의 내용액을 200mℓ비이커에 옮기고 흡수병을 순수로 씻어 씻은 액을 합친다. 다음 염화암모늄-암모니아용액[염화암모늄 50g을 순수에 녹여 1ℓ로 하고 암모니아수(6N)를 가하여 pH미터를 사용하여 pH를 10.0±0.2로 조절한 것] 10mℓ를 가한 후 pH미터를 사용하여 염산(1+1) (사용량은 약 5mℓ)로 pH를 10.0±0.2로 조절한다. 이 용액을 200mℓ메스플라스크에 옮겨 넣고 염화암모늄-암모니아

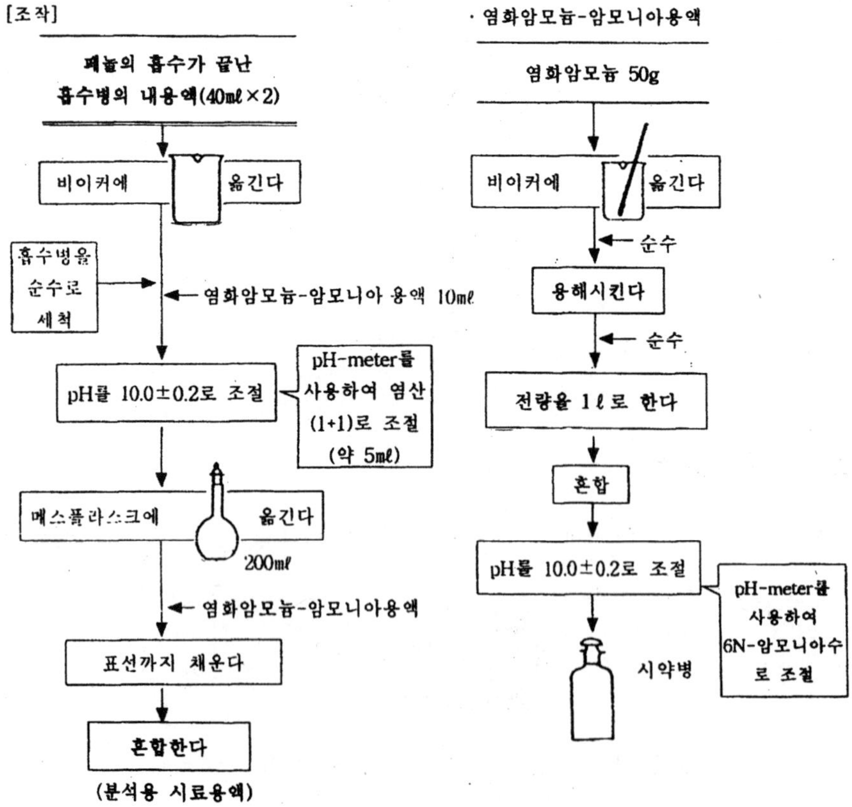

용액을 사용하여 비이커를 씻어 200mℓ메스플라스크에 넣고 염화암모늄-암모니아 용액으로 표선까지 채워 이 용액을 분석용 시료 용액으로 한다.

4. 분석방법

4.1 흡광광도법(4-아미노안티피린법)

4.1.1 시 약

(1) 4-아미노안티피린 용액 (0.2w/v%)

4-아미노안티피린(4-Aminoantipyrine) 0.2g을 순수에 녹여 100mℓ로 한다. 사용시 조제 한다.

(2) 페리시안화 칼륨용액(0.4w/v%)

페리시안화칼륨(Potassium Ferricyanide) 0.4g을 순수에 녹여 100mℓ로 한다. 필요할 때는 걸른다. 이 용액은 1주일간 사용할 수 있으나 암적색으로 변색되는 것은 사용해서는 안된다.

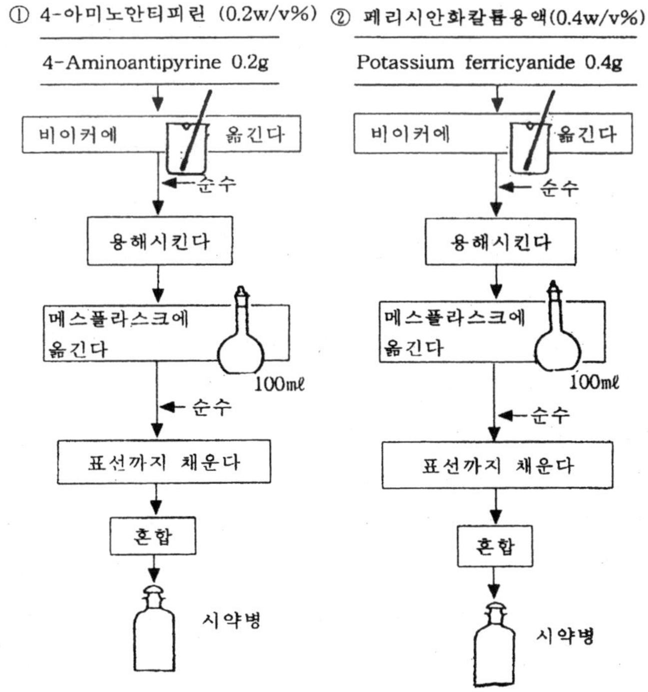

(3) 염화암모늄-암모니아용액

염화암모늄 50g을 순수에 녹여 1ℓ로 하고 pH미터를 사용 암모니아수(6N)로 pH를 10.0±0.2로 조절한다.

(4) 염산(1+1)

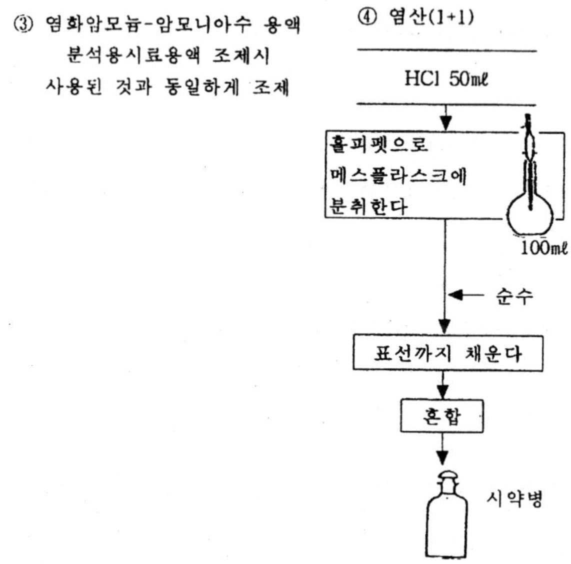

(5) 페놀표준원액

페놀(Phenol) 1g을 순수에 녹여 1ℓ로 한다. 냉암소에 보관하고 조제 후 1개월이상 경과되면 사용하지 못한다.

표정 :유리마개가 있는 500mℓ플라스크에 순수 100mℓ를 취하고 여기에 페놀 표준원액 50mℓ를 가한다. 여기에 브롬산칼륨-브롬화 칼륨용액(N/10) (브롬산 칼륨 2.78g과 브롬화칼륨 10g을 순수에 녹여 1ℓ로 한다) 50mℓ를 정확히 가하고 다시 염산 5mℓ를 가한다. 마개를 파고 조용히 흔들어 섞은 다음 갈색의 브롬이 유리된 다음 10분간 방치한다. 다음에 요오드화 칼륨 1g을 가하여 유리한 요오드를 N/10 티오황산나트륨용액으로 적정해서 액의 황색이 엷어지면 지시약으로 전분용액(가용성전분 1g을 끓는 물 100mℓ에 녹여 끓인 것으로 사용시 조제) 3mℓ를 가하여 계속 적정해서 청자색이 없어질 때를 종말점으로 한다. 별도로 증류수 100mℓ에 브롬산칼륨-브롬화칼륨용액(N/10) 25mℓ를 정확히 가한 다음 같은 조작을 하여 N/10티오황산나트륨용액의 적정 mℓ수(a)를 구한다. 다음식에 따라 페 놀표준원액중의 페

놀의 농도를 산출한다.

$$C_P = 31.37 \times (2a-b) \times f$$

C_P : 페놀 농도(mg/ℓ)

f : N/10티오황산나트륨용액 역가(Factor)

⑤ 페놀 표준원액

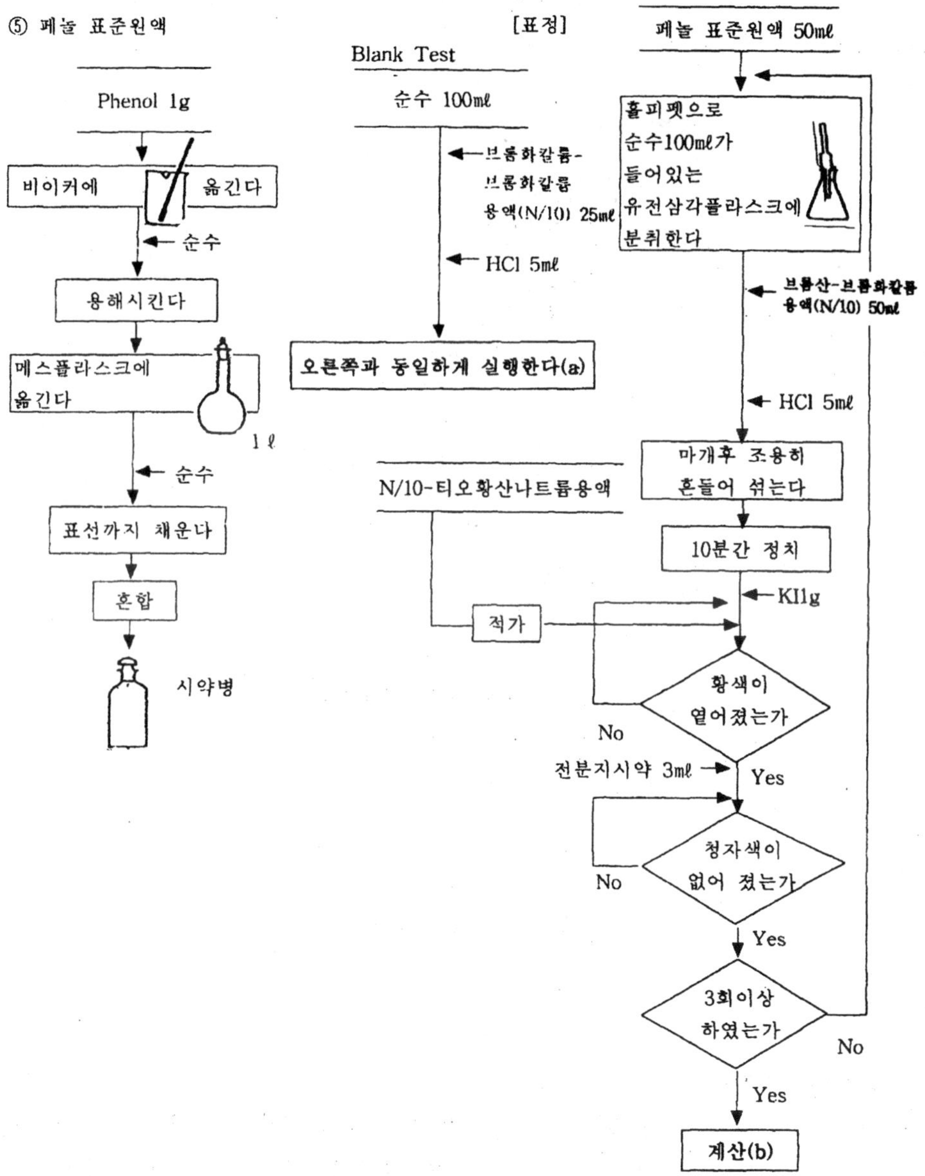

(6) 페놀표준액

페놀 8.4㎎에 상당하는 페놀 원액을 비이커에 취하고 흡수액 400㎖와 염화암모늄-암모니아 완충액 50㎖를 가하여 염산(1+1)으로 pH를 10.0±0.2로 조정한 후 1 ℓ 메스플라스크에 옮기고 염화암모늄-암모니아 완충액을 표선까지 채운다.

이것은 사용시 조제한다. 이 페놀표준액 1㎖중에는 기체상태에서 2㎕(0℃, 760mmHg)의 페놀을 함유한다.

⑥페놀표준액

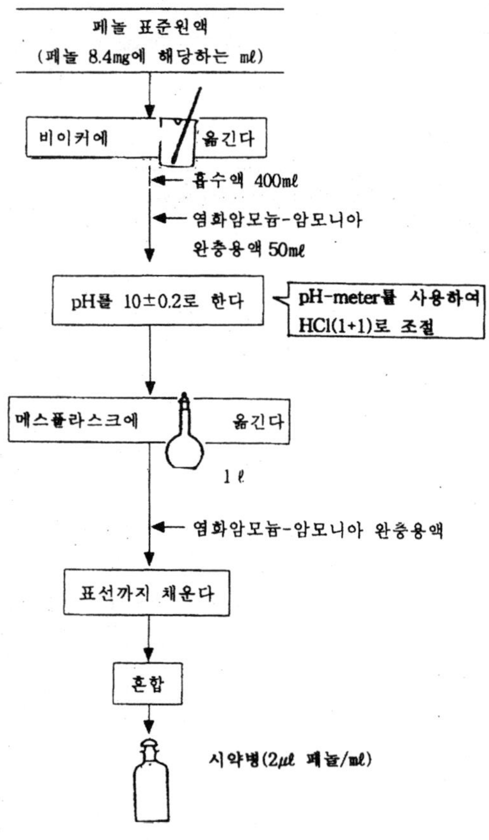

4.1.2 시험 방법

(1) 분석용 시료용액 10㎖를 50㎖유전비색관에 분취해서 4-아미노안티피린용액 2 ㎖를 가하여 섞은 다음 다시 페리시안화 칼륨용액 2㎖를 가하여 섞는다.

(2) 실온에서 10~60분간 방치한 후 10㎜의 흡수셀에 취하여 흡수액을 (1)과 같은

방법으로 조작해서 조제한 바탕시험용액을 대조액으로 하여 파장 510nm에서 흡광도를 측정해서 미리 작성한 검량선으로부터 페놀류의 농도를 구한다.

(3) 검량선의 작성

페놀 검량선용 용액 2~10㎖를 50㎖유전비색관에 단계적으로 취하고 각각의 액량이 10㎖가 되게 염화암모늄-암모니아 완충액을 가한 후 (1)~(2)와 같은 조작을 하여 흡광도를 측정 페놀류 농도와 흡광도와의 관계선을 작성한다.

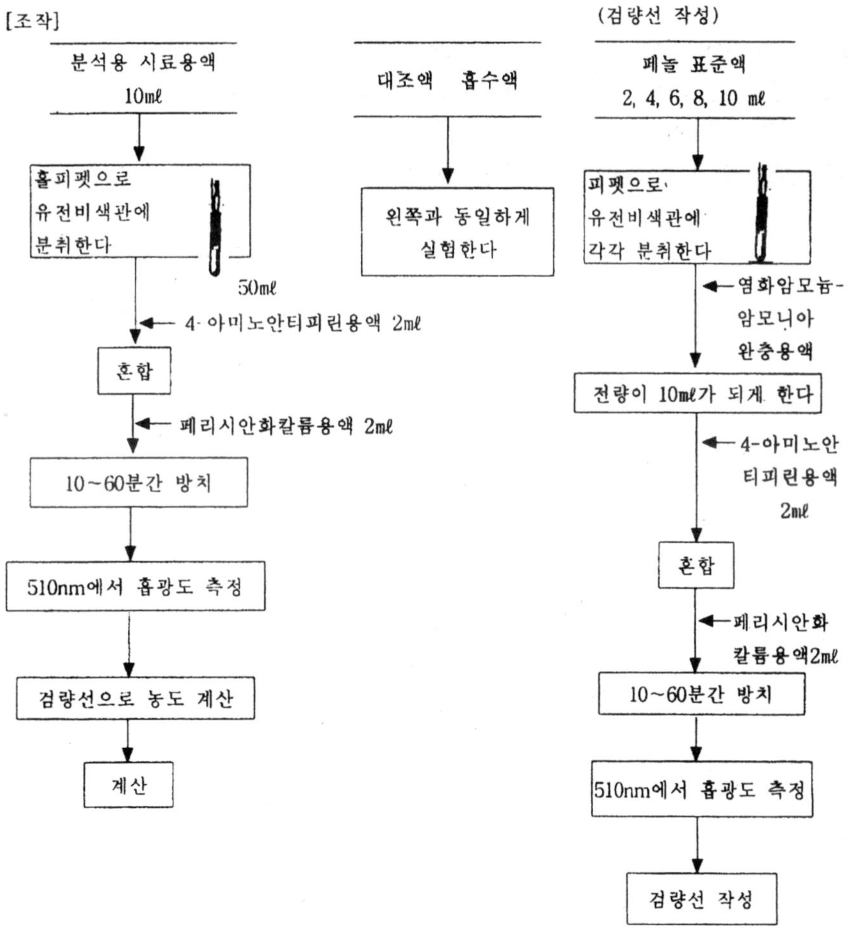

비고 :분석용 시료용액중에 불순물이 혼입되어 착색했을 경우에는 분석조작에 의해 생성한 페놀류의 안티피린 색소를 클로로포름으로 추출하여 방해를 제거할 수도 있다. 이 때 분석용 시료 용액의 분취 및 발색용시약류의 첨가 등은 분액 깔때기 중에서 행하고 다시 클로로포름 10㎖를 가하여 1분 이상 심하게 흔들어 혼합정치시

켜 클로로포름층을 분리, 파장 460nm에서의 흡광도를 측정한다. 이 때의 검량선은 페놀표준액 0~10mℓ를 단계적으로 분액 깔때기에 취하여 위와 같은 방법으로 클로로포름 추출조작을 한 것으로 작성한다.

4.1.4 계 산

다음 식으로 시료중의 페놀류의 농도를 산출한다.

$$C=\frac{a\times V_1}{V_s}$$

C : 시료중의 페놀류의 농도(V/Vppm)

a : 검량선에서 구한 분석용 시료용액중의 페놀류의 농도(μℓ/mℓ)

V_s : 건조시료가스량(ℓ)

V : 분석용시료 용액의 조제량(mℓ)

[과년도 기사 · 산업기사 출제문제]

문제 1. 페놀 화합물을 가시 흡광광도법으로 측정할 때 오차의 원인이 되는 가스만으로 구성된 항은?<'90후반기-산업기사><'93후반기-산업기사><'95전반기-산업기사>

㉮ Br_2, Cl_2, SO_2, H_2S ㉯ H_2S, SO_2, NH_3, KOH

㉰ H_2S, SO_2, Br_2, NaOH ㉱ SO_2, Cl_2, HCl, KOH

문제 2. 다음의 화합물 중 4-아미노 안티피린을 사용하여 흡광도의 측정에 의하여 정량되는 것은? <'91후반기-산업기사><'95전반기-산업기사><'99후반기-산업기사>

㉮ 플루오르화합물 ㉯ 황화합물 ㉰ 페놀화합물 ㉱ 시안화합물

문제 3. 페놀화합물분석 방법에 대한 설명 중에서 틀린 것은?<'93전반기-기사>

㉮ 분석 방법의 종류는 흡광광도법과 가스크로마토그래피법이 있다.

㉯ 4-아미노 안티피린법은 시료 중의 페놀류를 수산화나트륨 용액(0.4w/v%)에 흡수시켜 포집한다.

㉰ 시료 중의 페놀류를 기체 그대로 포집병에 채취한 것을 열전도도 검출기(TCD)를 구비한 가스크로마토그래프로 정량해서 페놀류의 농도를 정량한다.

㉱ 시료 채취 방법 중 포집 방법은 시료 중의 페놀류의 농도가 높고 직접 가스크로마토그래프법으로 분석되는 경우에 적용된다.

문제 4. 배출가스 중의 페놀화합물을 가스크로마토 그래프법으로 측정시에 관한 설명 중 잘못된 것은?<'94전반기-산업기사>

㉮ 측정범위는 시료 1ℓ인 경우, 페놀화합물의 농도가 0.1∼ 1v/vppm 범위의 분석에 적당하다.

㉯ 흡수액은 수산화나트륨 용액(0.4ppmw/v)이다.

㉰ 검출기는 수소염이온화 검출기(FID)가 적당하다.

㉱ 시료 용액은 포집용액을 산엉으로 한 후 초산에틸로 추출 조제한다.

문제 5. 시료 중의 페놀류를 수산화나트륨용액(0.4w/v)에 흡수시킨 포집액을 발색제로 발색시 알맞은 pH 범위는 ?<'95전반기-기사><'97전반기-산업기사><'98전반기-기사>

㉮ pH7±0.2 ㉯ pH10±0.2 ㉰ pH12±0.2 ㉱ pH4±0.2

문제 6. 페놀 화합물을 가스크로마토그래피법 중에서 충전제 아피에존 L을 사용할 때의 조건으로 맞지 않는 것은?<'97후반기-산업기사>

㉮ 분리관 재질은 유리 또는 스테인레스강을 쓴다.

㉯ 분리관 규격은 내경 5mm, 길이 3~7m이다.

㉰ 분리관 온도는 150℃이다.

㉱ 운반가스유량은 40~60mℓ/분이다.

문제 7. 4-아미노안티피린을 사용하여 발색시킨 후 흡광도를 측정하여 정량되는 화합물은 다음 중 어느 것인가?<'98전반기-기사>

㉮ 질소산화물　㉯ 비소화합물　㉰ 페놀화합물　㉱ 납화합물

제 15항 배출가스 유량 측정방법

1 . 적용범위

이 측정법은 굴뚝에서 배출되는 건조 배출가스의 유량을 구하는 방법에 대하여 규정한다. 건조 배출가스 유량은 단위 시간당 배출되는 표준상태의 건조배출 가스량(㎥/시간)으로 나타난다

2. 측정방법의 종류

2.1 피토우관 및 경사마노미터법

선정된 각 측정점마다 배출가스의 온도, 정압 및 동압을 측정하고, 굴뚝중심에 가까운 한 측정점을 택하여 배출가스중의 수분량 및 배출가스 밀도를 구한 후, 계산에 의해 배출가스 유속 및 유량을 산출한다.

3. 측정공위치 및 측정점 선정

먼지 측정방법 3 에 따른다.

4. 측정방법

다음 각 항과 같이 측정하여, 그 결과를 표 1과 같은 양식의 측정기록지에 기록한다.

4.1 배출가스 온도 측정

먼지 측정방법 4.1.4 에 따른다.

4.2 배출가스중의 수분량 측정

먼지 측정방법 4.1.5 에 따른다.

4.3 배출가스의 밀도

먼지 측정방법 4.2.4 (4)에 따른다

4.4 배출가스의 정압 및 동압측정

먼지 측정방법 4.2.4(2), (3)에 따른다.

5. 계 산

다음 식들을 이용하여 배출가스 유속 및 유량을 산출한다.

5.1 배출가스 평균유속

$$\overline{V}=C\sqrt{\frac{2g}{\gamma}}\cdot(\sqrt{h})$$

$\overline{V}$: 배출가스평균유속(m/초)

C : 피토우관계수

h : 배출가스동압측정치(mmH_2O)

g : 중력가속도(9.8$m/\sec^2$)

γ : 굴뚝내의습한배출가스밀도(kg/㎥)

5.2 건조배출가스 유량

(1) 원형, 직사각형 또는 정사각형 단면일 때

$$Q_N=\overline{V}\times A\times\frac{273}{273+\overline{\theta_s}}\times\frac{P_a+\overline{P_s}}{760}\times(1-\frac{X_w}{100})\times 3,600$$

Q_N = 건조 배출가스유량(㎥/시간)
$\overline{V}$: 배출가스평균유속(m/초)
A : 굴뚝단면적(m^3)
$\overline{\theta s}$: 배출가스평균온도(℃)
Pa : 대기압($mmHg$)
$\overline{Ps}$: 배출가스평균정압($mmHg$)
Xw : 배출가스중의수분량(%)

(2) 상부원형, 아취형 단면일 때

$$Q_N=(A_1\overline{V_1}+A_2\overline{V_2})\times\frac{273}{273+\overline{\theta_s}}\times\frac{P_a+\overline{P_s}}{760}\times(1-\frac{X_w}{100})\times 3,600$$

Q_N : 건조배출가스유량(m^3/시간)
A_1 : 반원형부분단면적(㎡)
$\overline{V_1}$: 반원형부분평균유속(m/초)
A_2 : 사각형부분단면적(㎡)
$\overline{V_2}$: 사각형부분평균유속(m/초)

(3) 기타 모양의 단면일 때

(1) 및 (2)에 준하여 산출한다.

(4) 연소 계산에 의할 때

먼지 측정방법 4.1.5(5-2)의 G및 m을 이용하여 다음식에 따라 구한다.

$$Q_N=GWm(1-\frac{X_w}{100})$$

Q_N : 건조배출가스 유량(S㎥/시간)

G : 연료단위량당 건조배출가스유량(㎥/kg(고체 또는 액체연료), ㎥/㎥(기체연료))

W : 시간당 연료사용량(kg/시간(고체 또는 액체연료), ㎥/시간(기체연료))

m : 공기비

표 1 배출가스유량 측정표

공장명
측정대상명
작성자명
측정일
측정번호
연도 단면적(m^2)
기온(℃)
기압(mmHg)
피토우관 계수
수분량(%)
배출가스 밀도(kg/m^3)

연도 단면 및 측정점배열

측정점 번호	배출가스 동압(h) (mmH_2O)	배출가스 온도(θ_s) (℃)	배출가스 정압(p_s) (mmHg)	h
평 균	θ_s	p_s		(h) avg

*배출시설의 조업 및 가동상태는 별지에 기록

[과년도 기사 · 산업기사 출제문제]

문제 1. 어떤 굴뚝배출가스 유량을 측정하기 위하여 다음과 같은 측정치를 얻었다. 이 굴뚝의 표준상태에서의 건조 배출가스 유량은 ? (단, 유속은 피토우관으로 측정하였다. 피토우관 계수: 1.00, 굴뚝 단면적: .4m^3, 배출가스 동압 측정치 : 2.0mmH20, 배출가스 정압 평균치 : 40mmHg, 굴뚝내의 습한 배출가스 밀도 : 1.2kg/m^3, 배출가스 온도 평균치 . 40℃ , 배출가스 중의 수분함량 : 10%)

<'94전반기-기사>

㉮ 68060m^3/hr ㉯ 67870m^3/hr ㉰ 34030m^3/hr ㉱ 33970m^3/hr

[기타항목 과년도 기사 · 산업기사 출제문제]

문제 1. 대기오염 물질 중 비소(As)를 원자흡광 광도법으로 분석할 때 수소화비소 발생을 위하여 사용하는 컬럼에 충진되는 물질은?<'90전반기-기사>

㉮ 아연(Zn) ㉯ 주석(Sn) ㉰ 티탄(Ti) ㉱ 망간(Mn)

문제 2. 배출가스 중의 카드뮴의 원자흡광 분석법에 관한 설명이다. 잘못 설명된 것은?<'90전반기-기사

㉮ 카드뮴의 표준용액은 카드뮴을 황산에 용해시켜 조제한다.

㉯ 가연성 가스는 아세틸렌 또는 수소를 사용한다.

㉰ 조연성 가스는 공기를 사용한다.

㉱ 광원은 카드뮴 합금인 중공음극 램프를 사용한다.

문제 3. 연도 배출가스 중의 납 분석 결과는 아래와 같다. 이 때 배출가스 중의 납의 농도는? <'90전반기-기사>

①시료용액 1mℓ중의 납량 : 10μg

②시료용액전량 : 200mℓ

③건조시료가스량: 1000 ℓ (0℃, 760mmHg)

㉮ 0.2mg/sm^3 ㉯ 0.8mg/sm^3 ㉰ 2mg/sm^3 ㉱ 20mg/sm^3

문제 4. 다음은 중금속 분석을 위한 전처리 장치인 저온회화법에 관한 설명이다. 틀린 것은? <'90전반기-기사>

㉮ 다량의 유기물질을 함유하고 있는 분진시료의 전처리에만 사용된다.

㉯ 회화온도는 약 200℃ 이하이다

㉰ 회화실을 진공으로 한 후 1torr정도의 산소를 공급한다.

㉱ 회화실의 외부에 부착한 발진판에 고주파를 공급하여 산소이온류 즉, plasma 를 만들어 유기물을 회화한다.

문제 5. 다음 물질 중 원자흡광광도법과 흡광광도법을 동시에 적용할 수 없는 것은?<'90전반기-산업기사>

㉮ 카드뮴 화합물 ㉯ 크롬 화합물 ㉰구리 화합물 ㉱ 페놀 화합물

문제 6. 배출가스 중 카드뮴 분석법에서 분석용 시료용액으로 조제시 전처리법이 잘못된 것은? <'90전반기-산업기사>

㉮ 타르 기타 소량의 유기물을 함유한 것-질산-염산법
㉯ 유기물을 함유하지 않은 것 - 질산법
㉰ 다량의 유기물, 유기탄소를 함유한 것-고온회화법
㉱ 셀룰로스 섬유제 여과지를 사용한 것-저온회화법

문제 7. 카드뮴 화합물 분석을 위한 전처리법으로 저온회화법을 이용할 때 회화온도는? <'90전반기-산업기사>
㉮ 100℃이하 ㉯ 200℃이하 ㉰ 300℃이하 ㉱ 500℃이하

문제 8. 원자흡광광도법의 검량선 작성에 관한 설명이다. 틀린 것은?<'91전반기-기사>
㉮ 검량선법은 일반적으로 저농도의 영역에서는 양호한 직선을 나타내므로 저농도 영역에서 작성하는 것이 좋다.
㉯ 검량선은 적어도 3종류 이상의 농도 표준시료 용액에 대하여 흡광도를 측정하여 작성하는 것이 좋다.
㉰ 표준 첨가법은 여러개의 같은 양의 분석시료에 각각 다른 표준물질을 가하여 흡광도를 구하여 작성하는 것이 좋다.
㉱ 내부 표준법에 가하는 표준원소는 목적원소와 화학적으로 아주 유사하나 물리적으로는 아주 다른 성질의 원소를 이용하여야 한다.

문제 9. 다음 중 중금속 시료의 전처리 방법으로 옳지 않은 것은?<'91전반기-기사>
㉮ 산처리법 ㉯ 저온회화법 ㉰ 용융법 ㉱ 고온회화법

문제 10. 구리화합물을 원자흡광 광도법으로 측정할 때 측정파장으로 가장 알맞는 것은? <'91전반기-기사>
㉮ 228.8nm ㉯ 283.2nm ㉰ 324.8nm ㉱ 357.9nm

문제 11. 디에틸디티오카바민산법으로 비소를 정량할 때 아연의 역할은?<'91전반기-기사>
㉮ 촉매 ㉯ 방해를 없앤다. ㉰ 산화제 ㉱ 환원제

문제 12. 원자흡광 광도법에서 사용하는 표준용액에 대한 다음 기술 중 틀린 것은?<'91후반기-기사>
㉮ 표준용액은 일반적으로 국가에서 인정한 기관에서 만든 용액을 사용하는 것이 좋다.
㉯ 표준용액을 장기간 보관시는 용기선택에 주의해야 한다.

㉰ 장기보관시는 고농도의 표준용액은 농도변화가 심하므로 저농도로 하여 보관한다.

㉱ 장기보관 사용시는 용액의 산도를 적당히 조절하여 보관한다.

문제 13. 배출가스 중의 비소 화합물의 시료채취에 관한 다음 기술 중 틀린 것은?<'91후반기-기사>

㉮ 입자상 비소 시료채취시 여과지는 규소 섬유와 불소수지제를 사용한다.

㉯ 입자상 비소 시료채취시 등속 흡인해야 한다.

㉰ 가스상 비소 시료채취시 수산화나트륨 용액에 흡수시킨다.

㉱ 가스상 비소 시료채취시 흡인유량은 분당 2ℓ로 한다.

문제 14. 대기오염 공정시험법에서 크롬화합물을 원자흡광법으로 정량하고자 할 때 측정파장은 몇 nm인가?<'91후반기-산업기사>

㉮ 193.7　　㉯ 217　　㉰ 228.8　　㉱ 357.9

문제 15. 원자 흡광도법의 검량선 작성법에 관한 설명이다. 틀린 것은?<'92전반기-기사>

㉮ 검량선은 일반적으로 저농도의 영역에서는 양호한 직선으로 나타내므로 저농도 영역에서 작성하는 것이 좋다.

㉯ 검량선은 적어도 3종류 이상의 농도의 표준 시료 용액에 대하여 흡광도를 측정하여 작성하는 것이 좋다.

㉰ 표준 첨가법은 여러 개의 같은 양의 분석 시료에 각각 다른 표준 물질을 가하여 흡광도를 작성하는 것이 좋다.

㉱ 내부 표준법에 가하는 표준 원소는 목적 원소와 화학적으로는 아주 유사하나 물리적으로는 아주 다른 성질의 원소를 이용해야 한다.

문제 16. 다량의 유기물 또는 유리탄소를 포함하고 있는 배출가스중의 카드뮴 및 납 분석중 분석용 시료용액의 처리방법으로 적당한 것은? <'92후반기-기사>

㉮ 저온회화법　　㉯ 질산법　　㉰ 질산-염산법　　㉱ 질산-과산화수소법

문제 17. 카드뮴(Cd)같은 중금속류의 분석에 필요한 전처리법으로 적당치 않은 것은?<'92후반기-산업기사>

㉮ 질산-염산법　　㉯ 질산법　　㉰ 질산-과산화수소법　　㉱ 고온회화법

문제 18. 원자흡광 광도법에서는 불꽃을 만들기 위하여 일반적으로 가연성가스와

조연성 가스를 사용한다. 다음 중 흔히 사용되지 않는 것은?<'96전반기-산업기사>

㉮ 수소-공기 ㉯ 아세틸렌- 공기

㉰ 아세틸렌-산소 ㉱ 산소-헬륨

문제 19. 다음 중 카드뮴같은 중금속류를 분석하기 위한 전처리 방법으로 적당치 않은 것은? <'97전반기-산업기사>

㉮ 질산, 염산법 ㉯ 질산, 과산화수소법

㉰ 질산법 ㉱ 고온회화법

문제 20. 배출가스 중의 납 및 카드뮴을 측정하기 위하여 다량의 유기물 또는 유리탄소를 함유하 는 시료를 채취하였다. 시료의 처리방법으로 가장 알맞은 것은?<'98전반기-기사>

㉮ 질산법 ㉯ 질산-염산법

㉰ 질산-과산화수소법 ㉱ 저온회화법

문제 21. 비소화합물물 흡광광도법으로 측정할 때 시료용액 중의 비소를 무엇과 공침시켜 분리 농축하는가?<'98전반기-기사>

㉮ 염화제1주석 ㉯ 수산화철(Ⅲ)

㉰ 요오드화칼륨 ㉱ 클로로포름

문제 22. 배출가스 중의 카드뮴의 원자흡광 분석법에 관한 설명이다. 잘못 설명된 것은?<'98후반기-기사>

㉮ 카드뮴의 표준용액은 카드뮴을 황산에 용해시켜 조제한다.

㉯ 가연성가스는 아세틸렌 또는 수소를 사용한다.

㉰ 조연성가스는 공기를 사용한다.

㉱ 광원은 카드뮴의 중공음극램프를 사용한다.

문제 23. 카드뮴화합물 측정에서 채취한 시료와 그 성상에 따른 처리방법으로 옳지 않은 것은? <'98후반기-기사>

㉮ 다량의 유기물과 유리탄소를 함유한 것은 저온회화법으로 처리

㉯ 유기물을 함유하지 않은 것은 질산법으로 처리

㉰ 셀룰로오즈 섬유계 여과지를 사용한 것은 질산-과산화수소법으로 처리

㉱ 타르 기타 소량의 유기물을 함유하는 것은 질산-염산법으로 처리

문제 24. 카드뮴화합물 분석방법 중에서 채취시료 처리방법이 아닌 것은?
<'98후반기-산업기사>

㉮ 질산-염산법 ㉯ 질산-과산화수소법
㉰ 질산-황산법 ㉱ 저온화화법

문제 25. 다음은 원자 흡광분석에 사용되는 불꽃을 만들기 위한 조연성가스와 가연성가스의 조합이다. 틀린 것은?<'98후반기-산업기사>

㉮ 수소-공기 ㉯ 수소-공기 -아르곤
㉰ 아세틸렌-공기 ㉱ 아세틸렌-일산화질소

문제 26. 흡광광도법을 이용하여 납화합물을 분석할 때 디티존착염을 추출할 수 있는 용제로 가장 거리가 먼 것은?<'98후반기-산업기사>

㉮ 디티존클로로포름용액 ㉯ 디티존사염화탄소용액
㉰ 디티존벤젠용액 ㉱ 디티존에틸용액

문제 27. 원자흡광광도계의 광원으로써 가장 적당한 것은?<'98후반기-산업기사>

㉮ 텅스텐램프 ㉯ 가이스라이관
㉰ 중공음극램프 ㉱ 수소방전관

문제 28. 먼지 중 크롬화합물을 분석하기 위해서는 시료가 부착한 원통 여과지를 적당히 자른 후 자기 도가니에서 500℃로 회화시킨 후 백금 도가니에 옮겨놓고 황산 몇 방울과 플루오르수소산을 가하여 가열한다. 이 때 플루오르수소산을 가하는 이유는?<'93전반기-기사>

㉮ SiO_2 성분을 제거하기 위하여 ㉯ 크롬화합물을 용해시키기 위하여
㉰ 유기화합물을 분해시키기 위하여 ㉱ 금속 성분을 용해시키기 위하여

문제 29. 원자 흡광 분석에 사용되는 불꽃을 만드는 조연성 가스와 가연성 가스의 조합의 설명 중에서 맞는 것은 ?<'93전반기-기사>

㉮ 아세틸렌 - 이산화질소 불꽃은 원자의 영역에서 불꽃 자체에 의한 흡수가 적으므로 이 파장 영역에서 분석선을 갖는 원소 분석에 적합하다.
㉯ 수소 - 공기는 불꽃의 온도가 높기 때문에 해리하기 어려운 내화성 산화물을 만들기 쉬운 원소의 분석에 적당하다.
㉰ 프로판 - 공기 불꽃은 불꽃 온도가 낮고 일부 원소에 대하여 높은 감도를 나타낸다.

㉣ 어떠한 종류의 불꽃이라도 가연성 가스와 조연성 가스의 혼합비는 감도에 비슷한 영향을 주므로 최적 혼합비는 원소에 따라 비슷하다.

문제 30. 원자흡광광도계를 이용하여 먼지 중 중금속을 분석하려고 한다. 분석치의 신뢰성을 향상시키기 위하여 취하여야 할 조치로써 부적당한 것은 어느 것인가 ?<'93전반기-기사>

㉮ 표준 용액을 사용하여 검량선을 만든다.

㉯ 불꽃 중에서 원자의 이온화를 방지하는 등의 화학적 간섭을 줄이기 위한 조치를 한다.

㉰ 점도등 물리적 간섭을 줄이기 위한 조치를 한다.

㉣ 광도계의 분해능의 조절 등 분광학적 간섭을 줄이기 위한 조치를 한다.

문제 31. 원자 흡광광도법에서 내화성 산화물을 분석하기 위해 사용되는 불꽃은 ?<'94전반기-기사>

㉮ 프로판-공기 ㉯ 아세틸렌-공기

㉰ 수소-산소 ㉣ 아세틸렌-이산화질소

문제 32. 카드뮴 분석시 전처리 법으로 쓰이지 않는 방법은 ?<'94전반기-기사>

㉮ 질산, 염산법 ㉯ 저온 회화법

㉰ 질산, 과산화수소법 ㉣ 질산, 수산화나트륨법

문제 33. 흡광광도법에 의한 비소화합물 측정시 잘못된 것은 ?<'94전반기-산업기사>

㉮ 금속의 제련, 요업, 약품제조 등에 수반하여 연료 등에서 배출되는 비소화합물질을 포집하고 전처리하여 분석용 용액으로 한다.

㉯ 비소를 수산화 제1철과 공침시켜 분리할 때의 용액 pH는 9~ 10 범위가 적당하다.

㉰ 수소산비소를 디에틸디티오 카르바민산은의 클로로포름용액에 흡수키켜 적자색용액의 흡광도를 측정한다.

㉣ 산에 녹이고 요오드화칼륨, 염화 제1주석, 아연을 가하여 수소화비소를 발생시킨다.

문제 34. 환경오염 공정시험법에 따라 원소 중 흡광광도법의 원자 흡광광도법을 병용할 수 없는 것은 ?<'94전반기-산업기사>

㉮ 플루오르화합물 ㉯ 크롬화합물 ㉰ 구리화합물 ㉣ 납화합물

문제 35. 배출가스 중의 카드뮴을 흡광광도법으로 측정하려 할 때, 이에 관한 설명 중 옳지 않은 것은 ?<'94후반기-기사>

㉮ 카드뮴과 디티존의 반응으로 생성된 착화합물의 흡광도를 측정한다.

㉯ 카드뮴의 추출에는 디티존 클로로포름 또는 디티존 사염화탄소 등을 사용한다.

㉰ 디티존은 여러가지 금속이온과 반응하여 특유한 색을 나타내른 착화합물을 형성한다.

㉱ 디티존은 pH 12 이상일 때는 카드뮴과 반응하고 다른 금속 이온과는 반응하지 않는다.

문제 36. 공기-아세틸렌을 이용하여 원자흡광법에 의해 측정이 곤란한 원소는 다음 중 어느 것인가?<'94후반기-기사>

㉮ 구리 ㉯ 아연 ㉰ 카드뮴 ㉱ 텅스텐

문제 37. 원자 흡광광도법에서 화학적 간섭을 제거하는 방법 중 틀린 것은?

<'94후반기-기사>

㉮ 이온교환이나 용매추출로 방해물질을 제거한다.

㉯ 과량의 간섭원소를 첨가한다.

㉰ 표준시료와 분석시료의 조성을 비슷하게 한다.

㉱ 란타늄, 알칼리 원소 또는 킬레이트등을 첨가한다.

문제 38. 카드뮴 화합물 측정에서 채취한 시료와 그 성상에 따른 처리 방법으로 옳지 않은 것은?<'94후반기-기사>

㉮ 다량의 유기물과 유리탄소를 함유할 것은 저온회화법으로 처리

㉯ 유기물을 함유하지 않은 것은 질산법으로 처리

㉰ 셀룰로즈 섬유계 여과지를 사용한 것은 질산-과산화수소법으로 처리

㉱ 타르 기타 소량의 유기물을 함유하는 것은 질산-염산법으로 처리

문제 39. 배출가스 중 납화합물을 분석할 때 원자흡광광도법에서의 가연성가스로 널리 사용되는 것은 무엇인가 ?<'95전반기-산업기사>

㉮ 공기 ㉯ 아세틸렌 또는 수소 ㉰ 석탄가스 또는 이산화질소 ㉱ 메탄

문제 40. 원자흡광 광도법에서 사용하는 중금속의 표준용액에 대한 설명 중 틀린 것은?<'99전반기-산업기사>

㉮ 표준액은 표준원액을 사용하여 적당히 희석하여 사용한다.
㉯ 표준원액은 갈색유리 병에 보관한다.
㉰ 표준용액은 일반적으로 1000ppm 정도로 진하게 만들어 표준원액으로 보관한다.
㉱ 표준원액을 보관할 때는 용액의 증발을 방지하고 용기에 의한 오염을 피할 수 있도록 주의하여야 한다.

문제 41. 원자흡광광도에서 플레임을 만들기 위한 조연성가스와 가연성가스의 조합 중 거의 모든 원소의 분석에 사용되은 것은? <'99전반기-산업기사>
㉮ 아세틸렌-알곤 ㉯ 수소-산소 ㉰ 아세틸렌-공기 ㉱ 프로판-산소

문제 42. 원자흡광광도법에서 화학적 간섭을 제거하는 방법 중 틀린 것은? <'99후반기-기사>
㉮ 이온교환이나 용매추출로 방해물질을 제거한다.
㉯ 과량의 간섭원소를 첨가한다.
㉰ 표준시료와 분석시료의 조성을 비슷하게 한다.
㉱ 란타늄, 알칼리원소 또는 킬레이트제를 첨가한다.

문제 43. 원자흡광광도법의 검량선 작성법에 관한 설명이다. 틀린 것은?<'99후반기-기사>
㉮ 검량선은 일반적으로 저농도의 영역에서는 양호한 직선을 나타내므로 저농도 영역에서 작성하는 것이 좋다.
㉯ 검량선은 적어도 3종류 이상의 농도의 표준시료용액에 대하여 흡광도를 측정하여 작성 하는 것이 좋다.
㉰ 표준첨가법은 여러개의 같은 양의 분석시료에 각각 다른 농도의 표준물질을 가하여 흡광도를 구하여 작성하는 것이다.
㉱ 내부표준법에 가하는 표준원소는 목적원소와 화학적으로는 아주 유사하나 물리적으로는 아주 다른 성질의 원소를 이용하여야 한다.

문제 44. 원자흡광분석장치 구성 내용과 거리가 먼 것은?<'99후반기-기사>
㉮ 알카리 원소나 알카리 토금속과 같이 광원의 스펙트럼 분포가 복잡한 것은 간섭필터 대신에 분광기를 사용하여야 한다.
㉯ 동시분석이나 내표준법에 의한 분석을 목적으로 할 때는 멀티채널형의 장치를 이용한다.
㉰ 원자흡광분석용 광원은 원자흡광스팩트럼선의 선폭보다 좁은 선폭을 갖는 중

공음극램프가 많이 사용된다.

㉱ 시료를 원자화하는 일반적인 수단은 용액상태의 시료를 불꽃 중에 분무하는 방법이다.

문제 45. 원자흡광도 분석장치 중 광원부에 가장 일반적으로 사용하는 램프는? <'99후반기-산업기사>

㉮ 열음극선 램프 ㉯ 중수소방전 램프 ㉰ 텅스텐 램프 ㉱ 중공음극램프

[과년도 기사 · 산업기사 출제문제]

문제 46. 표준상태에서 물 5g에 해당되는 수증기의 용적은?<'90전반기-산업기사>

㉮ 약 1.24 ℓ ㉯ 약 5.6 ℓ ㉰ 약 6.2 ℓ ㉱ 약 22.4 ℓ

문제 47. 실험실에서 보통 사용하고 있는 농황산의 비중은 약 1.84이며 농도는 약 95%(W/W%)이다. 이것의 몰 농도는?<'90후반기-산업기사>

㉮ 35.6mole/ ℓ ㉯ 25.5mole/ ℓ ㉰ 17.8mole/ ℓ ㉱ 3.56mo1e/ ℓ

문제 48. 10mmH20는 몇 mmHg인가?<'90후반기-산업기사>

㉮ 0.735mmHg ㉯ 7.35mmHg ㉰ 0.45mmHg ㉱ 4.5mmHg

문제 49.용액 4 ℓ 중에 어떤 물질이 2mℓ녹아 있다면 용량비는?<'90후반기-산업기사>

㉮ 0.05% ㉯ 0.25% ㉰ 0.5% ㉱ 0.8%

문제 50. NaOH 10g을 물에 용해시켜 400m1로 하였다. 이 때의 규정 농도는? <'91전반기-기사>

㉮ 0.25N ㉯ 0.5N ㉰ 0.625N ㉱ 0.8N

문제 51. 물 100m1에 에틸알콜(비중 0.79) 50m1를 혼합하였을 때 이 용액 중의 에틸알콜 농도는 몇 wt%인가?<'91전반기-기사>

㉮ 0.283 ㉯ 2.83 ㉰ 28.3 ㉱ 32.2

문제 52. 농도가 0.365%인 HC1의 pH는 얼마인가? (단, 염산의 비중은 1.0으로 보고 상온이다.) <'91후반기-기사>

㉮ 0.1 ㉯ 1 ㉰ 2 ㉱ 4

문제 53. 공정시험법상 10%의 염산은 몇 Normal 용액인가?<'91후반기-기사>

㉮ 2.0 ㉯ 2.7 ㉰ 5.4 ㉱ 10

문제 54. 연도배출 가스 중의 수분량을 측정하기 위하여 흡수관에 10ℓ의 배출가스를 흡인하여 유출시킨 결과 흡수관의 수분 흡수에 의한 중량 증가는 0.7510g이었다. 이 때 건식 가스미터로 측정하여 보니 게이지압이 4mm수주이고, 대기온도가 27℃이었다. 측정 당시 대기압은 767mmHg이라면 배출가스 중의 수분량은 얼마인가?<'91후반기-기사>

㉮ 7.5% ㉯ 9.5% ㉰ 9.2% ㉱ 10.4%

문제 55. 0.1N H2SO4 용액(f=1.05) 25㎖를 중화하는 데 필요한 0.1N NaOH용액(f=0.995)은 몇 ㎖인가?<'91후반기-산업기사>

㉮ 23.7 ㉯ 25.0 ㉰ 26.4 ㉱ 27.5

문제 56. 5%황산 196g은 몇 g의 당량의 황산을 갖는가?<'91후반기-산업기사>

㉮ 0.2g당량 ㉯ 0.6g당량 ㉰ 0.8g당량 ㉱ 1.0g당량

문제 57. 10wt% 염산 용액은 몇 N용액인가? (단, 용액 비중은 1.0이다.)<'92전반기-기사>

㉮ 2.0N ㉯ 2.7N ㉰ 5.4N ㉱ 10N

문제 58. 0.365% 염산의 pH는 얼마인가? (단, 이 염산 용액의 비중은 1.00으로 보고 상온이다.) <'92전반기-기사>

㉮ 0.1 ㉯ 1 ㉰ 2 ㉱ 4

문제 59. 비중 1.4인 황산이 50%의 순황산을 포함하고 있다면 규정 농도는?
<'92전반기-산업기사>

㉮ 9.4N ㉯ 12.6N ㉰ 14.3N ㉱ 16.2N

문제 60. 염산 10g을 물 600㎖에 용해시킨 용액의 중량비 농도는 몇 %인가 ?
<'92후반기-산업기사>

㉮ 2.01% ㉯ 1.56% ㉰ 1.84% ㉱ 1.96%

문제 61. 50mmHg는 몇 mmH$_2$O인가 ?<'92후반기-산업기사>

㉮ 66mmH$_2$O ㉯ 120mmH$_2$O ㉰ 680mmH$_2$O ㉱ 720mmH$_2$O

문제 62. 상온 상압의 공기유속을 피토우관으로 측정한 결과 그 동압이 6mmH_2O 이었다. 공기유속은 얼마인가? (단, 피토우관계수=1.0, 중력가속도=9.8m/sec^2, 습한 배기가스 단위 체적당 무게=1.3kg/m^3)<'96전반기-산업기사>

㉮ 4.24m/sec ㉯ 19.02m/sec ㉰ 2.12m/sec ㉱ 9.51m/sec

문제 63. 램버어트 비어법칙은? (단, I_0 : 입사광 강도, It : 투사광 강도, C : 농도, ℓ : 투과거리, ε :흡광계수)<'96전반기-산업기사>

㉮ $I_0 = It \cdot 10^{-\varepsilon C \ell}$ ㉯ $I_0 = It \cdot 100^{\varepsilon C}$ ㉰ $I_t = I_0 t \cdot 10^{-\varepsilon C \ell}$ ㉱ $It = I_0 \cdot 100^{\varepsilon C \ell}$

문제 64. 수소이온 농도가 6×10^{-4}(mole/ℓ)인 수용액의 pH는 얼마인가?<'96후반기-기사>

㉮ 2.2 ㉯ 3.2 ㉰ 4.8 ㉱ 5.0

문제 65. 공기를 사용하는 중유연소 보일러의 배출가스 온도 145℃ 부압이 150mmH_2O일때 배출가스의 단위체적당 질량은? (단, 표준상태에서 배출가스의 밀도는 1.3kg/m^3이고, 대기압은 1기압이다.)<'96후반기-기사>

㉮ 0.80 kg/m^3 ㉯ 0.84 kg/m^3 ㉰ 0.88 kg/m^3 ㉱ 0.92 kg/m^3

문제 66. 굴뚝배기가스 측정결과 온도가 300℃, 압력 -25mmH_2O 대기압 760mmHg 에서의 피토관 동압이 5mmH_2O였다. 0℃,1기압에서의 배기가스 단위체적당 중량이 1.3kg/Sm3이라면 유속 V의 값은?<'96후반기-기사>

㉮ 24.3m/sec ㉯ 18.4m/sec ㉰ 12.6m/sec ㉱ 6.3m/sec

문제 67. 어느 굴뚝 배출가스 중의 수분량을 측정하려고 흡습제 15g을 넣은 흡습관에 시료 가스 20ℓ를 통과시켰더니 흡습제의 중량은 16.32g이 되었다. 이 때의 가스 흡입량은 건식가스미터로 측정한 것이며 가스 미터내의 압력은 1기압, 온도 25g이었다. 이 굴뚝 배출가스중의 수증기 용량비는 얼마인가?<'97전반기-기사>

㉮ 약14.2% ㉯ 약12.3% ㉰ 약9.4% ㉱ 약8.2%

문제 68. 흡광광도법 검량선 작성시 흡광광도계에서 읽은 투과 퍼센트(T)가 30%라면 흡광도는? <'97전반기-기사>

㉮ 0.32 ㉯ 0.43 ㉰ 0.52 ㉱ 0.70

문제 69. 0.5N-질산 200mℓ를 제조하려면 농질산(61%) 몇 mℓ가 필요하겠는가? (단, 농질산 비중 : 1.38)<'97전반기-기사>

㉮ 4.12 ㉯ 5.74 ㉰ 7.48 ㉱ 14.25

문제 70. 농도 15%(W/V)의 과산화수소 100mℓ는 SO_2를 이론상 약 몇 ℓ흡수할 수 있는 능력이 있는가?<'97전반기-산업기사>

㉮ 7.8ℓ ㉯ 8.8ℓ ㉰ 9.8ℓ ㉱ 10.8ℓ

문제 71. 실험실에서 보통 사용하고 있는 농황산의 비중은 1.84이며 농도는 약 95%(W/W)이다. 이것의 몰 농도는?<'97전반기-산업기사>

㉮ 35.6 mole/ℓ ㉯ 25.4 rnole/ℓ ㉰ 17.8 mole/ℓ ㉱ 3.56 mole/ℓ

문제 72. 굴뚝내 배출가스 중의 납을 흡광광도법으로 측정하여 다음과 같은 분석결과를 얻었다. 즉, 검출선으로부터 구한 시험용액 1mℓ 중 납량 15mg, 시험용액 전량 250mℓ, 건조시료가스 채취량 1,000ℓ(0℃, 750mmHg)였다. 납의 농도는?<'97후반기-산업기사>

㉮ $3.75mg/Sm^3$ ㉯ $2.75mg/Sm^3$ ㉰ $2mg/Sm^3$ ㉱ $1.75mg/Sm^3$

문제 73. 단면이 정방형의 굴뚝에서 굴뚝을 동면적 3구분으로 나누어 먼지 농도를 측정하였다. 각 구분의 먼지 농도는 각각 0.50, 0.48, $0.52g/Nm^3$이며, 각 구분면의 유속은 각각 4.6, 5.0, 4.5m/sec이었다. 이 굴뚝의 평균 먼지 농도는 얼마인가?(단, 각 단면의 단면적은 $1m^2$이다.) <'97후반기-산업기사>

㉮ $0.45g/Nm^3$ ㉯ $0.50g/Nm^3$ ㉰ $0.55g/Nm^3$ ㉱ $0.60g/Nm^3$

문제 74. 탄산나트륨 20g을 물 100mℓ에 용해시킨 용액의 중량비는 몇 %인가?
<'98전반기-산업기사>

㉮ 20% ㉯ 2% ㉰ 16% ㉱ 1.6%

문제 75. 10℃의 물 5g에 해당되는 수증기의 부피는 표준상태에서 얼마인가?
<'98전반기-산업기사>

㉮ 약2.24ℓ ㉯ 약6.2ℓ ㉰ 약12.4ℓ ㉱ 약16.4ℓ

문제 76. 질소산화물 측정법 중 페놀디술폰산법에서 질소산화물의 농도계산식은? (단, Vs: 시료가스 채취량(0℃, 1기압), n: 분석용 시험용액의 희석배수, V:검량선으로부터 구한 질소화합물(mℓ), C : 질소화합물의 농도(v/v ppm))
<'98전반기-산업기사>

㉮ $C=\frac{1000nV}{V_s}$ ㉯ $C=\frac{10000nV}{V_s}$ ㉰ $C=\frac{100000nV}{V_s}$ ㉱ $C=\frac{1000000nV}{V_s}$

문제 77. 50mmHg는 몇 mmH_2O인가?<'98전반기-산업기사>

㉮ $66mmH_2O$ ㉯ $120mmH_2O$ ㉰ $680mmH_2O$ ㉱ $720mmH_2O$

문제 78. 먼지 실측농도가 $210mg/Sm^3$이고 실측 산소농도가 3.55이다. 표준산소농도로 보정한 먼지농도(mg/Sm^3)는 얼마인가? (단, 표준산소농도 4%)<'98후반기-기사>

㉮ 200 ㉯ 204 ㉰ 211 ㉱ 214

문제 79. 가스유속을 측정한 결과가 다음과 같을 때 배출가스 유속은? (단, 측정결과는 아래와 같다.)<'98후반기-기사>

▷ 동압 : 50mmHg, ▷ 배출가스 온도 : 200℃
▷ 표준상태 배출가스 비중량 : 1.2 kg/m^3 (0℃, 1기압)
▷ 피토관 계수 : 0.85

㉮ 28m/sec ㉯ 32m/sec ㉰ 35m/sec ㉱ 39m/sec

문제 80. 펙터(factor)를 알 수 없는 NaOH용액과 펙터를 정확히 알고 있는 $0.1M-H_2SO_4$표준액이 있다. N/1O NaOH 25㎖를 취하여 $0.1M-H_2SO_4$용액(F=1.005)으로 적정하니 13.5㎖가 소비 되었다. N/1O NaOH 용액의 펙터는 얼마인가?<'98후반기-기사>

㉮ 0.985 ㉯ 1.002 ㉰ 1.054 ㉱ 1.085

문제 81. 비중이 1.88이고 농도가 97%(중량%)인 농황산(H_2SO_4)이 있다. 이 농황산의 규정 농도(N)는?<'98후반기-기사>

㉮ 18.61N ㉯ 24.86N ㉰ 37.22N ㉱ 42.32N

문제 82. 원통형 배출구의 안지름은 50cm, 속도는 5m/sec, 온도는 107℃. 정압(Ps)은 6mmHg이며 대기압은 745mmHg이다. 흡인유량은? (단, 건식가스미터를 사용 기준)<'98후반기-기사>

㉮ 약$3000Sm^3/h$ ㉯ 약$2500Sm^3/h$ ㉰ 약$2000Sm^3/h$ ㉱ 약$1500Sm^3/h$

문제 83. 수분측정을 위한 시료채취용 스크러버의 배출구쪽의 가스 온도가 30℃였다. 이 때 시료가스 중의 수분은 체적백분율로 몇 % 정도인가? (단, 30℃에서의 포화증기압 33mmHg, 이때 대기압은 760mmHg, 배출가스의 정압은 500mmHg로 한다.)<'98後반기-기사>

㉮ 2.6% ㉯ 5.2% ㉰ 12% ㉱ 26%

문제 84. 흡광광도법에서 흡광도라 함은 다음 중 어느 것인가? (단, I_0 : 입사광의 강도, It : 투사광의 강도, t : It/I_0)<'98後반기-산업기사>

㉮ $\ln 10^t \times 100$ ㉯ $t \times 100$ ㉰ $\log \frac{1}{t}$ ㉱ $\frac{1}{t}$

문제 85. 배출허용기준 시험방법에 준하여 질소산화물 농도를 측정한 결과 280ppm이었고, 실측 산소농도나 3.7%이다. 표준산소 농도로 보정한 질소산화물 농도는 얼마인가? (단, 표준산소 농도 : 4%)<'98後반기-산업기사>

㉮ 265ppm ㉯ 270ppm ㉰ 275ppm ㉱ 280ppm

문제 86. 수소 이온 농도가 6.39×10^{-4}(mole/ℓ)인 수용액의 pH는 얼마인가 ?
<'93전반기-기사>

㉮ 2.2 ㉯ 3.2 ㉰ 4.8 ㉱ 5.0

문제 87. 염소이온 표준 용액을 염화칼륨(KCl MW=74.6)을 사용하여 조제하고자 한다. 염소이온 표준액 1mℓ=0.01mℓ HCl(0℃, 1atm)가 되게 하려면 몇 g을 녹여 1ℓ로 하면 되는가 ?

㉮ 0.011g ㉯ 0.033g ㉰ 0.050g ㉱ 0.3g

문제 88. $3.4\mu g/m^3$의 황화수소의 부피 농도(표준 상태)는 다음 중 어느 것과 같은가 ? <'93전반기-기사>

㉮ 2.2ppb ㉯ 2.2ppm ㉰ 1.8ppb ㉱ 1.0ppm

문제 89. 황산암모늄 2.96g을 물에 용해시켜 1ℓ로한 용액 중에는 암모니아가 몇 mℓ 포함되어 있는가 ? (단, 황산암모늄 분자량은 132.139이다.)<'93전반기-산업기사>

㉮ 10 ㉯ 100 ㉰ 1000 ㉱ 10000

문제 90. 3%(W/V) H_2O_2 50mℓ가 이론적으로 흡수할 수 있는 SO_2의 양은 얼마인가 ? <'93전반기-산업기사>

㉮ 약 1ℓ　　㉯ 약 5ℓ　　㉰ 약 10ℓ　　㉱ 약 20ℓ

문제 91. 10w/v% 용액의 설명 중 맞는 것은 ?<'93전반기-산업기사>
㉮ 용질 10mℓ를 물에 녹여 100mℓ로 한 것이다.
㉯ 용질 10g을 물 90mℓ에 녹인 것이다.
㉰ 용질 1g을 물에 녹여 10mℓ로 한 것이다.
㉱ 아황산 가스 농도측정에 있어서는 2가지의 주시험 방법이 규정되어 있다.

문제 92. NaOH 20g을 물에 용해시켜 800mℓ로 하였다. 이 용액은 몇 N인가 ?
<'93후반기-산업기사>
㉮ 0.025N　　㉯ 0.625N　　㉰ 6.25N　　㉱ 0.525N

문제 93. 수분 흡수관의 사용 전후 무게 차이가 30gr이고 건조공기 흡인량이 표준 상태에서 100ℓ이었다. 표준 상태에서의 총 가스 흡인량은 ?<'93후반기-산업기사>
㉮ 122.4ℓ　　㉯ 137.3ℓ　　㉰ 144.8ℓ　　㉱ 154.4

문제 94. 산화물 중 SO_2 5.6ℓ를 흡수시키기 위해서는 이론상 5%(W/V) 과산화수소 몇 mℓ가 필요한가 ? (단, H : 원자량 1, O : 원자량 16)<'93후반기-산업기사>
㉮ 340mℓ　　㉯ 170mℓ　　㉰ 85mℓ　　㉱ 34mℓ

문제 95. 백만분율(Parts Per Million)을 표시할 때 ppm의 기호를 사용하는 바 따로 표시가 없어도 기체일 때에 사용되는 농도 표시는 ?<'93후반기-산업기사>
㉮ w/w　　㉯ w/v　　㉰ v/v　　㉱ v/w

문제 96. 10mmH_2O는 몇 mmHg인가?<'93후반기-산업기사>
㉮ 0.735mmHg　　㉯ 7.35mmHg　　㉰ 0.45mmHg　　㉱ 4.5mmHg

문제 97. K2CrO4의 염기성용액은 372m u에서 흡수 극대를 나타낸다. 2.00X10^{-4}M -K_2CrO_4를 함유하는 염기성용액을 1.00cm의 cell에 넣었을 때, 372m u에서 입사광의 71.6%를 투과한 다. 이때, 372m u에서 K_2CrO_4의 몰 흡광계수는(ℓ/mol · cm) ? (단, log 1/Ts-As식 이용)<'94전반기-기사>
㉮ 7.25×10^{2}　　㉯ 7.25×10^{3}　　㉰ 6.23×10^{-2}　　㉱ 6.23×10^{-3}

문제 98. 표준상태에서 물4g에 해당되는 수증기의 용적은 얼마인가?<'94전반기-산업기사>

㉮ 약4 ℓ ㉯ 약5 ℓ ㉰ 약6 ℓ ㉱ 약1 ℓ

문제 99. 액체 100㎖ 중의 성분질량(g) 또는 기체 100㎖ 중의 성분질량(g)을 의미하는 농도 표시는 ?<'95전반기-기사>

㉮ ppb ㉯ v/v% ㉰ w/v% ㉱ Sm^3

문제 100. 비중이 1.88 농도가 97(%)인 농황산(H2SO4)이 있다. 이 농황산의 규정농도(N)는 다음 중 어느 것인가 ?<'95전반기-기사>

㉮ 18.6N ㉯ 1.86N ㉰ 37.22N ㉱ 3.72N

문제 101. 어떤 굴뚝 중의 배출가스의 유속을 피토관으로 측정하여 다음과 같은 결과를 얻었다. 이 배출가스의 유속은 얼마인가 ?<'95전반기-기사>

배출가스온도 150℃
비중 0.85의 톨루엔을 사용한 경사마노미터 동압 6.0mm
톨루엔주피토관 계수 0.8584
가스의 단위체적당 질량(표준상태) $1.3kg/m^3$

㉮ 6.3m/sec ㉯ 7.5m/sec ㉰ 8.4m/sec ㉱ 9.3m/sec

문제 102. 흡광 광도법에서 흡광도라 함은 다음 중 어느 것을 말하는가? (단, I_0: 입사광의 강도, I_t: 투사광의 강도, t= I_t / I_0)<'95전반기-산업기사>

㉮10^t ㉯ t×100 ㉰ log1/t ㉱ 1/t

문제 103. 온도 170℃인 배출가스를 피토우관으로 측정한 결과 동압이 $15mmH_2O$었다. 유속(m/sec)은? (단, 습한 배출가스 밀도는 $1.3kg/sm^3$, 피토우관계수는 1이다.)<'95전반기-산업기사>

㉮ 15.2 ㉯ 18.4 ㉰ 19.2 ㉱ 20.2

문제 104. 다음은 단위 환산관계를 나타낸 것이다. 맞는 것은 어느 것인마?
<'95전반기-산업기사>

㉮ V/V(%)= ppm × 1,000,000 ㉯ mg/sm^3 = ppm ×분자량/22.4
㉰ ppm=mg/Sm^3(20℃) × 22.4/분자량 ㉱ $\mu\ell/\ell$ =ppm×10,000

문제 105. 0.02%의 표시로서 옳은 것은 어느 것인가?<'99전반기-산업기사>

㉮ 20,000pphm ㉯ 200000pphm ㉰ 2000pphm ㉱ 2000000pphm

문제 106. 10wt% 염산용액은 몇 N 용액인가? (단, 용액비중은 1.0이다.)<'99後반기-기사>

㉮ 2.0N ㉯ 2.7N ㉰ 5.4N ㉱ 10N

문제 107. 30mmHg는 몇 mmH2O인가? <'99後반기-기사>

㉮ 307 ㉯ 355 ㉰ 408 ㉱ 479

문제 108. 굴뚝으로 배출되는 온도 150℃ , 상압의 배출가스를 피토우관으로 측정한 결과 동압이 12mmH2O였다. 가스유속(m/sec)은 약 얼마인가? (단, 피토우관계수 1, 공기밀도1.3kg/m^3) <'99後반기-산업기사>

㉮ 12m/sec ㉯ 14m/sec ㉰ 15m/sec ㉱ 17m/sec

문제 109. 수산화나트륨 40g을 물에 용해시켜 800㎖로 하였다. 이 용액은 몇 N인가?<'99後반기-산업기사>

㉮ 1.05N ㉯ 1.15N ㉰ 1.25N ㉱ 1.35N

문제 110. 습식가스미터의 지시용적을 Vw ℓ, 그 때 가스미터의 온도를 t℃, 압력을 Pm mmH_2O라 하고, 대기압 Pa mmHg, 포화 수증기압 Pv mmHg이라 하면 표준상태에서의 건조가스량 (V_D)를 구하는 식은?<'99後반기-산업기사>

㉮ $V_D = Vw \times \frac{273}{273+t} \times \frac{Pa + (Pm/13.6)}{760}$

㉯ $V_D = Vw \times \frac{273}{273+t} \times \frac{Pa + Pm - Pv}{760}$

㉰ $V_D = Vw \times \frac{273}{273+t} \times \frac{Pa + (Pm/13.6) - Pv}{760}$

㉱ $V_D = Vw \times \frac{273+t}{273} \times \frac{760}{Pa + (Pm/13.6) + Pv}$

문제 111. 다음 중 1ppm과 같지 않는 것은?<'99後반기-산업기사>

㉮ 1000ppb ㉯ $1/10^6$ ㉰ 10pphm ㉱ 1/10000%

문제 112. 항량시 전후 무게의 차는 매 g당 몇 mg 이하인가? (단, 1시간 더 건조 또는 강열할 때) <'99後반기-산업기사>

㉮ 0.1mg 이하 ㉯ 0.2mg 이하 ㉰ 0.3mg 이하 ㉱ 1mg 이하

문제 113. 먼지측정을 위해 굴뚝배출가스 중 수분량을 측정하고자 한다. 흡습후 흡

수관의 중량은 72.337g, 흡습전 흡수관 중량은 71.607g, 흡인한 습한가스량 10ℓ, 습식가스미터의 흡인 가스온도는 15℃, 습식가스미터 게이지압력은 0mmHg, 대기압은 758mmHg이었다면 배출 가스 중 수분량은? (단, 15℃ 포화수증기압은 14.1mmHg이다.)<'99後반기-산업기사>

㉮ 7.3% ㉯ 8.9% ㉰ 12.7% ㉱ 21.6%

문제 114. 실험실에서 보통 사용하고 있는 농황산의 비중은 1.84이며 농도는 약 95%(w/w%)이다. 이것의 몰 농도는?<'99後반기-산업기사>

㉮ 25.6mol/ℓ ㉯ 22.4mol/ℓ ㉰ 17.8mol/ℓ ㉱ 9.56mol/ℓ

문제 115. 표준상태에서 물 5g에 해당하는 수증기의 용적은?<'99後반기-산업기사>

㉮ 약1.4ℓ ㉯ 약5.6ℓ ㉰ 약6.2ℓ ㉱ 약8.4ℓ

[과년도 기사 · 산업기사 출제문제]

문제 116. 다음 중 원자흡광 광도법에서 분석 오차를 유발하는 요인이 아닌 것은?<'90전반기-기사>

㉮ 표준액과 분석 시료용액의 조성과 물리, 화학적 성질의 차이

㉯ 공존 물질의 간섭

㉰ 광원부와 파장선택부의 조정불량

㉱ 유기용매 사용

문제 117. 다음 중 흡광광도계의 흡광도 눈금 보정에 사용되는 것은?<'90전반기-산업기사>

㉮ 홀뮴유리 ㉯ 중크롬산칼륨 ㉰ 간섭필터 ㉱ 휘선스펙트럼

문제 118. 다음 중 가스크로마토 그래프의 TCD 원리를 가장 잘 설명한 것은?
<'90전반기-산업기사>

㉮ 기체가 각각 고유의 열전도도를 갖는 성질을 이용하여 검출소자의 온도변화를 측정한다.

㉯ 수소불꽃 중에 도입된 유기물 분자가 고온의 불꽃에 의하여 이온화하는 것을 전극으로 검출한다.

㉰ 방사선에 의하여 운반가스를 이온화하고 분석하려는 물질을 넣을 때 생기는 이온전류를 검출한다. .

㉱ 환원성 수소불꽃중에서 시료성분이 열분해하여 화학발광할 때와 발광강도를

측정한다.

문제 119. 다음 중 올잣드 가스 분석계에 사용되는 산소흡수액은?<'90전반기-산업기사>
㉮ 수산화칼륨 ㉯ 포화식염수 ㉰ 수산화칼륨과 피로갈롤 혼합액 ㉱ 피로갈롤

문제 120. 흡광광도법에서 흡광도라 함은 다음 중 어느 것을 말하는가?
(단, I_O : 입사광의 강도, It:투사광의 강도, t= (It/Io) <'90전반기-산업기사>
㉮ 10^t ㉯ t×100 ㉰ log(1/t) ㉱ (1/t)

문제 121. 배출허용기준 시험방법중 일산화탄소 측정시 일반적으로 가장 좋은 분석 방법은? <'90전반기-산업기사>
㉮가스크로마토 그래피 ㉯ 흡광광도법
㉰ 비분산 적외선 분석법 ㉱ 원자흡광 광도법

문제 122. 일반적으로 사용하는 흡광광도 분석장치의 구성으로 옳은 순서는?
<'90후반기-산업기사>
㉮ 파장선택부 → 시료부 → 광원부 → 측정부
㉯ 파장선택부 → 광원부 → 시료부 → 측정부
㉰ 광원부 → 시료부 → 파장선택부 → 측정부
㉱ 광원부 → 파장선택부 → 시료부 → 측정부

문제 123. 적외선 분석기로 측정할 수 없는 가스성분은 다음 중 어느 것인가?
<'90후반기-산업기사>
㉮ H_2 ㉯ CH_4 ㉰ SO_2 ㉱ CO

문제 124. 옥외작업(연도배출가스 채취시)때 풍향에 대하여 옳게 설명한 것은?
<'90후반기-산업기사>
㉮ 풍향과 같은 방향 ㉯ 풍향의 반대 방향
㉰ 풍향의 측면 방향 ㉱ 풍향과 관계없다.

문제 125. 어느 연도배출가스 중의 수분을 측정한 결과 건조배출가스 $1km^3$당 100gr이었다면 건조배출가스에 대한 수분의 용량비는 얼마인가?<'90후반기-산업기사>
㉮ 6.2% ㉯ 12.4% ㉰ 24.8% ㉱ 59.6%

문제 126. 흡광광도 분석법에는 일반적으로 램버어트-비어의 법칙을 이용한다. 이 법칙을 적용할 경우 다음 중 올바른 관계식은? (단, Io:입사광의 강도, It :투사광의 강도, ε : 흡광계수, c : 농도, l : 빛의 투과거리)<'91전반기-기사>

㉮ $I_0 = I_t \cdot 10^{-\varepsilon 치}$ ㉯ $I = I_0 \cdot 10^{-\varepsilon 치}$ ㉰ $c = (I_t/I_0) \cdot 10^{\varepsilon 치}$ ㉱ $c = (I_0/I_t) \cdot 10^{\varepsilon 치}$

문제 127. 다음은 Gas chromatograph에 관한 설명이다. 틀린 것은?<'91전반기-기사>

㉮ 일정 유량으로 유지되는 운반가스는 시료 도입부로부터 분리관 내를 흘러 검출기를 통하여 외부로 방출된다.

㉯ 시료의 각 성분이 분리되는 것은 분리관 내의 운반가스 속도 차이이다.

㉰ 운반가스 유로는 유량조절부와 분리관 유로로 구성된다.

㉱ 분석에 사용하는 검출기는 각각 그 목적에 따라 적당한 것을 사용한다.

문제 128. 환경대기 중 일산화탄소를 수소염 이온화 검출기법으로 측정할 때의 원리로서 옳게 설명된 것은?<'91전반기-기사>

㉮ 시료를 운반가스인 수소와 함께 니켈 촉매가 채워진 분리관을 통과시키면 메탄이 생성되며 이를 FID법으로 측정한다.

㉯ 시료를 수소불꽃 중에서 연소시키면 탄화수소가 발생하며 이를 FID법으로 측정한다.

㉰ 시료를 수소불꽃 중에서 연소시켜 그 농도를 측정한다.

㉱ 시료를 산화시켜 탄산가스로 하고 이를 적외선 분석법에 의해 측정한다.

문제 129. 이론 단수가 1600인 분리관이 있다. 보유시간이 20분일 때 피크 폭은 얼마인가? (단, 기록지 이동속도는 5mm/min이고 이론 단수는 모든 성분에 대하여 같다.)<'91전반기-기사>

㉮ 5mm ㉯ 8mm ㉰ 10mm ㉱ 12mm

문제 130. 여과지에 포집된 먼지에서 유기물을 추출할 때 쓰이는 용매 중 가장 적합한 것은? <'91전반기-기사>

㉮ 아세톤 ㉯ 벤젠 ㉰ 에테르 ㉱ 부타논

문제 131. 4-아미노 안티피린을 사용하여 발색시킨 후 흡광도를 측정하려면 정량되는 화합물은 다 음 중 어느 것인가?<'91전반기-기사>

㉮ 질소화합물 ㉯ 브롬화합물 ㉰ 페놀화합물 ㉱ 납화합물

문제 132. 화학분석법에 의한 산소 측정에 관한 다음 기술 중 틀린 것은?
<'91후반기-기사>

㉮ 분석 순서는 CO2, O2순이다. ㉯ 분석치는 습가스에 대한 수치이다.
㉰ CO2 흡수액은 SO2도 흡수한다. ㉱ CO2는 KOH로 흡수시킨다.

문제 133. 연도배출 가스 중의 수분량을 흡습관법으로 측정하여 다음과 같은 결과를 얻었다. 흡인한 습윤배출 가스 중에 포함된 수분은 몇 mol인가?<'91후반기-기사>

① 흡인 전 흡습관의 무게 : 96.16g ②흡인 후 흡습관의 무게 : 97.95g

㉮ 0.01 ㉯ 0.05 ㉰ 0.06 ㉱ 0.1

문제 134. 다음의 조건을 이용한 가스크로마토그래프법에서 분리관의 HETP를 구하면 얼마인가? <'91후반기-기사>

① 보유시간 : 5분 ② 피크 폭 : 5mm
③ 기록지 이동속도 : 5mm/min ④ 분리관의 길이 : 2m

㉮ 0.16mm ㉯ 0.25mm ㉰ 1.25mm ㉱ 5mm

문제 135. 비색법에 의해서 대기오염물질을 정량할 때, 10mm의 셀(cell)을 사용하여 흡광도를 측정한 결과 0.5이었다. 동일한 시료를 가지고 20mm의 시료셀을 사용한다면, 그 흡광도는 얼마인가?<'91후반기-기사>

㉮ 0.25 ㉯ 0.5 ㉰ 1.0 ㉱2.0

문제 136. 먼지 튜브에 의한 먼지를 측정한 경우 측정장치의 배열순서를 표시하였다. 가장 적절한 것은?<'91후반기-산업기사>

㉮ 먼지 튜브 → SO_2흡수병 → 진공펌프 → 가스미터
㉯ 먼지 튜브 → 진공펌프 → SO_2 흡수병 → 가스미터
㉰ 먼지 튜브 → 가스미터 → 진공펌프 → SO_2흡수병
㉱ 먼지 튜브 → SO_2 흡수병 → 가스미터 → 진공펌프

문제 137. 대기오염 공정시험법에서 유류 중의 유황 함유량 분석방법의 측정방법에 따른 측정범위(wt%)가 잘못 짝지워진 것은? <'91후반기-산업기사>

㉮ 봄보식 : 0.1 이상 ㉯ 램프식 : 0.002 이상
㉰ 방사선 여기법 : 0.01 이상 ㉱ 방사선 투과법 : 0.1 이상

문제 138. 다음 대기오염물질 중 비분산 적외선 분석법(NDIR)이 주로 그 분석에

사용되는 오염물질은?<'91후반기-산업기사>

㉮ CO ㉯ SO2 ㉰ NO2 ㉱ NH3

문제 139. 흡광 광도계 사용시 틀린 사항은?<'91후반기-산업기사>

㉮ 시료액의 흡수파장이 370nm이하일 때는 경질유리 흡수셀을 사용한다.

㉯ 흡수셀을 증류수로 씻은 후 질산(1+5)에 소량의 과산화수소를 가한 용액에 30분 담갔다가 증류수에 씻는다.

㉰ 시료셀에는 시험용액을 대조셀에는 따로 규정이 없는 한 증류수를 넣는다.

㉱ 지시치를 투과율로 읽을 때는 나중에 흡광도로 환산해 주어야 한다.

문제 140. 가스크로마토 그래프법에서 수소염 이온화 검출기(FID)에서 사용하는 운반가스는 다음 중 어느 가스를 이용해야 하는가?<'91후반기-산업기사>

㉮ 순도 99.8% 이상의 수소 ㉯ 순도 99.8% 이상의 질소

㉰ 순도 99.8% 이상의 산소 ㉰순도 99.8% 이상의 부탄가스

문제 141. 2w/v% ( )용액에 소량의 음이온 계면활성제를 가한 용액에 흡수셀을 담가놓고 필요하면 40～50℃로 약 10분간 가열하여 흡수셀을 세척한다. ( )안에 맞는 것은?<'91후반기-산업기사>

㉮ $Na_3Cu_2O_7$ ㉯ KI ㉰Na_2CO_3 ㉱NaOH

문제 142. 일산화탄소의 비분산 적외선 분석계의 손질에 관한 설명 중 틀린 것은?<'91후반기-산업기사>

㉮ 여과재 및 미세여과재는 1주～1개월에 1회 정도 청소 또는 교환한다.

㉯ 제로가스 및 스팬가스에 의한 교정은 원칙적으로 매주 1회씩 한다.

㉰ 분석계의 검량선의 확인은 반년-1년에 1회 정도로 할 필요가 있다.

㉱ 건조기의 손질은 자주 할 필요가 있다.

문제 143. 다음은 가스의 종류별 분석 시험법을 열거해 놓았다. 틀린 것은?

<'92전반기-기사>

㉮ NO_X-나프틸에틸렌디아민법 ㉯ SO2-중화적정법

㉰ HCl-페놀디슬폰산법 ㉱ CO-비분산 적외선 분석법

문제 144. 비색법에 의해서 어떤 물질을 정량할 때 10mm 셀(cell)을 썼을 때 시료의 흡광도가 0.5라 하면, 같은 시료를 20mm을 사용해서 측정했다면 흡광도는

얼마인가?<'92전반기-기사>

㉮ 0.25 ㉯ 0.5 ㉰ 1.0 ㉱ 2.0

문제 145. 다음 중 가스크로마토 그래프법의 운반 가스로 흔히 사용되는 것은? <'92전반기-산업기사>

㉮ 질소 ㉯ 산소 ㉰ 알곤 ㉱ 탄산가스

문제 146. 자동 기록식 광전 분광 광도계의 파장 교정에 사용되는 흡수 스펙트럼은 다음 중 어느 것의 스펙트럼인가?<'92전반기-산업기사>

㉮ 홀뮴 유리 ㉯ 석영유리 ㉰ 플라스틱 ㉱ 초자유리

문제 147. 램버트 비어 법칙은? (단, I0 : 입사광 강도 It : 투과광 강도 C : 농도, ℓ: 투과거리, ε : 흡광 계수)<'92전반기-산업기사>

㉮ $I_0 = I_t \cdot 10^{-\varepsilon c \ell}$ ㉯ $I_0 = I_t \cdot 10^{\varepsilon c \ell}$

㉰ $I_t = I_0 \cdot 10^{-\varepsilon c \ell}$ ㉯ $I_t = I_0 \cdot 10^{\varepsilon c \ell}$

문제 148. 상온 상압의 공기 유속을 피토우관으로 측정한 결과 그 동압이 6mmH_2O이었다. 공기 유속은 얼마인가? (단, 피토우관 계수=1.0, 중력 가속도 =9.8m/sec^2, 습한 배기 가스 단위 체적당 무게=1.3kg/m^3)<'92전반기-산업기사>

㉮ 4.24m/sec ㉯ 19.02m/sec ㉰ 2.12m/sec ㉱ 9.51m/sec

문제 149. 환경 기준 시험을 위한 시료 채취시 비닐 주머니(Vinyl Bag)에 채취하여도 상관없는 오염물은?<'92전반기-산업기사>

㉮ SO2 ㉯ CO ㉰ NO_X ㉱ Oxidants

문제 150. 디에틸디티오카바민산은 다음 화합물과 반응하여 적자색으로 발색되어 그 흡광도를 측정하여 정량하는 것은 ?<'92전반기-산업기사>

㉮ 납 화합물 ㉯ 카드뮴 화합물 ㉰ 구리 화합물 ㉱ 비소 화합물

문제 151. 배출가스중의 오염물질 분석을 하기 위한 흡광광도법에서 사용되는 흡수셀에 대한 설명 중에서 틀린 것은?<'92후반기-기사>

㉮ 시료액의 흡수파장이 약 370nm 이하일 때는 석영 또는 경질유리 흡수셀을 사용한다.

㉯ 흡수셀의 길이를 지정하지 않았을 때는 10mm셀을 사용한다.

㉰ 흡수셀에는 넣고자 하는 용액을 8부까지 넣고 외면이 젖었을 때는 깨끗이 닦는다.

㉱ 흡수셀에 방향성이 있을 때에는 항상 방향을 일정하게 하여 사용한다.

문제 152. 가스크로마토 그래프법에 관한 다음 설명 중 틀리는 것은?<'92後반기-기사>

㉮ 분리관에 충전물질을 채울 때는 고르고 빽빽하게 채운다.

㉯ 운반가스 유량은 되도록 적을수록 좋다.

㉰ 고정상 액체는 사용온도에서 증기압이 낮고 점성이 적은 것이 좋다.

㉱ 충전물질은 입도가 고른 분말이나 담체를 사용한다.

문제 153. 가스크로마토 그래프에 대한 설명중에서 틀린 것은?<'92後반기-기사>

㉮ 분리관 효율은 이론단수 또는 1 이론단에 해당하는 분리관의 길이 HETP로 표시한다.

㉯ 보유시간을 측정할 때는 3회 측정하여 평균치를 구한다.

㉰ 보유시간은 반복실험할 때 ±10% 오차 범위 이내이어야 한다.

㉱ 정확한 정량결과를 얻기 위해서는 크로마토그램의 각 곡선 피크는 대칭적이고 각각 완전히 분리되어야 한다.

문제 154. 배출가스중의 CO를 분석하는 비분산형 적외선가스분석계의 기준셀에 봉입하는 가스는? <'92後반기-기사>

㉮ CO　　㉯ CO_2　　㉰ N_2　　㉱ H_2O

문제 155. 환경오염 공정시험법의 분석대상 가스에 대한 흡수액을 수산화나트륨으로 쓰지 않는 것은 ?<'92後반기-기사>

㉮ 암모니아　　㉯ 불소화합물　　㉰ 시안화수소　　㉱ 브롬화합물

문제 156. 수분측정을 위한 시료채취용 스크러버의 배출구쪽의 가스온도가 30℃였다. 이 때 시료가스 중의 수분은 체적백분율로 몇 %나 될까? (단, 30℃에서의 포화수증기압 33mmHg, 이 때 대기압은 760mmHg로 배출가스의 정압은 500mmHg로 한다.)<'92後반기-기사>

㉮ 2.6%　　㉯ 5.2%　　㉰ 12%　　㉱ 26%

문제 157. 공기를 사용하는 중유연소 보일러의 배출가스 온도 145℃ 부압이 150mmH$_2$O일 때 배출가스의 단위 체적당 질량은? (단, 표준상태에서 배출가

스의 밀도는 1.3kg/m^3이고, 대기압은 1기압이다.)<'92後반기-기사>

㉮ 0.80kg/m^3 ㉯ 0.84kg/m^3 ㉰ 0.88kg/m^3 ㉱ 0.92kg/m^3

문제 158. 비분산 적외선 가스 분석법에서 분석성분을 흡수하는 적외선을 그 흡수 파장에서 측정하는 방법을 어떤 형이라고 하는가?<'92後반기-기사>

㉮ 정필터형 ㉯ 부필터형 ㉰ 회절격자형 ㉱ 적외선흡광형

문제 159. 다음 중 오염물질과 측정방법이 관계없이 조합된 것은 어느 것인가?

<'92後반기-산업기사>

㉮ 일산화탄소-비분산적외선 분석법 ㉯ 염소-질산은 적정법

㉰ 황화수소-메틸렌블루법 ㉱ 암모니아-인도페놀법

문제 160. 다음 오염물질 중 그 배출허용 기준 시험을 위한 시료채취시 등속흡인이 필요한 것은 ? <'92後반기-산업기사>

㉮ 아황산가스 ㉯ 암모니아가스 ㉰ 불소가스 ㉱ 산화납 입자

문제 161. 2 w/v%( ) 용액이 소량의 음이온계면 활성제를 가한 용액에 흡수셀을 담가 놓고 필요하면 40~50″C로 약 10분간 가열하여 흡수셀을 세척한다. ( )에 알맞은 말은 어느 것인가?<'96전반기-산업기사>

㉮ Na_2Cu_2Cn ㉯KI ㉰Na_2CO_3 ㉱ NaOH

문제 162. 일반적으로 사용하는 흡광광도 분석장치의 구성으로 옳은 순서는?

<'96전반기-산업기사>

㉮ 파장선택부-시료부-광원부-측정부 ㉯ 파장선택부-광원부-시료부-측정부

㉰ 광원부-시료부-파장선택부-측정부 ㉱ 광원부-파장선댁부-시료부-측정부

문제 163. 환경오염 공정시험법에서 유류 중의 유황 함유량 분석방법의 측정방법에 따른 측정범위(Wt.%)가 옳은 것은?<'96전반기-산업기사>

㉮ 램프식-0.05 이상 ㉯ 연소관식-0.04 이상

㉰ 램프식-0.002 이상 ㉱ 연소관식-0.2 이상

문제 164. 배출가스중의 오염물질 분석을 하기 위한 흡광광도에서 사용되는 흡수셀에 대한 설명 중에서 틀린 것은?<'96後반기-기사>

㉮ 시료액의 흡수파장이 약 370nm이하일 때는 경질유리 흡수셀을 사용한다.

㉯ 대조셀에는 따로 규정이 없는 한 증류수를 넣는다.
㉰ 흡수셀에는 넣고자하는 용액을 8부까지 넣고 외면이 젖었을 때는 깨끗이 닦는다.
㉱ 흡수셀에 방향성이 있을 때에는 항상 방향을 일정하게 하여 사용한다.

문제 165. 부유 먼지 측정기의 설치가 가능한 위치를 표현한 그림에서 설치가 가능한 위치를 가장 잘 표현한 그림은? (단, X축은 도로면에서의 거리(m)이고, Y축은 지면에서의 높이(m)를 나타내며, 빗금 친 부분의 어느 지점에 설치한다고 가정한다.)<'96후반기-기사>

㉮
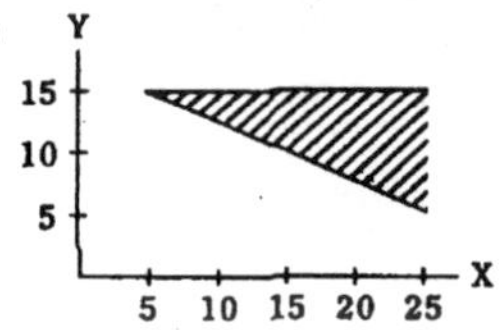

㉯
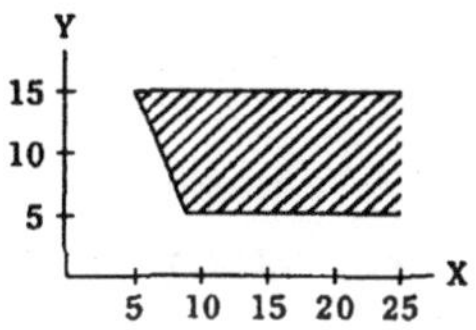

㉰
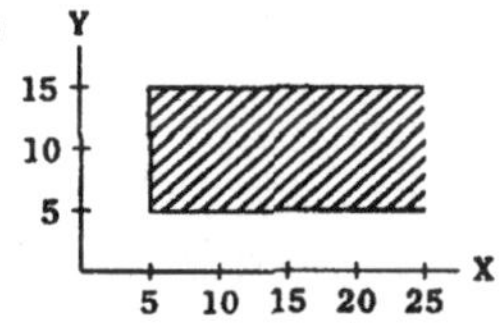

㉱
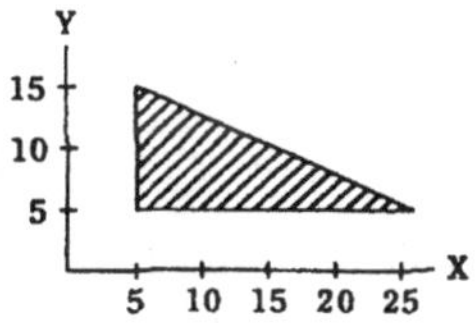

해설 부유분진측정기의 도로로부터의 거리와 시료채취 높이

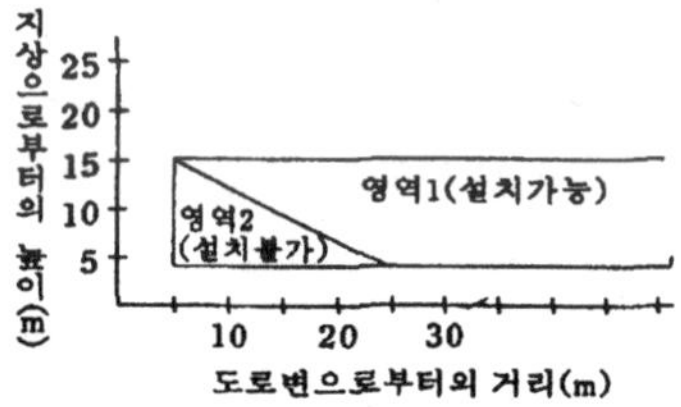

문제 166. 다음 사항 중 가스크로마토그래프 분석법과 관련이 없는 것은?
<'96후반기-기사>

㉮ ECD　　㉯ Packing material
㉰ Carrier gas　　㉱ Hollow Cathode Lamp

문제 167. 원자 흡광광도법에서 내화성 산화물을 분석하기 위해 사용되는 불꽃은?<'96후반기-기사>

㉮ 프로판-공기　　㉯ 아세틸렌 -공기
㉰ 수소-산소　　㉱ 아세틸렌 -이산화질소

문제 168. 산소측정을 위한 자기풍 분석계의 구성장치가 아닌 것은?<'96후반기-기사>
㉮ 측정셀 ㉯ 열선소자 ㉰ 비교셀 ㉱ 검출소자

문제 169. 흡광광도 분석장치 중 광원부에 관한 내용으로 틀린 것은?<'96후반기-기사>
㉮ 파장선택에는 일반적으로 단색화장치 또는 필터를 사용한다.
㉯ 광원에는 텅스텐 램프나 중수소방전관 등을 사용한다.
㉰ 점등을 위해 전원부나 렌즈와 같은 광학계를 부속시킴
㉱ 가시광선부와 근적외선부의 광원으로는 주로 텅스텐 램프 사용

문제 170. 원자흡광 광도계를 이용하여 분진 중 중금속을 분석하고자 한다. 분석치의 신뢰성을 향상시키기 위하여 귀하가 취하여야 할 조치로서 부적당한 것은 어느 것인가?<'97전반기-기사>
㉮ 표준용액을 사용하여 검량선을 만든다
㉯ 불꽃 중에서 원자의 이온화를 방지하는 등의 화학적 간섭을 줄이기 위한 조치를 한다.
㉰ 점도등 물리적 간섭을 줄이기 위한 조치를 한다.
㉱ 광도계의 분해능의 조절등 분광학적 간섭을 물이기 위한 조치를 한다.

문제 171. 굴뚝 덕트 등을 통하여 대기 중에 방출되는 가스상 물질을 분석하기 위해 시료를 채취할 때 주의하여야 할 사항 중 틀린 것은?<'97전반기-기사>
㉮ 채취에 종사하는 사람은 보통 2인 이상을 1조로 한다.
㉯ 옥외작업시 바람방향을 확인, 바람이 부는 쪽에서 작업하는 것이 좋다.
㉰ 채취위치 주변에 배전, 급수설비는 배제하는 것이 좋다.
㉱ 굴뚝내의 압력이 극도로 부압(-300mmH_2O정도 이하)인 경우에는 시료채취용 굴뚝을 부설하여 용량이 큰 펌프로 시료가스를 흡인하고 그 부설한 굴뚝에 채취구를 만든다.

문제 172. 환경대기 중의 석면농도 측정에 관한 내용 중 알맞지 않은 것은?
<'97전반기-기사>
㉮ 석면먼지 농도표시는 표준상태의 기체 1mℓ중에 포함된 석면섬유의 계수로 나타냄.
㉯ 맴브레인 필터는 셀룰로오스 에스테르를 원료로한 얇은 다공성막이다.
㉰ 맴브레인 필터를 광굴절 1.5전후의 불휘발성 용액에 담그면 투명도가 사라져 입자계수가 쉽다.

㉱ 석면섬유의 광굴절률도 거의 1.5정도이므로 보통 현미경으로는 식별하기 어렵다.

문제 173. 링겔만 매연 농도표법을 이용한 매연 측정에 관한 내용 중 틀린 것은?<'97전반기-기사>

㉮ 매연의 검은 정도는 6종으로 분류한다.

㉯ 될 수 있는 한 무풍일 때 측정한다.

㉰ 연돌구 배경의 검은 장애물을 피해 연기의 흐름이 직각인 위치에 태양광선을 측면으로 받는 방향으로 매연농도 표시는 측정자앞 16m에 놓는다.

㉱ 매연 배출구에서 30~40m되는 위치에 눈높이와 연기가 수직이 되게 관측 비교한다.

문제 174. 환경대기 중의 탄화수소를 FID법으로 측정할 때 사용되는 가스로 알맞지 않은 것은? <'97전반기-기사>

㉮ 연료가스-수소

㉯ 스팬가스-메탄과 고순도 공기의 혼합가스

㉰ 재료가스-고순도 공기

㉱ 조연가스-순산소

문제 175. 원자흡광 분석에 사용되는 불꽃을 만들기 위한 조연성가스와 가연성가스 조합 중 해리하기 어려운 내화성 산화물을 만들기 쉬운 원소분석에 해당하는 것은?<'97전반기-기사>

㉮ 프로판-순산소 ㉯ 아세틸렌 -이산화질소

㉰ 수소-아세 틸렌 ㉱ 수소-순산소

문제 176. 흡광광도법의 눈금보정에 사용되는 시약은?<'97전반기-산업기사>

㉮ 수산화칼륨용액 ㉯ 중크롬산 칼륨용액

㉰ 크롬산나트륨용액 ㉱ 과망간산칼륨용액

문제 177. 흡광광도법에 대한 설명 중 알맞지 않은 것은?<'97전반기-산업기사>

㉮ 가시부와 근적외선부의 광원으로는 주로 텅스텐 램프를 사용한다.

㉯ 자외선부의 광원으로는 중수소 방전관을 사용한다.

㉰ 단색화장치는 프리즘, 회절격자 또는 이 두가지를 조합시킨 것을 말한다

㉱ 시료를 증기화하여 기저상태의 원자가 이 원자 증기층을 투과하는 파장의 빛

을 흡수하는 현상을 이용한다.

문제 178. 이온크로마토 그래피법에 관한 설명으로 알맞지 않은 것은?
<'97전반기-산업기사>

㉮ 검출기는 일반적으로 수소염이온화 검출기(FID)가 사용된다.
㉯ 용리액조는 일반적으로 폴리에틸렌, 경질유리제를 사용한다
㉰ 일반적으로 강수물(비, 눈, 우박 등), 대기먼지, 하천수중의 이온성분을 정량, 정성분석하는 데 이용한다.
㉱ 일반적으로 용리액조, 송액펌프, 시료주입장치, 분리관 서프렛서, 검출기, 기록계로 구성되어 있다.

문제 179. 링겔만 농도표에 의한 매연의 농도를 측정시 측정자의 앞에 농도표를 관측하는 거리는?<'97후반기-산업기사>

㉮ 200m이내　　㉯ 16m　　㉰ 10m　　㉱ 200m이상

문제 180. 환경오염 공정시험법에서 유류 중의 유황함유량 분석방법의 측정방법에 따른 측정범위(Wt, %)가 옳은 것은?<'97후반기-산업기사>

㉮ 램프식 - 0.05 이상　　㉯ 연소관식 - 0.04 이상
㉰ 램프식 - 0.002 이상　　㉱ 연소관식 - 0.2 이상

문제 181. 원자흡광 광도법에서 사용되는 중금속의 표준용액에 대한 설명 중 옳지 않은 것은? <'97후반기-산업기사>

㉮ 표준액은 표준원액을 사용하여 적당히 희석하여 사용한다.
㉯ 표준용액은 갈색 유리병에 보관한다.
㉰ 표준용액은 일반적으로 1000pm 정도로 진하게 만들어 표준원액으로 보관한다.
㉱ 표준원액을 보관할 때는 용액의 증발을 방지하고 용기에 의한 오염을 피할 수 있도록 주의하여야 한다.

문제 182. 이온크로마토 그래피법에 관한 설명으로 알맞지 않은 것은?<'98전반기-기사>

㉮ 일반적으로 용리액조, 송액펌프, 시료 주입장치, 분리관, 서프레서, 검출기, 기록계로 구성되어 있다.
㉯ 용리 액조는 일반적으로 폴리에틸렌, 경질 유리제를 사용한다.
㉰ 일반적으로 강수물(비, 눈, 우박 등), 대기먼지, 하천수 등의 이온성분을 정량,

정성 분석하는 데 이용된다.

㉣ 검출기는 일반적으로 수소염이온화검출기(FID)가 사용된다.

문제 183. 흡광광도법에 대한 설명 중에서 틀린 것은?<'98전반기-기사>

㉮ 시료를 증기화하여 생긴 기저상태의 원자가 이 원자증기층을 투과하는 파장의 빛을 흡수하는 현상

㉯ 가시부와 근적외부의 광원으로는 주로 텅스텐램프를 사용한다.

㉰ 자외부의 광원으로는 중수소 방전관을 사용한다.

㉱ 단색화장치는 프리즘, 회절격자 또는 이 두가지를 조합시킨 것을 사용한다.

문제 184. 다음 중 비분산 적외선 가스분석법에 의하여 분석할 수 없는 성분은 어느 것인가? <'98전반기-기사>

㉮ CO ㉯ SO_2 ㉰ H_2S ㉱ H_2

문제 185. 가스크로마토그래피법에 관한 설명으로 알맞지 않은 것은?<'98전반기-기사>

㉮ 기체시료, 기화한 액체 및 고체 시료를 운반가스에 의하여 분리하여 관내에 전개, 응축시켜 결과적으로 액체상태로 각 성분을 분리, 분석한다.

㉯ 대기의 무기물 또는 유기물을 포함하고 있는 오염물질에 대한 정성, 정량분석에 이용된다.

㉰ 일정한 유량으로 유지되는 운반가스는 시료도입부로부터 분리관을 거쳐 검출기를 통하여 외부로 방출된다.

㉱ 시료도입부로부터 기체, 액체, 고체 시료를 도입하면 기체는 그대로 액체나 고체는 가열 기화되어 운반가스에 의하여 분리관내로 송입된다.

문제 186. 유도 플라즈마 발광광도법에 관한 설명으로 알맞지 않은 것은?
<'98전반기-기사>

㉮ 고주파 유도 결합 플라즈마를 광원으로 사용한 발광광도법이다.

㉯ 시료를 고주파 유도 코일에 의하여 생성된 플라즈마에 분무하여 6500K에서 여기된 원자(excited state)가 낮은 에너지 준위(ground state)로 돌아올 때 방출되는 파장 및 발광광도를 측정하여 시료 중 원소를 정성, 정량한다.

㉰ 높은 온도와 불활성 기체인 아르곤을 광원으로 사용하기 때문에 연소 불꽃과 전기방전과 같은 단점이 발생하게 된다.

㉱ 플라즈마란 전리기체를 주도하여 전자, 이온, 원자, 분자 등이 섞여 있는 전기적 중성인 기체상태이다.

문제 187. 건조 배출가스의 유량을 계산하는 데 필요치 않은 것은?<'98전반기-기사>

㉮ 배출가스 수분량 ㉯ 굴뚝의 단면적

㉰ 배출가스 온도 ㉱ 흡인노즐 내경

문제 188. 어떤 배기가스를 가스크로마토에 의하여 측정하고자 한다. 다음 중 측정에 필요치 않는 것은?<'98전반기-산업기사>

㉮ 운반가스 ㉯ 연소가스 ㉰발생가스 ㉱ 조연가스

문제 189. 램버어트 비어 법칙은? (단, I_0 : 입사광도, I_t :투과강도, C : 농도, ℓ:투과거리, ε : 흡광계수)<'98전반기-산업기사>

㉮ $I_0=I_t \cdot 10^{-\varepsilon C \ell}$ ㉯ $I_0=I_t \cdot 10^{\varepsilon C \ell}$ ㉰ $I_t = I_0 \cdot 10^{-\varepsilon C \ell}$ ㉱ $I_t = I_0 \cdot 10^{\varepsilon C \ell}$

문제 190. 다음은 원자 흡광광도법에 대한 원리이다. 옳게 설명된 것은 어느 것인가? <'98전반기-산업기사>

㉮ 여기상태의 원자가 기저상태로 될 때 특유의 파장량의 흡수를 이용

㉯ 기저상태에서 여기상태로 될 때 특유 파장량을 흡수하는 현상 이용

㉰ 기저상태의 원자가 원자 증기층을 통과하는 특유파장의 빛을 흡수하는 현상 이용

㉱ 여기상태의 원자가 원자증기층출 통과하는 특유 파장을 흡수함을 이용

문제 191. 그림과 같은 가스크로마토그래프의 부분 중 가열장치가 필요한 부분과 그 이유가 올바른 것은?<'98후반기-기사>

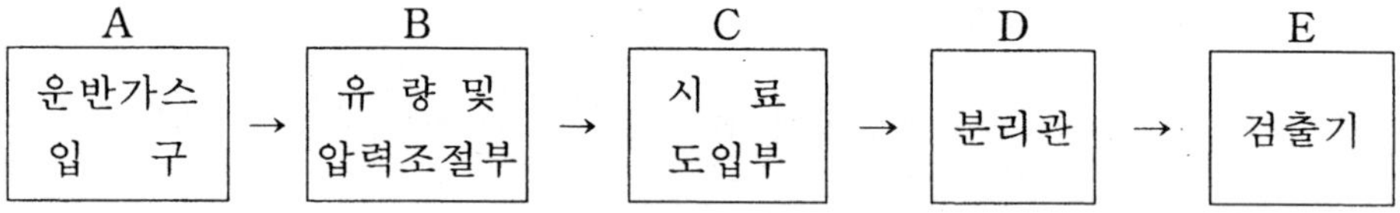

㉮ A · B · C-운반가스 및 시료의 응축을 방지하기 위해

㉯ A · C · D-운반가스 응축을 방지하고 시료를 기화하기 위해

㉰ C · D · E-시료를 기화시키고, 기화된 시료의 응축 및 응결을 방지하기 위해

㉱ C · D-분리관내 충진제의 흡착 및 흡수능력을 높이기 위해

문제 192. 다음 산소 측정방법 내용 중 틀린 것은?<'98후반기-기사>

㉮ 자동측정기의 원리로는 자기식과 전기화학식이 있다.

㉯ 질코니아 방식은 전기화학식이다.

㉰ 교정용가스는 산소농도가 3%, 6%, 9% 부근의 질소 혼합가스를 사용한다.

㉱ 제로가스는 순도가 높은 질소가스나 분석치에 영향을 주지 않는 다른 측정기용 제로가스를 사용한다.

문제 193. 흡광광도법에서 사용되는 흡수셀의 재질에 따른 설명 중에서 옳은 것은?<'98후반기-기사>

㉮ 유리제는 주로 가시광선부 및 근적외부 파장범위

㉯ 석영제는 근적외부 파장범위

㉰ 플라스틱제는 자외부 파장범위

㉱ 플라스틱제는 가시광선 파장범위

문제 194. 그림은 가스크로마토그램의 보기이다. 분리관 효율을 나타내기 위한 이론단수를 구하는 공식은 다음 중 어느 것인가? (단, n은 이론단수임)<'98후반기-기사

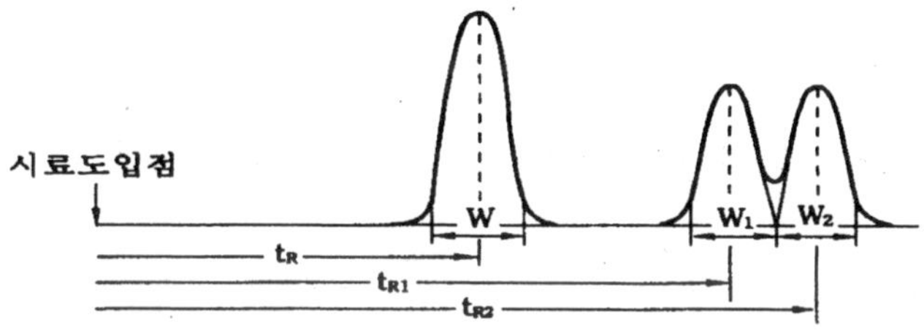

㉮ $n = 16 \times \frac{t_R}{W}$ ㉯ $n = 16 \times (\frac{t_R}{W})^2$ ㉰ $\frac{t_R}{16 \times W}$ ㉱ $\frac{W}{t_R}$

문제 195. 굴뚝 배기가스 중 산소측정에 대한 설명으로 알맞지 않은 것은?
<'98후반기-기사>

㉮ 자동측정기에 의한 방법의 하나인 자기식 방법은 상잔성체인 산소분자가 자계내에서 자기화될 때 생기는 흡인력을 이용하여 산소농도를 연속적으로 구하는 방법이다.

㉯ 자기력 방식은 담벨형과 자기통풍형이 있다.

㉰ 전기화학식 방법 중 질코니아 방식은 질코니아 소자를 부식시키는 가스의 영향을 무시할 수 있는 경우에 사용한다.

㉱ 전기화학식 방법 중 전극 방식은 산화 ·환원반응을 일으키는 가스의 영향을 무시할 수 있는 경우에 적용한다.

문제 196. 먼지시료 채취장치에 SO_2흡수병을 연결해야 하는 데 그 목적 및 SO_2흡수병에 넣어야 할 흡수액이 알맞게 연결된 것은?<'98후반기-기사>

㉮ 미스트 제거를 위하여 -수산화나트륨용액

㉯ 기기를 보호하기 위하여 -붕산용액

㉰ 기기를 보호하기 위하여-과산화수소수

㉱ 미스트를 제거하기 위하여-유리솜

문제 197. 흡광광도법 강치에 관한 설명 중 알맞지 않은 것은?<'98후반기-기사>

㉮ 광원부 : 자외선부의 광원으로는 주로 중수소 방전관을 사용한다.

㉯ 파장선택부 : 단색화장치는 프리즘, 필터를 사용하며 단색광을 내기 위해 슬릿을 부속시킨다.

㉰ 시료부 : 셀을 보호하기 위한 셀홀더와 이것을 광로에 올려 놓은 시료실로 구성된다.

㉱ 측광부 : 광전측광에는 광전판, 광전자증 배관, 광전도셀 또는 광전지 등을 사용한다.

문제 198. 다음 중 원자흡광광도법의 원리를 가장 올바르게 설명한 것은?
<'98후반기-기사>

㉮ 시료를 해리시켜 중성원자로 증기화하여 생긴 기저상태의 원자가 이 원자증기층을 투과하는 특유파장의 빛을 흡수하는 현상을 이용

㉯ 시료를 해리시켜 발생한 기저상태의 원자가 여기상태로 되면서 내는 빛의 흡광도를 측정

㉰ 시료를 해리시켜 발생된 여기상태의 원자가 원자증기층을 통과하는 특유파장의 흡수하는 현상을 이용

㉱ 시료를 해리시켜 발생된 여기상태의 원자가 기저상태로 돌아올 때 내는 흡광도를 측정

문제 199. 비분산적외선 분석법에서 사용하는 용어의 의미로 알맞지 않은 것은?<'98후반기-기사>

㉮ 스팬드리프트 : 계기의 눈금스팬에 대응하는 지시치의 일정 기간내의 변동

㉯ 비교가스 : 시료셀에서 적외선 흡수를 측정하는 경우 대조가스로 사용하는 것으로 적외선을 흡수하지 않는 가스

㉰ 스팬가스 : 분석계의 최저 눈금값을 교정하기 위해 사용하는 가스

㉱ 제로드리프트 : 계기의 최저 눈금에 대한 지시치의 일정 어느 기간내의 변동

문제 200. 다음은 가스크로마토그래피법의 고정상 액체의 조건이다. 그 조건이 아닌 것은?<'98후반기-산업기사>

㉮ 분석대상 성분을 완전히 분리할 수 있는 것이어야 한다.

㉯ 사용온도에서 증기압이 높고, 점성이 작은 것이어야 한다.

㉰ 화학적으로 안정된 것이 어 야 한다.

㉱ 화학적 성분이 일정한 것이어야 한다.

문제 201. 염산 10g을 물 500㎖에 용해시킨 용액의 중량비 농도는 몇 %인가 ?
<'98후반기-산업기사>

㉮ 2.01% ㉯ 1.56% ㉰ 1.84% ㉱ 1.96%

문제 202. 흡광광도법에서 흡수셀의 세척방법이다. 틀린 것은?<'98후반기-산업기사>

㉮ 탄산나트륨용액에 소량의 음이온 계면활성제를 가한 용액에 흡수셀을 담가 놓고 필요하면 40~50℃로 약 10분간 가열한다

㉯ 흡수셀을 꺼내 물로 씻은 후 질산(1+5)에 소량의 과산화수소를 가한 용액에 약 30분간 담가 놓는다.

㉰ 흡수셀을 새로 만든 크롬산과 황산용액에 약 1시간 담근 다음 물로 씻어낸다.

㉱ 자주 사용하고자 할 때에는 물로 잘 씻은 다음 식염수(5%)에 담가 놓고 사용한다.

문제 203. 흡광광도법에 의해 분석시 검량선작성에 관한 설명 중 잘못된 것은?
<'93전반기-기사>

㉮ 검량선이란 표준 물질의 농도와 투과도의 역수와의 사용대수와의 관계이다

㉯ 검량선은 거의 직선을 나타내는 범위 내에서 사용하는 것이 좋다.

㉰ 검량선이란 표준 물질의 농도와 투과도의 상용대수와의 관계이다.

㉱ 시약이 바뀌거나 시험자가 바뀔 때는 검량선을 다시 작성하는 것이 좋다.

문제 204. 흡광광도법의 원리에 관한 설명 중 틀린 것은?<'93전반기-기사>

㉮ 시료용액에 적당한 시약을 가하여 발색시킨 용액의 흡광도를 측정한다.

㉯ 빛을 단색화 장치에 통과시켜 좁은 파장의 빛만을 선택하여 액층을 통과시켜 광전측광으로 흡광도를 측정한다.

㉰ 흡광도는 목적 성분의 농도에 비례하고 액층의 길이에 반비례한다.

㉱ 농도를 알고 있는 표준액에 대하여 흡광계수를 구하여 높으면 검량선이 없어

도 시료용액의 목적 성분을 정량할 수 있다.

문제 205. 분석 대상 가스의 종류별, 채취관, 도관의 재질의 연결에서 틀린 것은 ?<'93전반기-기사>

㉮ 암모니아 : 경질유리
㉯ 염소 : 스테인레스강
㉰ 질소산화물 : 세라믹
㉱ 황산화물 : 석영

문제 206. 굴뚝의 배출 가스 중 먼지를 먼지 포집기를 사용하여 측정하고자 한다. 가장 높은 배출가스 온도에서 사용할 수 있는 여과지는 어느 것인가 ?

<'93전반기-기사>

㉮ 유리섬유 ㉯ 규소섬유 ㉰ 플루오르수지 ㉱ 멤브레인

문제 207. 스팬 가스에 대한 설명 중 잘못된 것은 ?<'93전반기-기사>

㉮ 스팬 가스는 측정 성분과 밸런스 가스를 혼합하여 사용한다.
㉯ 스팬 가스는 측정 성분의 농도를 정확히 표시하여야 한다.
㉰ 스팬 가스의 농도는 항상 일정한 농도의 것을 사용한다.
㉱ 스팬 가스를 장기간 보관시는 진한 농도의 것이 좋다.

문제 208. 다음중 가스크로마토 그래프의 TCD 원리를 가장 잘 설명한 것은 어느 것인가 ? <'93전반기-산업기사>

㉮ 기체가 각각 고유의 열전도도를 갖는 성질을 이용하여 검출 소자의 온도 변화를 측정한다.
㉯ 수소불꽃 중에 도입된 유기물 분자가 고온의 불꽃에 의하여 이온화하는 것을 전극으로 검출한다.
㉰ 방사선에 의하여 운반 가스를 이온화하고 분석하려는 물질을 넣을 때 생기는 이온 전류를 검출한다.
㉱ 환원성 수소불꽃 중에서 시료 성분이 열분해하여 화학발광할 때의 발광강도를 측정한다.

문제 209. 황산화물을 자동 측정기에 의한 연속 측정시 방해 물질은 다음 중 어느 것인가 ? (단, 측정법은 불꽃광도법이다.)<'93전반기-산업기사>

㉮ 황화수소 ㉯ 염화수소 ㉰ 이산화탄소 ㉱ 이산화질소

문제 210. 다음은 원자흡광광도법에 대한 원리이다. 옳게 설명한 것은 어느 것인가

? <'93전반기-산업기사>

㉮ 여기 상태의 원자가 기저 상태로 될 때 특유의 파장량을 흡수하는 현상을 이용

㉯ 기저 상태에서 여기 상태로 될 때 원자의 특유파장량을 흡수하는 현상을 이용

㉰ 기저 상태의 원자가 원자 증기층을 통과하는 특유파장의 빛을 흡수하는 현상을 이용

㉱ 여기 상태의 원자가 원자 증기층을 통과하는 특유파장을 흡수하는 것을 이용

문제 211. 광전광도계에서 광원으로 나오는 빛을 단색화시키는 장치는 다음 중 어느 것인가 ?<'93전반기-산업기사>

㉮ 셀 ㉯ 중소수방전관 ㉰ 광전관 ㉱ Monochrometer

문제 212. 아래 그림은 대기 중 가스 물질의 흡수병이다. 이들 중에서 소형 임핀저는 어느 것인가?<'93전반기-산업기사>

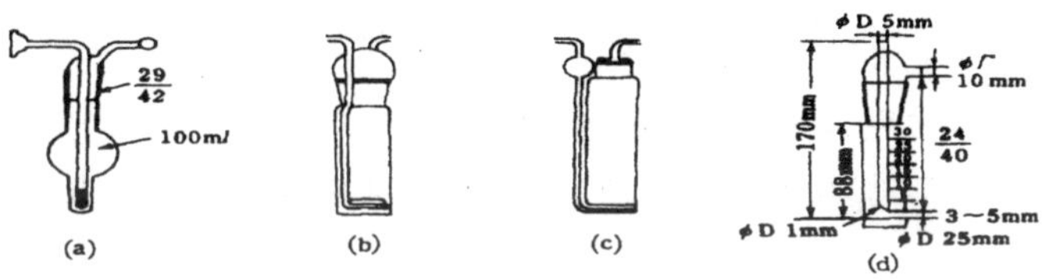

㉮ a ㉯ b ㉰ c ㉱ d

문제 213. 가스크로마토그래프에 있어 A, B 두 성분의 보유 시간은 각각 2분 30초와 3분이다. 피크 폭은 다같이 25㎜였다. 이 경우 분리도는 얼마인가 ?

<'93후반기-산업기사>

㉮ 0.6 ㉯ 1.2 ㉰ 1.6 ㉱ 2.0

문제 214. 배기 가스 분석 대상 성분과 그 분석 방법 및 흡수액 항이 옳지 않은 것은 ?<'93후반기-산업기사>

㉮ 페놀화합물→ 4-아미노안티피리법→ 수산화나트륨

㉯ 황산화물→ 침전적정법→ 과산화수소

㉰ 질소산화물→ 살츠만법→ 무수설파닌산나트륨

㉱ Cl_2→ 오르토-톨루딘법 -오르토톨리딘염산염용액

문제 215. 가로 3.5m, 세로 2.5m로 되어 있는 직사각형 연도의 상당 직경 (Equivalent Diameter)은?<'93후반기-산업기사>

㉮ 2.9m ㉯ 3.0m ㉰ 3.1m ㉱ 3.2m

문제 216. 다음 중 강하 먼지의 측정법은 어느 것인가 ?<'93후반기-산업기사>

㉮ Tape Air Sampler ㉯ High Volume Air Sampler
㉰ Digital 먼지계 ㉱ Deposit Guage

문제 217. 다음 중 가스크로마토그래프법에서 PEAK(최고)의 폭에 영향을 주지 않는 것은?<'93후반기-산업기사>

㉮ 분리관의 온도 ㉯ 고정상 액체의 양
㉰ 운반가스의 유량 ㉱ 기록계의 범위

문제 218. 다음은 흡습관법에 의한 배출가스 중 수분을 측정하기 위한 방법을 설명한 것이다. 틀린 것은 ?<'94전반기-기사>

㉮ 장치는 흡입관, 흡습관, 가스흡인장치, 적산유량계 등으로 구성한다.
㉯ 흡습관에는 무수염화 칼슘을 흡습제로 채운다.
㉰ 배출가스 흡인량은 흡습한 수분이 100㎎~1g 정도가 되포록 한다.
㉱ 배출가스의 온도가 대기온도보다 높다하더라도 냉각시킬 필요가 없다.

문제 219. 대기오염을 측정함에 있어 일반적으로 유의할 점이 아닌 것은?
<'94전반기-기 사>

㉮ 측정자료의 선정 ㉯ 측정항목의 선정
㉰ 측정지점의 선정 ㉱ 측정방법의 선정

문제 220. 취급 또는 저장하는 동안에 밖으로부터의 공기 또는 다른 가스가 침입하지 아니하도록 내용물을 보호하는 용기는 ?<'94전반기-기사>

㉮ 밀폐용기 ㉯ 기밀용기 ㉰ 밀봉용기 ㉱ 차광용기

문제 221. 직경 200mm 관내에 상온 상압의 공기가 8m/s의 속도로 흐르고 있다. 이 관을 흐르는 공기유량은 약 몇 m^3/h인가 ?<'94전반기-기사>

㉮ 700 ㉯ 800 ㉰ 900 ㉱ 1,000

문제 222. 비분산형 적외선 분석기로 측정할 수 없는 원소는 다음 중 어느 것인

가? <'94전반기-기사>

㉮ 질소 ㉯ 일산화탄소 ㉰ 탄산가스 ㉱ 일산화질소

문제 223. 굴뚝 배기가스의 유속 측정시 다음 보기와 옳게 연결된 것은 ?

<'94전반기-기사>

(보기)

- 피토우관의 전압 측정관(A)
- 피토우관의정압측정관(B)
- 경사마노미터 구부(밸브)의 연;9관(C)
- 경사마노미터 상단의 연결관(D) 굴뚝

㉮ A+C와 B+D ㉯ A+D와 B+C ㉰ A+B와 C+D ㉱ A+D와 C+D

문제 224. 흡광광도법으로 이황화탄소를 측정할 때, 시료 가스 채취량이 10ℓ인 경우, 적당한 이황화탄소의 농도 적정 범위는 ?<'94전반기-산업기사>

㉮ 1～30v/vppm ㉯ 1～60v/vppm ㉰3～30v/vppm ㉱3～60v/vppm

문제 225. 흡광광도법으로 어떤 물질을 정량하는 경우의 기본 원리인 Lambert-beer's 법칙에 관한 설명 중 옳지 않은 것은 ? (단, I_0는 입광의 세기, I는 투과광의 세기)<'94전반기-산업기사>

㉮ 흡광도는 시료물질의 농도에 비 례한다.

㉯ 흡광 계수는 물질과 입사 광선의 파장에 특유한 것이다.

㉰ 흡광도는 log I_0/I 이다

㉱ 흡광도는 광이 투과하는 시료액의 두께에 반비례한다.

문제 226. 유기 대기오염물은 무기 오염물 보다 시료 채취상 어려운 점이 많다. 다음 중 타당한 이유는?<'94전반기-산업기사>

㉮ 휘발성이 크고 활성적이다. ㉯ 비용이 많이 든다.

㉰ 오염 배출원을 찾기 힘들다. ㉱ 시료의 양이 너무 많다.

문제 227. 부유먼지의 측정방법과 관계없는 것은 ?<'94전반기-산업기사>

㉮ Light Scattering Method ㉯ High Volume Air Sample Method

㉰ Light Transmissioning Method ㉱ Chemical Luminescent Method

문제 228. 먼지 튜브에 의한 먼지를 측정할 경우, 측정장치의 배열순서를 표시하였

다. 가장 적절한 것은 어느 것인가 ?<'94전반기-산업기사>

㉮ 먼지튜브 → SO2 흡수병 → 진공펌프 → 가스미터

㉯ 먼지튜브 → 진공펌프 → SO2 흡수병 → 가스미터

㉰ 먼지튜브 → 가스미터 → 진공펌프 → SO2 흡수병

㉱ 먼지튜브 → SO2 흡수병 →가스미터 →진공펌프

문제 229. 가스크로마토 그래프법에서 수소염이온화 검출기(FID)에서 사용되는 운반가스는 다음 중 어느 가스를 사용해야 하는가?<'94전반기-산업기사>

㉮ 순도 99.8% 이상의 수소 ㉯ 순도 99.8% 이상의 질소

㉰ 순도 99.8% 이상의 산소 ㉱ 순도 99.8% 이상의 부탄가스

문제 230. 다음 대기오염 물질 중 비분산 적외선 분석법(NDIR)이 주로 그 분석에 사용되는 오염물질은?<'94전반기-산업기사>

㉮ CO ㉯ SO_2 ㉰ NO_2 ㉱ NH_3

문제 231. 비분산 적외선 가스 분석계의 성능 저하 원인으로서 다음 중 감도가 저하하는 데 직접적 으로 영향을 주지 않는 것은?<'94후반기-기사>

㉮ 광원의성능저하 ㉯ 온도조절기의고장

㉰ 증폭기의 열화 ㉱ 검출기내의 가스누출

문제 232. 흡광광도법에 의해 배출가스 중의 이황화탄소를 측정할 때 사용하는 흡수액은 어느 것인가?<'94후반기-기사>

㉮ 디에틸 아민동 용액 ㉯ 디에틸 디티오카바민산 나트륨 용액

㉰ 디에틸 아민 용액 ㉱ 디에틸 아민 염산염 용액

문제 233. 램프식 분석법에 의해 연료 중의 황분을 분석할 때 황분을 침전물로 하여 번조, 강열, 평량을 하여 연료 중의 황분을 산출한다. 이 때 침전물은 어느 것인가 ?<'94후반기-기사><'95전반기-기사>

㉮ CaSO4 ㉯ HgSO4 ㉰ SrSO4 ㉱ BaSO4

문제 234. 이론단수가 1,600인 분리관이 있다. 보유시간리 20분의 피크를 하는폭은 얼마인가? (단, 기록지 이동속도는 5mm/min이고 이론단수는 모든 성분에 대하여 같다.)<'94후반기-기사>

㉮ 5mm ㉯ 8mm ㉰ 10mm ㉱ 12mm

문제 235. 흡광광도법에 대한 설명 중에서 틀린 것은 ?<'95전반기-기사>

㉮ 시료를 증기화 하여 생긴 기저상태의 원자가 이 원자 증기층을 투과하는 과정의 빛을 흡수 하는 현상

㉯ 가시부의 근적외부의 광원으로는 주로 텅스텐램프을 사용한다.

㉰ 자외부의 광원으로는 중수소 방전관을 사용한다.

㉱ 단색화장치는 프리즘, 회절격자 또는 이 두가지를 조합시킨 것을 사용한다.

문제 236. 가스크로마토그래피에 의한 정량분석에서 이용되는 정량법에 해당되는 것이 아닌 것은?<'95전반기-기사>

㉮ 절대 정량선법　　㉯ 넓이 백분율법

㉰ 피검성분 주기법　　㉱ 표준 첨가범

문제 237. 링겔만 스모크 차트(Ringelmann smoke chart)의 매연을 측정할 때 가장 심한 매연은 몇 도로 표시되나 ?<'95전반기-기사>

㉮ 0도　　㉯ 5도　　㉰ 10도　　㉱ 100도

문제 238. 링겔만 농도표에 의한 매연의 농도를 측정시 연도 배출구에서 몇 cm 떨어진 곳의 농도와 비교하는가?<'95전반기-기사>

㉮ 10~30cm　　㉯ 15～30cm　　㉰ 30～45cm　　㉱ 45～60cm

문제 239. 비분산형 적외선 분석기로 측정할 수 없는 원소는?<'95전반기-기사>

㉮ 질소　　㉯ 일산화탄소　　㉰ 탄산가스　　㉱ 일산화질소

문제 240. 공정시험법 중에서 오염물질과 측정법의 연결이 잘못된 것은 ?
<'95전반기-산업기사>

㉮ 염소-오르토 톨리딘법　　㉯ 황산화물-메틸에틸케톤법

㉰ 암모니아-인도페놀법　　㉱ 포름알데히드-크로모트로핀산업

문제 241. 대기 중의 일산화탄소의 농도를 수소 염이온화 검출기법(가스크로마토그래프법)으로 측정한 결과, 아래와 같다. 일산화탄소 농도는 ?<'95전반기-산업기사>

교정용 가스 중의 일산화탄소 25ppm
시료공기 중의 일산화탄소의 피이크 높이 14mm
교정용 가스 중의 일산화탄소의 피이크 높이 22mm이다.

㉮ 10ppm　　㉯ 16ppm　　㉰ 29ppm　　㉱ 32ppm

문제 242. 수소염이온화 검출기법으로 환경대기 중의 일산화탄소 측정에 관한 설명 중 잘못된 것은?<'95전반기-산업기사>

㉮ 교정용 가스는 적어도 30분 이상 방치하여 사용한다.

㉯ 환원관에는 압력조정기로 전압을 조절하는데 환원관 온도는 260℃로 가열한다.

㉰ 환원관의 온도아 260℃ 이하로 내려가면 tailing이 일어나 전환율이 나빠진다.

㉱ 시료를 주사기로 채취시 내용적 5mℓ의 주사기로 채취하고 고무마개로 막고 실험실로 옮긴다.

문제 243. 다음은 흡광광도법에 대한 설명 중 옳은 것은?<'95전반기-산업기사>

㉮ 흡광광도 분석장치는 광원부, 시료원자화부, 단색화부 등으로 구성되어 있다.

㉯ 광원부의 자외선부의 광원으로는 텅스텐 램프를 사용한다.

㉰ 흡광도 눈금의 보정에 사용되는 것은 중크롬산칼륨 용액이다.

㉱ 흡수 최대치(peak) 부근에서는 파장간격을 10~20nm까지 좁게하여 흡광도를 측정한다.

문제 244. 링겔만 농도표로 매연 측정시 연도 배뚤구로부터 몇 cm떨어진 곳의 농도와 비교하는가? <'95전반기-산업기사>

㉮ 10~15cm ㉯ 25~30cm ㉰ 30~45cm ㉱ 45~60cm

문제 245. 다음 중 가스크로마토 그래프법과 관계가 없는 것은?<'95전반기-산업기사>

㉮ chromatogram, Peak

㉯ Retention time Retention Volume

㉰ Carrier Gas, Packing Material

㉱ Monochrometer, Line spectrum

문제 246. 분석 대상가스의 흡수액이 잘못 짝지어진 것은?<'99전반기-산업기사>

㉮ 암모니아················봉산 용액(0.5w/v%)

㉯ 황산화물················묽은황산+과산화수소

㉰ 염화수소················수산화나트륨용액(N/10)

㉱ 이황화탄소··············디에틸아민구리액

문제 247. 흡광광도법에 대한 설명 중 알맞지 않은 것은?<'99전반기-산업기사>

㉮ 가시부와 근적외선부의 광원으로는 주로 텅스텐 램프를 사용한다.

㉯ 자외선부의 광원으로는 주로 중수소 방전관을 사용한다.

㉰ 단색화장치는 프리즘, 회절격자 또는 이 두가지를 조합시킨 것을 사용한다.

㉱ 측광부의 광전측광에는 자외 내지 가시파장 범위에서 광전도셀이 사용된다.

문제 248. 다음 중 가스크로마토 그래피의 검출기 중 TCD 원리를 가장 잘 설명한 것은?<'99전반기-산업기사>

㉮ 기체가 각각 고유의 열전도도를 갖는 성질을 이용하여 검출소자의 온도변화를 측정한다.

㉯ 수소불꽃 중에 도입된 유기물 분자가 고온의 불꽃에 의하여 이온화하는 것을 전극으로 검출한다.

㉰ 방사선에 의하여 운반가스를 이온화하고 분석하려는 물질을 넣을 때 생기는 이온전류를 검출한다.

㉱ 환원성 수소불꽃 중에서 시료성분이 열분해하여 화학발광할 때의 발광강도를 측정한다.

문제 249. 이온크로마토 그래피법에 관한 설명으로 알맞지 않은 것은?

<'99전반기-산업기사>

㉮ 검출기는 일반적으로 수소염 이온화 검출기(FID)가 사용된다.

㉯ 용리액조는 일반적으로 플리에털렌, 경질유리제를 사용한다.

㉰ 일반적으로 강수(비, 눈, 우박 등) 대기먼지, 하천 수중의 이온성분을 정량, 정성분석하는데 이용된다.

㉱ 일반적으로 시료주입장치, 분리관, 서프레셔, 검출기 및 기록계로 구성되어 있다.

문제 250. 흡광광도법에서 흡광도라 함은 어느 것은 말하는가? (단, I_0 : 입사광의 강도, I_t : 투사광의 강도, $t = I_t / I_0$이다.)<'99전반기-산업기사>

㉮ 10^t ㉯ $t \times 100$ ㉰ $\log 1/t$ ㉱ $1/t$

문제 251. 다음 용어 중 가스크로마토그래프와 관계없는 것은?<'99후반기-기사>

㉮ 운반가스(Carrier Gas) ㉯ 열전도도 검출기(TCD)

㉰ 보유용량 및 보유시간 ㉱ 단색화장치

문제 252. 자동측정기에 의한 연속 측정법이 잘못 짝지어진 것은?<'99후반기-기사>

㉮ 아황산가스-적외선 흡수법 ㉯ 불화수소-비분산적외선 분석법

㉰ 암모니아-용액전도율법 ㉱ 질소산화물-정전위전해법

문제 253. 화학분석법에 의한 배출가스 중의 산소 측정에 관한 설명이다. 잘못 설명된 것은 어느 것인가?<'99후반기-기사>

㉮ 흡수의 순서는 CO_2, O_2이다.

㉯ 산소흡수액은 포화식염수에 피로가롤을 녹인 용액으로 한다.

㉰ 가스흡수에 의한 감소량의 측정 및 흡수에는 오르자트분석계를 사용한다.

㉱ CO_2의 흡수액에는 수산화칼륨의 용액을 사용한다.

문제 254. 다음은 흡광광도법에 관한 설명이다. 틀린 것은?<'99후반기-기사>

㉮ 가시부의 광원으로는 주로 텅스텐 램프를 사용한다.

㉯ 자외부의 광원으로는 주로 중수소 방전관을 사용한다.

㉰ 흡수셀의 유리제는 주로 자외부 파장범위를 측정할 때 사용한다.

㉱ 흡광도의 눈금보정은 중크롬산 칼륨용액으로 한다.

문제 255. 비색법에 의해서 어떤 물질을 정량할 때 10mm의 셀(cell)을 사용하였을 경우 시료의 흡광도가 0.5라 하면 같은 시료를 20mm셀로 사용해서 측정했다면 흡광도는?<'99후반기-기사>

㉮ 0.25 ㉯ 0.5 ㉰ 1.0 ㉱ 2.0

문제 256. 다음의 원광흡광도법 내용 중 맞는 것은?<'99후반기-기사>

㉮ 빛이 투과하는 불꽃 중에서의 유효길이를 되도록 짧게 한다.

㉯ 분광기의 슬릿의 폭은 목적하는 분석선을 분리해 낼 수 있는 범위 내에서 되도록 넓게 하는 것이 좋다.

㉰ 광원램프는 장치성능이 허락하는 범위 내에서 되도록 높은 전류값에서 동작시킨다.

㉱ 아세틸렌 고압가스를 사용하는 경우에는 구리 또는 구리합금관을 사용한다.

문제 257. 중유전용 보일러에서 건식가스메타를 이용한 장치로 수분을 채취하였다. 이 때 U자관 흡수수분량은 0.0628g이초, 흡인가스량은 2ℓ, 흡인가스온도는 25℃, 압력차는 없고, 대기압은 760mmHg이었다. 이 때의 배기가스 중의 수증기 부피백분율(%)은 얼마인가? <'99후반기-기사>

㉮ 2.04% ㉯ 4.08% ㉰ 8.16% ㉱ 16.32%

문제 258. 가스크로마토 그래프의 분리관 효율은 이론단수 또는 1이론단에 해당하는 분리관의 길이(HBTP)로 표시한다. 어느 분리관의 보유시간(t_R)이 20분, 피이크의 좌우 변곡점에서 접선이 자르는 바탕선의 길이(W) 10mm,기록지 이동 속도 5mm/min이었다면 이론단수는 얼마인가? (단, 이론단수(n)= $16(\frac{T_R}{w})^2$)

<'99後반기-기사>

㉮ 800 ㉯ 1600 ㉰ 2400 ㉱ 3200

문제 259. 가스크로마토 그래피법 내용 중 맞는 것은?<'99後반기-기사>

㉮ 분리관 오븐의 온도조절 정밀도는 ±0.5℃ 범위 이내여야 한다. (오븐온도 150℃)

㉯ 열전도도검출기에서는 순도 99% 이상의 수소나 헬륨을 사용한다.

㉰ 일반적으로 측정하는 피이크의 보유시간은 반복실험 할 때 ±5% 오차 이내이어야 한다.

㉱ 출력신호를 기록할 때 잡음신호의 3배의 신호를 검출한계로 한다.

문제 260. 흡광광도 분석장치 중 광원부에서 가시부와 근적외부의 광원으로 주로 쓰이는 램프는? <'99後반기-산업기사>

㉮ 음극램프 ㉯ 텅스텐램프 ㉰ 중수소방전램프 ㉱ 중공음극램프

문제 261. 흡광광도계의 흡광도 눈금 보정에 사용되는 것은?<'99後반기-산업기사>

㉮ 과망간산칼륨 ㉯ 중크롬산칼륨 ㉰ 티오시안산칼륨 ㉱ 묽은황산이나 염산

문제 262. 대기오염공정시험법에 따라 흡광광도법과 원자흡광광도법을 병용하여 분석할 수 없는 것은?<'99後반기-산업기사>

㉮ 불소화합물 ㉯ 크롬화합물 ㉰ 구리화합물 ㉱ 납화합물

문제 263. 로우볼륨 에어샘플러(Low Volume Air Sampler) 장치 중 흡입펌프에 관한 설명으로 알맞지 않은 것은?<'99後반기-산업기사>

㉮ 연속해서 24시간 이상 사용할 수 있어야 한다.

㉯ 진공도가 높아야 한다.

㉰ 맥동이 없고 고르게 작동되어야 한다.

㉱ 유량이 크고 운반이 용이하여야 한다.

문제 264. 배출허용기준 시험을 위한 시료 채취시 굴뚝내의 압력이 ( )mmH2O 이하의 부압(負壓) 일 때는 시료채취용 굴뚝을 부설하여, 용량이 큰 펌프를 써서

시료가스를 흡인하고 그 부설한 굴뚝에 채취구를 만든다. ( )안에 알맞은 것은?<'99후반기-산업기사>

㉮ -100 ㉯ 200 ㉰ 300 ㉱ 400

문제 265. 굴뚝 등에서 배출되는 배출가스 중의 산소를 측정하는 방법으로 자동측정기에 의한 방법에 대한 설명으로 알맞지 않은 것은?<'99후반기-산업기사>

㉮ 자기식(磁氣式) 방법은 체적자화율(體積磁化率)이 큰 가스의 영향이 클 때 적용된다.

㉯ 자기식 방법은 자기풍 방식과 자기력 방식으로 나눌 수 있다.

㉰ 자동측정기에 의한 방법은 자기식 방법과 전기화학식 방법으로 나눌 수 있다.

㉱ 자기력 방식은 덤벨형과 압력검출형으로 나눌 수 있다.

문제 266. 링겔만 농도표를 사용하여 연도에서 배출되는 검댕을 측정할 때 연돌의 배출구에서 얼마 떨어진 곳의 농도를 관측하는가?<'99후반기-산업기사>

㉮ 0～12cm ㉯ 0～25cm ㉰ 15～35cm ㉱ 30～45cm

문제 267. 환경대기 중에 포함되어 있는 일산화탄소의 농도를 연속 측정하는 방법은 다음 중 어떤선의 흡수량을 사용하는가?<'99후반기-산업기사>

㉮ 자외선 ㉯ 가시광선 ㉰ x선 ㉱ 적외선

문제 268. 흡광광도계에서 빛의 강도가 I_0의 단색광이 어떤 시료액을 통과할 때 그 빛의 90%가 흡수될 경우 흡광도는?<'99후반기-산업기사>

㉮ 0.6 ㉯ 0.8 ㉰ 1.0 ㉱ 1.2

제 4 장 환경기준 시험방법

제 1 절 시료채취방법

1. 적용범위

이 시험법은 환경보전법에서 규정하는 환경기준 설정 항목 및 기타 대기중의 오염물질에 관한 시험 및 분석에 대하여 규정한다

2. 시료채취를 위한 일반사항

2.1 채취지점수(측정점수)의 결정

환경기준 시험을 위한 시료채취장소 및 지점수는 측정하려고 하는 대상 지역의 발생원분포, 기상조건 및 지리적, 사회적조건을 고려하여 다음과 같이 결정한다.

(1) 인구비례에 의한 방법

측정하려고 하는 대상지역의 인구 분포 및 인구밀도를 고려하여 인구밀도가 5,000명/Km^2이상일 때는 그림 1을 적용하고 그 이하일 때는 그 지역의 가주지면적 그 지역 총면적에서 전답, 임야, 호수, 하천 등의 면적을 뺀 면적)으로부터 다음 식에 의하여 측정점의 수를 결정한다.

$$\text{측정점수} = \frac{\text{그 지역 거주지면적}}{25km^2} \times \frac{\text{그 지역 인구밀도}}{\text{전국 평균인구밀도}}$$

(2) TM좌표에 의한 방법 (Grid System)

전국 지도의 TM좌표에 따라 해당지역의 1 : 25,000이상의 지도위에 2~3km간격으로 바둑판 모양의 구획을 만들고 그 구획마다 측정점을 선정한다. (그림 2)

(3) 중심점에 의한 동심원을 이용하는 방법

측정하려고 하는 대상지역을 대표할 수 있다고 생각되는 한 지점을 선정하고 지도위에 그 지점을 중심점으로 0.3~2km의 간격으로 동심원을 그린다.

또 중심점에서 각 방향(8방향이상)으로 직선을 그어 각각 동심원과 만나는 점을 측정점으로 한다. (그림 3)

이 때 전체의 측정점수는 인접 측정점과의 거리를 고려하여 적당히 조절 할 수

도 있다.

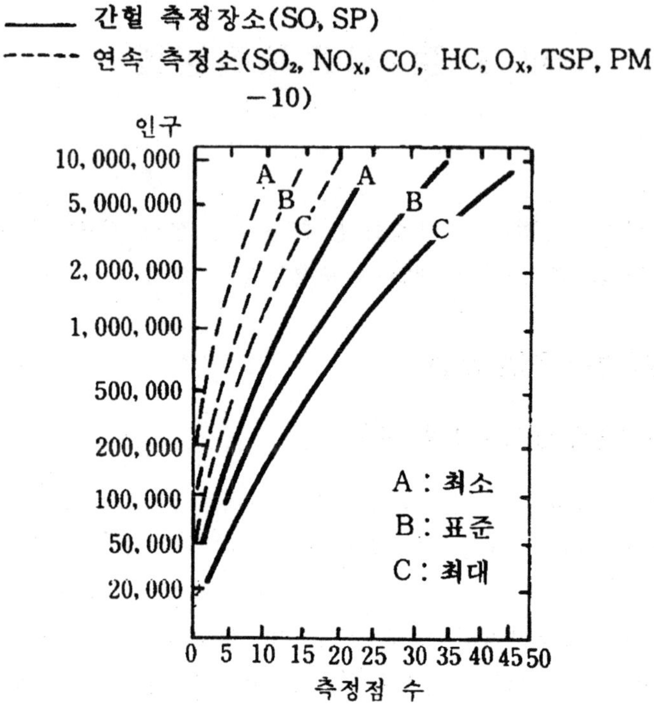

그림 1 인구비례에 의한 측정점수

(4) 대상지역의 오염정도에 따라 공식을 이용하는 방법

측정하고자 하는 대상지역의 오염정도에 따라서 다음 공식을 이용하여 결정한다.

$$N = N_X + N_y + N_z$$

$$N_x = (0.0965) \cdot \left(\frac{C_n - C_s}{C_s}\right) \cdot (X)$$

$$N_y = (0.0096) \cdot \left(\frac{C_s - C_b}{C_s}\right) \cdot (Y)$$

$$N_z = (0.0004) \cdot (Z)$$

Cn = 최대농도 (ppm)

Cs = 환경기준(행정기준) (ppm)

Cb = 최저농도(자연상태) (ppm)

x = 환경기준보다 농도가 높은 지역(km^2)

y = 환경기준보다 농도가 낮으나 자연농도보다 높은 지역(km^2)

z = 자연상태의 농도와 같은 지역 (km^2)

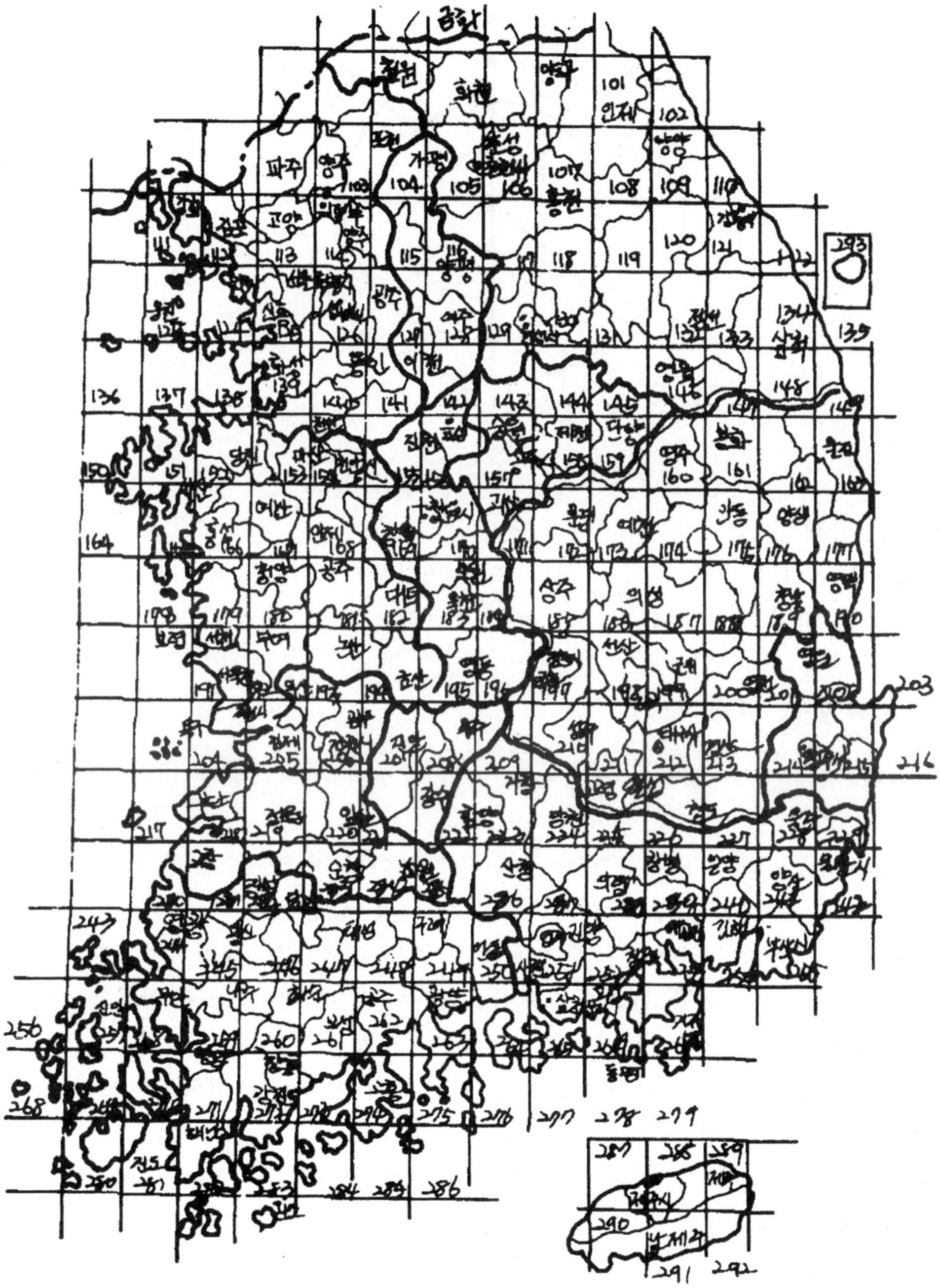

그림 2 전국지형코드번호(TM좌표)

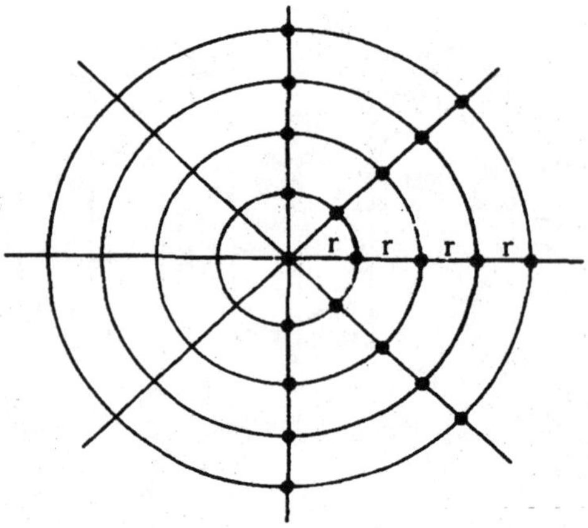

그림 3 동심원상 측정점 선정

(5) 기타방법

과거의 경험이나 전례에 의한 선정 또는 이전부터 측정을 계속하고 있는 측정점에 대하여는 이미 선정되어 있는 지점을 측정점으로 할 수 있다.

2.2 시료채취 위치 선정

시료채취 위치는 그 지역의 주위환경 및 기상조건을 고려하여 다음과 같이 선정한다.

(1) 시료채취 위치는 원칙적으로 주위에 건물이나 수목 등의 장애물이 없고 그 지역의 오염도를 대표할 수 있다고 생각되는 곳을 선정한다.

(2) 주위에 건물이나 수목 등의 장애물이 있을 경우에는 채취위치로부터 장애물까지의 거리가 그 장애물 높이의 2배이상 또는 채취점과 장애물 상단을 연결하는 직선이 수평선과 이루는 각도가 30° 이하되는 곳을 선정한다

(3) 주위에 건물 등이 밀집되거나 접근되어 있을 경우에는 건물 바깥벽으로 부터 적어도 1.5 m이상 떨어진 곳에 채취점을 선정한다.

(4) 시료채취의 높이는 그 부근의 평균오염도를 나타낼 수 있는 곳으로 가스상물질은 1.5~10m, 입자상물질은 3.0~10m로 한다

2.3 시료채취에 대한 일반적 주의사항

(1) 시료채취를 할 때는 되도록 측정하려는 가스 또는 입자의 손실이 없도록 한다.

표 1 부유먼지측정기의 도로로부터의 거리와 시료채취높이

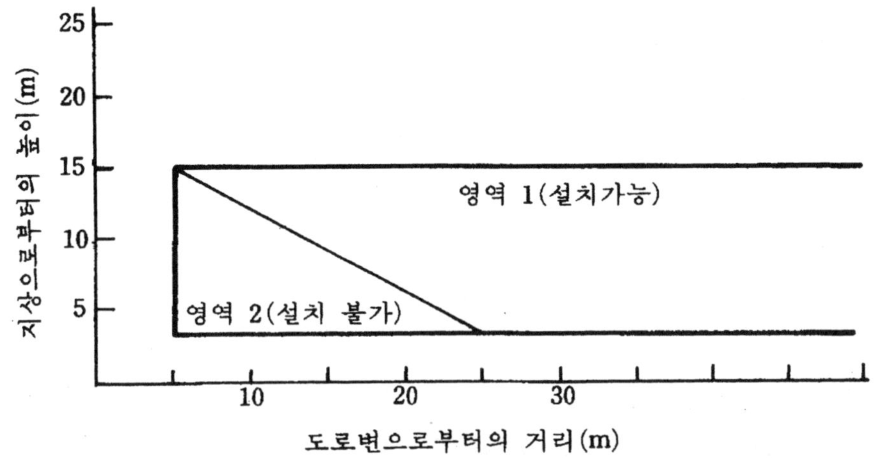

특히 바람이나 눈, 비로부터 보호하기 위하여 측정기기는 실내에 설치하고 채취구는 밖으로 연결할 경우에는 채취관 벽과의 반응, 흡착, 흡수 등에 의한 영향을 최소한도로 줄일 수 있는 재질과 방법을 선택한다.

(2) 채취관을 장기간 사용하여 관내에 분진이 퇴적하거나 퇴적한 분진이 가스와 반응 또는 흡착하는 것을 막기 위하여 채취관은 항상 깨끗한 상태로 보존한다.

(3) 미리 측정하려고 하는 성분과 이외의 성분에 대한 물리적, 화학적 성질을 조사하여 방해성분의 영향이 적은 방법을 선택한다.

(4) 시료채취시간은 원칙적으로 그 오염물질의 영향을 고려하여 결정한다.

예를 들면 악취물질의 채취는 되도록 짧은 시간내에 끝내고 입자상 물질중의 금속성분이나 발암성 물질 등은 되도록 장시간 채취한다.

(5) 환경기준이 설정되어 있는 물질의 채취시간은 원칙적으로 법에 정해져 있는 시간을 기준으로 한다.

(6) 시료채취 유량은 각항에서 규정하는 범위내에서는 되도록 많이 채취하는 것을 원칙으로 한다. 또 사용 유량계는 그 성능을 잘 파악하여 사용하고 채취유량은 반드시 온도와 압력을 기록하여 표준상태로 환산한다.

(7) 입자상 물질을 채취할 경우에는 채취관 벽에 분진이 부착 또는 퇴적하는 것을 피하고 특히 채취관을 수평방향으로 연결할 경우에는 되도록 관의 길이를 짧게 하고 곡률변경은 크게 한다. 또한 입자상 물질을 채취할 때에는 가스의 흡착, 유기성분의 증발, 기화 또는 변화하지 않도록 주의한다.

(8) 자동측정기를 사용할 경우에는 다음 사항에 주의한다.

① 유량계의 눈금조정
② 여과지의 교환
③ 타이머 (Timer)의 점검
④ 기록계의 영점 조정
⑤ 기록 잉크의 보급
⑥ 감도조정
⑦ 스펜조정
⑧ 램프의 청소
⑨ 광원램프의 교환
⑩ 진공관 교환
⑪ 미스트 제거장치(Mist Trap)의 청소
⑫ 기록펜의 청소
⑬ 기록지 교환

(9) 기타 필요한 사항은 각 항에 정하는 방법에 따른다.

3. 가스상 물질의 시료채취

대기중의 가스상 물질의 시료채취방법은 측정하려고 하는 가스성분의 성상과 측정방법을 고려하여 아래 방법들을 이용한다.

3.1 직접 채취법

이 방법은 시료를 측정기에 직접 도입하여 분석하는 방법으로

채취관 — 분석 — 장치 — 흡인펌프 로 구성된다.

(1) 채취관

채취관은 일반적으로 4불화에틸렌수지(Teflon), 경질유리, 스테인레스강제 등으로 된 것을 사용한다.
채취관의 길이는 5m이내로 되도록 짧은 것이 좋으며, 그 끝은 그림 4와 같이 빗물이나 곤충 기타 이물질이 들어가지 않도록 되어 있는 구조이어야 한다.

또 채취관을 장기간 사용하여 내면이 오염되거나 측정성분에 영향을 줄 염려가 있을 때는 채취관을 교환 또는 잘 씻어 사용한다.

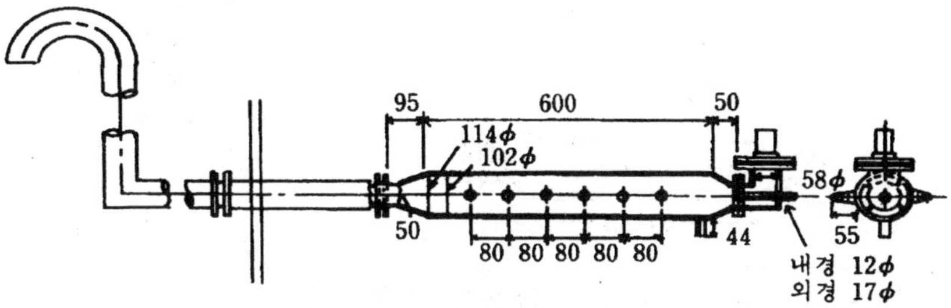

그림 4 시료채취관의 보기(공통배관)

(2) 분석 장치

분석장치는 측정하려는 가스성분에 따라 각 항에서 규정하는 것을 사용한다.

(3) 흡입 펌프

흡입펌프는 사용목적에 맞는 용량의 로타리 펌프 또는 다이아프램펌프를 사용하며 전기용 또는 전지(Battery)용이 있다.

3.2 용기포집법

이 방법은 시료를 일단 일정한 용기에 포집한 다음 분석에 이용하는 방법으로 채취관이 [용기] 또는 [채취관]—[유량조절기]—[흡인펌프]—[용기] 로 구성된다

(1) 채취관 : 3.1(1)에 따른다.

(2) 용기

용기는 일반적으로 진공병 또는 공기주머니(Bag)를 사용한다.

(2.1) 진공병을 사용할 경우

① 구조

진공병은 그림 5와 같이 내부용적이 일정한 경질유리병에 진공마개와 시료인출용 마개가 달리고 수mmHg정도까지 감압 할 수 있는 것을 사용한다. 이 때 마개의 재질은 고무, 실리콘고무 또는 합성수지제 고무 등을 사용하며 필요하면 그리이스(Grease)를 얇게 발라 공기가 새지 않도록 한다 진공병의 용량은 물을 가득 채웠을 때의 물의 용량을 계산하여 구한다.

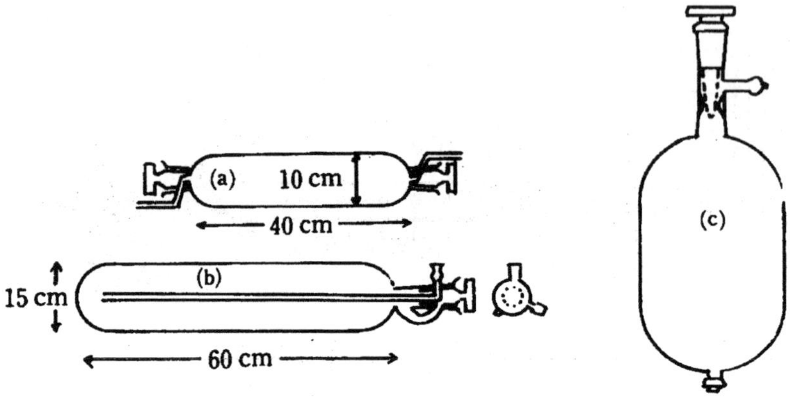

그림 5 진공병의 보기 (a : 3ℓ, b : 10ℓ)

② 포집 방법

미리 진공펌프를 사용하여 수 mmHg정도까지 감압하였다가 시료채취장소에서 마개를 열고 가스를 포집한다. 진공병에 시료채취관을 연결하여 시료를 채취하는 경우에는 채취관 내의 공기를 미리 충분히 시료로 치환한 다음 연결한다.

③ 시료의 인출

포집한 가스의 농도가 높을 때는 진공병에 가스인출용 마개를 달고 공기가 새지 않는 주사기로 시료가스를 채취하여 직접 분석기에 도입한다. 포집한 가스의 농도가 낮거나 포집전량이 필요한 경우에는 용기가스를 이용하거나 진공펌프를 사용하여 포집가스를 인출한다.

(2.2) 공기주머니(Air Bag)를 사용할 경우

이 방법은 시료를 공기주머니에 포집하는 방법으로 측정기기를 측정장소까지 갖고 갈 수가 없거나 소수의 측정기로서 다수의 지점에서 동시에 시료를 측정할 경우에 이용한다. 공기주머니에 의한 시료채취는 시료성분이 주머니안에서 흡착, 투과 또는 서로간의 반응에 의하여 손실 또는 변질되지 않아야 한다.

① 주머니(bas)의 재질

일반적으로 사용되는 주머니의 재질은 연질 염화비닐, 4불화비닐, 4불화 에틸렌(Teflon), 폴리에틸렌텔레프탈레이트 등을 사용한다.

비닐주머니는 일산화탄소의 채취이외는 사용해선 안된다. (그림 6)

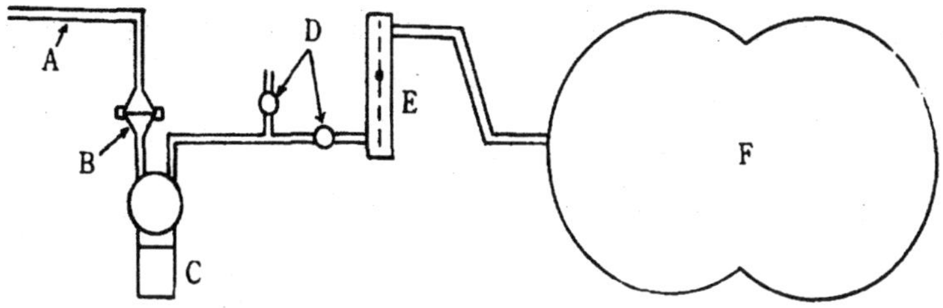

A : 시료공기 도입관 B · 여과지 홀더 C : 다이아프램 펌프 D 유량조절기 E : 유량계 F : 공기주머니

그림 6 공기주머니에 의한 시료채취

② 주머니의 세척

한번 사용한 주머니나 내부가 다른 가스로 오염되어 있는 경우에는 주머니 외부를 적외선 램프로 가열하면서 건조하고 깨끗한 공기를 통과시켜 세척한다. (그림 7)

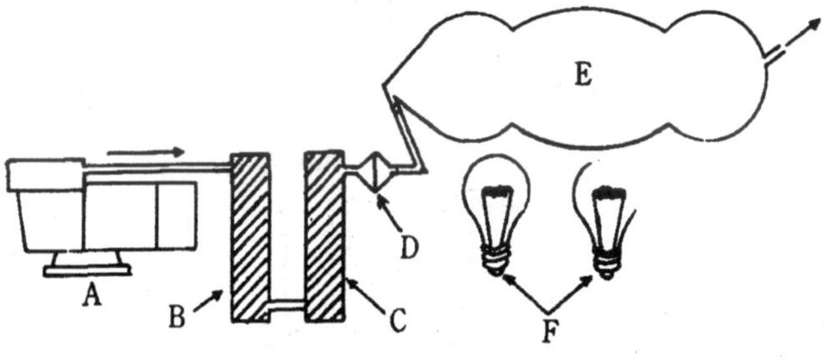

A · 다이아프램 펌프
B : 활성탄 흡착관
C . 실리카겔관
D · 여과재
E . 공기주머니
F · 적외선 램프

그림 7 공기주머니 세척

3.3 용매포집법

이 방법은 측정대상 가스를 선택적으로 흡수 또는 반응하는 용매에 시료가스를 일정유량으로 통과시켜 포집하는 방법으로 [채취관]-[여과재]-[포집부]-[흡인펌프]-[유량계(가스미터)] 로 구성된다

(1) 채취관

3,1 (1)에 따른다.

(2) 여과재

여과재는 석영 섬유제, 4불화에틸렌제 멤브레인 필터(Teflon Membrane Filter), 셀률로오스, 나일론제중 적당한 것을 사용한다.

(3) 포집부

포집부는 주로 흡수병(흡수관)과 세척병(공병)으로 구성된다

① 흡수병

흡수병은 그림 8과 같은 것을 사용하며 흡수병의 선택은 측정대상 가스의 흡수액에 대한 용해도 및 포집후의 안전성 등을 고려하여 결정한다.

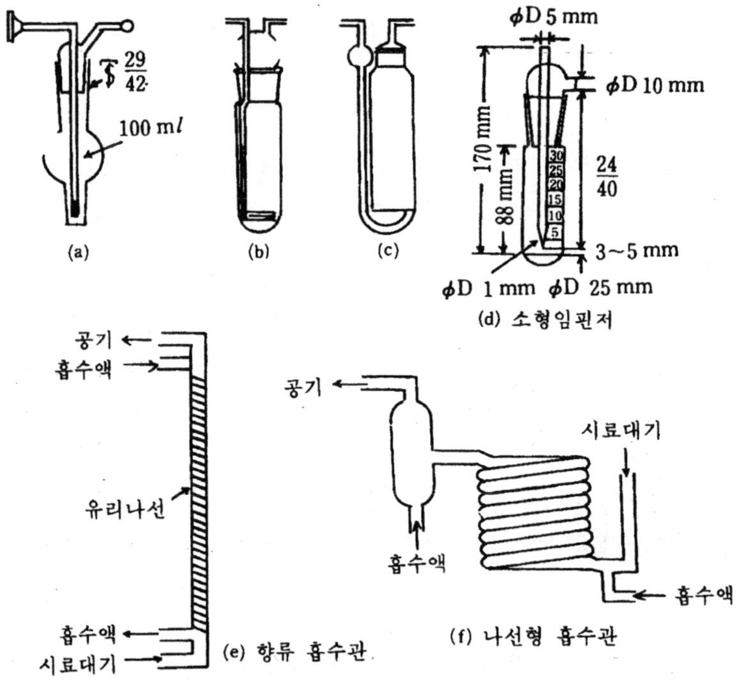

그림 8 흡 수 병

② 세척병(공병)

공병은 흡수병의 내용적의 2배이상 되는 것으로 안에 유리솜을 가볍게 채운 것을 사용한다.

(4) 펌 프

3.1 (3)에 따른다.

(5) 유량계

유량계는 시료를 흡인할 때의 유량을 측정하기 위한 것으로 적산 유량계 또는

순간 유량계를 사용한다.

(5.1) 적산유량계(Gas Meter)

일정용적의 용기에 가스를 도입하여 적산하는 것으로 그림 9와 같은 구조를 갖는 습식 가스미터와 그림 10과 같은 구조를 갖는 건식 가스미터가 있다.

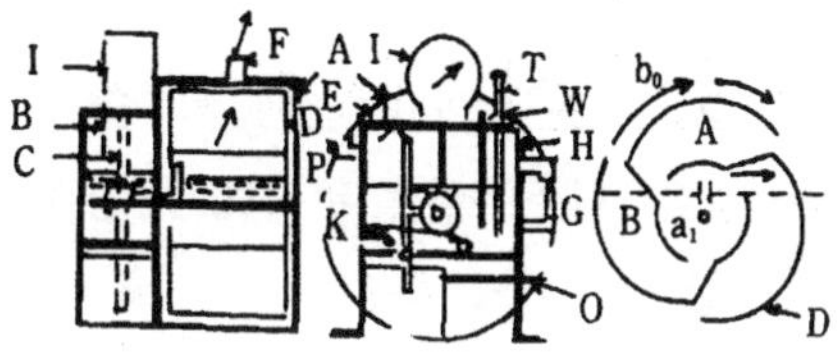

A : 외부상자
B : 전실
C 송기관
D. 드럼
E. 가스입구
F : 가스출구
G. 수면조정용 게이지유리
H 통기공
I : 지시기
K : 통수공
O 넘치는 물 배출관
P : 수주압력계 연결구
T : 온도계
W. 물 주입구

그림 9 습식가스미터의 원리도

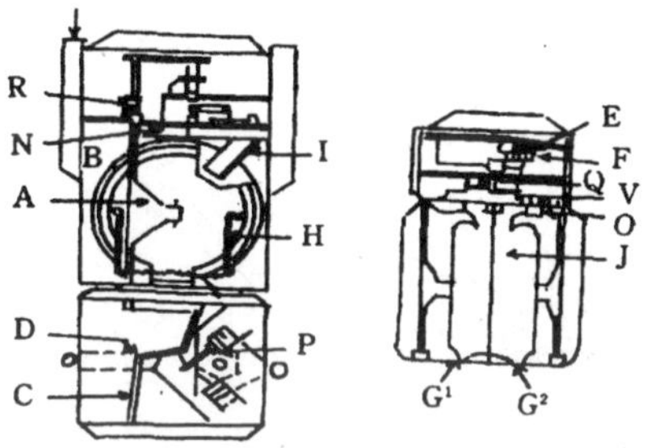

A : 주머니 날개(囊翼)
B 주머니 축(囊軸)
C. 큰돌쩌귀(큰엘보우)
D 작은 돌쩌귀(작은 엘보우)
E : 조정축
F : 조정 전달쇠
G : 계량주머니
H : 주머니판 도선(囊板導線)
I. 주머니 연결흠
J : 수직 간막이판
O. 배기관
V. 골판
P : 연접
Q : 중앙축 스태핑 박스
R : 날개축 스태핑 박스

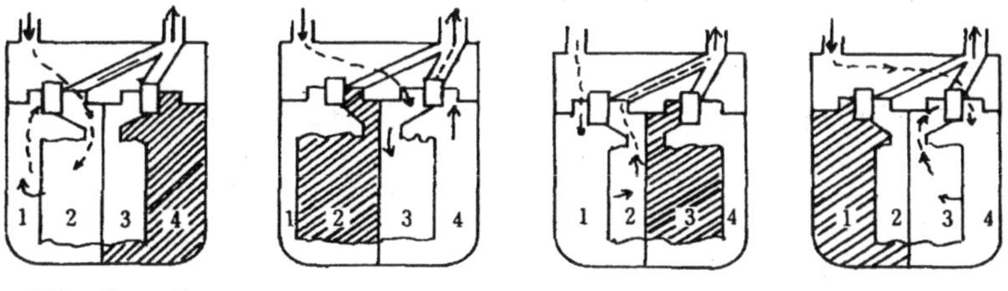

1실 : 배 출	1실 : 배출종료	1실 : 충 전	1실 : 충전종료
2실 : 충 전	2실 . 충전종료	2실 : 배 출	2실 : 배출종료
3실 : 배출종료	3실 : 충 전	3실 : 충전종료	3실 : 배 출
4실 : 충전종료	4실 : 배 출	4실 배출종류	4실 : 충 전

그림 10 건식가스미터의 원리도

(5.2) 순간유량계

① 면적식 유량계(Area Type)

면적식 유량계에는 부자식(Floater), 피스톤식 또는 게이트식 유량계를 사용한다.(그림 11)

② 기타 유량계

기타 유량계로는 오리피스(Orifice)유량계, 벤튜리(Venturi)식 유량계 또는 노즐(Flow Nozzle)식 유량계를 사용한다

(6) 채취조작

시료채취는 그림 12와 같이 흡수관 — 트랩 — 흡인펌프 — 유량계 의 순으로 배열하고 흡수관에 일정량의 흡수액(10～20mℓ)을 넣은 다음 일정유량(0.5～2.0 ℓ/분)으로 흡인한다. 이 때 흡입시간은 보통 30분～2시간이면 충분하다.

또 동시에 기온, 기압과 필요하면 풍향, 풍속 등 다른 기상조건을 측정한다.

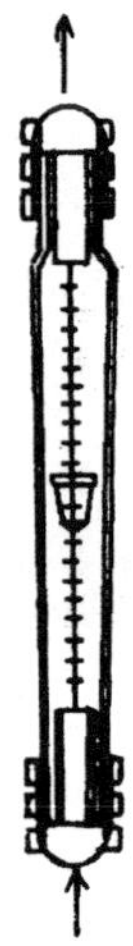

그림 11 면적식 유량계

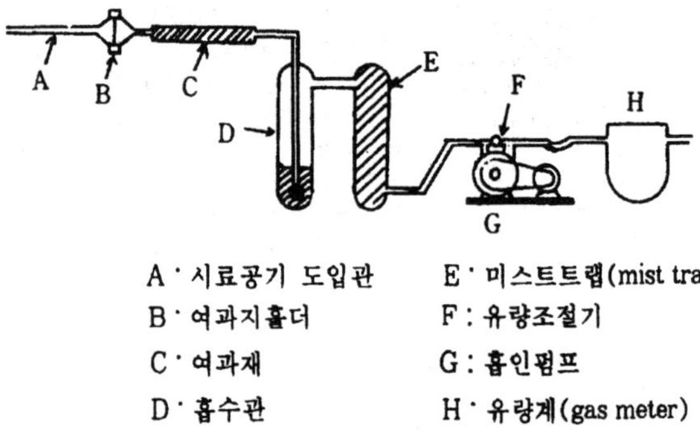

그림 12 시료채취장치

3.4 고체흡착법

이 방법은 활성탄, 실리카겔과 같은 고체분말표면에 가스가 흡착되는 것을 이용하는 방법으로 고체표면에 특정액체를 발라 흡착이 잘되게 하는 수도 있다.

(1) 채취 장치

채취장치는 그림 13과 같이 흡착관, 흡인펌프, 유량계로 구성된다. 흡착관의 내경은 5mm길이 15㎝의 경질유리관을 사용한다.

(2) 채취조작

그림 13과 같이 흡착관에 흡착제를 채우고 양끝을 유리솜으로 막는다.

흡인펌프와 유량계를 연결하고 0.5ℓ/분 정도로 20~30분 흡인한 다음 즉시 유리관의 양끝을 막아 보관한다. 이것을 가스크로마토그래프(GC)용 시료관과 같은 분석에 이용할 수 있는 장치에 옮겨서 사용한다. 이 때 사용하는 흡착제는 50~80메시 (mesh)정도의 입자로서 무게 약 0.5g 정도가 적당하다.

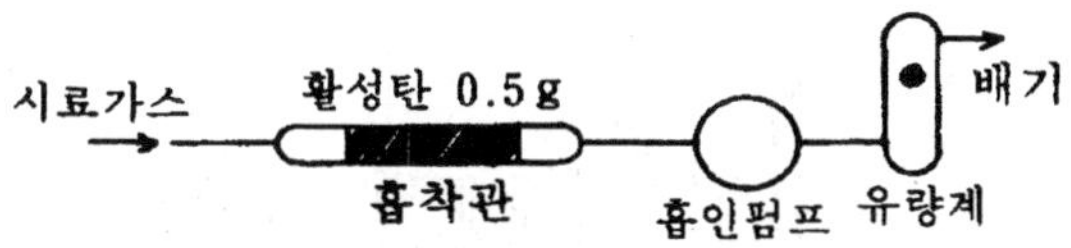

그림 13 고체흡착 보기

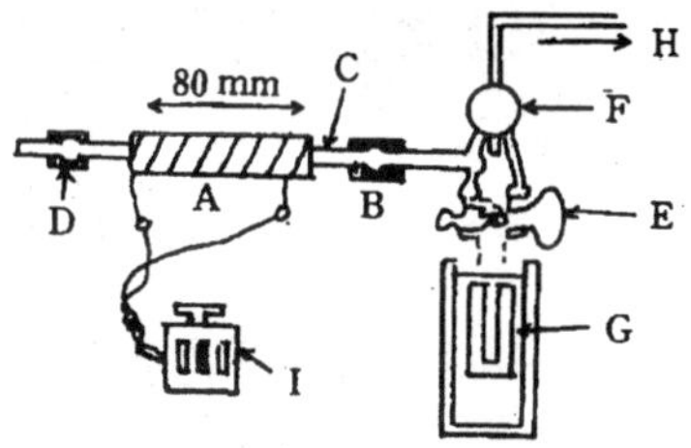

A : 전기로　　F : L자형 접속관
B : 온도계　　G : 드라이아이스 또는 액체산소
C : 흡착관　　H : 진공펌프
D : 스토퍼(stopper)　　I : 스라이닥스(전압조절기)
E : GC시료관

그림 14 탈착장치

3.5 저온응축법

이 방법은 탄화수소와 같은 가스성분을 냉각제로 냉각 응축시켜 공기로부터 분리포집하는 방법으로 주로 GC나 GC~MS분석계에 이용한다

(1) 냉각제

냉각제로는 액체산소(-183℃)드라이 아이스(Dried Ice)등을 사용한다.

(2) 채취장치 및 조작

그림 15와 같이 [탄산가스 및 수분제거관]—[냉각농축관]—[흡인펌프]—[유량계]의 순으로 연결하여 흡인유량 10ℓ/분 흡인시간 10분정도로 채취한다.

이 때 사용하는 탄산가스 및 수분제거관은 길이 17㎝ 내경 3㎝정도의 유리관에 무수탄산칼륨과 소다석회를 각각 30g씩을 넣은 것을 사용한다.

또 농축관의 길이는 30㎝ 내경 2㎝정도의 U자형 유리관에 20~50메시 (mesh) 규조토 내화벽돌 가루를 채운다.

시료채취는 먼저 농축관 부분을 냉각제로 냉각시키고 마개를 열어 시료가 도입되도록한 다음 펌프를 작동시킨다.

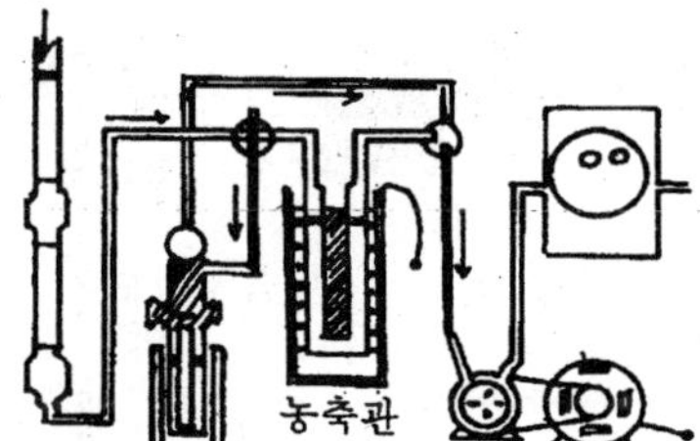

그림 15 저온응축장치

3.6 포집여지에 의한 방법

이 방법은 여과지를 적당한 시약에 담갔다가 건조시키고 시료를 통과시켜 목적하는 가스성분을 포집하는 방법으로 주로 불소화합물, 암모니아, 트리메틸아민 등의 가스를 포집하는데 이용한다

(1) 포집용 여과지

불화수소용 여과지는 동양여지 No.5 A에 1%탄산나트륨 용액을 침지하여 건조시킨 것을 사용하고 암모니아 또는 트리메틸아민용은 유리섬유 여과지에 20%황산을 침지건조시킨 것을 사용한다

(2) 채취장치 및 조작

채취장치는 그림 16과 같이 여과지홀더 ─ 흡인펌프 ─ 유량계 로 구성된다. 채취조작은 포집용 여과지를 여과지홀더를 장착하고 일정시간 흡인하여 목적성분을 포집한다. 포집된 가스성분은 순수 또는 적당한 용매로 추출하여 분석에 사용한다.

4. 입자상 물질의 시료채취

대기중에 부유하고 있는 먼지, 흄(Fume), 미시트(Mist)와 같은 입자상물질(Suspended Particulate Matters)의 시료채취는 다음의 방법들을 이용한다.

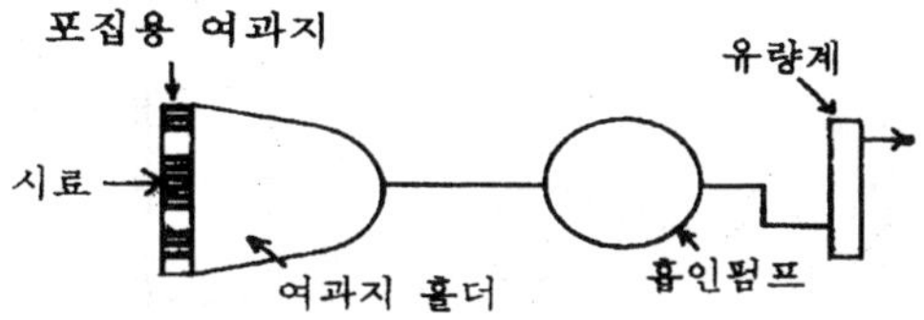

그림 16 포집여지에 의한 시료채취

4.1 하이볼륨에어 샘플러(High Volume Air Sampler)법

4.1.1 원리 및 적용범위

이 방법은 대기중에 부유하고 있는 입자상물질을 하이볼륨에어 샘플러를 이용하여 여과지상에 포집하는 방법으로 입자상물질 전체의 질량농도를 측정하거나 금속성분의 분석에 이용한다. 이 방법에 의한 포집입자의 입경은 일반적으로 0.1~100㎛범위이다.

4.1.2 장치의 구성

하이볼륨에어 샘플러는 공기흡인부, 여과지홀더, 유량측정부 및 보호상자로 구성된다. (그림 17)

(1) 공기흡인부

공기흡인부는 직권정류자모터에 2단 원심터빈형 송풍기가 직접연결된 것으로 무부하 일때의 흡인유량이 약 2㎥/분(1.2~1.7㎥/min)이고 24시간이상 연속측정 할 수 있는 것이어야 한다.

(2) 여과지 홀더(Filter Holder)

여과지홀더는 보통 15×22㎝, 또는 20×25㎝크기의 여과지를 공기가 새지 않도록 안전하게 장착할 수 있고 공기흡인부에 직접 연결할 수 있는 구조이어야 하며 여과지홀더를 구성하는 각 부분의 재질과 크기는 다음과 같다.

① 프레임 (Frame)

프레임의 재질은 사용하는 여과지를 파손되지 않게 고정할 수 있는 것으로 크기는 보통 외부 24×29㎝ 또는 18×26cm 내부 18×23cm 또는 13×20㎝되는 것을 사용한다

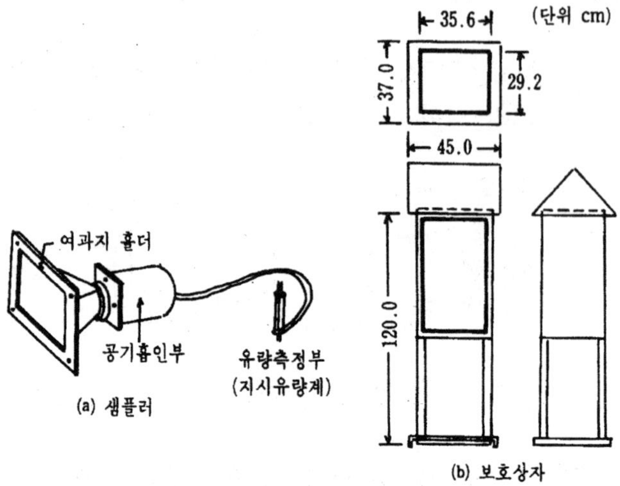

그림 17 하이볼륨에어샘플러

② 금속망(Net)

금속망은 여과지에 공기를 통과시킬 때 파손되지 않도록 받쳐주는 것으로 여과지를 충분히 보호할 수 있는 강도를 갖고 있어야 하며 여과지나 포집된 시료에 불순물 등의 영향을 주지 않는 내식성 재료로 만들어져야 한다. 망의 크기는 사용하는 여과지의 크기와 일치하여야 하며, 공기가 통하지 않는 부분에는 불소수지제 테이프를 감는다

③ 팩 킹(packing)

팩킹은 독립기포로 발포시킨 합성고무로 만들어진 것으로 그 크기는 프레임에 합치시킨다. 또 여과지와 접촉하는 부분은 불소수지제 테이프를 감는다.

④ 여과지 고정나사

여과지를 고정시킬 때 파손 또는 공기가 새지 않도록 되어 있는 구조로 내식성 재료로 만들어진 것을 사용한다.

(3) 유량측정부

유량측정부는 시료대기 흡인유량을 측정하는 부분으로 통상공기흡인부에 붙어 있고 장착 및 탈착이 쉬운 부자식 유량계를 사용한다.

지시유량계는 상대유량단위로서 1.0～2.0㎥/분의 범위를 0.05㎥분까지 측정할 수 있도록 눈금이 새겨진 것을 사용한다.

또 지시유량계의 눈금은 통상 하이볼륨에어 샘플러를 사용하는 상태에서 기준유량계로 교정하여 사용한다.

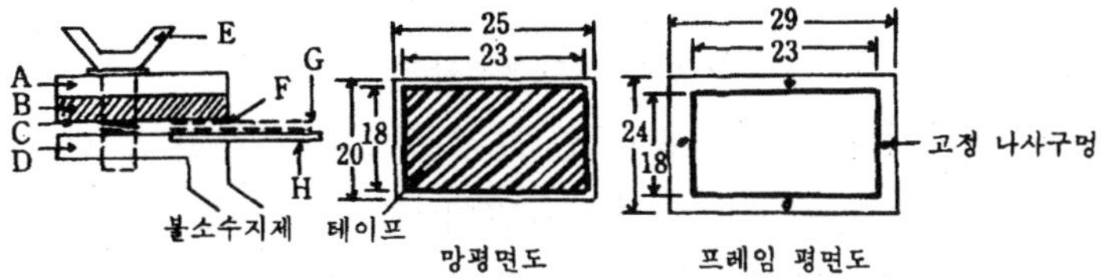

A, D : 프레임 B : 패킹 C, F : 불소수지제 테이프 E : 고정나사 G : 여과지 H : 철망

그림 18 여과지홀더의 조립

(4) 보호상자(Shelter)

보호상자는 하이볼륨에어 샘플러의 입자상물질 포집면을 위로 향하게 하여 수평으로 고정할 수 있고 비, 바람 등에 의한 여과지의 파손을 방지할 수 있는 내식성 재질로 된 것을 사용한다.

보호상자는 그림 17의 (b)와 같이 지붕, 본체상자, 받침다리의 3부분으로 구성되어 있고 지붕과 본체상자 사이에는 공간이 있어야 한다.

(5) 포집용 여과지

입자상 물질의 포집에 사용하는 여과지는 0.3㎛되는 입자를 99%이상 포집할 수 있으며 압력손실과 흡수성이 적고 가스상 물질의 흡착이 적은 것이어야 하며 또한 분석에 방해되는 물질을 함유하지 않은 것이어야 한다. 사용된 여과지의 재질은 일반적으로 유리섬유, 석영섬유, 폴리스틸렌, 니트로셀룰로스, 불소수지 등으로 되어 있으며 분석에 사용한여과재의 종류와 재질을 기록해 놓는다

4.1.3 시료채취장소 및 위치

시료채취장소 및 위치는 원칙적으로 2.시료채취를 위한 일반사항에 따르며 그 부근의 오염도를 대표할 수 있고 특정한 발생원이나 교통기관 등의 영향을 직접적으로 받지 않는 곳을 선정한다.

4.1.4 시료채취조작

(1) 포집전 여과지의 칭량

포집된 여과지를 미리 온도 20℃, 상대습도 50%에서 항량이 될 때까지 보관하였다가 0.01㎎의 감도를 갖는 분석용저울로서 0.1㎎까지 정확히 단다. 단, 항온 항습 장치가 없을 때는 상온에서 50%(W/V)염화칼슘용액을 제습제로 한 데시케이터 내에서 항량이 될 때까지 보관한 다음 위와 같은 방법으로 단다. 칭량이 끝난 여과지는 부호 또는 기호를 표시하여 기록한다.

(2) 채취조작

① 샘플러가 정상적으로 작동하는가를 확인한다.

② 칭량한 여과지를 여과지홀더에 고정시키고 나사를 조여 공기가 새지 않도록 한다. 이 때 여과지의 입자포집면이 위를 향하도록 한다

③ 샘플러를 보호상자내에 수평으로 고정시킨다

④ 이면의 배기판에 설치되어 있는 유량계 연결꼭지에 고무관을 사용하여 유량계를 연결한다

⑤ 전원 스윗치를 넣고 포집시작 시간을 기록한다.

⑥ 포집을 시작하고부터 5분 후에 유량계의 눈금을 읽어 유량을 기록하고 유량계는 떼어 놓는다. 이 때의 유량은 보통 1.2~1.7㎥/분정도 되도록 한다. 또 유량계의 눈금은 유량계부자(Floater)의 중앙부를 읽는다.

⑦ 포집이 종료되기 직전에 다시 유량계를 연결하고 유량을 읽어 다음과 같이 흡인공기량을 산출한다.

$$\text{흡인공기량} = \frac{Q_s + Q_e}{2} \times t$$

Q_s : 포집개시 직후의 유량(㎥/분)
Q_e : 포집종료 직전의 유량(㎥/분)
t : 포집시간(분)

(3) 포집후 여과지의 칭량

포집후의 여과지는 입자포집면이 안쪽으로 향하도록 접어 여과지의 파손이 없도록 세심한 주의를 기울여 위(1)의 조건에서 24시간 방치한 후 무게를 단다.

4.1.5 유량계의 교정

하이볼륨에어샘플러를 사용하여 입자상 물질을 채취할 때는 다음과 같이 기준유량계를 사용하여 부속유량계의 눈금을 교정해 주어야 한다.

(1)장 치

① 표준 유량계

② 유량 교정용 오리피스

③ 마노미터

④ 공기저항판 A, B, C, D, E

두께 0.24 ㎝ 직경 9.2㎝되는 금속제 원판에 직경이 12㎜되는 작은 구멍이 1~9개 뚫려 있는 것으로 저항이 적은 것의 순으로 A, B, C, D, E로 한다.

⑤ 하이볼륨에어샘플러 본체

⑥ 온도계

⑦ 기압계

(2) 오리피스의 유량 결정

① 조 립

표준유량계의 공기 입구 부분에 마노미터가 달린 오리피스를 연결하고 표준유량계의 출구에서부터 하이볼륨에어샘플러 본체에 접속하는 부분에 공기저항판을 끼워 넣을 수 있도록 그림 19와 같이 조립한다. 이 때 여지홀더는 하이볼륨에어샘플러 본체에서 떼어 놓는다.

② 조 작

㉮ 전원스윗치를 넣고 무부하상태에서 5분간 동작시킨 다음 표준유량계의 지시값에 의한 유량과 마노미터의 눈금을 읽어 기록한다.

㉯ 전원스윗치를 끄고 표준유량계와 하이볼륨에어샘플러 본체사이에 공기저항판 A를 넣고 다시 전원스윗치를 넣은 다음 ㉮와 같이 조작하여 5분 동작하는 표준유량계가 지시하는 유량과 마노미터의 눈금을 읽어 기록한다. 이와 같은 조작을 공기저항판 B, C, D, E에 대하여 같은 방법으로 반복한다. 동시에 기온과 기압을 측정 한다.

㉰ 표준유량계의 읽은 값을 기온과 기압으로 보정하여 (20℃, 1기압)마노미터의 읽은 값과 함께 그림 20과 같이 검량선을 작성한다.

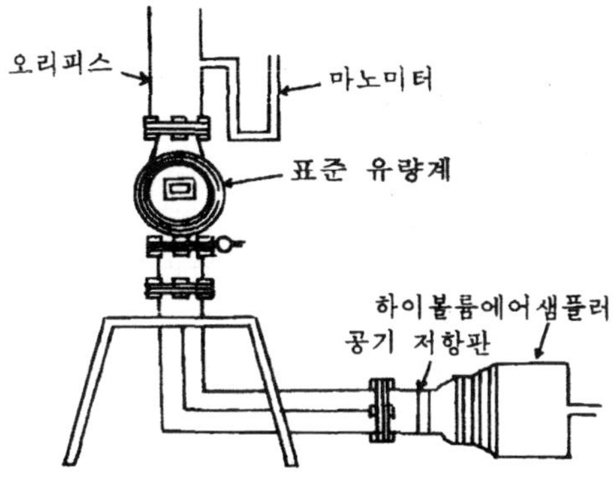

그림 19 오리피스유량결정을 위한 조립

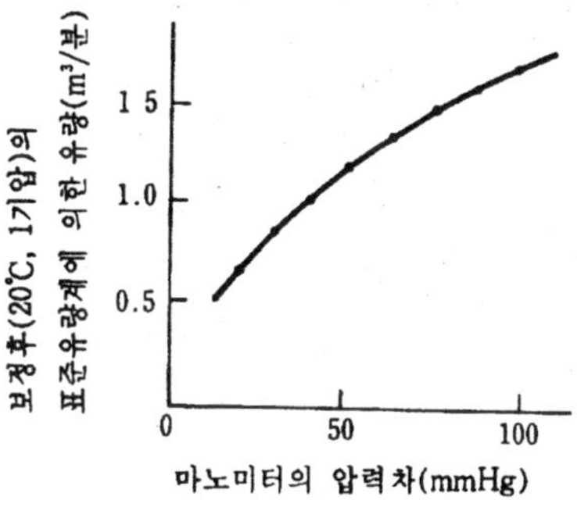

그림 20 검량선

$$보정식\ Q' = Q \times \frac{293}{273+t} \times \frac{P}{760}$$

Q' = 유량의 참값
Q = 표준유량계에 의한 유량
t = 측정시의 온도(℃)
p = 측정시의 압력(mmHg)

(3) 부속유량계의 교정

①조 립

그림 21과 같이 하이볼륨에어샘플러의 입구 부분에 마노미터가 달리고 유량결정이 끝난(8.2)의 조작이 끝난 오리피스를 장착한다.

②조 작

㉮ 전원스윗치를 넣고 무부하상태에서 5분간 작동한 후 마노미터의 눈금과 부속 유량계의 눈금을 읽는다.

㉯ 전원스윗치를 끄고 오리피스와 하이볼륨에어샘플러 본체의 접속부분에 공기저항판 A를 끼우고 다시 전원스윗치를 넣고 ①과 같은 방법으로 5분간 작동한후 마노미터의 눈금과 부속유량계의 눈금값을 읽는다. 이와 같은 조작을 반복하여 공기저항판 B, C, D, E에 대하여 조작한 후 각각의 마노미터 눈금값과 부속 유량계의 눈금값을 읽는다.

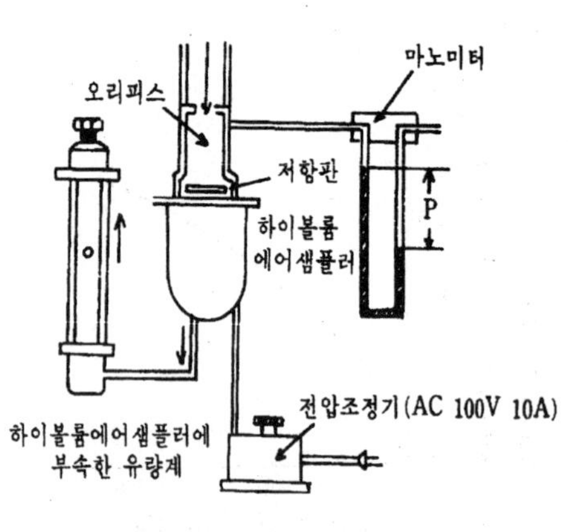

그림 21 부속유량계 교정을 위한 조립

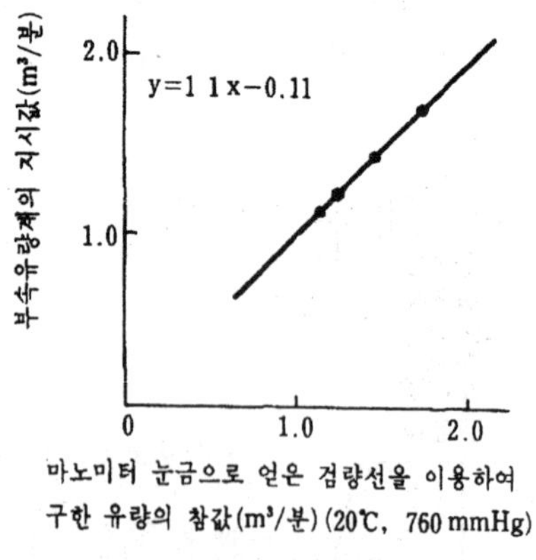

그림 22 부속유량계의 지시값과 참값과의 관계

㉰ 공기저항판을 끼웠을 때의 마노미터 눈금값으로부터 ㉯에서 작성한 검량선을 사용하여 유량의 참값을 구한다.

㉱ ㉰에서 얻은 유량의 참값과 대응하는 부속유량계의 지시값과의 관계를 취하며 그림 22와 같이 그래프를 그린다. 이 그래프를 이용하여 부속유량계의 교정을 한다.

4.1.6 주의사항

(1) 포집시의 유량이나 포집후의 중량농도에 이상한 값이 인정될 경우에는 다음 사항을 점검 한다.

① 유량계에 이상이 없는가 확인한다.

② 샘플러에서 공기가 새지 않는가

③ 전원 전압에 변동이 없는가를 확인한다.

이와 같은 이상현상이 포집개시 직후에 있었다면 정상운전으로 되돌아오는 것을 확인한 후에 다시 포집을 시작한다.

또 이상현상이 포집종료시에 확인되었을 경우에는 이상이 생기지 않도록 충분히 조치한 다음 포집조작을 다시 하고 먼저 포집된 시료는 기록을 정확히 하여 따로 보존한다.

가동중인 샘플러의 전원에 다른 기기를 가동시키면 전압의 변화가 생겨 샘플러의 유량을 일정하게 유지시키기 어려우므로 가동중인 샘플러의 전원에 다른 기기를 가동시켜서는 안되며 가동중인 샘플러의 전원 전압변동에 대하여 수시로 점검한다.

(2) 흡인장치의 모우터 브러쉬는 400~500시간(24시간 연속사용 회수로 17~20회) 사용 후 교환하고 유량을 교정한다.

(3) 하이볼륨에어샘플러에 부속한 유량계의 상단에 있는 유량조절나사는 고정해 놓고 조금이라도 움직였을 경우에는 다시 유량을 교정한다.

(4) 하이볼륨에어샘플러에 부속한 유량계의 상단 좁은 부분에 분진 등 이물질이 묻어 있을 때는 눈금값을 적게 한다.

또 이와 같은 경우에는 가는 금속바늘로 상처가 나지 않도록 조심하여 부착물을 제거하고 다시 오리피스를 사용하여 유량을 교정한다

(5) 흡인장치의 부품을 교환할 때나 수리할 때 또는 채취조작중 유량에 이상이 보일 때는 오리피스에 의하여 유량을 교정한다.

(6) 하이볼륨에어샘플러 측정시 다음 사항에 대하여 주의하여야 한다.

① 샘플러의 공기배기에 의하여 분진이 비산되지 않도록 주의를 청결히 청소하고 되도록이면 콘크리트 또는 아스팔트 바닥위에 설치한다.
② 샘플러의 보호상자는 비, 바람에 쓰러질 경우를 대비하여 밑부분을 단단히 고정시킨다.
③ 샘플러 설치시 소음진동의 문제가 생기지 않도록 주의한다

4.2 로우볼륨 에어샘플러(Low Volume Air Sampler)법

4.2.1 원리 및 적용범위

이 방법은 환경대기중에 부유하고 있는 입자상 물질을 로우볼륨에어샘플러를 사용하여 여과지 위에 포집하는 방법으로 일반적으로 직경 10㎛이하의 입자상 물질을 포집하여 질량농도를 구하거나 금속 등의 성분분석에 이용한다.

4.2.2 장치의 구성

로우볼륨에어 샘플러의 기본구성은 흡인펌프, 분립장치, 여과지홀더 및 유량측정부로 구성된다 (그림 23)

(1) 흡인펌프

흡인펌프는 연속해서 30일이상 사용할 수 있고 되도록 다음의 조건을 갖춘 것을 사용한다.

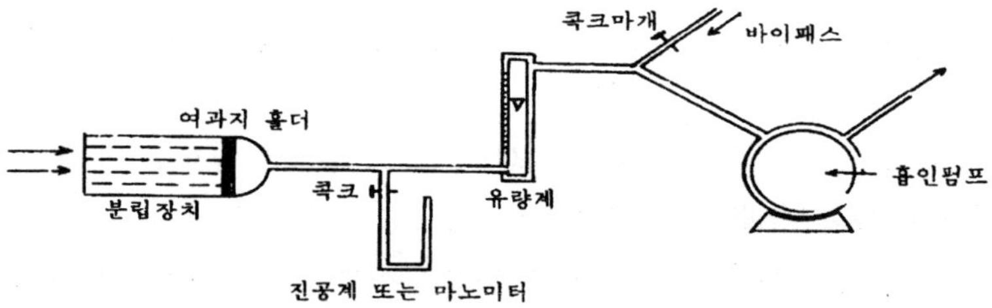

그림 23 로우볼륨에어샘플러의 구성

① 진공도가 높을 것.
② 유량이 큰 것.
③ 맥동이 없이 고르게 작동될 것.
④ 운반이 용이할 것.

(2) 여과지 홀더

여과지 홀더는 보통 직경이 110㎜또는 47㎜정도의 여과지를 파손되지 않고 공

기가 새지 않도록 장착할 수 있는 것이어야 한다. (그림 24)

① 프레임 (Frame)

프레임은 내식성 재질로서 여과지의 포집유효직경을 100㎜또는 42㎜로 할 수 있는 것.

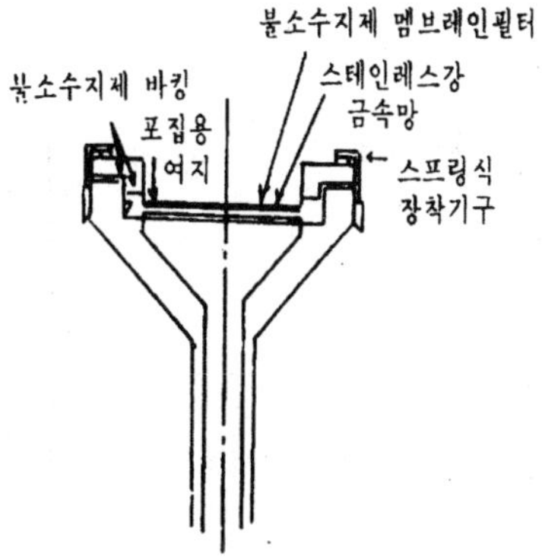

그림 24　여과지 홀더의 조립

② 망(Net)

여과지에 공기를 통과시킬 때 기류에 의하여 여과지가 파손되지 않도록 받쳐주고 여과지에 불순물이 들어가지 않도록 내식성 재료로 만들어진 것.

③ 팩 킹(packing)

불소수지로 만들어진 것.

④ 고정나사

여과지를 장착할 때 파손이나 공기가 새지 않도록 된 구조를 내식성 재료로 만들어진 것을 사용한다 .

(3) 유량측정부

유량측정부는 통상 다음과 같이 하여 유량을 측정한다

① 부자식 면적유량계

유량계는 여과지홀더와 흡인펌프와의 사이에 설치한다. 이 유량계에 새겨진 눈금은 20℃, 1기압에서 10～30ℓ/분 범위를 0.5ℓ/분까지 측정할 수 있도록 되어 있는 것을 사용한다. (그림 25 참조)

② 진공계

멤브레인필터 (Membrane Filter)와 같이 압력손실이 큰 여과지를 사용할 경우에는 유량의 눈금값에 대한 보정이 필요하기 때문에 압력계를 부착한다.

(4) 분립 장치

분립장치는 10㎛이상되는 입자를 제거하는 장치로서 사이클론방식(Cyclone방식, 원심분리 방식도 포함)과 다단형 방식이 있다.

그림26은 포집특성 곡선의 예이다

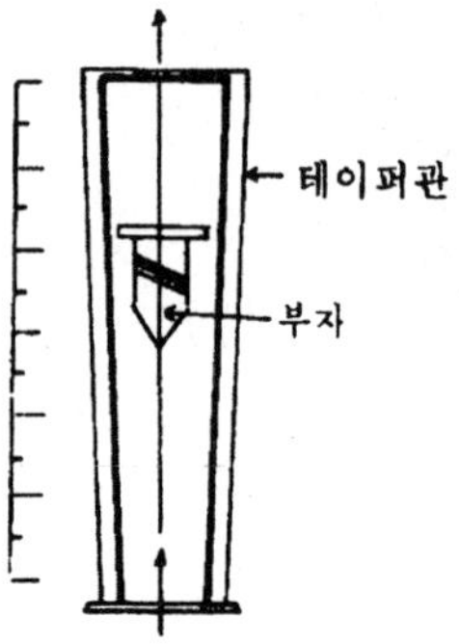

그림 25 부자식 면적유량계의 개략도

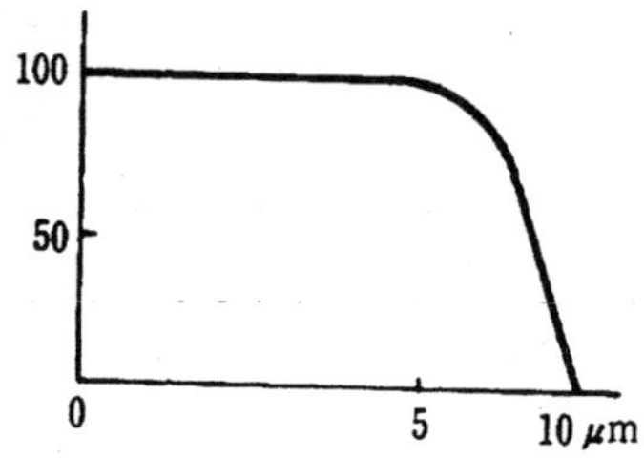

그림 26 포집특성곡선

① 사이클론식 분립장치

그림 27과 같이 10㎛이상의 입자를 사이클론방식으로 제거하는 장치이다.

② 다단형 분립장치

이 분립장치는 그림 28과 같이 얇은판을 좁은 간격으로 여러장 겹쳐서 평판이 수평되게 놓고 여기에 채취하려고 하는 공기를 통과시키면 평판 사이를 통과하는 동안에 10㎛이상의 입자는 침강하여 떨어지고 작은 입자만이 통과한다.

(5) 포집용 여과지

입자상 물질의 포집에 사용하는 포집용 여과지는 통상 유리섬유제여과지의 구

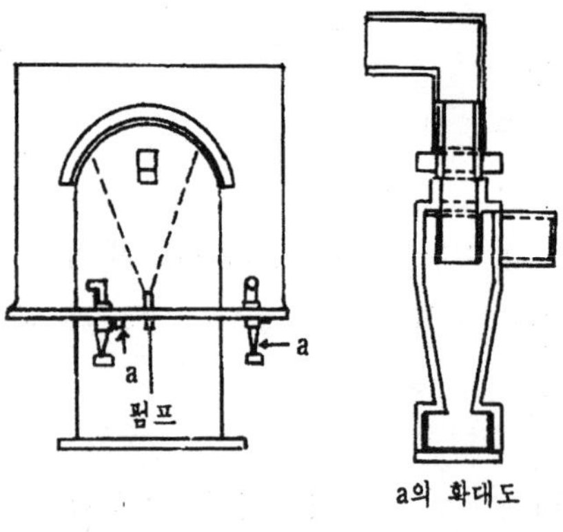

그림 27 사이클론식 분립장치

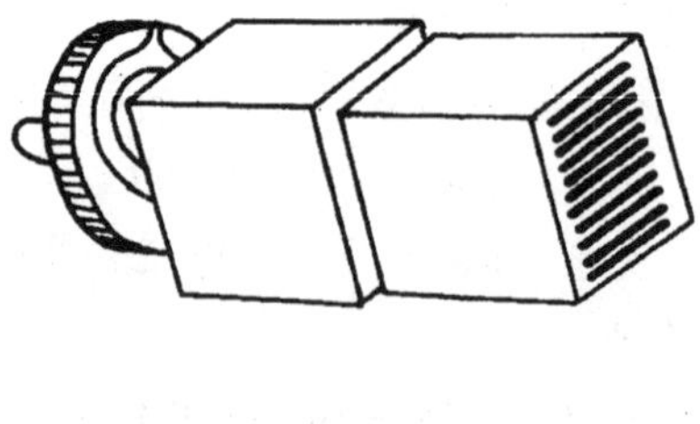

그림 28 다단형분립장치 보기

멍 크기(Pore Size)가 1~3㎛되는 니트로셀룰로즈(Nitro Celulose)제 멤브레인 필터(Mem-brans Filter)또는 석영섬유제여과지 등을 사용하여 다음과 같은 조건에 맞는 것을 사용한다.

① 0.3㎛의 입자상물질에 대하여 99%이상의 초기포집율을 갖는 것.

② 압력손실이 낮은 것.

③ 가스상 물질의 흡착이 적고 흡습성 및 대전성이 적을 것.

④ 취급하기 쉽고 충분한 강도를 가질 것.

⑤ 분석에 방해되는 물질을 함유하지 않을 것.

4.2.3 시료채취 장소 및 시간

(1) 시료채취 장소 및 위치

시료채취는 원칙적으로 그 시료채취를 위한 일반사항에 따르며,그 부근의 오염도를 대표할 수 있고 특정한 발생원이나 교통기간 등의 영향을 직접적으로 받지 않는 곳을 택한다.

(2) 포집시간

포집시간은 원칙적으로 1주일, 2주일 또는 1개월간 연속 채취한다 단, 질량 농도만을 측정하거나 특정원소의 분석을 목적으로 할 경우에는 분석감도에 따라 적당히 조정할 수 있다.

4.2.4 시료채취조작

(1) 포집전 여과지의 칭량

4.1하이볼륨 에어샘플러법의 4.1.4(1)에 따른다.

(2) 채취조작

채취조작은 다음과 같이 한다.

① 분립장치가 더럽혀져 있지 않은가를 확인한다.

② 샘플러가 정상적으로 작동하는가를 확인한다.

③ 무게를 단 여과지를 여과지홀더에 공기가 새지 않도록 고정시킨다.
이 때 금속류의 성분분석을 목적으로 할 때는 여과지가 직접 금속망에 접촉되지 않도록 나일론제망 또는 압력손실이 적은 불소수지제망을 사용한다.

④ 전원 스위치를 넣고 포집시작시각을 기록한다.

⑤ 유량계의 부자를 20ℓ/분 되게 조정한다

⑥ 흡인을 시작하고부터 약 10분 후에 진공계 또는 마노미터로 차압을 측정

하여 흡인유량을 보정하고 정확히 20ℓ/분이 흡인되는 위치의 눈금에 부자를 맞춘다.

⑦ 흡인유량은 적어도 하루에 한번이상 점검하고 차압을 측정하여 정확히 20ℓ/분 흡인되도록 조절한다.

⑧ 포집종료시간을 기록하고 흡인공기량을 구한다.

(3) 포집후의 여과지 칭량

포집후의 여과지는 (1)의 조건에서 24시간 이상 방치하였다가 무게를 단다.

(4) 기 록

시료채취가 끝나면 매 포집시료마다에 포집장소, 포집년월일, 여과지번호, 채취시작시간, 종료시간, 기타 성적에 참고가 될 만한 기상요소(일기, 온도, 습도, 풍향, 풍속 등) 및 시료채취자의 성명을 기록해 놓는다.

4.2.5 유량의 보정

로우볼륨에어 샘플러에 의한 입자상 물질의 채취는 항상 설정되어 있는 일정유량으로 흡인해야 하고 여과지 또는 샘플러 각 부분의 공기저항에 의하여 생기는 압력손실을 측정하여 유량계의 유량을 보정해 주어야 한다.

유량보정은 통상 다음 방법으로 한다.

(1) 유량계의 유량지시값의 압력에 의한 보정

(1.1) 원 리

유량계의 눈금값을 Q_r, 1기압에서의 유량을 Q_o(ℓ/분)라 하면

$$Q_o = C_p \cdot Q_r \qquad \cdots\cdots (1)$$

의 관계가 있고 C_p는 압력보정계수로서 (2)식으로 구한다.

$$C_p = \sqrt{\frac{P}{P_0}} \qquad \cdots\cdots (2)$$

P_o : 유량계의 설정조건에서의 압력 (보통 760mmHg)

P : 사용조건에서의 유량계내의 압력이다.

P_o가 760mmHg일 때 마노미터로 측정한 유량계내의 압력손실을 ΔP(mmHg)라 하면 C_p는 (3)식으로 나타난다.

$$C = \sqrt{\frac{760 - \Delta P}{760}} \qquad \cdots\cdots (3)$$

로우볼륨에어 샘플러에 의하여 Q_o=20ℓ/분으로 공기를 흡인할 때 식 (1), (3)으로부터

$$Q_r = 20\sqrt{\frac{760}{760-\varDelta P}} \quad \cdots\cdots\cdots\cdots\cdots\cdots (4)$$

의 관계가 성립하고 Q_r을 구하여 유량계의 눈금값(부자의 위치)를 설정하면 된다. 식(4)로부터 $\varDelta$P와 Q_r의 관계를 그래프로 그리면 그림 29의 유량설정곡선을 얻는다. 유량은 식(4) 또는 그림 29를 사용하여 교정한다.

(1.2) 조 작

① 누출시험

㉮ 여과지홀더 앞 입구를 막는다.

입구가 여러개 있을 때는 각각의 입구를 모두 막는다. 또 다단형일 때는 분립기의 앞을 막는다.

㉯ 진공계의 마개를 잠그고 펌프가 작동할 때 유량계의 부자가 영(Zero)을 가르키는가를 확인한다.

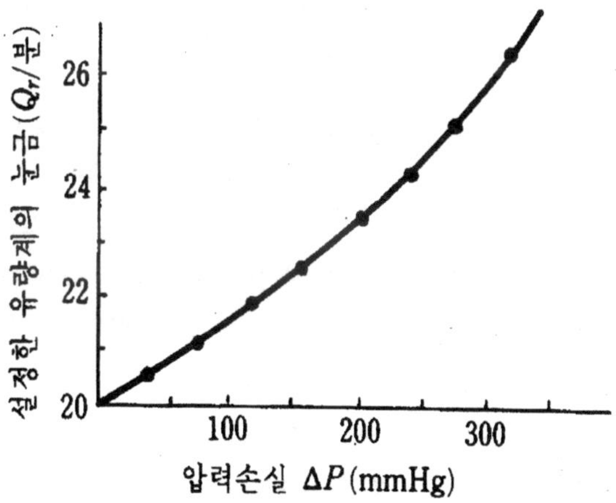

그림 29 유량설정곡선 (Qo=20 ℓ/분)

② 교정조작

시료채취 개시직후 및 채취중에 다음과 같은 조작을 하여 설정유량을 유지한다.

㉮ 진공계의 지시값($\varDelta$P)에서 설정하려면 유량(유량계의 위치 Qr)을 유량 설정곡선(그림 29)으로부터 구하고 펌프의 바이패스(By Pass)밸브를 조절하여 그 값에 부자의 위치를 맞춘다.

㉯ 유량(Qr)을 변화하면 압력손실($\varDelta$P)도 변화하기 때문에 다시 이것을 읽어

유량설정곡선으로부터 유량이 설정값(Qr)을 구한다

㉰ 펌프의 바이패스밸브를 조절하여 부자의 위치 (Qr)를 맞추고 다시 ⊿P가 변화하면 위 조작을 되풀이하여 유량을 교정한다.

4.2.6 주의사항

(1) 흡인펌프는 약 1년간(약 8,000시간)사용 후에는 날개(Blade)를 교환한다.

(2) 일반적으로 유량계의 설계온도는 20℃가 많으므로 온도보정의 영향은 적지만±10℃차에 대하여 오차범위 ±2%이하이다.

(3) 장치의 세척

로우볼륨에어샘플러의 세척은 다음 표2에 따른다.

표2 장치의 세척 방법

세척부위	세척회수	세척방법
분립장치	포집때마다	중성세제 또는 초음파세척기를 사용하여 씻는다.
팩 킹	〃	〃
망	〃	〃
유 량 계	연1회	알코올 또는 중성세제로 씻는다.
펌프 사일렌서 (pump silencer)	〃	펠트(felt)모양의 필터를 교환한다.

(4) 유량변화는 온도 및 입자상물질 채취량의 증가에 따라 달라지기 때문에 강우등 기상조건이 변화할 때는 반드시 유량을 확인해야 한다. 또 장기간 채취할 때는 입자상 물질에 의하여 여과지가 막히기 때문에 채취 후반에는 되도록 유량확인을 자주해야 한다. 이 때문에 샘플러는 유량측정, 유량조정을 하기 쉬운 위치에 설치하는 것이 좋다.

(5) 유량계를 청소할 때는 눈금교정을 한다.

(6) 하이볼륨에어샘플러와 같은 장소에 동시에 설치할 때는 하이볼륨에어샘플러의 배기영향을 받지 않도록 충분한 거리를 띄어 놓는다.

[과년도 기사 · 산업기사 출제문제]

문제 1. Low volume air sampler를 사용하여 대기환경 중에 부유하고 있는 입자상 물질을 포집하려고 한다. 장치의 기본구성에서 흡인펌프 조건 중 옳지 않은 것은?<'90전반기-기사>

㉮ 유량이 클 것 ㉯ 운반이 용이할 것
㉰ 맥동이 없이 고르게 작동된 것 ㉱ 진공도가 낮을 것

문제 2. 환경기준 시험방법에서 시료를 채취할 때 채취지점수(측정 점수)의 결정방법이 아닌 것은?<'90전반기-산업기사>

㉮ 인구비례에 의한 방법 ㉯ TM좌표에 의한 방법(Grid System)
㉰ 중심점에 의한 동심원을 이용하는 방법 ㉱ 채취점 배열표에서 구하는 방법

문제 3. 환경기준 시험법에서 오염물질과 시료채취 높이와의 연결이 잘못된 것은?

①오염물질	②시료채취높이(m)

<'90후반기-산업기사>

㉮ ① 먼지, ② 지상 5~20 ㉯ ① 일산화탄소, ② 지상 1.5
㉰ ①황산화물, ②지상 1.5~10 ㉱ ①질소산화물, ②지상 약 1.5-10

문제 4. 인구밀도가 5,000명/km^2 이하인 어느 지역에 환경기준 시험을 위한 측정지점의 수는 약 몇 개소인가? (단, 거주지 면적=50km^2, 그 지역 인구밀도=1,000명/km^2, 전국평균 인구밀도=350명/km^2이다.)<'90후반기-산업기사>

㉮ 6개소 ㉯ 13개소 ㉰ 28개소 ㉱ 35개소

문제 5. 로우볼륨 에어샘플러의 흡인 유량은?<'90후반기-산업기사>

㉮ 1~5 ℓ/분 ㉯ 10~15 ℓ/분 ㉰ 20 ℓ/분 ㉱ 50 ℓ/분

문제 6. 환경기준 시험을 위한 시료채취 위치를 선정하는 요령을 설명한 것이다. 틀린 것은? <'91전반기-기사>

㉮ 주위에 건물들이 밀집되어 있을 때는 건물 바깥벽으로부터 1.5m 이상 떨어진 곳을 선정 한다.
㉯ 먼지 시료의 채취높이는 지상 3~10m로 한다.
㉰ 주위에 장애물이 있을 경우에는 채취 위치로부터 장애물까지 거리가 그 장애

물 높이와 1.5배이상 되도록 한다.

㉣ 원칙적으로 주위에 건물이나 수목 등의 장애물이 없고 그 지역의 오염도를 대표하는 곳을 선정한다.

문제 7. 환경기준 시험방법에서 시료채취 장소의 선정으로 부적당한 것은?
<'92後반기-기사>

㉮ 채취 위치로부터 장애물까지의 거리가 장애물 높이의 2배 이상이 되어야 한다

㉯ 주위에 건물이 밀집되거나 접근되어 있을 경우에는 건물 바깥벽으로부터 적어도 1.5m이상 떨어진 곳에 채취점을 선정한다.

㉰ 시료채취 높이는 그 부근의 평균오염도를 나타낼수 있는 곳으로 가스상 물질은 1.5~10m, 입자상 물질은 10~20m로 한다.

㉣ 채취 위치로부터 장애물 상단을 연결하는 직선이 수평선과 이루는 각도가 30° 이하되는 곳을 선정한다.

문제 8. 저용량 공기포집기(Low Volume Air Sampler) 사용시 주의사항을 기술한 것 중 맞는 것은?<'93전반기-산업기사>

㉮ 흡인펌프는 약 2년간(약 15,000시간) 사용 후에 날개를 교환한다.

㉯ 일반적으로 유량계의 설계 온도는 25℃가 많으므로 온도 보정의 영향은 적지만 ±10℃의 차에 대하여 오차 범위는 ±5% 이하이다.

㉰ 유량계를 청소할 때는 눈금 교정을 한다.

㉣ 유량계는 연 2회 이상 증류수로 씻는다.

문제 9. 대기중 가스상 물질의 시료 채취에 사용할 채취관의 재질은 가스성분의 성상과 측정 방법으로써 사용할 수 없는 것은?<'93전반기-산업기사>

㉮ 스테인리스강　　㉯ 실리콘 고무

㉰ 4 플르오르화 에틸렌수지　　㉣ 경질유리

문제 10. 환경기준시험 방법에 관한 설명 중 틀린 것은?<'93전반기-산업기사>

㉮ 시료 채취 위치는 그 지역의 주위 환경 및 기상 조건을 고려해야 한다.

㉯ 시료 채취의 높이는 가스상 오염 물질일 경우 3.0~ 10m이다.

㉰ 과거의 경험이나 전례에 의해 채취지점수를 선정할 수 있다.

㉱ 아황산가스 농도측정에 있어서는 2가지의 주시험 방법이 규정되어 있다.

문제 11. 환경기준 시험 방법에서 시료를 채취할 때 채취지점수(측정점수)의 결정 방법이 아닌 것은 ?<'93後반기-산업기사>

㉮ 인구 비례에 의한 방법
㉯ TM 좌표에 의한 동심원을 이용하는 방법
㉰ 중심점에 의한 동심원을 이용하는 방법
㉱ 채취점 배열표에서 구하는 방법

문제 12. 비산 먼지 시험 방법에 관한 사항이다. 틀리는 것은?<'93後반기-산업기사>

㉮ 시료 채취 장소는 3개소 이상 선정한다.
㉯ 포집전의 여과지는 온도 20℃ , 상대습도 50%에서 항량이 될 때까지 건조한다.
㉰ 대조 위치는 그 발생원의 영향을 받지 않는 곳에 선정한다.
㉱ 비산 먼지의 농도는 성분농도로 표시한다.

문제 13. 환경오염 공정시험법에서 반자동식 채취기에 의한 먼지 측정을 할 때 먼지가 포집된 여과지를 몇 ℃에서 충분히 건조하여 비결합 수분을 제거하고 중량적으로 먼지농도를 계산하여야 하는가?<'93後반기-산업기사>

㉮ 100±5℃ ㉯ 105±5℃ ㉰ 110±5℃ ㉱ 115±5℃

문제 14. 대상 지역의 오염도 분포에 따른 환경기준 시험을 위한 채취 점수의 결정을 위한 공식은 $N=N_x+N_y,+N_z$이다. 이 식에서 x는 무엇을 나타내는가 ?<'93後반기-산업기사>

㉮ 환경기준보다 농도가 높은 지역(km^2)
㉯ 환경기준보다 농도가 낮으나 자연농도보다 높은 지역(km^2)
㉰ 자연 상태의 농도와 같은 지역(km^2)
㉱ 그 지역 최대 농도 지역(km^2)

문제 15. 환경기준 시험법에서 가스상물질의 다음 시료 채취장치 및 조작은 어떤 시료 채취 방법인가?<'94전반기-기사>

<탄산가스 및 수분제거관 - 냉각농축관 - 흡인펌프 - 유량계>

㉮ 저온응축법　　　㉯ 포집여지에 의한 방법
㉰ 고체흡착관　　　㉱ 용매포집병

문제 16. 환경대기 중의 오염물질에 관한 시험 및 분석에 있어서 시료채취 지점수를 결정하기 위해 다음 공식을 이용하고자 한다. 이에 대해 잘못 해석한 것은 ?<'94후반기-기사>

$N = N_x + N_y + N_z$

㉮ 대상지 역의 오염도를 고려한 공식 이다.
㉯ N_y=(0.0965) {(최대농도-행정기준)/환경기준}(기준 초과지역 면적)
㉰ N_y=(0.0096) {(최대농도-최저농도)/환경기준}(기준 초과지역 면적)
㉱ N_z= (0.0004) (자연상태 농도의 지역면적)

문제 17. 환경대기중의 부유입자상 물질의 측정에 사용되는 로우볼륨에어샘플러법에 관한 설명 이다. 잘못 설명된 것은 ?<'94후반기-기사>
㉮ 흡인공기의 유량은 20ℓ/min이다.
㉯ 입경 10㎛이상의 입자는 분립장치에 의해 포집된다.
㉰ 분립장치의 원리는 입자의 관성충돌을 이용한 것이다.
㉱ 기본구성은 흡인펌프, 분립장치, 여과지홀더 및 유량 측정부로 되어 있다.

문제 18. 로우 볼륨에어 샘플러법을 이용하여 대기 중 부유하고 있는 입자상 물질을 포집시 일반적인 포집입자의 입경은 ?<'95전반기-기사>
㉮ 30mu이하　㉯ 20㎛이하　㉰ 10mu이하　㉱ 5㎛이하

문제 19. 인구밀도가 1500명/km^{2}인 어떤 지역에 인구비례에 의한 방법으로 환경오염시료 채취지점수(측정점수)를 결정하고자 한다. 이 지역의 거주지 면적은 150km^2, 전국의 평균 인구밀도는 380명/km^{2}인 경우 시료채취지점수(측정점수)는?<'99전반기-산업기사>
㉮ 24　㉯ 26　㉰ 28　㉱ 30

문제 20. 비산먼지의 시료채취는 1회에 1시간 이상 연속 채취하여야 한다. 다음 중 시료채취에 가장 적당한 경우는?<'96전반기-산업기사>
㉮ 풍속이 0.3m/sec 미만일 때　㉯ 풍속이 0.5m/sec 미만일 때

㉰ 풍속이 3m/sec～5m/sec일 때 ㉱ 풍속이 10m/sec 이상일 때

문제 21. Low volume air simpler를 사용하여 대기환경 중에 부유하고 있는 입자상 물질을 포집하려고 한다. 장치와 기본 구성에서 흡인펌프 조건 중 옳지 않은 것은?<'96전반기-산업기사>

㉮ 운반이 용이할 것　　㉯ 유량이 클 것
㉰ 진공도가 높을 것　　㉱ 맥동이 있고 고르게 작동할 것

문제 22. 환경대기 중의 부유먼지 측정에 있어 부유먼지 포집 전후의 두 빛의 파장을 측정, 그 값으로부터 입자장 물질의 농도를 구하는 방법은 어느 것인가?<'97전반기-기사>

㉮ 하이볼륨에어 샘플러법　　㉯ 로우볼륨에어 샘플러법
㉰ 광산란법　　㉱ 광투과법

문제 23. 시멘트 공장, 골재공장 등 특정발생원에서 일정한 굴뚝을 거치지 않고 외부로 비산되는 먼지의 측정방법인 하이볼륨에어 샘플러법에 관한 내용 중 알맞은 것은?<'97전반기-기사>

㉮ 시료채취 위치는 발생원의 비산먼지 농도가 가장 보편적인 곳으로 예상되는 지점 3개소 이상을 선정하다.
㉯ 시료채취는 1회 8시간 연속 채취한다.
㉰ 10분 간격으로 같은 지점에서 3회 이상 풍향 풍속을 측정하여 기록한다.
㉱ 비탁도는 0.5도 단위로 측정값을 기록한다.

문제 24. 다음 식은 환경기준 시험을 위한 측정점수의 결정방법에 관한 것이다. 이에 대한 설명 중 옳지 않은 것은?<'97전반기-기사>

$$\text{측정점수} = \frac{\text{그 지역 인구밀도}}{\text{전국 평균인구밀도}} \times \frac{\text{그 지역 거주지면적}}{25Km^2}$$

㉮ 대상지역 인구밀도가 5,000명/km^2 이하일 때 적용한다.
㉯ 대상지역 오염정도에 최대, 최소, 표준의 기준에 따른 안전계수를 고려하여야 한다.
㉰ 그 지역 거주지면적이라 함은 전답, 임야, 호수, 하천 등의 면적을 뺀 것이다.
㉱ 이 방법은 인구비례에 의한 방법 중의 하나다.

문제 25. 환경기준 시험법에서 일반 대기중의 가스상 물질시료 채취방법 중 측정대상가스를 선택적으로 채취할 수 있는 가장 좋은 방법은?<'97전반기-산업기사>

㉮ 용기포집법 ㉯ 여지포집법 ㉰ 고체포집법 ㉱ 용매포집법

문제 26. 대기시료 채취시 일반적 주의사항이라 볼 수 없는 것은?<'97전반기-산업기사>

㉮ 시료채취시 되도록 측정하려는 가스 또는 입자의 손실이 없도록 한다.

㉯ 악취물질의 채취는 가능한 한 장시간 채취하고 입자상 물질 중의 금속성분이나 발암성물질은 되도록 짧은 시간내에 끝내야 한다.

㉰ 미리 측정하려고 하는 성분과 이외의 성분에 대한 물리적 화학적 성질을 조사하여 방해성분의 영향이 적은 방법을 선택한다.

㉱ 환경기준이 설정되어 있는 물질은 채취시간은 원칙적으로 법에 정해져 있는 시간을 기준으로 한다.

문제 27. 환경기준 시험법에서 일반 대기중의 가스상 물질의 시료채취 방법들이다. 이 중 측정대상 가스를 선택적으로 채취할 수 있는 가장 좋은 방법은?

<'98전반기-기사>

㉮ 용매 포집법 ㉯ 용기 포집법 ㉰ 고체 흡착법 ㉱ 저온응축법

문제 28. 대기시료 채취시 일반적 주의사항이라 볼 수 없는 것은?<'98전반기-기사>

㉮ 시료 채취시 되도록 측정하려는 가스 또는 입자의 손실이 없도록 한다.

㉯ 악취물질의 채취는 가능한 한 장시간 채취하고 입자상 물질중의 금속성분이나 발암성 물질은 되도록 짧은 시간내에 끝내야 한다.

㉰ 미리 측정하려고 하는 성분과 이외의 성부에 대한 물리적, 화학적 성질을 조사하여 방해성분의 영향이 적은 방법을 선택한다.

㉱ 환경기준이 설정되어 있는 물질의 채취시간은 원칙적으로 법에 정해져 있는 시간을 기준으로 한다.

문제 29. 비산먼지의 시료채취를 할 수 있는 것은?<'98전반기-산업기사>

㉮ 비나 눈이 올 때 ㉯ 대상 발생원의 조업이 중단되었을 때

㉰ 풍속이 0.4m/sec일 때 ㉱ 풍속이 8.0m/sec일 때

문제 30. 환경대기 중의 입자상 물질을 채취하기 위한 여과지는 (①)되는 입자를

(②)%이상 포집할 수 있고, 압력손실과 흡수성이 적은 것이어야 한다. ( )안에 알맞은 것은?<'98전반기-산업기사>

㉮ ①: 1㎛ ②: 99
㉯ ①:0.5㎛ ②: 95
㉰ ①: 0.3㎛ ②: 99
㉱ ①:0.1㎛ ②: 95

문제 31. 대기 중에서 시료채취 위치선정에 관한 설명으로 틀린 것은?<'98후반기-기사>

㉮ 시료채취 위치는 원칙적으로 주위에 수목이나 건물등의 장애물이 없는 지역을 선택한다.
㉯ 주위에 장애물이 있을 경우는 채취위치로부터 장애물까지의 거리가 그 장애물 높이의 2배 이상인 곳을 선정한다.
㉰ 주위에 건물 등이 밀집되어 있거나 접근되어 있을 경우에는 건물 바깥벽으로부터 적어도 1.5m 이상 떨어진 곳에 채취점을 선정한다.
㉱ 시료채취의 높이는 그 부근의 평균오염도를 나타낼 수 있는 곳으로 가스상물질은 1.2~1.5m, 입자상물질은 2.0~5.0m로 한다.

문제 32. 환경기준 시험방법에서 시료채취 위치선정에 관한 설명으로 알맞지 않은 것은?<'98후반기-기사>

㉮ 주위에 건물이나 수목 등의 장애물이 있을 경우에는 채취 위치로부터 장애물까지의 거리가 그 장애물 높이의 2배 이상되는 곳을 선정한다.
㉯ 주위에 건물이나 수목 등의 장애물이 있을 경우에는 채취점과 장애물 상단을 연결하는 직선이 수평선과 이루는 각도가 30° 이하되는 곳을 선정한다
㉰ 주위에 건물 등이 밀집되거나 접근되어 있을 경우에는 건물 바깥벽으로부터 적어도 1.5m이상 떨어진 곳에 채취점을 선정한다.
㉱ 시료채취의 높이는 그 부근의 평균오염도를 나타낼 수 있는 곳으로서 가능한한 1.5m~2.0m 범위로 한다.

문제 33. 환경기준시험 방법에서 인구밀도가 8000명/km^2이고. 그 지역 거주지 면적이 5000km^2이고 전국평균 인구밀도가 5000명/km^2일 때 시료채취 지점수는?
<'98후반기-산업기사>

㉮ 110 ㉯ 230 ㉰ 320 ㉱ 410

문제 34. 환경기준시험에 있어서 시료채취 위치선정에 관한 설명이다. 잘못 설명한

것은 어느 것인가?<'98후반기-산업기사>

㉮ 시료채취 위치는 원칙적으로 장애물이 없고 그 지역의 오염도를 대표할 수 있는 곳을 선정한다.

㉯ 장애물이 있을 경우 그 장애물 높이의 2배 이상 떨어진 곳을 선정한다.

㉰ 주위에 건물이 밀집되어 있을 때는 최소한 0.5m 이상 떨어진 곳을 선정한다.

㉱ 시료채취의 높이는 그 부근의 평균오염도를 나타낼 수 있는 곳으로 가스상물질은 1.5~10m, 입자상물질은 3.0~10m로 한다.

제2절 항목별시험방법

제1항 환경대기중의 아황산가스 측정방법

1. 적용범위

이 시험법은 환경 대기중의 아황산가스 농도를 측정하기 위한 시험방법이다. 파라로자닐린법(수동)과 자외선형광법(자동)을 주 시험방법으로 한다.

2. 측정방법의 종류

2.1 수동 및 반자동측정법

2.1.1 파라로자닐린법(Pararosaniline Method)
2.1.2 산정량 수동법(Acidimetric Method)
2.1.3 산정량 반자동법(Acidimetric Method)

2.2 자동 연속 측정법

2.2.1 용액 전도율법(Conductivity Method)
2.2.2 불꽃광도법 (Flame Photometric Detector Method)
2.2.3 자외선형광법 (Pulse U.V.Fluorescence Method)

【준비】

☞ 파라로자닐린법

<시약>

사염화수은칼륨, 염화제이수은($HgCl_2$), EDTA, 염화칼륨(KCl), 탄산나트륨(Na_2CO_3), 아연(Zn), 술파민산(NH_2SO_3H), 초산(HCHO), 요오드(I_2), KI, Starch, HgI_2, 티오황산나트륨($Na_2S_2O_3 \cdot H_2O$), 요오드산칼륨(KIO_3), 요오드화칼륨(KI), 염산(HCl),메타중아황산나트륨($Na_2S_2O_5$),아황산나트륨(Na_2SO_3), 파라로자닐린($HOC(C_6H_4-NH_2)_3$), 인산(H_3PO_4)

<기구>

흡수관, Handy Air Sampler, 흡광광도계, 1 ℓ Mass flask, 시약병, 100㎖ Mass flask, 500㎖ Mass flask, 피펫, 유전삼각 플라스크, 비이커, 유리막대, 뷰렛, 250㎖ Mass flask, 25㎖ Mass flask

☞ **산정량수동법**

<시약>

브롬 크레졸 그린, 메틸레드, 메틸알콜, 붕산나트륨($Na_2B_4O_7 \cdot 10H_2O$), 수산화나트륨(NaOH), 황산(H_2SO_4), 과산화수소(H_2O_2), 요오드화칼륨(KI), 염화제이수은($HgCl_2$), 염화암모늄(NH_4Cl

<기구>

흡수병, Handy Air Sampler, 100㎖ Mass flask, 1000㎖ Mass flask, pH meter, 삼각 flask, 500㎖ Mass flask, 250㎖ Mass flask, 피펫, 흡광광도계

3. 분석방법

3.1 파라로자닐린법(Pararosaniline Method)

3.1.1 측정 원리

이 시험법은 사염화수은칼륨(Potassium Tetrachloro Mercurate)용액에 대기중의 아황산가스를 흡수시켜 안전한 이염화 아황산수은염(Dichlorosulfite Mercurate) 착화합물을 형성시키고 이 착화합물과 파라로자닐린(Pararosaniline Methyl Sulfonic Acid)을 형성시키는 것이다.

발색된 용액은 비색계 또는 흡광광도계를 사용하여 흡광도를 측정하고 검량선에 의해 시료 대기중의 아황산가스 농도를 구한다.

단, 이 시험법에 의한 환경대기중의 아황산가스 농도의 측정은 24시간치 까지 포집 측정할 수 있다.

비고 : (1) 측정범위 및 강도

① 아황산가스 농도는 25~1,050㎍/㎥(0.01~0.40ppm)까지 측정할 수 있고 특수한 포집기를 사용하여 대량의 시료 대기를 채취했을 경우는 25㎍/㎥(0.01ppm)이하 까지도 측정이 가능하다.

고농도의 경우는 시료대기를 소량으로 하든지 포집후 흡수액으로 적당히 회석하여 사용해야 한다. 비어(Beer)법칙에서는 흡광도 0.03~1.0까지 성립되고 이것은 0.8~27㎍SO_2/25㎖에 상당한다.

② 아황산가스의 검출한계는 10㎖의 TCM(Tetrachloro Mercurate)용액중 0.75㎍(표준편차의 2배에 해당하는 치)에 대하여 시료 대기 30ℓ의 경우 25㎍/㎥(0.04ppm)이 된다.

(2) 방해물질

알려진 주요 방해물질은 질소산화물(NOx), 오존(O_3), 망간(Mn), 철(Fe) 및 크롬(Cr) 이다 .

여기에서 설명하고 있는 방법은 이러한 방해물질을 최소한으로 줄이거나 제

거할 수 있다. NOx의 방해는 술파민산(NH_2SO_3H)을 사용함으로써 제거할 수 있고 오존의 방해는 측정기간을 늦춤으로써 제거된다.

EDTA(Ethylene Diamine Tetra Acetic Acid Disodium Salt) 및 인산은 위의 금속성분들의 방해를 방지한다. 10㎖흡수액 중에 적어도 60㎍Fe^{3+} 10㎍Mn^{2+} 및 10㎍ Cr^{3+}는 이 방법에서 아황산가스 측정에 방해를 주지 않는다. 10㎍Cr^{3+} 또는 22㎍ V^{4+}도 위의 조건에서 크게 방해하지 않는다. 암모니아, 황화물(Sulfides) 및 알데히드도 방해하지 않는다.

(3) 흡수액 안정성

시료 포집후의 흡수액은 비교적 안정하고 22℃에 있어서 아황산가스 손실은 1일당 1%로 5℃로 보관하면 30일간은 손실이 검출되지 않는다.

EDTA의 존재하에서 용액중의 아황산가스의 안전성은 더욱 높아지고 감소속도는 아황산가스 농도에 무관하다

3.1.2 정밀도(Accuracy)

표준시료의 분석시 신뢰한계 95%에서 상대표준 편차는 4.6%이다.

3.1.3 장치구성

(1) 흡수관(30분~1시간 시료 채취) : 전부 유리로 된 소형 임펀저(Impinger) 또는 그림 1에서 나타낸 바와 같은 Handy Air Sampler를 사용한다.

(2) 흡수관(24시간 시료 채취) :그림 2에서 나타낸 바와 같은 장치를 사용한다. 이 장치의 규격은 아래와 같다. (Handy Air Sampler를 사용하기도 한다)

흡수관 :폴리프로필렌관, Φ32mm×164mm두개의 관을 연결할 수 있는 마개를 갖춘것 (고무마개는 바탕시험에 영향을 주기 때문에 사용하지 말아야 한다.)

시료분산기(Disperser) : 외경 8㎜, 내경 6㎜및 길이 152 ㎜의 유리관으로서 끝은 외경 0.3~0.8㎜로 가늘게 만든 것이다. 이 유리관 끝은 흡수관의 바닥으로부터 6㎜떨어진 곳에 위치하여야 한다.

(3) 흡인펌프

이 펌프는 유량조절기와 펌프사이에 적어도 0.7기압의 압력차이를 유지하여야 한다.

(4) 유량조절기

흡수액에 일정한 유속으로 시료를 공급할 수 있어야 한다. 예를 들면 검교정된 피하주사침 같은 것을 사용할 수 있다. 22게이지 바늘(내경 0.394㎜)의 길이 2.5

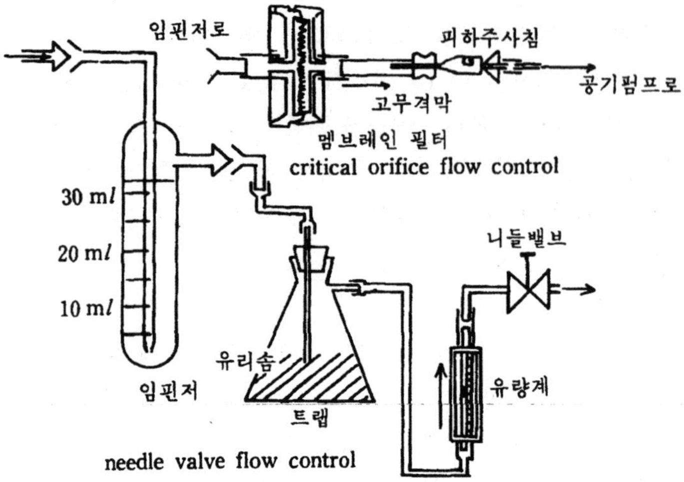

그림 1 30분 및 1시간 시료채취장치

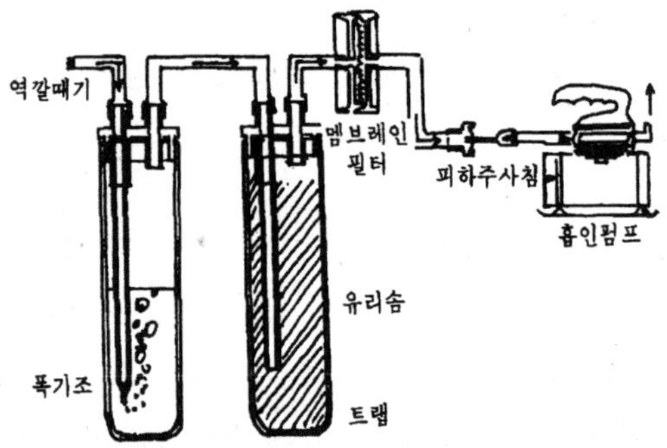

그림 2 흡수장치 (24시간 시료 채취용)

cm는 약 1ℓ/분의 유속을, 23게이지 바늘(내경 0.318㎜)의 길이 1.5cm는 약 0.5ℓ/분의 유속을, 24시간 포집용은 27게이지 바늘(내경 0.191㎜)의 길이 0.9cm는 0.2ℓ/분의 유속을 갖는다. 니들밸브(Needle Valve)는 유속을 잘 조절할 수 있다. (그림 2참조)

(5) 여과기(Filter)

0.8-2.0㎛의 다공질막 또는 유리솜 여과기를 사용한다. 이러한 여과기는 그림 1 및 2에서 나타낸 바와 같이 시료중의 분진을 제거하여 유량조절기를 보호하기 위하여 적당한 흘더에 넣어 사용한다.

(6) 유량교정기

비누물방울 유량계 또는 습식 혹은 건식가스시험기로서 0.2~1.0ℓ/분 범위의 유속을 측정할 수 있는 스톱워치를 사용한다.

(7) 흡광광도계

548㎚에서 흡광도를 측정할 수 있어야 하고, 측정에 사용되는 스펙트럼폭은 15㎚이하이어야 한다. 스펙트럼 밴드폭이 이보다 넓으면 바탕시험에 지장이 온다. 또한 흡광광도계의 파장은 교정되어 있어야 한다.

(8) 투과율 T%가 측정되어지면 흡광도 A로의 환산은 $A=\log_{10}^{(YT)}$이다. 온도계는 정확도 ±1℃인 것을 사용한다.

3.1.4 시 약

(1) 증류수

여기에서 사용하는 증류수는 산화성물질이 함유되어서는 안된다.

(2) 흡수액 (Absorbing Reagent)

(0.04M potassium Tetrachloro Mercurate, TCM) : 염화제이수은($HgCl_2$)10.869, EDTA 0.066g 및 염화칼륨(KCl) 6.0g을 증류수에 녹여 1ℓ메스플라프크에 넣고 1ℓ로 만든다. 이 용액의 pH는 약 4.0이 되어야 하며 pH3~5범위에서는 아황산가스의 흡수율에 큰 차이는 없다.

이 흡수액은 6개월 동안은 보관하여 사용할 수 있다.(주의 : 이 용액은 대단히 유독하므로 피부에 묻으면 바로 물로 씻어내야 한다). 이 용액의 폐액을 버릴 때는 수은(0.8g/ℓ)을 다음과 같은 방법으로 제거하여야 산다.

흡수액 1ℓ에 탄산소다(Na_2CO_3)를 중화될 때까지(약 10g)가하고 입자상아연(마그네슘을 사용해도 무방함) 10g을 가한다. 이 용액을 통풍실 속에서 24시간 저어준다. 24시간이 지나면 저어주더라도 고상물질이 용기의 바닥에 내려앉는다. 이 용액을 갈색의 침전이 따라 나올 때까지 기울여서 부어 버린다. 침전물은 적당한 관(Tube)에 넣어 말린다(시험관 닦는 솔로 용기의 벽에 묻어 있는 것을 닦아내면 편리하다). 용기는 물로 깨끗이 씻고 침전물은 여과지에 거른다. 물로 씻은 후 여과지상의 침전물을 관속의 침전물에 합치고 말려서 적당한 용기에 넣어 보관한다 이 방법으로 흡수액 속의 수은을 99%이상 제거할 수 있다.

(3) 술파민산(Sulfamic Acid 0.6%)

술파민산(NH_2SO_3H) 0.69g을 증류수로 녹여 100㎖로 한다. 이 용액은 사용할 때마다 조제한다.

[조제]

② 0.04M Potassium Tetrachloro Mercurate, TCM

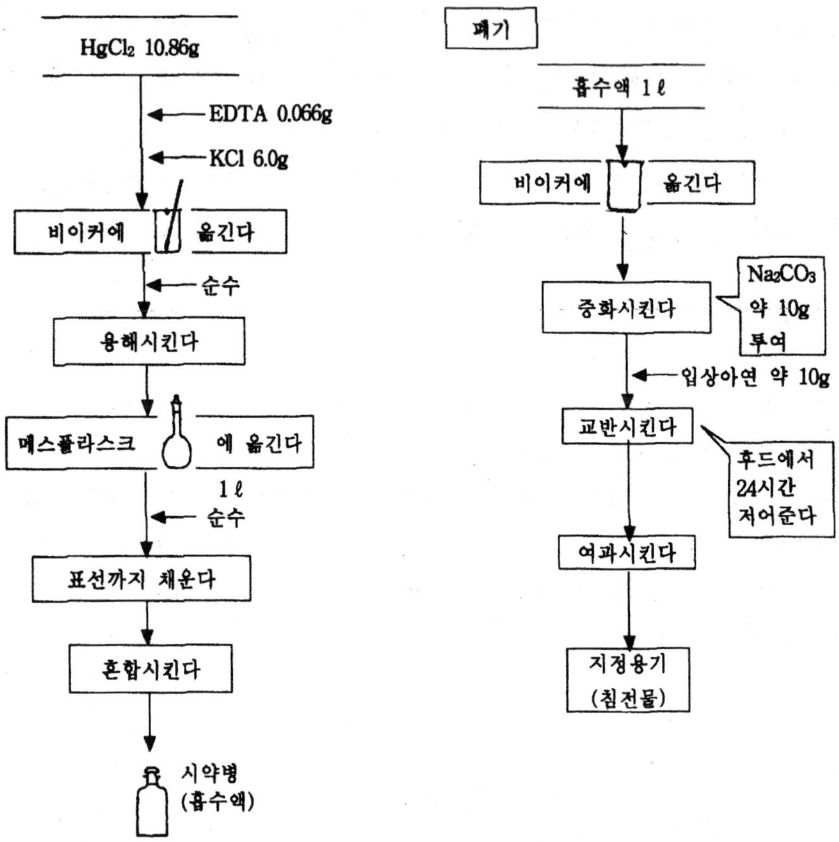

(4) 포름알데히드(0.2%)

포름알데히드(HCHO) 용액(36~38%) 5mℓ를 증류수로 묽혀 1 ℓ 로 한다. 이 용액은 사용할 때마다 조제한다.

(5) 보관용 요오드용액(0.1N)

요오드(I_2) 12.7g을 250mℓ 비이커에 취하고 요오드화칼륨 40g 및 순수 25mℓ를 가한 다음 흔들어 녹인다. 1 ℓ 메스플라스크에 옮기고 증류수를 가하여 1 ℓ 로 한다.

(6) 요오드 용액(0.01N)

보관용 요오드용액 50mℓ를 증류수에 가하여 500mℓ로 한다. 이 용액은 약 0.01N 요오드용액 이 된다.

(4) 포름알데히드(0.2%)

포름알데히드(HCHO) 용액(36~38%) 5mℓ를 증류수로 묽혀 1ℓ로 한다. 이 용액은 사용할 때마다 조제한다.

(5) 보관용 요오드용액(0.1N)

요오드(I_2) 12.7g을 250mℓ 비이커에 취하고 요오드화칼륨 40g 및 순수 25mℓ를 가한 다음 흔들어 녹인다. 1ℓ 메스플라스크에 옮기고 증류수를 가하여 1ℓ로 한다.

(6) 요오드 용액(0.01N)

보관용 요오드용액 50mℓ를 증류수에 가하여 500mℓ로 한다. 이 용액은 약 0.01N 요오드용액 이 된다.

[조제]

⑤ 0.1N-요오드용액(보관용)

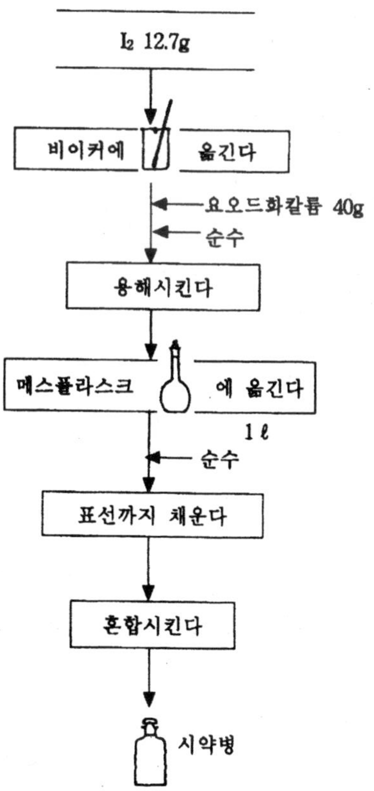

⑥ 0.01N-요오드용액

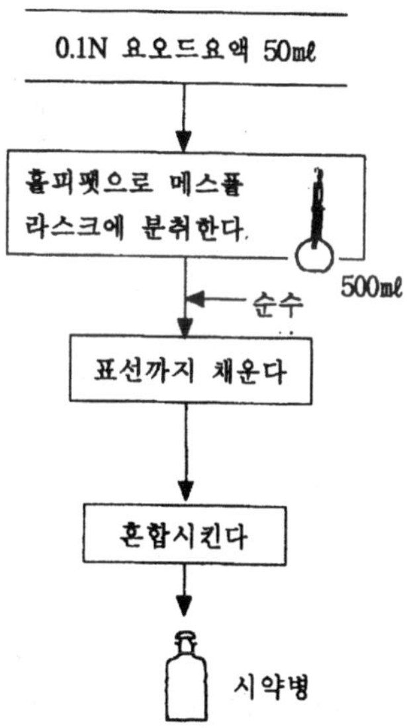

(7) 전분지시용액 (Starch Indicator Solution)

가용성 전분 0.4g 및 방부제로서 요오드화 수은(HgI_2) 0.002g 을 소량의 순수로 죽같이 만들어 200㎖의 끓는 물에 천천히 저어주면서 가한 다음 용액이 맑아질 때까지 끓인다. 이 용액은 유리마개가 있는 병에 보관한다.

⑦ 전분지시약

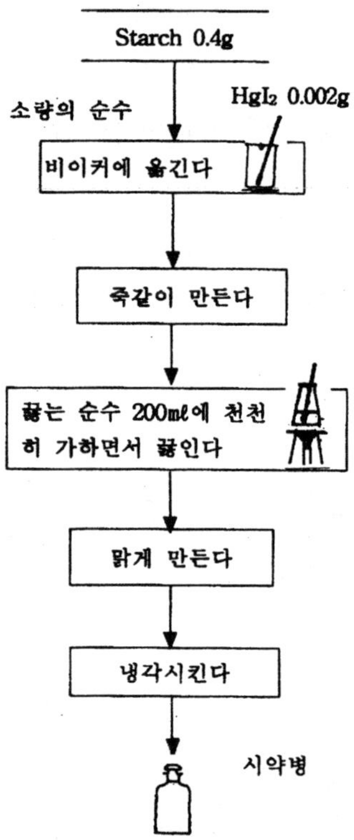

(8) 보관용 티오황산 나트륨용액(0.1N)

티오황산 나트륨($Na_2S_2O_3 \cdot H_2O$) 25g을 바로 끓여서 식힌 증류수에 녹여 1 ℓ 로 만든다. 이 용액은 표정하기 전에 탄산나트륨 0.5g을 가하여 하루동안 방치해 둔다. (염소가스 측정편을 참조한다.)

표정 : 180℃로 건조한 요오드산칼륨(KIO_3) 1.5g을 0.1mg까지 정확히 달아 500㎖ 메스플라스크에 넣고 순수로 표선까지 채워 녹인다. 이 용액 50㎖를 피펫으로 취하여 300㎖유전삼각플라스크에 넣고 요오드화칼륨(KI) 2g 및 1N-염산 10m1 를 가한다. 마개를 하고 5분 후에 보관용 티오황산 용액으로 적정하여 엷은 황색

⑧ 보관용 티오황산나트륨(0.1N)

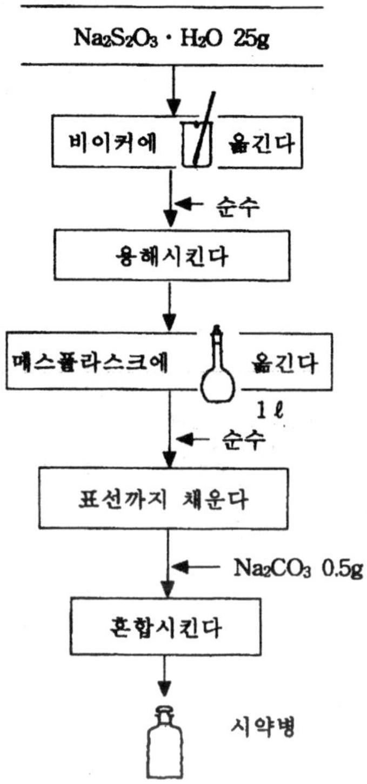

o 0.1N-$Na_2S_2O_3$의 표정

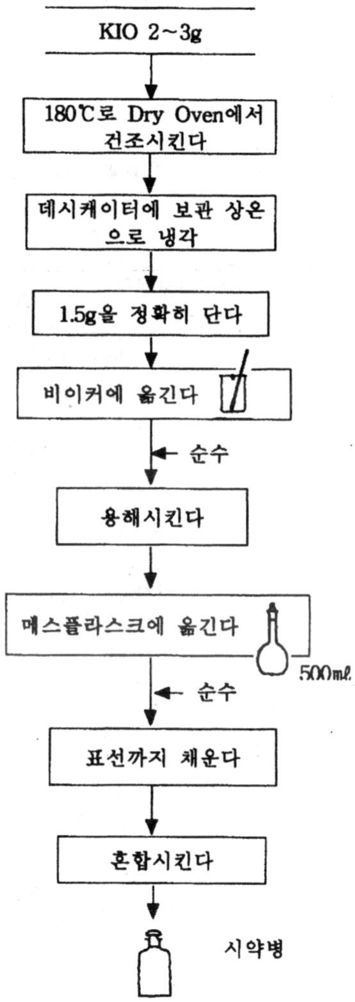

ⓐ

이 되면 전분지시용액 5mℓ를 가하고 청색이 없어질 때까지 적정을 계속한다.
이 용액의 규정도(Normality)는 다음과 같이 계산한다.

$$N = \frac{W}{V} \times 2.80$$

N : 보관용 티오황산나트륨 용액의 규정도
V : 티오황산나트륨 용액의 소비 mℓ수
W : 요오드산칼륨무게 (g)

2.80=[10^3(g을 mg으로 환산한 것)×0.1(요오드산칼륨의 사용량)]/35.67(요오드칼륨의 당량)

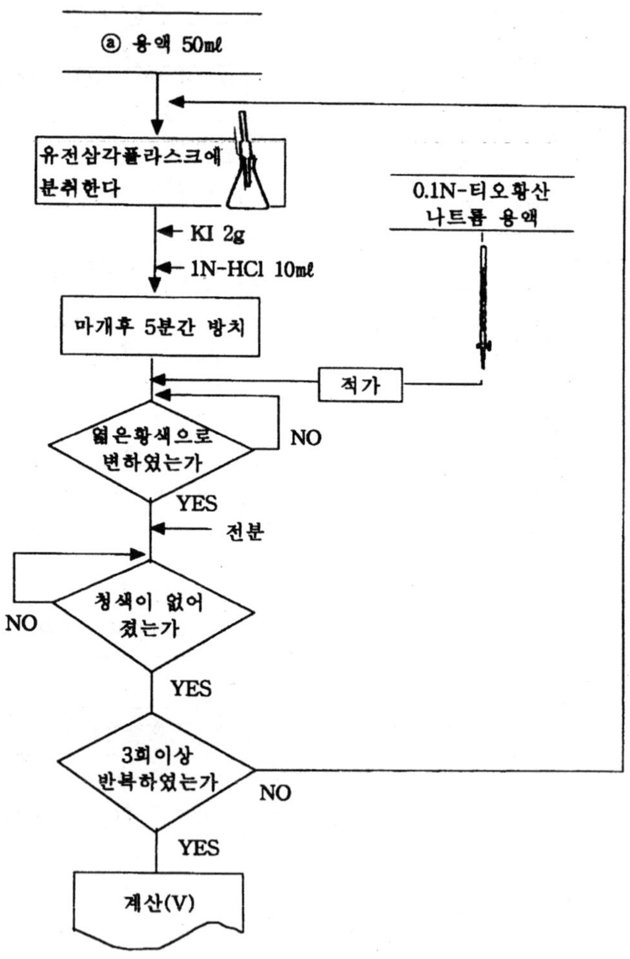

(9) 티오황산나트륨 적정액(0.01N)

보관용 티오황산나트륨용액(0.1N) 100mℓ를 정확히 취하여 바로 끓여서 식힌 증류수로 1,000mℓ로 한다

⑨ 티오황산나트륨 적정액(0.01N-$Na_2S_2O_3$)

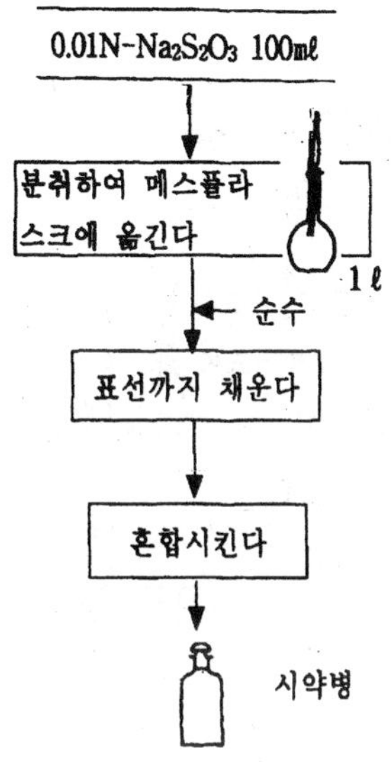

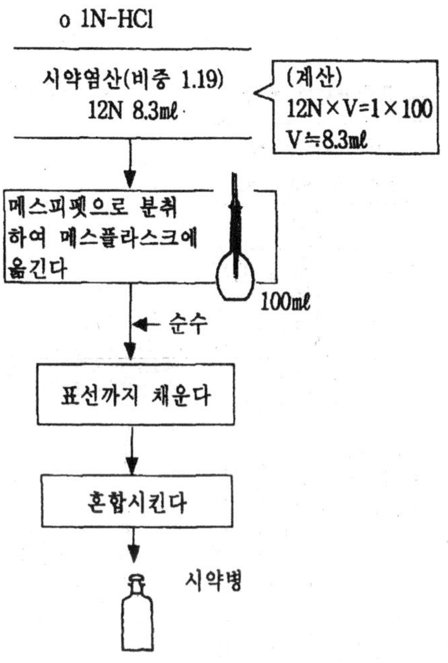

(10) 표준 아황산 용액(검량선 작성용 아황산-TCM용액 조제용)메타중아황산 나트륨(Sodium Meta-bi-Sulfite, $Na_2S_2O_5$) 0.30g 또는 아황산나트륨(Sodium Sulfite, Na_2SO_3) 0.5g을 바로 끓여 식힌 증류수에 녹여 500㎖로 한다. 아황산염 용액은 불안전하므로 이러한 불안전성을 줄이기 위하여 될 수 있는 한 순수한 증류수를 사용하여야 한다.

이 용액은 320~400μgSO_2/㎖의 농도를 나타낸다. 이 용액의 실제 농도는 과잉의 요오드를 가하여 표준 $Na_2S_2O_3$용액으로 역적정하여 결정한다.

역적정을 하기 위하여 두 개의 300㎖유전삼각플라스크 A, B 각각에 0.01N요오드 50㎖씩을 정확히 취하여 넣고 플라스크 A(바탕시험)에는 증류수 25㎖를, 플라스크 B(시료)에는 아황산염용액 25㎖ 플라스크 마개를 막고 5분간 반응이 진행되는 것을 기다린다. 표정한 0.01N티오황산나트륨 용액을 뷰렛에 담고 각 플라스크를 엷은 황색이 될 때까지 적정하고 전분지시용액 3㎖씩을 가한 후 청색이 없어질 때까지 적정한다.

(계 산)

$$\mu g SO_2/\text{mℓ} = \frac{(A-B)\times 0.01\times 32,000}{25}$$

[조제]

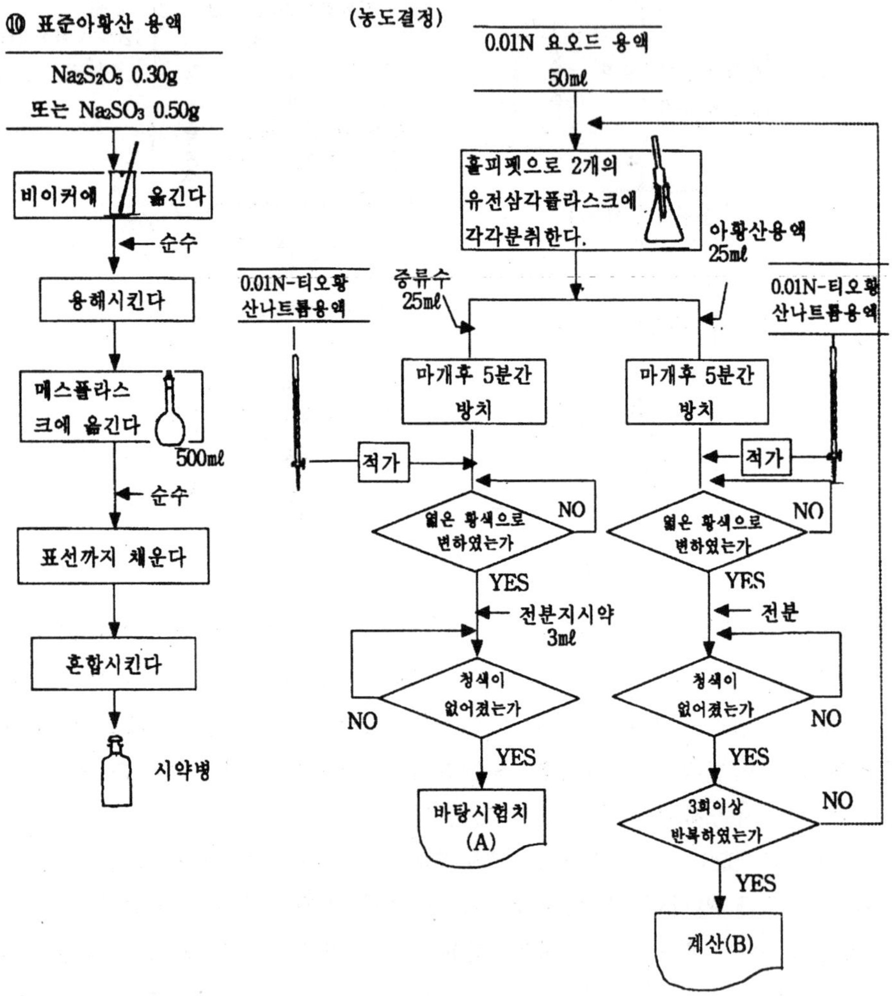

(11) 검량선용 아황산-TCM용액

표준아황산용액 2mℓ를 정확히 취하여 100mℓ메스플라스크에 넣고 0.04M TCM 용액으로 눈금까지 채운다. 다음 식에 의하여 검량선용 표준용액중의 SO_2농도를 구한다. 표준 아황산용액의 SO_2농도에 희석배수 0.02(2/100)를 곱하여 검량선용 표준 용액중의 SO_2농도를 결정한다.

$$\mu g SO_2/\text{mℓ} = \frac{(A-B)\times N\times 32,000}{25}\times 0.02$$

A : 바탕시험에 소비된 티오황산나트륨용액(㎖)

B : 시료용액에 소비된 티오황산나트륨용액(㎖)

N : 티오황산나트륨 적정액의 규정도

32,000 : SO_2의 밀리 당량(Milliequivalent Weight, ㎍)

0.02 : 희석 배수

25 : 표준아황산염 용액량(㎖)

이 용액은 5℃에 보관하면 30일간은 안정하고 그렇지 않으면 사용할 때마다 조제한다.

[조제]

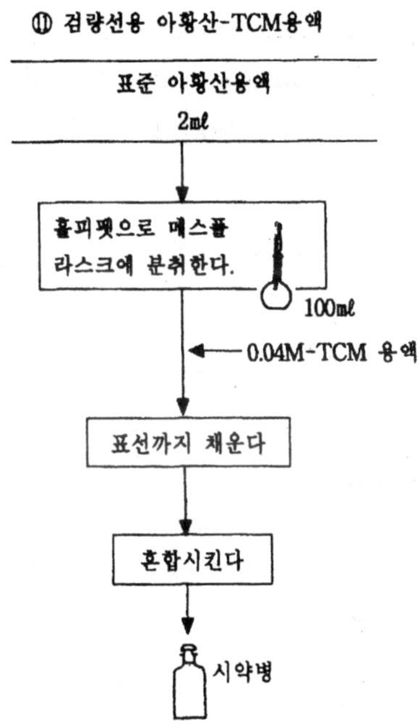

(12) 정제 파라로자닐린(pararosaniline, $HOC(C_6H_4NH_2)_3$) 보관용 용액(0.2%)

파라로자닐린 용액은 다음과 같은 규격의 것이어야 한다.

① 이 물감은 0.1M초산나트륨-초산 완충용액에서 최대 흡수파장이 540㎚이어야 한다.

② 온도에 예민한 바탕 시험용액의 흡광도는 규정된 물감의 농도와 앞에서 기술한 방법에 따라 조제하여 1㎝셀에서 온도 22℃일 때 흡광도가 0.170을 초과해서는 안된다.

③ 검량곡선은 아황산염 용액이 정확히 표정되었고 물감이 순수하고 1 ㎝셀을

사용하였을 때 1μg의 아황산가스에 대해 흡광도 0.030±0.002의 기울기를 갖어야 한다.

위 규격에 맞는 잘 정제된 파라로자닐린 용액은 0.2%용액으로 시중에서 구입할 수 있다. 구입할 수 없을 때는 파라로자닐린을 정제하여 보관용 용액을 만들고 이것을 Scaringell등이 제안한 방법(1)에 따라 검정하여 농도를 결정해야 한다.

(13) 파라로자닐린 시약 보관용 파라로자닐린용액 20mℓ를 250mℓ메스플라스크에 넣고 검정결과 100%가 안될 때는 1%에 대해 보관용 용액 0.2mℓ를 가한다. 이 용액에 3M인산 25mℓ를 가해 증류수를 눈금까지 채운다. 이 시약은 적어도 9개월 동안 안전하다.

주 (1) Scaringell, P.W, B E. Saltzman, and S.A. Frog.Spectarophotometric Determination of Atmospheric Sulfur Dioxide, Anal. Chem. 39 : 1709, 1967.

[조제]

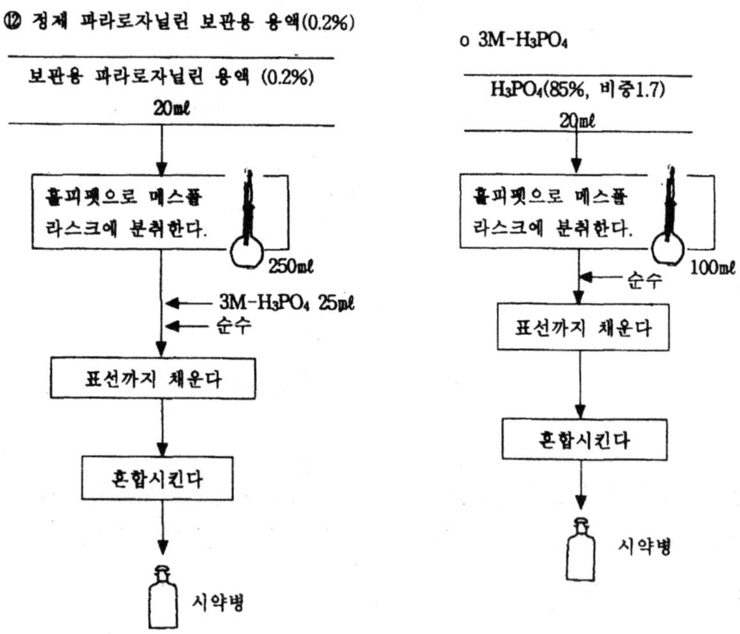

fuchsin (triphenyl methane dye)의 0.2%용액을 사용함

3.1.5 시료 채취법

이 방법은 30분간, 1시간 및 24시간 동안 시료채취를 위해 사용된다. 사용목적에 따라 시료채취 속도 및 채취시간을 선택할 수 있다. 시료 채취용량은 흡광도 및 농도가 직선관계가 유지되도록 맞추어서 조절한다. 전체의 유량측정 및 조절장치는 표준유량 측정기로 교정하여야 한다.

공기용량 교정은 시료 조건이 표준 대기와 차이가 심할 때 실측대기조건(760mmHg, 25℃)으로 교정하는 것이 바람직하다. 분석 시료를 1일 이상 보관하여야 될 때는 냉장고에서 5℃ 혹은 그 이하에서 보관하여야 한다.

(1) 30분 및 1시간 시료채취

그림 4에서 나타낸 바와 같이 소형 임펀저 (Midget Impinger)에 시료채취계를 연결한다.(Handy Air Sampler를 사용한다) TCM용액 10mℓ를 임핀저에 넣고 1ℓ/분 또는 0.5ℓ/분의 속도로 시료를 크리티칼 오리피스 또는 니들밸브 및 유리로타미터로 유량을 조절하면서 흡인시킨다. 시료를 채취하는 동안 또는 채취후에 흡수액이 직사광선을 받지 않도록 하여야 한다. 시료 채취용량은 유속×채취시간(분)으로 측정될 수 있고 용량 및 대기압과 온도를 기록해 두어야 한다.

(2) 24시간 시료채취

TCM용액 50m1를 큰 흡수장치(24시간용 장치)에 넣고 0.2ℓ/분의 유속으로 흡인한다. 시료를 채취하는 동안 또는 보관하는 동안에 직사광선을 받지 않도록 하여야 한다. 위와 같이 시료채취용량을 측정하고 용량 및 대기압과 온도를 기록해 두어야 한다.

3.1.6 분석 방법

시료채취후 흡수액에 침전이 보일 때는 원심분리하여 제거하여야 한다.

(1) 30분 및 1시간 시료채취용액

시료용액을 25mℓ메스플라스크에 옮기고 약 5mℓ의 증류수로 시료용액을 씻어낸다. 시료용액 속의 오존이 분해되는 것을 기다리기 위해 분석을 20분간 늦춘다.

(2) 24시간 시료채취용액

흡수액으로 전체시료를 50mℓ로 회석한다. 5mℓ의 시료용액을 정확히 취해 10mℓ메스 플라스크에 넣고 흡수액으로 눈금까지 채운다. 오존이 분해될 때까지 20분간 기다린다.

(3) 정 량

위의 각 측정을 위해 시료를 흡입시키지 않는 TCM용액 10mℓ를 25mℓ메스플라스크에 넣고 바탕시험용액(Reagent Blank)조제용으로 한다.

표준용액은 검량선용 아황산-TCM용액 2㎖ 및 TCM용액 8㎖를 25㎖메스플라스크에 넣어 조제한다.

위의 각 메스플라스크 및 시료가 채취된 용액의 플라스크에 0.6%술파민산 1 ㎖를 각각 가해서 질소산화물로부터 생성된 아질산염을 파괴하기 위해 10분간 방치한다.

0.2% 포름알데히드 2㎖를 정확히 취해 각 플라스크에 가한 다음 파라로자닐린용액 5㎖를 각각 가한다. 정확히 30분 후에 위의 각 플라스크를 바로 끓여서 식힌 증류수로 눈금까지 채워서 이 용액을 잘 섞는다. 30~60분 후에 파장 548nm에서 시료용액, 바탕시험용액 및 표준용액(Control Solution)의 흡광도(10㎜셀)를 측정한다.

흡광도 측정의 대조액으로는 증류수를 사용한다. (바탕시험용액의 흡광도는 흡광광도계의 시료측정실(Cell Compartment)에서 일어날 수 있는 온도 변화가 흡광도에 영향을 미칠 수 있기 때문이다.

발생된 용액은 흡수셀에 오래 두면 엷은 물감의 막이 형성될 수 있으므로 흡광도 측정후 바로 버리고 알콜로 깨끗이 씻어 두어야 한다(측정온도가 검량선 작성 때의 온도와 20℃이내의 차이가 있으면 바탕시험용액의 흡광도는 검량선의 y측절편의 0.03 이내에 오게 되며 바탕시험용액의 흡광도가 검량곡선의 흡광도 0.03이상이면 검량곡선을 다시 작성하여 야 한다)

(4) 흡광도의 범위

시료용액의 흡광도가 1.0~2.0이면 시료용액을 바탕시험 용액으로 1 : 1로 희석하고 수 분내에 측정하여야 한다.

흡광도값이 높은 용액을 6배까지 바탕시험 용액으로 희석할 수 있고 이 때 흡광도는 본래 흡광도값의 10%이내가 된다.

(검량선)

검량선용 아황산-TCM용액을 단계적으로(0, 0.5, 1, 2, 3 및 4㎖ 등)정확히 취하여 각각 25㎖메스플라스크에 넣고 각각의 메스플라스크에 TCM용액을 가하여 약 10㎖가 되도록 한다. 상기의 분석방법에 따라 각 용액을 가하고 흡광도를 측정한다.

이 조작은 최고정밀도를 얻기 위하여 항온조내에서 행하고 검량선으로 만들 때의 온도는 분석조작시의 온도의 2℃이내이어야 한다.

(분석시료용액조제)

(1) 30분 및 1시간 시료채취용액

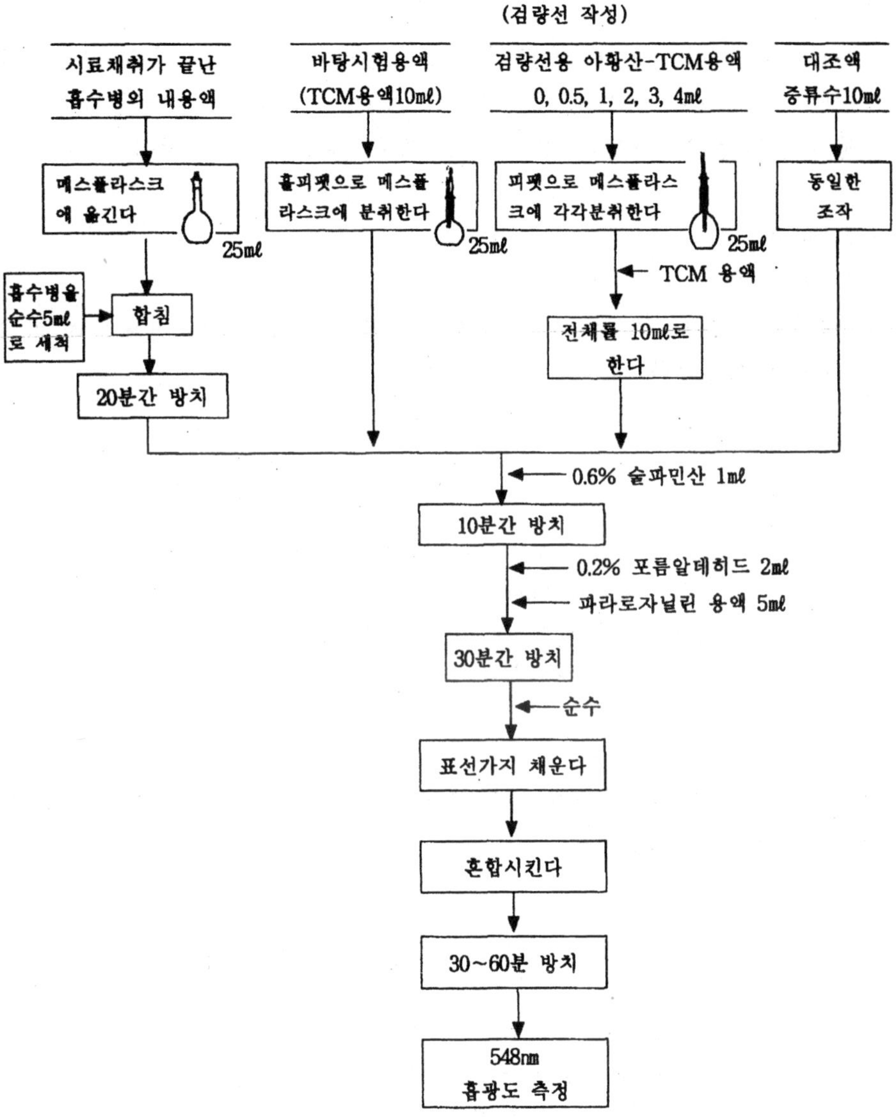

각 용액의 전체 SO_2농도(μgSO_2)에 대한 흡광도를 그래프상에 그린다. 용액의 전체 μgSO_2는 검량선용 표준용액 1㎖당 농도($\mu g\ SO_2/m\ell$)에 표준용액으로 첨가한 ㎖를 곱한 것이다.($\mu g\ SO_2=\mu g/m\ell\ SO_2\ \times$첨가한 ㎖) 검량선은 직선관계가 성립되어야 하고 y절편(표준용액 0의 흡광도)은 0.03이내이어야 한다.

최대의 정밀도를 얻기 위해서 최소 자승법에 의한 회기분석을 사용하여 가장 적당한 선을 구한다. 이 선의 기울기를 구하고 그 역수를 계산하여 Bg로 표시한다.

이 교정역가(Calibration Factor)는 온도와 pH가 크게 변화하지 않는다면 측정치의 계산에 사용할 수가 있다. 적어도 매년 측정시마다 교정역가의 신뢰도를 보장하기 위해서 SO_2농도를 알고 있는 표준시료로 측정 하여야 한다.

3.1.7 계 산

(1) 부피의 환산

시료 채취량은 25℃, 760mmHg의 상태로 환산한다(24시간 시료채취 방법은 이런 환산이 불가능하다).

$$V_r = V \times \frac{P}{760} \times \frac{298}{273+t}$$

V_r : 25℃, 760mmHg에서의 시료가스량(ℓ)
V : 시료채취량(ℓ)
P : 시료 채취시의 대기압력 (㎜Hg)
t : 시료 채취시의 온도(℃)

(2) SO_2농도

아황산염 표준용액을 사용하여 검량곡선을 만들 때는 시료중의 아황산가스농도를 다음과 같이 계산한다.

$$\mu g\ SO_2/m^3 = \frac{(A-A_0)\times 10^3 \times Bg}{V_r} \times D$$

여기에서 A : 시료용액의 흡광도
A_o : 바탕시험용액의 흡광도
10^3 : ℓ를 ㎖로 환산하기 위한 것
V_r : 25℃, 760mmHg의 상태로 환산한 시료채취량(ℓ)
B_g : 검량계수(㎍/흡광도)
D : 희석률(Dilution Factor)
30분 및 1시간 시료채취시 D=1
24시간 시료채취시 D=10

아황산가스농도(μg/㎥)를 ppm 단위로 계산하고자 할 때는 25℃, 760mmHg에서 다음과 같이 계산한다.

$$ppm\ SO_2 = \mu gSO_2/m^3 \times 3.82^{1)} \times 10^{-4}$$

주1 : 3.82는 ㎎/㎥를 ppm로 환산하기 위한 환산계수

3.2 산정량 수동법

3.2.1 측정원리

시료중의 아황산가스를 묽은 과산화수소수 용액이 들어 있는 드레셀병(Drechsel Bottle)에 흡수시킴으로서 아황산가스를 황산으로 변화하도록 하고 이때 발생한 황산의 양을 표준알칼리 액으로 적정하여 아황산가스 농도를 구하는 방법이다.

(1) 측정범위 및 검출한계

시료를 높은 유속으로 채취하는 방법(5분～4시간 시료채취)과 낮은 유속으로 채취하는 방법 (4-72시간 시료채취)의 두가지 방법이 있으며 높은 유속으로 채취하는 방법은 일반적으로 아황산가스농도가 1,000μg/㎥이상의 시료에 사용된다.

(2) 방해물질

이 방법은 아황산가스를 산화시킨 다음 산도를 측정하게 되므로 산 또는 알칼리가스 및 증기가 방해를 하기 때문에 아황산가스에 대해 선택적인 분석방법은 되지 못한다. 정상적인 도시의 대기는 이 측정에 실질적으로 방해를 줄만한 산의 증기는 없고 단지 공장 등에서 배출되는 염산, 질산 또는 초산이 확산되어 있는 지역에서는 이 방법을 사용하기 곤란하다.

도시 대기중에 존재하는 탄산가스의 방해는 흡수액의 pH를 4.5로 조절하므로 막을 수 있다. 이 pH에서 대기중의 정상적인 탄산가스 농도는 평형상태를 이루게 된다. 암모니아의 방해는 따로 측정을 해서 계산할 수 밖에 없다. 이 방법은 50㎖ 흡수액 속에 아황산가스가 10μg이하로 들어 있을 때는 검출되지 않으며 이 방법의 재현성은 좋은 편이다.

3.2.2 정밀도

황산 1,531μg(SO_2, 1,000μg에 상당함)을 흡수액에 가하고 이 방법으로 시험하였을 때 10번 시험의 평균치는 1,022μgSO_2, 표준편차는 16μg, 측정치는 994～1,042μg 범위에 있다.

3.2.3 장치구성

(1) 흡수병

높은 유속으로 시료를 채취하는 방법에서는 특수한 분산기(Restricted Orifice Disperser 또는 Disperser Fitted With Sintered Glass Discs)를 가진 약 500mℓ용량의 유리병이 적당하다.

처음 사용하는 흡수병은 흡수병에 흡수액과 지시용액을 가하고 48시간 동안에 흡수액의 산도의 변화를 관찰한다. 이 기간 동안에 흡수액의 색이 변하면 흡수병에 2N염산을 채우고 24시간 방치한 후 버리고 깨끗이 씻는다. 다시 흡수액과 지시용액을 넣어 48시간 동안 산도의 변화를 관찰한다.

낮은 유속으로 시료를 채취하는 방법에서는 125mℓ드레셀(Drechsel)형의 흡수병이 적당하다

(2) 흡인펌프 및 유량조절계

높은 유속으로 시료를 채취할 때는 흡수병에 10~30ℓ/분의 일정유량으로 시료를 공급 할 수 있는 흡인펌프 및 유량조절계를 사용하여야 하며 낮은 유속으로 시료를 채취할 때는 1.5~3ℓ/분의 범위에서 동작되는 흡인펌프가 필요하다.

3.2.4 시 약

(1) 지시용액

특별한 혼합지시용액(Bromcresol Green 0.06g과 Methyl Red 0.04g을 메틸알코올100mℓ에 녹인 것)으로서 pH 4.5에서 회색, 산성에서는 오렌지-적색(Orange-Red)이고 알칼리성에서는 청색을 나타낸다.

(2) 4붕산 나트륨용액

0.01N-$Na_2B_4O_7 \cdot 10H_2O$의 일차 표준용액이며 수산화나트륨을 적당히 표정하여 사용 할 수도 있다.

(3) 황산용액 (0.01 N)

0.1N-황산용액을 순수로 10배로 묽혀 사용한다.

(4) 과산화수소

6w/v%용액

(조 제)

① 지시용액(혼합지시약)

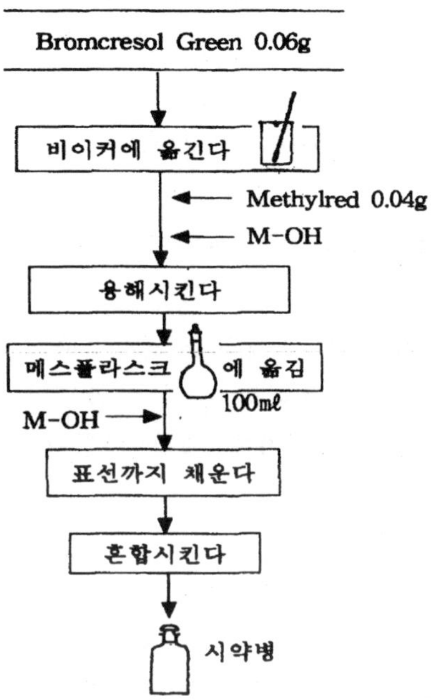

② 4붕산나트륨용액(0.01N)

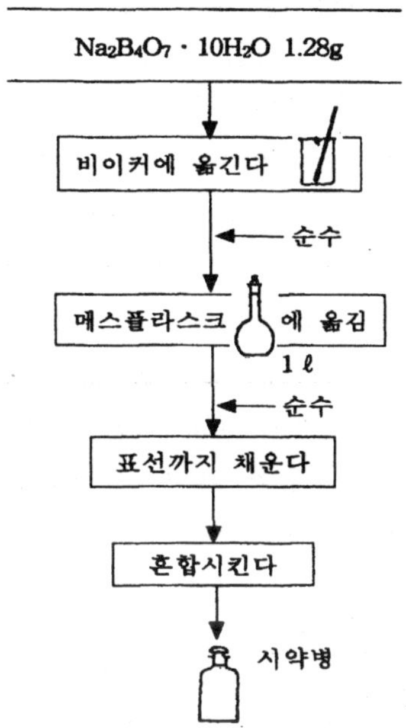

환경기준(1항아황산가스)

① 0.1N- H_2SO_4

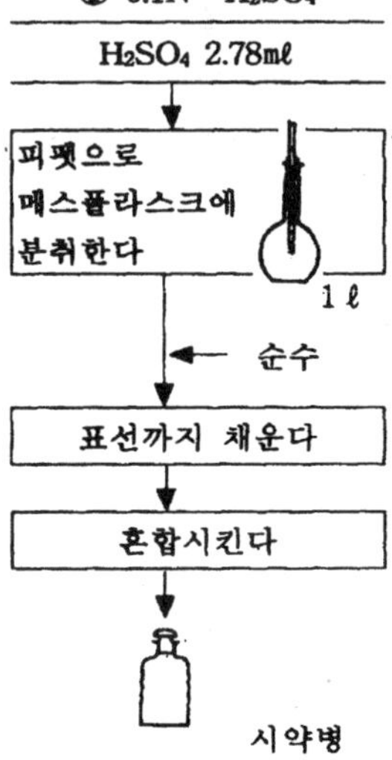

② 0.01N-H_2SO_4

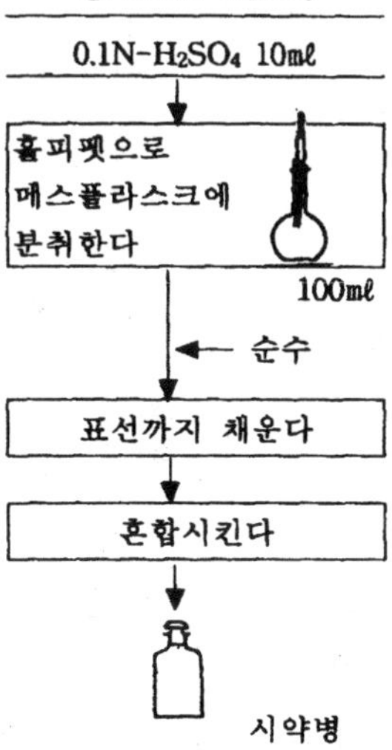

③ 6 w/v% H_2O_2

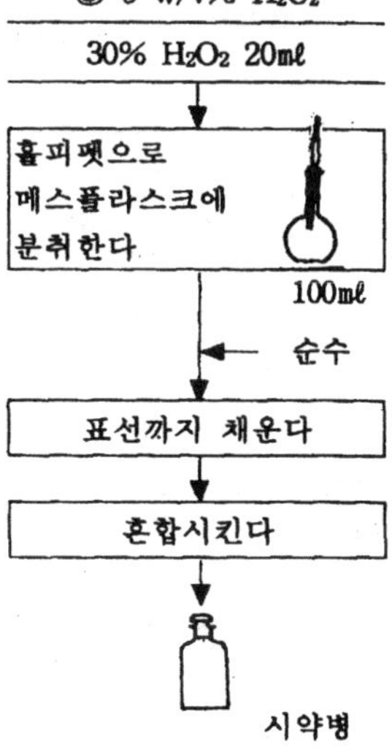

(5) 흡수용액

진한 과산화수소(30%H_2O_2)를 순수로 묽혀 약 0.3w/v%용액 1ℓ를 만든다. 이 용액 50mℓ에 지시용액 2~3방울을 가하고 0.01N알칼리로 회색 종말점이 될 때까지 적정한다. 만일 용액이 알칼리성이면 0.01N황산으로 적정하고 적정에 사용한 알칼리 또는 산의 양을 기록한다. 이 양의 19배를 남아 있는 950mℓ의 과산화수소수에 가하고(이 용액은 지시용액으로 시험하면 회색이 된다)색이 있는 유리병에 넣어 차고 어두운 곳에 보관한다.
이 용액은 2~8℃에서는 적어도 1개월 동안은 안정하지만 사용전에 이 액의 일부를 취하여 지시용액으로 확인하여야 한다.

암모니아에 의한 방해가 예상되면 0.06w/v%과산화수소를 함유하는 흡수액을 사용하는 것이 필요하다. 왜냐하면 이 용액은 용해되어 있는 암모니아에 대한 낮은 바탕시험값을 갖기 때문이며 녹아 있는 암모니아에 대한 바탕값은 흡수액 1mℓ당 암모늄이온(NH_4^+) 0.5μg이하이어야 한다.

* 흡수용액

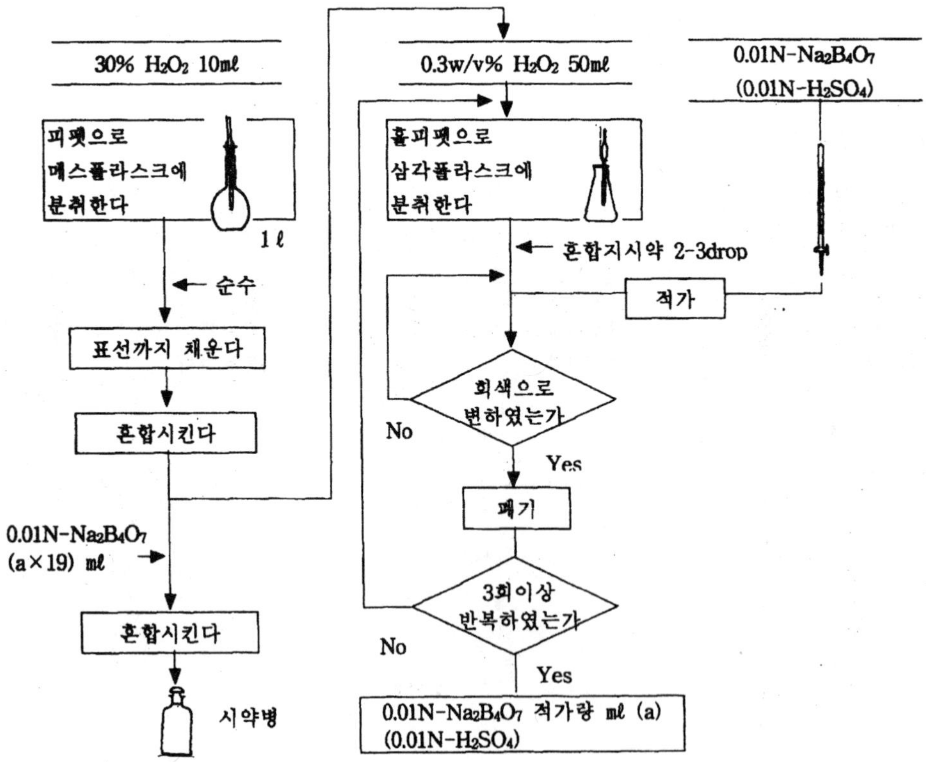

3.2.5 시료채취 방법

분진 여과기, 흡수병, 유량조절장치 및 흡인펌프를 포함하는 시료채취장치를 준비한다. 흡수병은 흡수액으로 충분히 씻은 다음 흡수용액 약 50mℓ(더운 기후에서는 증발을 고려하여 75mℓ)를 가한다. 시료채취 시간과 유속은 아황산가스농도와 측정에 요구되는 기간에 따라 다르다. 아황산가스 농도가 100μg/㎥이하의 시료는 적어도 24시간 동안은 시료를 채취하여야 하고 흡인유속을 빨리하여 짧은기간 동안에 시료를 채취할 때는 500mℓ용량의 흡수병에 채취하고 흡인유속을 느리게 하여 오랜기간 동안 시료를 채취할 때는 125mℓ드레셀형의 흡수병에 채취하여야 한다. 3분 이하의 짧은 시간에 시료를 채취할 때의 유량은 유량계와 스톱워치를 사용하여 측정하여야 한다. 흡수병 속의 용액은 직사광선에 노출되면 지시약이 변질되므로 직사광선에 노출되는 것을 피하여야 한다.

먼지가 흡수병에 들어가는 것을 방지하기 위해 사용되는 여과지는 노출된 부분의 지름인 2.5-5.0㎝의 것이 적당하고 오랜기간동안 시료를 채취할 때는 더 넓은 여과지를 사용하는 것이 좋다.

추운 기후에서는 흡수병에 얼음이 얼 염려가 있으므로 흡수병을 흡인펌프 가까이에 두고 보온을 하여야 한다.

3.2.6 분석 방법

시료용액에 지시용액 두 방울을 가하고 0.01N알칼리용액으로 적정하여 회색이 될 때를 종말점으로 한다. 이 때 종말점 가까이에서 흡수병의 입구측 관의 내부를 소량의 흡수액으로 씻어 넣고 적정을 계속하여야 한다 종말점에서 색깔의 구별을 쉽게 하기 위하여 사용하지 않은 흡수액과 지시용액을 넣은 조절병을 사용할 수도 있으며 일광 또는 적당한 인조광을 사용하면 종말점을 더 쉽게 판단할 수 있다.

종말점 (pH 4.5)은 pH미터를 사용하여 판단할 수도 있다. 시료중의 아황산가스의 농도는 다음 식으로 구한다.

$$S = \frac{32,000 \times N \times v}{V}$$

S : 아황산가스의 농도 (μg/㎥)

N : 알칼리의 규정도(0.01N)

v : 적정에 사용한 알칼리의 양(mℓ)

V : 시료가스 채취량(㎥)

아황산가스의 농도가 100μg/㎥이하로 생각되면 암모니아 가스에 의한 방해는 측정할 수 있다. 즉 지시용액을 가하고 적정을 하기전에 시료용액의 양을 측정하고 이 중에서 5㎖를 취하여 녹아 있는 암모니아가스 측정용으로 한다(암모니아 측정방법은 다음에 설명한다). 아황산가스의 정확한 농도는 다음 식에 의하여 구한다.

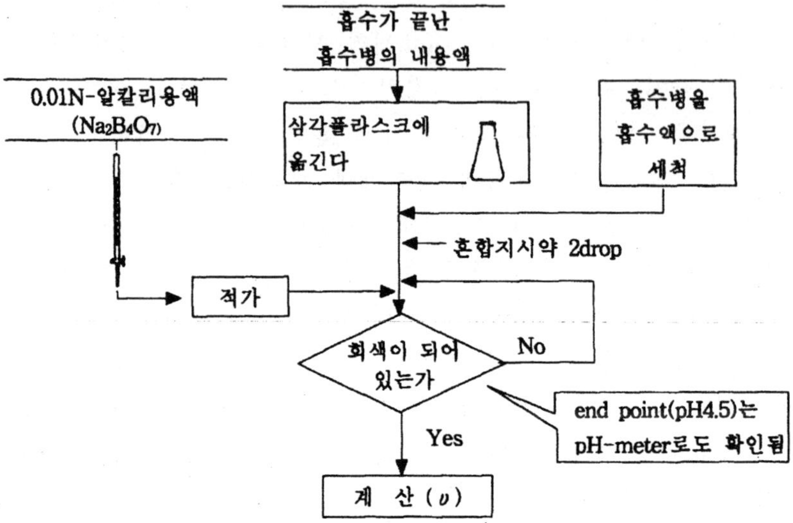

정확한 $SO_2(\mu g/m^3) = S + 1.88y$

S : SO_2의 농도 ($\mu g/m^3$)

y : NH_3의 농도 ($\mu g/m^3$)

시료용액에 지시용액을 가한 후 청색으로 변하면 암모니아가스가 아황산가스의 화학당량 이상으로 존재하는 것이므로 이런 경우에는 용액을 0.01N황산으로 회색이 종말점에 도달할 때까지 적정하고 그 값을 알카리적정할 때와 같은 방법으로 계산한다. 단, 이 때 S값을 부(-)의 값으로 취급하면 된다.
암모니아에 의한 방해가 예상되면 다음과 같은 방법으로 측정한다.

3.2.7 교 정

아황산가스 교정을 위한 시료용액중의 암모니아 측정방법 : 암모니아가 녹아 있는 시료용액을 네슬러시약(Nessler's Reagent)으로 처리하면 오렌지-황색(Orange-Yellow)가 생긴다. 암모니아의 농도는 이 색의 강도를 흡광광도계나 비색계를 사용하여 측정한다.

(1) 장 치

① 병 : 1ℓ 용량

② 메스실린더 50 및 500㎖

③ 메스플라스크 : 250㎖ 및 1000㎖

④ 피 펫 : 10㎖ 및 5.0㎖(0.1㎖눈금) 1.0㎖(0.01㎖눈금)

⑤ 시험관 : 10㎖ 유리마개가 있는 시험관 6개

(2) 시 약

① 네슬러시약(Nessler's Reagent) : 요오드칼륨 50g을 순수 35㎖에 녹이고 염화수은($HgCl_2$)포화용액을 약간 탁도가 생길 때까지 가한다. 다시 9N수산화나트륨 400㎖를 가하고 전체용액을 순수로 1ℓ가 되게 한 후 혼들어 섞은 다음 어두운 곳에 하룻밤 동안 방치한다. 맑은 상등액을 따라 사용한다(주의 : 이 용액이 잘못하여 살갗에 묻었을 때는 즉시 물로 잘 씻어야 한다).

① Nessler's Reagent

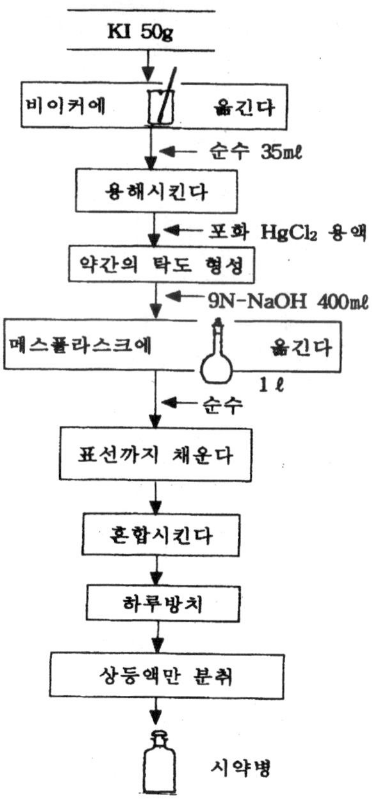

② 염화암모늄용액 : 시약용 염화암모늄(NH_4Cl) 0.8g을 250㎖순수에 녹여 만든다. 이 용액 10㎖를 취하여 순수로 1,000㎖로 묽혀 네슬러시약의 교정에 사용한다. 이 묽은 용액(A) 1㎖는 10w/0.788㎍ NH_3를 포함한다. (W : 순수 250㎖에 녹인 염화암모늄의 정확한 무게)

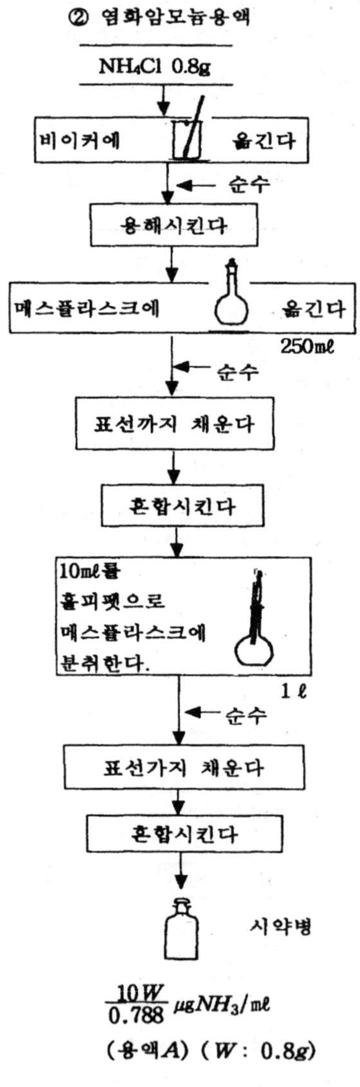

③ 순수 : 탈이온수를 사용한다

(3) 분석 방법

마개가 달린 시험관에 용액 A 0.5, 1, 2, 3 및 4mℓ를 각각 취하여 넣고 염화암모늄의 묽은 용액을 만든다. 각자의 시험관에 네슬러시약 0.5mℓ씩 액을 가하고 순수로 5mℓ가 되도록 한다. 별도로 사용하지 않은 흡수용액 4.5mℓ에 네슬러시약 0.5mℓ를 가하여 바탕시험 용액을 만든다.

440~460nm사이의 파장을 선택하여 각각의 흡광도를 측정한다. 표준용액의 흡광도를 바탕시험 용액의 흡광도로 보정하고 보정된 흡광도와 암모니아 농도와의 관계선을 작성한다. 농도의 표시는 용액 5mℓ당 μg으로 표시한다.

(조작)

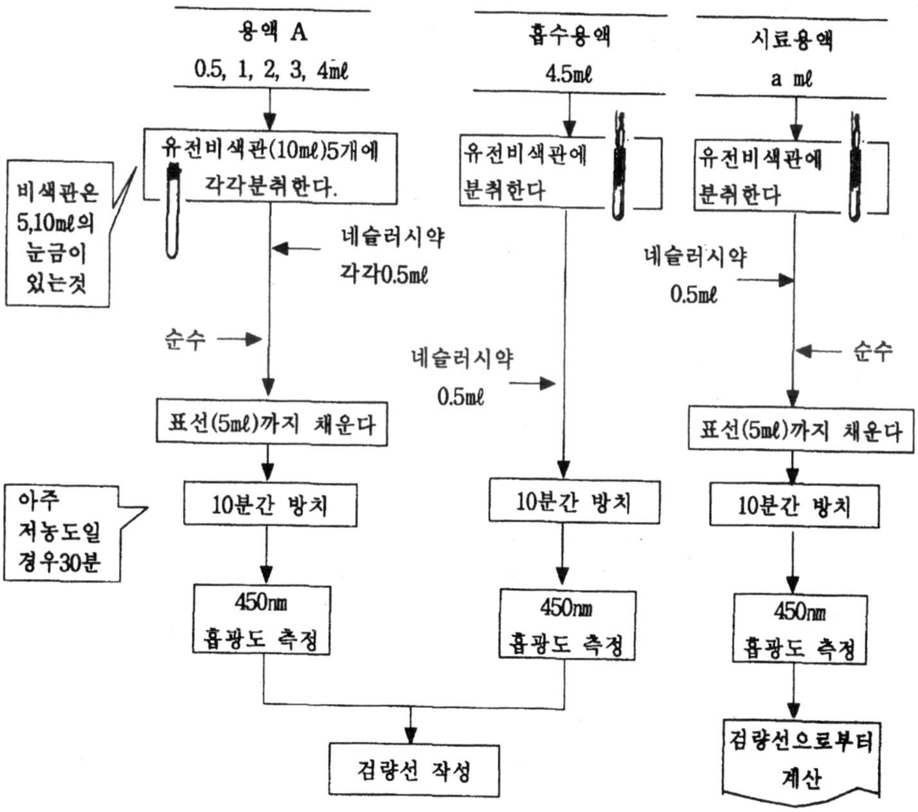

흡수용액중의 암모니아의 농도는 흡수용액에 네슬러시약 0.5mℓ를 가하고 흡광도를 측정하여 바탕시험용액으로 보정한 후 검량선에 의해 구한다

암모니아의 농도는 다음식에 의하여 얻어진다.

$$NH_3(\mu g/m^3) = \frac{a}{4.5} \times \frac{d}{V}$$

a : 흡수용액의 량(mℓ)

d : 표준용액 5mℓ당 암모니아의 농도(mg/5mℓ)

V : 시료채취량(m³)

[과년도 기사 · 산업기사 출제문제]

문제 1. 대기가스 중의 아황산 측정법 중 가장 대표적인 것은?<'90전반기-산업기사>

㉮ 산정량 수동법 ㉯ 산정량 반자동법 ㉰ 용액 전도율법 ㉱ 파라로자닐린법

문제 2. 황산화물의 연속측정법 중 용액전도율법의 과산화수소를 흡수액으로 하지만 다음중 이 방법에 의한 황산화물의 측정에 영향을 주지 않는 것은 어느 것인가?<'90전반기-기사>

㉮ 염화수소 ㉯ 질소산화물 ㉰ 일산화탄소 ㉱ 암모니아

문제 3. 자외선 형광법에 의한 환경대기 중 아황산가스 측정원리와 반응식이다. 잘못 이루어진 반응식은? (단, SO2는 여기상태, M은 다른 분자)<'91전반기-기사>

㉮ SO_2 + hv_1 → SO_2(여기 상태) ㉯ SO_2 + hv_1 → SO_2 + hv_1(기저 상태)

㉰ SO_2 + M → SO +(0)(분해) ㉱ SO_2 + M → SO_2 + M(에너지 방출)

문제 4. 환경대기 중의 아황산가스의 농도를 측정코저 산정량 수동법으로 측정하여 다음과 같은 결과를 얻었다. 아황산가스의 농도는 약 몇 $\mu g/m^3$인가? (단, 적정에 사용한 0.01N알칼리 용액의 소비량은 0.2㎖, 시료가스 채취량이 $1.5m^3$이다.)<'91후반기-산업기사>

㉮ 43 ㉯ 58 ㉰ 65 ㉱ 72

문제 5. 흡광도법에 파라로자닐린법이 있다. 이 방법으로 분석할 수 있는 환경 대기중 오염 물질은? <'92전반기-기사>

㉮ 일산화질소 ㉯ 일산화탄소 ㉰ 아황산가스 ㉱ 옥시던트

문제 6. 아황산가스의 공기에 대한 비중은 다음중 어느 것인가?<'92전반기-산업기사>

㉮ 약1.5 ㉯ 약2.2 ㉰ 약2.8 ㉱ 약3.5

문제 7. 환경대기 중의 아황산 측정방법의 종류 중 자동연속측정법이 아닌 것은?<'96전반기-산업기사>

㉮ Pulse U.V. Fluorescence Method(자외선형광법)

㉯ Flame Photometric Detector Method(불꽃광도법)

㉰ Conductivity Method(용액전도율법)
㉱ Pararosaniling Method(파라로자닐린법)

문제 8. 환경대기 중 아황산가스를 측정하기 위한 불꽃광도법(FPD)에 관한 설명으로 맞지 않는 것은?<'97전반기-기사>

㉮ 연속적인 측정방법이다.
㉯ 불꽃은 수소염을 사용한다.
㉰ 황화합물이 열분해할 때 근적외선 영역에 강한 발광현상을 일으키는 것을 이용한다.
㉱ 모든 황화합물에 대하여 반응한다.

문제 9. 자동측정기에 의한 아황산가스 변속 측정법이 아닌 것은?<'97전반기-산업기사>

㉮ 용액전도율법 ㉯ 자외선형광법 ㉰ 불꽃광도법 ㉱ 광투과법

문제 10. 환경대기 중의 아황산가스 농도측정시 주 시험방법은?<'97전반기-산업기사>

㉮ 산정량수동법 ㉯ 산정량반자동법 ㉰ 용액전도율법 ㉱ 파라로자닐린법

문제 11. 자동측정기에 의한 아황산가스 연속측정법이 아닌 것은?<'98전반기-기사>

㉮ 용액 전도율법 ㉯ 적외선 흡수법 ㉰ 불꽃 광도법 ㉱ 광투과법

문제 12. 환경대기 중의 아황산가스 농도를 측정함에 있어 파라로자닐린법을 사용할 경우 주요 방해물질로 알려진 물질이 아닌 것은?<'98전반기-산업기사>

㉮ 크롬(Cr) ㉯ 염화수소(HCl) ㉰ 질소산화물(NOx) ㉱ 오존(O_3)

문제 13. 흡광광도법에 파라로자닐린법이 있다. 이 방법으로 분석이 가능한 환경대기 중 오염물질은 어느 것인가?<'98후반기-기사>

㉮ 일산화질소 ㉯ 이산화질소 ㉰ 아황산가스 ㉱ 일산화탄소

문제 14. 대기 중 아황산가스의 농도를 산정량 수동법으로 측정하고자 한다. 이 때 시료용액에 지시용액 두 방울을 가하고 0.01N 알칼리용으로 적정을 하는 데 종말점의 색은 무슨 색인가?<'98후반기-산업기사>

㉮ 적색 ㉯ 황색 ㉰ 녹색 ㉱ 회색

문제 15. 파라로자닐린시약을 가하여 발색시켜 흡광광도법으로 분석하는 환경대기 중의 오염물질은 어느 것인가?<'98후반기-산업기사>

㉮ 일산화질소 ㉯ 부유분진 ㉰ 아황산가스 ㉱ 탄화수소

문제 16. 자동측정기에 의한 아황산 가스 연속 측정법에 대한설명 중 틀린 것은?<'93전반기-기사>

㉮ 적외선 흡수법은 시료 가스를 셀에 취하여 7,300nm부근 적외선 가스 분석계를 사용하여 아황산 가스의 광흡수를 측정하는 방법이다.

㉯ 용액 전도율법은 시료를 황산산성의 과산화수소수에 흡수시켜 용액의 전기전도율의 변화를 용액전도율 분석 측정하는 방법이다.

㉰ 불꽃광도법의 방해 물질은 이산화질소이다.

㉱ 자외선 흡수법의 측정 범위는 10~2000ppm SO_2이다.

문제 17. 다음 중 파라로자닐린 시약을 가하여 발색시켜 흡광광도법으로 분석하는 환경대기중의 오염 물질은 어느 것인가 ?<'93전반기-산업기사>

㉮ 일산화탄소 ㉯ 부유먼지 ㉰ 아황산가스 ㉱ 탄화수소

문제 18. 환경대기 중의 아황산 가스 농도 측정시 주 시험 방법은 ?<'93후반기-산업기사>

㉮ 산정량수동법 ㉯ 산정량반자동법

㉰ 용액전도율법 ㉱ 파라로자닐린법

문제 19. 불꽃광도법에 의한 환경대기중의 아황산가스 측정원과의 반응식이다. 어느 반응식일 때 아황산가스는 측정되는가 ? (단, S^*_2, SO^*_2여기상태)<'94전반기-기사>

㉮ $SO_2+2H_2 \rightarrow S+2H_2O$ ㉯ $S+S \rightarrow S^*_2$

㉰ $S^*_2 \rightarrow S_2 + hv$ ㉱ $SO_2 + hv \rightarrow SO^*_2$

문제 20. 다음 중 공정시험법에서 정하는 환경 대기중의 아황산가스 측정법이 아닌 것은?<'94전반기-기사>

㉮ 흡광 광도법(P-Rosanilin method) ㉯ 용액 전도율법

㉰ 적외선 분석법 ㉱ 자외선 형광법

문제 21. 흡광광도법에 따라 파라로자닐린법(Paralsaniline method)이 있다. 이 방

법으로 분석할 수 있는 환경대기 중의 오염물질은 다음 중 어느 것인가?
<'94후 반기-기사>

㉮ 일산화질소 ㉯ 일산화탄소 ㉰ 아황산가스 ㉱ 옥시탄트

문제 22. 다음중 공정시험법에서 정하는 환경대기 중에 아황산가스 측정법이 아닌 것은?<'95전반기-기사>

㉮ 산정량 수동법 ㉯ 용액 전도율법 ㉰ 적외선 분석법 ㉱ 자외선 형광법

문제 23. 환경대기 중의 아황산가스측정방법 중 주시험방법은?<'95전반기-기사>

㉮ 용액전도율법(자동) ㉯ 불꽃광도법(자동)
㉰ 파라로자닐린법(수동) ㉱ 산정량수동법

문제 24. 환경대기 중에 있는 아황산가스 농도를 자동연속 측정하려 한다. 다음 중 알맞은 방법이 아닌 것은? <'99전반기-산업기사>

㉮ 용액전도율법 ㉯ 불꽃광도법 ㉰ 자외선 형광법 ㉱ 화학발광법

제 2항 환경대기중의 질소산화물 측정방법

1. Saltzman법에 의한 NO2, NO 측정법

1. 개 요

환경 대기중의 질소산화물의 농도를 측정하는 방법으로서는 자동 살츠만법(saltzman Method), 화학발광법(Chemiluminescence method), 그리스-살츠만법(griess-saltzman method), 그리고 야콥스-호흐하이저법(jacobs-hochheiser method)등이 있다. 이것들중 자동 살츠만법과 화학발광법은 NO와 NO_2의 농도를 동시에 연속적으로 측정하는 자동측정방법이며 그리스-살츠만법과 야콥스 호흐하이저법은 실험실적 분석방법에 의해 NO_2의 농도만을 측정하는 수동 측정방법이다.

【준비】

☞ 살츠만법

<시약>

N(1-나프탈)에틸렌디아민이염산염, 무수설파민산, 빙초산, 아초산나트륨, 클로로포름, 과망간산칼륨($KMnO_4$), 황산(H_2SO_4).

<기구>

1000㎖ Mass flask, 갈색 시약병, Handy Air Sampler, 흡수병, 흡광광도계, 유전 비색관, 유산지

☞ 야콥스호흐하이저법

<시약>

수산화나트륨(NaOH), 술포닐아미드, 농인산(H_3PO_4), N(1-나프탈)에틸렌디아민이염산염, 과산화수소(H_2O_2), 아질산나트륨($NaNO_2$)

<기구>

1000㎖ Mass flask, 시약병, 비이커, 유리막대 250㎖ Mass flask, 유전비색관, 100㎖ Mass flask, Handy Air Sampler

☞ 살츠만법 변법

<시약>

설파닐산, 빙초산, N(1-나프탈)에틸렌디아민이염산염, 아질산나트륨($NaNO_2$), 클로로포름, 과망간산칼륨($KMnO_4$), 황산(H_2SO_4)

<기구>

1000㎖ Mass flask, 갈색시약병, 비이커, 유리막대, 500㎖ Mass flask, Handy Air Sampler, 흡수병, 분광광도계

☞ **야콥스호호하이저법 변법**

<시약>

설파닐아미드, 염산(HCl), N(1-나프탈)에틸렌디아민이염산염, 아질산나트륨($NaNO_2$), 클로로포름, 수산화나트륨(NaOH), 부탄올(C_4H_9OH)

<기구>

100mℓ Mass flask, 1000mℓ Mass flask, 200mℓ Mass flask, 유리막대, 비이커, 유전비색관, Handy Air Sampler, 흡수병, 피펫.

2. 측정방법

2.1 Saltzman 법에 의한 NO_2, NO의 측정법

Saltzman의 보고에 기준한 NO_2, NO의 측정법이다. NO_2를 포함한 공기를 N(1-나프탈) 에틸렌디아민 이염산염『N(1-N.E.D.C), N-(1-Naphthyl)-Ethylenediamin Dihydrochloride, 발색액』 및 무수설파닐산(Anhydrous Sulfanilic acid), 빙초산(acetic acide, glacial)을 포함한 흡수액중에 통과하면 등적색의 아조(azo)염료가 생기므로 이것을 흡광광도법에 의해서 측정하는 것이다.

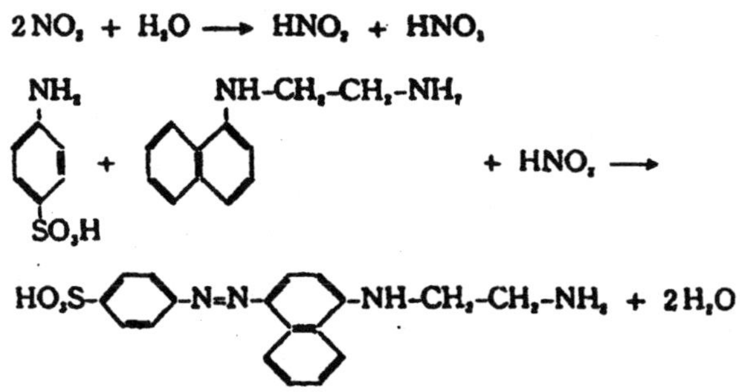

여기서 설명한 방법은 대기 중의 NO_2의 수 ppb에서 5 ppm의 농도를 수동식으로 측정하는 기초적인 방법이다.

샘플링에는 프리 티드 버블러 (fritted bubbler)를 흡수관으로 해서 사용한다. 또 NO는 $KMnO_4$ 용액을 넣은 버블러속을 통과시켜 NO_2로 한 후에 측정한다. 5~100 ppm의 NO_2 또는 NO는 진공 병에 채취해서 측정할 수 있다. NO_2는 Griess-Saltzman 시약 중에서 흡수된다. 15min 이내로 안정된 등적색이 생기므로 비색에 의해서 정량한다. 다른 가스의 방해는 적다.

2.1.1 NO_2의 측정법

a.시 약

시약은 모두 특급의 것을 사용한다. 시약조제에 사용하는 증류수은 NO_2^-를 포함해서는 안되며, 증류수를 유리제 증류기에 넣어서, 과망간산칼륨 및 수산화바륨의 결정을 가해서 재증류한 순수를 사용한다. 만일 증류수에 NO_2^-를 포함하고 있으면 조제한 흡수액이 등적색을 띤다. 시약류는 갈색병에 넣어서 밀폐하고, 냉장고에 보관하면 수 개월간 안정하다. 흡수액은 실온에서만 사용할 수 있다.

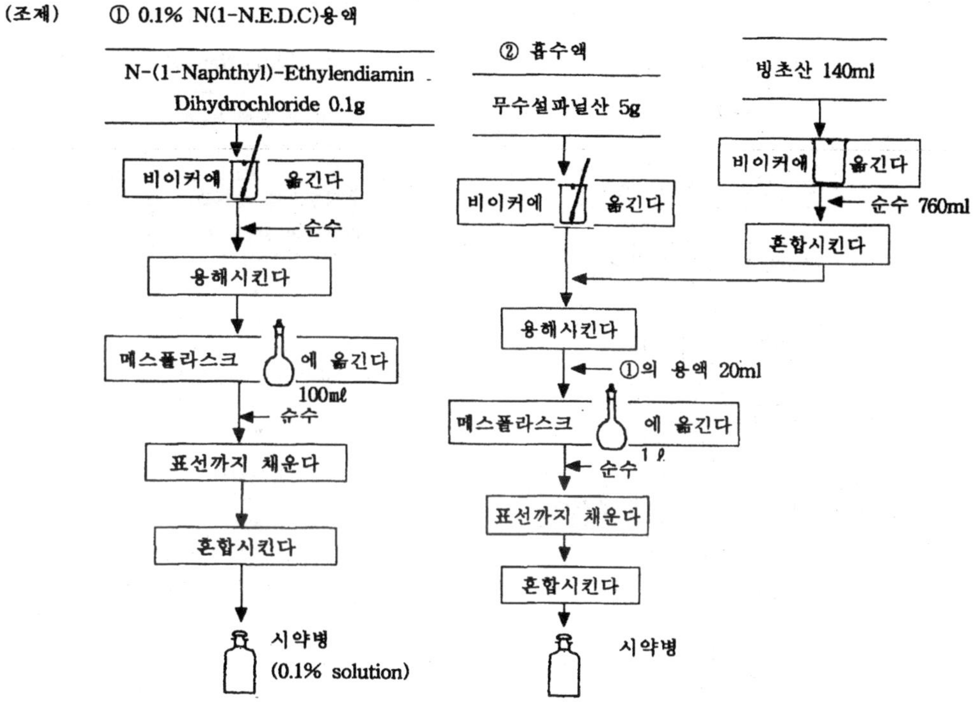

(1) N-(1-나프틸)에칠렌디아민 이염산염 0.1% 용액

시약 0.1g을 100mℓ의 순수에 녹여서 저장액으로 한다.

(2) 흡수액

1ℓ의 눈금 플라스크에 무수술파닐산 5g을 넣고, 빙초산(acetic acid glacial) 140mℓ를 함유한 증류수 약 900mℓ을 가하여, 충분히 흔들어 섞어서 용해시킨다. 필요에 따라서 서서히 가열한다. 냉각 후, 여기에 N-(1-나프틸)에틸린디아민 이 염산염의 0.1% 용액 20mℓ을가하고, 다시 증류수을 가해서, 전량을 1ℓ로 한다. (갈색병에 보존) 조제 및 사용중, 장시간 공기에 노출되는 것을 피한다.

(3) 아질산나트륨 표준원액 2.03g/ℓ

105~110℃로 1 hr건조된 아초산나트륨(특급) 2. 03g을 정확하게 계측하여, 증류수에 녹여서 1ℓ로 한다. 이것을 표준원액으로 한다.(보존할 때에는 클로로포름 수방을 가해서 냉장보관 한다.)

(4) 아질산나트륨 표준용액 0. 0203g/ℓ

위의 표준원액을 100배로 희석해서 0.0203g/ℓ의 표준용액을 만든다. (사용시에 조제) 표준용액 1㎖ = 10μℓ NO_2 (25℃, 760㎜Hg)

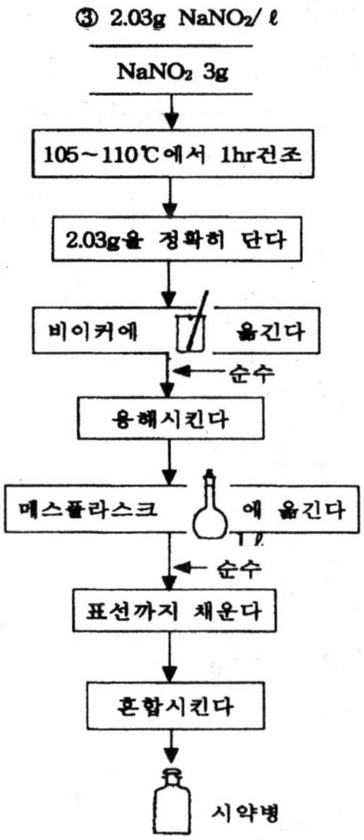

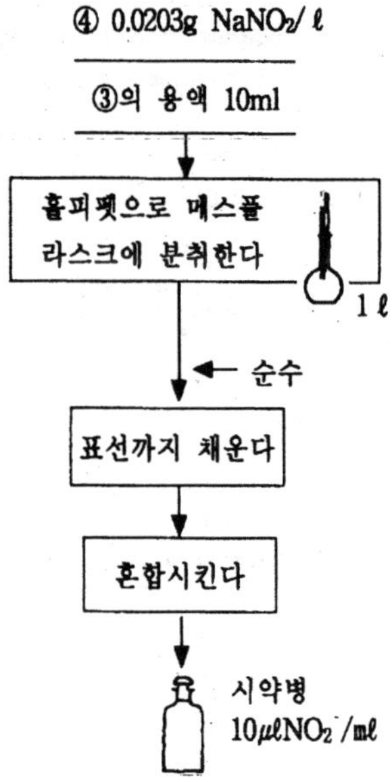

(5) 산화질소산화액

$KMnO_4$, 2.5g을 약 90㎖의 증류수에 녹여서, 여기에 농황산 2.5g (1:3 H_2SO_4 5.2㎖)을 가하고, 증류수로 전 양을 100㎖로 한다. 보존하면 품질이 저하되므로 때때로 새로이 만든다. 갈색의 MnO_2의 침전이 생기게 되면 버린다.

⑤ 산화질소 산화액

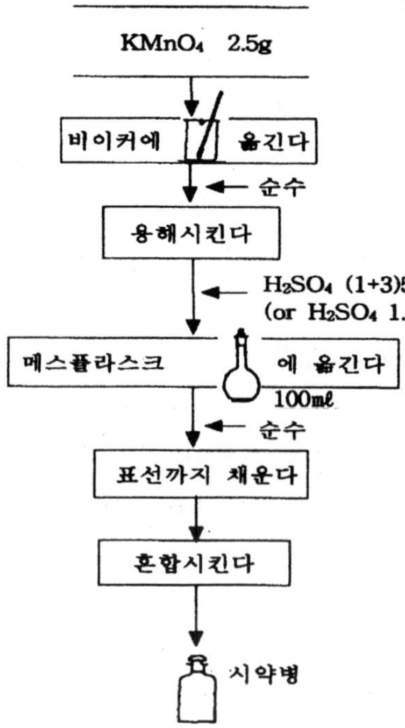

b. 측정조작

(1) 시료채취

프리테드 흡수관, 유량계. 펌프로 샘플링장치를 조립한다. 흡수관에서 앞부분의 유리제의 연결은 끼워 맞춤을 사용한다.(이것들을 조립하여 handy air sampler는 상품명으로 판매되고 있으므로 그것을 직접 사용 할 수도 있다) 흡수액 10㎖을 정확하게 취해 흡수관에 넣고 0.4ℓ/min (또 그 이하)로 시료공기를 통과하게 한다.[1] 충분히 발색(등적색)될 때까지 (약 10~30분) 흡입한다. 흡인공기량을 기록한다. 또 공기의 온도, 압력이 25℃, 760㎜Hg과 매우 다를 때에는 그 값을 기록한다.

(2) 정 량

① 시료채취를 완료한 후 시료용액을 20~30분간 방치한다.
(흡수액이 완전히 발색 될 때까지 약 15분이 소요된다.)

② 시료용액을 뚜껑이 있는 측정 셀에 옮긴 후 대조액으로 흡수액을 사용하여

550nm에서 흡광도를 측정한다. (대조액으로 증류수를 사용하고, 흡수액을 바탕용액으로 하여 그 바탕용액을 측정한다.)

③ 색이 너무 진해 흡광도가 측정한도를 초과하는 경우에는 시료용액을 사용하지 않은 흡수액으로 희석시켜 흡광도를 측정하고 그 값에 희석배율을 곱해준다.

(주의-1) : 강한 산화성 또는 환원성 가스가 NO_2의 농도보다 상당량 더 많이 함유 되어 있는 시료대기를 측정하는 경우에는 신속하게 흡광도를 측정하여야 함.

(주의-2) : 채취중의 흡수액의 용량변화는 크지 않으며 따라서 보정하지 않아도 무방함.

주1. 프리테드 흡수관의 버블러의 구멍 지름과 공기의 유량이 샘플링의 효율상 주요하다. 최대 구멍 지름 60㎛, 유속 0.4ℓ/min에서 효율은 95%까지 기대할 수 있다.

(3) 검량선의 작성

25㎖의 유전 비색관를 나열하고 여기에 $NaNO_2$ 표준용액을 0.2, 0.4. 0.6, 0.8, 1.0 ㎖의 순서로 취해서 흡수액을 가해서 표선까지 채워서 희석한다. 혼합해서 완전히 발색시킨 뒤 15분간 방치하여 흡광도를 측정한다.

$NaNO_2$ 표준용액 1㎖를 25㎖로 희석한 곳의 흡광도는 흡수액 10㎖에 NO_2 4㎕를 흡수한 것에 상당한다.

* 비색관에 함유된 양 및 농도

o 0.2㎖ 표준용액 : 10㎕-NO_2×0.2㎖ = 2㎕ : 2㎕-NO_2/25㎖ = 0.08㎕-NO_2/㎖

o 0.4㎖ 표준용액 : 10㎕-NO_2×0.4㎖ = 4㎕ : 4㎕-NO_2/25㎖ = 0.16㎕-NO_2/㎖

o 0.6㎖ 표준용액 : 10㎕-NO_2×0.6㎖ = 6㎕ : 6㎕-NO_2/25㎖ = 0.24㎕-NO_2/㎖

o 0.8㎖ 표준용액 : 10㎕-NO_2×0.8㎖ = 8㎕ : 8㎕-NO_2/25㎖ = 0.32㎕-NO_2/㎖

o 1.0㎖ 표준용액 : 10㎕-NO_2×1.0㎖ = 10㎕ : 10㎕-NO_2/25㎖ = 0.40㎕-NO_2/㎖

(조작)

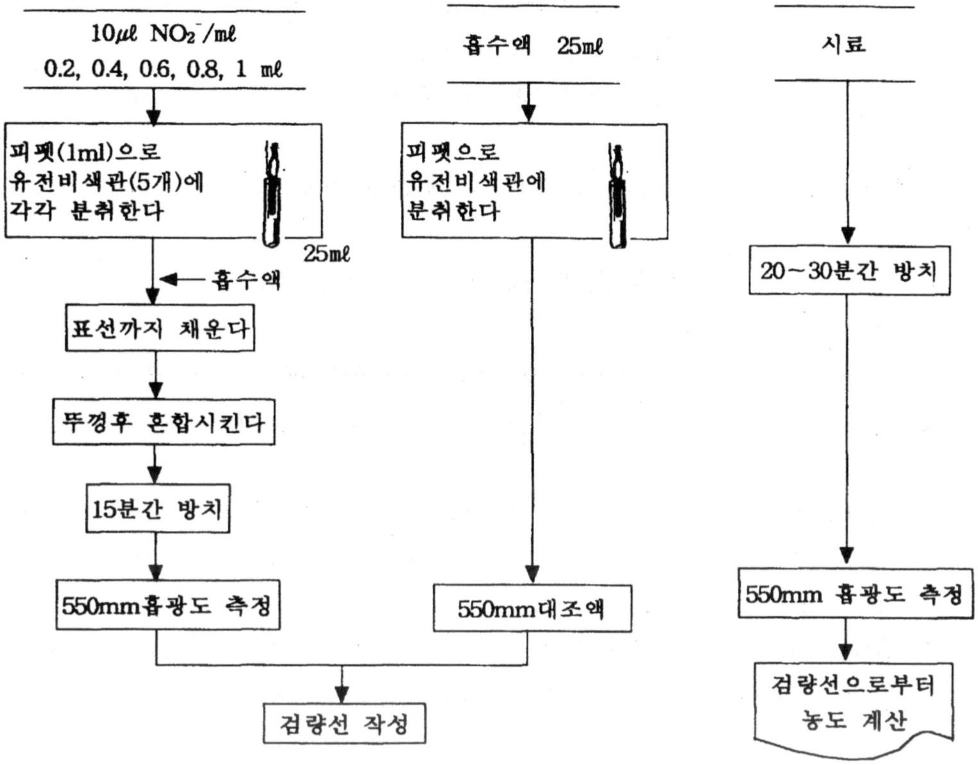

<검량선 작성방법>

가로축을 흡수액 1mℓ당의 NO_2의 함유량으로 하고 세로축을 흡광도로 한 2차원 좌표계에 각 표준용액의 흡광도를 도시하고 각 점을 연결하여 검량선으로 한다.(분광광도계로서 검량선을 작성하여도 좋다)

측정된 시료용액의 흡광도를 검량선에 적용시켜 시료용액 1mℓ당의 NO_2 함유량을 결정한다.

<계 산>

1) 아래의 식을 사용하여 채취한 시료대기의 양을 표준상태(0℃, 1기압)에서의 양으로 환산한다.

$$V_S = V \times (273/273 + t) \times (P/760)$$

V : 채취한 시료대기의 양(ℓ)
Vs : 표준상태로 환산한 시료대기의 양(ℓ)
t : 채취시의 대기온도(℃)
p : 채취시의 대기압(㎜Hg)

2) 아래의 식을 사용하여 시료대기중의 NO_2농도를 산출한다.

$$NO_2\text{의농도}(ppm) = C_S \times (V_{AS}/V_S)$$

C_S : 시료용액의 NO_2 함유량(μℓ-NO_2/mℓ-흡수액)
V_{AS} : 흡수관에 취한 흡수용액의 양(mℓ)

주) (1) 기체용적의 계산은 편이상 760㎜Hg, 25℃를 표준으로 한다. 따라서 기체 1㏖은 24.47ℓ이다. 시료공기의 흡인량은 ℓ로 표시되며, 포집된 NO_2는 μℓ로 표시한다.

(2) Saltzman의 실험결과에 의하면, $NaNO_2$의 0.72㏖이 NO_2 1㏖과 동등한 색을 띤다. 따라서 $NaNO_2$ 2.03㎍은 NO_2 1μℓ에 상당한다. [3)]

2.1.2 NO의 측정법

10 ppm이하인 농도의 샘플링에 대해서 설명하겠다.
유량계미터, 프리테드 흡수관, 산화용 버블러, 프리테드 흡수관, 펌프의 순으로 샘플링 장치를 조립한다. 2개의 프리테드 흡수관에 각각 흡수액을 정확하게 10 mℓ를 가한다. 산화용 버블러에는 산화질소 산화액 10mℓ을 가한다(이것은 수회 사용할 수 있다.)
시료공기를 0.4ℓ/분(또는 그 이하)의 속도를 흡수액이 충분히 발색 될 때(약 10분)까지 흡인한다. 발색 후 15분 방치해서 제3번째의 버블러(흡수관)의 흡수액의 흡광도를 읽고 NO농도를 산출한다. 만일 NO_2, NO를 동시에 측정할때에는 첫 번째 버블러의 흡광도를 측정하고 NO_2농도를 산출한다.

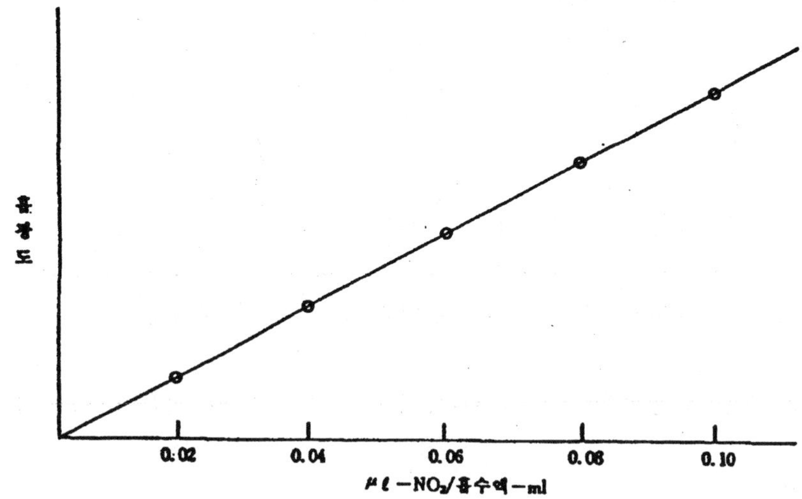

그림 2 수동 살츠만법의 검량선

주2. 표준용액 1mℓ=10μℓNO_2 25mℓ에 희석한 것을 10mℓ로 잡으면, 10μℓ × 10/25 = 4μℓ NO_2

주3. 25℃, 760mmHg 일 때 1 mole 24.47 ℓ, $NaNO_2$=69.00

$1\mu\ell NO_2 = 10^{-6}/24.47$ mol $NO_2 = 10^{-6}/24.47 \times 0.72 \times 69 = 2.03 \times 10^{-6}$g $NaNO_2$

○ 검량선 관계식(선형회귀식)

선형회귀에서는 3개의 중요값 r, a, b가 있읍니다. 상관계수 r은 특정표본에 대한 x, y두변수간의 양적관계를 나타냅니다.
r의 값은 -1과 1사이에 있읍니다. r이 -1이거나 1이면 상관도상의 점이 모두 어떤 직선상에 있게 됩니다(그림 1) r이 -1또는 1에 가까운 경우 상관도상의 점이 어떤직선의 주위에 밀집하게 됩니다. (그림 2)
r이 0에 가까운 경우는 상관도의 점이 각방향으로 흩어져 상관관계가 적게 됩니다(그림3). 즉, r이 1 또는 -1에 가까울수록 변수 x, y의 사이에 상관이 있음을 나타내고, 0에 가까울수록 변수 x, y의 상관이 적음을 나타냅니다.
또한, r>0일 경우 양의 상관관계(x, y는 정비례:그림1), r<0일 경우 음의 상관

관계(x, y는 반비례 :그림2)를 나타 냅니다.

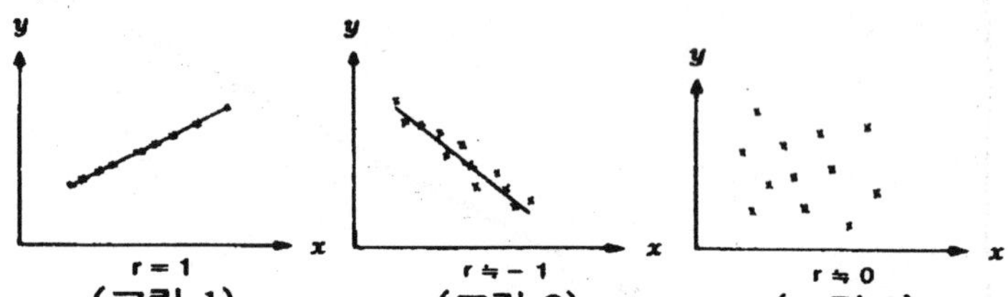

(그림 1) $r=1$　(그림 2) $r \fallingdotseq -1$　(그림 3) $r \fallingdotseq 0$

직선에 대한 방정식은 y=a+bx이며, 선이 y축을 지난 점은 a이고 기울기는 b 입니다.

r:상관계수

$$r = \frac{Sxy}{\sqrt{Sxx \cdot Syy}}$$

a,b:선형회귀방정식 y=a+bx의 계수

$$a = \bar{y} - b\bar{x} \qquad b = \frac{Sxy}{Sxx}$$

x′:추정치(y의 값으로부터 x의 값을 추정)

$$x' = \frac{y-a}{b}$$

y′:추정치(x의 값으로부터 y의 값을 추정)

$y' = a + bx$

$$\left(\begin{array}{l} Sxx = \Sigma x^2 - \frac{(\Sigma x)^2}{n} \\ Syy = \Sigma y^2 - \frac{(\Sigma y)^2}{n} \\ Sxy = \Sigma xy - \frac{\Sigma x \cdot \Sigma y}{n} \end{array} \right)$$

2. Jacobs-Hochheiser 법에 의한 NO_2의 측정법

1. 개 요

이산화질소를 수산화나트륨 용액에 흡수시키면, 그 용액 중에서 다음의 반응에 따라서 일부에 아질산나트륨이 생성된다.

$$2NO_2 + 2NaOH \rightarrow NaNO_2 + NaNO_3 + H_2O$$

일반적으로 0.1N 수산화나트륨 용액을 넣은 프리테드 흡수관에 시료공기를 통하여 NO_2를 포집한다. SO_2가 흡수되어 방해받지 않도록 과산화수소로 산화한다. 흡수된 NO_2는 디아조화된 술파닐아미드가 인산과 함께 반응한 다음, N(1-나프틸) 에틸렌디아민 이 염산염과 커플링해서 생기는 아조색 비색에 의해서 측정한다. NO_2는 대기 중에서 ppm 단위까지 측정할 수 있다. 이 방법은 M. B Jacobs, S. Hochheiser가 1958년에 발표한 방법으로 대기중에 SO_2가 상당히 고농도로 존재할 때 NO_2를 측정하는데 적합하다.

S. Hochheiser가 표1)과 같은 측정조건으로 Saltzman법과 Jacobs-Hochheiser법을 비교하고 있다. 미국의 5개 도시에서 측정한 결과, 두법 모두 NO_2측정치의 재현성이 좋고, 또, 0.05ppm 이상의 NO_2 농도에서 두 방법의 측정치는 잘 일치하고 있다고 한다.

(1) 방해물질

아황산가스가 방해물질로 작용하지만 분석전에 과산화수소를 가해 황산으로 산화시켜 제거하므로서 방해작용을 방지 할 수 있다.

(2) 적용범위, 감도 및 정밀도

측정범위는 0.01-0.4ppm이며 10㎜셀을 사용했을 때 0.04μgNO_2/mℓ의 농도는 0.02의 흡광도에 해당된다. NO_2의 농도가 0.072ppm과 0.108ppm의 상대표준편차는 각각 14.4%와 21.5%이다.

(3)시 약

1) 흡수액 : 4.0g의 수산화나트륨을 증류수에 용해시켜 1,000mℓ로 한다.
2) 술포닐아미드 : 20g의 술포닐아미드를 700mℓ의 증류수에 용해시킨다. 여기에 50mℓ 농인산(85%)을 가하여 혼합하고 증류수로 전량 1,000mℓ로 한다. 이 액은 냉장고에 보관하면 1개월간 안전하다.

[조 제]

① 흡수액

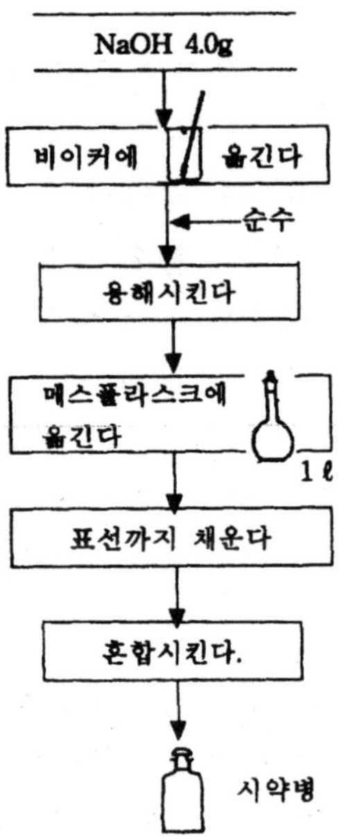

② 술포닐아미드

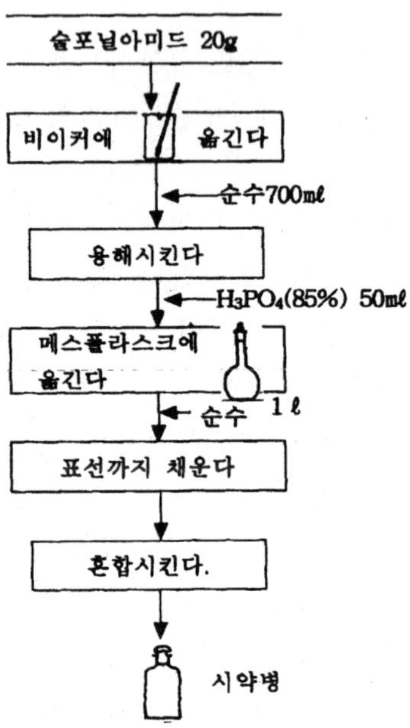

3) 0.1% NEDA용액

0.5g n-(1-나프틸) 에틸렌디아민 이염산염을 증류수 500mℓ에 용해시킨다. 이액은 냉장고 암소에 보관하면 1개월간 안전하다.

4) 과산화수소수

0.2mℓ의 30%과산화수소수를 증류수로 250mℓ로 한다. 이 액도 암소에 보관하면 1개월간 안전하다.

5) 표준아질산용액

충분히 건조된 아질산나트륨(순도 97%이상)을 NO_2^-농도가 1,000μg/mℓ이 되게 증류수에 용해시켜 1,000mℓ로 한다. 이때 용해시킬 아질산나트륨의 양은 그것의 순도에 따라 차이가 있기 때문에 그 순도의 영향을 고려하여 아래의 식을 사용하여 결정한다. (이 용액은 실온에서 3개월간 안정하다)

$$W_N = 1.5/C_n \times 100$$

W_N : 용해시켜줄 아질산나트륨의 양(g)

C_n : 아질산나트륨의 순도(%)

1.5 : NO2의 양을 아질산나트륨의 양으로 환산하는 환산계수

(= $NaNO_2$의 분자량/NO_2의 분자량 = 69/46)

③ 0.1% NEDA용액

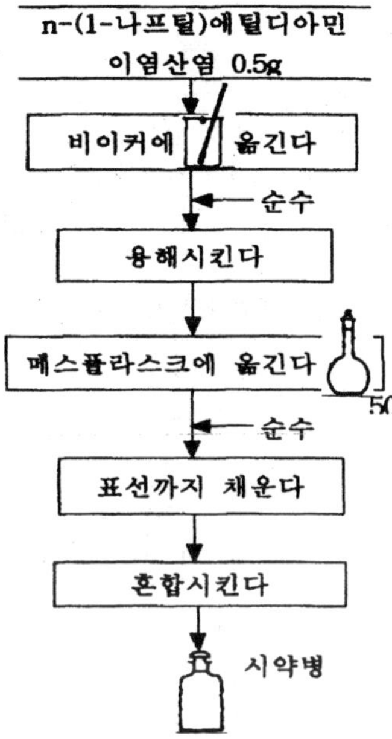

④ 과산화수소

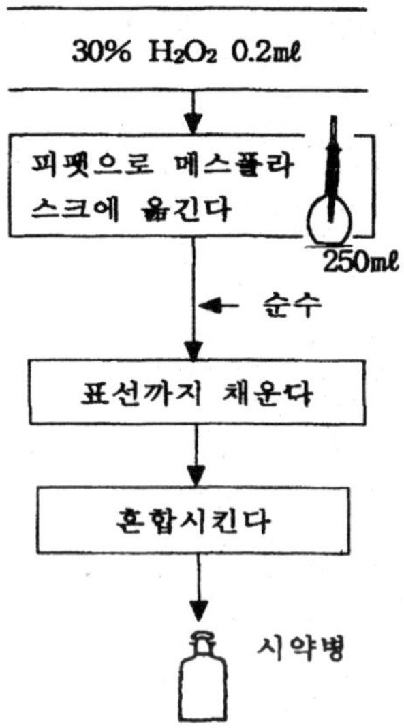

표 1 Saltzman법과 Jacobs-Hochheiser법의 비교

방법 / 사항	Saltzman법	Jacobs-Hochheiser법
샘플링	30분	30분(24시간)
흡인유속	0.4 ℓ/분	0.4 ℓ/분
흡수액 (수용액 1 ℓ 중)	술파닐산 5g 빙 초 산 140mℓ N(1-나프틸)에틸렌 디아민이염산염 20mg	0.1N NaOH 1 ℓ n-부틸알코올 2mℓ
가스흡수관	프리테드 버블러 최대구멍지름 60㎛ 흡 수 액 10mℓ	프리테드 버블러 최대구멍지름 60㎛ 흡 수 액 10mℓ(50mℓ)
분석조작	①시료용액을 10mℓ로 조제 ②나타난 색을 완전하게 발색 ③1/2 in(1cm)셀,550㎚로 흡광도 측정	①시료용액을 10mℓ로 조제 ②1%H_2O_2용액 한방울을 가한후, 혼합 ③디아조화시약(수용액1 ℓ 중에 인산 50mℓ, 술파닐아미드 20g)4mℓ을 가한다. ④커플링시약[0.1% N-(1-나프틸)에틸렌디아민 이염산염]1mℓ을 가한다. ⑤20분 방치후, 1/2in(1cm)셀, 550㎚로 흡광도 측정
계 산	1mol NO_2가스=0.72mol NO_2^- 1$\mu\ell$ NO_2=2.03×10^{-6}g $NaNO_2$(25℃,760mmHg)	1mol NO_2가스=0.52mol NO_2^- 1$\mu\ell$ NO_2=1.46×10^{-6}g $NaNO_2$(25℃,760mmHg)

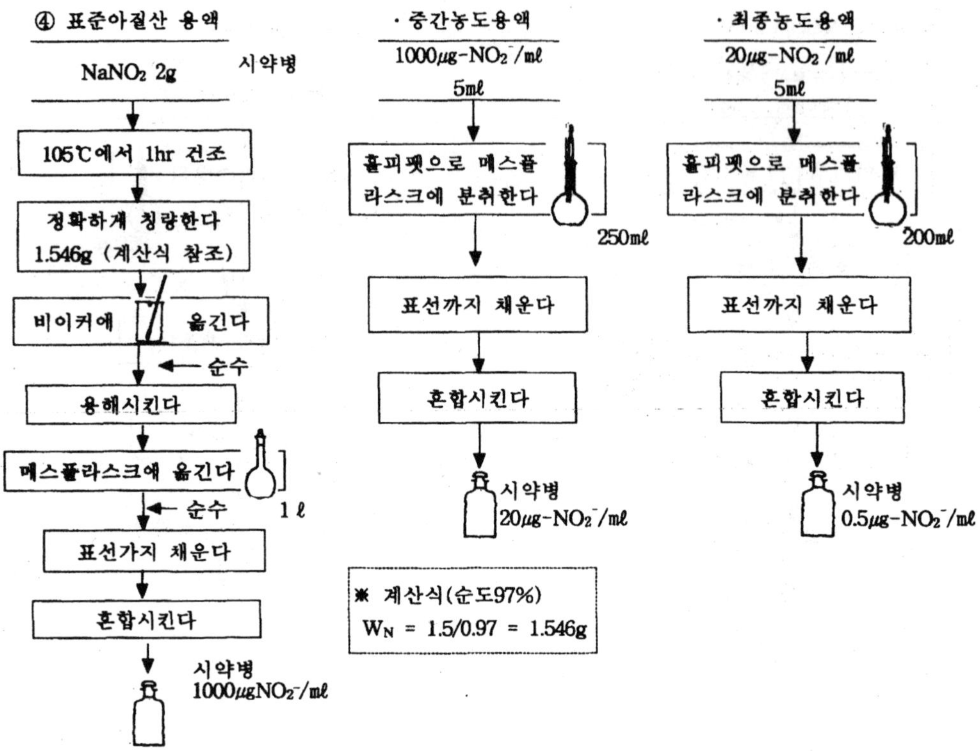

2. 시료대기 채취

① handy air sampler의 흡수병에 흡수액 10(50)㎖를 넣는다.

② 유량계를 180-220㎥/분 범위에 들어오도록 조정한다(F1)

③ 시료 대기를 30분(24시간)연속해서 채취한다.

④ 시료채취를 완료하기 직전에 시료대기 흡인유량을 확인하고 그 값을(F2)로 표기하여 기록한 다음 채취를 완료한다.

⑤ 흡수관내의 흡수액의 눈금을 확인하여 시료대기 채취중 증발된 흡수액의 양을 측정한 후 시료용액을 밀봉하여 분석실로 옮긴다.(24시간)

3. 분석방법

① 시료대기 채취중에 증발된 양 만큼의 탈이온수를 흡수관내에 보충하고 충분히 혼합시킨다.

② 이 용액 10㎖와 사용하지 않은 흡수액 10㎖를 취하여 각기 다른 2개의 시험관에 옮기고 각 시험관에 과산화수소용액 1㎖, 술포닐아미드용액 10㎖와 0.1% n-1-N.E.D.A용액 1.4㎖를 차례로 가한후 10분간 방치한다. 사용하지 않은 흡수액은 바탕시험용이다.

③ 셀을 사용하여 550nm에서 시료용액과 바탕용액의 흡광도를 차례로 측정하고 시료용액의 흡광도에서 바탕용액의 흡광도를 감하여 시료용액의 흡광도를 교정한 후 그 값을 검량선(다음항 참조)에 적용시켜 시료용액중의 NO_2^-의 농도(μg-NO_2^-/㎖)를 결정한다.

(1) 검량선의 작성

① 100㎖ 용액의 메스플라스크 6개를 깨끗이 씻어 건조시킨다.

② 중간농도의 검량선 작성용 표준용액과 최종농도의 검량선 작성용 표준용액을 일정량씩 분취하여 메스플라스크에 옮기고 흡수액으로 표선까지 채운다.

표준용액의 종류	NO_2^-농도(μg-NO_2^-/㎖)	용액의 양(㎖)
최종농도	0.5	10
	0.5	20
	0.5	40
	0.5	100
중간농도	20	5
	20	10

③ 각 플라스크속의 표준용액을 10㎖씩 분취하여 유전비색관에 옮긴다.

이 용액을 분석조작과 동일한 방법으로 하여 흡광도를 측정하여 $\mu g NO_2^-$/㎖에 대한 흡광도를 표시하여 검량선을 작성한다. 6개 플라스크속의 표준용액의 농도는 아래와 같다.

- 0.5㎍-NO2-/㎖(10㎖) : 0.5㎍/㎖ × 10㎖ × (1/100) = 0.05
- 0.5㎍-NO2-/㎖(20㎖) : 0.5㎍/㎖ × 20㎖ × (1/100) = 0.10
- 0.5㎍-NO2-/㎖(40㎖) : 0.5㎍/㎖ × 40㎖ × (1/100) = 0.20
- 0.5㎍-NO2-/㎖(100㎖) : 0.5㎍/㎖ × 100㎖ × (1/100) = 0.50
- 20㎍-NO2-/㎖(5㎖) : 20㎍/㎖ × 5㎖ × (1/100) = 1.00
- 20㎍-NO2-/㎖(10㎖) : 20㎍/㎖ × 10㎖ × (1/100) = 2.00

(조 작)

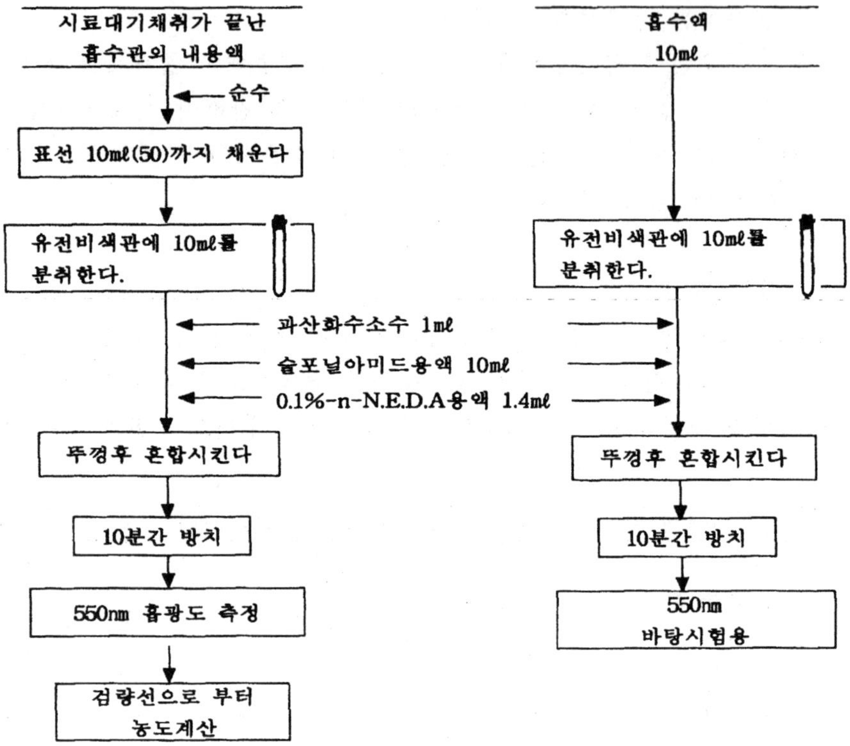

(2) 계 산

시료대기량의 계산

$$V = (F_1+F_2) / 2 \times T \times 10^{-6}$$

V : 채취한 대기의 부피 (㎥)

F_1 : 채취전에 측정한 유량(㎖/분)

F_2 : 채취후에 측정한 유량(㎖/분)

T : 채취시간(분)

(3) 효 율

대기중에 140㎍/㎥, 200㎍/㎥의 농도로 NO_2농도가 포함되어 있을 경우 자동분석계에 의한 전 평균의 효율은 35%이다.

$$C_A(\mu g-NO_2^-/m^3)=\frac{C_s}{\eta}V\times 50=\frac{C_s}{0.35V}\times 50=143\frac{Cs}{V}$$

$$C_A(ppm)=5.32\times 10^{-4}\times C_A(\mu g-NO_2^-/m^3)$$

C_A(ppm) : ppm단위로 환산된 25℃, 760㎜Hg에서의 NO_2농도

C_S : 시료용액중의 농도(㎍-NO_2^-/㎖)

η : 평균 흡수효율(이 경우 0.35)

50 : 시료채취에 사용되어진 흡수액의 양(㎖)

V : 시료채취량(㎥)

(조 작)

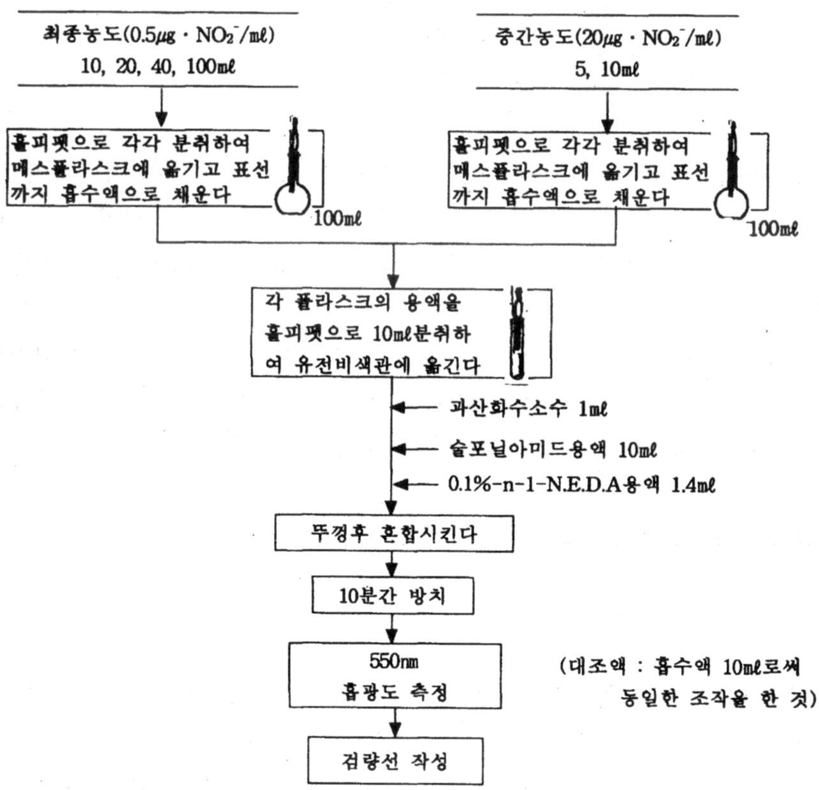

3. Saltzman법 및 Jacobs법의 변법

1.개요

대기 중의 NO_2, NO의 측정법으로서는 Saltzman법과 Jacobs법의 변법이 있다.
원 측정법과 다른 점은 NO_2 1mol에서 NO_2^-이온이 0.5mol 생기도록 하는 방법으로 표준용액을 만들고 있다는 것이다. 계산으로는 다음과 같다.

$$2NO^2 + H_2O = HNO_3 + HNO_2$$

(0℃, 760mmHg이며 NO2 1mol=22.4 ℓ NaNO2=69.00)

$$1\mu\ell\, NO_2 = \frac{10^{-6}}{22.4}\, mol\ NO_2$$
$$= \frac{10^{-6}}{22.4} \times 0.5 \times 68g\ NaNO_2$$
$$= 1.54 \times 10^{-6} g\ NaNO_2$$

Saltzman법에서는 $NO_2 \rightarrow NO_2^-$의 전환율은 0.72로 되어있다. 저자들은 퍼어미에이션튜브에 의하여 저농도의 NO_2 표준가스를 만들고, 여러가지의 실험을 실시하였다. 그 결과 동일조건(흡수액, 버블러등)의 Saltzman법에서는 전환율이 0.72가 된다는 것을 알았다.
또 아래의 항에서 설명하는 saltzman변법에서의 측정치는 계산치(퍼어미에이션튜브의 중량감소,희석공기에서 산출)에서 상당히 근사한 수치를 나타낸다는 것을 알았다. ($NaNO_2$ 0.72mole → NO_2 1mole과 동등한 색을 띤다)

2. Saltzman법의 변법

a. 시 약

(1) 흡수액 : 1000mℓ의 비이커에 설파닐산 5g을 넣고 빙초산 50mℓ을 포함한 순수액 900mℓ정도을 가하여 충분히 흔들어 섞어서 용해한다.
여기에 0.1% N(1-나프틸)에틸렌디아민 이염산염 수용액 50mℓ을 가하고 다시 순수을 가하여 1000mℓ로 한다. (갈색병에 보존)

(2) 이산화질소 표준원액 : 105~110℃로 1시간 건조시킨 아질산나트륨(특급)0.154g을 정확하게 칭량하여 증류수를 가하여 1000mℓ로 한다. 이것을 표준원액

으로 한다.(사용시에 조제, 보존할때에는 클로로포름 몇방울을 가해서 냉장실에 넣어둔다.)

$$\text{표준원액 } 1m\ell = 0.1m\ell \ NO_2(0℃, 760mmHg)$$

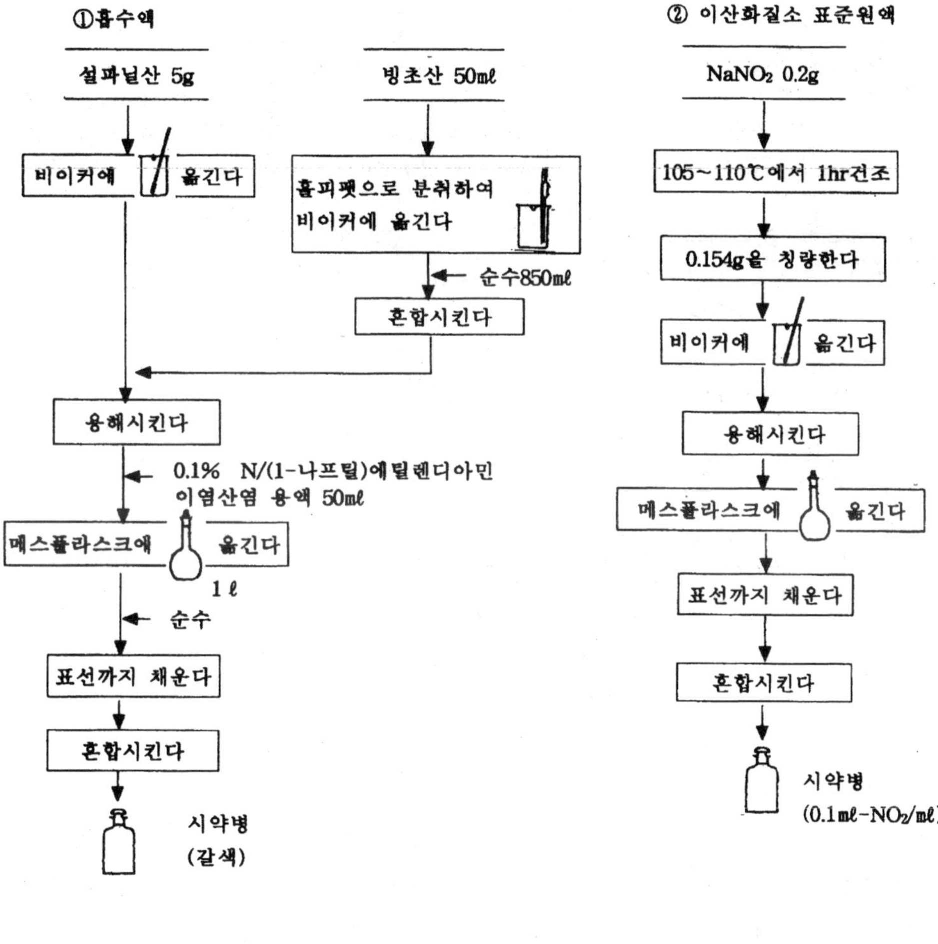

(3) 산화질소산화액 : 5% 과망간산칼륨 용액 500mℓ와 5% 황산 500mℓ의 혼합용액. 갈색의 MnO_2 침전이 약간 생기면 버리고 새로이 조제한다.

③ 산화질소 산화액

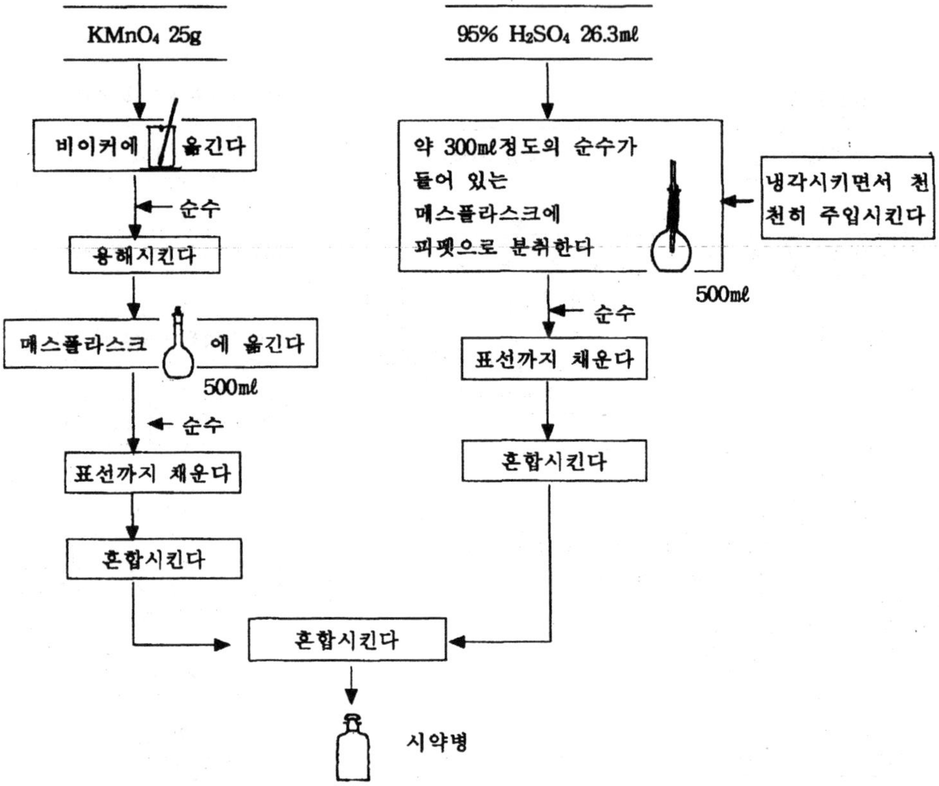

b. 시료공기 채취법

(1) 이산화질소 : 유리 필터부의 흡수관[1]에 흡수액 10mℓ을 넣고, 0.4ℓ/분 이하의 흡인속도로 흡수액이 적자색이 될때까지(약 10min) 시료공기를 통과시켜 NO_2 시험용액으로 한다. 흡인량(흡인시간)은 이산화질소 농도에 따라서 적당히 조정한다. 시료 채취시에는 직사광선을 피한다.

(2) 산화질소 및 이산화질소 : 산화액을 넣은 버블러[2]를 흡수관과 직렬로 연결하고, 위의 (1)과 같은 방법으로 조작하여, $NO+NO_2$ 시험용액으로 한다.

주.1) 흡수관을 몇개 직렬로 연결해서 공기를 흡인하면 모두 발색된다. 이것은 대기 중의 NO가 흡수관을 통과할 때에 산화되어서 NO_2가 생기기 때문이다. 순수한

NO_2를 흡인한 경우는 1개에서 90% 이상을 포질할 수 있다.
주.2) 산화액을 넣은 버블러는 유리필터가 부착되지 않은 것도 된다. 부착된 MnO를 제거하려면, 히드록실아민 염산염 또는 초산으로 가온해서 세척하면 된다.

c. 이산화질소 표준색액

100mℓ의 눈금 플라스크에 표준원액 1mℓ을 넣고, 흡수액(측정에 사용하는것)을 가해서 100mℓ로하여 잘 섞은후 15min이상 방치한다. 이것을 다시 흡수액으로 2배로 희석해서 흡광도의 측정에 사용한다.

표준색액 1mℓ= 0.5μℓ NO_2 (0℃, 760㎜Hg)로 한다.

d. 정량조작

NO_2 및 $NO+NO_2$의 시험용액을 완전히 발색시키기 위하여 각각 20~30분 방치하여 여기에서 얻은 적자색을 파장 550nm 10㎜셀를 사용해서 흡광도를 측정한다. NO_2 시험용액의 흡광도를 A로 하고, $NO+NO_2$의 시험용액의 흡광도를 A′로 한다. 동시에 이산화질소 표준발색액의 흡광도를 측정하여 Ao로 한다. 대조액에는 포집액에 대하여 똑같이 조작한 것을 사용한다.

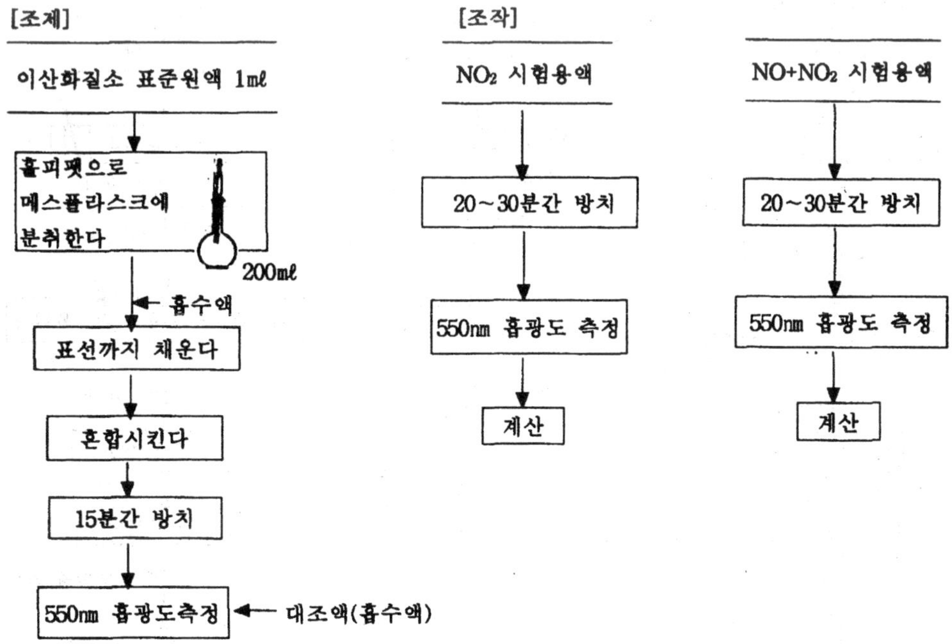

e. 계 산

시료공기 중의 이산화질소의 농도 C 및 산화질소의 농도 C′는 다음식으로 산출한다.

$$C = 0.5 \times \frac{A}{A_0} \times \frac{v}{V} \times \frac{273+t}{273} \quad (ppm)$$

$$C' = 0.5 \times \frac{A'}{A_0} \times \frac{v}{V} \times \frac{273+t}{273} - C \ (ppm)$$

단, V : 시료공기량 (ℓ)

v : 포집액량 (mℓ)

t : 측정시의 기온 (℃)

3.2 Jacobs법의 변법

a. 시 약

(1) 설파닐아미드용액 : 설파닐아미드 1g을 10% 염산에 녹여서 100mℓ로 한다.

(2) N-(1-나프틸)에틸렌 디아민이염산염용액 : N-(1-나프틸)에틸렌 디아민 이염산

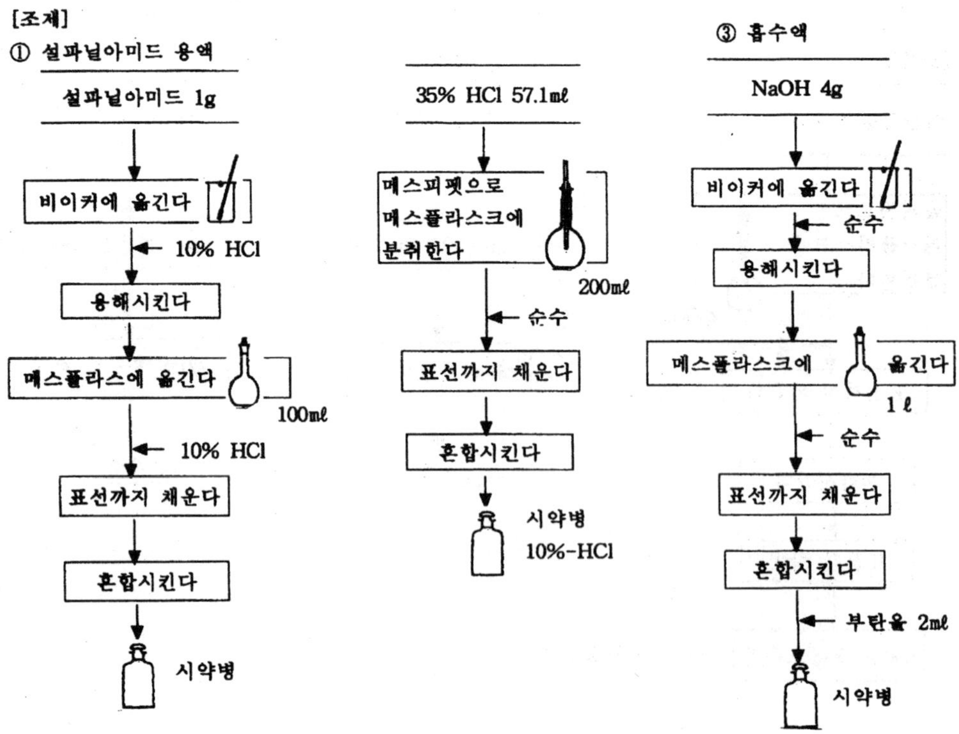

염 0.1g을 순수 100mℓ에 용해한다. 이 용액을 보존할 때에는 갈색병에 넣어서 밀폐하고 냉장실에 둔다.

(3) 흡수액 : 수산화나트륨 4g을 순수에 녹여서 1,000mℓ로 하여 부탄올 2mℓ을 가한다. (주) 부탄올은 발포제로서의 역할을 한다.

(4) 표준용액 : 앞의 방법으로 조제한 이산화질소 표준원액을 흡수액으로 200배로 희석해서 사용한다. (사용시에 조제)

표준용액 1mℓ = NO_2 0.5μℓ (0℃, 760mmHg)

② N-(1-나프틸)에틸렌디아민이염소산 용액

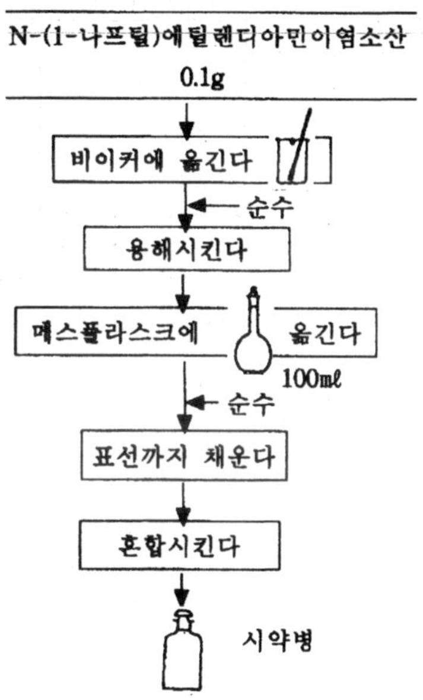

④ 표준용액

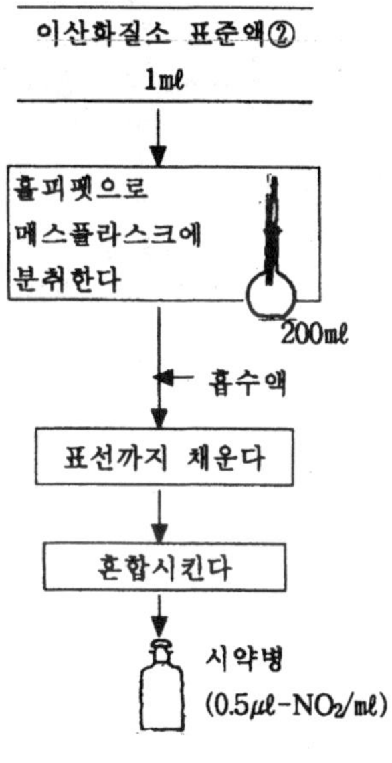

b. 정량조작

흡수액 10~30mℓ를 가스흡수관에 넣어서, 매분 0.5~1ℓ의 속도로 시료를 흡인 채취한다. 시료의 흡인량은 농도에 따라서 바꾸고, 이산화질소 0.5ppm 전후일 때에 10ℓ정도의 양을 기준한다.

시료를 채취한 흡수액은 순수로 일정량을 적당히 희석해서(희석배수를 N이라 한다), 그 10mℓ 및 표준용액 10mℓ을 취해, 각각에 술파닐아미드용액 1mℓ을 가해서 혼들어 섞은 후 15min을 방치한다. 이어서 나프틸에틸렌 디아민 용액 1mℓ을 가해서 30min 방치한다. 여기서 얻어진 적자색의 흡광도를 측정하여 A및 Ao로 한다. (파장 550nm). 대조액에는 흡수액에 대하여 똑같이 조작한 것을 사용한다.

(조작)

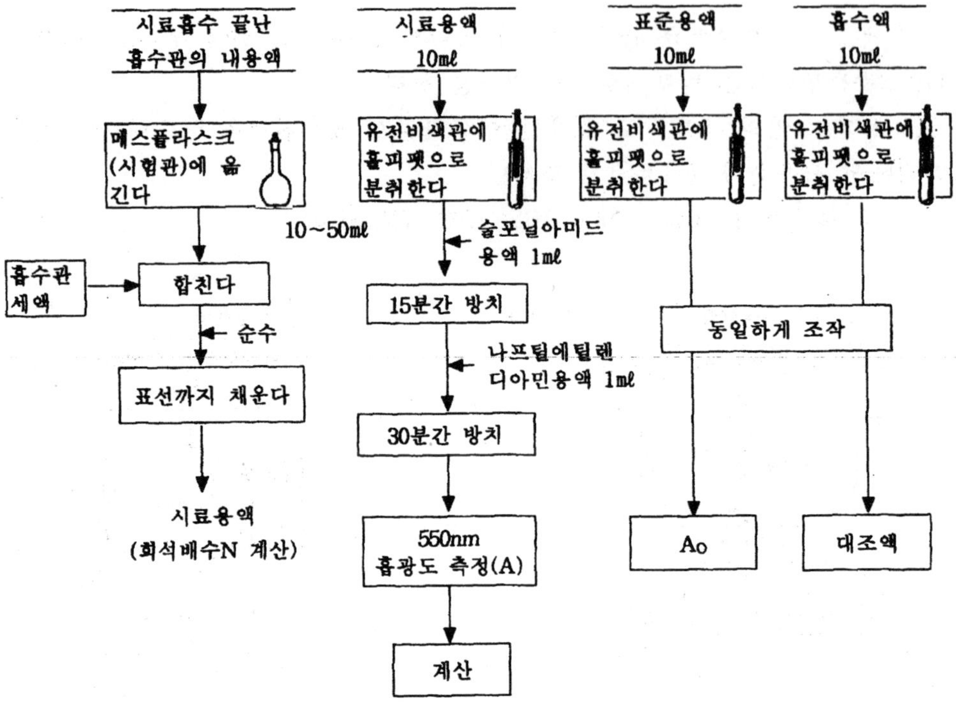

e. 계 산

시료공기중의 이산화질소의 농도 C는 다음식으로 산출한다.

$$C = 0.5 \times \frac{Av}{A_0 V} \times N \times \frac{(273+t)}{273} \quad (ppm)$$

단, v : 흡수액량 (㎖)

V : 시료공기량(ℓ)

N : 희석배수

t : 측정시의 기온(℃)

[과년도 기사 · 산업기사 출제문제]

문제 1. 살츠만법에 의한 환경대기 중 NOx측정방법에 관한 설명으로 틀린 것은?

<'91후반기-기사>

㉮ 살츠만 시약은 NO_2만 흡수하여 아조염료가 생성된다.

㉯ 살츠만 시약은 NO만 흡수하여 아조염료가 생성된다.

㉰ 살츠만법에 의하여 NOx를 측정할 때 황산산성 과망간산칼륨 용액으로 산화시킨다.

㉱ 아조염료는 등적색으로 발색한다.

문제 2. 대기 중의 이산화질소를 분석한 결과 20℃, 1기압에서 2μg/m^3농도였다. 약 몇 ppm인가?<'93후반기-산업기사>

㉮ 1 ㉯ 0.1 ㉰ 0.001 ㉱ 1.06

문제 3. 환경대기 중의 질소산화물 분석방법이 아닌 것은?<'97후반기-산업기사>

㉮ 화학 발광법 ㉯ 자동살츠만법

㉰ 야콥스호흐하이저법 ㉱ 자외선 형광법

문제 4. 자동 측정기에 의한 질소산화물 연속측정법이 아닌 것은?<'98전반기-기사>

㉮ 용액 전도율법 ㉯ 적외선 흡수법

㉰ 정전위 전해법 ㉱ 화학발광법

문제 5. 환경대기 중 질소산화물 측정시, 화학발광법에서 오존이 필요한 이유는?

<'99후반기-기사>

㉮ MO2 → NO3변환 ㉯ 발광반응의 산물이므로

㉰ 발광반응을 유발시킬려고 ㉱ NO2를 정상상태로 하려고

제 3항 환경대기중의 비산먼지 측정법

1. 적용범위

이 시험법은 환경 대기중의 비산먼지 농도를 측정하기 위한 시험방법이다. 하이볼륨 에어 샘플러 법(수동) 및 베타선법(자동)을 주 시험방법으로 한다.

2. 측정방법의 종류

2.1 하이볼륨 에어 샘플러법(High Volume Air Sampler Method)

2.2 로우볼륨 에어 샘플러법(Low Volmse Air Sampler Method)

2.3 광산란법(Light Scattering Method)

2.4 광투과법(Light Transmission Method)

2.5 베타선법(β-Ray Method)

3. 측정방법

3.1 하이볼륨 에어 샘플러법(High Volume Air Sampler Method)

제 4장 제1절 4.1의 하이 볼륨 에어 샘플러법에 따른다.

① 시료 채취시간

시료 채취시간은 1일 24시간(1.2~1.7㎥/min)을 원칙으로 한다.

단, 측정기의 조작이나 측정당시의 기상 조건 등 형편에 따라 20시간 이상 채취하였을 경우에는 24시간 채취한 것으로 간주한다

② 먼지농도의 계산

포집 전후의 여과지의 질량차이와 흡인 공기량으로부터 다음식에 의하여 먼지농도를 구한다.

$$\text{비산먼지의 농도}(\mu g/m^3) = \frac{W_e - W_s}{V} \times 10^3$$

W_e : 포집후 여과지의 질량(mg)
W_s : 포집전 여과지의 질량(mg)
V : 총 공기흡인량(㎥)

3.2 로우볼륨에어 샘플러법(Low-Volume Air Sampler Method)

제 4장의 제1절 4.2 로우 볼륨 에어 샘플러법에 따른다.

① 시료 채취시간

1주간 연속 포집을 원칙으로 한다. 단, 측정감도에 따라 포집기간을 결정할 수도 있다.

3.3 광산란법(Light Scattering Method)

3.3.1 측정 원리

대기중에 부유하고 있는 입자상물질에 빛을 조사하면 입자상 물질에 의하여 빛이 산란하게 된다. 물리적 성질이 동일한 입자상물질에 빛을 조사하면 산란광의 양은 질량농도에 비례하게 된다.

이러한 원리를 이용하여 산란광의 양을 측정하고 그 값으로부터 입자상 물질의 농도를 구하는 방법이다.

3.3.2 장치구성

광산란법의 측정장치는 유량계, 공기흡인부, 광전자증배관, 광전류적 분기, 타이머, 광원부 등으로 구성되어 있다. 검출기에 있는 흡인장치에 의하여 공기가 광학적 미로를 통과할 때 직각으로 2회 굴절하여 외부광과 큰 입자가 제거되어 암실내를 통과한다.

암실내의 빛(Beam)은 수광부와 직각으로 서로 바뀌면서 감응 용적을 구성하게 된다. 입자상물질이 감응 용적내를 통과할 때 개개의 입자상 물질에 의하여 직각방향의 산란광이 슬릿(Slit)을 통과하여 광전자의 증배관으로 입사되어 광전류로 전환된다. 광전류와 시간을 곱한 값이 일정한 수치에 달할 때 1펄스(Pulse) 발생하는 광전류 적분회로를 이용하여 산란광에 비례한 펄스로 전환된다. 따라서 단위 시간내에 펄스를 계수함으로써 입자상 물질의 상대 질량농도를 측정할 수 있다.

3.3.3 측정장소 및 위치

제 4장 제 1절 2.2에 따른다.

3.3.4 측정시간

1시간을 원칙으로 하나 사용기간에 따라 달라질 수도 있다.

3.3.5 측 정

(1) 측정기 사용법

측정기기의 사용법에 따른다.

(2) 측정기의 감도 교정 및 점검

측정기기마다 입자발생 장치형이 다르고 입자발생기에 사용되는 교정용 입자물질도 다르므로 원칙적으로 기기사용법에 따르나, 일반적으로 균일계 단분산 입자발생기로써 측정기에서 허용하는 기하표준편차치 이하의 균일계 단분산 입자를 발생시켜 교정하든가 미리 이러한 입자와 동시 측정하여 그 상대감도를 교정한 교정용 장치와 비교하여 교정한다.

또한 상대감도는 광원의 감도, 광전자 증배관의 감도에 따라 변할 수가 있기 때문에 측정기의 상대감도는 4개월에 한번씩 교정하는 것을 원칙으로 한다.
또한 정확한 측정치를 얻기 위해서는 다음 사항을 수시로 점검한다.

① 광원구 표면이 깨끗한가
② 광원의 감도가 현격히 저하되지 않았는가
③ 고압전원 전압이 일정하게 유지되는가
④ 시료관, 흡입구 및 검출기가 깨끗한가

3.3.6 측정기 사용시 유의사항

(1) 채취관이 너무 길거나 굴곡을 갖게 되면 채취관이 분립장치의 역할을 해서 큰 입자가 채취관에 퇴적되는 경우가 있으며 실외공기에 비해 실내공기의 온도가 너무 낮으면 채취관벽 수분이 응축되어 흡인 공기중 입자상 물질이 채취관에 수분과 함께 퇴적 한다.

(2) 이 방법은 습도, 비, 안개의 영향을 크게 받게 되므로 상대습도가 70%이상이 되면 측정치의 신뢰도가 낮아진다.

(3) 광원과 광전자 증배관에 균일성이 없게 되면 교환하여야 하고 교환시에는 반드시 감도 교정을 하여야 한다.

3.4 광투과법(Light Transmission Method)

3.4.1 측정 원리

이 방법은 대기중 부유하고 있는 입자상 물질을 일정시간(1시간이방) 여과지 위에 포집한 후 빛(파장 : 400nm정도)을 조사해서 빛의 두 파장을 측정하고 그 값으로부터 입자상 물질의 농도를 구하는 방법이다. 이 방법에 의한 포집입자의 입경은 0.1㎛~10㎛의 범위이면 입자상 물질의 입경, 반사량 등의 물리적 성질이 동일하면 빛의 투과량은 질량 농도에 비례하게 된다.

3.4.2 장치구성

광투과법의 측정장치는 유량계 측정부, 공기 흡인부, 여과지 교정부, 시간조절부, 시료채취부, 광투과량 측정광원부로 구성되어 있다

(1) 유량측정부

공기 유량은 3.0~14.0ℓ/분 범위에서 정확히 측정할 수 있는 것이어야 한다.

(2) 공기 흡인부

여과지를 통과할 때 공기의 유속이 13.7m/분을 유지할 수 있는 것으로써 공기 유량의 변동이 10%이내 이어야 한다

(3) 여과지 교정부

여과지 교정부는 여과지의 입자상 물질 포집부분 즉, 공기 통과부분이 항상 일정하게 유지될 수 있고, 공기가 새지 않도록 단단히 고정되어야 한다.

또한 여과지 교정부와 공기 접촉부분은 스테인레스 강이나 플라스틱으로서 부식성이 없는 재질이어야 한다.

(4) 시간 조절부

일정 포집시간이 끝나면 자동적으로 포집된 여과지는 새 여과지로 바뀌는 여과지 테이프 방법으로써 이 작동은 포집기간동안 계속 반복되며 포집시간은 1, 2, 3, 4, 6시간으로 조절할 수 있어야 한다.

(5) 시료 채취부

시료 채취관의 길이는 3m이하로 완만한 굴곡을 이루어야 하며 채취관 직경은 채취관에서 유속이 약 210m/분으로 유지될 정도의 직경이어야 한다.

(6) 광투과량 측정 광원부

광투과량 측정부의 광원은 단색광으로서 파장이 400㎚정도이거나, 백색광원으로서 적당한 필터를 사용하여 파장이 375~450nm범위의 광원으로 사용한다.

3.4.3 측정장소 및 위치

제 4장 제 1절 2.2에 따른다.

3.4.4 측정시간

측정시간은 1,2,3,4,6시간중 측정감도에 따라 결정한다.

3.4.5 측 정

(1) 측정기 사용법

측정기기의 사용법에 따른다.

(2) 영점(Zero) 및 스팬(Span)교정

① 영점 교정

공기흡인 펌프를 끄고 광원을 켠 상태에서 새 여과지로 교체한 후 측정치를 확인 한다. 만약에 측정치가 영(Zero)으로 감지되지 않을 경우 영점 조정나사로서 영점을 교정 한다

② 스팬교정

영점 조정 후 영점교정시와 마찬가지로 공기 흡인펌프를 끄고 광원을 켠 상태에서 새 여과지로 교체한 후 tm팬필름(Span Film)을 여과지의 여과지 교정부 사이에 삽입시키고 측정치를 확인한다.

만약에 측정치가 스팬필름값과 일치하지 않을 경우 스팬 조정나사로서 스팬(Span)값으로 조정한다

(참고) 압전 결정진동법 (Piezo Balance)

① 측정원리

압전 결정진동법 분진계는 고유진동수(약 5MHz)로 발전시킨 검출 소자와 대조 소자중에 검출소자의 금속 전극 표면에 측정하려고 하는 분진을 포집 퇴적시켜 검출소자의 질량증가에 비례하여 진동수가 변하는 것을 검출소자와 대조소자의 진동수의 차이를 측정하여 분진의 농도를 구하는 방법으로 순간치를 나타내며 보통 작업환경 이나 건물 실내환경 측정용으로도 사용한다. 임팩터 입구 직경의 크기에 따라 유속을 변화시켜 임팩터내의 충돌판상에 포집제거 되는 조대입자의 크기가 달라지므로 측정범위는 임팩터 입구 직경에 따라 달라진다.

② 장치구성

본 분진계는 분립장치, 정전포집기, 결정소자, 세정기구, 중량농도 연산부 및 흡인펌프로 구성되어 있다.

측정공기가 임팩터 입구로 들어가면 공기중의 조대입자는 임팩터 내의 충돌판상에 포집되어 제거되며 나머지 미세입자는 임팩터를 통과하여 정전 포집기내로 들어가게 된다.

여기에서 입자는 코로나 방전전극을 따라 흐르게 되고 노즐을 통하여 강한 코로나 방전전계속으로 들어간다.

코로나 방전 전극의 끝에서부터 소정소자 표면의 전극을 향하여 흐르는 코로나 전류에 의하여 입자는 하전되고 그 전기에 의하여 수정소자 전극상에 정전기적으로 포집된다.

수정소자의 양전극은 발진부, 주파수, 혼합기 및 지시회로에 접속되어 있고 코로나 전류는 항상 수 μA정도로 일정하게 제어되어 있다.

1 ℓ/분으로 공기를 흡인하여 수정소자상에 퇴적한 질량에 의한 고유진동수부터의 차이는 2분간의 주파수 편차로 계수기에서 측정되고 연산회로에 의하여 μg/㎥ 단위로 전환표시 된다.

수정소자에 퇴적한 분진의 질량이 감도의 비례범위를 초과할 경우에는 소자상의 분진을 간단히 제거할 수 있는 세정기구를 갖고 있다.

[과년도 기사 · 산업기사 출제문제]

문제 1. 포집된 먼지의 양이 10g시험에 사용된 채집배출 가스량이 25 Sm^3이다. 이때 이 포집먼지의 농도는?<'90後반기-산업기사>

㉮ 400mg/Sm^3 ㉯ 400g/Sm^3 ㉰ 400㎍/Sm^3 ㉱ 400ppm

문제 2. 하이볼륨 에어샘플러로 비산먼지를 포집할 때 포집개시 직후의 유량이 1.5m^3/min이었다면 흡인공기량은? (단, 포집시간은 25시간이었다.)<'90전반기-기사>

㉮ 4500m^3 ㉯ 3360m^3 ㉰ 2250m^3 ㉱ 1125m^3

문제 3. 어느 공장 배출구에서 먼지의 농도를 측정하기 위해 연도 단면을 6개의 등면적으로 구분하고 각 점 측정법으로 측정하여 다음과 같은 결과를 얻었다. 평균 먼지농도는 몇 mg/Sm^3인가? (단, 측정점에서의 평균가스 온도는 156℃, 압력은 1기압이다.)<'91後반기-기사>

측정점	1	2	3	4	5	6
유속(m/sec)	8.9	9.2	9.3	9.6	9.2	9.0
먼저농도(mg/㎥)	356	382	373	385	371	370

㉮ 238.3 ㉯ 374.5 ㉰ 258.5 ㉱ 588.5

문제 4. 대기 중 부유 입자상 물질의 측정에 사용되는 로우볼륨 에어샘플러법에 관한 설명 중 틀린 것은?<'91後반기-기사>

㉮ 흡입 공기유량은 20ℓ/min가 되도록 조절한다.
㉯ 입경이 10㎛ 이상의 입자는 분립장치에 의해 포집된다.
㉰ 분립장치 원리는 입자의 관성충돌을 이용한 것이다.
㉱ 시료채취 위치는 지상 3~10m로 한다.

문제 5. 대기오염 공정시험법에서 반자동식 채취기에 의한 분진측정을 할 때 분진이 포집된 여과지를 몇 ℃에서 충분히 건조하여 비결합 수분을 제거하고 중량적으로 분진농도를 계산해야 하는가?<'91後반기-산업기사>

㉮ 100±5℃ ㉯ 105±5℃ ㉰ 110±5℃ ㉱ 115±5℃

문제 6. 비산 먼지 측정에 사용되는 로우볼륨 에어 샘플러법에 관한 설명 중 옳지

않은 것은? <'92전반기-기사>

㉮ 흡인 공기 유량은 정확히 201/min가 되도록 조절한다.

㉯ 입경이 10㎛이상의 입자는 분립 장치에 의해 포집된다.

㉰ 분립 장치의 원리는 입자의 관성 충돌을 이용한 것이다.

㉱ 시료 채취 위치는 지상 3.0~10m로 한다.

문제 7. 하이볼륨 에어 샘플러의 흡인 유량은 보통 어느 정도인가?<'92전반기-기사>

㉮ 1~5 ℓ/min ㉯ 10~30 ℓ/min ㉰ 0.1~0.2m^3/min ㉱ 1.2~1.7m^3/min

문제 8. 비산 먼지를 측정하는 방법이다. 바른 측정법은?<'92후반기-산업기사>

㉮ 하이볼륨에어샘플러법 ㉯ 로우볼륨에어샘플러법 ㉰ 광산란법 ㉱ 광투과법

문제 9. 환경 대기 중의 부유먼지 측정에 있어 부유먼지 포집전, 후의 두 빛의 파장을 측정한 값으로부터 입자상 물질의 농도를 구하는 방법은 어느 것인가?

<'93전반기-기사>

㉮ 하이볼륨 에어 샘플러법 ㉯ 광산란법

㉰ 로우볼륨 에어 샘플러법 ㉱ 광투과법

문제 10. 환경대기 중의 비산먼지 측정에 있어 입경이 비교적 큰(10㎛ 이상)입자까지 측정할 수 있는 측정 방법은 어느 것인가?<'93전반기-산업기사>

㉮ 하이볼륨에어 샘플러법 ㉯ 로우볼륨에어 샘플러법

㉰ 광산란법 ㉱ 광투과법

문제 11. 다음 그림은 환경기준시험 방법 중 비산먼지 측정기의 도로로부터의 거리와 시료채취 높이다. "B" 영역에 해당되는 곳은 다음에서 어느 것인가?

<'93전반기-산업기사>

㉮ 설치 가능 영역

㉯ 설치 불가능 영역

㉰ 경우에 따라 설치 가능 영역

㉱ 경우에 따라 설치 불가능 영역

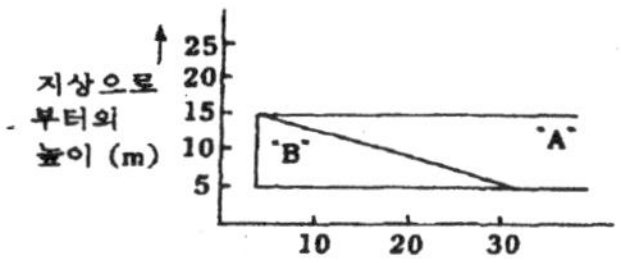

문제 12. 부유 먼지 측정기의 설치가 가능한 위치를 표현한 그림에서 설치가 가능

한 위치를 가장 잘 표현한 그림은?(단, X축은 도로면에서의 거리(m)이고, Y축은 지면에서의 높이(m)를 나타내며, 빗금친 부분의 어느 지점에 설치한다고 가정한다.) <'94후반기-기사>

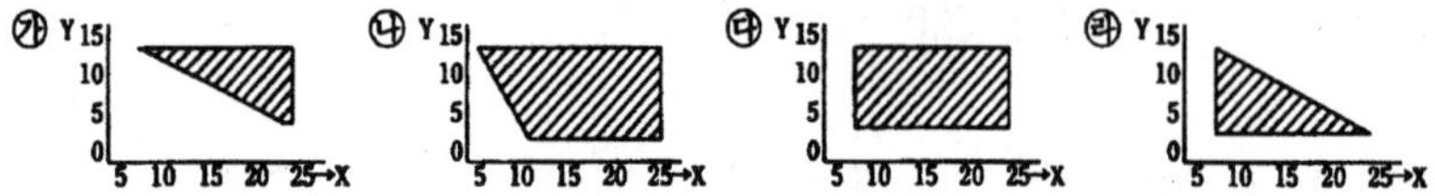

문제 13. 다음 그림은 환경기준시험 방법 중 비산먼지 측정기의 도로로 부터의 거리와 시료채취 높이이다. "B" 영역에 해당되는 곳은 다음에서 어느 것인가?<'95전반기-산업기사>

㉮ 설치가능 영역

㉯ 설치불가능 영역

㉰ 경우에 따라 설치가능영역

㉱ 경우에 따라 설치불가능 영역

문제 14. 도정공장, 골재공장 등 특정 발생원에서 일정한 굴뚝을 거치지 않고 외부로 비산되는 먼지의 측정방법으로 알맞은 것은?<'98전반기-산업기사>

㉮ 반자동식 채취기에 의한 방법　　㉯ 수동식(조립) 채취기에 의한 방법
㉰ 하이 볼륨에어 샘플러　　㉱ 로우 볼륨 에어 샘플러

문제 15. 환경대기 중의 비산먼지 측정에 있어 비산먼지 포집 전후의 두 빛의 파장을 측정, 그 값으로부터 입자상물질의 농도를 구하는 방법은?<'98후반기-기사>

㉮ 자외선광도법　㉯ 베타선법　㉰ 광산란법　㉱ 광투과법

문제 16. 다음 그림은 환경기준시험 방법 중 비산먼지 측정기의 도로로부터의 거리와 시료채취 높이이다. "B"영역에 해당되는 곳은 다음에서 어느 것인가?
<'99후반기-산업기사>

㉮ 설치 가능 영역　　㉯ 설치 불가능 영역
㉰ 경우에 따라 설치 가능 영역　　㉱ 경우에 따라 설치 불가능 영역

제 4항 환경대기중의 옥시단트 측정방법

1. 적용범위

이 시험방법은 환경대기중의 옥시단트(오존으로서) 농도를 측정하기 위한 시험방법이다. 자외선 광도법(자동)을 주 시험방법으로 한다. 여기서는 습식방법인 수동측정방법에 대하여 설명하겠다.

2. 측정방법의 종류

2.1 자동연속 측정방법

2.1.1 자외선 광도법(Ultra Violate Photometric Method)
2.1.2 화학발광법(Chemiluminescent Method)
2.1.3 중성요오드화 칼륨법(Neutral Buffered KI Method)

2.2 수 동

2.2.1 중성요오드화 칼륨법 (Neutral Buffered Potassium Iodide Method)
2.2.2 알칼리성 요오드화 칼륨법(Alkalized Potassium Iodide Method)

3. 용어의 뜻

이 측정방법에서 사용되는 용어의 뜻은 다음과 같다.

(1) 옥시단트 : 전옥시단트, 광화학옥시단트, 오존 등의 산화성물질의 총칭

(2) 전옥시단트 : 중성요오드화 칼륨용액에 의해 요오드를 유리시키는 물질의 총칭

(3) 광학옥시단트 :전옥시단트에서 이산화질소를 제외한 물질

【준비】

☞ **중성요오드화 칼륨법**

<시약>

인산이수소칼륨(KH_2PO_4), 인산일수소나트륨(Na_2HPO_4), 요오드화칼륨(KI), 수산화나트륨(NaOH), 요오드(I_2), 전분(Starch), 티오황산나트륨, 무수탄산나트륨(Na_2CO_3), 이소아밀알콜, 요오드산칼륨(KIO_3), 황산(H_2SO_4).

<기구>

pH meter, 갈색 시약병, 500㎖ Mass flask, Handy Air Sampler, 100㎖ Mass flask,, 피펫, 유전비색관, 분광광도계

☞ **알칼리성요오드화칼륨법**

<시약>

수산화나트륨(NaOH), 요오드화칼륨(KI), 초산(CH_3COOH), 과산화수소(H_2O_2), 요오드산칼륨(KIO_3).

<기구>

흡수병, Handy Air Sampler, 시약병, 비이커, 100㎖ Mass flask, 유리막대 1000㎖ Mass flask, 유전비색관, pH meter.

4. 분석방법(중성요오드화 칼륨법(수동))

4.1 측정원리

(1) 이 방법은 대기중에 존재하는 오존과 다른 옥시단트(이산화질소, 염소, PAN (Peroxy Acetyl Nitrate) 및 과산화수소)를 포함하는 저농도의 전체 옥시단트를 측정하는 데 사용된다. 이 방법은 오존으로써 0.01~10ppm 범위에 있는 전체 옥시단트를 측정하는 데 사용되며 산화성물질이나 환원성물질이 결과에 영향을 미치므로 오존만을 측정하는 방법은 아니다.

(2) 이 방법은 시료를 채취한 후 1시간이내에 분석할 수 있을 때 사용할 수 있으며 한 시간내에 측정할 수 없을 때는 알칼리성 요오드화 칼륨법을 사용하여야 한다.

(3) 옥시단트는 화학적으로 정해진 물질이 아니므로 이 방법이나 다른 방법 (알칼리성 요오드화 칼륨법)으로 분석한 결과가 꼭 같지는 않다

만일 다른 방법에 의해서 분석한 결과를 비교해 볼 필요가 있을 때는 같은 시료를 사용하여 동시에 비교 분석하여야 한다.

(4) 흡수액 10㎖사용할 때 오존 2㎍과 20㎍(1과 10㎕) 사이의 농도는 1cm셀을 사용시 흡광도 0.1과 1에 해당된다. 오존 20ppm까지 함유한 대기시료는 흡광도와 시료농도 사이에 직선관계가 있다.

(5) 이 방법은 대기중에 존재하는 오존과 다른 옥시단트가 pH 6.8의 요오드화 칼륨용액에 흡수되면 옥시단트 농도에 해당하는 요오드가 유리되며 이 유리된 요오드를 파장 352nm에서 흡광도를 측정하여 정량한다.

요오드가 유리되는 반응식은 다음과 같다.

$$O_3 + 2KI + H_2O \rightarrow O_2 + I_2 + 2KOH$$

(6) 오존을 포함한 많은 산화성물질 즉 이산화질소, 염소, 과산화산류, 과산화수소 및 PAN(Peroxy Acetyl Nitrate)은 모두 옥시단트이며 이들은 이 방법에서 요오드를 유리시킨다.

산화성 가스로는 아황산가스 및 황화수소가 있으며 이들은 부(Minus)의 영향을 미친다. 환원성 분진 등도 이 방법에서 영향을 미친다.

(7) 이산화질소는 오존의 당량, 몰농도에 대하여 약 10%의 영향을 미친다고 알려져 있다. 이산화질소의 반응은 용액중에서 아질산이온의 생성결과로 인하여 일어나며, 이산화질소가 전체 옥시단트에 미치는 영향은 이산화질소의 동시분석으로서 예측할 수 있다.

(8) PAN은 오존의 당량, 몰농도에 약 50%의 영향을 미친다.

(9) 아황산가스에 대한 방해는 심하나 옥시단트 농도의 100배까지의 농도를 갖는 아황산가스는 임핀저의 윗쪽 시료 채취관에 크롬산 종이 흡수제(Chromic Acid Paper Absorber)를 설치함으로써 제거할 수 있다.

4.2 장 치

(1) 장 치

흡광광도계

(2) 시료가스 채취장치

시료가스 채취장치의 구성에 대한 보기는 그림1 과 같다.

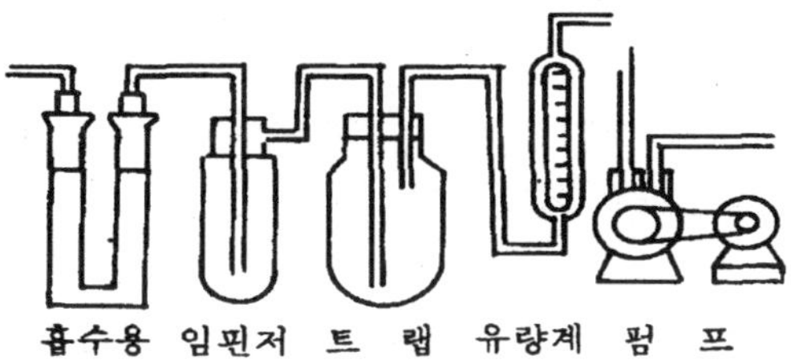

그림1. 시료대기 채취장치의 보기

① 흡수병

5mℓ마다 눈금이 새겨져 있는 유리제 소형 임핀저 (Midget Impinger)가 사용된다. 임핀저는 매 사용시마다 중크롬산-황산 세척액으로 깨끗이 씻고 수돗물 및 증류수로 세척한 후 깨끗이 보관하여 사용한다.

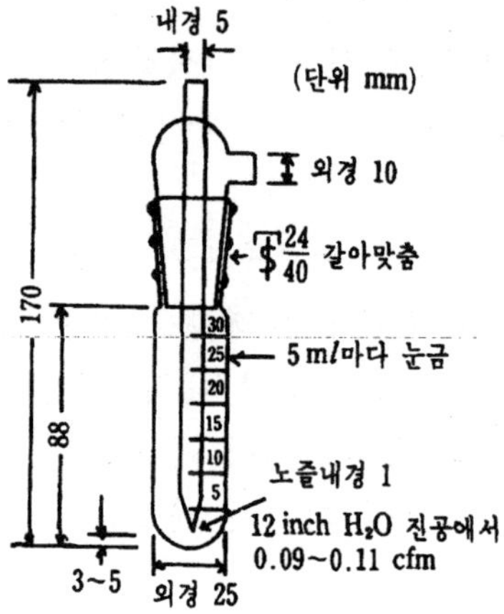

그림 2 소형임핀저

② 유량계

0.5~3ℓ/분의 가스 유량을 2%정확도로 측정할 수 있는 면적유량계(로타미터)를 사용한다.

③ 흡인펌프

시료공기를 흡인할 수 있는 펌프로서 유량계와 펌프를 보호하기 위하여 임핀저 다음에 트랩과 필터를 설치하는 것이 좋다.

④ 흡수병 U자관

U자형의 흡수관에 유리마개가 있는 70mℓ~140mℓ용량의 유리용기, 아황산가스 제거용으로 사용하며 삼산화크롬지를 충전시킨다.

⑤ 시료채취용관

시료채취용 관류는 테플론, 유리, 스테인레스강재를 사용하고 오존을 파괴시키는 PVC나 고무관을 사용해서는 안된다. 상기의 시료채취장치는 Handy Air Sampler에 흡수용 U자관을 부착하여 사용하여도 된다.

4.3 시 약

분석측정에 사용되는 모든 시약은 분석용 특급 시약을 사용하여야 한다.

(1) 증류수

모든 시약 조제시에는 두 번 증류한 증류수를 사용하여야 한다.
증류수를 과망간산칼륨과 수산화바륨의 결정을 유리 증류플라스크에 넣고 재증류하여 사용한다.

(2) 흡수액

인산이수소칼륨(KH_2PO_4) 13.61g, 인산일수소나트륨(Na_2HPO_4) 14.2g, (Na_2HPO_4, $12H_2O$를 사용시는 35.82g 및 요오드화 칼륨 10g을 순서대로 증류수에 녹이고 증류수를 가하여 1ℓ로 만든다.

이 용액은 사용하기전 적어도 하루 동안 실온에 방치하여 두어야 한다.
pH를 측정하고 수산화나트륨용액(1%)과 인산이수소칼륨용액(1%)으로 pH를 6.8±2가 되도록 조절한다. 이 흡수액은 갈색 유리병에 넣고 냉장고에 보관하면 수 주일동안 보관할 수 있으나 실온에서는 오래 보관하지 못하며 햇빛을 쪼여서는 안된다.

(3) 요오드 표준용액

요오드화칼륨 10g과 요오드 3.173g을 차례로 증류수에 녹이고 증류수를 가하며 전체를 500mℓ가 되게 한다.

이 용액은 0.05N요오드용액이며 상온에서 적어도 1일 방치한 후 사용한다. 요오드의 무게를 정확히 달면 이 표준용액의 표정은 필요없으나 표정을 하고자 할 때는 전분용액을 지시약으로 하여 티오황산나트륨 표준액으로 표정한다.

4.4 시료채취법

(1) 삼산화크롬지를 채운 U자관 트랩, 필터, 유량계, 니들밸브 및 펌프를 그림 3과 같이 연결한다. 아래 임핀저 앞부분은 갈아 맞춘 유리를 사용한다.

흡수액 10mℓ를 임핀저에 취해 넣고 시료공기를 0.5~3ℓ/분 속도로 30분간 흡인한다. 시료채취 유속과 시간은 흡수액에 옥시단트를 충분한 농도로 흡수시킬 수 있도록 조절한다. 흡수액은 태양광선에 노출시켜서는 안된다.

대기중에 오존이 0.01ppm농도로 포함되어 있으면 3ℓ/분으로 30분간 흡수시키면 오존 약 1μg을 얻을 수 있다. 채취시 시료의 전체부피는 25℃, 760mmHg의 실측 상태로 보정 하여야 한다.

(조 제)

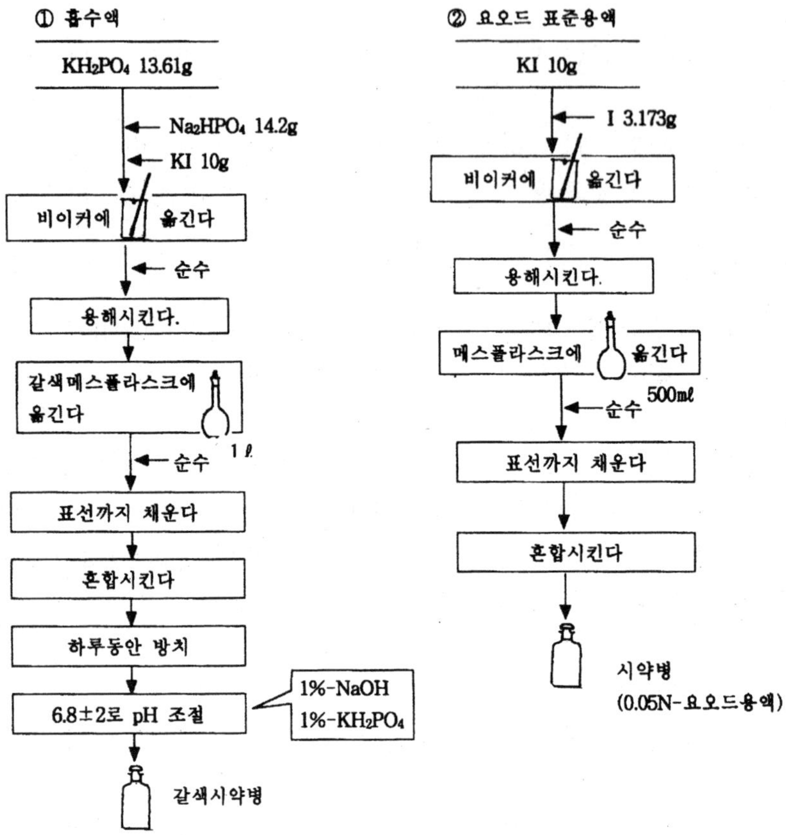

비고 : ppm농도로 오존을 함유하고 있는 공기를 직렬로 연결되어 있는 두 개의 임핀저에 통과시키면 극히 소량의 요오드가 두째번 임핀저의 흡수액에서 발생한다. 효율이 좋은 유리기포발생기(Fritted Glass Bubbler)의 사용은 낮은 옥시단트 값을 나타낸다. 그러므로 오존이나 다른 옥시단트를 측정하기 위한 시료채취 경우는 잘 사용하지 않는다

(2) 아황산가스의 제거

아황산가스에 의한 방해는 임핀저 앞쪽에 아황산가스 흡수 U자관을 설치함으로써 옥시단트 100배까지의 농도도 제거할 수 있다.

옥시단트의 손실없이 아황산가스를 제거할 수 있는 아황산가스 흡수제는 삼산화크롬과 황산으로 함침시킨 유리섬유제 여과지이다.

비고 :삼산화크롬 1.25g과 진한 황산 0.35mℓ를 함유하는 수용액 7.5mℓ를 유리솜

여과지 193㎠($30in^2$)위에 방울방울 가하여 용액을 여과지 위에 균일하게 분산시킨다. 80~90℃에서 1시간동안 건조시킨 후 6.4×12.7㎜(1/4×1/2in)의 조각으로 자른 다음 V자모양으로 접어 U자관에 충전한다. U자관에 0.2ppm오존을 1시간동안, 그리고 건조공기를 하루동안 통과시킨다. 흡수제는 1개월동안 보관할 수 있으나 사용하면 곧 열화된다.

시료채취시 습한 공기에 의해 젖게 되면 다시 사용하기 전에 건조공기로 건조하여야 한다.

4.5 분석 방법

(1) 필요한 시간동안 시료를 채취한 후에 용액이 많이 증발하였으면 재증류수를 보충하여 액량을 10㎖로 한다.

(2) 시험액을 셀에 취하고 30~60분 이내에 파장 352mn베서 재증류수를 대조액으로 하여 흡광도를 측정한다.

(3) 오존은 빠른 반응과 느린 반응에 의해 요오드를 생성시킨다는 것이 알려졌다. 이러한 산화제의 존재와 환원제에 의한 점차적인 퇴색은 측정이 정확도에 영향을 미치므로 일정기간 동안에는 2~3회 흡광도를 측정한다.

(4) 시료공기를 통과시키지 않는 흡수액의 흡광도를 측정하여 바탕시험용 흡광도로 한다.

(5) 검량선은 다음과 같이 구한다

0.05N요오드용액 5㎖를 정확히 취하여 100%메스플라스크에 넣고 흡수액으로 표선까지 채워 0.0025N요오드용액을 만든다.

0.0025N요오드용액 0~11㎖를 단계적으로(0.2, 0.4, 0.6, 0.8㎖) 4개의 25㎖ 메스플라스크에 정확히 취하고 흡수액으로 표선까지 채운다. 잘 섞은 후 즉시 셀에 취하고 파장 352nm에서 흡광도를 측정한다.

이 용액은 0.1~1사이에 흡광도를 나타내며 요오드용액의 노르말농도와 흡광도와의 관계를 그래프상에 그리면 직선을 나타낸다.

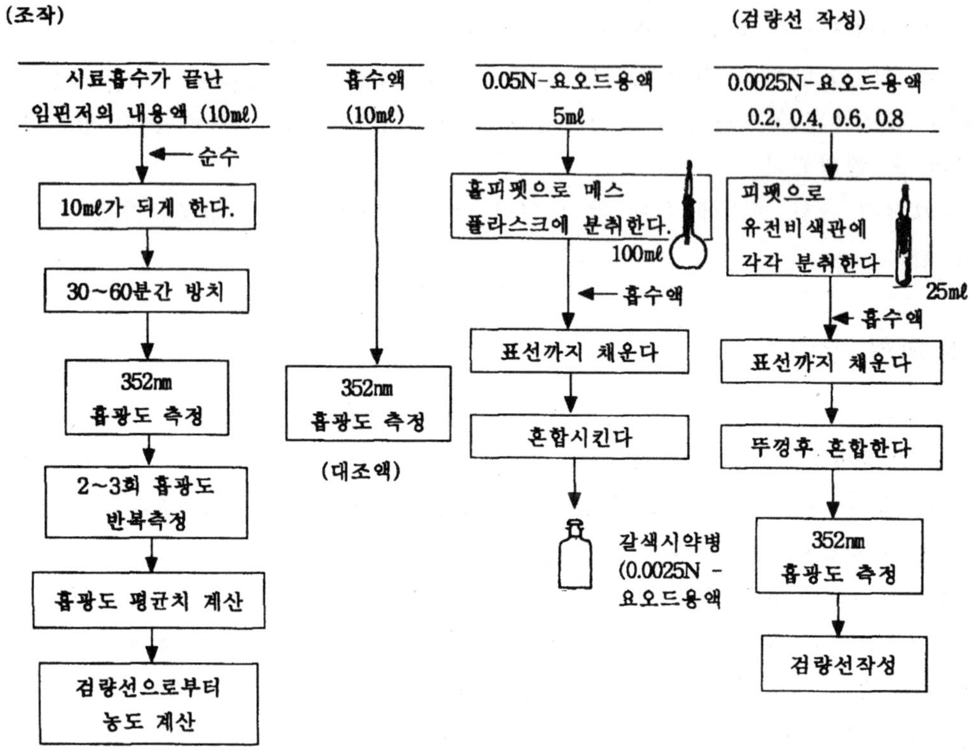

4.6 계 산

(1) 표준용액의 흡광도에서 바탕시험의 흡광도를 뺀다.

표준용액의 노르말농도(Normality)에 대한 보정 흡광도를 그래프상에 그리고 흡광도가 정확히 1에 해당하는 노르말농도(Normality)를 구한다. 흡광도 1을 만들기 위한 흡수액 10㎖에 요구되는 오존의 ㎕수(25℃, 760㎜Hg상태에서)로 표시되는 M 값을 얻기 위하여 이 노르말 농도에 1.224×10^5를 곱한다.

(2) 1㎝셀을 사용하면 M은 대략 9.6이 되며, 시료대기의 옥시단트 농도는 다음 식으로 구할 수 있다

$$C = A \cdot M/V$$

여기서 C :오존(O_3)으로 나타낸 옥시단트의 농도(ppm)

A : 보정흡광도

V : 흡수액 100㎖에 흡수시킨 실측상태(25℃, 760㎜Hg)로

환산한 시료공기량

(이 환산은 아주 적기 때문에 생략할 수 있다)

(3) 시료채취시의 온도 및 압력을 실측상태로 환산하기 위해서는 다음 식을 사용한다.

$$V = Q \times T \times \frac{298}{t+273} \times \frac{P_2}{760}$$
$$= Q \times T \times 0.392 \times (\frac{P_2}{T_2})$$

여기서 V : 25℃, 760㎜Hg로 환산한 시료공기량

Q : 유량계에서 읽은 값

$T_2 \cdot P_2$: 시료채취시의 절대온도, 압력

T : 시료채취시간

이것은 필요한 경우 아래의식에 의해 $\mu g/m^3$의 단위로 환산한다.

오존의 농도 $(\mu g/m^3) = C \times \frac{48.00}{24.47} \times 10^3 = 1962\ C$

5. 알칼리성 요오드화 칼륨법(수동)

5.1 측정원리

(1) 이 방법은 대기중에 존재하는 저농도의 옥시단트(오존)를 측정하는 데 사용된다. 이 방법은 다른 산화성물질이나 환원성물질이 방해하며 아황산가스나 이산화질소의 방해는 시료를 채취하는 동안에 제거시킬 수 있다.

(2) 이 방법에 의한 오존의 검출한계는 1~16㎍이며, 더 높은 농도의 시료는 흡수액으로 적당히 묽혀 사용할 수 있다.

(3) 이 방법은 대기중에 존재하는 미량의 옥시단트를 알칼리성 요오드화 칼륨용액에 흡수시키고 초산으로 pH 3.8의 산성으로 하면 산화제의 당량에 해당하는 요오드가 유리된다.

이 유리된 요오드를 파장 352mn에서 흡광도를 측정하여 정량한다.

(4) 산화성물질 또는 환원성물질은 요오드화 칼륨을 요오드로 산화시키는 데 영향을 미친다. 아황산가스는 흡수액에 과산화수소수를 가하여 흡수시키면 아황산가스가 황산 이온으로 산화되며 여분의 과산화수소수는 초산을 가하기 전에 끓여서 제거한다. 대기중의 산소는 흡수액을 감지할 수 있을 정도로 산화시키지 않는다.

5.2 시료가스 채취장치

100㎖이상의 용액을 주입시킬 수 있는 흡수병 (Midget Impinger) 2개, 유량계(20~30 ℓ/분의 범위에서 사용할 수 있는 것) 1개, 흡인펌프 1개를 준비하여 그림과 같이 시료채취장치를 조립하며, 이 때에 흡수용 U자관은 필요없다.

5.3 시 약

본 측정에 사용되는 모든 시약은 분석용 또는 특급시약을 사용하여야 한다.

(1) 흡수액

수산화나트륨용액(0.4%) 100㎖에 요오드화칼륨 1g을 용해한 것을 사용한다.

(2) 초산(3N)

(3) 과산화수소수(1+29)

(4) 요오드산 칼륨표준액

검량선에 사용하는 요오드산 칼륨표준액 1㎖중에는 1.49㎍ KIO_3가 함유되도록 용액을 조제 한다. 이 용액 1㎖는 1㎍O_3에 상당하다

$$1.49\mu g\ KIO_3 = 7\times10^{-9}\text{mol}\ KIO_3$$
$$= 2.1\times10^{-8}\text{mol}\ O_3 = 1\times10^{-6}g\ O_3 = 1\mu g O_3$$
$$1\mu g\ O_3 = 0.021\times10^{-6}\text{mol}\ O_3$$

5.4 시료 채취법

(1) 두개의 흡수병에 흡수액 30㎖씩을 정확히 주입하고 증류수를 가하여 75㎖로 한다. 가능한한 직산광선을 피하도록 한다.

(2) 흡인펌프를 사용하여 30 ℓ/분의 유속으로 직렬로 연결한 2개의 흡수병에 시료대기를 약 30분간 흡인 한다.

제 2흡수병은 산화물을 세척한 후의 공기에 대한 바탕시험을 하기 위한 것이다.

(3) 흡인한 공기량은 시료채취시의 온도와 압력으로부터 실측상태 (760㎜Hg, 25℃)의 공기 량으로 환산한다.

(4) 흡수액의 증발이 있을 때는 증류수를 가하여 전량을 75㎖로 한다.

(5) 만일 시료채취 직후 측정할 수 없을 때는 깨끗이 건조한 유리마개가 달린 메스실린더에 옮겨 보관한다. 장기간 보관하면 유리마개가 교착될 염려가 있으며, 포집된 옥시단트는 안정된 화합물이므로 수일간 보관할 수 있다.

(조제)

① 흡수액

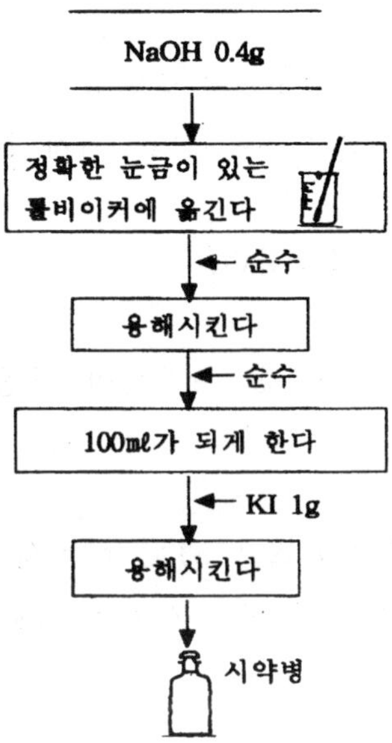

② 3N-초산

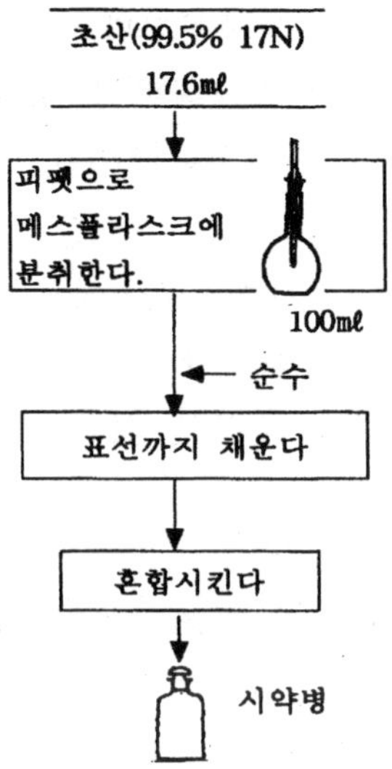

③ H_2O_2(1+29)

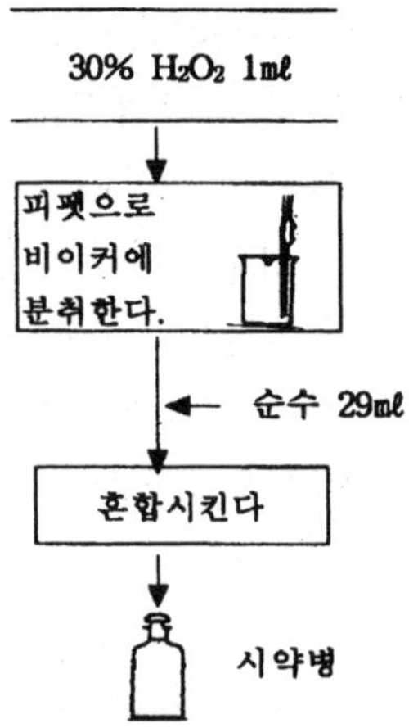

④ 요오드산 칼륨 표준액

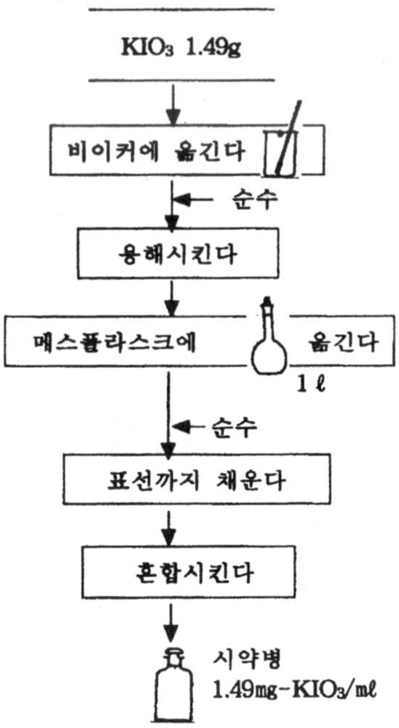

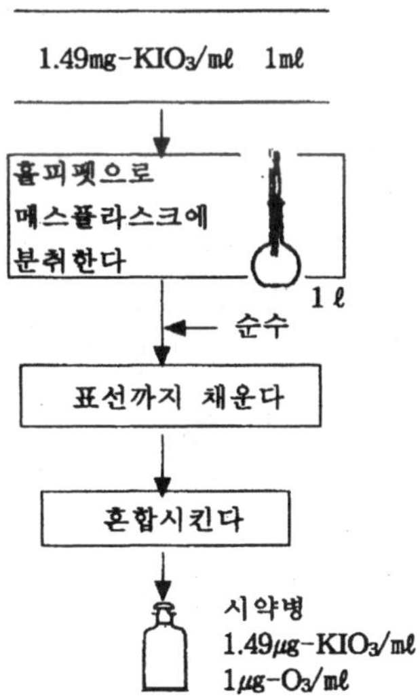

5.5 분석방법

(1) 흡수병의 내용물을 100㎖비이커에 옮겨 넣고 과산화수소수(1+29) 한 방울을 가하여 아황산가스를 황산으로 산화시킨다.

(2) 여분의 과산화수소를 분해시키기 위하여 40㎖ 이하가 될 때까지 끓인다.

(3) 냉각 후 유리마개가 달린 메스실린더(50㎖)에 옮겨 넣고 3N초산을 가하여(약 10㎖ pH 3.8로 조절한다.

(4) 물을 가하여 50㎖로 하고 잠시후 352nm에서 흡광도를 측정한다.
이 때 대조액으로는 증류수를 사용한다.

(5) 두번째 흡수병의 흡수액에 대하여 같은 방법으로 흡광도를 측정하여 바탕시험치로 한다.

(6) 검량선은 다음과 같이 만든다.

① 3개의 50㎖유리마개가 달린 메스실린더에 흡수액 30㎖씩을 넣고 여기에 요오드산 칼륨표준용액 1㎖, 1.3㎖, 1.5㎖를 가하고 각각에 증류수를 가하여 40㎖로 한다. (이것은 오존 1, 1.3, 1.5㎍에 상당하는 양이다)

② 3N초산 약 10㎖씩을 가하여 pH 3.8로 조절한다

③ 잠시 후 352nm에서 각각의 흡광도를 측정하고 흡광도와 오존량과의 관계선을 작성한다.

5.6 계 산

시료대기중의 오존의 농도는 다음 식으로 구한다.

$$\text{오존의 농도}(ppb) = \frac{B \times 10^{-6} \times 24.47 \times 10^{9}}{48A}$$

$$= \frac{B \times 509}{A}$$

여기서 A : 채취한 시료대기량을 실측상태(760㎜Hg, 25℃)로 환산한 것(ℓ)

B : 검량선에서 구한 오존량(㎍)

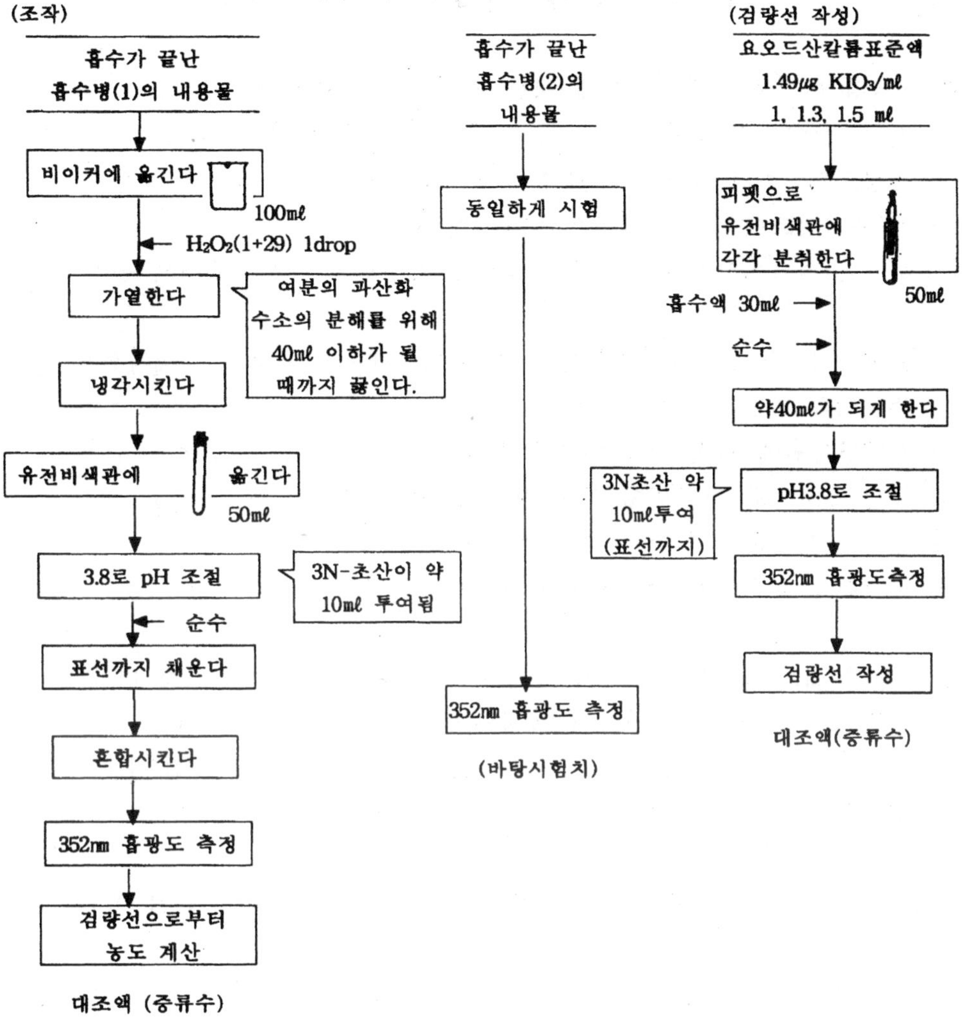
(조작)
흡수가 끝난 흡수병(1)의 내용물
비이커에 옮긴다
100mℓ
H2O2(1+29) 1drop
가열한다
여분의 과산화 수소의 분해를 위해 40mℓ 이하가 될 때까지 끓인다.
냉각시킨다
유전비색관에 옮긴다
50mℓ
3.8로 pH 조절
3N-초산이 약 10mℓ 투여됨
순수
표선까지 채운다
혼합시킨다
352nm 흡광도 측정
검량선으로부터 농도 계산
대조액 (증류수)
흡수가 끝난 흡수병(2)의 내용물
동일하게 시험
352nm 흡광도 측정
(바탕시험치)
(검량선 작성)
요오드산칼륨표준액 1.49μg KIO3/mℓ 1, 1.3, 1.5 mℓ
피펫으로 유전비색관에 각각 분취한다
50mℓ
흡수액 30mℓ
순수
약40mℓ가 되게 한다
3N초산 약 10mℓ투여 (표선까지)
pH3.8로 조절
352nm 흡광도측정
검량선 작성
대조액(증류수)

[과년도 기사 · 산업기사 출제문제]

문제 1. 환경 대기중의 옥시단트에 대한 설명이다. 바르게 설명한 것은?<'90전반기-기사>

㉮ 전 옥시던트, 광화학 옥시던트, 오존 등의 산화성물질의 총칭

㉯ 중성요오드화 칼륨용액에 의해 요오드를 유리시키는 물질의 총칭

㉰ 전 옥시던트에서 이산화질소를 제외한 물질

㉮ 오존과 페르옥시아세틸 나이트 레이트(P.A.N)의 산화성물질의 총칭

문제 2. 환경대기중 오존과 에틸렌 가스의 반응에 의해 생기는 발광현상을 이용, 오존농도를 측정하는 방법은?<'91전반기-기사>

㉮ 화학발광법에 의한 자동 연속측정 방법

㉯ 중성 요오드화 칼륨법에 의한 자동 연속측정 방법

㉰ 중성 요오드화 칼륨법에 의한 측정법

㉱ 알칼리성 요오드화 칼륨법에 의한 수동 측정법

문제 3. 환경 대기 중 옥시던트 시료 채취 즉시 농도 측정이 곤란할 때 다음 중 어느 측정법을 사용하면 수일 후 측정하여도 무방한가?<'92전반기-기사>

㉮ 중성요오드화 칼륨법(수동)　　㉯ 중성요오드화 칼륨법(자동)

㉰ 알칼리성 요오드화 칼륨법　　㉱ 화학 발광법

문제 4. 환경 대기 중의 옥시단트 측정법에 사용되는 용어의 설명 중 틀린 것은 ?

<'93전반기-기사>

㉮ 옥시단트는 전옥시단트. 광화학옥시단트, 오존 등의 산화성 물질의 총칭을 말한다.

㉯ 전옥시단트는 알칼리성 요오드화칼륨 용액에 대해 요오드를 유리시키는 물질을 총칭한다.

㉰ 광화학 옥시단트는 전옥시단트에서 이산화질소를 제외한 물질을 말한다.

㉱ 제로 가스는 측정기의 영점을 교정하는데 사용하는 가스이다.

문제 5. 대기중의 오존 농도를 알칼리성 요오드화칼륨법으로 측정하고자 한다. 이때 시료 채취를 위하여 두개의 흡수병에 흡수액과 물을 가하여 흡수하게 되는데 이 때 흡수액 주입량 및 흡수액에 물을 가한 후의 양은?<'93전반기-산업기사>

㉮ 흡수액 30mℓ, 45mℓ　　㉯ 흡수액 30mℓ, 55mℓ
㉰ 흡수액 30mℓ, 65mℓ　　㉱ 흡수액 30mℓ, 75mℓ

문제 6. 환경대기 중의 옥시단트측정법에 규정된 용어의 설명으로 옳은 것은?
<'94전반기-산업기사>

㉮ 옥시단트 농도는 산소를 기준으로 나타낸다.
㉯ 옥시단트란 전옥시단트, 광화학옥시단트, 오존 등의 산화성 물질의 총칭이다.
㉰ 전옥시단트란 광화학옥시단트에서 이산화질소를 제외한 물질을 말한다.
㉱ 광화학옥시단트란 중성 요오드화 칼륨용액에 의해 요오드를 유리시키는 물질의 총칭이다.

문제 7. 환경대기 중의 옥시단트 측정에 대한 설명 중 틀린 것은 ?<'95전반기-산업기사>

㉮ 측정방법으로 자외선 광도법, 화학발광법 등이 있다.
㉯ 전옥시탄트란 중성요오드화 칼륨용액에 의해 요오드를 유리시키는 물질이다.
㉰ 화학발광법은 시료대기 중의 오존과 황화수소 가스가 반응발 때 생기는 발광도가 오존의 농도와 비례하는 것을 이용하여 측정한다.
㉱ 중성요오드화 칼륨법(수증)은 대기 중에 존재하는 오존과 다른 옥시단트를 포함하는 저농도의 전체 옥시단트를 측정한다.

문제 8. 환경대기 중의 옥시단트 측정에 대한 설명 중 틀린 것은?<'99전반기-산업기사>

㉮ 측정방법으로 자외선 광도법, 화학발광법 등이 있다.
㉯ 전 옥시단트란 중성요오드화 칼륨용액에 의해 요오드를 유리시키는 물질이다.
㉰ 화학발광법은 시료대기 중의 오존과 황화수소가 반응할 때 생기는 발광도가 오존의 농도와 비례하는 것을 이용하여 측정한다.
㉱ 중성요오드화 칼륨법(수동)은 대기 중에 존재하는 오존과 다른 옥시단트를 포함하는 저농도의 전체 옥시단트를 측정한다.

문제 9.환경대기 중의 옥시단트 측정법에 규정된 용어의 설명에서 옳은 것은?
<'99후반기-산업기사>

㉮ 옥시단트 농도는 산소를 기준으로 나타낸다.
㉯ 옥시단트란 전옥시단트, 광화학옥시단트, 오존 등의 산화성물질의 총칭이다.
㉰ 전옥시단트란 광화학옥시단트에서 이산화질소를 제외한 물질의 총칭이다.

㉣ 광화학옥시단트란 중성요오드와 칼륨용액에 의해 요오드를 유리시키는 물질을 말한다.

제 5항 환경대기중의 납(Pb)시험법

1. 적용범위

이 시험방법은 환경대기중의 납(Pb) 및 납화합물 분석방법에 대하여 규정한다.

2. 시료채취

2.1 시료채취 위치선정

제 4장 제 1절 (시료채취방법) 2.2의 규정에 따른다.

2.2 시료채취 장치 및 기구

시료채취는 하이볼륨에어샘플러 또는 로우볼륨에어샘플러를 사용하여 유리섬유제, 석영 섬유제 여과지에 일정량의 공기를 포집한다. 하이볼륨에어샘플러는 제 4장 제 1절 4.1.2에 규정한 것을 사용한다. 로우볼륨에어샘플러는 제 4장 제 1절 4.2.2에 규정한 것을 사용한다.

2.3 시료채취 기간

하이볼륨에어샘플러를 사용할 경우의 시료채취 시간은 24시간을 원칙으로 하며 로우볼륨에어샘플러를 사용할 경우에는 3일~7일간 연속 포집하는 것을 원칙으로 한다. 단, 대기중의 납농도와 측정당시의 기상조건을 고려하여 채취기간을 결정할 수도 있다.

3. 분석방법의 종류

3.1 원자흡광광도법

납을 원자흡광광도법에 따라서 정량하는 방법이다. 측정파장은 217.0nm또는 283.3nm를 쓴다. 정량범위는 Pb 0.2~25ppm으로 반복표준편차는 2~10%이다. 본법의 일반적인 주의, 분석방법, 검량선의 작성과 정량법 등에 관하여는 원자흡광광도법에 따른다.

3.2 흡광광도법

납이온을 시안화 칼륨용액중에서 디티존에 작용시켜서 생성되는 납 디티존착염을 클로로포름으로 추출하고 과잉량의 디티존을 시안화칼륨용액으로 씻고 납착염의 흡광도를 측정하여 정량하는 방법이다. 정량범위는 Pb 0.001～0.04㎎이고 반복표준편차는 3～10% 이다.

4. 분석용 시험용액의 조제

채취한 시료는 다음의 방법에 의해 처리하고 분석용 시험용액을 조제한다

4.1 질산·염산 혼합액에 의한 초음파 추출법

4.1.1 시 약

(1) 1.03M질산(60%질산인 경우)
60%질산 78.38㎖에 증류수를 채워 1ℓ로 한다.
(2) 2.23M염산(35%염산인 경우)
35%염산 196.87㎖에 증류수를 채워 1ℓ로 한다.

4.1.2 기구 및 장치

(1) 비이커 : 100㎖
(2) 메스플라스크 200㎖
(3) 여과지 : 5A(Φ 11㎝)
(4) 깔때기 : Φ 11㎝
(5) Sealing Film
(6) 초음파 추출기

4.1.3 시험 방법

(1) 시료를 포집한 여과지를 적당한 크기로 잘라서 100㎖비이커에 넣고 1.03M질산과 2.23M염산의 혼합액(1:1)을 30㎖가한 다음 Sealing Film으로 비이커 뚜껑을 덮는다.
(2) 초음파 추출기에 100℃물을 (1)의 비이커의 시료액 높이만큼 채운 다음 초음파 추출기의 출력 28KHz로 2시간동안 추출한다
(3) 초음파 처리가 끝나면 비이커를 꺼내어 식힌 다음 여과지 (5A)를 올려 놓은

깔때기를 이용하여 비이커속의 시료용액을 여과한다

(4) 증류수로 최종액량이 100㎖가 되도록 여과지를 세척하여 최종액량은 100㎖ 메스플라스크에 옮긴다. 이 때 최종액의 질산-염산농도는 질산 0.31M+염산 0.67 M (1 : 1)로 된다

(5) 별도로 공여과지에 대하여 (1)~(4)와 같은 조작을 하여 바탕시험 용액으로 한다.

(6) 검량선 작성용 납 표준액을 조제할 때에도 0.31M 질산+0.67M 염산(1 : 1)의 혼합액으로 조제한다.

4.2 저온회화법

4.2.1시 약

(1) 염산(1+1)

(2) 염산(2+98)

(3) 과산화수소(30%)

4.2.2 기구 및 장치

(1) 코니칼 비이커 : 250 ㎖

(2) 메스플라스크 . 250 ㎖

(3) 저온회화장치 : 그림에 보기를 나타낸다.

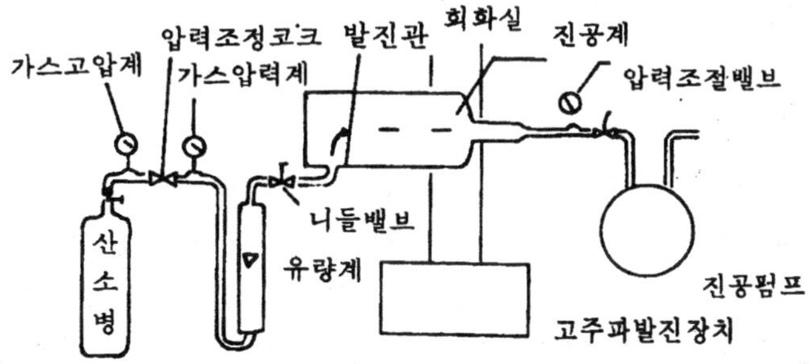

그림 1 저온 회화장치

4.2.3 시험 방법

시료를 포집한 여과지를 회화실에 넣고 약 200℃ 이하에서 회화한다. 셀룰로스 섬유제 여과지를 사용했을 때에는 그대로, 유리섬유제 또는 석영섬유제 여과지를 사용했을 때에는 적당한 크기로 자르고 250mℓ 코니칼비이커에 넣은 다음 염산(1+1) 70mℓ 및 과산화수소수 (30%) 5mℓ를 가한다. 이것을 물중탕 중에서 약 30분간 가열하여 녹인다. 이하 4.1.3의 여과조작에 준하여 조작을 한다 이 때 질산(2+98) 대신에 염산(2+98)을 쓴다. 검량선작성용 표준액을 조제할 때에는 증류수로 조제한다.

4.3 질산 과산화수소법

4.3.1시 약

(1) 질산(1+1)

(2) 질산(1+4)

(3) 질산(2+98)

(4) 과산화수소(30%)

4.3.2 기 구

(1) 밑이 둥근 플라스크 : 250mℓ, 갈아맞춤

(2) 메스플라스크 : 250 mℓ

(3) 볼 콘덴서 : 330mℓ, 갈아맞춤

4.3.3 시험 방법

시료를 포집한 여과지를 적당한 크기로 잘라서 250mℓ 밑이 둥근 플라스크에 넣고 질산(1+1) 60mℓ와 과산화수소수(30%) 10mℓ를 가한 다음 볼 콘덴서를 연결하고, 물중탕 에서 1~2시간 환류 가열한다. 가열도중에 과산화수소수(30%) 10mℓ씩을 2회에 걸쳐 가한다. 냉각 후 볼 콘덴서를 순수로 씻고 상등액을 가만히 따라 여과지 5A를 써서 거른다. 뜨거운 물 30mℓ를 플라스크에 가하고 물중탕에서 5~10분간 가열하고 이것을 먼저의 여과지를 써서 거른다.

이 조작을 반복하고 다시 따뜻한 질산(2+98)으로 여과지를 씻는다. 여과액과 씻은 액을 물중탕중에서 가열 증발시켜 건조되지 않을 정도로 농축한다. 여기에 질산(1+4) 10mℓ를 가하고 물중탕중에서 가열하여 녹이고 식힌 후 250mℓ메스플라스크에 옮기고 질산 (2+98)으로 표선까지 채운다.

별도로 여과지에 대하여 같은 조작을 하여 바탕시험 용액으로 한다.

· 분석조작상 산의 농도에 의한 영향이 무시되는 경우에는 증발농축을 생략하고 식힌 후 증류수로서 250㎖로 한다.

검량선 작성용 표준용액을 조제할 때에는 증류수로 조제한다.

5. 분석방법

5.1 원자흡광광도법

5.1.1시 약

(1) 납 표준원액 : 원자흡광분석용 납 표준액 1.0mg Pb/㎖을 사용한다.

(2) 납 표준액(0.1mg Pb/㎖) : (1)의 납 표준원액 (1.0mg Pb/㎖)을 증류수로 10 배 희석 한다.

5.1.2 사용가스

(1) 가연성 가스 : 아세틸렌 또는 수소

(2) 조연성 가스 : 공기

5.1.3 장 치

(1) 원자흡광분석 장치

(2) 납의 중공음극램프

5.1.4 시험 방법

납의 중공음극램프를 점등하여 안정하게 한 다음 217.0nm의 파장으로 원자흡광분석법 통칙에 따라 조작을 하여 4에서 조제한 시험용액을 써서 흡광도 또는 흡수백분율을 측정하고 검량선에서 납농도를 구한다.

별도로 바탕시험용액에도 같은 조작을 하여 결과를 보정 한다.

5.1.5 검량선

5.1.1의 납 표준액(0.1mg Pb/㎖)을 최대농도가 10mg/ℓ가 되도록 만들어 납의 농도와 흡광도와의 관계선을 작성한다. 이 때 검량선용 납 표준액의 산과 그 농도는 4.분석용시험용액 조제시에 사용된 산의 농도와 같게 한다.

[과년도 기사 · 산업기사 출제문제]

문제 1. 다량의 유기물을 함유하고 있는 먼지 중 납을 원자흡광 광도계에 의해 분석하고자 한다. 다음 중 전처리 방법으로 가장 적당한 것은?<'91전반기-기사>

㉮ 질산 염산법 ㉯ 질산법 ㉰ 저온회화법 ㉱ 고온회화법

II. 악 취 편

제1장 총칙

제2장 관능시험방법

제3장 기기분석법

제4장 배출물질 유량 산정법

제 1 장 총 칙

1. 이 시험법은 대기환경보전법에서 정하는 악취의 배출허용기준 및 배출물질 유량을 측정하기 위한 대기오염공정시험방법(악취편) (이하 "공정시험방법"이라 한다)인 직접관능법, 공기희석관능법, 기기분석법 및 배출물질유량 산정법에 대하여 규정한다.

2. 악취의 측정은 직접관능법으로 실시하는 것을 원칙으로 한다. 다만 원료사용 및 제조공정을 고려하여 대기환경보전법시행규칙[별표 7] 제3호 중 기기분석법란의 암모니아등 8가지 악취물질이 있다고 판단되는 경우에는 기기분석법을 병행할 수 있으며 공업단지 등 측정대상 공장주변에 여러공장이 밀집된 지역내의 사업장에 대하여는 배출구등에서도 채취할 수 있는 공기희석관능법을 병행할 수 있다.

3. 직접관능법 및 기기분석법에 의한 악취측정은 부지경계선에서 실시하는 것을 원칙으로 한다.

4. 공기희석관능법에 의한 악취측정은 아래와 같이 구분하여 실시한다.
   가. 사업장 안에 높이 5m이상의 일정한 악취배출구와 다른 악취발생원이 혼재할 경우 부지경계선 및 배출구에서 각각 채취한다.
   나. 사업장안에 높이 5m이상의 일정한 악취배출구외에 다른 악취발생원이 없는 경우에는 일정한 배출구에만 채취한다.
   다. 위의 가, 나, 이외의 경우에는 부지경계선에서 채취한다.

5. 이 공정시험법에서 규정하고 있지 아니한 사항은 대기오염공정시험방법 대기편에 따른다.

제2장 관능시험방법

제1항 직접관능법

1. 측정원리

이 시험방법은 악취가 발생하는 현장(공장)의 부지경계선상이나 피해지점에서 취기강도가 가장 높은 지점을 선정하여 건강한 사람의 후각을 이용하여 악취의 취기강도를 측정하는 방법이다.

2. 시험방법

악취조사 판정자는 조사대상 지역에서 거주하지 않는 사람으로서 후각이 정상이고 건강한 사람 5인으로 구성한다.
악취조사담당자는 측정당시 측정대상 지역의 풍향, 풍속, 지형을 고려하여 악취의 분포 정도를 사전에 충분히 조사한 후 악취의 취기강도가 가장 높은 악취발생 현장의 부지경계선이나 피해지점을 측정장소로 선정한다. 이 경우 피해지점을 측정장소로 선정할 경우는 다른 배출원의 영향이 없다고 판단될 경우에만 적용한다.
악취조사담당자는 선정된 측정장소에서 판정자에 의해 감지된 강도를 표 1에 해당되는 악취도로 표시하게 하고 인적사항과 함께 기록한다.

3. 판정방법

악취도의 판정은 시험방법에 따라 각 판정자가 감지한 악취도 중 판정자의 다수가 감지한 악취도로한다. 다만 판정수가 동일한 경우에는 악취도가 높은 것을 선택하며 2도 이하이면 적합, 3도이상이면 부적합으로 판정한다.

[별표 1]

악 취 판 정 도

악취도	악 취 감 도 구 분	설 명
0	무취(None)	상대적인 무취로 평상시 후각으로 아무것도 감지하지 못하는 상태
1	감지취기(Threshold)	무슨 냄새인지는 알 수 없으나 냄새를 느낄 수 있는 정도의 상태
2	보통취기(Moderate)	무슨 냄새인지 알 수 있는 정도의 상태
3	강한취기(Strong)	쉽게 감지할 수 있는 정도의 강한 냄새를 말하며 예를 들어 병원에서 특유의 크로졸 냄새를 맡는 정도의 상태
4	극심한취기(Very Strong)	아주강한 냄새, 예를들어 여름철에 재래식 화장실에서 나는 심한 정도의 상태
5	참기 어려운 취기 (Over Strong)	견디기 어려운 강렬한 냄새로서 호흡이 정지될 것 같이 느껴지는 정도의 상태

제 2 항 공기희석관능법

1. 일반사항

1.1 시료채취자는 현장에 도착 즉시 다음 사항을 조사한다.
(1) 공장의 입지여건과 배치상태 및 조업상태
(2) 현장전체의 악취분포 상태
(3) 시료채취 대상지역의 기상상태(날씨, 기온, 풍향, 풍속 등)

1.2 시료채취자는 상기 사항을 기초로 하여 시료채취 지점을 선정하고 시료채취와 함께 별지 제1호 서식의 악취시료채취기록표를 작성한다.

1.3 다음의 경우에는 시료를 채취하지 아니한다.
(1) 시료채취 대상업소의 조업상태가 정상이 아닌 경우
(2) 비 또는 눈이 오거나, 기온이 영하 5℃이하로써 악취측정에 정확을 기하기 어려운 기상 조건인 경우
(3) 부지경계선 및 노천에서의 시료채취시 풍속이 5m/초 이상인 경우

1.4 악취시료는 직사광선을 피하고 상온을 유지하도록 하여 운반하여야 한다. 보관 및 시험할 때에도 또한 같다.

1.5 시료채취후 48시간 이내에 시험하여야 한다.

2. 시험방법

2.1 부지경계선에서의 측정방법

2.1.1 측정원리

이 시험방법은 시료채취 대상업소 부지경계선에서 채취한 시료(이하 "시료"라 한다)를 시험실로 운반한 후 무취공기로 희석배수를 단계적으로 증가시키면서 희석하여 냄새를 느낄 수 없을 때까지 희석하여 해당 희석배수(냄새감지한계 희석배수)를 구하는 방법이다.

2.1.2 시료의 채취

1. 시료채취장치

(1) 채취용기

시료채취용기(이하 "냄새주머니"라 한다)와 시료채취관(이하 "채취관"이라 한다)은 취기성분이 흡착, 투과 또는 상호반응에 의해 변질되지 않는 것으로서 냄새주머니의 재질은 테프론(Teflon:폴리 4불화에틸렌) 또는 이보다 취기흡착성이 낮은 것으로서 내용적이 3~20L 정도의 것으로 한다.

(2) 채취펌프

시료채취펌프는 흡입유량이 5L/분 이상인 판막식(다이아프람)펌프(이하:펌프라 한다)로 취기흡착성이 낮은 재질로 된 것을 사용한다.

(3) 냄새주머니 및 펌프의 세척방법

냄새주머니를 다시 사용하는 경우 질소가스(99.9%이상)로 3회이상 세척한다. 또한 채취관 및 펌프도 다시 사용하기전에 이물질을 제거하고 냄새없는 공기로 10분이상 또는 냄새없는 세재로 잘 세척한 후 건조한다.

2. 시료채취지점 선정 및 시료채취

(1) 시료채취지점의 선정

시료채취자는 1.1 (1)~(3)을 조사한후 악취도가 가장 높을 것으로 판단되는 부지경계선을 시료채취지점으로 한다.

(2) 시료의 채취

① 시료채취자는 시료채취지점의 선정 및 시료채취시 시료에 영향을 주지 않도록 신체의 청결을 유지하여야 한다.

② 시료를 채취하기 전에 시료채취지점에서 채취하고자 하는 시료로 펌프와 채취관을 3분이상 세척한 후 깨끗한 냄새주머니에 시료를 채취한다.

③ 시료채취는 5분이내에 행하여야 한다.

2.1.3 시료의 공기희석

1. 개 요

시료를 환기장치가 설치되어 있는 방 또는 통풍이 원활한 방에서 자동희석장치로 희석하거나 수동으로 희석하여 각 희석배수별로 희석된 냄새주머니를 관능시험에 사용한다.

2. 수동식 공기희석

2.1.2의 1. (1)의 냄새주머니와 동등한 재질로서 내용적이 3~20L정도의 희석용 냄새주머니를 준비한다.

2.1.3의 3 무취공기 제조방법에 의하여 제조된 무취공기로 희석용냄새주머니를 가득 채운 후 마개로 막는다.

그림 1과 같은 방법으로 주사기를 사용하여 시료가 담긴 냄새주머니에서 필요한 량의 시료를 빼낸 다음 소정의 희석배수가 되도록 일정량을 냄새없는 공기만을 가득채운 희석용냄새주머니(이하 “냄새없는 공기주머니”라 한다)의 겉표면에서 부친 상표라벨 위에 주사바늘을 찔러 주입한다.

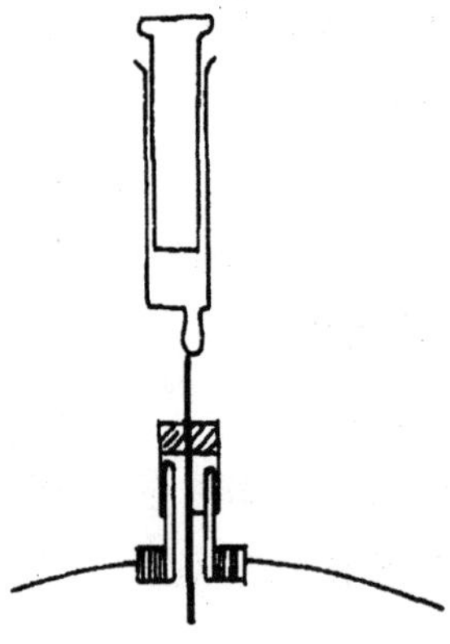

그림 1 시료를 추출 또는 주입하는 방법

시료를 주입후 주시침의 구멍은 셀로판테이프로 봉한다. 이와 같이 소정의 희석배수가 되도록 조제한 것을 시험용 냄새주머니(이하 “시험용 냄새주머니”라 한다)로 한다.

이와 별도로 냄새없는 공기주머니 2개를 준비한다.

위의 조작에서 시험용냄새주머니의 희석배수는 약 3배수씩(3배, 10배, 30배, 100배) 단계별로 증가시키면서 희석한다. 이때 시료에 따라 최초 희석배수를 선택하여 실시한다. 실험자는 시험용 냄새주머니의 희석배수와 고유번호 등을 별도로 기재해 둔다.

3. 무취공기의 제조

무취공기는 그림 2와 같은 방법으로 만든다.

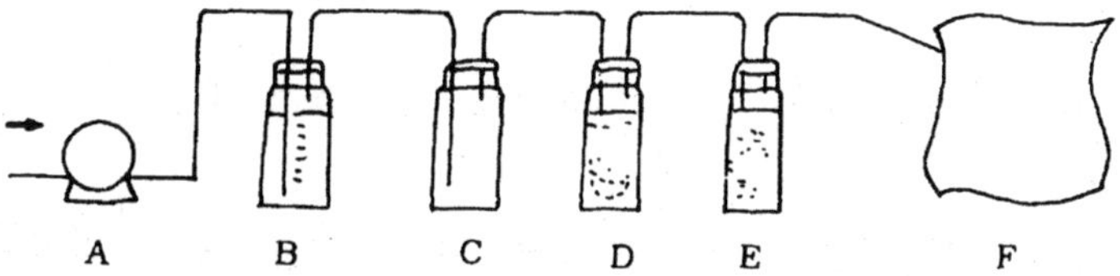

A : 흡인펌프 D : 실리카겔병

B : 흡수병(증류수) E : 활성탄 흡착병

C : 빈 병 F : 냄새없는 공기주머니

그림 2 무취공기 제조방법

4. 자동식 공기희석

(1) 자동희석장치의 구성

이 장치는 시료와 무취공기를 적정비율로 혼합하여 소정의 희석배수가 되도록 하는 기기로서 그림 2과 같이 튜빙펌프, 판막식 펌프, 유량계, 활성탄조 및 혼합조 등으로 구성되어 있다.

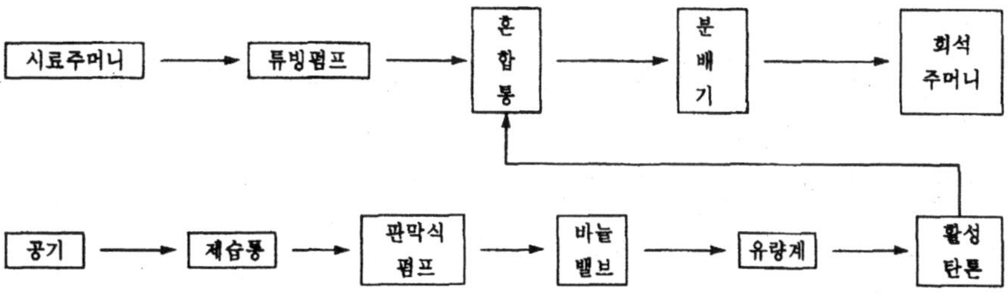

그림 3 자동희석장치의 구성

① 튜빙펌프

채취관과 동일한 관을 설치하여 회전수를 변화시키면서 시료의 유량을 변화시키는 부분이다.

② 제습통

공기중의 수분을 실리카겔 등으로 제거한다.

③ 판막식 펌프(Diaphragm pump)

판막식으로 소정의 유량을 만들어 공기를 장치내로 보낸다.

④ 바늘밸브

판막식 펌프에서 나오는 공기의 유량을 일정하게 제어한다.

⑤ 활성탄통

판막식 펌프에서 나오는 공기중의 불순물을 활성탄으로 제거한다.

⑥ 혼합조

경질유리제로서 무취공기와 악취시료 가스를 균일하게 혼합한다.

(2) 장치의 조작

① 회석배수의 설정은 2.1.3.2 수동식 공기회석방법에 준한다.

② 회석배수에 맞는 튜빙펌프의 회전수, 활성탄통을 거치는 무취공기의 유량, 시료주머니안의 공기를 흡인하는 유량 등을 결정한다.

③ 시료주머니의 공기와 무취공기가 잘 혼합이 되도록 약 30초간 튜빙펌프를 가동한 후에 "회석용냄새주머니"의 입구를 분배기의 출구에 꼭맞게 끼운다.

④ 회석조작이 끝나고 다음 단계의 회석조작을 시작하기 전에는 약 3분이상 튜빙펌프를 가동시켜 관속에 남아있는 냄새를 완전히 제거시킨 다음에 회석조작을 실시한다.

(3) 장치의 보수

① 회석조작이 끝나면 10분이상 무취공기로 시료가스의 통과라인(관) 및 혼합조를 세척한다.

② 활성탄통의 활성탄 여과지는 1개월에 한 번씩 갈아준다(1일 2시간 측정기준)

③ 제습통의 실리카겔은 색깔이 변하면 즉시 갈아준다.

2.1.4 판 정

1. 판정위원의 선정

(1) 거름종이(길이 14㎝, 폭 7㎜) 4매를 1조로 하여 그중 3매는 냄새나는 용액(이하 "시험액"이라 한다) 각각에 나머지 1매는 유동파라핀에 약 1㎝정도 길이로 5분동안 담가둔다. 이때 시험액의 조제는 표1과 같이 한다.

표 1 시험액의 농도와 냄새의 질

시험액	농도	냄새의 질
아세트산	1.0 wt%	식초냄새
트리메틸아민	0.1 wt%	생선 썩는 냄새
페놀	1.0 wt%	의약품 냄새

(2) 위의 4매 1조의 거름종이를 건강한 피검자에게 주어 냄새가 나는 거름종이 3매를 선택하게 하여 3종류의 시험액을 모두 알아 맞추는 사람을 판정인으로 선정한다.

(3) 상기 방법에 의하여 선정된 판정인 5인이상으로 판정위원(Panel)을 구성한다. 다만 상기방법에 의해 구성된 판넬은 당일에 한하여 유효한 것으로 선정한다.

(4) 판정인에 대한 주의

① 신체의 청결을 유지한다.

② 시험전 자극성의 음식섭취, 흡연, 향기있는 세재 사용 등 취기를 감지하는데 영향을 주는 행위를 하여서는 안된다.

③ 관능시험을 실시하기 10분전에 대기실에 와 있도록 하여야 한다.

④ 관능시험시 판정인에게 영향을 줄 행위를 하여서는 안된다.

2. 관능시험

관능시험은 시험용 냄새주머니의 희석배수가 낮은 것부터 높은 순으로 실시하되 다음의 방법으로 한다.

(1) 단계별로 희석시킨 시험용 냄새주머니 1개와 별도로 준비한 냄새없는 공기주머니 2개를 1조로 하여 판정인에게 준다.

(2) 판정인은 그림 4와 같은 마스크를 쓰고 "시험용냄새주머니"와 "냄새없는 공기주머니"를 손으로 눌러 주면서 각각 2~3초간 냄새를 맡는다.

(3) 각 판정인은 두 주머니로부터의 냄새가 구분이 되면 "○"표 냄새구분이 잘 안되면 "×"표를 별도로 기록표시하여 둔다.

(4) 한 단계의 시험이 끝나면 5분이상 신선한 공기로 호흡한 후 다음 단계의 시험을 한다.

그림 4 관능시험용 마스크

3. 관능시험 결과치의 산출

(1) 관능시험 결과 무취로 판정된 희석배수의 바로 전단계 희석배수를 각 판정인의 냄새감지한계 희석배수(이하 "냄새 감지한계 희석배수"라 한다)로 한다.

(2) 각 판정인의 냄새감지한계 희석배수중 최대치와 최소치를 제외한 나머지를 기하평균한 값을 판정인 전체의 냄새감지한계 희석배수로 한다.

산출예)

판정인 구분	감지한계 희석배수	비 고
A	10	최 소
B	30	
C	30	
D	100	
E	300	최 대

− 전체의 냄새감지한계 희석배수 = $\sqrt[3]{30\times30\times100}$ = 44.8

· 최대 · 최소 한계 희석배수인 A(10), E(300)은 제외시킴

4. 판정방법

관능시험결과 얻어진 판정인 전체의 냄새감지한계 희석배수가 배출허용기준치 이내이면 적합, 배출허용기준치 이상이면 부적합 으로 판정한다.

2.2 발생원(배출구)에서의 측정방법

2.2.1 측정원리

이 시험방법은 시료채취대상업소의 발생원(배출구)에서 채취한 시료(이하 "시료"라 한다)를 부지경계선에서의 측정방법과 같은 방법으로 하여 냄새를

느낄 수 없을 때까지 희석한 경우의 해당희석배수를 구하는 방법이다.

2.2.2 시료채취

1. 시료채취장치

(1) 시료채취용기와 채취관은 2.1.2의 1의 (1)에 따른다.

(2) 펌프는 2.1.2의 1의 (2)에 따른다.

(3) 시료채취용기, 채취관 및 펌프의 세척방법은 2.1.2의 1의 (3)에 따른다.

2. 시료채취지점 선정 및 시료채취

(1) 시료채취지점 선정

① 작업장에서 발생하는 악취가 일정한 배출구로 배출되는 경우에는 악취도가 가장 높을 것으로 판단되는 측정공 또는 최종배출구에서 채취한다.

② 작업장에서 발생하는 악취가 창문, 환기구 등의 개방된 곳으로 비산되는 경우에는 외부의 조건을 고려하여 악취발생원에서 가장 가깝고 악취도가 가장 높을 것으로 판단되는 배출구에서 채취한다.

③ 노천상태의 악취배출원인 경우 풍향을 고려하여 악취발생원에서 1m 떨어진 곳에서 악취도가 가장 높을 것으로 판단되는 지점 및 높이에서 채취한다.

(2) 시료의 채취

2.1.2의 2 의 (2)에 따른다.

(3) 시료채취시 주의사항

일정한 배출구로 배출되는 가스중에 수분이나 먼지가 함유되어 있다고 판단될 경우에는 그림 5와 같이 채취관 끝부분에 유리섬유(Glass wool)을 채워 제거한다.

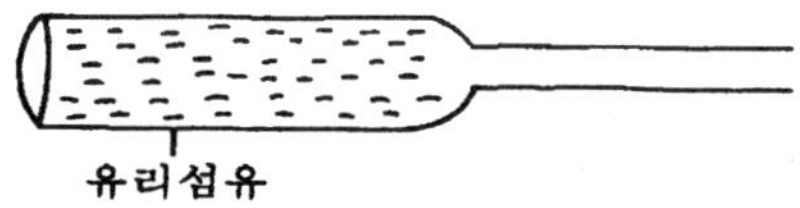

그림 5 채 취 관

2.2.3 시료의 공기희석

2.1.3에 따른다.

2.2.4 판　정

1. 판정인 선정방법

   2.1.4의 1에 따른다.

2. 관능시험 순서

   2.1.4의 2에 따른다.

3. 관능시험 결과치의 산출

   2.1.4의 3에 따른다.

4. 판정방법

   2.1.4의 4에 따른다.

[별지 제 1호 서식]

악 취 시 료 채 취 기 록 표

<table>
<tr><td>(1) 시료채취일시</td><td colspan="6">200　.　.　.</td></tr>
<tr><td rowspan="3">(2) 시료채취자
인적사항</td><td colspan="2">① 소 속</td><td>② 직 명</td><td colspan="2">③ 성 명</td><td>④ 성 별</td></tr>
<tr><td colspan="2"></td><td></td><td colspan="2"></td><td></td></tr>
<tr><td colspan="2"></td><td></td><td colspan="2"></td><td></td></tr>
<tr><td rowspan="2">(3) 시료채취업소</td><td colspan="2">① 업 소 명</td><td></td><td colspan="2"></td><td></td></tr>
<tr><td colspan="2">② 소 재 지</td><td></td><td colspan="2"></td><td></td></tr>
<tr><td>(4) 공장의 조업
상태</td><td colspan="6"></td></tr>
<tr><td rowspan="2">(5) 시료채취시
기상상태</td><td>① 날 씨</td><td></td><td>② 기 온</td><td colspan="2"></td><td>③ 풍 향</td></tr>
<tr><td>④ 풍 속</td><td></td><td>⑤ 기 타
기상상태</td><td colspan="2"></td><td></td></tr>
<tr><td rowspan="2">(6) 시료채취점</td><td colspan="3">① 채 취 지 점</td><td colspan="3">② 공 정 및 시 설</td></tr>
<tr><td colspan="3"></td><td colspan="3"></td></tr>
<tr><td>(7) 시료채취자
의견(사업장, 현황, 시료채취사항등)</td><td colspan="6"></td></tr>
</table>

제 3 장 기 기 분 석 법

제 1 항 암모니아 시험방법

1. 용액흡수법

1.1 시 약

시약은 다음의 방법에 따라 조제한 것을 사용한다.

1.1.1 포집용액

붕산 5g을 증류수에 녹여 전량을 1ℓ로 한다.

1.1.2 페놀, 펜타시아노 니트로실 철(Ⅲ)산 나트륨 용액

페놀 5g을 펜타시아노 니트로실 암모늄철(Ⅲ) 나트륨 2수화물 25㎎을 증류수에 용해하여 전량을 500㎖로 한다. 이 용액은 차고 어두운 곳에 보존하고 조제한 후 1개월이상 경과한 것은 사용하지 않는다.

1.1.3 차아염소산 나트륨 용액

차아염소산 나트륨 용액(유효염소 3~10%) 60/C㎖[여기에서 C는 조제시에 정량한 차아염소산 나트륨(NaOC1)의 유효염소 농도(단위 %임)]와 수산화나트륨 10g 및 인산수소나트륨 12수화물 35.8g을 증류수에 용해하여 전량을 1ℓ로 한다. 이 용액은 사용할 때마다 조제한다.

1.1.4 암모니아 표준용액

130℃에서 건조한 황산암모늄[$(NH_4)_2SO_4$] 0.295g을 증류수에 녹여 전량을 1ℓ로 한다. 이것의 일부를 취하여 포집용액으로 50배 희석한다. 이 용액은 1㎖는 암모니아 2㎕(0℃ 1기압)에 상당하는 암모늄이온을 함유한다.

1.2 시료채취장치

그림1과 같이 구성되어 있고 다음의 조건을 구비한 장치이어야 한다.

(1) 흡수병은 용량 200㎖의 경질유리제로 여과구가 장치되어 있는 것을 사용하고, 이 장치는 중간에 200㎖의 포집용액을 넣어 2개를 직렬로 연결시킨 것이

어야 한다.

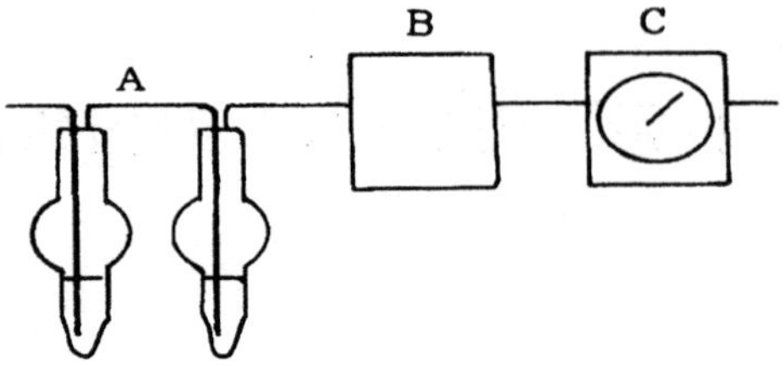

A : 흡수병 B : 흡입펌프 C : 가스메타

그림 1 시료채취장치

(2) 흡인펌프는 흡수병을 장치한 상태에서 10ℓ/분 이상의 공기를 흡입할 수 있어야 한다.

(3) 유량계는 5～15ℓ/분의 범위의 유량을 측정할 수 있어야 한다.

1.3 측정순서

농도의 측정은 다음의 순서에 따른다.

(1) 시료의 포집

1.2의 시료채취장치에 10ℓ/분의 유량으로 5분간 공기를 흡입하여 포집용기에, 시료를 포집한다.

(2) 분석용 시료용액의 제조

포집후 2개의 흡수병중의 포집용액을 합하여 용량 50㎖ 메스플라스크에 옮기고, 다시 흡수병의 내부를 포집용액으로 씻은 용액을 메스플라스크에 옮기고 전량을 50㎖로 한다. 이 용액 10㎖를 시험관에 옮기고 분석용 시료용액으로 사용한다.

(3) 분석용 시료용액의 흡광도 측정

분석용 시료용액에 페놀 펜타시아노 니트로실 철(Ⅲ)산 나트륨 용액 5㎖를 가하여 잘 흔들어 섞은 후, 차아염소산나트륨 용액 5㎖를 혼합하여 25～30℃에서 1시간 방치한 후, 640nm파장에서 흡광도를 측정한다.

공시험액은 포집용액을 분석용 시료용액과 같은 방법으로 조작하여 사용한다.

(4) 검량선의 작성

암모니아 표준용액 0~40㎖를 단계적으로 취하여 각각 포집용액을 가하여 50㎖로 한후, 이 용액 10㎖를 시험관으로 취한다. 이 용액들을 분석용 시료용액의 흡광도 측정과 같은 방법으로 조작하여 검량선을 작성한다.

(5) 농도의 계산

(4)의 검량선에 의하여 분석용 시료용액 중의 암모니아의 량(0℃ 1기압)을 구하고 다음식에 의하여 대기중의 암모니아 농도를 구한다.

$$C = \frac{5A}{V \times \frac{273}{273+t} \times \frac{P}{760}}$$

$$C = C_1 \times \frac{22.4\text{㎣}}{17\text{kg}}$$

여기에서

C : 대기중의 암모니아 농도(ppm)

C : 대기중의 암모니아 농도(㎍/ℓ)

A : 분석용 시료용액중의 암모니아량(㎕)

V : 유량계에서 측정한 흡입가스량(ℓ)

t : 유량계의 온도(℃)

p : 시료 포집시의 대기압(㎜Hg)

2. 임산포집필터 포집법

2.1 적용범위

2단 필터(Filter)를 사용하여 대기중의 암모니아 가스를 분석하는 방법에 대하여 규정한다.

2.2 필터의 전처리

석영필터를 5% 인산·에틸알코올에 침적시킨다.

2.3 시료채취방법

2단 홀더의 앞부분에 불소수지제(Poly tetra fluore ethylene : PTFE) 필터를 끼워 대기중의 에어로졸 물질을 제거하고 뒷부분에 석영필터(Quartz filter)를 끼워 대기중의 암모니아가스를 흡수할 수 있게 하고 10～20 ℓ/min으로 포집한다.

2.4 시험방법

암모니아가스 포집 거름종이를 증류수 20㎖에 넣고 1시간 정도 초음파를 투과시켜 추출하여 분석용 시료용액으로 한다. 이하 1.3의 (3)에 따른다.

2.5 검량선의 작성

1.3의 (4)에 따른다.

2.6 농도의 계산

$$C_1 = \frac{(Ca - cB) \times 20}{V \times \frac{273}{273 + t} \times \frac{P}{760}}$$

$$C = C_1 \times \frac{22.4\text{㎣}}{17\text{kg}}$$

여기에서

C : 대기중의 암모니아 농도(ppm)

C_1 : 대기중의 암모니아 농도(㎍/ ℓ)

Ca : 검량선에서 구한 시료의 암모니아 농도(㎍/ ℓ)

Cb : 검량선에서 구한 바탕시험 암모니아 농도(㎍/㎖)

20 : 시료추출액(㎖)

V : 시료공기량(ℓ)

t : 유량계 온도(℃)

p : 시료 포집시의 대기압(㎜Hg)

제 2 항 메틸 메리캅탄, 황화수소, 황화메틸 및 이황화메틸 시험방법

1. 시 약

메틸 메르캅탄, 황화수소, 황화메틸 및 이황화메틸 측정에 이용하는 교정용 가스는 퍼미에이션 튜브법(투과관법) 혹은 이와 동등이상의 정밀도를 가지는 방법 또는 다음에 열거된 것에 의하며 사용할 때마다 조제한 것을 이용한다. 조제에 이용하는 교정용 가스병은 그림 2의 경질유리병(C)에 교반용 불소수지조각을 넣은 것으로서 용량이 이미 알려진 것으로 미리 내부를 10N인산으로 씻고, 물로 세척하여 건조한 후 질소가스로 치환한 것으로 한다.

1.1 메틸 메르캅탄 교정용 가스

순도 98% 이상의 메틸 메르캅탄 가스 1mℓ를 가스주사기로 채취하고, 교정용 가스병의 실리콘 고무마개를 통하여 주입하고, 교반한후 10분이상 방치한다.

1.2 황화수소 교정용 가스

순도 98% 이상의 황화수소가스 1mℓ를 가스주사기로 채취하고 교정용가스병의 실리콘 고무마개를 통하여 주입하고, 교반한 후 10분이상 방치한다.

1.3 황화메틸 교정용 가스

황화메틸 3μℓ[이 부피는 기체로서 0.915mℓ(0℃, 1기압)에 상당하는 것]를 마이크로주사기에 채취하고 교정용 가스병의 실리콘 고무마개를 통하여 주입하고, 기화시킨 후 교반하고, 다시 10분이상 방치한다.

1.4 이황화메틸 교정용 가스

이황화메틸 4μℓ[이 부피는 기체로서 1mℓ(0℃, 1기압)에 상당하는 것]를 마이크로주사기(Microsyringe)에 채취하고 교정용 가스병의 실리콘고무를 통하여 주입하며, 기화시킨 후 교반하고, 10분이상 방치한다.

2. 장치 및 기구

장치 및 기구는 다음과 같다.

2.1 시료채취장치

그림 1과 같이 구성되어 있고 다음의 조건을 구비하고 있는 장치이어야 한다.

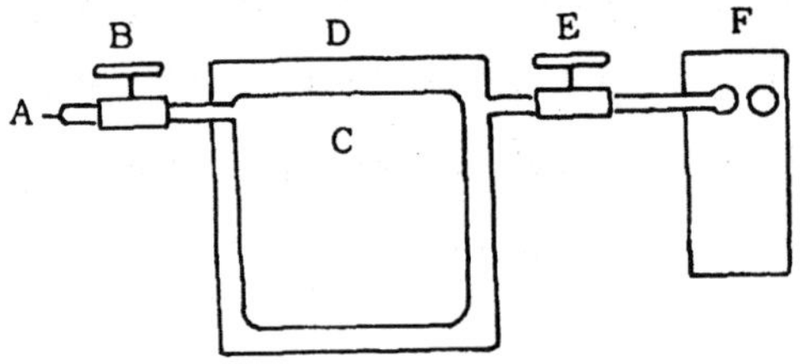

A : 시료채취관　　D : 흡입상자
B : 불소수지제 콕크　　E : 흡입콕크
C : 시료채취주머니　　F : 흡입펌프

그림 1 시료채취장치

(1) 시료채취주머니는 폴리불화 비닐필름제 또는 이것과 동등이상의 보존성능을 가지고 있는 수지 필름제로써 내용적 5ℓ정도의 것으로 한다.
(2) 흡입상자는 투명수지제로 밀폐가능한 구조이어야 한다.
(3) 흡인펌프는 1ℓ/분 이상의 공기를 흡인 가능한 것이어야 한다.

2.2 시료 농축관

그림 2와 같이 구성되어 있고 다음의 조건을 구비하고 있는 장치이어야 한다.
(1) 경질유리 또는 불소수지제로써 내경이 3～4㎜의 것이어야 한다.
(2) 내부를 10N인산으로 세척하고, 건조시킨 후 피검성분 분석에 사용하는 것과 같은 종류의 가스크로마토 그래프 충전제 또는 이것고 동등이상의 성능을 가지는 것을 충전한 것이어야 한다.

(3) 외부를 알루미늄 상자로 밀폐하고 그위를 유리섬유테이프로 절연하여 온도 측정용 열전대를 붙이고 유리섬유관을 통한 니크롬선을 같은 간격으로 감고 다시 유리섬유테이프로 고정시킨 것이어야 한다.

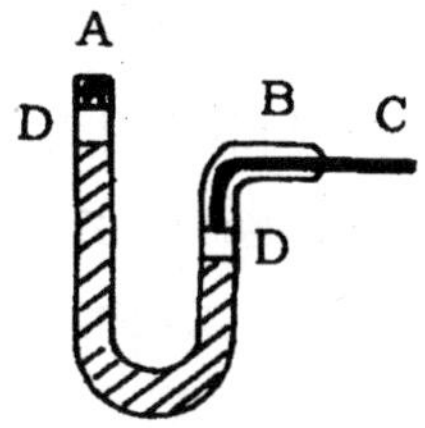

A : 실리콘 고무　　　B : 모세관
C: 스테인리스제 주사침　D : 석영유리솜

그림 2 시료농축관

2.3 가스크로마토 그래프 분석장치

그림 3과 같이 구성되어 있고, 다음의 조건을 구비하고 있는 장치이어야 한다.

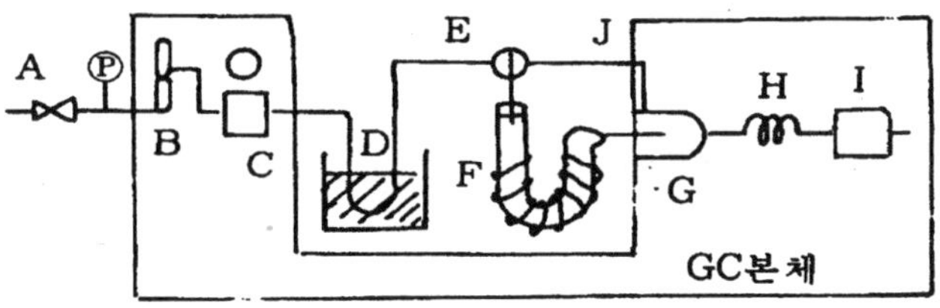

A : 질소통　　　B : 유량계
C : 유량조절계　　　D : 불순물 제거관
E : 3방향콕크　　　F : 시료농축관
G : 시료도입부　　　H : 분리관
I : 검출기　　　J : 바이패스유로

그림 3 가스크로마토 그래프 분석장치

(1) 가스크로마토 그래프는 수소염이온화 검출기가 같이 설치되어 있는 불꽃광도검출기를 갖춘 것, 또는 불꽃광도검출기 및 수소염이온화검출기를 동시에 사용할 수 있는 것이어야 한다.

(2) 가스크로마토 그래프의 운반가시의 유로를 변경하여 시료도입부 직전에 두어 불순물 제저관 및 시료농축관에 접속시킨다.

(3) 불순물제거관의 분자체 5A(Molecular sieve 5A) 등을 충전하고 액체산소 또는 이것과 동등이상의 성능을 가지는 냉각제(이하 "액체질소"라 한다)에 의해 냉각한 것이어야 한다.

(4) 분리관은 유리제 또는 불소수지제로써 내경이 3㎜정도, 길이가 3~5m의 것으로 내면을 10N인산으로 세척하여 건조한 것이어야 한다.

(5) 충전제는 입도가 60~80mesh의 백색규조토담체를 산으로 씻은 후 디메틸디크로로실란(Dimethyl dichloro silane)으로 처리하고 $\beta.\beta$-oxydipropyonytrile을 25% 피복되게 또는 이것과 동등 이상의 성능을 가진 것이어야 한다.

(6) 시료도입부의 온도는 130℃정도로 유지한다.

(7) 분리관의 온도는 70℃정도로 유지한다.

(8) 운반가스는 질소가스를 사용하고 유량은 40~50㎖/분으로 한다.

3. 측정순서

농도의 측정은 다음의 순서에 따른다.

3.1 시료가스채취

2.1의 시료가스채취장치를 이용하여 다음의 방법에 따라 시료를 채취한다. 시료채취주머니를 흡인상자에 넣어 불소수지제 콕크에 접속한다. 불소수지제콕크 및 흡인콕크가 열려 있는 것을 확인한 후, 흡인콕크에 접속한 흡인펌프를 작동시켜, 흡인상자를 감압하여 시료채취주머니에 시료가스를 채취한다. 유량은 흡인콕크 및 흡인펌프로 조절하고, 5분간 일정 유량으로 채취한다.

3.2 시료의 농축

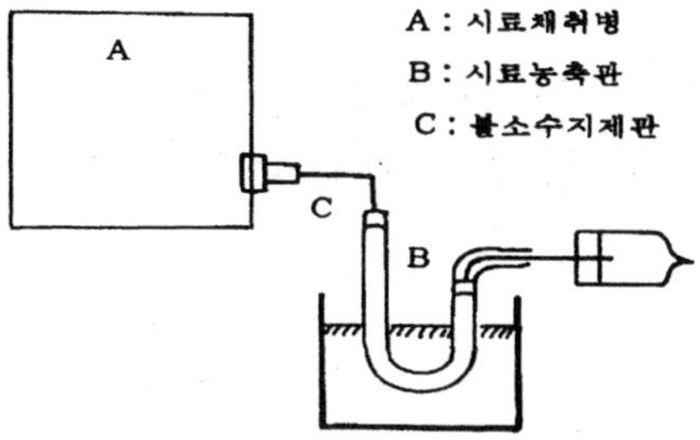

그림 4 시료의 농축방법

시료가스 채취후 12시간 이내에 시료채취주머니를 그림 4와 같이 액체산소 또는 액체질소 등으로 냉각한 시료농축관에 접속하여 일정량을 흡인하거나 액체산소 등으로 냉각한 시료농축관에 공기를 5분간 일정량 흡인하여 시료채취주머니 중 또는 대기중 피검성분을 시료농축관에 포집한다. 시료농축관은 미리 70℃정도로 가열한 질소가스를 흘려보내면서 바탕시험을 행하여 방해성분이 없는 것을 확인한 것이어야 한다.

3.3 가스크로마토 그래프 분석

피검성분을 포집한 시료농축관을 액체산소 또는 액체질소등으로 냉각한 상태에서 그림 3의 가스크로마토 그래프 분석장치에 접속한다. 시료농축관에 운반가스를 보내고 그 유량이 일정하고 또한 검출기의 응답이 충분히 안정하여 있는 것을 확인한 후, 시료농축관을 70℃정도까지 약 2분간 가열승온시켜 피검성분을 가스크로마토 그래프에 주입한다.

3.4 검량선의 작성

메틸 메르캅탄 교정용가스, 황화수소 교정용가스, 황화메틸 교정용가스 혹은 이황화메틸 교정용 가스 또는 이것들을 각각 교정용 가스병을 이용하여 적당히 희석한 것을 단계적으로 취하고 각각 액체산소 등으로 냉각한 시료농축관에 주입한 후 3.3과 같은 조작을 하여 얻어지는 크로마토그램의 피이크의 높이에 의하여 검량선을 작성한다.

3.5 농도의 계산

3.4의 검량선에 의해 시료농축관에 포집한 메틸 메르캅탄, 황화수소, 황화메틸 또는 이황화메틸의 량(0℃ 1기압)을 구하고 다음 식에 의하여 대기중의 농도를 산출한다.

$$C_1 = \frac{A}{V \times \frac{273}{273+t} \times \frac{P}{760}}$$

$$C = C_1 \times \frac{22.4(\ell)}{\text{피검성분의 분자량}(g)}$$

여기에서 C : 대기중의 피검성분의 농도(ppm)

C_1 : 대기중의 피검성분의 농도(μg/ℓ)

A : 시료농축관에 포집한 피검성분의 량(μℓ)

V : 시료농축관에 포집한 시료가스의 량(ℓ)

t : 시료농축시 기온(℃)

P : 시료 농축시의 대기압(mmHg)

제 3 항 트리메틸아민 시험방법

1. 시 약

시약은 다음과 같이 조제한 것을 사용한다.

1.1 분해시약

수산화칼륨 500g을 증류수에 녹여 전량을 1ℓ로 한다.

1.2 트리메틸아민 표준용액

트리메틸아민 수용액(20～40%)을 증류수로 20배 희석한 것으로써 0.1% 브롬크레졸그린 에틸알코올 용액 및 0.1% 메틸레드에틸알코올 용액을 체적비 5:1로 혼합한 지시약을 사용하여 0.1N 염산으로 적정함에 의해 그 함유된 트리메틸아민의 농도가 측정되어지는 것

1.3 에틸알코올

가스크로마토 그래프에 주입할 때 트리메틸아민의 머므름 시간에서 피크를 나타내지 않는 것이어야 한다.

2. 장치 및 기구

장치 및 기구는 다음과 같다.

2.1 시료채취장치

그림 1과 같이 구성되어 있고 다음의 조건을 구비하고 있는 장치이어야 한다.

(1) 포집용 거름종이는 직경 47㎜, 구멍크기 0.3μ의 원형 유리 섬유 거름종이 또는 실리카 섬유 거름종이로 전기로내에서 500℃로 1시간 가열한 후 실리카겔데시케이터에서 방냉하며 1N 황산 1㎖를 넣은 후 다시 실리카겔데시케이터안에서 하루동안 보존한다. 이 거름종이는 사용할 때마다 조제한다.

(2) 흡인펌프는 포집거름종이를 홀더에 장착한 상태에서 10ℓ/분 이상의 대기를 흡인 할 수 있는 능력을 가진 것이어야 한다.

(3) 유량계는 10~20ℓ/분의 범위안에서 유량을 측정할 수 있는 것이어야 한다.

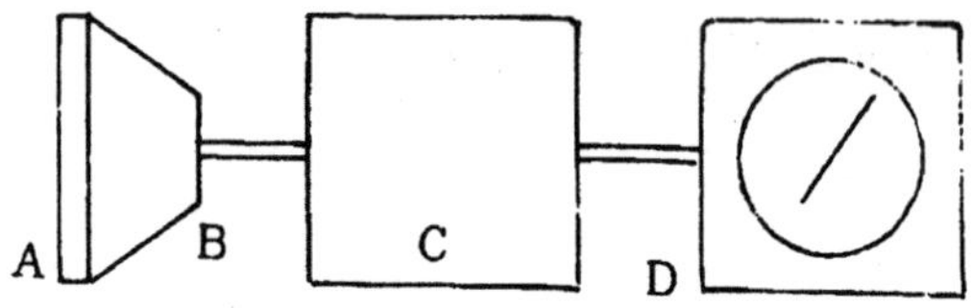

A : 포집용 걸음종이　　C : 흡입밸브
B : 홀더　　D : 가스미터

그림 1 시료채취장치

2.2 시료농축관

그림 2와 같이 구성되어 있고 다음의 조건을 구비하고 있는 것이어야 한다.

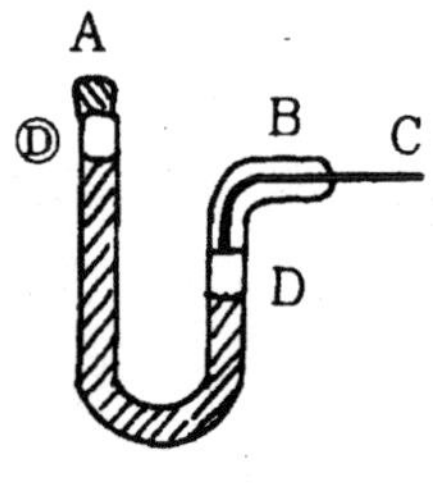

A : 실리콘고무　　B : 모세관
C : 스테인리스제 주사침　　D : 석영유리섬유

그림 2 시료농축관

(1) 경질유리제로서 내경이 5㎜정도의 것이어야 한다.

(2) 내부를 10% 수산화칼륨용액으로 씻고 물로 세척하여 건조한후 다음 피검성분의 분석에 사용하는 것과 동종의 가스크로마 토그래프 충전제 또는 이와 동등 이상의 성능을 갖는 것을 충전한 것이어야 한다.

(3) 외부를 알루미늄 포일로 싸고 그 위를 유리섬유 테이프로 절영하여 온도측

정용 열전대를 부착하여 유리섬유관에 통한 니크롬선을 같은 간격으로 감고 다시 유리섬유 테이프로 고정시킨 것이어야 한다.

2.3 시료의 농축장치

그림 3과 같이 구성되어 있고 다음의 조건을 구비하고 있는 장치어야 한다.

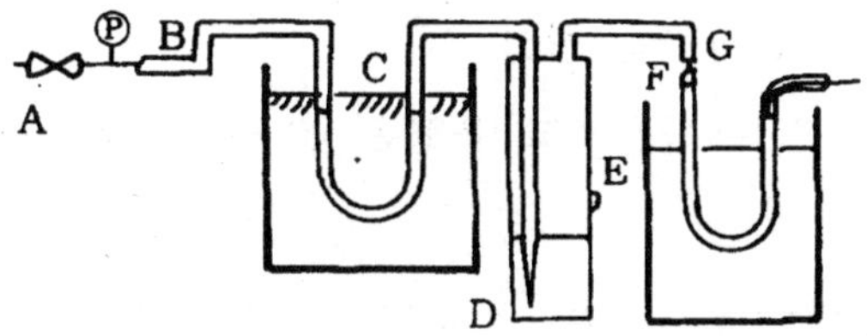

A:질소통　B:유량계　C:불순물제거관　D:분해병
E:실리콘고무　F:시료농축관　G:스테인레스 주사바늘

그림 3 시료분석농축장치

(1) 불순물 제거관은 내부에 분자체 5A 등을 충전하고 액체산소 또는 액체질소 등으로 냉각한 것이어야 한다.

(2) 분해병은 분해시약 20㎖를 넣어 0.25～0.3ℓ/분의 유량으로 질소가스를 5분간 흘려보내 질소가스로 치환한 것이어야 한다.

(3) 시료농축관은 수분에 의해 단시간에 응축할 경우에는 분해병의 바로 뒤에 수산화칼륨을 충전한 탈수관을 접속한다.

2.4 가스크로마토 그래프 분석장치

그림 4와 같이 구성되어 있고 다음의 조건을 구비하고 있는 장치이어야 한다.

(1) 가스크로마토 그래프는 수소염이온화검출기를 갖고 있는 것이어야 한다.

(2) 가스크로마토 그래프의 운반가스유로를 변경하여 시료도입부의 직전에 두어 불순물 제거관 및 시료농축관에 접촉시킨다.

(3) 불순물 제거관은 분자체 5A 등을 충전하고 액체산소 또는 액체질소 등에

의해 냉각한 것이어야 한다.

(4) 분리관은 유리제로 내경 3㎜정도, 길이 3~5㎜의 것으로 내면을 10% 수산화칼륨용액으로 씻고 물로 씻은 다음 건조한다.

(5) 충진제는 입경 60~80mesh의 백색규조토담체에 디그리세롤을 15%, 테트라에티렌펜타민을 15%, 수산화칼륨 2%를 피복한 것 또는 이와 동등이상의 성능을 가진 것 이어야 한다.

(6) 시료도입부의 온도는 130℃정도로 한다.

(7) 분리관의 온도는 70℃정도로 한다.

(8) 운반가스는 질소가스를 사용하고 유량은 40~50㎖/분으로 한다.

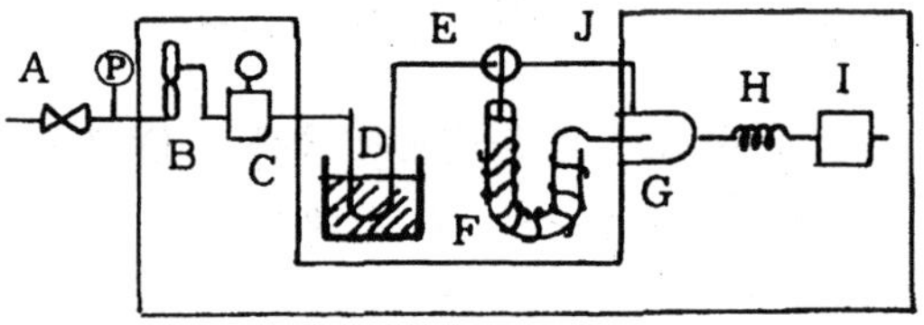

A : 질소통
B : 유량계
C : 유량조절계
D : 불순물제거관
E : 3방향 콕크
F : 시료농축관
G : 시료도입부
H : 분리관
I : 검출기
J : 바이패스통로

그림 4 가스크로마토 그래프 분석장치

3. 측정순서

농도의 측정은 다음의 순서에 따라 행한다.

3.1 시료의 채취

2.3.1의 시료채취장치에 10~20ℓ/분의 유량으로 5분간 대기를 흡인하여 걸음종이 위에 시료를 포집한다.

3.2 채취시료의 분리 및 농축

(1) 시료를 채취한 걸음종이를 용량 50㎖ 정도의 유리용기에 넣어 증류수 20㎖

를 정확히 가하여 5분간 흔들어 섞은 다음 거르고, 거른 액을 분석용 시료로 한다.

(2) 분석용 시료용액 일정량을 주사기로 분취하여 2.3의 시료분석 농축장치의분해병의 실리콘 고무마개를 통하여 주입한 후 0.25~0.3ℓ/분의 유량으로 질소가스를 시료분석 농축장치에 연결하고 2~3ℓ 흐르게 하여 발생한 트리메틸아민을 액체산소 또는 액체질소 등으로 냉각된 시료농축관에 포집한다. 시료농축관은 미리 70℃정도로 가열한 질소가스를 흘려보내면서 바탕시험을 행하여 방해성분이 없는 것을 확인한 것이어야 한다.

3.3 가스크로마토 그래프 분석

피검성분을 포집한 시료농축관을 액체산소 또는 액체질소 등으로 냉각한 상태에서 그림 9의 가스크로마토 그래프 분석장치에 접속한다.

시료농축관에 운반가스를 흘려 그 유량이 일정하고 또한 검출기의 응답이 충분히 안정한 것을 확인한 다음 시료농축관을 70℃ 정도까지 약 2분간 가열 승온시켜 피검성분을 가스크로마토 그래프에 주입한다.

3.4 검량선의 작성

트리메틸아민 표준용액을 에틸알코올로 적당히 단계적으로 희석한 용액 수 ㎕를 각각 가스크로마토 그래프에 주입하여 얻어진 크로마토그램의 피이크 넓이를 이용하여 검량선을 작성한다.

3.5 농도의 계산

3.4의 검량선에 의해 분석용 시료용액에서 분취한 용액중의 트리메틸아민의 양을 구하고 다음 식에 의하여 대기중의 농도를 산출한다.

$$C = \frac{22.4A}{59,000\,V \times \frac{273}{273+t} \times \frac{P}{760}}$$

$$A = \frac{20}{V} \times m$$

여기에서 C : 대기중의 트리메틸아민의 농도(ppm)

A : 트리메틸아민의 량(ng)

V : 유량계로 측정한 흡인가스부피(ℓ)

t : 유량계의 온도(℃)

P : 시료포집시의 대기압(㎜Hg)

m : 검량선으로 구한 트리메틸아민의 량(ng)

V : 분석용 시료에서 분취한 용액의 부피(mL)

제 4 항 아세트알데히드 시험방법

1. 시 약

시약은 다음과 같이 조제한 것을 사용한다.

1.1 핵 산

가스크로마토 그래프에 주입(10mℓ를 약 1mℓ로 농축하여 그 10μℓ를 분취하여 주입한다)하였을 때 아세트알데히드 2.4-디니트로페닐하이드라존의 머무름 시간에서 피크를 나타내지 않는 것이어야 한다.

1.2 사염화탄소

2 가스크로마토 그래프에 주입(10mℓ를 약 1mℓ로 농축하여 그 10μℓ를 채취하여 주입한다)하였을 때 아세트알데히드-2-4-디니트로페닐하이드라존의 머무른 시간에서 피크를 나타내지 않는 것이어야 한다.

1.3 2N 인산용액

85% 인산(플라스틱제 용기에 든 것을 사용하여서는 아니된다) 45.5mℓ를 증류수에 녹여서 1ℓ로 한다.

1.4 포집용액

2.4 - 디니트로페닐하이드라존 0.2g을 2N 인산용액 1ℓ에 가하여 충분히 교반하고 공기에 접촉하지 않도록 깨끗한 방에서 12시간 정도 방치한 후 유리섬유여지로 거르고 이 거른액 중 200mℓ를 1ℓ의 분액깔대기에 취하여 핵산 200mℓ를 가하고 5분간 심하게 흔든 후 방치한 다음 핵산층을 분리한다. 2-4-디니트로페닐하이드라존 용액층에 다시 핵산 200mℓ를 가하여 같은 방법으로 씻는 조작을 한 다음 2.4-디니트로페닐하이드라존 용액층을 분리하여 포집용액으로 한다. 다만, 이용액 40mℓ에 대하여 1.2 및 1.3의 방법으로 바탕시험을 하고 아세트 알데

히드 2.4 - 디니트로펜ㄹ하이드라존 함유량이 1ℓ에 대하여 50㎍을 넘은 경우에는 새로 핵산에 의한 씻는 조작을 반복하여 50㎍이하로 하여 포집용액으로 한다. 이들 포집용액은 조제후에 염산 및 핵산으로 씻은 경질 유리용기에 즉시 옮겨 밀폐한다.

1.5 아세트알데히드 표준용액

아세트알데히드 2.4 - 디니트로페닐하이드라존 50.9㎎을 사염화탄소에 녹여 100㎖로 한다. 아세트알데히드 2.4 - 디니트로페닐하이드라존의 합성은 다음의 방법에 따라 행한다. 진한황산 2㎖와 에틸알코올 15㎖를 혼합하고 2.4 - 디니트롶0닐하이드라존 1g을 녹인 용액에 90%의 순도를 가진 아세트알데히드 50g을 5㎖의 에틸알코올에 녹인 용액을 가한다.

반응이 완결된 아세트알데히드 2.4 - 디니트로페닐하이드라존을 흡입여과한 뒤 증류수로 씻어주고 다시 에틸알코올로 잘 씻은 다음 감압건조한다. 아세트알데히드 2.4 - 디니트로페닐하이드라존의 녹는 점이 168℃ 정도의 것을 사용하고 실리카겔데시케이터(Silicagel decicator)안에서 보관한다.

2. 장치 및 기구

2.1 분액깔대기

용량 100㎖ 및 1ℓ의 것(콕크부에 바셀린 등을 사용해서는 아니된다.)

2.2 시료채취장치

그림 1과 같이 구성되어 있고 다음의 조건을 구비하고 있는 것이어야 한다.

(1) 시료채취주머니는 폴리불화비닐필림제 또는 이것과 동등 이상의 보존성을 가진 수지 필림제로써 내용적이 50ℓ정도의 것이어야 한다.

(2) 흡인펌프는 10ℓ/분 이상의 대기를 흡입할 수 있는 능력을 가지고 있는 것이어야 한다.

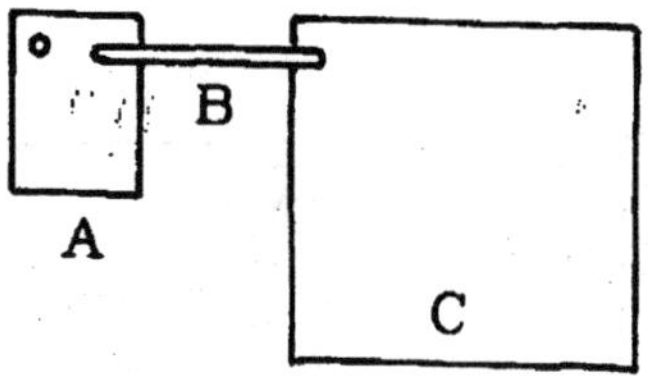

A: 흡입펌프 B: 불소수지제 밸브 C: 시료채취병

그림 1 시료채취장치

2.3 채취가스의 용액포집 장치

그림 2와 같이 구성되어 있는 흡수병은 경질유리제의 여과구가 장치되어 있는 것을 사용하며 20㎖의 포집용액을 넣어 2개를 직렬로 연결시킨 것이어야 한다.

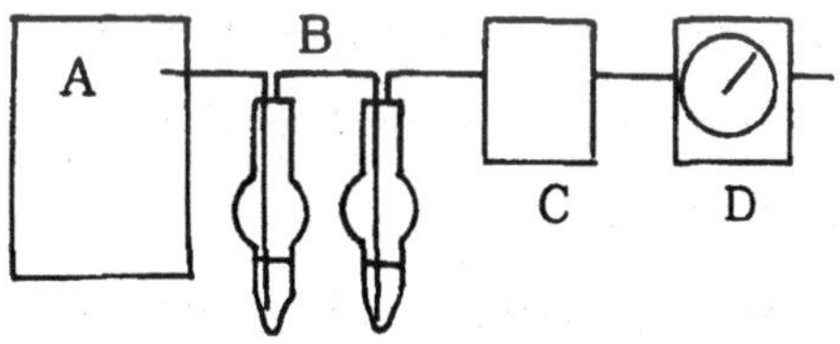

A: 시료채취병 B : 흡입병
C: 흡입펌프 D : 가스미터

그림 2 채취가스의 용액포집장치

2.4 농축관

구데르나다니쉬농축관 또는 증발장치

2.5 가스크로마토 그래프 분석장치

그림 3과 같이 구성되어 있고 다음의 조건을 구비하고 있는 장치이어야 한다.

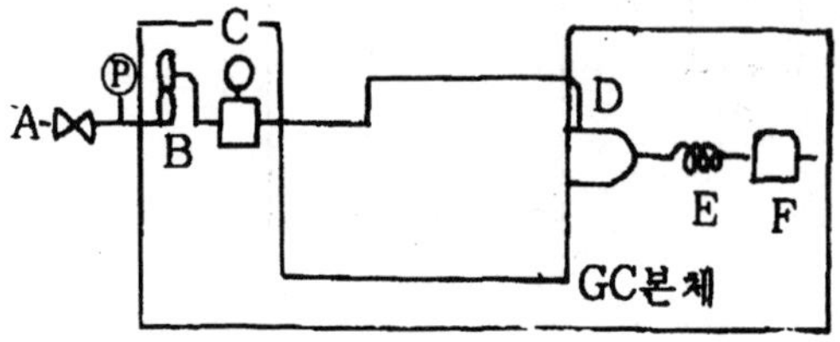

A: 질소봄베　　　　B : 유량계

C: 유량조절계　　　D : 시료도입부

E: 분리관　　　　　F : 검출기

그림 3 가스크로마토 그래프 분석장치

(1) 가스크로마토 그래프는 수소염이온화검출기를 사용한다.

(2) 분리관은 유리제로 내경 3㎜, 길이 2~3m것으로 내면을 아세톤으로 씻고, 물로 씻은 다음 건조시킨다.

(3) 충전제는 80~100mesh의 백색규조토담체를 산으로 씻은 후 디메틸디클로로실란처리를 하고 실리콘 OV-17을 1~3%되게 흡착시킨 것 또는 이것과 동등 이상의 성능을 가진 것이어야 한다.

(4) 시료주입부의 온도는 섭씨 240~260℃정도로 유지한다.

(5) 분리관의 온도는 200~230℃ 정도로 유지한다.

(6) 운반가스는 질소가스를 사용하고 그 유속은 40~50㎖/분으로 한다.

3. 측정순서

농도의 측정은 다음의 순서에 따라 행한다.

3.1 시료가스의 채취

2.2의 시료가스 채취장치에 10ℓ/분의 유량으로 5분간 통기하여 시료채취주머니에 시료가스를 채취한다.

3.2 채취한 시료가스의 용액포집

채취된 시료가스를 2.3의 그림 2의 장치를 사용하여 1ℓ/분의 흡입속도로 시료가스중의 피검성분을 포집용액중에 포집한다. 이때 50ℓ를 넘는 다량의 시료가스를 포집용액에 통과시키면 아세트알데히드 2.4 - 디니트로페닐하이드라존이 가스분해하므로 주의하지 않으면 안된다. 또한 포집용액의 수거는 경질유리제용기를 사용하여야 하며 시료를 보존할 때는 3.3의 (1)에 따라 추출을 행하고 사염화탄소요액으로써 보존한다.

3.3 가스크로마토 그래프 분석

(1) 포집후 2개의 흡수병중의 포집용액을 합하여 용량 100mℓ의 분액 깔대기에 옮겨 사염화탄소 10mℓ를 가하여 2분간이상 흔들어 섞은 다음 방치한다. 사염화탄소층을 분리하여 용량 10mℓ의 용량플라스크에 옮겨 사염화탄소를 가하여 정확히 10mℓ로 한 후 가스크로마토 그래프용 시료로 사용한다. 분석 및 시료의 보존(1주일을 한도로 한다)은 사염화탄소의 증발에 따른 시료(액량)의 감소가 생기지 않도록 주의하여야 한다.

(2) 가스크로마토 그래프용 시료 10μℓ 정도를 마이크로 시린지를 사용하여 시료도입부에 주입한다. 다만 마이크로주사기에 시료를 채취할 때 주사기의 전후에 소량(0.2～0.4μℓ)의 공기를 흡입하여 시료층이 공기층에 끼어진 상태에서 채취량을 읽고 그대로 가스크로마토 그래프에 주입한다.

(3) (2)의 조작에 의하여 정량한계에 달하지 아니하는 경우에는 (1)의 시료를 농축기로 사용하여 1mℓ까지 농축하여 (2)의 조작에 의하여 가스크로마토 그래프분석을 행한다.(농축시에 기벽에 결정이 나타날 수가 있으므로 주의하여야 한다.) 만일 포집용액의 바탕시험결과 아세트알데히드 2.4 - 디니트로페닐하이드라존의 머무름 시간에 피이크가 검출되었을 경우에는 이를 제하고 정량한다.

3.4 검량선의 작성

아세트알데히드표준용액을 사염화탄소로 적당히 단계적으로 희석한 용액수 μℓ를 각각 가스크로마토 그래프에 주입하여 얻어진 크로마토그램의 피이크 넓이 또는 높이에 의하여 검량선을 작성한다.

3.5 농도의 계산

3.4의 검량선에 의하여 가스크로마토 그래프에 주입한 시료가스의 아세트 알데히드의 량을 구하고 다음식에 의하여 대기중의 농도를 산출한다.

$$C = \frac{22.4A}{44,000\,V \times \frac{273}{273Xt} \times \frac{P}{760}}$$

$$A = \frac{10,000}{X} \times \frac{m}{Y}$$

여기에서 C : 대기중의 아세트알데히드의농도(ppm)

A : 채취한 시료가스중의 아세트알데히드의 전량(ng)

X : 가스크로마토 그래프에의 검체 주입량(μℓ)

Y : 주입검체의 농축비율

M : 주입검체 중의 아세트알데히드의 량(ng)

V : 유량계로 측정한 흡입가스량(ℓ)

t : 유량계의 온도(℃)

P: 용액포집시의 대기압(㎜Hg)

제 5 항 화학분석 시험방법

1. 저온농축법

1.1 시 약

1.1.1 벤 젠

가스크로마토 그래프에 주입할 때 스티렌의 머무름 시간에 피이크를 나타내지 아니하는 것이어야 한다.

1.1.2 스틸렌 표준용액

스틸렌의 측정에 쓰이는 표준용액은 스티렌 1.0g을 벤젠에 용해하여 전량을 100mℓ로 한다.

1.2 장치 및 기구

장치 및 기구는 다음과 같다.

1.2.1 시료가스 채취용기

그림 1과 같이 구성되어 있고 다음의 조건을 구비하고 있는 장치 이어야 한다.

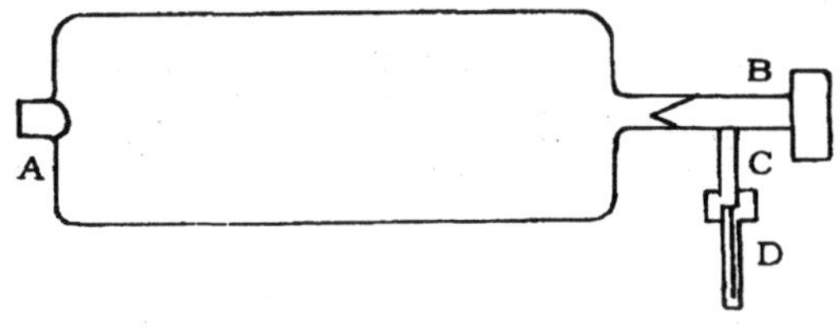

A: 실리콘고무　　　　B : 불소수지제콕크

C: 스테인리스관　　　D : 모세관

그림 1 시료가스채취 용기

(1) 경질 유리제로서 용량이 1L인 용기이 내부를 아세톤으로 씻고 물로 씻어 건조한 다음 외부를 알루미늄 포일로 포장한 것을 사용한다.

(2) 시료가스채취구에 내경 0.2㎜, 길이 5㎝의 가는 관을 부착시킨 것이어야 한다.

1.2.2 시료농축관

그림 2와 같이 구성되어 있고 다음의 조건을 구비하고 있는 장치이어야 한다.

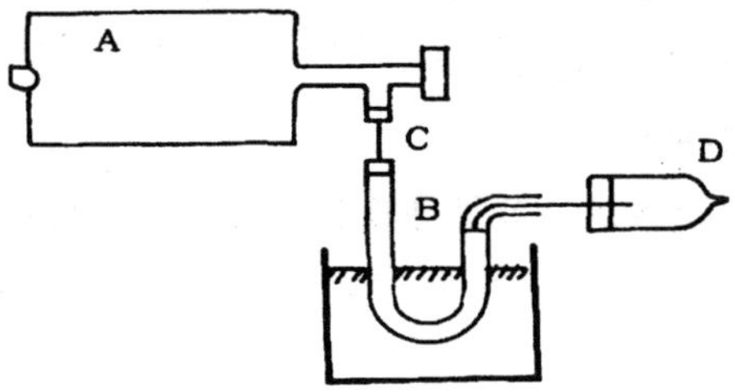

A: 시료가스채취용기　B: 시료농축관
C: 스테인리스제 주사침　D: 진공펌프

그림 2 시료농축관

(1) 경질유리제로 내경 4㎜의 것이어야 한다.

(2) 내부를 아세톤으로 씻고 물로 세척한후 건조한 다음 60~80mesh의 백색규조토 담체를 산으로 씻고 디메틸디클로로실란 처리한 것을 충전한 것이어야 한다.

(3) 외부를 알루미늄 포일로 싸고 그 위를 유리섬유테이프로 절연하여 온도측정용 열전대를 부착하고 유리섬유로 싼 니크롬선을 같은 간격으로 감고 다시 유리섬유 테이프로 고정시킨 것이어야 한다.

1.2.3 가스크로마토 그래프 분석장치

그림 3과 같이 구성되어 있고 다음의 조건을 구비하고 있는 장치이어야 한다.

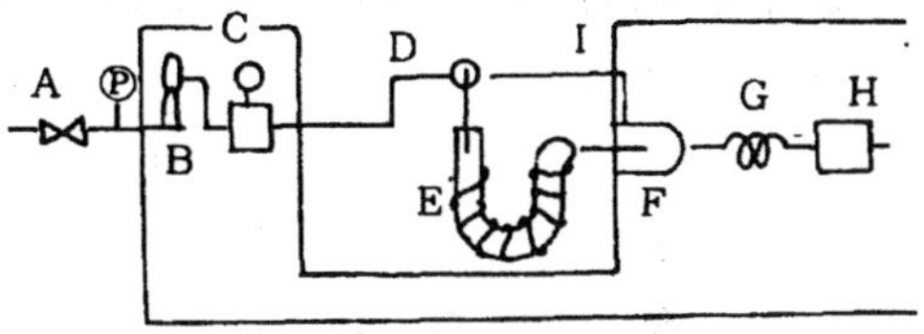

A : 질소통	B : 유량계	C : 유량조절계
D : 3방향 콕크	E : 시료농축관	F : 시료도입부
G : 분리관	H : 검출기	I : 바이패스유로

그림 3 가스크로마토그래프 분석장치

(1) 가스크로마토 그래프는 수소염이온화 검출기를 사용한다.

(2) 운반가스의 유로를 변경하여 시료도입부의 직전에 두어 시료농축관에 접속시킨다.

(3) 분리관은 유리제로 내경 3㎜정도, 길이 2 m정도의 것으로 내면을 아세톤으로 씻고 물로 세척하여 건조시킨 것이어야 한다.

(4) 충전제는 60~80mesh의 백규조토담체를 산으로 씻은 다음 디메틸디클로실란 처리를 하여 SP-1200을 5%, 벤톤-34를 1.75% 흡착한 것, 또는 이와 동등 이상의 성능을 가진 것이어야 한다.

(5) 시료도입부의 온도는 180℃ 정도로 한다.

(6) 분리관의 온도는 80℃ 정도로 한다.

(7) 운반가스는 질소가스를 사용하고 유속은 40~50㎖분으로 한다.

1.3 측정순서

농도의 측정은 다음의 순서에 따른다.

1.3.1 시료가스의 채취

미리 진공펌프에 의해 충분히 탈기한 후 시료가스 채취용기의 밸브를 열어서 5분간 채취한다.

1.3.2 채취시료의 농축

시료가스 채취용기를 그림 4의 액체산소 또는 액체질소로 냉각시킨 시료농축관에 접속하고 진공펌프를 가지고 5~10분간 흡인하면서 시료가스 채취용기를 100℃정도로 가열함에 따라 시료가스 채취용기중의 스티렌을 시료농축관에 포집한다.

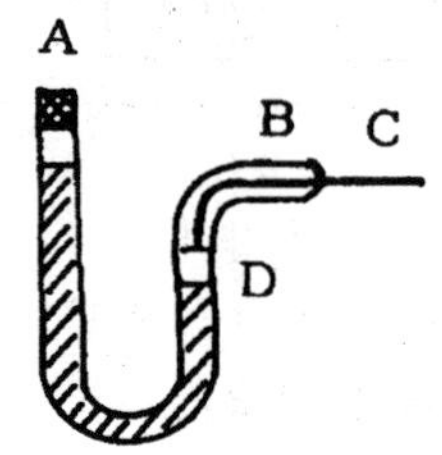

A: 불소수지제 고무　B: 모세관
C: 스테인리스제주사침　D: 석영유리섬유

그림 4 시료농축방법

그 후 새로 1ℓ정도의 질소가스를 시료가스 채취용기에 주입하고 같은 조작으로 용기중의 피검성분의 잔류분을 시료농축관에 포집한다. 시료농축관은 미리 100℃ 정도로 가열한 질소가스를 흘려보내면서 바탕시험을 행하여 방해성분이 없는 것을 확인한 것이어야 한다.

1.3.3 가스크로마토 그래프 분석

피검성분을 포집한 시료농축관을 액체산소 또는 액체질소로 냉각시킨 상태에서 그림 3의 가스크로마토 그래프 분석장치에 연결한다. 시료농축관에 운반가스를 흘려보내어 그 유량이 일정하고 또한 검출기가 안정한가를 확인한 다음 시료농축관을 200℃까지 약 2분간 가열승온시켜 피검성분을 가스크로마토그래프에 주입한다.

1.3.4 검량선의 작성

스티렌 표준용액을 벤젠으로 적당히 단계적으로 희석한 용액 수 μℓ를 각각 액체산소 또는 액체질소로 냉각한 시료농축관에 주입한 후 1.3.3의 가스크로마토 그래프 분석조작에 의하여 얻어지는 크로마토그램의 피이크 넓이에 의하여 검량선을 작성한다.

1.3.5 농도의 계산

1.3.4에서 얻어진 검량선에 의하여 시료가스중의 스티렌의 양을 구하고 다음 식에 의하여 대기중의 농도를 산출한다.

$$C = \frac{22.4A}{104V \times \frac{273}{273+t} \times \frac{P}{760}}$$

여기에서 C : 대기중의 스티렌의 농도(ppm)

A : 스티렌의 량(μg)

V : 시료가스채취 용기의 내용적(ℓ)

t : 시료가스 채취시의 기온(℃)

p : 시료가스 채취시의 대기압(mmHg)

2. 상온흡착법

2.1 시 약

시약은 다음과 같이 조제한 것을 사용한다.

2.1.1 스티렌 표준용액

1.1.2에 따른다.

2.1.2 다공성 폴리머 비드(porous po lymerbeads)

상온에서 탄소수 6이상의 탄화수소를 흡착하고 또한 200℃부근에서 재빨리 흡착성분을 탈착하는 성능을 가진 페라페닐렌 옥사이드계 등의 60~80mesh의 폴리머 비드로써 350℃이상의 내열성능을 가진 것이어야 한다.

2.2 장치 및 기구

2.2.1 시료채취장치

그림 5와 같이 구성되어 있고 다음의 조건을 구비하고 있는 것이어야 한다.

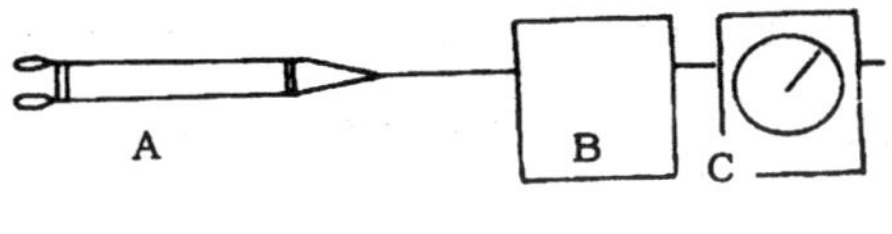

A: 시료채취관 B: 흡입펌프

C: 가스미터

그림 5 시료채취장치

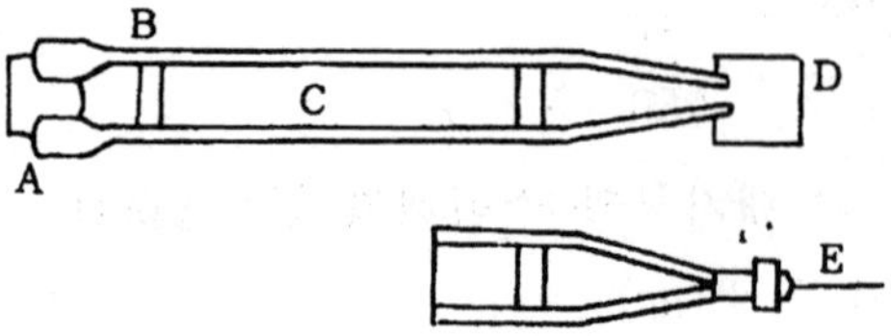

A: 실리콘 고무　　B: 석영유리섬유
C: 폴리마비드　　D: 불소수지제
E: 스테인리스제 주시침

그림 6　시료포집관

(1) 시료포집관

① 그림 5와 같은 모양의 경질유리제이고 내경 5㎜, 길이 18㎝로 한쪽의 입구에 주사침을 장착할 수 있는 것이어야 한다.

② 내부를 아세톤으로 씻고 건조한 후 다공성 폴리머 비드 0.5g을 충전하고 다공성 폴리머 비드가 쏟어지지 않도록 양 끝에 소량의 석영유리 섬유를 채운 것이어야 한다.

③ 불소수지제 마개 및 실리콘 고무마개에 의해 양끝을 밀폐할 수 있는 것이어야 한다.

(2) 흡인펌프는 시료포집관을 장착한 상태로 200㎖/분 이상 공기를 흡인할 수 있는 능력을 가진 것이어야 한다.

(3) 유량계는 0~1ℓ분 범위안에서 유량을 측정할 수 있는 것이어야 한다.

2.2.2 가스크로마토 그래프 분석장치

1.2.3에서 규정한 것과 같다. 다만 그림 6과 같이 시료농축관 대신에 주사침을 장착한 시료포집관을 가스크로마토 그래프에 접속하고 가열장치 등에 의해 시료포집관을 가열할 수 있는 것이어야 한다.

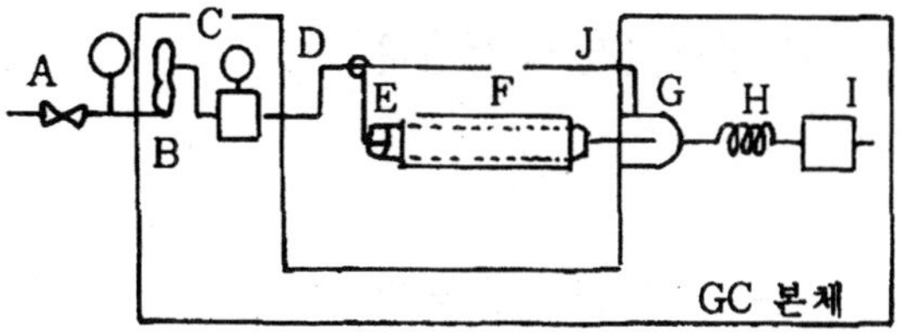

A: 질소통	B : 유량계
C: 유량조절계	D : 불순물제거관
E: 3방향콕크	F : 시료농축관
G: 시료도입부	H : 분리관
I: 검출기	J : 바이패스통로

그림 7 가스크로마토 그래프 분석장치

2.3 측정순서

농도의 측정은 다음의 순서에 따른다.

2.3.1 바탕시험

시료포집관에 질소가스를 흘려보내면서 230℃로 바탕시험을 행한다. 그후에 2.3.3의 가스크로마토 그래프 분석을 하고 스티렌의 머무름 시간에 방해성분이 없는 것을 확인한다.

2.3.2 시료의 채취

시료포집관의 실리콘마개 및 불소수지제 마개를 열고 200㎖/분의 유량으로 5분간 흡인하여 시료를 포집한다.

2.3.3 가스크로마토 그래프 분석

피검성분을 포집한 시료포집관을 그림 7의 가스크로마토 그래프 분석장치에 접속시킨다. 시료포집관에 운반가스를 흘려보내고 그 유량이 일정하고 검출기의 응답이 안정된 것을 확인한 후 시료포집관의 온도를 실온에서 200℃까지 약 1분간 가열승온시켜 피검성분을 가스크로마토 그래프에 주입한다.

2.3.4 검량선의 작성

스티렌 표준용액 또는 이것을 적당히 단계적으로 희석한 용액수 ㎕를 각각 실온상태에서 시료포집관에 주입한 뒤 2.3.3의 조작에 의하여 얻어진 크로마토그램의 넓이에 의하여 검량선을 작성한다.

2.3.5 농도의 계산

1.3.5에 따른다.

다만 V : 유량계로 측정한 흡인가스량(단위 ℓ)

t : 유량계의 온도(단위 ℃)

제 4 장 배출물질 유량 산정법

1. 산정원리

이 시험법은 악취가 발생하는 현장(공장)에서 발생되는 악취 배출물질의 유량을 산정하기 위한 시험방법으로서 다음의 두가지 방법에 의해 산출된다.

2. 시험방법

2.1 악취물질이 일정한 배출구(굴뚝)로 일정유량이 배출되는 경우 : 대기편 제3장 제2절 제26항 배출가스 유량측정 방법에 따라 측정산출한 후 다음 방법에 의해 배출 물질유량을 산출한다.

$$Qv = Q'\ \ N\cdot\frac{C_1 - C_2}{C_1}$$

여기에서

Q_v : 악취배출물질유량(㎥/시)

$Q'N$: 경조배출가스유량(㎥/시)

C_1 : $10^{1(}$(10^1의 Ⅰ은 직접관능시험법에 의해 주지경계선에서 측정된 악취의 강도를 의미함)

C_2 : 10^2 (10^2의 2은 직접관능법에 의한 악취배출허용기준인 2도를 의미함)

2.2 악취물질이 일정한 배출구(굴뚝) 없이 작업장에 비산되는 경우(작업장에 비산된 악취물질을 송풍기로 배출하거나 자연통풍으로 배출하는 경우) : 작업장에 비산된 악취불질이 자연통풍에 의해 배출되는 경우에는 작업장내 공기의 배출구 면적과 외부의 공기 유입구면적 차이가 크지 않는 한 외기온도와 작업장내 온도차의 제곱근 비례하게 된다.

작업장과 외기온도와의 차에 의해 배출물질유량을 산출하는 방법은 다음과 같다.

(1) 작업장내에 비산된 악취물질을 송풍기로 배출시키는 경우는 송풍기를 끄고 30분이 경과되면 작업장내의 온도를 4지점이상 측정하여 그 평균치를 Ti라 한다.

(2) (1)의 측정시와 동일한 시간에 작업장 밖(외기)의 온도를 측정하여 To라 한다.

(3) 작업장내 비산된 악취물질의 배축구면적(Ao)과 외부공기의 유입구 면적(Ai)을 산출한다.

(4) 배출구중심(h_1)에서 유입구중심(h_2)까지의 수직거리(Δh)를 측정한다.

(5) (1), (2), (3), (4)의 측정치로부터 다음 식을 이용하여 자연통풍에 의한 작업장내 악취물질의 배출유량을 산출한다.

$$Q_v = (623 - To) \cdot f \cdot A\sqrt{\frac{\Delta h \cdot \Delta f}{m^2 + 1}} \cdot \left(\frac{C_1 - C_2}{C_1}\right)$$

여기에서

Q_v : 작업장 악취 배출물질 유량(㎥/시간)

f : 0.1(악취배출물질유량 산정계수)

A_0 : 배출구 면적(㎥)

A_i : 유입구 면적(㎥)

T_0 : 외기온도(℃)

T_i : 작업장내의 온도(℃)

Δh : 배출구와 유입구간의 수직거리(m)

ΔT : 작업장내와 외기와의 온도차(℃)

m : 배출구 면적과 유입구 면적과의 비 ($\frac{Ao}{Ai}$)

C_1 : 10^1 (10^1의 I는 직접관능시험법에 의해 부지 경계선에서 측정된 악취의 강도를 의미함)

C_2 : 10^2(10^2의 2는 직접관능시험법에 의한 악취배출허용기준인 2도를 의미함)

위 식에서 배축구 면적(Ao), 유입구 면적(Ai)의 산출방법과 배출구와 유입구간의 수직거리(⊿h)의 산출방법은 참고 1과 참고 2의 방법에 따른다.

※ 참고 1. 배출구 면적과 유입구 면적 산출

온도차에 의해 작업장에 비산된 악취배출물질의 유량을 산출하는 방법은 통풍구중 어느 것이 배출구인지 또는 유입구인지의 결정과 동시에 배출구의 면적, 유입구면적을 어떻게 산출하는가가 가장 중요하므로 다음의 방법에 의해 산출한다.

(1) 작업장내의 온도가 외기의 온도보다 높을 경우에는 상부가 배출구가 되고 하부가 외부공기의 유입구가 되며, 작업장내의 온도가 외기의 온도보다 낮을 경우는 하부가 배출구가 되고 상부가 외부공기의 유입구가 된다.

(2) 통풍구의 위치로 보아 배출구인지 유입구인지 확실히 구별이 안될 경우에는 측정자가 공기흐름에 방해가 되지 않는 위치에서 직접 육안으로 확인하여 결정한다.

(3) 통풍구가 하나일 경우에는 통풍구의 면적중 반을 배출구로 하고 나머지 반을 외부공기의 유입구로하여 면적을 산출한다.

※참고 2. 배출구와 유입구간의 수직거리 산출

참고 1의 방법에 의해 배출구인지 유입구인지가 확인되면 배출구와 유입구의 중심간의 거리로써 산출한다.

(1) 배출구와 유입구간의 위치가 그림 1과 같이 일정하지 않을 경우는 다음 식을 이용하여 산출한다.

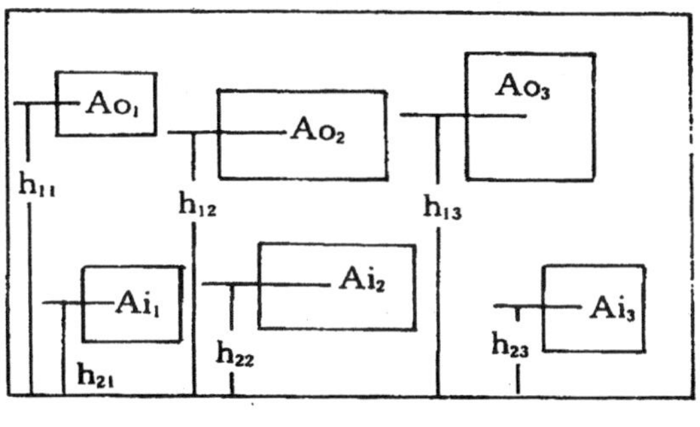

그림 1 작업장 통풍구

$$\Delta h = \frac{Ao_1 \cdot h_{11} + Ao_2 \cdot h_{12} + Ao_3 \cdot h_{13}}{Ao_1 + Ao_2 + Ao_3} - \frac{Ai_1 \cdot h_{21} + Ai_2 \cdot h_{22} + Ai_3 \cdot h_{23}}{Ai_1 + Ai_2 + Ai_3}$$

(2) 통풍구가 하나일 경우는 통풍구의 면적중 반은 배출구로 하고 나머지 반은 외부공기의 유입구로 하여 각각의 면적 중심간의 거리를 Δh로 한다.

[과년도 기사·산업기사 출제문제]

문제 1. 환경오염 공정시험법에서 채택되고 있는 관능법에 의한 시험은?<'90전반기-기사>
㉮ 쾌-불쾌 표시법 ㉯ 취기강도 표시법 ㉰ 취기 농도 표시법 ㉱ 공기 희석법

문제 2. 식염수법으로 악취를 측정할 때 악취시험에 소비한 시료가 10㎖이고 희석에 사용한 1%NaCl은 100㎖였다. 취기희석 배수는 얼마인가?<'90전반기-산업기사>
㉮ 100 ㉯ 110 ㉰ 200 ㉱ 220

문제 3. 환경오염 공정시험법에서 악취를 몇 단계로 표시하는가? <'90전반기-산업기사>
㉮ 5단계 ㉯ 6단계 ㉰ 7단계 ㉱ 9단계

문제 4. 악취측정법중 관능법 감지구분에 있어 악취도 2란?<'90후반기-산업기사>
㉮ 확실한 취기 ㉯ 보통 취기 ㉰ 강취기 ㉱ 극심한 취기

문제 5. 다음 중 악취 측정방법으로 틀리는 것은?<'90후반기-산업기사>
㉮ 악취는 관능법 또는 식염수법으로 측정한다.
㉯ 관능법에 의한 악취판정자는 5인 이상으로 구성한다.
㉰ 식염수법에서 취기 희석 배수치가 30 이하이면 적합으로 판정한다.
㉱ 식염수법에서 시료가스 흡인시간은 1시간이면 충분하다.

문제 6. 식염수법으로 악취를 측정할 때 악취시험에 소비한 시료가 3㎖이고 희석에 사용한 1% NaCl의 사용량이 50m1이었다. 취기 희석배수치는?<'90후반기-산업기사>
㉮ 195 ㉯ 183 ㉰ 177 ㉱ 155

문제 7.공정시험법에 의한 악취 측정방법 중의 식염수법에 관한 기술이다. 틀린 것은?<'91후반기-기사>
㉮ 필요 시약은 NaCl과 입상활성탄이다.
㉯ 취기 판정자는 후각이 발달한 남자 5인 이상으로 구성된다.
㉰ 필요 장치는 흡수병, 흡인펌프, 족장뷰렛, 공병이다.
㉱ 시료채취 후 30분 이내에 측정해야 한다.

문제 8. 식염수법에 의한 악취 시료 채취의 흡수액은?<'92전반기-기사>
㉮ 0.1%식염수 ㉯ 1%식염수 ㉰ 5%식염수 ㉱ 10%식염수

문제 9. 식염수법으로 악취를 측정하여 다음 결과를 얻었다. 취기 회석 배치수는? (단, 시료 소비량 5.5㎖ 회석에 사용한 1% NaCl 20㎖이다.)<'92전반기-산업기사>

㉮ 13　　㉯ 14　　㉰ 46　　㉱ 56

문제 10. 공정 시험법에서 규정된 악취 조사 판정자 수는?<'92전반기-산업기사>

㉮ 3인이상　㉯ 4인이상　㉰ 5인이상　㉱ 6인이상

문제 11. 다음 측정 장치를 이용하여 악취를 실험하고 있다. 시약 (A)와 (B)는?
<'92전반기-산업기사>

	(A)	(B)
㉮	0.1% NaCl,	입상활성탄
㉯	1.0% NaCl,	입상활성탄
㉰	0.1% NaCl,	분말활성탄
㉱	1.0% NaCl,	분말활성탄

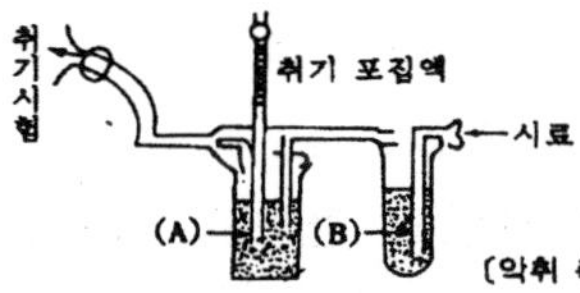

(악취 측정 장치)

문제 12. 관능법 악취도와 악취감도를 알맞게 짝지은 것은?<'96전반기-산업기사>

㉮ 악취도 2 - 감지취기(Threshold)
㉯ 악취도 3 - 강한취기(strong)
㉰ 악취도 4 - 참기 어려운 취기(Over strong)
㉱ 악취도 5 - 극심한 취기(Very strong)

문제 13. 악취 측정방법인 관능법에 관한 내용 중 틀린 것은?<'97전반기-기사>

㉮ 측정위치는 악취발생 현장의 부지경계선상이나 피해지점에서 취기강도가 가장 높은 지점선정
㉯ 대상지역에 거주하는 건강한 5인 이상의 후각을 이용하여 악취의 취기강도를 측정
㉰ 악취도 2도 이하이면 적합, 3도 이낭이면 부적합으로 판정
㉱ 각 판정사의 감지된 악취도중 판정자의 다수가 판정한 악취도를 선택

문제 14.악취 판정시 직접 관능법의 설명으로 맞지 않는 것은?<'98후반기-기사>

㉮ 악취조사 판정자는 조사대상에 거주하지 않는 사람으로 후각이 정상이고 건강한 사람 5인 이상으로 구성한다.
㉯ 악취판정은 2도 이하면 적합하고 3도 이상이면 부적합하다.
㉰ 악취판정법의 0도는 무취(취기를 감지 못함)이다.

㉱ 판정자에 감지된 강도 중 가장 높은 강도를 그 지역의 악취도로 판정한다.

문제 15. 관능법에 의한 악취시험법에 관한 설명 중 틀린 것은 어느 것인가?
<'98후반기-산업기사>

㉮ 이 시험법은 악취가 발생하는 현장(공장의)부지 경계선상(피해지점)에서 건강한 사람의 후각을 이용하여 악취의 취기강도를 측정하는 방법이다.
㉯ 악취조사 판정자는 조사대상 지역에서 거주하는 사람으로서 후각이 정상이고, 건강한 사람 5인 이상으로 구성한다.
㉰ 조사측정 담당자는 측정 당시 그 지역의 풍향, 풍속, 지형을 고려하여 악취의 분포 정도를 사전에 충분히 조사하여 악취의 취기강도가 가장 높은 악취발생 현장의 부지경계선을 측정장소로 한다.
㉱ 악취판정표에 의한 악취도는 6단계 표시법이다.

문제 16. 악취를 쾌 또는 불쾌법으로 평가하는 방법은 악취표의 어느 특성을 이용한 방법인가?<'93후반기-산업기사>

㉮ 질　㉯ 강도　㉰ 인용성　㉱ 전파성

문제 17. 악취 측정법의 관능검사에서는 검사 판정자는 몇 명으로 구성되는가?
<'94전반기-기사>

㉮ 2인이상　㉯ 3인이상　㉰ 4인이상　㉱ 5인이상

문제 18. 악취판정시 직접관능법의 설명으로 맞지 않은 것은 ?<'95전반기-기사>

㉮ 악취조사 판정자는 조사대상에 거주하지 않는 사람으로 후각이 예민하고 건강한 사람 5인 이상으로 구성된다.
㉯ 악취판정은 2도 이하면 적합하고 3도 이상이면 부적합하다.
㉰ 악취판정법의 0도는 무취(취기를 감지 못함)이다.
㉱ 악취판정법의 5도는 참기 어려운(over strong) 취기이다.

문제 19. 직접 관능법에 의한 악취 시험방법에 관한 설명으로 틀린 것은?
<'95전반기-산업기사>

㉮ 악취도 0은 무취로 한다.
㉯ 피해 지점 중 취기강도가 가장 높은 지점에서 측정한다.
㉰ 악취도는 0-5까지이다.
㉱ 조사 판정자는 조사대상 지역에서 거주하지 않는 사람으로 후각이 정상인 사

람으로 구성한다.

문제 20. 악취판정이 잘못 연결된 것은? (단, 직접관능법 :악취도-악취강도 구분)<'99후반기-산업기사>

㉮ 0-None ㉯ 1-Moderate ㉰ 4-Veustrong ㉱ 5-Overstrong

Ⅲ. 부 록

III. 부 록

제 1항 Stack Air Sampler 사용법

1. 장치의 구성도

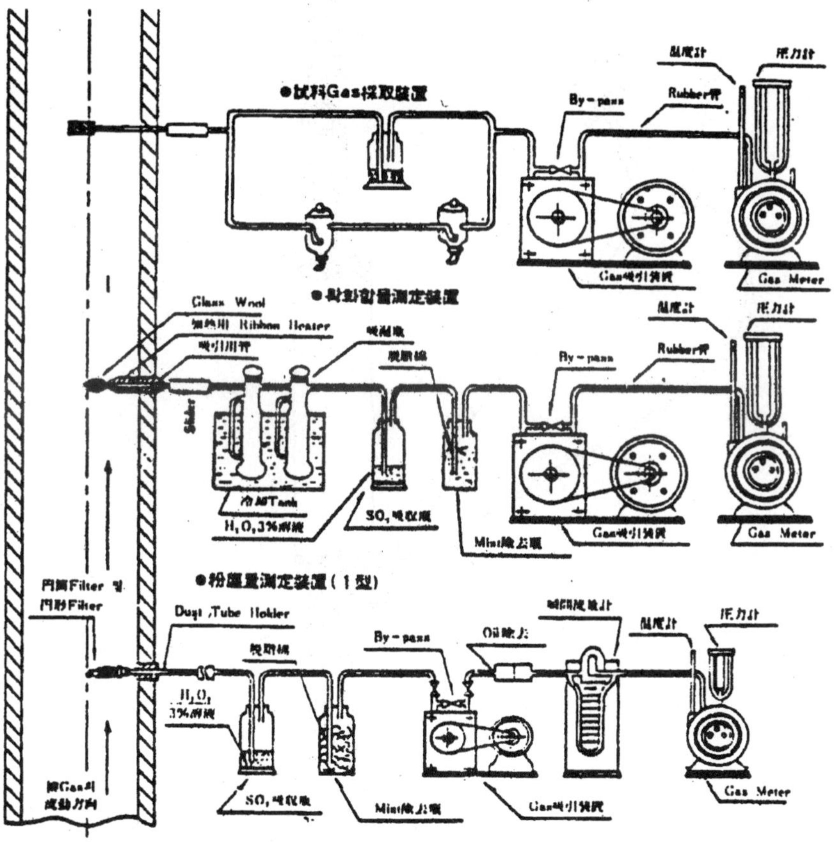

그림 1 표준형 시료채취 구성도

1.1 Samp ling Probe (채취관 = S. P)

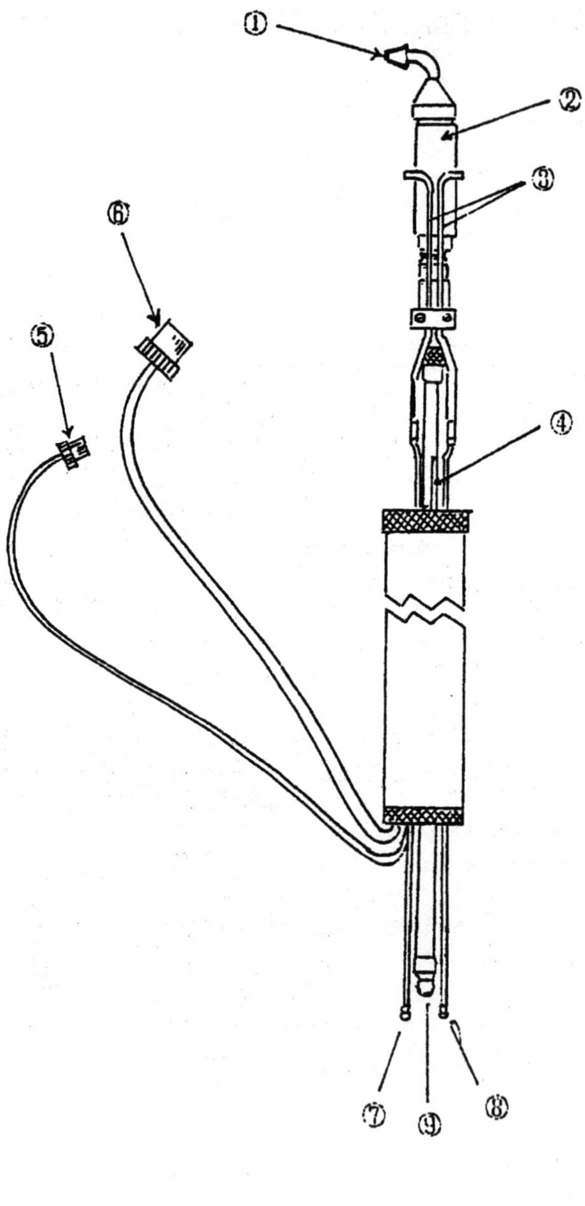

1.2 Universal Absorption Set (흡수장치 = A. S)

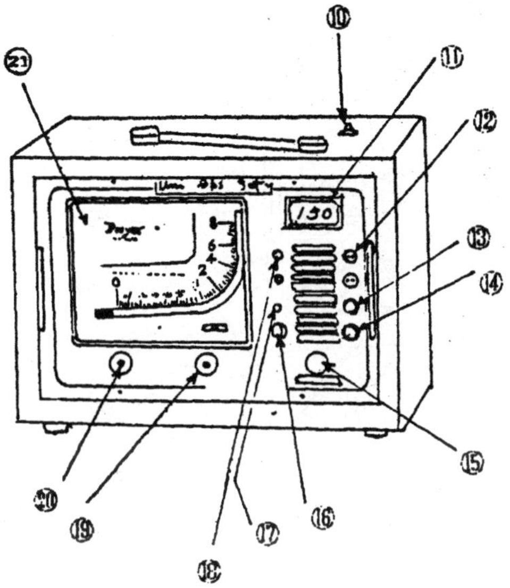

(전 면)

(후 면)

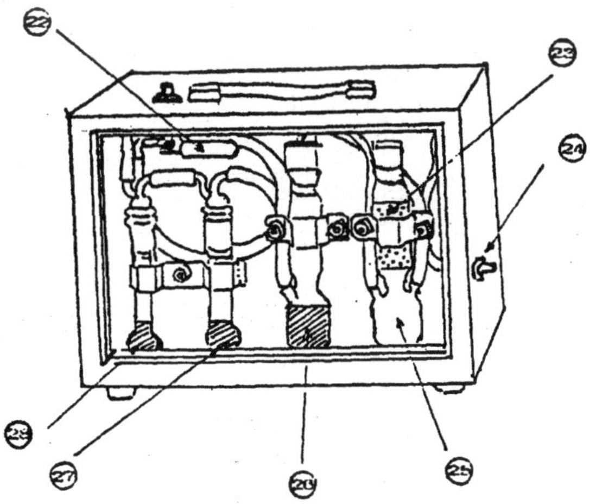

1.3 Suct ion Set (흡인장치 = S. S)

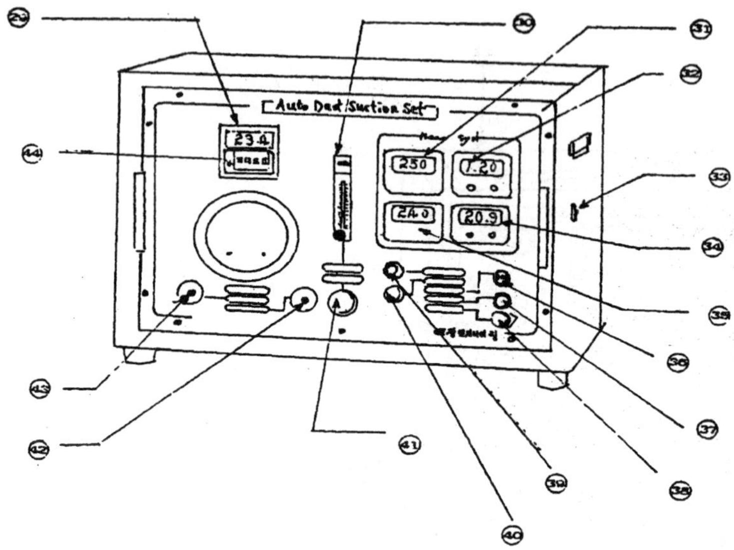

1.3.1 각부의 명칭

분류번호	명 칭	분류번호	명 칭
1	NOZZLE	23	SILICAGEL
2	DUST HOLDER	24	GAS OUT
3	PITOT TUBE	25	MIST BOTTLE
4	THERMO SENSOR	26	MOISTURE BOTTLR
5	THERMO COUPLE	27	SO_X BOTTLE
6	RIBBON HEATER COUPLE	28	SO_X BOTTLE
7	TOTAL PRESSURE	29	TOTAL FLOW
8	STATIC PRESSURE	30	MOMENT FLOW
9	GAS OUT	31	HIGH TEME
10	GAS IN	32	DYNAMIC PRESSYRE
11	THERMO DIGIYAL DISPLAY	33	GAS IN
12	THERMO COUPLE	34	Oz DIGITAL DISPLAY
13	HEATER LAMP	35	GAS METER TEMP
14	RIBBON HEATER	36	HIGH TEMP COUPLE
15	HEATER CONTROLLER	37	FUSE
16	POWER AC 110V	38	POWER AC 110V
17	FUSE	39	AUTO SWICH
18	THERMOMETER ON (PUSH)	40	START SWICH
19	STATIC PRESSURE	41	GAS REGULATER
20	TOTAL PRESSURE	42	STATIC PRESSURE
21	INCLINED MANOMETER	43	TOTAL PRESSURE
22	WAY COKE	44	ZERO ADJUST SWITCH

1.3.2 세부장치사양

1. Sampling Probe & Pitot Tube (CE 22SP)
  1) Probe (연도내 시료 채취용)
   가) 내경 : φ 8mm
   나) 외경 : φ40mm
   다) 길이 : 1500mm
   라) 재질 : SUS#316
  2) Pitot Tube (연도내 동압측정용)
   가) 형식 : Western Type (y형)
   나) 재질 : SUS#316
   다) 규격 : φ5mm, L1400mm
  3) Thermo Couple (연도내 고온온도 측정용)
   가) 형식 : Electric Couple
   나) 재질 : Pt. 100Ω
  4) Dust Tube (원통여지 장착용)
   가) 규격 : φ25mm×90mm
   나) 재질 : SUS#316
   다) 기타 : 테프론팩킹
  5) Nozzle (분진 채취시 흡인구로써 Dust Tube 입구에 장착)
   가) 규격 : φ4mm-φ12mm
   나) 재질 : SUS#316
   다) 수량 : 4종
  6) Ribbon Heater
   가) 규격 : 300VA
   나) 재질 : 니크롬 Cable 및 Glass Wool

2. Universal Absorption Set (CE-22AS)
  1) 전면
   가) Inclined Manometer ("가" 항 Pitot Tube와 연결하여 동압측정)
    · 측정범위 : -10~80mmAQ(H_2O)
    · 재질 : 유리관

나) Pyrometer ("가" 항 Thermo Couple과 연결하여 온도측정)

· 측정범위 : 0~400℃ (Max. 800℃)

· 최소지시 : 1℃

· 표시방법 : Digital Display (LED)

· 전원 : DC 9V

다) Ribbon Heater Controller ("가" 항의 Ribbon Heater의 Controll 장치)

· Controll 범위 : 0~150℃

· 용량 : 110V 60HZ 600W

· Controll범위 : 반도체식 (SCR)

2) 후면

가) SO_X Absorption Bottle (SO_X Sampling시 과산화수소를 넣어 SO_X가스를 흡수하는 병)

· 용량 : 100㎖

· 수량 : 2EA

· 재질 : Glass

나) Gas (SO_X 및 기타) Filtering 및 By Pass용 (Dust Sampling시 SO_X를 제거시기며 SO_X Sampling시 By Pass용으로 사용)

· 용량 : 300㎖

· 수량 : 2EA

· 재질 : Glass

다) Moisture & Mist Filter Bottle

(Silicagel과 솜을 충전시켜 수분과 Mist를 제거시키는 병)

· 용량 : 300㎖

· 수량 : 1EA

· 재질 : Glass

라) 3 Way Coke (SO_Z와 Dust Sampling시 유체의 흐름방향 변경장치)

3) 기타

가) Size : 400×200×280H

나) 용량 : 3.5Kg

3. Universal Suction Set (CE-22ADS)

1) Suction Pump(가스흡인용)

가) 진공도 : 350mmHg
나) 흡인유량 : 34ℓ/min
다) 내구시간 : 10,000Hr
2) Moment Flow Meter(순간흡인 유량표시용)
가) 범위 : 0~25ℓ/min
나) 재질 : 아크릴
3) 유량환산자(Dust Sampling시 동압에 의한 등속흡인유량 표시용)
가) 종류 : 4종
나) 재질 : 아크릴
4) Gas Meter(가스흡인유량의 적산용)
가) 최대지수 : 9999.99ℓ
나) 최소지수 : 0.01ℓ
다) 최대사용량 : 36ℓ/min
라) 최소사용량 : 0.016ℓ/min
마) 유량표시 : Digital display(LED)
5) Electric Manbometer(전자식 동압측정장치로써 2-나-1) -가)항과 동일)
가) 측정범위 : 0~50mmAg
나) 출력 : DC 4~20mA
6) O_2 측정장치(연도내 O_2측정용)
가) 측정범위 : 0~100%
나) 측정범위 : O_2 Sensor에 의한 농도표시
7) 기타
가) 연도온도 Digital Display (LED)
나) Gas Meter 온도 Digital Display(LED)
다) 동압 Digital Display(LED)
라) O_2농도 Digital Display(LED)
마) Auto Digital Preset controli system
바) 전원 : AC 110V 60Hz
사) Size : 555×280×380H
아) 중량 : 10Kg

2. 기기사용방법

2.1 온도측정

1) CE-22SP를 연도측정공을 통하여 측정지점까지 밀어넣은 다음 헝겊류를 사용하여 외부공기가 측정공을 통하여 연도내에 유입되지 않도록 막는다.

2) CE-22SP의 ⑤를 CE-22AS의 ⑫에 연결한다.

3) 약 5분후 CE-22AS의 ⑱을 눌르면 CE-22AS의 ⑪에 나타난 수치가 측정시 연도온도(℃)이다.

4) 또한 CE-22ADS를 이용하여 연도온도를 측정할 경우 CE-22SP의 ⑤와 CE-22ADS의 ㊱을 연결한 후 약 5분후 Ce-22ADS의 ㉛에 나타난 수치가 연도온도(℃)이다. ★이하 CE-22는 생략함.

2.2 동압측정

단) SP의 ③ 즉, Pitot Tuberk 연결유체의 흐름에 수직이 되도록 SP의 ⑦이 수직아래방향, ⑧이 수직상부방향에 정확히 고정시킨다.

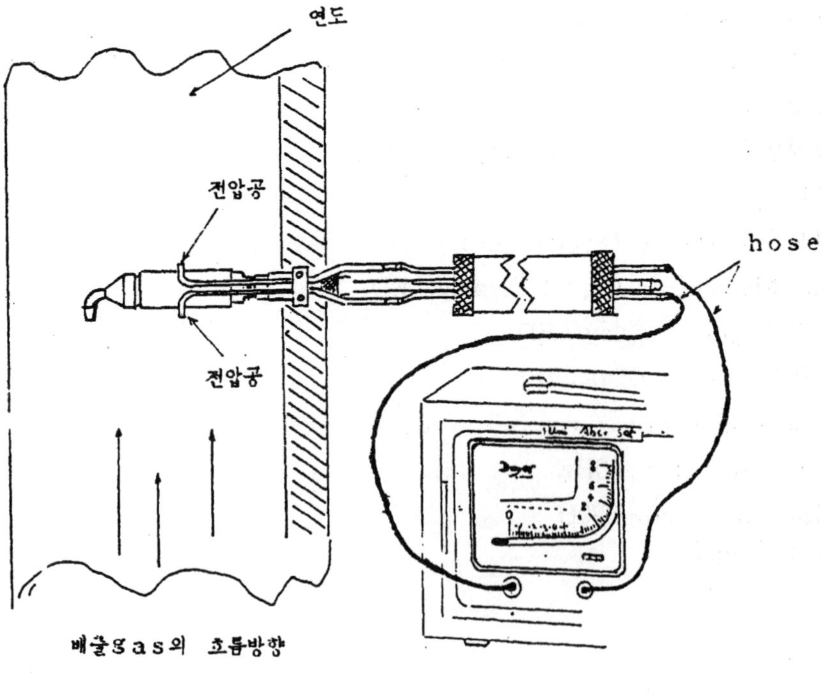

1) AS의 Inclined Manometer로 측정할 경우

가) 1)의 상황에서 AS의 21에 취부된 수면계를 이용하여 수평을 유지시킨다.

나) As 21에 취부되어 있는 Zero 다이얼을 좌우로 돌려 유리관 내부의 액을 눈금표시 “0”에 맞춘다.

다) SP ⑦과 ⑧에 호스를 연결한다.

라) SP ⑦에 연결된 호스를 AS ⑳에, SP⑧에 연결된 호스를 AS ⑲에 동시 연결한다.

마) 이때 유리관 내의 액이 이동하여 정지될 때의 수치(눈금)가 동압 (mmAQ)이다.

2) ADS의 Electric Manometer로 측정하는 경우

가) ADS ㉝에 전원코드를 연결하여 전기를 인입시킨다.

나) 전기인입 약5분후 ADS ㉜의 Zero나사(다이얼)를 좌우로 천천히 돌려 “0”에 맞춘다.

다) AS ⑦과 ADS 43, AS⑧과 ADS ㊷를 호스를 사용하여 동시에 연결한다.

라) 연결후 ADS ㉜에 나타난 수치가 동압(mmAQ)이다.

2.3 유속(Ve loc ity)측정

앞에서 측정된 온도와 전압 및 동압치를 사용하여 다음 공식에 의해 유속을 산출한다.

1) 습배기 질량(r)의 계산

$$r(Kg/m^3) = r0 \times \frac{273}{273+\theta s} \times \frac{Pa+Ps}{760}$$

· r0는 1.3Kg/m³(고체 및 액체연료 사용시)

· θs는 측정점에서의 배기가스온도(℃)

· Pa는 측정점에서의 대기압9mmHg)

· Ps는 SP⑦과 As ⑳을 연결할 때의 얻어지는 수치가 정압(Ps)이므로 수은주로 환산한다.(Hg)

2) 유속(V)의 계산

$$V(m/\sec) = C\sqrt{\frac{2gh}{r}}$$

· V : 유속(m/sec)

· C : 피토우관의 계수 (Pitot tube 하단부에 표기되어 있음)
· h : 동압측정치 (mmH_2O)
· g : 중력가속도 (9.81)
· r : 1)에서 구해진 수치

3. S0x 시험 방법

3.1 시약

1)흡수액: 3% H_2O_2용액
2) 지시약 : 메틸레드, 메틸렌블루 혼합지시약
3) 적정액 : N/10 NaOH 용액

3.2 각 장치의 준비

1) 준비된 3% H_2O_2 용액 200㎖를 종합 흡수장치 (Absorption Set)의 가스 흡수병 2개 ㉗㉘에 각각 50㎖씩 넣고 나머지 100㎖는 Gas filter부 ㉕(수분제거 bottle)에 넣은 다음 Way cock ㉒를 하단으로 하여 흡수장치의 기본 준비를 끝낸다.

2) 시료 채취장치를 채취장소에 옮긴후 시료 채취부(Sampling probe=S.P) 앞부분의 dust holder ②부위를 선정하여 채취관 (S.P)의 ⑨와 흡수부(Absorption Set=A.S) ⑩을 실리콘 진공호스로 연결한다.

3) S.P의 리본히터 가열선 ⑥을 A.S의 리본히터 조절용 잭 ⑭에 연결한 다음 A.S의 Power 110V⑯을 전원에 연결하고 가열조절변(heater controller)⑮를 최대로 하여 S.P의 리본히터를 가열한다.

4) S.P를 가열하는 동안 흡인부(Suction Set=S.S)의 순간유량계** 지시치를 Gas regulater ㊶로 돌려 1~2ℓ/min으로 조정하고 적산유량계(Auto counter)㉙의 기억수치를 20.0ℓ로 맞춘다.

5) Auto Swich㊴를 누른다음 Starting Swich ㊵을 누르고, 각 장치의 작동여부를 확인다.

6) A.S의 ㉔와 S.S의 ㉝을 진공호스로 연결하면 A.S의 By pass부 수분제거 bottle ㉖에서 기포가 발생된다. 이로써 모든 준비작업은 끝난다.

3.3 시료의 흡수

1) 흡수장치(A.S)중 Way coke ㉒를 우측상단 방향으로 돌림과 동시에 흡인장치(S.S)의 적산유량계(autocounter)㉙에 부착된 Zero adjust swich를 누른다.

2) 이때부터 기포발생이 by pass부로부터 SOx흡수병 ㉗㉘로 치환되며 적산유량계 ㉙에서 적산되어있던 유량은 0.0ℓ로 환원되며 지금부터 적산이 시작된다.

3) 다음부터의 시료채취 공정은 자동으로 Suction Set(흡인장치)에서 흡인되며 시료가스 흡인량이 20.0ℓ에 도달하면 자동으로 제어함과 동시에 경보음(……♪♪♪)이 울린다.

4) Total 적산유량(Digital로 표기된 숫자)㉙와 Gas meter 온도 ㉟를 기록하고, zero adjust swich㊹를 누른다. (경보음 멈춤)

5) A.S의 실리콘 튜브 및 Way cock 관내의 응축된 가스 모두를 50~100㎖의 증류수로 세척하고 메스플라스크에 전량을 250㎖표선까지 채운다. 이로써 SOx의 시료흡수는 끝난다.

3.4 적정(그림 1참조)

① 250㎖의 시료중에서

② 100㎖를 분취한다.

③ Methylred·Methylen blue 혼합지시약을 3~4방울 떨구면 자색 색상이 나타난다.

④ N/10 NaOH로 적정하고 용액의 색이 녹색으로 변하는 점을 종말점으로 한다. (지시약을 사용하는 대신 pH meter를 사용해서 적정해도 좋다. 이때 종말점은 pH 5.4부근으로 한다.)

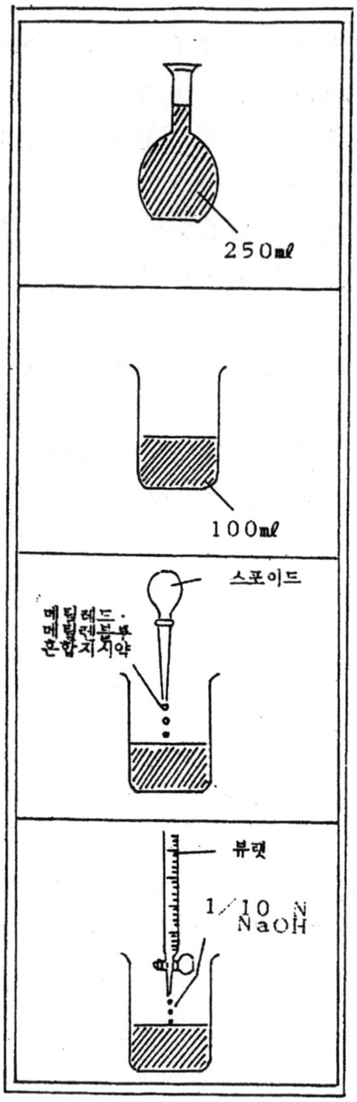

① 250 ℓ Sample중

② 100㎖ Sample만 분취

③ 메틸레드 · 메틸렌블루 혼합지시약 3~4방울 가함(자색)

④ N/10 NaOH로 적정 (녹색으로 변함)

<그림 1> 적정방법

[계산]

$$C = \frac{1.12 \times (a-b) \times f \times 250 \times V}{Vs} \times 1.000$$

C : 황산화물 농도(ppm)

a : 적정에 사용한 N/10 NaOH 용액 소모량(mℓ)

b : 바탕시험에 사용한 N/10 NaOH 용액 소모량(mℓ)

f : N/10 NaOH 용액의 factor

V : 분석용 시료용액의 분취량(mℓ)

※ V_s(시료채취량)의 산정

$$Vs = Vm \times \frac{273}{273+\theta m} \times \frac{Pa+Pm}{760}$$

Vs : 시료 채취량 (ℓ)

Vm : 흡인한 건조 가스량(ℓ)

θm : 가스미터 온도(℃)

Pa : 대기압(mmHg)

Pm : 가스미터 게이지 압력(mmHg)

3.5 실측예

"M" 회사에서 상기 조작법에 의하여 실측한 결과 다음과 같다.

① 가스 흡인유량: 20.0 ℓ (적산유량계에 기록된 숫자)

② 가스 메타 온도 : 28.5℃(digital로 표기된 숫자)

③ 분석용 시료 분취량 : 100mℓ(전 흡수액을 250mℓ로 한 것중 100mℓ를 분취)

④ 가성소다 소모량: 5.3mℓ(시액으로 제조하여 판매된 N/10 NaOH 사용)

⑤ 가성소다 factor:1.002(제조시약에 표시되어 있음)

⑥ 대기압 : 764mmHg

⑦ 가스메타의 게이지압 : 0.37(Suction Set 뒷면에 표기되어 있음. 순간유량계 2 ℓ/min의 경우 0.37에 해당됨)

먼저 실측 공식에 의거 Vs(ℓ)를 계산하면

$$Vs(\ell) = 20.0 \times \frac{273}{273+28.5} \times \frac{764+0.37}{760}$$

$$= 18.209\ \ell$$

따라서 SOx(ppm)는

$$SOx(ppmn) = \frac{1.12\times(5.3-0)\times1.002\times250\times100}{18.029}\times1.000$$

$$= 816.6(ppm)$$

단) 1982년 개정법에 의하여 연도시설에서 배출되는 오염물질의 허용기준 농도는 이론공기량(공기비 1:1)으로 환산 표시한다.(SOx, dust 판정시에만 적용)

따라서 최종기록되는 실측정치×공기비(측정지점의)는 측정지점의 공기비가 1.21이었을 때 배출되는 황산화물 농도는

816.6×1.21=988.1(ppm)

즉, 988.1ppm이 "M" 회사에서 배출되는 황산화물 농도가 된다.

4. Dust 측정방법

4.1 측정개요

연료나 기타물질을 녀소, 합성, 분해할 때 또는 열원으로써 전기를 사용할 때 연도, 연통, 연돌, 닥트(이하 연도라한다.)등에서 배출되는 먼지의 농도를 측정하기 위한 것이다.

4.2 원통여지(R88)의 건조

배출가스온도가 100℃이하에서는 원통여지를 보호링이 끼워진 상태에서 건조하되 dryoven에 105~110℃에서 건조하고 그 이상일때는 등온으로하여 (가정하여 배출가스온도가 150℃인 경우 150℃로) 항량(따로 규정이 없는 한 보통의 건조방법으로 1시간 더 건조 또는 강열할 때 전후 무게의 차가 매g당 0.3mg이하일때를 뜻함.)이 될 때까지 건조한 후 데시게이터에서 실온으로 하여 0.1mg까지 무게를 달아 여지보관함에 보관한다.

4.3 시료채취관(S.P)의 준비

Sampling Probe(S.P)는 Dust Holder②, Drian Thermo Sensor④, Pitot Tube③으로 구성되어 있다.

1) 시료채취부의 가본사항은 Pitot Tube의 전압공과 노즐의 방향이 일치하도록

조정하는 것이 중요하므로 측정전 미리 조립시험한다.

2) 측정시 측정점의 원할한 변경을 위하여 손잡이 부분에 노즐방향의 표시를 한다.

4.4 Suction Set(S.S)의 준비

Suction Set의 구성은 그림<다>와 같이 Mist Filter, Suction Pump, Gas meter, Digital Thermometer, Digital Control Countor등으로 구성되어 있다.

1) 실측정전 장치의 기밀도를 측정하기 위해서 Gas in let부분을㉝ 손으로 막고 기계를 동장하여 Gas meter의 Digital 수치가 7초이상 움직이지 않으면 장치내의 각 접점부위의 기밀도가 이상이 없다.

2) 유량계의 상호정도 측정을 위하여는 순간 유량계㉚의 지시치를 Gas Regulater㊶를 돌려 6ℓ/min 부위에 설정하고 Gas meter 표시부㉙와 1분간 비교 측정하여 ±5%이내이면 정도 보장이 된다.(순간 유량계의 정도 ±5%)

이때 6ℓ/min시 적산지시치는 1초에 0.1씩 적산된다.

연도의 배기가스유속	흡인노즐
30m/sec 이상	φ 4mm
2~30m/sec	φ 6mm
2~5 m/sec	φ 8.5mm
1~3 m/sec	φ 12mm

3) Mist Filter내의 충전물(실리카겔)은 실리카겔의 청색부위가 분홍색으로 변했을 때 꺼내어 재건조 또는 교체한다.

4.4.1 동압에 의한 등속 흡인 시료채취방법

(1) 흡인노즐의 선정

여과지를 통과하는 가스의 겉길이 유속이 0.5m/sec이하가 되도록 흡인노즐의 지름 및 여과지를 선정한다.

(2) 등속흡인 유량환산자의 선정: 상기 흡인 노즐의 선정에 다라 환산자를 준비한다.

예) 흡인노즐 φ4mm 일 때 환산자 VP=φ4mm 선정

(3) 등속흡인을 위한 ball의 위치 선정

2)의 방법과 같이 Inclined manomter(또는 electric manometer)로 동압을 측정한 후 흡인하면서 <그림>에 표기된 동압눈금에 ball을 맞추되 배출가스 온도㉛에 따라 scale 자의 상단에 표기된 ball의 표시에 따라 온도보정을 해 준다.

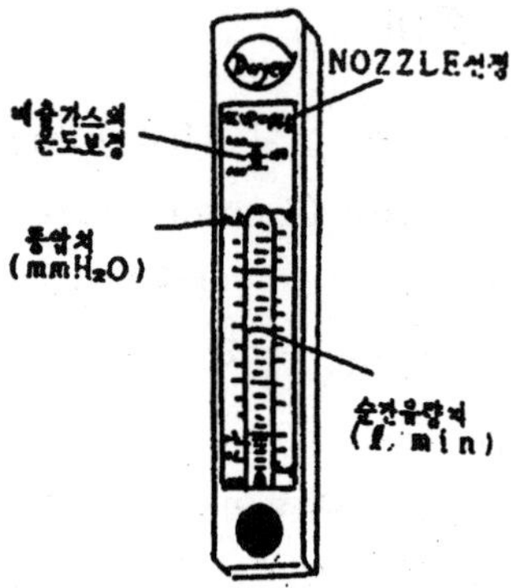

100℃이하	100℃～200℃	200℃이상
● → Ball	—●— → 동압치	——— → 동압치
——— → 동압치		● → Ball

Ball
(VP=φ8.5의 수치는 노즐의 선정 표시임)

(4) 시료 채취방법

가) 선정된 흡입노즐경을 Dust holder의 노즐부에 꼽고 원통여지를 부착한 다음 Suction set의 순간유량계㉚의 동압지시치를 재확인 하며 이때 적산유량㉙는 60 ℓ에 기억시킨다.

나) 시료채취관을 측정공에 넣어 노즐방향을 가스흐름 반대방향으로 돌려 놓는다.

다) Suction Set(흡입부)와 Absorption Set(흡수부)와의 진공호스를 연결(㉔와 ㉝을 연결)함과 동시에 Zero Adust㊹를 누르고 시료채취관의 흡인노즐방향을 가스흐름방향으로 돌려 놓는다.

(라) 흡인가스량이 적산치와 일치되면 황산화물 측정시와 같이 자동제어됨과 동시에 경보음이 울린다.

마) 원통여지 보호부②의 온도가 냉각되었을 때 원통여지를 꺼내어 항량 평량하여 dust의 무게를 단다.(ma_2)

(5) dust농도의 계산

$$Cn = \frac{1.000 \times md}{V'N}$$

Cn : dust 농도 (mg/m³)

md : 포집 dust의 질량 (g) (ma_2-ma_1)

V'N : 흡인가스 유량 (m³S)

흡인가스 유량의 (V'N)의 산정

$$V'N(\text{m}^3S) = V'm \times \frac{273}{273-\theta m} \times \frac{Pa-Pm}{760} \times 10^{-3}$$

$V'N$: 표준상태에서 흡인한 건조 가스량 (m³S)

$V'm$: 흡인한 건조 가스량(건식 가스미터에서 읽은 값)(ℓ)

θm : 가스미터의 흡인가스 온도(℃)

Pa : 대기압(mmHg)

Pm : 가스미터의 gas의 게이지압(mmHg)

(6) 실측예

수원에 있는 S회사에서 분진을 측정한 결과 흡인한 건조 가스량은 60.0ℓ이고, 가스메타의 흡인가스 온도는 25.3℃였다. 이때의 대기압은 763mmHg, 가스메타의 게이지 압력 0.59mmHg 또한 원통여지의 실분진 채취량은 0.0124g 이였을 대의 분진 농도를 계산하면,

먼저 실측공식에 의거

$$V'N = 60.0 \times \frac{273}{273-25.3} \times \frac{763+0.59}{760} \times 10^{-3}$$

$$= 55.26(\ell)$$

$$C_n = \frac{0.0124 + 1.000}{55.26} = 224.39(\text{mg/m}^3S)$$

이때에도 기복치는 황산화물과 마찬가지로 공기비를 곱하면 (공기비 1.21의 경우) 실기록치는

224.39 × 1.21 = 269.268(mg/m³S)

4.4.2 유속에 의한(등속흡인) 시료채취 방법

(1)유속(V)의 계산방법

유속 V = $C\sqrt{(2gh/r)}$ ········①

위의 ①식에서 먼저 계산에 필요한 것은 r(배출가스의 비중량) 이다.

$$r = r_o \times \frac{273}{273 + \theta_s} \times \frac{P_a + P_s}{760} \ (\mathrm{kg/m^3})$$

이므로 윗식에서

1) r_o는 Boiler의 배기가스인 경우 통상 1.29 ~ 1.3 kg/㎥ 이고

2) θ_s(배출가스 온도)는 흡수장치의(Asorption Set)의 전면에 표기된 Thermomenter on으로 표기된 버튼을 누르면 digital 부위에서 바로 읽을 수 있다.

3) P_a는 측정위치에서의 대기압(mmHg)이 된다.

4) P_s는 배출가스의 정압(mmHg)이므로 판독방법은 Pitot tube를 측정공에 넣은 다음 배출가스의 흐름방향을 T로 하고 흡수장치의 전면에 있는 경사마노메타를 수평으로 고정시키고 Red Oil 충진액을 Zero위치로 조정하여 0.0을 맞춘다.

다음 Pitot tube의 S를 마노메타 S에 연결한 다음 마노메타에 나타난 Oil의 높이만큼 읽어주면 그것이 즉 정압이 된다.(electric manometer type의 경우 digital로 표기됨)

①식에서

V : 유속(m/s)

C : Pitot tube 계수(tube에 표기되어 있음)

g : 중력가속도 (9.81 m/s)

h : 동압측정치 {mmAQ(H_2O)}

가 된다.

(2)실측예

Boiler 연소시 연도배기가스 유속을 측정하기 위하여 다음과 같은 결과를 얻었다. 이때의 유속(V)을 계산하라.

h : 동압측정치 2.2 mmAQ(H_2O)

g : 중력가속도 9.81(kg/㎥S)

P_s : 배출가스 정압 0.15mmHg

θ_s : 연도내 배출가스 온도 165℃

P_a : 대기압 764 mmHg

먼저 공식에 의거 r을 구하면

$$r = 1.3 \times \frac{273}{273 + 165} \times \frac{764 + 0.15}{760}$$

$$= 0.81(\text{kg/m}^3)$$

그러므로

$V = C\sqrt{(2gh/r)}$의 식에서

$$= 0.83\sqrt{\frac{2 \times 9.81 \times 2.2}{0.81}} = 6.058(m/\text{sec})$$

(3) 등속흡인유량(Q_m)의 계산

V(유속)이 결정되면 등속흡인유량 Q_m을 계산하여야 한다.

식,

$$Qm = \frac{\pi}{4} d^2 V(1 - \frac{Xw}{100}) \frac{Pa + Ps}{273 + \theta s} \times 60 \times 10^{-3}$$

여기서,

Qm : 가스미터에 있어서의 등속흡인 유량 (ℓ/min)

d : 흡인노즐의 내경(mm)

V : 배출가스 유속(m/S)

Xw : 습한 배출가스중의 수증기의 부피 백분율(%)

θm : 가스미터의 흡인가스 온도(℃)

θs : 배출가스 온도(℃)

Pa : 대기압(mmHg)

Ps : 측정점의 정압(mmHg)

Pm : 가스미터의 흡인가스 게이지압(mmHg)

②식에서 등속흡인 유량(Qm)이 구해지면 dust 농도를 구하기 위한 시료채취에 들어간다.

(4) dust 측정

가) 미리 선정된 노즐을 dust holder의 노즐부에 꼽고 여기에 원동여지를 조립한다.

나) suction Set의 순간유량부에 선정된 Qm값을 조절하여 가동한다.

다) 적산유량을 60.0ℓ에 기억시킨다.

라) 시료 채취관을 채취공에 넣어 노즐 방향을 가스흐름 반대방향으로 한다.

마) 각장치의 작동 유무를 확인한다.

바) 시료 채취관의 노즐 방향을 가스흐름 방향으로 하고 채취관과 흡수장치를 진공호스로 연결함과 동시에 Zero adjust를 누른다. (이대 by pass부(수분제거 bottle)에 기표가 발생)

사) Total 적산유량이 60.0ℓ에 도달하면 황산화물 측정시와 같이 자동제어 되며,

아) 흡인유량과 온도등을 읽어 기록하고 원통여지부에 온도가 냉각되었을 때 원통여지를 다시 항량 평량하여 Dust의 실무게를 구한다.

(5) 공식

$$CN = \frac{1.000 \times md}{V'n}$$

CN : 건조 배출가스중의 먼지농도 (mg/㎥)

md : 실먼지의 무게(ma_1 - ma_2)

Vn : 표준상태의 건조 배출가스량 (㎥S)

※ $$V'n = Vm \times \frac{273}{273 + \theta m} \times \frac{Pa + Pm}{760} \times 10^{-3}$$

$V'n$: 실제 흡인가스 유량

Vm : 흡인한 건조 가스량(ℓ)

θm : 가스미터 온도(℃)

Pa : 대기압(mmHg)

Pm : 가스미터의 게이지압(mmHg)

5. CO, NOx 등에 의한 검지관법

5.1 측정방법

가) 검지관의 양끝을 줄등으로 잘라낸 다음 채취기에 관의 한끝을 끼워 넣어서 시료채취장치 <그림 참조> 의 흡인펌프에서 배출가스를 흡인하면서 채취기의 피스톤 손잡이를 잡아당기고 오른쪽으로 90 °회전시켜 핸들을 고정시킨다.

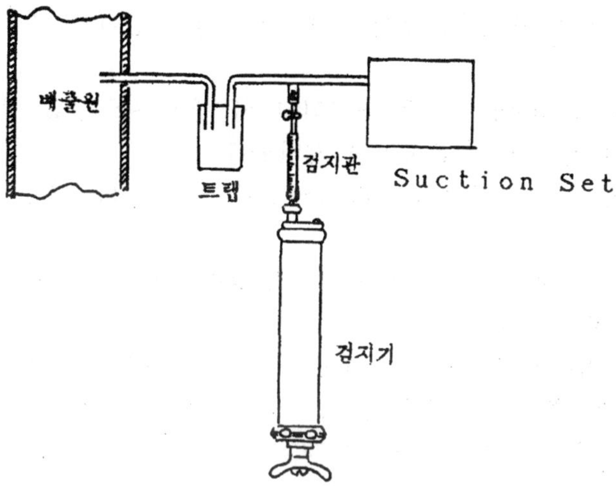

그림 시료채취장치

나) 일정시간(1~2분)이 지난 후 검지관을 떼어내고 관에 표시된 색상의 변환점의 농도만큼 읽어주면 된다.

5.2채취기의 고장유무

① 채취기의 검지관 부착구를 막아준다음 피스톤 손잡이를 잡아당겼다가 가볍게 놓는다.

②손잡이가 원래의 위치로 돌아가지 않으면 고장으로 판단한다.

6. 수분측정

수분측정방법은 흡습관법, 응축기법, 계산법이 있으나 여기서는 흡습관법에 의한 방법으로 측정하고 기타방법은 공해공정시험법을 참고로 한다.

6.1 측정방법 <그림 참조>

가) 흡습관에 흡습제 (무수염화칼슘)를 채운후 표면의 부착물을 깨끗이 씻어내고 흡습관의 콕크를 닫고 그 무게를 단다. (ma_1)

나) AS ㉖에 3% H_2O_2를 채운다.

다) 그림과 같이 장비를 구성하고 흡습관의 코크를 연다.

라) 배출가스온도가 대기온도보다 높을 때 그림과 같이 냉각조를 사용하여 흡습관을 냉각한다.

마) ADS ㊳과 AS ⑯에 전원을 연결하고 SP ⑥과 AS ⑭를 연결한다.

바) AS ⑮를 돌려 연도내 온도만큼 가열한다.

사) ADS ㊹에 흡습한 수분이 100mg～1g이 될 수 있는 총흡입예상유량을 기억시킨다.

아) ADS의 ㊴와 ㊵의 스위치를 누른다음 ㊶의 밸브를 조작하여 ㉚의 순간유량을 1～2ℓ/min으로 맞춘다.

자) 사)에서 기억시킨 유량이 흡인되면 기계는 자동제어 된다.
이 때 경보해제는 ADS ㊹에 취부된 보턴을 누른다.

차) 가스흡인중에 가스온도, 압력, 유량등을 기록지에 기록해둔다.

카) 수분이 흡습된 흡습병의 콕크를 잠그고 분리한다음 표면의 수분 및 부착물을 깨끗이 제거하고 무게를 단다. (ma_2)

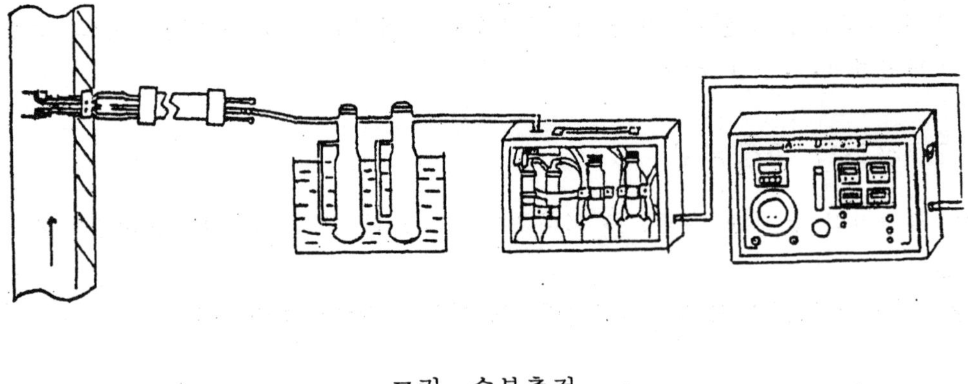

그림 수분측정

6.2 수분량의 계산

$$XW = \frac{\frac{22.4}{18}ma}{V'_m \times \frac{273}{273+Q_m} \times \frac{P_a+P_m}{760} + \frac{22.4}{18}ma} \times 100$$

XW : 습한배출가스중의 수증기 부피 백분율 (%)

ma : $(ma_2 - ma_1)$ = ma(g)

V'_m : 흡인한 건조가스량(ℓ)

Q_m : 가스미터에서의 흡인가스온도(℃)

(측정시 ADS ㉟에 나타난 수치가 흡인가스온도임)

P_a : 대기압 (mmHg)

(ADS 뒷면 조건표 참고)

6.3 실측예

어느연도의 배출가스의 수분량을 측정하기 위하여 30ℓ의 가스를 채취한 결과 다음과 같았다.

가스미터의 온도 23.5℃
대기압 및 가스미터의 게이지 압력 760mmHg, 0.35mmHg
흡습관의 측정전후 무게차는 2.2136g

이때의 수분량을 계산하면,
공식에 의거

$$XW = \frac{\frac{22.4}{18}2.2136}{30 \times \frac{273}{273+23.5} \times \frac{760+0.35}{760} + \frac{22.4}{18}2.2136} \times 100$$

$$= 9.0352(\%)$$

7. 측정장비의 유지관리방법

가. Sampling후 현장에서 약 1~2분간 장비를 공회전시켜 기기내부의 가스르르 대기가스로 치환시킨 다음 보관한다.

나. AS ㉓과 ADS 뒷편 Mist건조병은 Sampling 회수 2~3회 후다. SILICAGEL과 솜을 교체하거나 건조시킨후 사용한다.

다. AS ㉖ By Pass병 내부의 3% H_2O_2는 매회 교체후 사용한다.

라. SP의 가스채취관 앞부분의 Glass Woll 은 약 5회 측정후 교체하여 사용한다.

마. ADS에 취부된 O_2 Sensor는 약 6개월간 사용할 수 있으며 6개월 이후는 교체하여 사용함이 바람직함

바. AS내부건전지 (9V)는 3~4개월후 교체한다.

사. 모든장비는 전자제품이므로 충격을 가하지 말것

제 2항 Handy Air Sampler 사용법

1. 개요

Handy Air Sampler는 「diaghram pump」를 사용하였으며 부속품인 인핀저에 의해서 대기중의 여러 가지 유해가스를 간단히 샘플링 하게 언제·어디서나 간편하게 장시간 샘플링을 할 수 있는 샘플러이다.

또한 기기본체(가스부)측면에 Fillter를 이용하여 분진을 포집하며, 펌프의 배기구(排氣口)에 채집Bag를 접속하여 시료대기를 간단히 채집할 수 있도록 하였다. 본 Handy Air Sampler는 충전식 및 AC전원에서도 운전이 가능하다. 또한 내장타이머에 의한 시작시간(〃MIN TO START″ 스위치에서 0~99분설정가능)과 작동시간(〃RUNING MIN〃스위치에서 1~999분 설정가능)을 세심하게 설정하면 대기시간, 동작시간이 디지털로 표시된다. 이 핸디샘플러의 특징과 성능에 대해 설명한다.

2. 사양

2.1 본체사양

- 기종명 : handy sampler
- 형　식 : HS-7 충전식
- 채집물질 : 각종 유해가스, 분진
- 측정유량 : 0.5 ℓ/min - 2.0 ℓ/min
- 최대유량 : 2.3 ℓ/min(무부하시)
- 최대흡인압력 : 1000㎜Aq이상
- 전　원 : AC 100V
  충전식전지·5KR-2000 CB
- 연속사용시간 : 20시간이상(1 ℓ/min 사용시)
- 크 기 : W168*H176*D105
- 중 량 : 1640g

2.2 표준부속품

- 휴대용 케이스　　1개
- 임핀저 : 투명노즐식 IN-10　　2본

- filter holder : Germane field monitor　1개
- filter : Germane　GN-4.37mm 64678　5매
- 배관용 튜브 : 5*9m 실리콘고무관　50cm
- 충전전지 : 5KR-2000CB(본체에 내장)　1개
- 충전기 : 5KR-2000C　1개
- 취급설명서　1부
- 시험성적서　1부

* 보충부품 : 흡인펌프 : MDP-03
노즐식 임핀저 : 투명 1N-10
노즐식 임핀저 : 갈색 1NB-10
필터식 임핀저 : 투명 1F-10
필터식 임핀저 : 갈색 1F-10

* Option부품 : 건전지 전용 holder (UM-2용)B204

3. 구성

3.1 전체그림

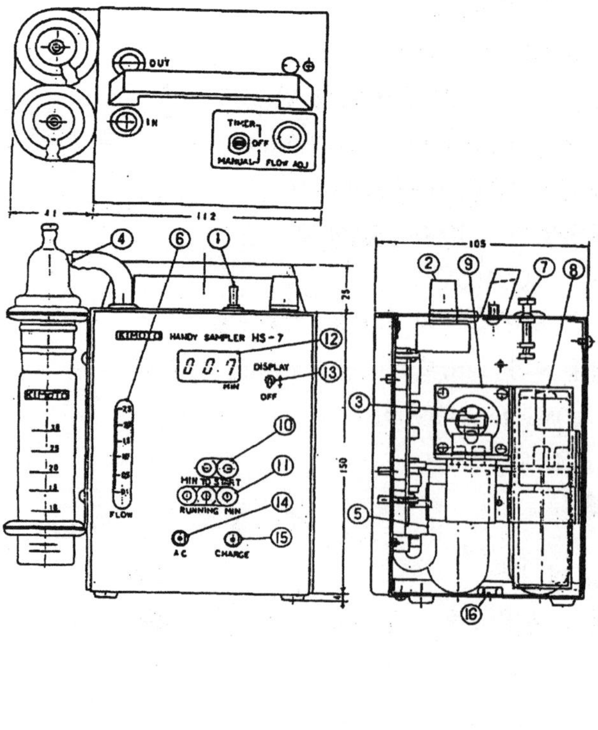

1	전원스위치	9	흡인펌프
2	모터 스피드 조정밸브	10	대기시간 설정 스위치
3	펌프 흡배기구	11	동작 시간설정 스위치
4	임핀저	12	대기 동작시간 표시 display
5	surge tank	13	절전 스위치
6	유량계	14	AC jack
7	바이패스 유량조절밸브	15	충전 jack
8	전 지	16	고정대

3.2 유량 회로도

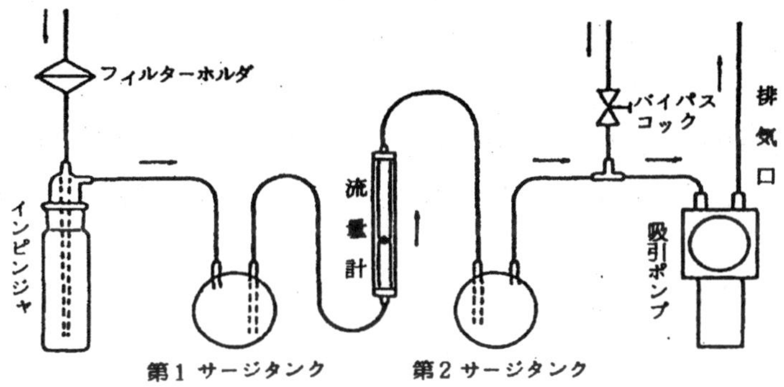

3.3 배선그림

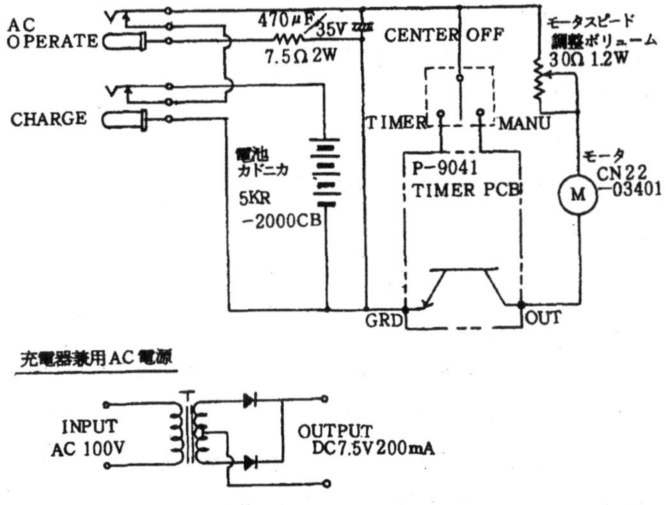

5KR-2000C AC 100V DC7.5V 200mA

3.4 각부설명

(1) 전원스위치

손(MANU)으로 맞추어도 연속운전이 가능하다. Timer를 맞추어 내장된 타이머로써 운전이된다. OFF로서 전원이 꺼진다. 스위치는 REBAR ROCK TYPE로써 조작시는 손끝으로 한번위로 땅겨서 조작하도록 하십시오.

(2) 모터스피드 조정밸브

우로 돌리면 빠르고 좌로 돌리면 늦추어진다.

(3) 펌프 배기구

펌프가 흡인공기의 배기구로써 시료 공기의 채취는 여기서 채집Bag을 접속시켜서 한다. 이때 바이패스콕크을 잠그고 진행하여 주십시오.

(4) 임핀저

노즐식과 유리필터식의 2종류가 있다. 흡수액의 흡수효율에 따라 유리필터식을 사용하여야 한다. 특히 150㎖이하의 유량인 경우는 유리필터을 사용하여 주십시요.

(5) 샘플링

제1과 제2로 나누어져 있다.

(6) 유량계

표준사양으로써 최고 2.5ℓ/min의 유량계가 부착되어 있다.

(7) 바이패스 유량조절 밸브

모터스피드 조절밸브와 병행하여 흡인유량을 규정치가 되도록 조정한다

(8) 전 지

5KR-2000CB, 밀폐형 니켈-카드뮴 전지

(9) 흡인펌프 : MDP-03

(10) 대기시간 스위치

0-99분까지 대기시간의 설정이 가능하다.

(11) 작동시간 설정 스위치

1-999분 까지 작동시간의 설정이 가능하다

(12) display

대기시간 및 작동시간의 잔류시간을 알수 있도록 digital로 표시한다

(13) 절전스위치

DISP에 맞추면 display에 남은 시간을 digital로 표시한다. OFF에 맞추면 대기시간의 경우는 display에 점으로써 digital 표시된다.

(14) AC 잭

AC전원으로 운전할 때 사용한다

(15) 충전 잭

전지의 충전시 사용한다

(16) 고정대

삼각대등을 취급할 때 사용함.

3.5 전원부

보통의 건전지 망간 건전지는 사용시간뿐만아니라 전압의 강하시 모터의 회전이 늦어져서 자주 조정하여야만 한다. 그러나 Ni-Cd전지의 연속방전 특성은 아주 안정하므로 방전 전류가 클수록(그림에서 유량이 클수록) 그 차는 현저해 진다. 또한 충전에 의해서 조작을 반복할수 있으므로 경제적이다. 충전기는 아답터식으로써 본체를 운반할시 경량화 된다.

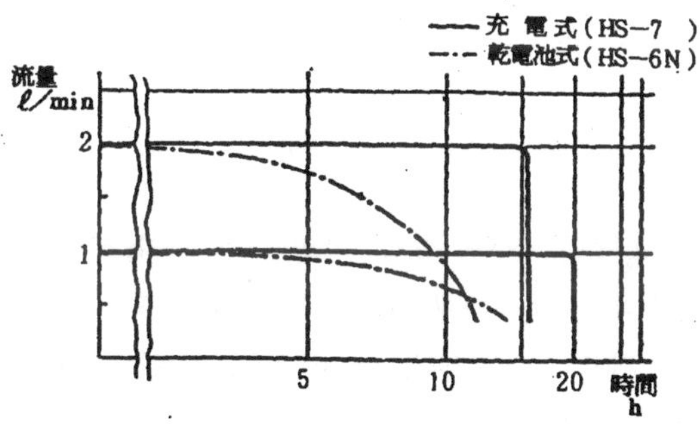

유량과 전지의 연속사용시간과의 관계

4. 사용방법

4.1 준비

임핀저은 필터홀더와 제1 surge tank을 접속시키고 그외 배관은 유량회로도와 같게되도록 한다. 또한 대기 시료의 채취는 펌프의 배기구에 채취용 bag을 접속시킨다.

다음으로 타이머로서 스위치를 넣고 모터가 회전하는 것을 확인한다.(상당히 느릴경우는 전지를 충전를 하든가 새것으로 교환한다.)

4.2 측정

준비가 완료되면 타이머로서 스위치를 넣고 측정시간을 set하여 측정을 시작한다. 전지는 처음에는 약간 전압이 높으나 개시후 2~3시간부터는 조금씩 유량이 적어지지만 그후는 비교적 안정한 유량을 지속한다. 사용의 빈도, 정지시간 또는 측정유량에 의해 전지의 소모가 다르지만 한번 새 전지를 교환하였을때는 20-30시간은 충분히 운전이 가능하다

4.3 유량의 조정

유량의 조정은 모터스피드 조절밸브을 좌우로 돌리며 유량계을 보면서 가감하여 준다. 단 구가 진동하는 경우는 바이패스콕크를 잠그고 유량을 규정치보다 20-30% 정도 높게되도록 모터스피드조절밸브로 맞추고난후 바이패스 유량조절밸브로 규정치의 유량을 조절하여 주십시오. 일반적으로 바이패스을 적당하게 여는 것이 모터에 무리가 없으며 전지의 소모가 적게됩니다.

4.4 임핀저

임핀저는 반드시 공기저항이 적은 것을 사용하여 주십시오. 부속품에는 노즐식을 부착시키지만 유리필터식의 것을 사용하는 경우에는 사용시 고무가 크게 공기저항에 변화하지 않도록 가능하면 깨끗하게 보관이 되도록 세정하여야 한다. 유리필터와 멤브레인필터등에서 부유분진을 제거한후 임핀저에서 가스을 샘플링한다.

4.5 충전방법

부속품인 충전용 DC아답터은 DC전원 잭(charge)에 연결시키고 실내의 AC콘센트에 접속시킨다. 충전플라그을 연결시키면 본체의 모터회로가 단락되어서 충전중에는 운전이 되지 않는다.

(주의) 충전은 부속품인 충전기을 사용하여 주십시오. 다른 충전기을 사용할시는 고장의 원인이 됩니다.

- 충전전류 : 200mA
- 충전시간 : 15시간
- 충방전 cycle : 300회 이상

공장출하시는 충전되어 있지 않으므로 반드시 15시간정도 충전하여 주십시오.

4.6 AC전원운전방법

부속품인 충전용 DC 플라그를 AC 전원 Jack에 연결시킨후 AC 콘센트에 접속시킨다.

4.7 주의사항

취급에 있어서 다음점에 주의하세요.

(1) 모터의 회전이 늦어지면 방전 정지 전압이므로 바로 충전을 하여 주십시오.

(2) 과충전은 전지의 수명을 단축시키므로 15시간 이상은 하지 마십시오.

(3) 방전정지전압이 된 전지는 사용하지 말고 반드시 충전하여 주십시오.

(4) 본 기기를 장시간(1개월 이상) 사용하지 않는 경우는 충분히 충전을 한후 전지 케이스로 부터 끄집어 낸후 습기가 없는 냉암소에 보관하십시오. 또한 재사용시에는 약 15시간충전을 해주십시오.

(5) 전지를 케이스에 삽입하는 경우는 (+)(-)의 극성에 주의하십시오. 역충전을 하면 전지의 내압이 높아져서 전지가 파손됩니다.

(6) 전지를 단락시키지 마세요. 전지의 내부저항이 작아져서 큰 전류가 흘러 회로가 타서 손상되는 경우가 있습니다.

(7) 주위 온도가 0℃이하, 35℃이상에서는 충전을 피하여 주십시오.

(8) 전지를 불에 태운다는지, 분해한다는지를 하지마십시오.

(9) HS-7형은 옵션부품을 사용하여 보통의 건전지(UM-2형)를 사용하여도 좋습니다. DC전원잭을 연결시켜도 건전지는 충전전류가 흐르지 않게 배선되어 있습니다.(건전지 케이스의 배선에 손대지 않도록 하세요.)

(10) 충전을 하지 않을 때에는 충전기를 반드시 휴대용 케이스에 보관하며 분실하지 않도록 주의하세요.

제 3항 검지관 사용법

1. 검지관

산업발전에 따라 우리들 주변에는 건강에 영향을 미치는 가스, 인화·폭발을 일으키는 가스, 기타 산업용으로서 많은 가스가 사용되어지게 되었습니다.

(a) 검지관의 종류와 구조

현재 우리 나라에서 사용하고 있는 대부분의 검지관은 Gastech 검지관, 북천식(北川式) 검지관이고 이외에 드래거 펌프와 MSA검지관 등 4종류가 있다. 이것들은 각각 가스시료의 채취법, 농도의 직독 등에 따라 여러 가지가 있다.

(b) 검지관의 구조와 원리

가스 검지관은 내경 2~6㎜, 길이가 150㎜ 전후의 가는 유리관 속에 검지할 가스와 반응하여 변색하는 검지제를 충진하고 관의 양단을 용봉(容封) 한 것이다. 이것을 사용하는 데는 유리관의 양끝을 절단하고 가스채취기(수동펌프)에 장치하여 통기 조작에 의해서 가스시료를 채취하고 검지제의 변색에 따라 가스농도를 측정한다.

검지제는 silicagel, 활성 aluminar, 유리 등의 세립(細粒)에 시약을 흡착시켜서 건조한 것이어서 시약 그것의 입자는 아니다. 시약은 측정대상가스와의 반응에 의하여 현저히 변색하는 것을 선정하고 있다.

(c) 검지관의 종류와 채취기

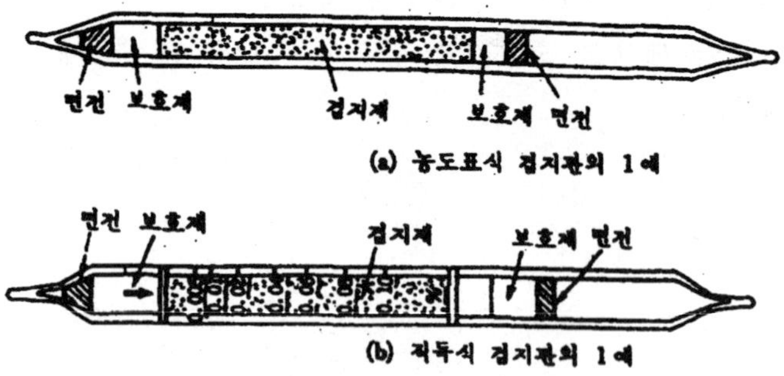

그림 1 가스검지관

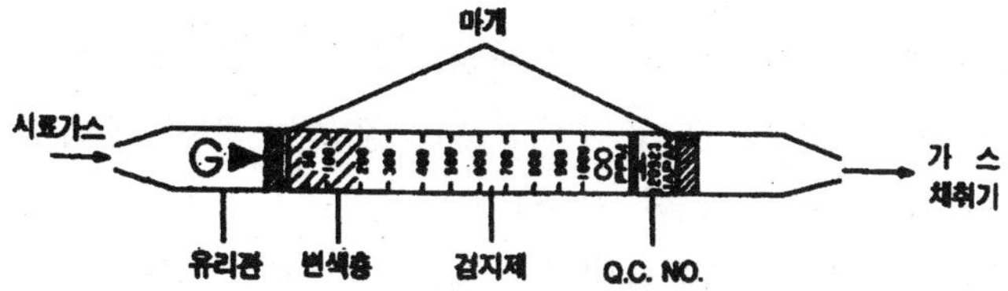

그림 2 직독식 검지관

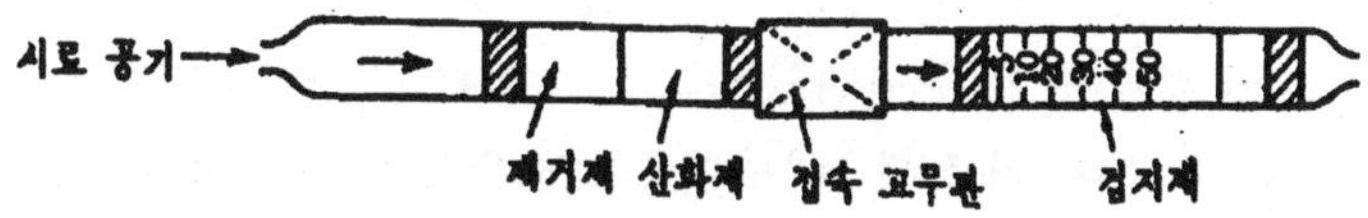

그림 3 반응관 검지관

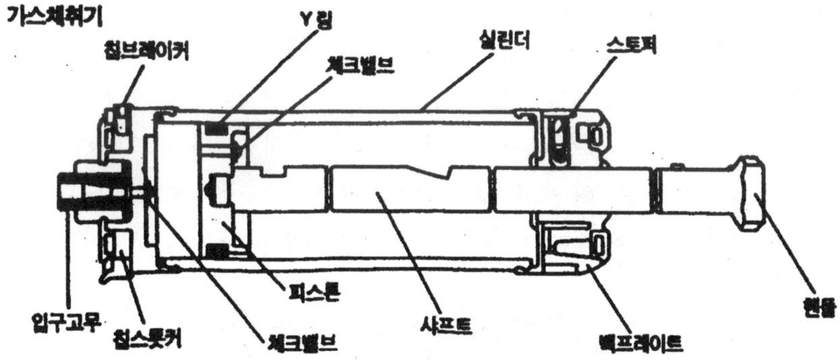

그림 4 가스텍 진공식 가스 채취기

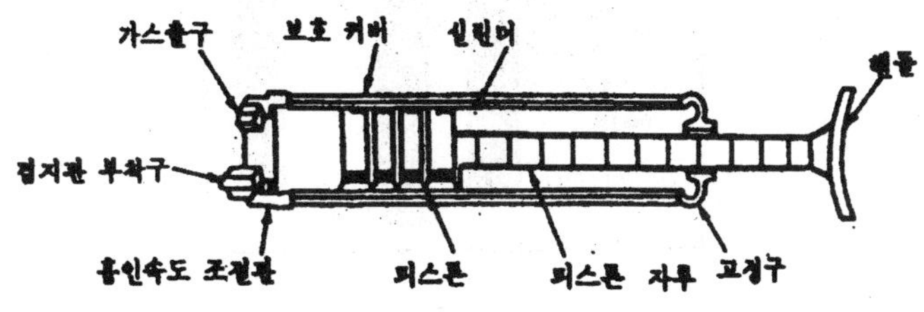

그림 5 북천식 진공법 가스 채취기

(d) 직독식 가스검지관의 원리

직독식 가스검지관은 검지관과 가스채취기로 구성됩니다. 검지관은, 일정내경의 유리관에 검지제를 긴밀하게 충진하고, 그 양끝을 녹여 봉하여, 그 표면에 노도눈금을 인쇄 한 것입니다. (그림 참조)

가스채취기는 일정용량의 실린더내부를 피스톤으로 감압하여, 흡입하는 기능을 갖고 있습니다. 측정 때에는, 측정대상 가스용검지관을 준비하고, 양단을 절단하여, 가스채취기를 사용해 검지관에 일정량의 시료가스를 흡인하면, 시료가스중의 측정대상가스는 검지제와 바로 반응을 일으켜, 입구부터 변색 합니다. 그 변색층의 선단 눈금에 의해 농도값을 얻을 수 있습니다.

검지제는 실리카겔이나 알루미나등의 담체(担體)에 발색시약을 코팅시킨 것으로 발색시약은 측정대상 가스에 대하여 선택적으로 반응하고 또한 장기적으로 안정적인 것을 택했습니다.

반응형태는 주로 둘로 나누어져 한가지는 측정대상가스와 발색시약이 직접 반응하는 것, 또 한가지는 측정대상가스를 다른 가스로 변하게 하고, 그 가스와 발색시약과의 반응을 이용하는 것이 있습니다.

진공가스식 채취기(그림참조)는 실린더 내부를 피스톤에 의해 감압상태로 하여, 검지관을 통해 시료가스를 흡인하는 것으로, 기밀성이 높은 구조로 되어 있습니다. 이 채취기의 측정시간과 흡인량과의 관계는 아래 그림과 같습니다. 이 특징은 초기 흡인속도는 빠르고 종점으로 향해 갈수록 늦어집니다. 이같은 현상은 선명한 착색층을 실현하는 아주 우수한 방법입니다.

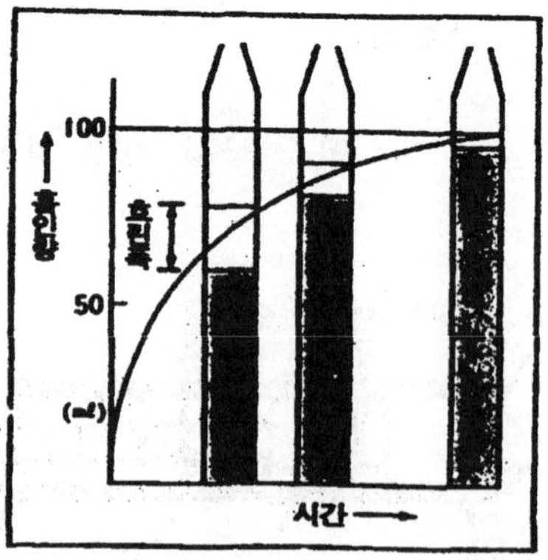

그림 6 직독식 검지관의 측정시간에 따른 흡인량

(e) 검지관의 측정순서

ⓐ 검지관은 양끝을 커터(cutter)로 절단하고 직독식의 것은 화살표 방향으로 농도표식은 통상 공간이 많은 쪽에 가스 채취기가 오도록 부착한다.

ⓑ 피스톤 핸들(handle)을 완전히 밀어 넣은 후 피스톤(piston) 자루의 붉은 점과 피스톤 자루 고정구의 붉은 점을 맞추어 자루를 일시에 완전히 잡아 당기고 90° 돌려서 고정시킨다. 이 때 가스텍(gastec)일 경우는 돌리면 절대로 안된다.

ⓒ 측정장소에 통상 북천식 검지관은 3분, 가스텍 검지관은 1분 또는 가스의 종류에 따라 5분을 소정의 반응시간으로 방치한 후 검지관을 떼낸다.

ⓓ 시료채취량이 200㎖ 이상 필요할 때는 검지관을 부착할 때 다시 상기와 같은 조작을 반복하면 된다. 이 때 변색층이 비스듬히 나타났을 때는 중간치를 읽는다.

ⓔ 농도 눈금은 20℃가 표준이 되며, 온도 보정을 필요로 할 때는 보정표를 이용해 농도를 결정한다.

2. 가스팩

가스팩은 대기중이나 작업장의 이산화질소등을 분자확산을 이용하여, 장기간에 걸쳐 포집하는 것으로 풍속, 온도, 습도 등에 의해 포집률에 영향을 받지 않는 구조로 되어 있습니다. 포집에는 흡수액을 사용해 포집후 발색시켜 흡광광도법에 의해 정량합니다. 결과는 시간 평균 농도로서 나타내진다.

(1) 구조와 기능

샘플링캡 ④는 폴리프로필렌제로 127개의 작은구멍을 갖고 있습니다. 가스분자는 작은 구멍내를 일정속도로 확산해 저부의 흡수액에 흡수됩니다.
유리판 ⑦은 용기 ⑤와 저판 ⑧사이에 고정되어 있어, 흡수액을 표면에서 필림상(狀)으로 넓히는 작용을 하고 있습니다. 보호캡 ①은 폭로시간이외에 가스가 흡수액에 흡수되는 것을 막기위한 것입니다. 내부에는 TEA(트리에타놀아민) 含浸 여과지 ②가 여과지 누름판 ③에 의해 고정되어 있습니다. 보호캡의 틈에서 새는 NO_2는 이 부분에서 흡수되어 내부까지 침입하지 않도록 설계되어 있습니다.

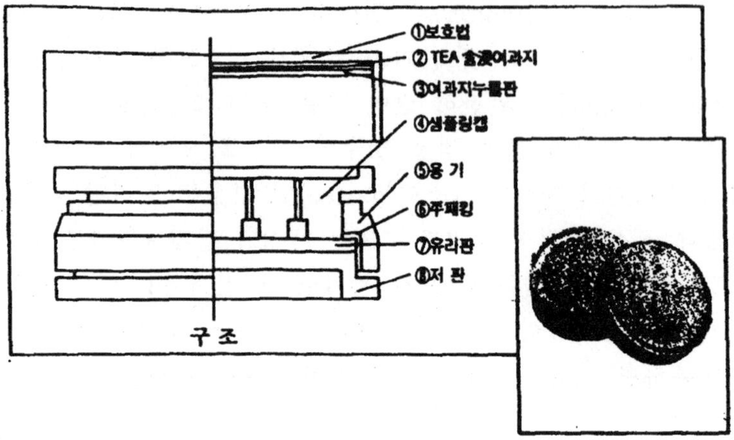

그림 7 가스팩의 구조

(2) 측정원리

NO_2는 TEA 용액에 의해 NO_2^-이온으로서 흡수됩니다. 이 NO_2^-이온에 발색액을 가해 흡광광도법에 의해 측정합니다.

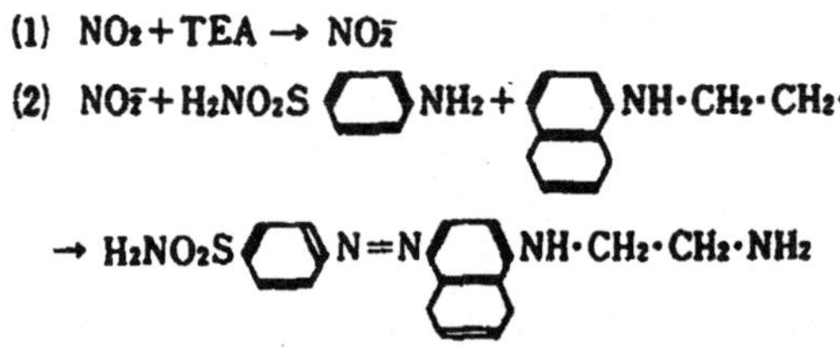

(3) 활성탄튜브 · 실리카겔튜브

활성탄 튜브나 실리카겔 튜브는 작업 환경중에 유기용제 증기의 포집에 사용됩니다. 활성탄 튜브는 일반적으로 극성이 약한 대부분의 유기용제에 적합하고 실리카겔 튜브는 아세톤, 메타놀 등의 극성이 강한 물질에 적합합니다.

시료의 포집은 튜브의 양단을 절취하고 흡입 펌프에 접속하여 사용합니다. 포집후 용매(CS_2등)로 추출하여, 가스크로마토그래프법에 의해 정량합니다.

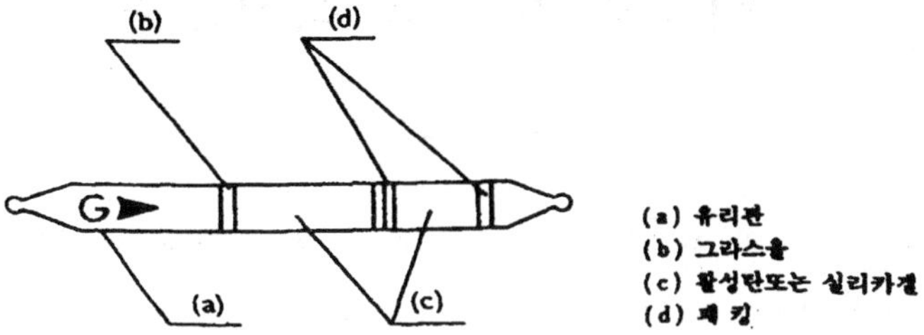

그림 8 검지관의 구조

표. 활성탄튜브의 유기용제 증기 회수율표(탈착용매 CS_2)

물 질 명	탈 착 율(%)	표 준 편 차(%)
벤 젠	100.6	3.5
톨루엔	105.3	4.0
m-키실렌	98.0	2.0
o-키실렌	100.7	1.9
p-키실렌	99.9	1.9
에틸벤젠	106.6	3.2
스틸렌	96.2	2.0
크롤벤젠	99.5	1.9
n-핵산	118.8	2.9
클로로포름	100.2	2.3
1.2-디크롤에탄	109.8	4.3
1.1.1-트리크롤에탄	93.2	1.7
1.2-디크롤에틸렌(cis)	102.6	2.9
1.2-디크롤에틸렌(trans)	105.3	0.9
트리크롤에틸렌	99.2	1.3
테트라크롤에틸렌	102.2	1.4
아세톤	76.5	1.7
메틸에틸케톤	106.2	2.5
메틸이소부틸케톤	108.8	5.6
메 틸	94.3	0.8
에 틸	102.6	1.6
부 틸	118.9	3.6
아크리로니트릴	102.8	1.3

제 4항 보고서 작성사항

- o 측정원리
- o 시료대기 채취장소의 위치 및 그 위치의 환경적 특성, 최근의 기상상태, 교통량수, 통행인수
- o 시료채취시간의 기상상태
- o 시료대기 채취기기의 형태(또는 모델)와 그 특성(사양) 및 채취방법
- o 시료채취기기 설치장소의 지리적 특성
- o 흡수액 조제방법 및 조제과정 각 단계에서의 특이 상항 (각 단계의 소요시간, 색의 변화사항 등)
- o 흡광도 측정기기의 형태(또는 모델) 및 특성
- o 시료용액 및 바탕실험용액용 시약조제시의 관찰사항 (각 조제단계에서 색변화상태, 정치시간, 층분리 상태등)
- o 검량선 작성용 분석방법 및 검량선도
- o 흡광도 측정과정 및 측정과정상의 특이사항, 측정된 흡광도 (시료용액의 흡광도, 바탕용액의 흡광도, 보정된 흡광도)
- o 농도 산출과정 및 산출된 농도
- o 대기환경보존법상의 규정농도와 산출된 농도와의 비교 및 결과의 원인 분석

제 5항 대기질 현황('99년도)

1. 개 황

정부의 청정연료와 저황유공급 확대, 저공해자동차 보급 등 각종 대기오염 저감정책에 힘입어 아황산가스와 먼지 등 개도국형 대기오염상태는 개선되는 추세이나, 자동차의 증가로 인한 이산화질소 및 오존의 오염도는 비슷하거나 완만하게 증가하고 있어 대기오염 형태가 선진국형으로 전환되고 있다.

2. 오염물질별 오염도

2.1 아황산가스(SO_2) 오염도

아황산가스는 연료 중 함유된 황성분이 연소과정에서 산소와 결합하여 발생한다. 세계적으로 유명한 대기오염사고였던 런던스모그의 경우에는 아황산가스의 농도가 1ppm을 넘을 정도로 심각하여 많은 피해를 유발하였다. 우리나라 주요 도시의 연도별 아황산가스 오염도는 다음 표 1과 같다.

표 1 주요 도시의 연도별 아황산가스 오염도 현황 (단위 : ppm)

시·도 / 연도	서 울	부 산	대 구	인 천	광 주	울 산
'80	0.094	0.058	0.038	0.026	0.009	0.053
'82	0.057	0.065	0.039	0.033	0.024	0.039
'84	0.066	0.050	0.040	0.056	0.026	0.024
'86	0.054	0.042	0.043	0.053	0.020	0.032
'88	0.062	0.044	0.052	0.056	0.019	0.028
'90	0..054	0.039	0.041	0.044	0.017	0.031
'91	0.043	0.038	0.041	0.041	0.017	0.038
'92	0.035	0.033	0.040	0.036	0.017	0.031
'93	0.023	0.028	0.035	0.021	0.014	0.032
'94	0.019	0.023	0.038	0.022	0.013	0.030
'95	0.017	0.023	0.031	0.023	0.010	0.028
'96	0.013	0.022	0.023	0.012	0.008	0.022
'97	0.011	0.018	0.016	0.013	0.009	0.019
'98	0.008	0.015	0.014	0.009	0.008	0.015

표에서 보는 바와 같이 1990년 이전까지는 광주를 제외한 서울 및 부산 등 주요 도시지역의 아황산가스 오염도가 연간 환경기준치(0.03ppm)를 초과하였으나 저황유 공급 및 청정연료 사용의무화 등으로 인하여 1990년 이후에는 아황산가스 오염도가 점차 감소하는 것으로 나타나고 있다. 특히 서울의 오염도는 1980년 0.094ppm을 정점으로 점차 줄어들어 1988년에는 0.062ppm, 1994년에는 0.019ppm, 1998년에는 0.008ppm까지 감소하였다. 서울 이외의 대부분의 도시도 1996년 이후 WHO 권고기준(0.015ppm~0.023ppm)을 달성하였고, 대규모 배출업체가 밀집되어 있는 울산지역의 경우에도 다른 지역에 비해 상대적으로 높은 오염도를 나타내고는 있으나 지역 전체평균 오염도는 1998년의 경우 0.015ppm로 환경기준보다 낮게 유지되고 있다. 뿐만 아니라 아황산가스의 오염도는 1997년 이후 단기 환경기준을 초과한 지역이 없는 것으로 나타났다.

아황산가스 오염도의 계절에 따른 변화는 연도별로 약간의 차이는 있으나 대체로 서울, 부산 등과 같은 대도시에서는 겨울철에 오염도가 높고 여름철에 낮은 경향을 보이는 반면, 울산 등 공업도시의 경우는 대도시 지역과 같이 뚜렷한 계절별 경향이 나타나지는 않았다. 이러한 주요 도시의 월별 아황산가스 오염도 변화는 표 2에 잘 나타나 있다.

서울지역의 경우 겨울철에는 난방용 연료의 소비가 많아지고 이에 따른 아황산가스의 오염도가 현저히 증가하는 반면 울산지역과 같이 산업시설이 밀집되어 있는 곳에서는 월별 변화가 크지 않은 것을 알 수 있다.

표 2 주요 도시의 월별 아황산가스 오염도(1998)(단위 : ppm)

월 \ 도시	서 울	부 산	대 구	인 천	광 주	대 전	울 산
1월	0.010	0.017	0.015	0.009	0.010	0.016	0.016
2월	0.010	0.019	0.016	0.012	0.010	0.012	0.016
3월	0.009	0.017	0.014	0.011	0.009	0.009	0.016
4월	0.008	0.013	0.011	0.010	0.008	0.008	0.020
5월	0.007	0.015	0.014	0.010	0.007	0.007	0.018
6월	0.006	0.012	0.011	0.008	0.006	0.006	0.015
7월	0.005	0.011	0.009	0.007	0.004	0.006	0.013
8월	0.004	0.012	0.011	0.006	0.005	0.005	0.012
9월	0.006	0.013	0.011	0.007	0.006	0.008	0.011
10월	0.006	0.015	0.012	0.007	0.006	0.008	0.013
11월	0.009	0.019	0.018	0.009	0.009	0.012	0.015
12월	0.012	0.022	0.021	0.010	0.011	0.016	0.013
연평균	0.008	0.015	0.014	0.009	0.008	0.009	0.015

주 : 환경기준 0.03ppm/년 이하, 0.14ppm/일 이하

2.2 먼지(TSP) 오염도

먼지는 대기 중의 아황산가스와 복합적으로 작용하여 호흡기질환을 유발할 수 있으며 대기 중 150μg/m³의 농도가 존재할 때 시정거리를 8km 정도까지 감소시키는 것으로 알려져 있다. 우리나라는 매년 봄 중국에서 발생하는 황사의 영향을 받아 이 기간 중에는 먼지농도가 평상시에 비하여 2배~4배 정도 높게 나타나고 있다. 주요 도시의 먼지오염도를 보면 전 도시가 매년 감소 추세에 있다. 서울의 경우 1986년 183μg/m³에서 계속 감소하여 1990년에는 150μg/m³, 1998년에는 57μg/m³로 연간 환경기준치인 150μg/m³ 이하를 달성하고 있다. 기타 도시의 1998년 오염도를 보면 부산 74μg/m³, 대구 72μg/m³, 대전 64μg/m³ 등으로 나타나 전 도시에서 환경기준치 이내의 오염도를 나타냈다.

표 3 주요 도시의 연도별 먼지오염도 (단위 : μg/m³)

연 / 도시	'86	'87	'88	'89	'90	'91	'92	'93	'94	'95	'96	'97	'98
서 울	183	175	179	149	150	121	97	88	78	85	85	72	57
부 산	194	197	214	178	140	134	113	96	97	93	89	84	74
대 구	140	146	155	128	134	109	119	105	93	73	75	62	72
인 천	153	163	162	152	170	144	103	100	93	93	86	86	81
광 주	133	105	100	116	109	100	104	75	64	63	74	74	62
대 전	-	175	178	119	115	68	52	53	58	69	63	67	64
울 산	172	190	238	165	122	104	102	98	99	97	106	84	72

또한 주요 도시의 계절별 먼지오염도를 보면 건조한 시기인 겨울 및 봄의 오염도가 높게 나타나는 경향을 보이고 있으며 1998년의 경우 황사현상이 미약하여 황사에 의한 계절적 농도 변화는 크게 나타나지 않고 있다.

표 4 주요 도시의 계절별 먼지오염도(1998) (단위 : μg/m³)

도시 / 계절	서 울	부 산	대 구	인 천	광 주	대 전	울 산
겨 울 (12~2월)	63	77	79	84	63	72	70
봄 (3~5월)	68	86	74	98	84	72	82
여 름 (6~8월)	40	59	53	62	49	41	60
가 을 (9~11월)	56	73	83	79	52	68	77

주요 도시의 월별 먼지오염도는 표 5에 나타나 있다. 부산과 인천은 겨울철 및 봄철의 먼지오염도가 높게 나타나고 있으며, 인천의 경우 3월과 4월의 먼지오염도가 주요 도시 중 가장 높게 나타나고 있어 주목된다. 또한 이들 도시의 먼지오염도가 가장 높은 달과 가장 낮은 달의 평균오염도 차이는 2배 이상을 보이고 있어 월별 먼지오염도의 편차가 심한 것을 알 수 있다.

부산과 광주의 경우 월별 먼지오염도의 편차가 상대적으로 작은 것으로 나타나고 있다. 또한 산업시설이 밀집되어 있는 울산의 경우에도 먼지오염도가 가장 높았던 3월과 가장 낮았던 8월의 월평균 오염도의 차이가 크지 않은 것으로 나타나고 있다.

표 5 주요 도시의 월별 먼지오염도(1998) (단위 : μg/㎥)

도시 / 월	서 울	부 산	대 구	인 천	광 주	대 전	울 산
1월	54	69	68	75	48	51	68
2월	63	79	71	84	83	78	70
3월	75	103	86	101	91	83	91
4월	66	82	69	103	88	72	78
5월	63	73	66	90	73	61	77
6월	44	51	56	73	45	46	58
7월	34	54	43	52	46	31	59
8월	42	71	60	62	55	47	62
9월	62	76	80	87	56	67	77
10월	49	62	70	74	48	60	71
11월	56	81	99	76	51	78	82
12월	72	83	98	94	58	88	71
연평균	57	74	72	81	62	64	72

주 : 환경기준 150μg/㎥(년) 이하, 300μg/㎥(일) 이하

2.3 산성비(Acid Rain)

오염되지 않은 비는 대기중의 탄산가스와 반응하여 약산성을 띠고 있다. 여기에 대기오염원으로부터 배출된 황산화물 및 질소산화물이 공기 중의 물방울에 녹아들게 되면 비를 더욱 산성화시킨다. 산성도가 강한 비가 장기간에 걸쳐 내릴 경우 건물·교량 및 구조물 등을 부식시키고, 식물의 수분흡수를 억제하거나 토양의 유기물 분해를 방해하는 등 토양과 수질을 오염시키고 생태계에 손상을 입힌다. 산성비 문제는 유럽에서 1960년대에 광범위하게 제기되기 시작하였고, 미국과 캐나다 사이

에서는 1970년대에 산성비 원인물질의 국가간 이동을 둘러싼 이른바 산성비 논쟁이 시작되어 산성비에 대한 연구가 집중적으로 이루어지기 시작했다. 특히 미국의 경우에는 자국내 발전시설에서 발생하는 산성비 원인물질을 줄이기 위하여 1990년에 대기정화법을 수정하여 산성비프로그램(Acid Rain Program)이라는 새로운 제도를 도입하기도 하였다. 표 6은 우리나라 주요 도시의 연도별 강우중 산도의 변화를 보여주고 있다. 표에서 보는 바와 같이 부산을 제외하고는 대부분의 도시의 강우중 산성도가 그리 높지 않은 것으로 나타나고 있다. 서울의 경우에도 pH값이 5.6 이하인 경우도 있으나 정도가 심하지 않은 편이며, 부산의 경우에만 지속적으로 pH 5.6 이하를 유지하고 있다.

표 6 주요 도시의 연도별 강우중 산도 (단위 : pH)

도시 \ 년	'86	'87	'88	'89	'90	'91	'92	'93	'94	'95	'96	'97	'98
서 울	5.3	5.1	5.7	5.6	5.0	5.4	5.3	5.4	5.4	5.7	5.7	5.3	4.9
부 산	5.2	5.4	5.2	5.2	5.2	5.1	5.2	5.3	5.2	5.2	5.1	5.2	4.7
대 구	5.4	5.3	5.6	5.3	5.7	5.9	5.6	5.5	5.6	5.7	5.6	5.8	5.4
인 천	5.5	5.2	6.0	5.7	5.9	6.1	6.2	5.8	6.0	5.9	5.9	5.6	4.6
광 주	6.1	5.8	5.7	5.7	5.5	5.5	5.7	5.8	5.8	6.2	5.8	5.9	4.8
대 전	5.4	5.5	5.7	5.8	5.4	5.4	5.7	5.5	5.7	5.9	5.8	6.2	4.7
울 산	5.2	4.9	5.1	5.6	5.6	5.6	5.6	5.6	5.4	5.1	5.7	5.7	4.8

1998년도 강우산도가 전 도시에서 갑자기 높아진 것을 볼 수 있는데 1998년의 강우산도는 강우량을 고려하여 수소이온농도로부터 계산된 가중평균값으로, 산술평균으로 구한 1997년까지의 강우산도보다는 과대평가되고 있으므로 이러한 차이를 고려하여 평가하여야 한다.

표 7는 주요 도시의 1997년 월별 강우 중 산도의 변화를 보여주고 있다. 강우 중 산도에 영향을 미치는 오염물질은 당해 지역에 위치한 발생원에서 배출될 수도 있으나, 외국의 사례에서 볼 수 있듯이 산성비 원인물질은 국경을 넘어 이동될 정도로 먼 거리에 있는 지역에도 영향을 미칠 수 있다. 그러므로 특정지역이나 도시의 강우 중 산도가 높아진 원인을 규명하기란 결코 쉽지 않다.

표 7 주요 도시의 월별 강우중 산도(1998) (단위 : pH)

월＼도시	서 울	부 산	대 구	인 천	광 주	대 전	울 산
1월	5.1	4.6	6.3	6.4	6.1	5.1	5.1
2월	4.6	4.6	6.2	4.4	5.8	4.9	5.4
3월	5.4	4.6	5.9	4.8	5.3	5.1	5.4
4월	5.1	4.7	5.5	4.8	5.3	4.7	5.0
5월	5.0	4.7	5.6	4.8	5.3	4.7	5.2
6월	5.4	4.7	5.8	5.3	5.8	4.9	4.9
7월	5.1	4.8	5.4	4.8	5.6	4.8	4.6
8월	4.8	4.5	5.2	4.4	4.4	4.5	4.6
9월	4.7	5.1	5.3	4.6	5.5	5.5	5.5
10월	5.1	4.7	4.9	4.5	5.2	4.7	5.1
11월	5.0	5.5	6.1	5.1	4.7	5.0	5.6
12월	4.8	6.6	-	-	6.5	6.8	-
평 균	4.9	4.7	5.4	4.6	4.8	4.7	4.8

주 : "-"는 측정기 정비 또는 강우량이 적어 측정불가
"인천"은 인천시보건환경연구원 측정자료임

2.4 기타 주요 대기오염물질 오염도

위에서 언급한 오염물질 이외에 환경기준이 설정되어 있는 물질은 오존(O_3), 이산화질소(NO_2), 일산화탄소(CO) 그리고 납(Pb)이 있다. 오존(O_3)은 이산화질소와 자동차배기가스 등에 포함되어 있는 탄화수소가 강한 햇빛과 반응하여 생성되는 2차 오염물질인데, 대기 중 농도가 높아지면 눈을 자극하고 호흡기 장애를 일으킨다. 이산화질소(NO_2)는 자동차배기가스에 포함되어 있기도 하고 연료의 고온연소시 공기 중 질소와 산소가 결합하여 생성되기도 하는데, 코와 목을 자극하며 호흡기에 나쁜 영향을 미치는 한편, 탄화수소와 함께 광화학스모그를 발생시키는 원인이 되기도 한다. 일산화탄소(CO)는 산소가 부족한 상태에서 연료가 불완전 연소할 때 주로 발생하며, 혈액 중의 헤모글로빈과 결합하여 산소공급을 저해시키고 두통과 현기증을 유발하는 특성이 있다. 이들 세 가지 오염물질의 주요 도시별 오염도를 1997년과 1998년을 비교하여 나타낸 것이 표 8이다.

표 8 기타 대기오염물질 오염도(1998) (단위 : ppm)

오염물질	NO_2		O_3		CO	
환경기준	0.05/년		0.1/시간		9/8시간	
도 시 별	'97	'98	'97	'98	'97	'98
서 울	0.032	0.030	0.016	0.017	1.2	1.1
부 산	0.028	0.024	0.019	0.022	1.0	1.0
대 구	0.024	0.027	0.015	0.017	0.8	1.0
인 천	0.026	0.026	0.016	0.016	1.2	0.8
광 주	0.021	0.016	0.021	0.022	1.2	0.9
대 전	0.022	0.018	0.018	0.018	1.4	1.4
울 산	0.023	0.019	0.015	0.017	0.9	0.7

표 에서 보는 바와 같이 오존의 경우 대전을 제외한 전도시에서 다소 증가하였으며, 이산화질소는 전반적으로 감소하였고, 일산화탄소는 대구에서 다소 증가하였다. 오존의 경우에는 연간 평균오염도의 변화보다는 단기기준의 초과빈도가 더 큰 의미를 지닌다. 오존은 단기간 고농도에 노출될 경우 인체에 나쁜 영향을 미치기 때문이다. 표에는 나타나 있지 않지만 오존의 단기기준(0.1ppm/시간) 초과현황을 보면 1996년에는 전국적으로 49개 측정소에서 343회에 걸쳐 단기기준을 초과한 반면, 1997년에는 68개 측정소 511회, 1998년에는 74개소 532회에 이를 정도로 단기기준을 초과하는 사례가 시간이 지날수록 늘어나고 있는 추세이다. 이렇게 오존의 단기기준 초과빈도가 높아지고 있는 것은 서울 등 도시지역에서의 자동차가 증가하고 있기 때문이다.

중금속은 인체에 축적되는 성질이 있어 특별한 관리가 필요한 대기오염물질이다. 우리나라의 경우 중금속 중 대기환경기준이 설정되어 있는 물질은 납뿐인데, 납 이외에도 인체에 영향을 미칠 수 있는 중금속은 카드뮴 등 여러 가지가 있다.
전국 주요 도시의 연도별 대기 중 중금속(Pb, Cd)오염도는 다음 표 9에 나타나 있다. 전반적으로 모든 도시의 오염도가 비슷하거나 감소추세에 있고, 특히 납의 경우에는 무연휘발유의 보급으로 오염도가 감소되었음을 알 수 있다. 그러나 카드뮴의 경우는 산업체가 많이 위치한 울산과 인천 등의 도시가 광주, 대전 등에 비해 상대적으로 높은 오염도를 나타내고 있음을 알 수 있다.

표 9 연도별 주요 도시의 중금속(Pb, Cd) 오염도 (단위 : μg/㎥)

항목	도시 연도	서 울	부 산	대 구	인 천	광 주	대 전	울 산
Pb	'93	0.2090	0.1759	0.0476	0.2588	0.0536	0.2573	0.0866
	'94	0.1907	0.1438	0.0439	0.2455	0.0470	0.2761	0.0826
	'95	0.1844	0.0705	0.0138	0.2427	0.0487	0.3666	0.0457
	'96	0.1495	0.1023	0.0315	0.2160	0.0442	0.1405	0.0662
	'97	0.1088	0.0829	0.0302	0.1704	0.0331	0.1806	0.0688
	'98	0.0936	0.1096	0.0358	0.1256	0.0089	0.0885	0.0703
Cd	'93	0.0035	0.0030	0.0014	0.0060	0.0010	0.0016	0.0128
	'94	0.0035	0.0029	0.0021	0.0066	0.0011	0.0021	0.0113
	'95	0.0040	0.0023	0.0005	0.0061	0.0013	0.0034	0.0073
	'96	0.0031	0.0022	0.0032	0.0063	0.0014	0.0020	0.0168
	'97	0.0030	0.0024	0.0021	0.0069	0.0009	0.0026	0.0238
	'98	0.0017	0.0023	0.0025	0.0043	0.0003	0.0010	0.0152

제 6항 작업형 기사문제 출제경향

1. 배출 가스중 황산화물의 정량 실험방법(출제 경향 ①)

사업장에서 측정된 조건 및 결과치가 다음 표와 같을 때 다음 물음에 답하여라. 또한 주어진 제조방법에 따라 미지시료를 제조, 분석한 결과를 이용하여 실험계획서를 작성하여라. (단, 계산문제인 경우 해당 공식을 기재하시오)

표. 시료 채취 조건

대기온도(℃)	25	대기압(mmHg)	760
배출가스온도(℃)	230	중력가속도(m/sec^2)	9.81
20℃에서 물의 포화수증기압(mmHg)	17.53	습식가스미터 흡인가스 온도(℃)	29
측정공에서의 굴뚝직경(원형,m)	1.2	피토우관 계수	0.90
습식가스미터 게이지압(mmHg)	15	γ_0(kg/m^3)	1.3
습식가스미터로 측정한 흡인 가스량(ℓ)	25.0	배출가스중 수분량(%)	7.5
측정공 높이(m)	23	27℃에서 물의 포화수증기압(mmHg)	26.74

1.1 실 험

1.1.1 시료의 흡수 및 분석용 시료용액의 조제

1) 흡수과정은 생략하며 흡수 완료된 분석용 시료 용액량은 250mℓ로 가정하시오.
2) 분석용 시료의 조제는 시약제조의 방법에 기술된 내용을 기준으로 하여 아래와 같은 방법으로 분석을 수행하시오.

1.1.2 실험방법에 따라 분석을 수행하시오

1) N/100 초산바륨용액의 역가를 구하시오.
2) 조제된 분석용 시료용액 10mℓ를 200mℓ삼각플라스크에 분취하시오. (분석용 시료용액의 조제(실험수행은 생략한다.) : 흡수병 2개에 각각 50mℓ씩을 넣어 흡수시킨 후 용액을 비이커에 옮기고 다시 흡수병을 씻어 합한 후 250mℓ메스플라스크에 옮겨 놓고 물로 표선까지 채우고 분석용 시료 용액으로 한다.)

3) 이소프로필 알코올 40㎖, 초산1㎖ 및 아르세나조 Ⅲ지시약 4~6방울을 가하고 N/100 초산 바륨용액으로 적정한다.

4) 흡수액을 이용하여 상기 언급된 실험방법으로 바탕실험을 행한다.

1.1.3 시약제조 방법

1) 과산화수소수(1+9)(제조를 생략하고 증류수로 대체한다.)

2) N/250 황산-250㎖ 제조기준

3) N/100 초산 바륨용액

: 초산바륨 0.275g 및 초산납 0.1g을 물 50㎖ 및 초산 1㎖에 녹이고 이소프로필 알코올을 가하여 250㎖로 한다.

4) N/100 초산 바륨용액 표정:

: N/250황산 10㎖를 200㎖삼각플라스크에 정확히 분취하고 이소프로필알코올 40㎖, 초산1㎖ 및 아르세나조 Ⅲ지시약 4~6방울을 가하여 N/100 초산 바륨용액으로 적정하여 액의 청색이 1분간 계속되는 점을 종말점으로 한다.

$f = (10 \times f^1/V) \times (③/④)$ f : N/100 초산바륨용액의 역가

f^1 : ①, V :② (단위 포함)

5) 아르세나조 Ⅲ 지시약

: 아르세나조 Ⅲ 0.02g을 물 10㎖에 녹인다.

6) 분석용시료(미지시료)- 1,2

- 미지시료 1 : 0.1N 황산을 20배 회석하여 100㎖제조
- 미지시료 2 : 0.1N 황산을 40배 회석하여 100㎖제조

1.2 문 제

문제 1 측정원리를 서술하시오

문제 2 N/100 초산바륨용액의 역가를 구하시오.(단, 계산식의 ①②③④에 대한 알맞은 내용을 쓰고 설명하시오)

문제 3 실험분석결과치를 이용하여 미지시료 1,2(채취시료)의 농도를 계산하고 계산식과 과정을 기술하시오.

1) 계산식 : 계산식을 기술할 때 계산식의 구성항목에 대하여 자세히 설명하고 계산되는 항목은 그 결과치까지 기술하시오. (단, 0.112 :

N/100초산바륨용액 1㎖에 상당하는 황산화물가스의 부피(㎖), 표준상태)

2) 계산결과 : 반드시 역가(문제2)를 구한 후 그 결과를 사용하여 결과치를 도출하시오.

문제 4 시료채취를 위한 장치를 알맞게 구성하시오.

1) 분석실험중 또는 분석실험이 종료된 후 시험감독의 지시에 따라 시료채취에 관한 검정에 임하도록 한다.

2) 시료채취에 관한 검정이 끝난 수검자는 타 수검자에게 방해가 되지 않도록 주의하여야 하며 계속 분석실험을 수행한다.

2. 배출 가스중 황산화물의 정량 실험방법(출제 경향 ②)

사업장에서 측정된 조건 및 결과치가 다음 표와 같을 때 다음 물음에 답하여라. 또한 중화적정법에서 주어진 제조방법에 따라 미지시료를 분석한 결과를 이용하여 문제에 답하시오.

표. 시료 채취 조건

평균정압(㎜H_2O)	-5	대기압(mmHg)	760
배출가스온도(℃)	200	중력가속도(m/sec^2)	9.81
20℃에서 물의 포화수증기압(mmHg)	17.53	습식가스미터 흡인가스 온도(℃)	20
측정공에서의 굴뚝직경(원형,m)	1.2	피토우관 계수	0.90
습식가스미터 게이지압(mmHg)	15	γ_0(kg/m^3)	1.3
습식가스미터로 측정한 흡인 가스량(ℓ)	20.0	배출가스중 수분량(%)	7.5
측정공 높이(m)	23	평균동압(㎜H_2O)	3.0

2.1 문제

문제 1 측정원리를 서술하시오

문제 2 실험 순서를 작성하시오

문제 3 시약제조방법중 2가지 이상을 작성하시오.

- 과산화수소수(1+9)
- 0.1N 수산화나트륨용액
- 메틸레드-메틸렌블루 혼합지시약

문제 4 0.1N 수산화나트륨용액의 역가를 계산하시오.(계산식 포함)
(표정시험시 적정에 소비한 0.1N NaOH 용액 소비량 : 15㎖)

문제 5 미지 시료의 농도를 계산하시오.

문제 6 여과재 종류를 기술하고 역할을 설명하시오.

문제 7 시료채취관의 재질을 2가지 이상 작성하시오.

문제 8 시료채취장치의 그림을 그리고 명칭을 기술하시오.

3. 배출 가스중 암모니아의 정량 실험방법(출제 경향 ③)

3.1 문 제

배출가스중 암모니아를 인도페놀법에 의해 분석을 시행하였다. 시료채취 방법은 공정시험방법에 의해 A공장의 굴뚝에서 건조시료가스량 20ℓ를 흡수액에 흡수시켰다. 이때 굴뚝내 가스 온도는 250℃이고 압력은 920㎜Hg이었다. 시료를 받아 암모니아 농도를 분석실험 하고자 하였을 때, 다음 문제에 답하시오.

1) 실험 분석결과에서 얻어진 표준용액이 흡광도값을 이용하여 A공장의

배출가스중 암모니아 농도(ppm)를 구하시오.

2) 측정원리에 대해 답하시오.

3) 다음 시약제조방법중 2가지 이상에 대해 제조 방법을 답하시오.
① 페놀-니트로프루시드 나트륨 용액
② 차아염소산나트륨 용액
③ 암모니아 표준액
④ 흡수액

4) 농도 계산식을 작성하고 각각에 대해 답하시오.

5) 암모니아 분석방법중 인도페놀법으로 분석시 방해성분을 2가지 쓰시오.

3.2 채점 기준표

분석항목을 측정함에 있어 다음 3종류에 대해서 채점을 실시하고 있다.

1) 시약조제
- 시약 분취과정
- 희석의 적절여부
- 기타 시약조제에 관련한 내용

2) 실험조작
- 휠라 사용법
- 피펫의 적절한 사용법
- 발색을 위한 혼합과정

3) 흡광도 측정
- 흡수셀의 사용법
- 셀의 세정여부

4. 배출 가스중 암모니아의 정량 실험방법(출제 경향 ④)

4.1 문 제

배출가스중 염화수소를 질산은 적정법에 의해 분석을 시행하였다. 시료채취 방법은 공정시험방법에 의해 염산제조시설에서의 부적절한 방지시설의 굴뚝에서 건조시료가스량 80ℓ를 흡수액에 흡수시켰다. 이때 굴뚝내 가스 온도는 200℃이고 압력은 850㎜Hg이었다. 미지 시료를 받아 염화수소 농도를 분석실험 하고자 하였을 때, 다음 문제에 답하시오.

1) 실험 순서를 작성하시오.

2) 측정원리에 대해 답하시오.

3) 다음 시약제조방법중 2가지 이상에 대해 제조 방법을 답하시오.
   ① 10% 질산 (농도 60%, 비중 1.38)
   ② 0.1N 질산은 용액
   ③ 0.1N 티오시안산 암모늄 용액
   ④ 과염소산(1+2)

4) 위 시약제조방법중 ②와 ③의 역가를 산출하기 위한 식을 쓰시오

5) 농도 계산식을 작성하고 각각에 대해 답하시오.

· **장철현**
동아대학교 대학원 공학박사(환경공학전공)
한국산업안전공단 환경관리공단 시험분석과장
현) 한밭대학교 건설환경공학과 교수

· **박상우**
동아대학교 대학원 박사수료(환경공학전공)
동양강철 환경관리기사
현) 한밭대학교 건설환경공학과 강사

· **양관식**
일본 金澤대학(Kanazawa univ.) 대학원
박사수료(지구환경과학전공)

· **이주상**
서울시립대학교 대학원 공학박사(환경공학전공)
현) 충북도립대학 환경생명과학과 교수

· **정헌준**
원광대학교 화학과 이학박사
현) 대전보건대학 환경보건과 교수

· **조용준**
한국과학기술원 대학원 공학박사(화학공학전공)
현) 신안산대학교 생명환경공학과 교수

圖解
대기오염공정시험방법주해 정가 25,000원

인 쇄 2000년 8월 21일 초판 1쇄
발 행 2018년 9월 10일 2 판 4쇄
저 자 장철현·박상우·양관식·이주상·정헌준·조용준
발행인 정우용
발행처 도서출판 동화기술
경기도 파주시 광인사길 201(문발동, 파주출판도시)
Tel (031)955-4211~6 donghwapub@nate.com
Fax (031)955-4217 www.donghwapub.co.kr
(등록) 1977년 12월 19일/9-16호

Copyright © 2000 by 장철현·박상우·양관식
이주상·정헌준·조용준

Printed in Korea
ISBN 978-89-425-7022-5

불법복사는 지적재산을 훔치는 범죄행위입니다.
저작권자와 출판사의 허락 없이 내용의 일부를 발췌하거나 복사하는 것을 금합니다.